MITTEILUNGEN

der

Geographischen Gesellschaft in Hamburg

Bd. XLVII.

Im Auftrage des Vorstandes herausgegeben

von

Prof. Dr. Rudolf Lütgens
Mitglied des Vorstandes

Mit 8 Textfiguren und 12 Tafeln.

HAMBURG
1941
Kommissions-Verlag:
Friederichsen, de Gruyter & Co. m. b. H.

Druck von Hammerich & Lesser, Hamburg-Altona.

Vorwort.

Der Guatemala-Arbeit von Herrn Prof. Dr. Termer, Hamburg, im Band 44 konnte seinerzeit — wie jetzt gesagt werden kann, glücklicherweise — der zweite abschließende Teil wegen starker beruflicher Inanspruchnahme des Herrn Verfassers nicht unmittelbar in einem der nächsten Bände folgen. Inzwischen hatte nämlich Herr Prof. Dr. Termer wieder in seinen alten Arbeitsgebieten in Guatemala weilen können, so daß er jetzt im vorliegenden anthropogeographischen Teil neueste Untersuchungen mit auswerten und damit den allerletzten Stand geben konnte.

Der zweite größere Beitrag stammt von Herrn und Frau Prof. Dr. Gicklhorn, Prag. Die Heimkehr des Sudetenlandes in das Reich läßt die Würdigung der großen allgemeinen und geographischen Verdienste eines Sudetendeutschen als besonders erfreulich bezeichnen. Thaddäus Haenke, in Südamerika geschätzt und gefeiert, ist in Deutschland vielfach fast unbekannt, obwohl seine Leistungen, zum Teil vor Alexander v. Humboldt liegend, denen Humboldts nicht nachstehen, in manchem weit vorausschauend, Humboldt sogar übertreffen. Die alte Tradition der Geographischen Gesellschaft in Hamburg, Forschungen in befreundeten Ibero-Amerikanischen Ländern zu fördern, sind durch diese Arbeiten über Guatemala und Haenke fortgesetzt.

Aber wie die Geographie den gesamten weiten Erdenraum umfaßt, so will die Geographische Gesellschaft ihren Mitgliedern nach Möglichkeit auch Arbeiten aus anderen Weltgegenden bieten. Einen kleinen Ausschnitt aus einer neuen Forschungsreise in Äthiopien verdanken wir Herrn Dr. med. Maaß, Hamburg-Blankenese. Unser Mitglied Herr Dr. Helbig, Hamburg, stellte uns ferner dankenswerterweise eine Ausarbeitung über eine kleine Niederländisch-Indische Insel zur Verfügung. Beide Herren boten so die Möglichkeit, den Band, der ungefähr den alten Normalumfang wieder erreichen konnte, vielseitiger zu gestalten.

Die Herausgabe war nur möglich gewesen durch die wie stets gewährte Staatsbeihilfe und das Eintreten einer Reihe von Förderern, die insbesondere die Ausstattung mit Bildern und Karten unterstützten. Ihnen allen sei im Namen des Vorstandes herzlich gedankt.

Hamburg, November 1940. R. Lütgens.

Inhalt.

Zur Geographie der Republik Guatemala.

II. Teil.

Beiträge zur Kultur- und Wirtschaftsgeographie von Mittel- und Süd-Guatemala.

Von

Franz Termer

Hamburg.

Mit 5 Textfiguren und 9 Tafeln.

Inhalt.

Einleitung.

Seit dem Erscheinen des I. Teiles der Beiträge zur Geographie der Republik Guatemala sind vier Jahre vergangen. Hatte ich gehofft, daß es in dieser Zeit möglich sein würde, die „Topographische Übersichtskarte von Guatemala und El Salvador" herauszugeben, so konnte dieser Wunsch, nahe vor seiner Erfüllung stehend, doch nicht verwirklicht werden, da die Gebietstreitigkeiten zwischen Guatemala und England an der Grenze von Britisch Honduras vor ihrer Beilegung die Veröffentlichung der Karte verhinderten. Dafür aber hatte ich die Genugtuung, eine zweite Reise nach Guatemala vom September 1938 bis April 1939 unternehmen zu dürfen. Ihre Zwecke waren vorwiegend archäologischer Art und bedingten Aufenthalte im Küstengebiet von Südguatemala. Sie verschafften mir die Möglichkeit, nunmehr auch den äußersten Südosten der Republik zu bereisen, den ich während des ersten Aufenthaltes von 1925 bis 1929 nicht hatte kennenlernen können. Ich habe ihn vom Standquartier auf der deutschen Plantage Santa Isabel am Nordabhang des Vulkans Tecuamburro aus auf zwei Vorstößen besucht, die sich in das Gebiet zwischen den Flüssen Esclavos und Paz und in das Vorgelände im Süden des Tecuamburro-Massivs gerichtet haben. Anschließend ritt ich am Vulkan Moyuta vorüber durch die Beckensenke des Rio Santa Margarita in das jungeruptive Massengebirge von Cuilapa und lernte dadurch zur Ergänzung früherer kürzerer Streifzüge östliche Teile des Binnenlandes kennen. Im westlichen Abschnitt der Küstenabdachung, wo das Standquartier die Plantage Chocolá war, fügte ich die Wege in der Zone des Pamaxán den früheren zahlreichen Ritten durch das pazifische Tiefland hinzu. Gerade auf wirtschaftsgeographischem Gebiet ergaben diese letzten Reisen wertvolle Ergänzungen zu den früheren Studien. Im März 1939 unternahm ich schließlich eine Durchquerung der Sierra de las Minas in Mittelguatemala vom Polochic zum Motagua, die zum Teil weglos erfolgte und erstmalig wissenschaftliche Beobachtungen über dieses unbekannte Gebirge erbrachte. Hierüber ist bereits an anderer Stelle berichtet worden[1]).

So hat die letzte Reise außer ihren archäologischen Ergebnissen willkommene Erweiterungen geographischer Studien aus den früheren Jahren gebracht, die, soweit sie anthropogeographischer Art sind, in den folgenden Beiträgen mit verwertet worden sind.

---

[1]) Petermanns Mitteilungen, 1939, S. 337—348.

Sie behandeln die Kultur- und Wirtschaftsgeographie der zentralen und südlichen Gebiete von Guatemala. Als eine aus praktischen Erwägungen heraus vorzunehmende Abgrenzung beider Regionen, die möglichst an geographische Tatsachen sich anzulehnen hat, ist eine Linie gewählt worden, die die Gipfel der vulkanischen Küstenkette des Landes verbindet. Sie entspricht im allgemeinen den klimatischen, pflanzen- und wirtschaftsgeographischen Unterschieden, die den Charakter des Binnenhochlandes und Küstentieflandes bestimmen. Wenn zwischen den Vulkanen Zunil und Santa Clara die Bucht des Pamaxán tief nach Norden in das Hochland eingreift und damit die Grenze bis an den Zug der jungeruptiven Massengebirgskette bei Naguala ausweichen lassen möchte, so ist aus Erwägungen wirtschaftlicher und bevölkerungspolitischer Art doch an dem unmittelbaren Verlauf vom Zunil zum Santa Clara- und Atitlán-Vulkan festgehalten worden. Denn was im Pamaxán sich nördlich dieser Linie ausbreitet, ist Indianerland mit indianischen Wirtschaftsformen vom Hochlandcharakter, während sich südlich die Plantagenzone der Küstenabdachung erstreckt. In Südostguatemala trennt die Linie ebenfalls recht zutreffend die trockenen Landschaften der Dornstrauchsteppen der Binnenhochbecken von den heißen feuchten Tiefebenen der Küste (Fig. 1).

Um die anthropogeographischen Erscheinungen, die uns im folgenden beschäftigen werden, zu erklären und zu verstehen, wie sie uns in der Gegenwart vor Augen treten, muß man sich ihrer Entstehung aus der Vergangenheit bewußt werden, die in die vorkolumbische Zeit zurückreicht und maßgeblich von der spanischen Kolonialepoche beeinflußt worden ist. So habe ich absichtlich die Untersuchungen auf einer geographisch-historischen Grundlage aufgebaut, die bisher in unserem Gebiet kaum in dieser Form behandelt worden ist, wie ja überhaupt in Iberoamerika es an ausreichenden Studien historisch-geographischer Art als Fundamenten anthropogeographischer Forschungen noch überall mangelt. Dabei bin ich mir über die Schwierigkeiten und Unzulänglichkeiten derartiger Studien in Mittelamerika und damit auch in Guatemala nicht im unklaren gewesen. Denn es fehlt allenthalben an ausreichendem historischen Quellenmaterial. Hier stehen nicht die reichen Schätze kolonialspanischer Quellen wie etwa in Mexico zur Verfügung. Die wenigen Chroniken und zeitgenössischen Berichte enthalten nur andeutungsweise Angaben, die erst dem wissenschaftlich verwertbar werden, der über eine gute Landeskenntnis verfügt. In dieser Richtung weiterzukommen durfte nur dann Erfolg versprechen, wenn die Fundgrube des Indienarchivs in Sevilla und anderer spanischer Archive hierauf einmal durchgearbeitet werden würde. Die in dem seit

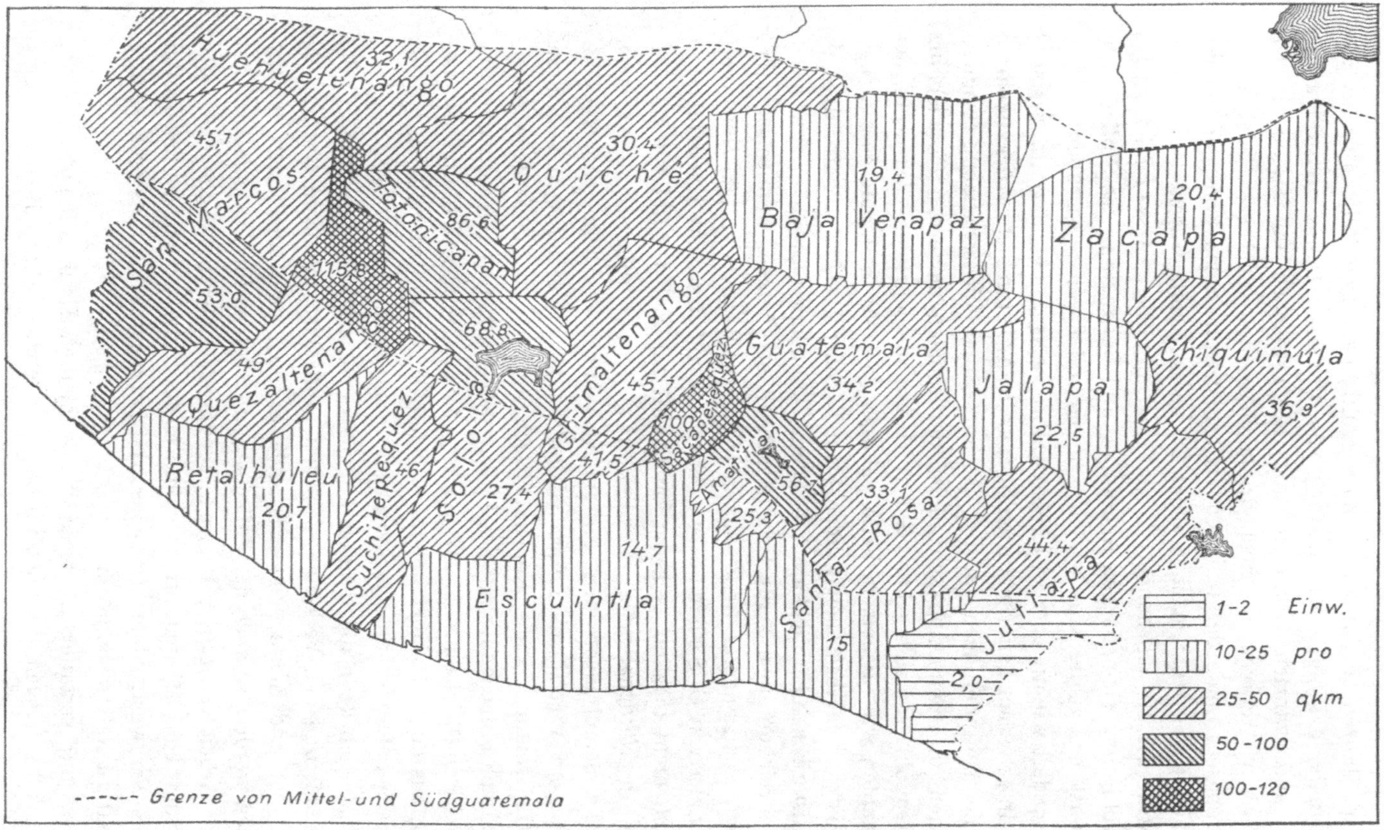

Fig. 1.

Die Bevölkerungsdichte in Mittel- und Südguatemala nach dem Zensus von 1921.

Bei den ins Tiefland übergreifenden Departements ist die Dichte nach dem Hochland- und Tieflandanteil gesondert dargestellt.

wenigen Jahren eingerichteten, mustergültig geführten Nationalarchiv von Guatemala, das unter der Leitung von Professor Don Joaquin Pardo steht, aufbewahrten Urkunden und Akten machen die Suche in den spanischen Archiven nur noch dringlicher. Eine der besten Quellen zur Anthropogeographie der früheren Zeiten ist immer das Kompendium der Geschichte von Guatemala, das der Erzbischof Paula García Pelaez in der Mitte des 19. Jahrhunderts verfaßt hat, ein Werk, dessen Studium bei der völlig unsystematischen Anordnung und Behandlung des Stoffes nicht leicht ist, das zu besitzen wir aber immer mit Freuden begrüßen werden.

Besonders wichtig aber ist für den Anthropogeographen, daß ihm gestattet wird, in gewissen Zeitabschnitten in das alte Arbeitsgebiet zurückzukehren, um die Veränderungen im Bevölkerungs- und Wirtschaftsbild kennenzulernen, die heute sehr schnell bei der rapiden modernen Entwicklung der Republik vor sich gehen. Sie treten um so schärfer hervor, wenn der Beobachter, wie in meinem Falle, zehn Jahre nicht im Lande geweilt hat.

Es ist davon abgesehen worden, dem Wandel des Landschaftsbildes in der historisch überblickbaren Zeit ein besonderes Kapitel zu widmen. Hierzu reichen unsere auf Überlieferungen beruhenden Kenntnisse nicht aus, wie es in anderen Gebieten von Iberoamerika der Fall ist. Die Untersuchungen von O. Schmieder haben das auf das beste beleuchtet. Ist es noch nicht möglich, sich die Landschaft zur Zeit der Blüte der Mayakultur in Nordguatemala einwandfrei zu rekonstruieren, so versagen ähnliche Bemühungen auch für die Kolonialzeit, da keiner der Berichterstatter ein Auge für die Landschaft hatte und bei der geringen Bedeutung von Guatemala für die Kolonialwirtschaft Spaniens auch kein Anreiz vorlag, sich eingehender mit den Naturgegebenheiten und der Entwicklung der Wirtschaft abzugeben. Was Fuentes y Guzmán und Thomas Gage aus dem 17. Jahrhundert berichten, sind nur Bruchstücke, die zur historischen Landschaftsforschung nicht ausreichen.

So habe ich denn die Beiträge auf die Bevölkerung, die Siedlungen, die Wirtschaft und den Verkehr beschränkt. Um den Umfang in Grenzen zu halten, ist andernorts schon Behandeltes nur angedeutet oder beiseite gelassen worden, so auch der Kaffeebau, über den es für Guatemala, zumal seit der Arbeit von Carlos Hegel, genügende Untersuchungen gibt. Wie im ersten Teil ist auch im zweiten Nordguatemala nicht berücksichtigt worden, Nordwestguatemala nur insoweit herangezogen, als es ergänzendes Material zu liefern vermochte.

Es sei mir gestattet, an dieser Stelle meinen Dank allen denen zum Ausdruck zu bringen, die mich im Lauf der letzten Jahre mit Anregungen,

Nachrichten und Material versehen haben, aller Freunde in Guatemala, die mir auch auf der zweiten Reise die wertvollste Unterstützung haben zuteil werden lassen. Ihre Namen zu nennen, würde den Raum hier überschreiten. Mögen sie gewiß sein, ein gut Teil dazu beigetragen zu haben, daß die folgenden Untersuchungen und Studien und daß vor allem die Reisen haben durchgeführt werden können.

Daß die zweite Reise 1938/39 vonstatten gehen konnte, ist der Unterstützung der Deutschen Forschungsgemeinschaft und der Hamburgischen Wissenschaftlichen Stiftung zu verdanken, die in hochherziger Weise die Mittel bereitgestellt haben. Mein aufrichtiger Dank gilt daher zuallererst diesen beiden Institutionen. Aber selbst ihr Entgegenkommen wäre noch nicht ausschlaggebend gewesen, wenn nicht den Zeitverhältnissen entsprechend Freunde in Guatemala mir hilfreich zur Seite gestanden hätten. Ein besonderes Bedürfnis ist es mir daher, den Familien F. Keller sen. und jr. und der Central American Plantation Corporation, dem deutschen Gesandten, Herrn Minister O. Reinebeck, den Herren David E. Sapper, Wilhelm Lengemann, Friedrich Köper, Johannes Merck und der Firma Nottebohm Hermanos, nicht zu vergessen aber auch die vielen öffentlichen und privaten Kreise der deutschen Kolonie, meinen tiefgefühlten Dank für alle Förderung und Gastfreundschaft auszusprechen, die mir den neuerlichen Aufenthalt im Lande unvergeßlich gemacht haben. Dankbar gedenke ich ferner der anregenden Aussprachen mit Kollegen im Wirkungskreis der Heimat, so besonders der Herren Professoren Eisfeld und Strothmann von der Hansischen Universität.

Tiefen Dank aber schulde ich endlich der Hohen Regierung der Republik Guatemala, die meine Arbeiten in jeder Weise erleichtert und mit lebhaftem Interesse verfolgt hat, nicht zum wenigsten dem Herrn Unterrichtsminister Lic. Antonio Villacorta C., der selbst als Erforscher der Landesgeschichte stets auf das eifrigste an meinen Forschungen Anteil genommen hat.

Kapitel I.

Die Bevölkerung.

1. Die Indianer.

Die farbigen Urbewohner unseres Gebietes ballen sich in der Gegenwart zu größeren geschlossenen Einheiten nur noch in den westlichen Departamentos zusammen, und zwar sind es die kühlen Hochländer von San Marcos,

Quezaltenango, Huehuetenango, Totonicapán, Sololá und Quiché, in denen von einer überwiegend indianischen Bevölkerung gesprochen werden kann. Sie verteilt sich auf die Stämme der Mam, Chuj, Ixil, Quiché, Cakchiquel und Tzutuhil, die sprachlich sich dem Mam- und Quichézweig der Mayasprachen anschließen und in sich wieder, oft dörflich erkennbar, dialektische Unterschiede aufweisen. In den östlichen Gebieten, die wir etwa ostwärts einer Grenzlinie Rio Chixoy—Cubulco—Mixco—Amatitlán finden, bilden die indianischen Eingeborenen nur kleinere Enklaven in der Mischlingsbevölkerung. Lassen wir hier die Alta Verapaz als zum nördlichen Guatemala gehörig aus dem Kreis unserer Betrachtungen heraus, so finden wir bedeutendere indianische Gemeinwesen bei Rabinal und Mixco, in den Sacatepequezdörfern sowie bei Amatitlán und Palín. Sie gehören dem Quiché-, Cakchiquel- und Pokomám-Stamme an. Im „Oriente" aber sind es nur noch wenige Dörfer, die Indianer aufzuweisen haben, wie Jocotán und Camotán mit ihren Chortí-, Jumaitepeque, Jalpatagua und vor allem Guazacapán mit ihren Xincabewohnern. Die Sprachen sind hier weiter im Rückgang begriffen als im Westen, wenn auch hier und da noch bedeutendere Sprachinseln, wie das Xinca von Guazacapán und Chiquimulilla, anzutreffen sind.

Die pazifische Küstenabdachung besitzt eine nicht unbeträchtliche Indianerbevölkerung, die sich aber überwiegend aus fluktuierenden Bestandteilen der Hochlandindianer zusammensetzt. Bodenständig finden wir sie im westlichen Abschnitt im südlichen Vorgelände des Vulkans Santa Maria um die Dörfer San Felipe und El Palmar, im Umkreis um die Stadt Mazatenango und der sich nordöstlich davon erstreckenden Bucht des Pamaxán und am Südabfall des Atitlan-Vulkans zwischen Patulúl und Chicacao. Im östlichen Abschnitt treten uns bodenständige Indianer nur bei Guazacapán und Chiquimulilla entgegen. Gehören diese den Xinca an, so jene den Stämmen der Tzutuhil, Quiché und gegen Pochuta und Yepocapa zu den Cakchiquel. Sie besitzen schon seit vorspanischen Zeiten diese Küstenabschnitte und haben sie wohl deshalb immer behalten, weil sie in dauernder Verbindung mit den Stammeszentren im benachbarten Hochland gestanden haben. Sprachlich haben sich ihre Idiome zwar erhalten, sind aber vor dem Spanischen in dauerndem Rückgang begriffen, wie auch die volklichen Besonderheiten nicht mehr ursprünglich sind, was mit dem Einfluß der starken Mischlingsbevölkerung in der reichen Plantagenzone zusammenhängt.

Die vorspanische Zeit.

In der vorspanischen Zeit war das Bevölkerungsbild in manchen Zügen abweichend. Zwar besiedelten die gleichen Stämme unsere Gebiete wie in der Gegenwart, zu ihnen aber gesellten sich noch die Pipiles, Abkömmlinge der Naua-Familie des mexikanischen Hochlandes, die einen altertümlichen Naua-Dialekt sprachen. Die spärlichen historischen Nachrichten über sie stimmen darin überein, daß sie in Verbindung mit der Auflösung des Toltekenreiches und der Abwanderung toltekischer Einheiten aus dem mexikanischen Hochland standen und sich längs der pazifischen Küste von Soconusco und Guatemala, schließlich in El Salvador niederließen, wo sie eine größere Anzahl von Niederlassungen gründeten. Wir können eine ganze Reihe alter Pipilsiedlungen noch im pazifischen Küstentiefland von Guatemala erkennen, so bei Suchitepequez, im Umkreis um das heutige Santa Lucia Cotzumalhuapa, um Escuintla. Aber auch weiter nach Osten über den Rio Michatoya greift die alte Siedlungszone dieses Volkes hinüber, wo ich auf meiner Reise 1938/39 im Tiefland bis an den Rio Paz eine Mehrzahl von Pipilstätten feststellen konnte. Sie liegen hier sämtlich in einer Zone, die sich vom Meeresspiegel bis etwa 200 m Meereshöhe ausbreitet und sich über den Rio Paz unmittelbar nach El Salvador fortsetzt. Die Gegenden von Ahuachapán, Sonsonate, San Salvador, Zacatecoluca sind seit langem durch Pipilaltertümer bekannt geworden.

Es ist interessant zu bemerken, daß im westlichen Küstenabschnitt bis zum Rio Michatoya diese Pipiles nicht ins benachbarte Hochland hinauf vorgedrungen sind. Die dortigen kraftvollen Hochlandstämme der Maya haben ihnen wohl eine solche Ausbreitung verboten. Abweichend davon sind die Verhältnisse im Osten. Dort nämlich greift das Pipilgebiet in das Hochland hinauf. Schon aus den Berichten des 16. Jahrhunderts ist zu entnehmen, daß Pipiles bei Cuilapa (Cuajiniquilapa) saßen, daß sie sich von dort bis an die heutige Landesgrenze ausdehnten, um in die zentralen Teile von El Salvador überzugreifen. Ferner konnte ich eine Pipilniederlassung neben einer solchen der Xinca bei dem heutigen Weiler Ixpaco am Nordabhang des Vulkans Tecuamburro ausfindig machen. Die Frage ist zu stellen, ob dieses Pipilgebiet als ein geschlossenes Territorium anzusehen ist. Auf Grund der allerdings noch ganz in den Anfängen steckenden archäologischen Erforschung der pazifischen Küstengebiete möchte sie dahin beantwortet werden, daß die Pipiles gruppenweise zwischen den bodenständigen Stämmen hausten, die teils den Maya, teils den Xinca angehörten. So müssen wir uns im westlichen Küstenabschnitt Pipilstätten zwischen solchen der Mam und Quiché bzw. Cakchiquel, im östlichen zwischen den Xinca und Pokomám verstreut denken. Aus dieser Nachbarschaft erwuchsen anscheinend gewisse Beeinflussungen, die sich durch die Ausbildung eines spezifischen Pipil-Stiles in der Kunst offenbaren, ein Stil, der viele Übereinstimmungen mit mexikanischen Vorbildern aus dem Totonakengebiet der Golfküstenregion und dem Hochlandgebiet der voraztekischen Bevölkerung von Cholula zeigt, in dem sich aber auch eine Reihe von Elementen finden, die eine Ableitung aus den Mayakunststilen zeigen. Prüfen wir aber die wenigen Überlieferungen über das religiöse Leben der Pipiles, so weist dieses nach Mexico. Besonders stark scheint die Beeinflussung durch die Maya in dem Gebiet des westlichen Guatemala und benachbarten Soconusco gewesen zu sein, wo jüngst entdeckte Monumente bei Tapachula und Tajumulco eine enge Verflechtung von Elementen der Hochlandmaya mit den Pipiles uns offenbaren.

Außer den Pipiles von Südguatemala fanden sich Angehörige dieses Volkes in den zentralen Kettengebirgen im Becken von Salamá und im Motaguatal. Ihre Sprache ist dort noch in der zweiten Hälfte des 19. Jahrhunderts gesprochen worden, heute völlig erloschen. Ruinen bei San Gerónimo zeigen eher den Charakter von Mayaanlagen, doch fehlen bisher jegliche genaueren Untersuchungen, so daß zur Herkunftsfrage noch nicht Stellung genommen werden kann.

Wir sind auch noch nicht in der Lage, einwandfrei die Beziehungen zwischen den beiden Abteilungen der Hochland- und Tiefland-Pipiles nachzuweisen oder gar Zeitbestimmungen zu treffen, ob die eine oder andere Gruppe früher oder später nach Guatemala kam. Manches spricht dafür, zwei zeitlich getrennte Einwanderungen anzunehmen, und in diesem Zusammenhang ist wichtig, darauf hinzuweisen, daß das eigentliche Zentrum der Hochlandmaya, d. h. die „Altos" von Westguatemala, peripher von den Pipiles besiedelt wurde. Dürfen wir ferner nach unseren bisherigen Kenntnissen nicht annehmen, daß die östlichen Hochländer von Guatemala, also die heutigen Departamentos Jutiapa und Jalapa, dünner besiedelt waren als der Westen? Vergleichen wir rein zahlenmäßig die Ruinenplätze des westlichen und östlichen Hochlandes, so ist ersteres viel reicher damit ausgestattet als letzteres. Der Vielzahl der westlichen Hochlandstämme steht im Osten nur die Zweizahl der Chortí und Pokomám gegenüber, die sich räumlich weit bis nach Honduras und El Salvador ausgebreitet hatten. Und selbst bei Annahme einer vor den Maya dort ansässigen Urbevölkerung, sei es der Xinca oder eines mit ihnen verwandten Elementes, dürfte die Besiedlung des „Oriente" doch verhältnismäßig locker gewesen sein. So konnte es leicht zu Voraussetzungen kommen, die frischen Zuwanderern in jenen Gebieten genügenden Platz boten, um sich niederzulassen. Ich nehme an, daß die Pipilbevölkerung des Hochlandes, die Salamá-Pipiles, mit den „Oriente-Pipiles" in Guatemala in Zusammenhang zu bringen sind. Die Küstenpipiles halte ich für einen anderen Wanderungszweig, der zeitlich von dem ersteren zu unterscheiden ist. Auf welchem Wege er und wann er an die Küste gelangte, kann erst nach weiteren archäologischen Forschungen zu entscheiden gewagt werden.

Im äußersten Südosten von Guatemala wird in den älteren Berichten eine besondere Sprache, das Popoluca, angegeben. Da es seit langem erloschen ist, keine Reste bisher auf uns gekommen sind und der mexikanische Name „Popoluca" nur allgemein „fremd", „fremdsprachig", bedeutet, besitzen wir keine Anhaltspunkte, sicher die Stellung des Popoluca zu bestimmen. Seine Angehörigen wohnten jedenfalls im Umkreis um das Massiv des Vulkans Moyuta bei den modernen Orten Moyuta, Conguaco und Azulco. Bemerkenswert scheint eine Angabe in dem Bericht des Alonso Crespo zu sein, wo auch das Dorf Pazaco als zum Popoluca gehörig angegeben wird[2]). Aus den Ortsnamen können wir keine Rückschlüsse auf das Popoluca tun. Auch die Flurnamen werden uns kaum Aufschlüsse bieten, da, soweit sich überblicken läßt, diese spanisch oder mexikanisch, vielleicht Pipil sind. Am wahrscheinlichsten wird die Lösung der Popolucafrage in der Richtung zu suchen sein, daß man es als einen Rest der Ursprachen des nördlichen Mittelamerika, wie auch das Xinca, auffaßt. Der schon von O. Stoll angedeutete Weg, Beziehungen zu den Mixe des Isthmus von Tehuantepec zu prüfen, sollte sowohl linguistisch wie besonders archäologisch eingeschlagen werden. Leider fehlt es an einer Untersuchung der ebenso wichtigen wie interessanten Isthmusstämme der Mixe und Zoque noch vollkommen.

Fassen wir also das Völkerbild des mittleren und südlichen Guatemala zusammen, wie es sich in vorspanischer Zeit darstellt, so haben wir Reste einer alten Urbevölkerung (Xinca und Popoluca), die Mayafamilie als bedeutendste und die mexikanischen Einsprenglinge der Pipiles. In der Gegenwart sind hiervon nur die Maya und Xinca übriggeblieben

Anthropologische Merkmale.

Anthropologische Untersuchungen über die indianischen Bewohner unseres Gebietes fehlen gänzlich. Es ist daher bis jetzt noch nicht

[2]) Alonso Crespo, Relación geográfica del Partido de Escuintla, 1740. (= Boletín del Archivo General del Gobierno, Bd. I, Guatemala 1935, S. 15.)

dazu gekommen, die sichtlich vorhandenen Sondertypen zu bestimmen, ihre Körpermerkmale zu fixieren und zu versuchen, die Typen mit den verschiedenen Stämmen in Verbindung zu setzen, um von da aus nach Verbindungen zu den Nachbarvölkern des südlichen Mittelamerika und in Mexico zu suchen. Oberflächlich gesehen fällt die erhebliche Vielzahl von Typen auf, die schon innerhalb ein und desselben Stammes sich darbieten. Die Körperhöhe schwankt beträchtlich. Den kleinwüchsigen Quiché-indianern von Chichicastenango stehen die hohen schlanken Cakchiqueles im Umkreis des Vulkans Acatenango gegenüber. Hat man noch die kleinen Gestalten der Frauen von Chichicastenango in der Erinnerung, so fallen um so mehr die schlankeren Figuren der Bewohnerinnen von Santa Maria Chiquimula (Quichédorf westlich von Santa Cruz Quiché) oder derjenigen von Zacapulas auf. Hochwüchsig sind die Ixiles von Nebáj, kleinwüchsig die Chujes in den Altos Cuchumatanes, mittleren Wuchses die Pokomám-Männer und Frauen am Amatitlán-See und bei Palín, ebenso die Xinca in Chiquimulilla und Guazacapán. Höchst unterschiedlich sind die Gesichtstypen. Schmale, ovale Gesichtsumrisse wechseln ab mit breiten, die Backenknochen springen bald stärker, bald schwächer hervor und rufen in Verbindung mit den mehr oder weniger breiten Lidspalten Ähnlichkeiten mit mongoloiden Gesichtszügen hervor. Doch sieht man verhältnismäßig selten eine leicht angedeutete Schrägstellung der Lidspalte. Die Nasenformen sind von breitflügeligen, eingesattelten Typen bis zu schmalrückigen, edlen vertreten, doch bleibt in jedem Fall eine Neigung zu breiten Nasenflügeln bestehen. Gelegentlich, so namentlich im pazifischen Küstengebiet, begegnet man leicht gebogenen Nasenrücken, die schon auf den Tonfiguren des Gebietes hervortreten. Es wäre zu untersuchen, ob hier nicht ein Merkmal der Pipilbevölkerung vorliegt. Diese und andere somatische Züge bedürfen dringend einer speziellen Untersuchung, die allerdings damit zu rechnen haben wird, daß sich in Guatemala schon in den Jahrhunderten vor der spanischen Konquista durch die Völkerverschiebungen erhebliche Mischungen eingestellt haben werden. Dazu kommt aber ferner die durch die geographische Gestaltung des Landes bedingte Selbständigkeit kleiner ethnischer Einheiten, die, wie noch die Gegenwart zeigt, zu lokalen somatischen Typen Anlaß gibt. Auch Folgen von Inzucht äußern sich gelegentlich, wie in dem Dorfe Zunil in Westguatemala. Trotz allem aber wird es möglich sein, gewisse anthropologische Grundtypen aufzustellen, die mit den nord- und südamerikanischen Indianern zu vergleichen eine ebenso interessante wie wichtige Aufgabe sein würde. Denn wenn sich in der Gegenwart immer deutlicher herausstellt, daß Mittelamerika sprachlich und kulturell seit sehr alten Zeiten ein Mischgebiet zwischen nord- und südamerikanischen Elementen gewesen ist, so muß das gleiche auch für die anthropologischen Merkmale und Typen angenommen werden. Für das nördliche Mittelamerika besteht die Schwierigkeit aber darin, daß die isolierten Völker, die vielleicht ihrer Herkunft nach auf Südamerika weisen, nur noch in wenigen Splittern in Honduras vorhanden sind. Bei den Xinca scheint eine Mischung mit Pipiles vorhanden zu sein.

Die Europäisierung.

Die Europäisierung der Eingeborenen des mittleren und südlichen Guatemala hat in der Gegenwart eine einheitliche Deckschicht in der materiellen wie geistigen Kultur geschaffen. Erst bei eingehender Untersuchung der letzteren treten genügende Anzeichen dafür hervor, daß in alter Zeit kulturelle Unterschiede vorhanden waren, die aus einer gemeinsamen Grundschicht sich herausgebildet hatten, sei es im gesellschaftlichen Leben, im Kalenderwesen oder in der kultischen Verehrung der übersinnlichen Mächte. Die gebirgige Natur des Landes, die zahlreichen abgeschlossenen Hochbecken, die Flußsenken und Quellgebiete der bedeutenderen Flußsysteme im nördlichen Mittelamerika schufen für den Menschen die Voraussetzungen zu einer Abgeschlossenheit bestimmter ethnischer Einheiten, die, wie bei anderen Gebirgsvölkern, zu Sondererscheinungen führten. Sie erhielten sich auch dann, wenn die materielle Kultur durch gegenseitigen oder einseitigen Einfluß im Lauf der Jahrhunderte ausgeglichen worden war, wie es die fortschreitende archäologische Forschung erweist. Trotzdem haben sich auch da Sondertypen erhalten, wie sie uns etwa in der sog. Utatlánware im Quichégebiet, in der bemalten Tonware der Zone um Nebáj im nördlichen Departament Quiché oder den Zackengefäßen am Amatitlán-See entgegentreten.

Die Europäisierung der Eingeborenen erfolgte in der Kolonialzeit verhältnismäßig rasch, wozu die Kirche durch ihr erzieherisches Werk viel beigetragen hatte. Sie unterwies die Söhne der Kazikengeschlechter im Lesen und Schreiben und brachte ihnen das Notenschreiben bei. Schnell erlernten aber auch die breiteren Volksschichten europäische Handwerke. So machen uns die älteren Autoren damit bekannt, daß Indianer folgende Berufe europäischer Art im 16. und 17. Jahrhundert ausübten: Schreinerei, Steinhauerei, Schlachterei, Bäckerei, Bauhandwerk, Bildermalen, Gartenbau, Frucht- und Gemüsehandel (Zwiebeln, Blumenkohl, Rüben), Fruchtanbau, Schuhmacherei, Strumpfwirkerei, Handschuhfabrikation, Hut- und Mützenmacherei, Woll- und Seidenweberei, Seifensiederei und Kerzenherstellung. Auch im Juwelierhandwerk müssen sie gute Erfolge gehabt haben. Nur Glaser und Apotheker sind die Indianer nie geworden. Interessant ist, daß sich ein Mann wie der umsichtige Erzbischof Cortés y Larraz schon Ende des 18. Jahrhunderts mit der uns heute beschäftigenden Frage der besten Anpassung der Indianer an die europäische Wirtschaft befaßte[2a]).

Die moderne wirtschaftliche Entwicklung von Guatemala, namentlich in der pazifischen Hälfte, hat die Indianer der Hochländer des Westens und der Mitte beweglicher gemacht und sie aus ihrer früheren Isolierung gelockert, insofern stets ein erheblicher Strom eingeborener Arbeitskräfte teils zeitweise, teils dauernd in die pazifischen Küstengebiete führt. Wieweit diese Auflockerung schon in der spanischen Kolonialzeit eingesetzt hatte durch die Fortführung der Indianer zu Sklavenarbeiten in Minen- und landwirtschaftlichen Betriebe, läßt sich mangels jeglicher genauerer älterer Angaben nicht feststellen.

Sind wir doch selbst in der Gegenwart nicht in der Lage, zahlenmäßig das indianische Element in Mittel- und Südguatemala festzulegen, geschweige denn zu bestimmen, wie groß die Menge der Eingeborenen ist, die im Lauf einer bestimmten Zeiteinheit vom Hochland an der pazifischen Abdachung seßhaft geworden ist oder im jährlichen Rhythmus vom Hochland dorthin strömt und von dort zurückkehrt. Im allgemeinen scheint eine langsame Zunahme der Bevölkerungszahl der Indianer in Westguatemala seit der Jahrhundertwende vor sich zu gehen, was aber auch damit zusammenhängen mag, daß die zahlenmäßige Erfassung der Geburten in den letzten Jahren erhebliche Fortschritte gegen früher gemacht hat.

Über das Maß der Europäisierung der Indianer in unseren Gebieten braucht hier nicht im einzelnen gesprochen zu werden, da hierüber an anderer Stelle berichtet worden ist[3]). Betrachtet man die Entwicklung in den letzten zehn Jahren, so tritt dem mit den Verhältnissen vertrauten Beobachter eine Zunahme der Europäisierung nach zwei Richtungen besonders deutlich hervor: in der Kleidung und im Verkehrswesen.

[2a]) Bernal Diaz, cap. 209 (ed. 1934, Bd. II, S. 292/293). — Juarros, Trat. VI, cap. 15 (ed. 1936, Bd. II, S. 221—225). — Pelaez, Bd. I, S. 266. — Vazquez, Lib. IV, cap. 65. — vgl. auch Herrera, Dec. IV, Lib. VIII, cap. 7 (aus Nicaragua).

[3]) F. Termer, Über den gegenwärtigen Zustand der Indianer im nördlichen Mittelamerika. (= Tagungsberichte d. Ges. f. Völkerkunde, Ber. über die II. Tagung 1936, Leipzig 1937, S. 52—58.)

In der K l e i d u n g verschwindet die Männertracht in den Hochlanddörfern zugunsten des europäischen Anzuges immer mehr. Die bunten Huipiles der Frauen werden mehr als früher käuflich erworben und in Mustern bevorzugt, die nach Farbe und Ornament fabrikmäßige Ware erkennen lassen. Sie stellen nicht nur neuartige geometrische Ziermuster zur Schau, die ihren Ursprung in jedem anderen als einem indianischen Kopf vermuten lassen, sondern bringen auch ganz abweichende Farbenkompositionen zur Anwendung, wie sie noch vor 10 bis 20 Jahren üblich waren. Man empfängt den Eindruck, als wenn innerhalb dieser Zeit bei den indianischen Schönen der moderne Begriff des Modischen seinen Einzug gehalten hätte und, wie überall, von der jungen Generation eifrig in der neuartigen Lebensgestaltung zur Verwirklichung gebracht würde. Daß dieser Zug seinen Ausgang von den größeren städtischen Siedlungen und in der Zone der pazifischen Abdachung nimmt, bezeugt die Tatsache, daß die wirtschaftliche Verflechtung des Indianers in den handwerklichen und gewerblichen Betrieben, in den Dienstverhältnissen der Städte oder seine Verwendung in den landwirtschaftlichen Unternehmungen der Küstenprovinzen den Europäisierungsvorgang beschleunigt. Als treffendes Beispiel sei der Fall erwähnt, wo ich in dem Xincadorf Guazacapán Ende 1938 eine Indianerhochzeit erlebte, bei der nicht nur der 20jährige Bräutigam in tadellosem europäischen modischen Jackettanzug erschien, sondern auch die junge 16jährige Braut ein langes weißes Atlaskleid mit Schleppe, weiße moderne Schuhe mit hohen Absätzen, Kranz und Schleier trug. Für die Nachbarn war das nichts weiter als das Zeichen einer gewissen Wohlhabenheit der indianischen Eltern der Braut.

Bei den Männertrachten der Eingeborenen hat sich dagegen in dem letzten Jahrzehnt kaum etwas verändert. Die üblichen malerischen Trachten bestimmter Hochlanddörfer sind in demselben Ausmaß vorhanden geblieben wie damals, während in den übrigen Teilen Rock, Hose und Gürtel nach Art der Mischlingstracht beibehalten wurden.

Es darf freilich nicht übersehen werden, daß die Veränderung bei den Frauentrachten in sehr vielen Fällen damit zusammenhängt, daß die Anfertigung der Trachten im eigenen persönlichen Hausgewerbe zu teuer und mühsam geworden ist. Besonders der erstere Grund hat zum käuflichen Erwerb der fabrikmäßig hergestellten Ware Anreize gegeben. Bei dem Rückgang der Löhne ist das zu verstehen, so daß wir also als direktes Mittel einer beschleunigten Europäisierung des sonst so konservativen weiblichen Elementes die wirtschaftliche Verschlechterung im Leben des Indianers ansehen dürfen. Der Anreiz, der von hohen Löhnen ausgehen könnte, ist in Guatemala nur an ganz vereinzelten Punkten zu finden, vielleicht überhaupt nur an einem Platz, in dem großen Bananenbetrieb von Tiquisate an der pazifischen Küste, wo nordamerikanisches Kapital hohe Locklöhne zahlt, um den Bedarf an farbigen indianischen Arbeitskräften zu decken. Hier wird der viel zu hohe Verdienst für den Indianer zum Anlaß der Annahme teurer, moderner europäisch-nordamerikanischer Sachgüter.

Was das Verkehrswesen anbelangt, soweit es den Indianer betrifft, so ist hier in den letzten zehn Jahren ein erheblicher Wandel geschaffen worden. Konnte man noch bis etwa 1930 davon sprechen und schreiben, daß der Indianer als ein wahres Lasttier seine Waren bergauf und bergab schleppte, keuchend unter der Schwere einer Traglast von einem Zentner und darüber, so hat sich darin ein Wandel vollzogen. War es früher gang und gäbe, daß der Eingeborene jeden Weg in der Stadt oder auf dem Lande zu Fuß zurücklegte, wobei Zeit keine Rolle spielte, noch weniger das Gelände, die Beschaffenheit der Wege oder die Witterungsverhältnisse, so trifft auch dieses in der Gegenwart nicht mehr in dem Maße zu. Hier hat die Anlage der modernen Landstraßen und die mit ihnen verbundene Ausbreitung des Kraftwagenverkehrs den Indianer stark beeinflußt. Er benutzt jetzt sehr oft und gern die Gelegenheit, mit dem Automobil seine Wege zurückzulegen, wozu ihn der außerordentlich billige Tarif anlockt. Es wird im einzelnen an anderer Stelle darauf eingegangen werden (S. 246). Nehmen wir als Beispiel die belebte große Ausfallstraße von der Hauptstadt Guatemala nach Mixco. Versetzen wir uns etwa in das Jahr 1925 zurück! Damals gab es schon Autoverkehr auf diesem Wege. Man zahlte einen nicht eben niedrigen Preis, so daß sich seiner nur die besser gestellten Kreise und die zahlkräftigen Mitglieder der Mischlingsbevölkerung bedienten. In den Morgenstunden bewegten sich dauernd Trupps von Indianern zur Stadt, bald handeltreibende Männer mit Maisstrohlasten auf dem Kopf, bald Lieferanten von Holzkohle, die ihre Ware auf mageren Maultieren oder dürren Kleppern verpackt hatten und mit anfeuerndem Pfeifen und Johlen neben oder hinter ihren Packtieren herliefen. Dann kamen wieder Mütter mit ihren Kindern vorüber, der Sohn schleppte wie die Mutter eine Last Gemüse oder Mais, Hühner oder Tontöpfe, ein kleines Mädchen trug im Tragtuch eingeschlagen ein Baby, wenn es die Mutter nicht selbst noch auf ihrem Rücken schleppte. Zwischendurch bemerkte man Männer in besseren Anzügen, barfüßig, in einem kleinen Trupp von drei bis vier Mann, der eine davon mit dem Alkaldenstab in der Hand, also eine Dorfabordnung auf dem Marsche zu irgendeiner Behörde in der Stadt, oder man traf gebeugte Lastträger, die lange Holzbalken auf dem Nacken mühsam keuchend an ihren Bestimmungspunkt trugen. Ein buntes, lebendiges, farbenfrohes Bild in der Lichtflut eines Sommersonnentages! Ein Bild aber auch der Emsigkeit, der stillen, zähen Beharrlichkeit des Indianers; eingeborenes Volksleben von nie versiegendem Interesse für den Fremden! Und heute? Da sehen wir auf demselben Wege flinke kleine Fordcamiones dahinflitzen, vollbepackt mit Körben und Säcken, mit Kisten und Kasten, Netzen mit Maiskolben, Packen mit Rohzucker (panela), zwei Sitzreihen eng besetzt mit Passagieren, unter ihnen viele Indianer und indianische Frauen, und andere auf den Lasten thronend. Sie nehmen diese Unbequemlichkeit gern in Kauf, da der billige Fahrpreis anreizt. Freilich sind seine Mittel wiederum nicht so reichlich, daß der Indio nun auch Frau und Kinder auf solchen Fahrten mitnehmen könnte. In der Mehrzahl der Fälle sieht man daher einzelne Männer, seltener Frauen der eingeborenen Klasse auf den Überlandautobussen, oder auch zwei Männer, die im Kompagniegeschäft Handel treiben. Es kann aber keine Rede davon sein, daß der verbreitete indianische Hausierhandel und das Reisen indianischer Händler heute schon überwiegend den Automobilverkehr benutzt. Im Gegenteil trifft man noch überall im Innern des Landes wie an der pazifischen Küste — und hier namentlich in deren östlichen Teilen gegen El Salvador zu — den üblichen indianischen Händler zu Fuß mit seiner Handelsware als Bürde auf dem Nacken oder auf seinem Packtier. So traf ich 1938 und 1939 zwischen Rio Paz und Rio Esclavos mehrmals solche einzeln reisenden Händler, die teils aus Totonicapán, teils aus San Cristobal Totonicapán oder Momostenango stammten. Wenn ich eigene Eindrücke von der letzten Reise zusammenfasse, ergibt sich die Sachlage, daß das indianische Element den Automobilverkehr überall da benutzt, wo es sich darum handelt, in die Landeshauptstadt, in eine der Departamentshauptstädte oder nach solchen Orten zu gelangen, die unmittelbar an den modernen großen Überlandstraßen liegen. Umgekehrt findet der indianische Verkehr im westlichen pazifischen Küstengebiet auf der seit langem benutzten alten Straße von San Felipe nach Quezaltenango immer noch vorwiegend zu Fuß statt.

Das indianische Arbeiterwesen.

Ein weiterer Grund eines ausgedehnten indianischen Verkehrs ist die fluktuierende Bewegung der Landarbeiter zwischen ihren Heimatorten und den Arbeitsstätten in den Plantagengebieten. Mittel- und Südguatemala bilden die beiden Pole, zwischen denen sich dieser Bewegungsvorgang erheblicher Bevölkerungsmengen der Indianer vollzieht. Denn die Heimat dieser Menschen ist das Hochland von Mittelguatemala; ihre Arbeitsstätte liegt fast immer an der pazifischen Abdachung. Dieser Verkehr, der jahreszeitlich an- und abschwoll, je nachdem die Pflanzungsarbeiten Kräfte erforderten, ging seit langer Zeit zu Fuß vor sich. Aber schon in der Zeit meines ersten Aufenthaltes um 1926/27 herum kam es auf, daß größere Plantagenunternehmungen bei der damaligen günstigen wirtschaftlichen und finanziellen Lage dazu übergingen, Transporte von Arbeiterfamilien dort, wo angängig, bis zu einer Station der Nord- oder Südbahnlinie marschieren zu lassen und ihnen von dort die Benutzung der Bahn in die Nähe der betreffenden Pflanzungen freizustellen. Dieser Versuch wurde besonders mit den Indianern von Rabinál gemacht und bewährte sich, bis die Wirtschaftskrise in den Jahren 1930 u. ff. ihn unrentabel werden ließ.

Als ein Beispiel für die Herkunft der saisonmäßig verpflichteten indianischen Arbeiter und die Entfernung ihrer Heimatorte von den Pflanzungen möge die Plantage San Andres Osuna an der pazifischen Abdachung im Departamento Escuintla herangezogen werden. Vom 1. Januar bis 31. Dezember 1927 waren auf ihr 91 816 Saisonarbeiter, sog. „Jornaleros", verpflichtet. Sie kamen aus folgenden Dörfern des Hochlandes und hatten in Kilometer um ein Drittel bzw. die Hälfte mehr als folgende Entfernungen nach San Andres Osuna (750 m ü. M.) zurückzulegen, die in Luftlinie gemessen sind:

El Hato (bei La Antigua)	ca.	1800 m ü. M.	31 km
La Antigua		1480	29 km
Sumpango		1840	34 km
Ciudad Vieja		1570	24 km
S. Pedro Sacatepequez		2100	42 km
S. Juan „	ca.	1850	47 km
S. Martin Jilotepeque		1800	43 km
Cajahualtén	ca.	1850	30 km
Joya Grande	ca.	1900	36 km
Itzapa		1820	29 km
Patzitzía		2100	31 km
Patzúm		2180	35 km
S. Miguel Chicáj		900	102 km
S. Bartolo	ca.	2200	37 km

S. Lucas Tolimán		1510 m ü. M.	. . . . . . 36 km
Sa. Maria Cauque	ca.	1900	. . . . . . 35 km
Rabinál		970	. . . . . . 94 km
Cubulco		990	. . . . . . 88 km
Comalapa	ca.	1800	. . . . . . 45 km
Chiché		1950	. . . . . . 74 km
Zacualpa		1480	. . . . . . 78 km
Caniyá	ca.	1500	. . . . . . 88 km

Die Liste zeigt die zum Teil bis in das Quiché reichenden Entfernungen, belehrt zugleich über die Höhendifferenzen von Heimatort und Arbeitsstätte, zeigt aber zugleich, daß auch in Zukunft hier nicht an einen ausschließlichen Autoverkehr zugunsten der Arbeiter gedacht werden kann. Wenn mir etwa 1938 ein kleiner indianischer Arbeitertransport von San José Nacaguil nach dem unteren Rio Esclavos auf einem Lastauto begegnete, so ist das als eine Ausnahme zu bewerten.

In Westguatemala geschieht der Verkehr der Wanderarbeiter aber noch weiter in der früheren Form der Fußmärsche. Da die Heimat dieser Leute bis in die Dörfer der Altos Cuchumatanes reicht, sind erheblich weitere Entfernungen als im Osten zu meistern. So müssen etwa die Arbeiter der Finca Pensamiento von ihrem Dorf Santa Eulalia bis dorthin 125 km zu Fuß zurücklegen! Leute aus Huehuetenango habe ich auf der Plantage Palo Gordo angetroffen, eine Entfernung von rund 95 km. Ixil-Indianer aus Nebáj arbeiteten 1928 auf der Finca El Potosi bei Patulul an der pazifischen Küste, 120 km von ihrem Dorf entfernt. Zieht man alle diese erwähnten Umstände in Betracht, so wird durch das moderne Verkehrswesen einer gewissen Europäisierung der Indianer Vorschub geleistet, deren Auswirkungen sich in der Erkenntnis einer erreichbaren bequemeren Lebensführung Bahn brechen. Von ihr strahlen Reize des zunächst Neuen aus, von dem der Indianer lernt, daß es seine Annehmlichkeiten für ihn besitzt, im zweiten Stadium wird es zum Unterscheidungsmerkmal einer rein fiktiven sozialen Höherbewertung unter seinesgleichen, und aus ihm leitet sich das dritte Stadium der Nachahmung ab. Der Indianer macht die Mode mit! Damit hat er aber ein wesentliches Prinzip seines Volkscharakters durchbrochen, der ja gerade durch die starre Beharrlichkeit des Hängens am Althergebrachten und den Konservativismus der Lebensform gekennzeichnet ist. Es ist selbstverständlich, daß dieser Prozeß in der angedeuteten Richtung gerade bei der jüngeren Generation zu beobachten ist. Die ältere ist bis auf einige

Äußerlichkeiten genau so indianisch geblieben, wie sie es vor 20 oder 50 oder mehr Jahren war. Und da ist es berechtigt, zu fragen, ob denn nun diese junge Generation nicht mehr so sehr „indianisch" wäre wie die ältere.

Turismus und Schulwesen.

Wenn wir hierzu Beobachtungen heranziehen, die sich mir während meines Aufenthaltes in Guatemala im Winter 1938/39 an einzelnen Punkten des Hochlandes ergaben, so ist eine solche Abwandlung in den vom modernen Durchgangsverkehr berührten Gebieten sicher vorhanden. Einer der Hauptfaktoren ist der gesteigerte Fremdenverkehr, ein anderer die im Lande vorhandene Tendenz, den Indianer als Nachkommen eines alten, hochstehenden Kulturvolkes und eines interessanten Volkstums in der Gegenwart inländischen und ausländischen Kreisen zur Schau zu stellen, ein dritter der verstärkte Schulzwang des Eingeborenen und die ihm hiermit vermittelten Einblicke in das Getriebe der modernen Zivilisation.

Schon an anderer Stelle habe ich die Bedeutung des ersten Faktors hervorgehoben[4]). Ein sehr gutes Beispiel hierfür bietet das von Indianern stark bevölkerte Gebiet im Umkreis der Gemeinde von Chichicastenango. Dort wurden durch Eröffnung eines allen Anforderungen des heutigen Reiseluxus entsprechenden Hotels Voraussetzungen geschaffen, um einen Turistenstrom in das Dorf zu lenken. Nordamerikaner kamen in Menge, meist Leute, die nur aus Sensationslust reisten, um das indianische Volksleben als ein Kuriosum kennenzulernen, daneben aber sich den Freuden und dem Luxus einer Vergnügungsreise hinzugeben. Man engagierte jüngere Indianer als Bedienstete im Hotel, steckte sie in ihre alten Trachten, stattete die Innenräume mit kolonialspanischen Kuriositäten und modernen Gemälden des Volkslebens aus, zog indianische Händler mit Erwerbserzeugnissen ihrer Heimindustrie heran und öffnete damit dem Indianer neue Möglichkeiten, nicht nur die Fremden kennenzulernen, sondern auch deren Schwächen auszunutzen. Das Ergebnis war eine Verschlechterung des einheimischen Gewerbes bei gleichzeitiger Erhöhung der Kaufpreise. Auf dem Markt findet man daher jetzt eine ganze Reihe von Verkaufsständen, in denen fabrikmäßig hergestellte Webwaren feilgeboten werden mit Mustern und Ornamenten, die neue Formen besitzen. Sie reichen nicht an die der früheren Jahre heran. Hier und dort hört man auf dem Marktplatz ein paar englische Brocken von Jungen und Jünglingen, von denen mancher verstohlen dem Fremden Altertümer

[4]) F. Termer, a. a. O. (s. Anm. 3).

anzubieten wagt. Sind es auch Fälschungen, oft ganz grober Art, so werden dafür doch sehr hohe Preise gefordert. Das Benehmen der Jugend ist dem Fremden gegenüber freier und anmaßender geworden. Besonders ist es bei den aktiv in den Fremdendienst eingeschalteten Jungen zu sehen.

Der zweite Faktor ist nicht zu unterschätzen. Er hängt zusammen mit dem in den letzten Jahren gesteigerten Interesse weiterer Kreise des Landes an seiner Geschichte und dem Schicksal seiner eingeborenen Bevölkerung. Über die Folgen dieser Bewegung, so wie sie jetzt vorwärts getrieben wird, ist man sich nicht ganz im klaren. So ist es für den Eingeborenen höchst abträglich, wenn man ihn und sein Volkstum zum Schauobjekt macht und damit Wege beschreitet, wie sie zum Unheil der Indianer in den Vereinigten Staaten schon früher beschritten worden sind. Hierfür ein Beispiel.

Jedes Jahr findet in der Hauptstadt eine große Messe statt, in der ein Überblick über die Fortschritte der Wirtschaft der Republik gegeben wird; eine anzuerkennende und interessante Schau. Es ist nun Brauch geworden, gleichzeitig hiermit eine Indianerschau zu verbinden, den sogenannten „Pueblo indígena“. Auf einem besonderen Terrain des Ausstellungsgeländes sind Blockhütten erbaut, in die man Abordnungen von Indianern aus verschiedenen Hochlanddörfern bringt, Männer, Frauen und Kinder, die Proben ihrer Heimarbeit vorführen, ihre Trachten zeigen und zu bestimmten Tageszeiten Tänze aufführen. Man ist sogar so weit gegangen, einige Cofradías mitsamt ihren alten silbernen Kirchengeräten in die Hauptstadt zu holen, wo sie starr und stumm stundenlang vor ihrer Hütte sitzen, um sich vom Publikum begaffen zu lassen. Am bedenklichsten aber war der 1938 erstmalig unternommene Versuch, einige Lacandonen-Indianer aus dem Petén herbeizuholen. Man brachte sie vom Rio Usumacinta im Flugzeug zur Messe (Feria), fünf an der Zahl, wo sie alsbald in dem kalten Höhenklima erkrankten. Der Eindruck, den sie machten, war geradezu erbärmlich. Zusammengekauert hockten sie um ein dürftiges Feuerchen, über dem man ein paar Habseligkeiten, Bogen, Pfeile, Jagdtaschen und Kalebassen aufgehängt hatte. In einer Stangenhütte lagen zwei Männer fröstelnd im Fieber in Hängematten, ausgemergelt und blaß. Keiner nahm Notiz von den Zuschauern, aus deren Reihen man die Meinung hörte, daß diese Indianer mehr Tiere als Menschen wären.

Das Zurschaustellen des Indianers in dieser Form ist in jeder Hinsicht zu verwerfen, da es sich nur am Eingeborenen rächen wird. Man lockert dadurch seine enge Bindung an sein Volks- und Brauchtum und raubt ihm eine Grundlage seines eigenständigen Wesens, das man in dem krassen

Gegensatz zur umgebenden modernen Zivilisation als inferior, als kurios hinstellt. Im Interesse des Indianers und der Bevölkerung des Landes überhaupt sollte in Zukunft von dieser Art der Popularisierung des Indianertums Abstand genommen werden!

Der dritte Faktor, die Schule, beeinflußt still aber beharrlich die Jugend. Hier kann nach meinen Beobachtungen nur gesagt werden, daß man sich auf gutem Wege befindet, da man dem Indianer sein Volkstum verständlich zu machen versucht und ihn darin bestärkt. Besonders die Eingeborenenschule in Chichicastenango hat auf mich einen günstigen Eindruck gemacht, die als Muster dienen kann. Werden doch dort Knaben und Mädchen von einem eingeborenen, sehr tüchtigen Lehrer nicht nur in den Elementarfächern unterrichtet, sondern auch in Kunstfertigkeiten und Handwerke eingeführt. Eine Ausstellung von derartigen Arbeiten zeigte Geschick und Talent der Jungen und Mädchen, und bei manchen eine erstaunliche Phantasie und Begabung. Mir scheint hier eine Richtung in der modernen Erziehung des Indianers eingeschlagen worden zu sein, die in Zukunft ihre Früchte dem Indianer wie dem Lande bringen wird. Seine Eingliederung in die Gegenwart wird hier gut vorbereitet, besonders wenn überall auf die Erhaltung des indianischen Volkstums Wert gelegt wird.

Wenn auch nicht so weite Kreise umfassend wie die Schule, hat auch das gegenwärtige Militärwesen in der Republik seinen Einfluß auf den Indianer stärker als früher wirksam werden lassen. Freilich blüht nicht jedem der Vorzug, in die Reihen der Gardetruppen in der Hauptstadt eingezogen zu werden. Wer aber seiner teilhaftig wird, erhält dort eine über das rein Militärische hinausgehende Schulung allgemeiner Art. Lesen, Schreiben, Rechnen und andere Fächer mehr zeigen dem Eingeborenen die fremde Welt der modernen Zivilisation mit guten Ergebnissen. Denn wer nach seiner Dienstzeit in die Heimat zurückkehrt, kann das Gelernte nutzbringend zum Wohl seiner Familie und des ganzen Dorfes verwerten. Ein Beweis für den Erfolg dieser Erziehung des Eingeborenen ist die Tatsache, daß sich heute die Jugend danach drängt, Militärdienst zu leisten, der seit der Regierungszeit des umsichtigen, hervorragenden Präsidenten, des Generals Ubico, das Entwürdigende der früheren Zeiten verloren hat.

Haben nun alle diese neuartigen Einflüsse die Wirkung auf die indianische Jugend, daß sie diese unindianischer machten, sie also entwurzelten? Die Frage zu beantworten, ist noch verfrüht! Sie wird sich auch wohl in Zukunft verschieden beantworten lassen, je nachdem die indianische Bevölkerung der größeren städtischen Gemeinwesen und ihrer Umgebung oder in den ländlichen Distrikten gemeint ist. Ich habe während meines jüngsten zweiten Aufenthaltes in Guatemala zu wenig Gelegenheit gehabt, durch längeres Verweilen in den Hochländern mit den Indianern enger in Berührung zu kommen, wie es 1925 bis 1929 der Fall gewesen war. Mir scheint aber in der indianischen Jugend der Dörfer, soweit sie abseits der Hauptverkehrsstraßen liegen, das gleiche indianische Wesen vorhanden zu sein wie ehemals. Am besten ist dieses zu beobachten bei den sichtbaren Äußerungen der altertümlichen Volksreligion. Immer noch übt sie auch auf die junge Generation ihren Einfluß aus, und ihre Bande verknüpfen den Jüngling und das Mädchen ebenso eng mit der langen Reihe der Ahnen, wie es bei Eltern und Vorfahren der Fall gewesen ist. Von hier aus strahlen Sitte und ethisches Empfinden tief in die Seele der Jugend hinein und schaffen mit an ihrer indianischen Prägung trotz aller möglichen Einflüsse der modernen Umwelt und ihrer Lebensbedingungen. Wo aber einmal in dieses Bollwerk des Indianertums Bresche gelegt worden ist, durch üblen Einfluß von außen, durch Anpassung an das Mestizentum, durch dauernde Verpflanzung in eine fremde, städtische Umwelt, da wird auch die indianische Jugend der modernen Zeit erliegen, sich abkehren vom Alten und biologisch wie kulturlich auf- oder untergehen.

2. Die Mischlinge.

Die Kolonialzeit.

Das 16. Jahrhundert sah in unseren Gebieten sehr bald eine Mischlingsbevölkerung emporwachsen, deren Komponenten weißes und braunes Blut waren. Auf der einen Seite stand eine männliche Bevölkerung des europäischen Abendlandes, deren Vertreter in den meisten Fällen alles andere als edel genannt werden konnten. Auf der anderen Seite bildete der weibliche Teil in vielen Fällen den Bestandteil der führenden indianischen Kreise, Töchter von Adligen, sogar aus fürstlichen Häusern oder kleineren Kazikengeschlechtern. Gerade diese Schichten waren es, auf die sich die weißen Abenteurer stürzten. Im Lauf der Zeit drangen auch Mitglieder der tiefer stehenden sozialen Stufen des Indianertums in die weiße Rasse ein, vor allem aber in das Mestizenelement selbst.

Es entstand die Bezeichnung „Mestizo" oder „Ladino" für den Mischling schon im 16. Jahrhundert. Letztere scheint sich nur für Mittelamerika durchgesetzt zu haben. Antonio de Herrera kennt Mischtypen. Fuentes y Guzmán spricht von „ladinos indios" in dem Sinne, daß er hiermit die christianisierten Indianer bezeichnet. Sonst gebraucht er beide Bezeichnungen nebeneinander. Bemerkt sei, daß man im Amazonasgebiet das Wort „ladino" in der Bedeutung „pfiffig, verschmitzt" kannte. Bancroft gebrauchte es noch für alle Mischtypen, während es heute nur für den Mischling aus weißem und Indianerblut verwendet wird[5]).

Die Eroberung und Durchdringung der tropischen Gegenden Amerikas hatte einen hohen zahlenmäßigen Verlust der indianischen Rasse mit sich gebracht, besonders hoch durch ansteckende Krankheiten, durch Sklaverei und Menschenjagden. Gerade in den Teilen, die schon in vorkolumbischer Zeit schwach bevölkert waren, wirkte sich dieser Verlust um so stärker aus, so daß weite Gegenden verödeten. Honduras, Nicaragua sind Beispiele hierfür. Wie stand es aber damit in unseren Gebieten von Guatemala?

Hier hatte der rasche Eroberungsfeldzug des Pedro de Alvarado stattgefunden, der sich in die dicht besiedelten kühlen Hochländer des westlichen und mittleren Guatemala richtete, schnell Entscheidungsschlachten mit wohl übertrieben dargestellten Verlusten der Indianer brachte und sicher eher durch den eigenen Verrat der Stämme gegeneinander zum Vorteil der Spanier ausfiel, als es bei geschlossenem Zusammenhalt der Fall gewesen wäre. Die nach 1525 durchgeführte Befriedung des Landes erfolgte durch kleinere Expeditionen mit verhältnismäßig schwachen spanischen Kräften, unterstützt von mexikanischen Hilfstruppen. Auch da waren die Verluste der Eingeborenen im Waffengang wohl im allgemeinen nicht sehr hoch. Müssen wir doch folgendes bedenken: Im Gegensatz zu Mexico war Guatemala politisch aufgeteilt in einige voneinander unabhängige oder nur in lockerem Verband stehende indianische Reiche, die sich jeweils um befestigte Stützpunkte gruppierten. Hier gab es nicht größere Städte wie in Mexico (Mexico, Cholula, Tlaxcala u. a.), sondern es herrschte die weit ausgedehnte Streusiedlung vor. Die Masse der Bewohner dieser Reiche lebte im ganzen Territorium verteilt. Das sichtbare Zeichen der politischen und der mit ihr eng verbundenen religiösen Macht waren befestigte Tempelburgen, wie sie genannt seien. Wir kommen auf sie in anderem Zusammenhange zurück.

Was hier von den Spaniern in offener Feldschlacht oder im Belagerungskrieg besiegt wurde, waren Wehrabteilungen, die doch nur einen Bruchteil

---

[5]) Herrera, 1726—30, Bd. I, S. 29, I. — Fuentes y Guzmán, Ausg. 1882, S. 192/193. — Auch der englische Herausgeber Baily von Juarros' Werk „A statistical and commercial History of the Kingdom of Guatemala, London 1823, S. 24. Anm. äußert sich in diesem Sinne. — W. H. Bates, 1924, S. 254. — H. H. Bancroft, 1887, Bd. III, S. 594.

der Gesamtbevölkerung ausgemacht haben. Ihre Vernichtung besagte nicht diejenige der Mehrzahl des Volkes, das sich nach der Einnahme der Burgen, ihrer Führer beraubt, den Fremden unterwarf. Da nun solche Reiche sich hauptsächlich in den westlichen Hochländern gebildet hatten, so blieb in ihnen auch die immer schon vorhandene zahlreiche indianische Bevölkerung erhalten. Sie ist auch in der ersten Hälfte des 16. Jahrhunderts bei den mehrfachen Aufstandsversuchen von Angehörigen der alten Kazikengeschlechter kaum erheblich durch kriegerische Maßnahmen verringert worden.

Anders lagen die Verhältnisse im östlichen Guatemala, also in den Gebieten der heutigen Departamentos Jalapa, Jutiapa und Santa Rosa wie Zacapa. Fehlt es auch nicht an archäologischen Beweisen für eine einstmals vorhandene kulturell hochstehende indianische Bevölkerung, so ist sie doch viel dünner gesät gewesen als im Westen der Republik. Bei der Eroberung im 16. Jahrhundert war sie sicher zahlenmäßig schwächer als in den westlichen Hochländern. Die heute vorhandenen Ruinenplätze im Osten des Landes müssen um diese Zeit, bis auf wenige, schon verlassene Stätten gewesen sein. Denn nirgends hören wir davon, daß die Spanier eine dieser Anlagen erstürmt oder belagert hätten. Selbst die Stätte von Asunción Mita, von der uns Palacio (1576) noch Einzelheiten über Kult und Gepränge der Priesterschaft zu berichten wußte, dürfte damals kaum noch Bedeutung gehabt haben. Von Kämpfen der Spanier erfahren wir nur wenig, so etwa gegen die aus verschiedenen östlichen Stämmen zusammengezogenen Truppen in der Sierra de Cañales, worunter die östliche Umrandung des Valle de las Vacas zu verstehen ist[6]). Die Folgezeit hat zur Vermehrung der indianischen Bevölkerung in den Ostgebieten sicher nicht beigetragen. Fehlen uns auch direkte Nachrichten über sie, so dürfen wir doch annehmen, daß man dort die Indianer zu Diensten in den Minen preßte, die ja im Osten des heutigen Guatemala und in Honduras vorhanden sind und damals ausgebeutet wurden.

Was endlich die pazifische Küste anbetrifft, so muß sie dichter von Indianern besiedelt gewesen sein, nur daß auch hier keine großen zusammenhängenden Reiche vorhanden waren, sondern einzelne Ansiedlungsflächen, die im westlichen Abschnitt als Ausläufer der Hochlandreiche mit eingestreuten Pipilniederlassungen, im östlichen als solche der Xinca zu betrachten sind, während die Pipilbevölkerung dort größtenteils schon

[6]) Fuentes y Guzmán, Ausg. 1882, Bd. I, S. 311. — Er kennt das Gebirge auch unter dem Namen „Sierra de Cañales", Bd. I, S. 329. — vgl. auch Milla, 1879, Bd. I, S. 175. Auch die Schreibung „Canales" kommt vor.

abgewandert war. Auch in diesem ganzen Gebiet fließen die Quellen zu spärlich, um ausreichendes Material zur Beurteilung der einstigen Verteilung der Bevölkerung einer Prüfung zu unterziehen.

Für den Vermischungsprozeß war es nun wichtig, in welchen Gebieten das weiße Element sich niederließ. Der Hauptanreiz in der ersten Hälfte des 16. Jahrhunderts waren Gegenden, in denen Minen vorkamen. Zum Glück für die Indianer von Guatemala ist ihre Heimat hiermit nur ärmlich von der Natur bedacht worden. Edelmetalle, besonders Gold, kamen bis auf die östlichen Randgebiete der Republik kaum vor oder waren nur wenig ergiebig. Wir werden auf die Verbreitung der Minen an anderer Stelle zurückkommen. Auch die gesamte pazifische Küstenabdachung barg keine Bodenschätze. Hier und dort kam wohl im Laufe der Kolonialzeit das Gerücht auf, daß sich in besonders markanten Geländeerhebungen vulkanischer Natur, wie etwa am Peñon de Siquinalá, Gold und Silber fänden. Solche Gerüchte haben sich teilweise bis in die Gegenwart erhalten, so an der genannten Stelle, und noch 1938 versuchten Anwohner von Pazaco mir klarzumachen, daß in den südlichen Ausläufern des Vulkans Moyuta gegen die Küste zu Silberadern vorhanden wären.

Sobald man im 16. Jahrhundert diesen Mangel in Guatemala in Erfahrung gebracht hatte, wandte sich das Interesse Spaniens anderen Gebieten Amerikas zu. Die reichen Minen in Mexico, die unerhört ergiebigen Distrikte von Perú zogen die Aufmerksamkeit auf sich. Guatemala blieb wirtschaftlich stiefmütterlich behandelt. Die Weißen taten das einzig Mögliche: sie ließen sich als Landwirte nieder, um diese reichen Schätze des Landes wirtschaftlich in Angriff zu nehmen. Landbau und Viehzucht wurden jetzt die Haupterwerbsquelle der Spanier.

Es bildete sich eine seßhafte Schicht von Grundbesitzern, deren Mitglieder in den frühen Zeiten des 16. Jahrhunderts Teilnehmer an den Eroberungszügen gewesen waren und Grund und Boden als Encomiendas erhalten hatten. Das Stadtbuch von Guatemala („Libro Viejo de la Fundación de Guatemala") zeigt hierfür eine Menge von Beispielen. Im weiteren Verlauf dieser Entwicklung eines europäischen Grundbesitzerstandes wurden nun auch kleinere Leute ansässig, nur daß wir über diese Schichten nicht im einzelnen unterrichtet sind. Es waren Leute, die oft vorher schon weitere Teile der amerikanischen Kolonien Spaniens kennengelernt hatten, die infolge von Schicksalsschlägen in den stilleren Provinzen Mittelamerikas ein Unterkommen suchten und sich in den Besitz eines kleineren Landstücks gesetzt, wohl auch zunächst als Abhängige in Diensten der führenden Schichten gestanden hatten.

Ihre Ländereien lagen vorzugsweise dort, wo das indianische Element weniger dicht verbreitet war, also wohl weniger in den Hochländern von Westguatemala als in den mittleren Höhenlagen des Ostens der heutigen Republik und an der pazifischen Küste.

In diesem Zusammenhange darf nicht vergessen werden, daß auch die Kirche bedeutende Ländereien in Besitz genommen hatte und wirtschaftlich ausbeutete. Auch diese lagen nicht so sehr im Indianergebiet als vielmehr in den mittleren, südlichen und östlichen Teilen des Landes. Bis gegen Ende der spanischen Herrschaft handelte es sich um ausgedehnte Landflächen. So war etwa das gesamte Terrain zwischen dem Rio Michatoya, Guacalate und Madre Vieja an der pazifischen Abdachung Kirchengut, das von den geistlichen Behörden in Antigua aus verwaltet wurde. Andere Terrains lagen östlich des Valle de las Vacas, etwa zwischen Petapa und der heutigen Grenze von El Salvador, heute noch kenntlich an den kirchlichen Namen einiger Landgüter. Endlich muß hier auch der kirchliche Musterbetrieb im Hochbecken von Salamá genannt werden, dessen Zentrum das Kloster von San Gerónimo war. Auf diesen Gütern, fern der Hauptstadt La Antigua, lag der Betrieb in Händen von Weißen. Das enge Zusammenleben mit den indianischen Arbeitern, die teilweise auf altem Grund und Boden belassen worden waren, teils zwangsweise angesiedelt wurden, gab die Veranlassung zu einer Vermischung der ländlichen weißen mit der braunen Eingeborenenbevölkerung. Das Mestizenelement rückte zwar nur langsam in die leitenden Stellen ein, sah sich sozial gegenüber dem Indianer noch nicht besonders geachtet, griff aber aktiv in die Wirtschaft des Landes alsbald ein.

Aber auch in den städtischen Siedlungen ging der Vermischungsvorgang rasch vonstatten. Die königlichen Verordnungen und die Erlasse der Behörden im Generalkapitanat Guatemala hatten allerdings im 16. Jahrhundert diesem keinen Vorschub leisten wollen. Im Gegenteil suchten sie die Annäherung des Mestizen an den Indianer zu verhindern, entsprechend der durchaus indianerfreundlichen Tendenz der Kolonialpolitik des Mutterlandes. Mehrfach bis zum Jahre 1646 verfügten Erlasse, daß das Nebeneinanderwohnen von Ladinos und Indianern in den Ortschaften verboten wäre. Das Bestreben ging dahin, jedem dieser beiden Bevölkerungselemente durch einen scharfen Trennungsstrich seine besondere Sphäre wirtschaftlicher und sozialer Art zu schaffen, wobei die Indianer nicht ohne Beihilfe oder mindestens wohlwollende Beurteilung der Kirche standen. Diese Gesetze scheinen aber in der Praxis auf erhebliche Schwierigkeiten gestoßen zu sein. Schon ihre mehrfache Wiederholung legt hierfür Zeugnis ab, ferner aber auch der Umstand, daß in den Gebieten von Westguatemala und in der Verapaz beide Elemente eng zusammenlebten. Freilich war es keine Gemeinschaft, die sich hier entwickelt hatte. Im Gegenteil hören wir, daß besonders in den städtischen und dörflichen Siedlungen der Verapaz Indianer und Ladinos sich schroff gegenüberstanden und jeder seine Rechte und Privilegien auf das strengste zu wahren suchte[7]). Daß diese im 16. Jahrhundert viel mehr auf seiten der Indianer als auf der der Mestizen lagen, ist aus dem Vorhergesagten klar.

Dieses Zusammenleben erklärte sich leicht aus dem Umstand, daß schon frühzeitig durch weltliche und kirchliche Behörden die Indianer in „Reducciones" unter gleichzeitiger Gründung von Dörfern zusammengefaßt worden waren, d. h. es bestanden, als das Mestizenelement stärker hervorzutreten begann, eine ganze Menge von Ortschaften, in denen sich natürlich auch Mischlinge anzusiedeln suchten. Ihre Zahl war noch zu gering, um eigene Niederlassungen dörflichen Charakters anzulegen, ganz abgesehen davon, daß die Möglichkeiten wirtschaftlichen Fortkommens in diesen bestehenden Siedlungen leichter waren als in neu zu gründenden, die keine größere konsumierende Einwohnerschaft besaßen. So scheiterten denn hieran alle gutgemeinten Versuche des Staates, eine scharfe räumliche Trennung beider Elemente vorzunehmen.

Nun waren aber im Umkreis der indianischen Orte auch die zugehörigen Ländereien Besitz der Gemeinden, über den besonders streng die Indianer wachten. Die Privilegien, in den Dorfbüchern niedergelegt, verkündeten diesen Landbesitz als ein unveräußerliches Recht der Eingeborenen. Die uralte Tradition aus der vorspanischen Zeit, die an den Gemeindebesitz anknüpfte, ließ den Indianer noch um so mehr auf sein Recht an Grund und Boden pochen. Daß hieraus für die Mestizen Einschränkungen sich ergaben, ist verständlich, und daß sie dazu führten, das Ladinovolk mehr in die indianerarmen Gegenden auf das platte Land zu locken, ist oben schon angedeutet worden. Wenn trotzdem die Mestizen allmählich auch in indianischen Gebieten seßhafte Landbesitzer wurden, so geschah dieses durch Überlistung der Indianer oder auf dem Wege, daß man private Ländereien erwarb. So ist Salamá, die heutige Hauptstadt des Departamento Baja Verapaz, von Ladinos auf einem Privatterrain gegründet worden, das vordem von indianischen Leibeigenen der ursprünglichen Besitzerin besetzt gehalten worden war[8]). So haben sich auch in

[7]) Pelaez, 1851/1852, cap. 125 (Bd. III, S. 208).

[8]) Pelaez, a. a. O.

Cuilapa, Azacualpa, Santa Rosa in den östlichen Teilen, in San Marcos in den westlichen und in den heutigen Departamentos Chimaltenango und Sacatepequez Ladinosiedlungen auf privaten Terrains entwickelt. Gelegentlich führten in Orten mit simultaner Besiedlung besondere Umstände eine Trennung von Mestizen und Indianern herbei, wie es im Laufe der späteren Zeit im 18. Jahrhundert der Fall gewesen zu sein scheint, als das Mestizentum schon eine wesentlich stärkere Position errungen hatte als im 17. oder gar im 16. Jahrhundert. So etwa in Petapa, das seit langer Zeit als bedeutendes blühendes Dorf nördlich des Amatitlán-Sees bekannt war. Seine Zerstörung durch Hochwasser im Jahre 1762 führte zu einer Trennung der beiden Bevölkerungsgruppen. Die Indianer siedelten sich neu in La Horca, einem heute nicht mehr existierenden Dorfnamen, an, die Ladinos gründeten sich die „Neue" Stadt Concepción de las Mesas. Dieser Ort heißt heute Villanueva, der andere San Miguel Petapa[9]).

Das Zusammensiedeln von Mischlingen und Indianern ist wohl am ausgeprägtesten im Umkreis der früheren Hauptstadt La Antigua gewesen. Orte wie Amatitlán, Pinula und Mixco neben Petapa werden häufig bei der Behandlung dieser Fragen in den älteren Werken genannt[10]). In ihnen wie in anderen ähnlichen Fällen waren schon frühzeitig die Voraussetzungen der Bevölkerungsvermischung gegeben. Die kleinen Handwerker und Gewerbetreibenden, die sich in der ersten Hälfte des 16. Jahrhunderts nach der Konquista dort niedergelassen hatten, waren nicht in der Lage, mit ihren ärmlichen Mitteln spanische Frauen zu unterhalten, die an sich zahlenmäßig stark zurücktraten. Sie gingen lockere Bindungen mit Indianerinnen ein, die als Bedienstete bei ihnen arbeiteten. Ihre Nachkommenschaft bildete ein ärmliches Element der Städte, das

---

[9]) Pelaez, 1851/1852, cap. 125 (Bd. III, S. 209/210). — vgl. Juarros, Trat. I, cap. 4 (Ausg. 1936, Bd. I, S. 56/57).

[10]) Pelaez, 1851/1852, cap. 124 (Bd. III, S. 204) führt eine Statistik aus dem Jahre 1682 an. Damals gab es in:

Amatitlán	1896	Indianer und	413	Ladinos
Petapa	2181	„ „	540	„
Pinula	618	„ „	20	„
Mixco	984	„ „	81	„

Das Dorf Chinautla, noch heute vorwiegend von Pokomam-Indianern bewohnt, zählte damals 190 Indianer, Ladinos waren überhaupt nicht ansässig.

In der Gegenwart ist eine genaue statistische Erfassung von Indianern und Ladinos nicht möglich, weil oft der Besitz der spanischen Sprache den Betreffenden, ob reinblütiger Indio oder Mischling, allgemein zum Ladino stempelt. Um schnell an Zahl wuchs und den minderbemittelten Stand zusammensetzte. Was in den späteren Jahrhunderten an reinblütigen Weißen nach Guatemala kam, waren vorzugsweise Beamte und Geistliche, von denen nur ein geringer Teil im Lande dauernd blieb, während die anderen ihre Posten als Durchgang zu höheren Ämtern bekleideten. Aus ihrer Mitte ließ sich keine dauernde Stärkung des weißen Elementes erwarten.

So dürfen wir denn annehmen, daß seit der zweiten Hälfte des 16. Jahrhunderts die Ladinos in Guatemala immer mehr zunahmen, wogegen die Indianer nach ihren anfänglichen schweren Verlusten sich langsam wieder vermehrten bzw. in den Gebieten, in denen sie unbehelligt geblieben waren, ihren früheren Bevölkerungsstand erhielten.

Im 19. und 20. Jahrhundert ist eine weitere Zunahme der Mischlingsbevölkerung durch das Eindringen des Mestizentums in das Indianertum erfolgt und hält auch gegenwärtig an. Dieser Vorgang hängt zusammen mit der modernen wirtschaftlichen Entwicklung der plantagenmäßigen Ausbeutung des Landes, wie sie durch die heutigen Welthandelsprodukte des Kaffees und Zuckerrohrs, nicht zuletzt auch des Bananenbaues bedingt wurde. Die gesteigerte Verwendung größerer indianischer Arbeitskräfte brachte den Eingeborenen enger als früher mit dem Mestizenelement seiner Arbeitsgebiete in Verbindung und verfehlte ihre Wirkung nicht auf die Vermischung, wenn auch dem mit seinem Volkstum, seiner Sprache und engeren Heimat verwurzelten Indianer noch heute eine Abneigung gegen den Mestizen im Blute steckt.

---

einen gewissen Anhalt für die heutigen Verhältniszahlen zu bieten, seien Zahlen aus dem Dep. de Guatemala genannt (nach J. Antonio Villacorta C., Monografía del Departamento de Guatemala, Guatemala 1926, passim):

S. Pedro Sacatepequez	4 964	Indianer	und	81	Ladinos
S. Juan „	17 337	„	„	2823	„
S. Raimundo . . .	4 163	„	„	2137	„
S. Antonio Las Flores	697	„	„	332	„
S. José Nacahuil	1 069	„	„	2	„
S. Pedro Ayampuc .	1 724	„	„	1447	„
Chinautla	1 733	„	„	829	„
Las Vacas .	624	„	„	5128	„
Santa Rosita .	240	„	„	1796	„
Palencia . . .	12	„	„	9522	„
S. José del Golfo	118	„	„	1457	„
S. Antonio La Paz .	5	„	„	3047	„
Sanarate	81	„	„	6540	„
Progreso	73	„	„	4324	„

Die Herkunft der spanischen Einwanderer.

Eine wichtige, noch nicht behandelte und wohl schwer zu beantwortende Frage ist die nach der landsmännischen Herkunft der in Guatemala seßhaft gewordenen Spanier, eine Frage, die für den Charakter der Mischlingsbevölkerung in Iberoamerika nicht außer acht gelassen werden darf. Besitzen wir für Südamerika immerhin einige Grundlagen hierfür, so mangelt es für Mittelamerika und speziell für Guatemala noch an dem ausreichenden Material.

Handelt es sich um die Angehörigen weltlicher Berufe, so sind wir auf einige wenige Notizen in den älteren Werken angewiesen. So hören wir von der an der hondureñischen Nordküste gelegenen Hafenstadt Truxillo, daß sie 1524 mit Spaniern aus Estremadura besiedelt wurde und hierdurch ihren Namen erhielt in Anlehnung an die Stadt Trujillo nördlich von Cáceres in der spanischen Heimat[11]. Aus dem 17. Jahrhundert überliefert uns Thomas Gage die Nachricht, daß in der Stadt Antigua zu seiner Zeit 1 Kastilianer, 1 Baske, 1 Genuese und 2 Portugiesen ansässig waren[12]. Aus Salvador werden im 18. Jahrhundert als Einwohner spanischer Herkunft Basken, Galicier, Katalanen und Pyrenäenbewohner erwähnt[13].

Etwas umfangreicher sind die Hinweise, die über die Herkunft der spanischen Geistlichen in Mittelamerika und Mexico erhalten sind. Eine genaue Prüfung der historischen Werke aus der Feder von Ordensgeistlichen würde manche Aufschlüsse geben. Wir beschränken uns hier, um ein Beispiel zu geben, auf zwei solcher Werke, die auf die Verhältnisse in Guatemala Bezug nehmen.

Augustin Dávila Padilla führt in seinen Lebensbeschreibungen von Angehörigen des Dominikanerordens 26 auf, die ihre spanische Heimat mit Mexico und Guatemala vertauschten. Unter diesen waren 7 Andalusier, 5 Leonesen, 3 Aragonesen, 3 Altkastilier, 3 Estremadurer, 2 Asturier und je 1 Baske, Galicier und Neukastilier[14].

---

[11]) Herrera, Descripción etc., cap. 13 (Ausg. 1726—1730, Bd. I, S. 27, I). — Nach Vazquez, Lib. 5, trat. 2, cap. 15 wäre Trujillo von Spaniern aus Andalusien und den Baskenprovinzen bewohnt gewesen — vgl. Pelaez, cap. 30 (Bd. I, S. 221).

[12]) Gage, Ausg. 1693, S. 261.

[13]) A. Gutierrez y Ulloa, Estado general de la Provincia de San Salvador, 1807. San Salvador 1926, S. 12.

[14]) Fr. Augustin Dávila Padilla, Historia de la Fundación y Discurso de la provincia de Santiago de México, de la Orden de Predicadores por las vidas de

Ein weiteres Beispiel bietet der Transport von 30 Mönchen, der 1688 für Guatemala bestimmt in Honduras landete. Unter den Neuankömmlingen war auch derjenige, der uns die Herkunft der einzelnen aufgezeichnet hat: Francisco Ximenez. Von 28 gibt er in seinem Geschichtswerk die Geburtsorte an[15]), die sich auf folgende spanische Landschaften verteilen: 11 Andalusier, 4 Neukastilier, 3 Leonesen, 2 Katalanen, je 1 Estremadurer, Granader, Asturier, Altkastilier, Valencianer und Baske, außerdem noch 1 Portugiese und 1 Pole.

Ferner enthält die Chronik dieses Autors die Herkunftsangaben von Ordensgeistlichen, die in Guatemala gestorben sind[16]). Die Liste umfaßt den Zeitraum von 1656 bis 1719. Zunächst geht aus ihr hervor, daß von der Mitte des 17. Jahrhunderts ab die Zahl der in Guatemala geborenen Geistlichen stark angestiegen war. Aus Spanien stammend werden unter den Verstorbenen 32 Mönche genannt. Hiervor waren 8 Neukastilier, 7 Andalusier, 5 Altkastilier, 3 Granader, je 2 Valencianer und Leonesen, je 1 Baske, Galicier und Aragonese, und 2 stammten von den Kanarischen Inseln.

Stellen wir alle drei Berichte zusammen, so ergibt sich folgende Verteilung:

Andalusier	25	Übertrag . . .	69
Neukastilier	13	Valencianer	3
Leoneser	10	Asturier	3
Altkastilier	9	Basken	3
Granader	4	Galicier	2
Aragonesen	4	Katalanen	2
Estremadurer	4	Kanaren	2
Zu übertragen . . .	69	Summa . . .	84

Es ergibt sich hieraus ein Überwiegen der andalusischen Gebiete, der zentralen Landschaften von Alt- und Neukastilien und der gebirgigen Provinzen von Westspanien. Nordspanien, Westspanien und Katalonien treten demgegenüber in den Hintergrund. Es wäre eine verlockende Aufgabe, auf Grund dieser Beispiele, die aus anderen geistlichen Chroniken

---

sus varones insignes y casos notables de Nueva España. Edición segunda, Brusselas 1625, passim.

[15]) Ximenez, Lib. V, cap. 49 (Ausg. 1929, Bd. III, S. 479).

[16]) Ximenez, passim.

über Mittelamerika zu vermehren, wir uns hier versagen, auch für die übrigen spanischen Kolonien in Amerika diese Frage weiter zu verfolgen. Es entsteht hier ein dankbares Feld für aufschlußreiche Forschungen in den spanischen Archiven! Es wäre dabei auch zu prüfen, ob nicht in den verschiedenen Jahrhunderten Nord-, Zentral- und Südspanier bald mehr oder weniger stark in unsere Gebiete gekommen sind.

Die Mischlinge in der Gegenwart.

Die Unabhängigkeitsbewegung Mittelamerikas brachte wie in Mexico dem Mestizen die Befreiung von gesellschaftlicher und politischer Bevormundung. Schnell schwang er sich zum Herrscher über das Land auf und lenkte nun mit allen seinen Vorzügen und Nachteilen die Geschicke seiner Heimat. Heute ist die Ladinoschicht die mächtigste und führende im Lande. Wir gehen hier nicht auf die oberen Kreise ein, sondern wollen dem kleinen Mann einige Bemerkungen widmen.

Wir treffen ihn auf dem flachen Lande als Kleinbesitzer ländlichen Eigentums, der sich dem Landbau und der Viehzucht widmet, auch hin und wieder kleine Plantagen sein eigen nennt. Nur infolge seiner Anspruchslosigkeit ist es ihm möglich, sich in dem modernen Wirtschaftskampf zu halten, wobei ihm Erleichterungen durch das Kreditwesen geschaffen worden sind. Da ihm aber oft genügende Übersicht und kaufmännische Kenntnisse fehlen, auch eine gewisse leichte Lebensauffassung ihm eigen ist, sind es nicht allzu viele, die im Lauf der Zeit sich zu größeren Mitteln und einer erfolgreichen Position emporarbeiten. Nehmen wir etwa als Beispiel kleine Eigentümer in Südostguatemala, wie sie einem an der tieferen Küste begegnen. Wohn- und Lebensweise sind primitiv. Eine einfache Stangenhütte mit Strohdach ist das Obdach. Der Hausrat umfaßt nur wenige Gegenstände, eine ärmliche Truhe, einen kleinen Hausaltar, ein paar einfache Holzstühle oder mit Rindshaut überzogene Butacas. Andere Dinge werden an Dachbalken oder an den Pfosten der Hütte aufgehängt. Es ist kaum ein Unterschied zu den Behausungen der Indianer vorhanden. Die Zahl der Kinder ist groß, ihre hygienische Pflege mäßig, so daß nicht wenige in jugendlichem Alter sterben. Viele bearbeiten das Land für einen fern wohnenden Grundbesitzer als Pächter oder Angestellte. Ersparnisse zu machen ist diesen Menschen kaum möglich; sie leben von der Hand in den Mund. Kenntnisse im Lesen und Schreiben sind vielfach nicht vorhanden. Eine Besserung der Lage dieser Schicht wird von der weitblickenden Regierung nach Kräften zu fördern gesucht. Die Aufteilung großer Latifundien, die nicht rationell in der Gegenwart ausgebeutet werden, soll dazu dienen, diesem kleinen Mann Grund und Boden anzuweisen. Die Erfolge gerade in Südostguatemala scheinen für diese Richtung der modernen Fürsorge zu sprechen, zumal man bisher vernachlässigte Kulturen, wie Reis und Tabak, in jenen Gebieten den Leuten nahelegt.

Das Ladinoelement stellt in Ostguatemala auch einen erheblichen Anteil an der Arbeiterschaft der Plantagen und Viehhazienden, ist aber auch im Bereich der pazifischen Küste nach Westen überall anzutreffen. Die berittenen Vaqueros und die meisten in der Viehzucht tätigen Arbeiter gehören den Mischlingen an. Ihr Lebensstandard liegt hier höher als in den abgelegenen Gebieten des Ostens. Die Nähe der Bahnlinie, die Verkehrsaufgeschlossenheit und die regere wirtschaftliche Bewegung in Westguatemala tragen hierzu wesentlich bei.

Besser gestellte Mischlinge bekleiden fast durchweg die Stellen der unteren und mittleren Angestellten in den ländlichen Betrieben. Das fremde, darunter auch das deutsche Element tritt zahlenmäßig demgegenüber zurück. Handwerker und Techniker, Chauffeure und das übrige mit dem Verkehrswesen in Verbindung stehende Personal auf den Plantagen entstammt den Ladinoschichten. Geschützt durch Gesetze für die Bevorzugung nationaler Arbeitskräfte steht innerhalb dieser Berufe ihnen eine Zukunft bevor. Nehmen wir hierzu die überall im Lande vertretenen selbständigen Mischlinge, die die Dörfer und Landstädte als Kaufleute, Handwerker, Gewerbetreibende, als Beamte, Lehrer, Telegrafisten bevölkern, die in finanziell besserer Lage, als Unternehmer, Leiter eigener fabrikmäßiger Betriebe sind, so erhellt hieraus die wichtige Position, die diesen Kreisen im Gefüge des heutigen Staates zukommt, die noch dadurch um so mehr unterstrichen wird, als auch die sozial gehobenen Kreise der begüterten Schichten, die intellektuellen Kreise mit ihren Angehörigen der freien Berufe überwiegend Mischlinge sind. Sie geben heute den Ton im gesellschaftlichen und politischen Leben des Landes an und sind die Träger des modernen Fortschrittgedankens. In ihren Händen ruht die zukünftige Entwicklung der Republik, wie sie auch einst den endgültigen Entscheid in der Bevölkerungspolitik zu treffen haben werden.

In früheren Zeiten ist von Reisenden in den iberoamerikanischen Ländern und von Autoren, die sich mehr oder weniger lange in ihnen aufgehalten haben, oft über das Mischlingselement geschrieben worden. Seine Vorzüge sind bald über Gebühr gepriesen, bald in Abrede gestellt worden. Das Urteil über den Mestizen schwankt bei den Landesfremden stark. Es ist nicht unsere Aufgabe, hier uns zu diesem Problem zu äußern. Fest steht jedenfalls das eine, daß man in neuester Zeit sich mit den

Mestizen viel zu wenig beschäftigt hat und ihre soziale, wirtschaftliche und politische Bedeutung für die Gegenwart besonderer Untersuchungen wert wäre. Sie würden zu einer gerechteren Beurteilung dieser Menschen führen. Wenn man heute umgekehrt dem Indianer viel mehr Beachtung schenkt, so geschieht das mit Rücksicht auf seine geschichtliche Vergangenheit, sein interessantes Volkstum, die hohen Leistungen seiner uns fremdartigen Kultur. Auch dem Indianertum ist gegenwärtig noch eine wichtige Stellung im Gefüge Guatemalas vorbehalten, mit der sich die Wissenschaft vielfach beschäftigt hat. Man hat darüber aber zu sehr das Studium des Mischlings vernachlässigt. Auch er kann auf eine geschichtliche Vergangenheit von ein paar hundert Jahren zurücksehen, deren Ablauf uns noch weitgehend verborgen ist.

Dieser Zeitraum hat genügt, um nicht nur einen feststehenden Grundtyp des Mestizen zu schaffen, sondern auch Unterschiede feinerer Abstufungen zwischen den Mischlingen verschiedener Gebiete Iberoamerikas sich ausbilden zu lassen. Schon in Mittelamerika sind derartige Abweichungen in benachbarten Gebieten zu bemerken. Die mexikanische Mischlingsbevölkerung mit ihrem hohen musikalischen Können hebt sich hierin ab von der ernster veranlagten des benachbarten Guatemala. Wer aus dieser Republik nach Honduras übertritt, wird den Mestizen hier verschlossener, ernster, zurückhaltender treffen, der aber viel häufiger seine Guitarre als Begleitung zu ernsten Liedchen erklingen läßt, als es der Reisende in Guatemala gewohnt war. Und gelangt man nach El Salvador, wird einem der lebensfrohe, leichte, emsige und behende Typ des dortigen Mischlings auffallen. Und wie mit dem Persönlichkeitstyp des einzelnen und dem Allgemeincharakter der Gesamtheit ist es auch mit der Sprache bestellt. In ihr treten eine Fülle von Provinzialismen innerhalb benachbarter Landschaften Mittelamerikas hervor, die den rein spanischen Wortschatz ebenso betreffen wie die Hispanisierungsformen indianischer Worte, und wie sie bestimmte Redewendungen des Spanischen abgewandelt haben. Auf diesem Gebiet liegt noch eine Menge ungehobenen Materials für philologische Forschungen vor, die uns wertvolle Materialien für die genetische und kulturelle Geschichte des Mestizentums werden schenken können. Wäre doch zu denken, daß auf diesem Wege etwa Hinweise für die landsmännische Abstammung der spanischen Komponente des Mischprozesses in den einzelnen Ländern zu erhalten wären.

Indianer und Mischlinge.

Das Mestizentum ist heute die mächtigste, die führende Bevölkerung in den iberoamerikanischen Staaten. In den meisten besitzt sie die absolute Mehrheit, in einigen aber hat sie sich noch mit einem starken Indianertum auseinanderzusetzen. Guatemala gehört zu dieser letzten Gruppe. Wie schon oben dargelegt wurde, war hier von der Konquista an ein zahlenmäßig starkes indianisches Element erhalten geblieben. Es wurde im 16. und 17. Jahrhundert energisch von der Kirche gestützt und hatte sich eine bedeutende Stellung in der Wirtschaft zu sichern gewußt. Mit der zunehmenden Mestizenbevölkerung entstanden Konflikte erst häufiger und ernster, als diese sich nachdrücklich ihre Lebensrechte und Zukunftsmöglichkeiten zu sichern suchte, was nur auf Kosten der Indianer geschehen konnte. So werden die Nachrichten über solche Auseinandersetzungen mit dem 18. Jahrhudert häufiger. Sie ziehen sich durch das 19. Jahrhundert hin und sind gelegentlich noch im zwanzigsten zu beobachten. Da sich Laien im Schrifttum recht wenig literarisch zu Worte gemeldet haben, besitzen wir für die Vergangenheit nur Nachrichten aus Kreisen der Kirche, die eine Stellungnahme für die Indianer erkennen lassen. Sie stellen den Mischling als den Störenfried der Ordnung hin, den Indianer als das bemitleidenswerte Opfer eines Vernichtungskampfes. Eine Quelle hierfür ist der Bericht des Erzbischofs Pedro Cortés y Larraz, der 1768 und folgende Jahre eine Visitationsreise durch Guatemala und El Salvador unternommen hatte. Die Informationen über die Verhältnisse in den Kirchensprengeln flossen ihm aus dem Munde der Pfarrer zu. Sie waren durchweg indianerfreundlich gefaßt und wurden in dieser Weise von dem Oberhirten weiterverwertet. Bedauerlich ist, daß dieser interessante Bericht noch nicht in extenso veröffentlicht worden ist. Aus dem umfangreichen, im Indienarchiv zu Sevilla aufbewahrten Manuskript ist bis jetzt nur der Teil im Druck erschienen, der Salvador behandelt. Da hier die Verhältnisse ähnlich wie in Guatemala lagen, so bieten uns die Beispiele Parallelen zu den Auseinandersetzungen für dieses Land. Den Mestizen wird der schlechteste Einfluß auf die Indianer vorgeworfen. Sie werden von ihnen charakterlich verschlechtert, ihres Besitzes beraubt, bei den weltlichen und geistlichen Behörden anzuschwärzen versucht. Überall, wohin der Ladino kommt, unterliegt der Eingeborene und wird einem erbärmlichen Lose preisgegeben[17]. Kein Wunder daher,

[17]) „En las tierras buenas, y Pueblos fertiles, que entran los Ladinos, se acavan los Yndios muy en brebe, deque es testimonio toda la Provincia de San

wenn der Indianer sich dagegen zur Wehr setzte und in besonders krassen Fällen zur Selbsthilfe Zuflucht nahm. Die stärkste Stütze fand er dabei noch einmal in den Zeiten des Präsidenten Rafael Carrera in Guatemala, der selbst dem Eingeborenenelement entstammte und in seiner konservativ-reaktionären Politik die Kirche auf seiner Seite hatte. Der Umschwung trat mit dem Siege des Liberalismus 1871 ein, der sich völlig auf die Seite der Mestizen stellte und das Indianertum aus seiner Stellung verdrängte, trotz mancher wohlwollender Schutzvorschläge. Einer der schwersten Schläge für dieses war die vom Präsidenten Justo Rufino Barrios veranlaßte Vernichtung der altindianischen Dorftitel, aus denen die Rechte an Grund und Boden der indianischen Dorfgemeinden sich ableiteten. Abgesehen von der politischen Bedeutung dieses Schrittes hat sie für die ethnologische Forschung den unersetzlichen Verlust eines einzigartigen historischen Materials mit sich gebracht, da viele solcher Titel in ihren Einleitungen Nachrichten über vorspanische Stammesgeschichten brachten, oft in indianischen Dialekten abgefaßt[18]). Diese Titel waren für den Eingeborenen heilige Bücher, die mit größter Ehrerbietung behandelt wurden. Die wenigen, die der Vernichtung entgangen sind, wie die Titel von Totonicapán und Soloma, werden noch in der Gegenwart als der wertvollste Besitz dieser Gemeinden behandelt und Außenstehenden niemals gezeigt. Die heutige Regierung der Republik ist klug genug, den Indianern hierin keine Schwierigkeiten zu bereiten.

Die Zwistigkeiten zwischen Mestizen und Indianern haben sich immer von Streitigkeiten über den Terrainbesitz abgeleitet. Wenn auch stets lokal, sind sie oft mit Erbitterung geführt worden. Aus Landstreitigkeiten entstanden Auflehnungen gegen sonstige Beschränkungen indianischer Freiheiten, für die die Ladinos verantwortlich gemacht wurden. So brach

---

Salbador, enque como llevo dicho puede ser que no haya Yndios aun por la decima parte. Se atribuye á varios motivos; pero entre ellos temo, que se auyentan los Yndios á los montes por librarse de los perjuicios, engaños, y robos con que los perjudican, y aniquilan los Ladinos." Cortés y Larraz, Ausg. 1921, S. 171.

„La mezcla con los Ladinos es fundamento poderoso, para que sean los micerables Yndios Ladrones, maliciosos, atrevidos, y viciosos en toda especie de pecados; porque los engañan por varios artificios para usurparles sus bienes, para malquistarlos con sus Curas, para formar contra estos varios memoriales, que están precentando todos los dias al Presidente, al Arzobispo, al fiscal con que lo embrollan todo, y a todos; chupandoles sus intereses con estos enredos." A. a. O. S. 259.

[18]) z. B. der „Título de los señores de Totonicapan." (s. Literaturverzeichnis.)

1845 in dem Dorfe San Juan Ostuncalco in Westguatemala ein Aufstand gegen die regierenden Mestizenbehörden aus, der blutig unterdrückt werden konnte. Auf seiten der Indianer waren abergläubische Vorstellungen damit verbunden. Sie glaubten an das Eingreifen ihrer alten Schutzgottheiligen zu ihren Gunsten und suchten deren Beistand durch Zauber und Aufstellung eines alten Idols zu erhalten[19]). Nicht weniger heftig verlief ein Terrainstreit in Sacatepequez im Jahre 1847[20]).

Unvergessen ist noch die blutige Rache der Indianer von San Juan Ixcoy in den Altos Cuchumatanes von Nordwestguatemala am 17. Juli 1898. Aufgebracht durch Belästigungen, Unterdrückungen, betrügerische Manöver und offen zur Schau getragene Verachtung ihrer Rasse griffen die Indianer zur Selbsthilfe. Überraschend brachen sie nachts in die Wohnungen der Ladinofamilien ein und ermordeten Männer, Frauen und Kinder, sie steckten das Verwaltungsgebäude der Munizipalität in Brand, in dem einige Habilitadoren (Arbeitervermittler der Plantagen) gerade schliefen, so daß sie in den Flammen umkamen, ermordeten einige gerade im Dorf übernachtende Reisende aus Chiantla und verübten an den Ermordeten bestialische Schändungen[21]). Von etwa 30 Ladinos entkam ein einziger dem Massaker, da er sich in die Kirche geflüchtet und hinter dem Bilde des Ortspatrons verborgen hatte[22]). Als Truppen der Regierung im Anmarsch waren, bezogen die Indianer ein Lager außerhalb des Ortes unter Führung eines angesehenen Mitgliedes ihrer Gemeinde. Beim Eingreifen der Soldaten flüchtete dieser in die Bergwildnis von San José de las Flores und verbarg sich dort in einer Höhle, wo er von seinen eigenen Rassegenossen getötet wurde. Ein anderer Führer des Aufstandes floh nach Ilóm und von dort nach Comitán in Chiapas, wo er starb. Viele von den Indianern fielen im Kampf gegen die Soldaten, andere wanderten in die Gefängnisse der Hauptstadt[23]). Der Erfolg war die Zurückdrängung der Mestizen aus dem Ort, der sich seitdem vorwiegend indianisch erhalten hat. Als ich mich im Jahre 1926 dort aufhielt, lebten nur zwei Ladinofamilien im Dorf, deren Oberhäupter Habilitadoren von Fincas an der pazifischen Küste waren.

---

[19]) Dunlop, 1847, S. 192/193.

[20]) Bancroft, 1887, Bd. III, S. 271 u. Anm. 35.

[21]) Nach einer mündlichen Mitteilung von Karl Sapper.

[22]) Recinos, 1913, S. 207.

[23]) Nach mündlichen Mitteilungen von Einwohnern aus San Juan Ixcoy vom 30. Jan. 1926.

Aus jüngster Zeit seien endlich lokale Erhebungen der Indianer in Todos Santos in Nordwestguatemala im Jahre 1926 und in Huitán im Departamento Quezaltenango 1927 erwähnt, die sich beide gegen die Ladinos richteten. Im ersteren Fall bildeten nicht innegehaltene Wahlversprechungen, im letzteren Terrainstreitigkeiten die Ursachen der Konflikte. Beide wurden mit einigen blutigen Verlusten für die Indianer unterdrückt.

Dieser Gegensatz zwischen den farbigen Ureinwohnern und den Mischlingen wird auch weiterhin unvermeidlich sein, solange nicht die reinrassige Schicht im Vermischungsprozeß aufgegangen ist oder ihre Existenz auf andere Weise eingebüßt hat. Er wird sogar dort in Zukunft noch schärfere Reaktionen auf beiden Seiten auslösen, wo das Indianertum sich seiner eigenen Stärke bewußt wird und sich der modernen Gegenwartskultur anpaßt. Da ihm heute die kräftige Hilfe einer Institution, wie es die Kirche in der Kolonialzeit war, fehlt, wird seine Aktivität von Führerpersönlichkeiten abhängen, die aus seiner Mitte hervorgehen. Daß die indianische Rasse dazu wohl imstande ist, haben wiederholt derartige Führernaturen bewiesen, die in Nord-, Mittel- und Südamerika tapfere Vorkämpfer ihrer Rasse und ihres Volkes waren.

In der Gegenwart tauchen immer wieder im Schrifttum und in der Tagespresse der iberoamerikanischen Länder mit hoher Indianerbevölkerung Erörterungen auf, die dem Indioproblem gewidmet sind. In Mexico ist die Debatte besonders eifrig gewesen und noch nicht verstummt, in Guatemala hat man vorsichtiger in sie eingegriffen[24]). Als ein Fortschritt muß bezeichnet werden, daß man jetzt mehr als früher der indianischen Sache gerecht zu werden versucht und einem vernünftigen Ausgleich der Gegensätze zum Mischlingstum das Wort redet[25]). Eine kluge Politik der Regierung stellt sich indianerfreundlich ein, ohne in Extreme einer Verhätschelung des Indio zu verfallen. Einem vernünftigen Ausgleich wird damit der Boden vorbereitet. Er wird sich gerade in Guatemala erreichen lassen, weil hier „primitive" Indianer nicht mehr existieren, sondern alle Stämme genügend europäische Kultureinflüsse erhalten haben, so daß eine Grundlage für ihren Einbau in die Gegenwart mit ihren Aufgaben geschaffen ist. Nötig ist nur der geschickte Baumeister, um auf ihr ein für die Zukunft dauerhaftes Gebäude aufzuführen.

---

[24]) z. B. Fernando Juarez Muñoz, El Indio Guatemalteco, Guatemala 1931.
[25]) Termer, 1930, S. 468—472.

3. Die Neger.

Die Kolonialzeit.

Afrikanische Bestandteile in der Bevölkerung von Guatemala hat es seit dem 16. Jahrhundert gegeben. Zwei bedeutsame Epochen lassen sie stärker im Lande hervortreten: das 17. Jahrhundert und die moderne Gegenwart. Beide haben hinsichtlich eines Negerproblems keinen inneren Zusammenhang. Jede Epoche steht für sich isoliert und zeigt uns verschiedene Aufgaben und Schicksale des Negers im nördlichen Mittelamerika. Da in beiden Zeitabschnitten die Negerfrage eine wirtschaftliche war, sei sie in unserem Zusammenhang in ihrer geschichtlichen Entstehung und sozialen Bedeutung behandelt.

Schon in der ersten Hälfte des 16. Jahrhunderts waren Negersklaven von Westindien nach Honduras und Salvador gebracht worden. Es sind also Gebiete gewesen, die ihrer an sich nicht erheblichen Indianerbevölkerung durch grausame Verfolgungen von seiten der Spanier verlustig gegangen waren. Die Küstenstriche von Honduras mit den vorgelagerten Bai-Inseln hatten durch die schlimmen Sklavenfangexpeditionen der Spanier in der ersten Hälfte des 16. Jahrhunderts ihre Indianerbevölkerung verloren. Schon bald waren die wertvollen Minendistrikte im mittleren Honduras ohne Arbeiter. Alle diese Vorgänge hatten schließlich zur Einführung der Negersklaverei geführt, die schon längst bestand, als der Bischof Las Casas sich in seinem Kampf für die Indianer zum ersten Wortführer dieser Einrichtung gemacht hatte. Vielleicht nicht ohne seinen Einfluß nahmen die Klöster die Anstellung von Negersklaven auf. Da es in Guatemala Minen in nennenswertem Ausmaß nicht gab, sondern nur landwirtschaftliche Betriebe farbige Arbeiter erforderten, die bei den zahlreichen landbaueifrigen und -kundigen Indianern genügend zur Verfügung standen, scheint die Einfuhr von Negern nach Guatemala nicht besonders hoch gewesen zu sein. Ihre Verwendung in größerem Umfange verhinderte wohl auch die kapitalschwache Schicht der mittleren und kleinen Grundbesitzer, so daß auch da wieder nur die vermögenden Eigentümer der Latifundien, also begüterte Konquistadoren, und vor allem die Kirche sich der Neger bedienen konnten.

Man setzte sie in der Landwirtschaft ein, und zwar überall da, wo es sich im wärmeren oder gemäßigten Klima um den Anbau altweltlicher Nahrungs- und Nutzpflanzen handelte, also besonders des Zuckerrohrs, verwendete sie aber auch dort, wo landwirtschaftliche Produkte in großem Umfang ausgebeutet wurden, wie es etwa in der Kolonialzeit mit der

Cochenille der Fall war. Demgegenüber scheint aber die Kakaogewinnung an der pazifischen Küste von Guatemala und in Salvador immer in der Hauptsache von Indianern vorgenommen worden zu sein, die sie in Kleinbetrieben ausübten[26]).

In den Nachrichten aus dem 16. Jahrhundert treten die Neger in Guatemala kaum hervor. Eine Änderung setzt mit dem 17. Jahrhundert ein, wo sie sich eine besondere Stellung errungen hatten[27]). Der Umschwung muß sich in der zweiten Hälfte des 16. Jahrhunderts angebahnt haben. Die Gegenden, aus denen wir über Neger häufig erfahren, waren solche mit einer stärkeren Mestizenbevölkerung, also die Gebiete um die Landeshauptstadt La Antigua, um den Amatitlán-See, im Bereich der Dörfer San Juan und San Pedro Sacatepequez, Mixco, im Valle de las Vacas, bei Pinula, auch bei Jilotepeque und im Osten der heutigen Republik[28]). Hier waren es ebenso wie in San Gerónimo die großen Kirchengüter, die Negersklaven beschäftigten. Im Westen entfielen sie als Arbeiter, weil die Hochländer zu kalt und zu dicht mit Indianern besiedelt, in den Tiefländern, weil dort ebenfalls die Indianer zu dicht ansässig waren. Anders lagen die Verhältnisse an der atlantischen Seite von Guatemala. Die durch die Spanier im 16. Jahrhundert begonnene gewaltsame Entvölkerung dieser Gegenden, die von den Flibustiern im 17. Jahrhundert dort noch nachträglich ins Werk gesetzt wurde, wo sich Indianer erhalten hatten, wie etwa an der Moskitoküste, versuchte man durch Negeransiedlung wettzumachen. In Guatemala, zu dem im 17. Jahrhundert noch das Territorium des heutigen Belize gerechnet wurde, kamen namentlich in dem letzteren entlaufene Neger von den Antillen und Jamaica in Betracht, die sich an der Küste dieses Landstriches in Dienste englischer Piraten und Holzschläger einfanden. Alle Umstände zusammengenommen lassen den Schluß zu, daß das Negerelement im nördlichen Mittelamerika seine größte räumliche und zahlenmäßige Verbreitung im 17. Jahrhundert fand.

Die spanischen Gesetze ließen die Freilassung von Negersklaven zu[29]). Solche Elemente ließen sich in den Städten und größeren Dörfern nieder,

---

[26]) Anfang des 19. Jh. war die Zahl der Neger in Salvador gering. s. Antonio Gutierrez y Ulloa, Estadística gen. etc. (s. Anm. 13), S. 9 u. 11.

[27]) Pelaez, cap. 48 (Bd. II, S. 32/33).

[28]) Gage (bei Pelaez, Bd. II, S. 33) zählte im 17. Jh. im Valle de las Vacas 480 Neger- und Mulattensklaven, von denen 180 auf Zuckermühlen arbeiteten, während der Rest sich im Tal verteilte.

[29]) Pelaez, cap. 48 (Bd. II, S. 33).

wo sie sich selbständig machten. Wiederholt kamen Regierungserlasse heraus, die das Zusammenwohnen von Negern mit Indianern in denselben Orten verboten, da sie von den Schwarzen übervorteilt zu werden pflegten. Die andere Gruppe freier Neger setzte sich aus entlaufenen Sklaven zusammen, wie es auch in anderen Gebieten des tropischen Amerika der Fall war. In die vom Verkehr abgelegenen Gebiete zogen sich solche Cimarronen-Neger in kleinen Gruppen zurück, rodeten sich Land und entzogen sich jedem Zugriff der Behörden. Sie wurden dort zur Plage, wo sie in Nähe der wichtigen Überlandwege sich aufhielten und den Verkehr durch Überfälle und Räubereien zu behindern versuchten. So trieben Cimarronen-Neger 1617 ihr Unwesen in den Urwäldern der Sierra del Mico und im benachbarten Motaguatal, störten empfindlich Handel und Wandel und mußten durch militärische Streifen im Zaum gehalten werden[30]. Ein anderes ähnliches Räuberrückzugsgebiet wird uns am Vulkan Cosegüina genannt, das durch seine dichten Wälder damals guten Unterschlupf bot[31].

Aufstände von Negern scheint es nicht viele in Guatemala gegeben zu haben[32], wenn auch die Furcht vor solchen in dem Bestreben der Obrigkeiten zum Ausdruck kommt, die Negereinfuhr nach Guatemala ganz zu verbieten. Diese Bemühungen haben in der ersten Hälfte des 17. Jahrhunderts Erfolg gehabt, nachdem schon vorher der Import der schwarzen Ware zurückgegangen war. So wird von einem Sklaventransport im Jahre 1624 berichtet, der wie üblich in Truxillo an der Nordküste von Honduras gelandet wurde, daß die staatliche Aufsichtsbehörde 182 Neger an Bord feststellte, außerdem aber noch 212 weitere vor ihren Augen an Bord verborgen waren, die dann beschlagnahmt und zurückgewiesen wurden. 1626 trafen in demselben Hafen 160 Sklaven ein[33].

Die freien Neger nahmen im 17. Jahrhundert in Guatemala eine besondere soziale Stellung ein, die wohl geachteter als die der Indianer war. Hören wir von diesen im 16. Jahrhundert wiederholt, wie sie als Handwerker und Gewerbetreibende Tüchtiges leisteten und den betreffenden Gewerbestand bestimmend zusammensetzten, so lösten sie hierin im 17. Jahrhundert die Neger ab. Schon daß sie durch einen Erlaß Philipps II. gegen Ende des 16. Jahrhunderts zu Steuerabgaben herangezogen wurden[34],

---

30) Gage, Ausg. 1693, S. 272.

31) Pelaez, cap. 48 (Bd. II, S. 32).

32) Herrera, 1726—1730, Dec. VIII, Lib. V, cap. 5 (Bd. 4, S. 101, II) erwähnt schon einen Negeraufstand 1548 in der hondureñischen Stadt San Pedro Sula.

33) Pelaez, cap. 48 (Bd. II, S. 31).

34) Pelaez, cap. 48 (Bd. II, S. 33).

zeigt, daß sie wirtschaftlich unabhängig geworden waren. Aufschlußreich ist in dieser Hinsicht eine Gewerbezählung aus Antigua, der alten Hauptstadt, aus dem Jahre 1604. 30 spanischen Handwerkern standen 52 Neger und Mulatten gegenüber. Deren Berufe waren mit den dazugehörigen Zahlen: 16 Schuhmacher, 6 Barbiere, 6 Schneider, 5 Kerzenmacher, 4 Hufschmiede, 3 Sattler, 2 Hutmacher, 2 Schmiede, 2 Zuckerbäcker, je ein Seidenweber, Strumpfwirker, Maurer, Bildhauer, Silberschmied und Speisewirt[35]). Aus anderen Mitteilungen geht hervor, daß in gewissen Gewerben, wie z. B. dem Maurerhandwerk, der Weberei und Bildhauerei, die indianischen Handwerker überwogen. Seit 1650 fanden die Neger auch Aufnahme in den Gilden, was bei den Indianern nicht der Fall gewesen zu sein scheint[36]).

Ferner werden als Gewerbe der Neger noch Müllerei und das Transportwesen genannt[37]). Eine Anzahl von ihnen besaß eigene Kaufläden in den Städten, in denen Stoffe aus Spanien und Guatemala feilgeboten wurden. Andere widmeten sich dem Wanderhandel, worin sie sich gegen die Konkurrenz der Indianer kaum gehalten haben werden.

An Einschränkungen ihrer Freiheit hatten die Schwarzen nicht viel auszustehen. Außer dem Verbot, mit Indianern zusammenzusiedeln, das aber wegen der günstigen Verdienstmöglichkeiten unter der indianischen Kundschaft oft genug übertreten sein mag, durften Neger keine Waffen tragen oder erwerben, mit Rücksicht auf etwaige Aufstandsversuche[38]).

Im 17. Jahrhundert hörte der Zustrom neuer Negerschübe nach Guatemala auf. Infolgedessen ging in der Folgezeit das schwarze Element im Mischprozeß langsam auf und ist nicht mehr bedeutsam hervorgetreten. Negereinschlag in der Bevölkerung, der noch auf diese Zeiten zurückgehen dürfte, ist heute besonders in den warmen Landstrichen der pazifischen Küste und im Osten von Guatemala zu beobachten, ebenso in El Salvador.

Hier hatte sich eine nicht unerhebliche Mulattenbevölkerung gebildet, die noch heute in vielen Teilen der Republik zu erkennen ist. Eine Beschreibung des Landes aus dem Anfang des 19. Jahrhunderts unterscheidet drei Einwohnergruppen: Indianer, Mulatten und Spanier. Ihre Hauptbeschäftigung wäre die Landwirtschaft und das Handwerk gewesen, worin sie gute Erfolge zu verzeichnen gehabt hätten. Der Gegensatz zu den Indianern war scharf ausgeprägt und zeigte unüberbrückbare Gegensätze.

---

[35]) Pelaez, cap. 48 (Bd. II, S. 35).
[36]) Pelaez, cap. 48 (Bd. II, S. 35).
[37]) Fuentes y Guzmán, Ausg. 1882, Bd. I, S. 330, 353, 459.
[38]) Fuentes y Guzmán, a. a. O. S. 461.

Die Gegenwart.

Erst mit dem 20. Jahrhundert treten die Neger wieder mehr in Guatemala hervor. Die Bahnbauten in den Tiefländern brachten solche ins Land, da die Indianer der schweren körperlichen Arbeit im heißen Klima nicht gewachsen waren. Die hieraus folgende Seßhaftigkeit dieser Zuwanderer hat aber nicht entscheidend zu einem stärkeren Mischeinschlag geführt. Um so intensiver aber kamen die Schwarzen zur Geltung, als die Nordküste von Guatemala zu einem nordamerikanischen Monopolgebiet des Bananenbaues umgewandelt wurde. Im umfassendsten Ausmaß brachten die Fruchtkompagnien Neger von den Antillen, vornehmlich von Jamaica und Sankt Thomas, nach dem unteren Motaguatal und an die Nordküste von Honduras. Ihre Zahl mag auf 50 000 bis 60 000 geschätzt werden[39]). Vorbildliche Arbeiterpflege, hygienische Einrichtungen und hohe Löhne hoben diese Arbeiter vor allen übrigen Farbigen im Lande. Ihnen standen die Kaufläden der Gesellschaften offen, in denen sie mit allen Erfordernissen des Lebens sich versehen konnten, die ihrem schon vorher höheren Lebensstandard entgegenkamen. Sie wurden als Pflanzungsarbeiter, Büroangestellte, als Techniker und Verkehrspersonal verwendet und haben in den letzten Jahren sich zu einer Bevölkerungsschicht entwickelt, die anspruchsvollere Forderungen an das tägliche Leben stellen und befriedigen kann. Ihre wirtschaftliche Lage ist besser als die der kleinen unbemittelten Mestizen im Innern des Landes. Der moderne Küstenneger an der atlantischen Seite von Guatemala ist zivilisiert, weil amerikanisiert. Eine Vernegerung innerhalb der übrigen Bevölkerung von Guatemala von dieser Schicht her ist unbedeutend. Denn diese Schwarzen dringen nicht ins Land tiefer ein, da dort Lebensbedingungen und Verdienstmöglichkeiten für sie viel zu ungünstig sind. Hinzu kommt noch, daß bei den Arbeiterkontrakten in Nordguatemala ihnen nach einer bestimmten Kontraktzeit freie Rückbeförderung in ihre Heimatgebiete zugestanden ist.

Ganz jung ist das Übergreifen dieser Neger auf das pazifische Küstengebiet. Auch dort hängt es mit der Ausbreitung des Bananenanbaus innerhalb der letzten zehn Jahre zusammen. Wo dieser im Großbetrieb von nordamerikanischen Gesellschaften betreut wird, trifft man auch den nordamerikanischen und Jamaica-Neger an. Ihrer viele sind allein in dem Großbetrieb von Tiquisate tätig, andere üben als Angestellte Dienste bei der Abnahme der Frucht auf den einheimischen Plantagen oder fremden

---

[39]) Ein Befürworter der Negerarbeiten im 20. Jh. war der Organisator des modernen amerikanischen Bananenanbaues Minor L. Keith.

Besitzungen aus. Ihr Lebensstandard entspricht jenem an der atlantischen Küste.

Neger, die man sonst noch in den Häfen der pazifischen Küste trifft, pflegen meist verunglückte Existenzen zu sein, die sich als Transport- und Ladearbeiter ihr Brot verdienen.

Den wesentlichsten Beitrag zur Mischlingsbevölkerung in Guatemala wie überhaupt an der ganzen atlantischen Küste Mittelamerikas haben die Neger in der Zambobevölkerung gegeben. Schon im 17. Jahrhundert setzte diese Vermischung in Nicaragua ein, wo die Mísquitoindianer, die Sumo-, die Rama- und die Küstenindianer in Nordosthonduras in den Negern aufgingen, so daß heute bei Erhaltung der einstigen indianischen Stammesnamen und -sprachen diese Gruppen durchweg Zambos geworden sind[40]). An der Küste von Guatemala entstand ein jüngerer Anlaß hierzu, als die Reste der Inselkariben 1796 nach einem Aufstand auf St. Vincent von den Engländern nach Ruatán deportiert wurden. Rasch breiteten sie sich auf dem gegenüberliegenden Festland aus und drangen an der Küste bis Belize vor. Aus der Mischung mit Negern entstanden im Lauf des 19. Jahrhunderts die sog. „Karibenneger", „Black Carib", „Garif", in die in neuerer Zeit auch indianisches Blut von Kekchí-Indianern aus Nordguatemala einging. Das freundliche, intelligente, lebensfrohe Völkchen bildet heute die Hauptbevölkerung des Küstensaumes und betätigt sich im Fischfang, in der Küstenfischerei und nicht selten im Schmuggelhandel. In Guatemala sind dörfliche Siedlungen dieser Leute Livingston und Sarstoon, in Puerto Barrios haben sie sich in städtischen Verhältnissen niedergelassen, sonst hausen sie in kleinen Weilern am Ufer des Meeres zwischen diesem Hafen und dem Sarstoon-Fluß[41]).

Aus der Bevölkerung des unteren Motaguatales und der Küste des Golfes von Honduras sind die Neger heute nicht mehr fortzudenken und werden ihre Stellung so lange dort behaupten, wie der Bananenbau andauern wird. Bei der Möglichkeit seines Erliegens wird es wahrscheinlich sein, daß auch eine Abwanderung der Schwarzen eintreten wird. Sie sind also kein Dauerelement dort, sondern völlig von der Wirtschaftskonjunktur abhängig. Da sie überwiegend in den nordamerikanischen Konzernen arbeiten, die einen in sich geschlossenen Wirtschaftskörper innerhalb der mittelamerikanischen Länder bilden, bewegen sich die Verdienste wieder

---

[40]) E. Conzemius, Ethnographical Survey of the Miskito and Sumu Indians of Honduras and Nicaragua, Washington 1932. (= Bur. Am. Ethnol., Bull. 106.)

[41]) E. Conzemius, Ethnographical Notes on the Black Carib. (= Am. Anthr. Bd. 30, 1928, S. 183—205.)

in nordamerikanische Hände zurück, so daß den mittelamerikanischen Staaten an einer Vermehrung des Negerelementes nicht viel gelegen sein kann. So hat die Republik Costa Rica jüngst der nordamerikanischen Fruchtgesellschaft (United Fruit Co.) nicht mehr gestattet, Neger auf ihren Besitzungen an der pazifischen Abdachung zu verwenden. An der atlantischen Seite, wo seit 40 Jahren intensiv von den Nordamerikanern gearbeitet worden ist, hat sich das Negerelement so stark entwickelt und seßhaft gemacht, daß seine Entfernung nicht mehr möglich erscheint.

4. Angehörige anderer Rassen.

Chinesen.

Unter den fremdrassigen Angehörigen traten in einigen Gegenden Mittelamerikas die Chinesen hervor, die sich in allen wichtigeren Hafenplätzen, Distriktstädten, vom Verkehr belebteren Dörfern, kurz überall dort, wo ein lebhafterer Warenumsatz vorhanden war, niedergelassen hatten. Sie paßten sich gut den einzelnen Klimagebieten der Länder, ob Hoch- oder Tiefland, an und wußten sich durch geschickte Behandlung der einheimischen Kundschaft eine konkurrenzfähige Stellung neben den anderen fremden Handelsunternehmungen zu schaffen. Ihr Geschäftsgebaren und die Art der Geschäfte waren aber nicht immer so beschaffen, daß sie die Billigung der öffentlichen Meinung fanden. Es ergaben sich manche Mißhelligkeiten, die zu Einschränkungen von seiten der Landesregierungen führten. Aber alle widrigen Umstände haben es doch nicht vermocht, den chinesischen Kaufmann aus Mittelamerika zu verdrängen. Seine stille, zähe, kluge und fleißige Tätigkeit ist dadurch nicht unterbunden worden, und im allgemeinen kann man mit Achtung und Anerkennung vom chinesischen Kaufmann sprechen.

In Guatemala sind es besonders die pazifischen Gebiete und die bevölkerten Binnendistrikte, in denen sich Chinesen niedergelassen haben. Die stärkste Kolonie mit den ca. fünf bis sechs bedeutendsten Firmen und Ladengeschäften findet sich in der Hauptstadt, wo ein ganzes Straßenviertel durch seine Ladeninhaber ostasiatischer Herkunft auffällt. Viele Kaufleute findet man in den Landstädten innerhalb der Plantagenzone der pazifischen Küste, so etwa in Mazatenango, Retalhuleu, Santa Lucía Cotzumalhuapa, Escuintla. Handelt es sich um Orte, die etwas abgelegener von der Hauptwirtschaftszone sind, wie die Landstädte im südöstlichen Abschnitt der Küste, Taxisco, Chiquimulilla oder Brito, so hat sich dort gewöhnlich nur ein einzelner chinesischer Händler ansässig gemacht.

Ähnliches ist in den Städten des inneren Hochlandes zu beobachten. In jeder Departamentshauptstadt, sei es Salamá oder Santa Cruz Quiché, Chimaltenango oder San Marcos, sind chinesische Kaufleute zu treffen, oft findet man sie in den kleinsten Dörfern.

Bei allen diesen Menschen handelt es sich um vorübergehende Bewohner der Republik. Nur wenige von ihnen werden mit dem Gedanken ins Land kommen, dort ihren Lebensabend zu verbringen. Vielmehr strebt jeder, nach Jahren emsiger Arbeit mit einem Kapital in die ostasiatische Heimat zurückzukehren. Dieses beläuft sich nicht selten auf erhebliche Summen. Denn die Chinesen sind sparsam, billige Käufer und teure Verkäufer. Ihre Waren ostasiatischer, aber auch europäischer oder nordamerikanischer Herkunft sind qualitätsmäßig auf den kleinen Verbraucher unter den Mischlingen abgestellt, ein Umsatz, der bei geschickter Auswertung der Tagesbedürfnisse und des Tagesgeschmackes der einfacheren Volkskreise seine Rechnung läßt. Da meist Angehörige von chinesischen Familien zusammenarbeiten, häuft sich ein Familienkapital an, das früher oder später außer Landes gelegt wird und daher für Guatemala selbst wenig Nutzen bringt.

In der Zeit nach dem Weltkriege fand eine Abnahme der Einwanderung von Ostasien nach Guatemala infolge der Handelskrisen statt, die durch unerwünschte Begleiterscheinungen seit 1929 zur staatlich kontrollierten Einschränkung neuer Zuwanderer führte. In der Gegenwart ist eine Neueinwanderung von Chinesen in die Republik so gut wie ganz unterbunden. Trotzdem wird immer wieder beim Bereisen des Landes der saubere, sorgfältig geordnete Chinesenladen in den kleineren Landstädten, in den Dörfern und das chinesische Geschäftsviertel in der Hauptstadt auffallen.

Die Zahl der Chinesen in Guatemala ist wegen des Fehlens genauerer Angaben nicht im einzelnen feststellbar. Zwar hat die Regierung vor wenigen Jahren eine genaue statistische Aufnahme der Fremden vornehmen lassen, aber die betreffenden Daten sind nicht der Öffentlichkeit bekanntgegeben worden. Nach Schätzung dürften die Chinesen 3000 bis 4000 Seelen zählen.

Die Jahre des Weltkrieges verhalfen ihnen in der Hauptstadt zu Wohlhabenheit, was darin zum Ausdruck kam, daß sie einen prunkvollen Palast auf der Plaza von Guatemala-Stadt stifteten. Was an kleinen Angestellten im Lande war, wie Köche und Wäscher, verließ die Republik, da gegen die indianischen Köchinnen und Wäscherinnen infolge der nationalen Arbeiterschutzgesetzgebung eine Konkurrenz unmöglich war.

Die Chinesen sind daher heute so gut wie ganz im Handel tätig. Nur in Südostguatemala im Gebiet des Departaments Santa Rosa bei Cuilapa und im Umkreis des Vulkans von Moyuta finden sich einige chinesische Besitzer von kleinen Kaffeefincas, denen hauptsächlich von englischer Seite finanzielle Unterstützung zuteil wird. Die chinesischen Firmen in der Hauptstadt sind kapitalkräftig und importieren meist selbst ihre Waren. Eine direkte finanzielle Beteiligung von ihnen an Plantagen oder am Reisbau in Südostguatemala ist nicht vorhanden. Um so häufiger werden Warenkredite an die kleinen, aus dem Mischlingselement sich rekrutierenden Fincabesitzer gegeben, die mit Produkten, wie Mais, Reis, Kaffee und Panela (Rohzucker), zurückgezahlt werden müssen.

In allerjüngster Zeit ist den Chinesen durch deutsche Emigranten eine scharfe Konkurrenz erwachsen, deren weitere Entwicklung abzuwarten bleibt.

Von einem nachhaltigen Einfluß des chinesischen Elementes auf die Rassenmischung in Guatemala kann kaum gesprochen werden, wenn auch Chinesen mit Indianerinnen und Mestizinnen zusammenleben, und zwar mit ersteren noch seltener als mit letzteren.

Zur Ergänzung der Chinesenfrage im nördlichen Mittelamerika mögen einige Notizen dienen, die sich auf Britisch-Honduras beziehen. Dort tauchten im Jahre 1853 erstmalig Pläne auf, in die Kolonie chinesische Arbeiter zu bringen, die zunächst nicht durchführbar waren, zumal die britische Regierung sich 1860 dagegen ausgesprochen hatte. Als aber 1864 abermals um die Erlaubnis zur Überführung von 475 chinesischen Einwanderern nachgesucht worden war, wurde dieser stattgegeben. 1865 verließen 475 Chinesen ihre Heimat und trafen im Januar 1865 in Belize ein. Es handelte sich ausschließlich um Landarbeiter, die 1866 auf sieben Hazienden verteilt waren. Der Bericht über sie hob ihre Verwendbarkeit für die Arbeiten hervor, deckte aber zugleich die Tatsache auf, daß von den 474 Gelandeten im Jahre 1865 nur noch 211 im Jahre 1868 übrig geblieben waren. Von der ursprünglichen Zahl waren nämlich 25 % gestorben, weitere 25 % von ihren Arbeitsplätzen geflohen infolge schlimmer Behandlung durch die Aufseher, mangelhafter Ernährung und vor allem durch unzureichende Reisnahrung.

Die Flüchtlinge hatten sich nach Yukatan gewandt, wo sie in die Hände der damals unabhängigen Santa Cruz-Indianer fielen. Teils wurden sie umgebracht, teils von den Indianern gefangen gehalten und als Sklaven an verschiedene Unterhäuptlinge verteilt, bei denen sie Rodungen anlegen und Mais pflanzen mußten. In Ernährungs- und Lebensweise hatten sie sich den Indianern anzupassen.

Von insgesamt 100 Flüchtlingen sollten sich 1869 noch 77 bis 80 bei den Santa Cruz-Indianern aufhalten, 14 waren gestorben, 2 ermordet und 4 hatten sich zu spanischen Siedlern in der Halbinsel geflüchtet.

Von den 108 Todesfällen in der Kolonie entfielen 68 auf Fieber, 9 auf Dysenterie, 4 auf allgemeine Schwäche, 2 auf Auszehrung (Marasmus), 2 auf Schwindsucht (consumption), 2 auf Sonnenstich, 3 wurden ermordet, 8 ertranken und 10 kamen durch andere Unfälle ums Leben. Allein vier Fünftel der Todesfälle ereigneten sich in den Pflanzungen am New River in der Zeit vom Juni 1865 bis Juli 1866[41a]).

Syrer.

Unter den Landesfremden in Mittelamerika stellen die Syrer ein besonders interessantes Element dar. Für Guatemala und seine Schwesterrepubliken wie überhaupt für Iberoamerika ist seine Bedeutung noch nicht genauer behandelt, geschweige denn wissenschaftlich weder von seiten der iberoamerikanischen Forschung noch von der Orientalistik her untersucht worden. Die geschichtliche und soziale Problematik dieser orientalischen Bevölkerung, deren zahlenmäßige Stärke in Mittelamerika kaum zu ermitteln ist — in Guatemala schätzt man sie auf rund 3000 bis 4000 Seelen —, eröffnet eine Reihe wichtiger Fragen, die eingehendere Untersuchungen lohnen würden. Die Wichtigkeit des amerikanischen Syrertums geht schon daraus hervor, daß die Wiege der Renaissance der neuarabischen Literatur in Amerika steht. Die Inauguratoren dieser Bewegung sind vier amerikanische Syrer christlichen Bekenntnisses, Gabran in São Paolo, Raibani, Naima und Ilija Madi.

Der Typus des syrischen Händlers in Mittelamerika — und nur als solcher tritt er dort auf — ist ähnlich dem, wie ihn die arabische Zeitschrift „Maschrik" („Orient") in Beirut im Jahre 1898 aus südamerikanischen Ländern geschildert hat[42]): Er ist der rastlos umherziehende Hausierer mit Stoffen, Putzartikeln und billigem Tand, den er gelegentlich im Auftrag von Ladeninhabern, oft seinen eigenen Verwandten, auf dem platten Lande abzusetzen versucht; der sich nicht auf ein spezielles

[41a]) Das Beispiel zeigt treffend die Schwierigkeiten, diese mongolischen Arbeiter in den amerikanischen Tropen ansässig zu machen. Der Versuch ist denn auch in späterer Zeit in unserem Gebiet nicht wiederholt worden. Burdon, 1931 ff., passim.

[42]) Bd. I, 1898, S. 1105—1113: Jusuf Effendi Damir, Die Syrer in Brasilien. (Den Hinweis verdanke ich Herrn Professor Strothmann, Hamburg.)

mittelamerikanisches Land beschränkt, sondern von Mexico bis Panama und weiter nach Südamerika wandert. Langsam werden die Ersparnisse angesammelt, die dank einer hohen Gewinnquote beim Absatz eingeheimst wurden, bis man damit einen kleinen Laden eröffnen kann, sei es selbständig oder mit anderen Familienangehörigen zusammen. Dann schickt man andere Landsleute für sich auf die Wanderschaft.

Zu einem engeren Kontakt mit der Landesbevölkerung kommt es kaum, obwohl Gegensätze konfessioneller Art nicht vorhanden sind, da alle jene Syrer dem christlichen Bekenntnis anhängen. Aber die Bevölkerung lehnt den Syrer charakterlich ab, da sein Geschäftsgebaren als unlauter, weil aussaugend, betrachtet wird und die durch Fleiß und bescheidene Lebensweise erreichten finanziellen Erfolge den Neid der Landeseinheimischen herausfordern.

Man kann für Mittelamerika die Regel aufstellen, daß überall dort, wo das indianische Element im Handel eine Rolle spielt, wie in Guatemala, der Syrer nicht konkurrenzfähig ist. Denn der indianische Handel ist ja seit alters her ebenfalls ein Hausierhandel, zum Teil mit straffer gildenmäßiger Organisation, dessen Zentrum im Hochland von Westguatemala liegt. Gegen den äußerst genügsamen und körperlich so ausgezeichnet den Schwierigkeiten des Geländes im Marschieren und Lasttragen angepaßten Indianer kommt der Syrer nicht auf, zumal auch das Verdienstoptimum des Indianers ein geringeres ist als das des reich werden wollenden Orientalen. Um so mehr aber kommt dieser in den Gebieten mit Mestizenbevölkerung voran, da der Handel und besonders der Hausierhandel dieser unsympathisch ist. So erklärt sich die Tatsache, daß der Syrer in Ostguatemala, an der pazifischen Küste, in El Salvador, kurz überall dort stärker hervortritt, wo das Mestizenelement herrscht.

In den letzten Jahren sind gegen die Syrer ähnliche Beschränkungen oder gänzliche Sperren der Zuwanderung in den einzelnen Republiken angeordnet worden wie gegen die Chinesen, um den einheimischen Handel zu schützen, in dem die Worte „Syros, Libaneses" oder „Turcos" einen verächtlichen Beigeschmack besitzen. Bei meinem Aufenthalt 1938/39 habe ich auf meinen Wegen im Osten von Guatemala nicht einen einzigen Syrer mehr angetroffen, wohl aber mehrfach indianische Hausierer aus Totonicapán, Momostenango und Santa Maria Chiquimula, sogar bis in die kleinsten Weiler am Lagunengürtel der Südostküste zwischen den Mündungen der Flüsse Esclavos und Paz. Wir werden nicht fehlgehen, wenn wir für dieses Verschwinden nicht nur die neuen Einwanderungsgesetze, sondern auch den durch die Wirtschaftskrise der letzten Jahre verursachten Rückgang der Kaufkraft der Landbevölkerung haftbar machen.

Im Gegensatz zu den Chinesen pflegten die Syrer, die ich 1928 und 1929 in El Salvador kennenlernte, in ihren Läden wenig auf Ordnung und Sauberkeit Wert zu legen. Die feilgebotene Ware war minderwertig. Daß sich Syrer an kleinen Plantagenunternehmen, sei es direkt als Pflanzer oder indirekt als Kreditgeber, beteiligten, habe ich nicht beobachtet oder erfahren.

Fast alle Syrer kehren in ihre vorderasiatische Heimat zurück, manchmal nur zu vorübergehenden Aufenthalten. Herr Professor Dr. Strothmann in Hamburg, für dessen freundliche Vermittlung sehr wertvoller Auskünfte in der Syrerfrage ich an dieser Stelle besonders danken möchte, fand unter den Rückwanderern im Vorderen Orient anscheinend die Leute mit mittleren Erfolgen als Heimkehrer aus der Neuen Welt vertreten. In ihren ärmlichen Dörfern bauen sie sich gute massive Häuser als Wahrzeichen des „reichen Amerikaners" und repräsentieren unter ihren Mitbürgern die Persönlichkeiten von Weltkenntnis, Welt- und Sprachgewandtheit.

Unter der mittelamerikanischen Bevölkerung sind die Syrer immer ein Fremdkörper geblieben. Trotzdem haben sie es vorzüglich verstanden, sich auf die Psyche der Mischlinge und Eingeborenen einzustellen, wozu ihnen ihr Sprachtalent zustatten kommt. Ist doch in den Gegenden mit Indianersprachen die Ansicht verbreitet, daß die Syrer unter allen Ausländern am leichtesten die schwierigen Mayasprachen erlernten[43]).

Japaner.

Japaner wurden versuchsweise um die Jahrhundertwende als Pflanzungsarbeiter an die pazifische Küste gebracht, erwiesen sich aber als unbrauchbar, da sie mit den übrigen Angestellten nicht zusammenarbeiten konnten.

Polynesier.

Endlich sei eines weiteren fremden Rassenelementes in Guatemala gedacht, das Ende des 19. und Anfang des 20. Jahrhunderts nach dort gelangte. Um 1893 wurden auf der dem Präsidenten Lisandro Barillas gehörenden Plantage La Libertad an der Costa Cuca polynesische Arbeiter beschäftigt. Wegen der dauernden Streitigkeiten mit den anderen

---

[43]) R. Schuller in: Revista de Etnología, Arqueología, y Linguística, Bd. I, San Salvador 1925, S. 8, Anm. 19.

Arbeitern und Angestellten mußten sie aber nach ein paar Jahren wieder abtransportiert werden[44]). 1904/05 wiederholte man den Versuch auf der Plantage Concepción Grande an der Costa Grande[45]). Er mißglückte vollkommen aus klimatischen Schwierigkeiten, da die an ihr Inselklima gewöhnten Farbigen im Küstentiefland hinwegstarben, so daß von Wiederholungen Abstand genommen wurde. Ein Einfluß auf die Vermischung mit der bodenständigen Bevölkerung hat nicht stattgefunden.

Zigeuner.

Zigeuner, die früher oft an der pazifischen Seite zu bemerken waren, wo sie von Mexico bis Panama zogen, sind infolge neuerer Bestimmungen der einzelnen Regierungen heute nicht mehr anzutreffen.

Buren.

Wir sehen hier davon ab, auf die verschiedenen weißen Angehörigen der europäischen Nationen in Guatemala einzugehen, auch nicht auf die Nordamerikaner, da hierüber verschiedentlich schon gearbeitet worden ist[46]). Nicht unerwähnt bleiben mag jedoch, daß in den ersten Jahren des 20. Jahrhunderts (um 1902) angeregt wurde, Buren aus Südafrika in Mittelguatemala anzusiedeln, ohne freilich den Plan in die Wirklichkeit umzusetzen. Ein gewisser Mr. Bellingham, der Offizier im Burenkrieg gewesen war, hatte Guatemala als Abenteurer betreten und von dem Präsidenten Estrada Cabrera die Erlaubnis erwirkt, eine Anzahl Buren ins Land zu bringen, die als Leibgarde des Präsidenten Dienste tun sollten. Man siedelte sie zunächst bei San Gerónimo in der Baja Verapaz an. Doch scheiterte bald das Unternehmen, da Bellingham sich verschiedener Unterschlagungen und Veruntreuungen schuldig machte. Von den Buren ist später wohl keiner mehr in Guatemala zurückgeblieben. Sie haben das Land alsbald mit getäuschten Hoffnungen wieder verlassen.

5. Über die Verteilung und die Dichte der Bevölkerung.

Seitdem 1923 die grundlegende Studie von E. Kulenkampff-Schenck über die Volksdichte von Mittelamerika erschien, ist dieses Thema noch nicht wieder in Angriff genommen worden. Die Schwierig-

---

[44]) Nach freundlicher Mitteilung von Herrn Julius Sterkel in Stuttgart.

[45]) Hieran waren die Firmen Neuze und A. Stahl beteiligt.

[46]) F. Termer, Deutsche und Nordamerikaner in Guatemala. (= Z. f. Geopolitik, 6. Jhg., H. 9, 1929, S. 830—846.)

keiten in seiner Behandlung traten bereits damals zutage. Sie sind auch heute noch nicht zu überwinden gewesen. Die mangelhaften Statistiken, die fehlende kartographische Grundlage ausreichend großmaßstäbiger Kartenwerke und das ungenaue geographische Zahlenmaterial hindern in der Gegenwart ebensosehr Einzelstudien wie damals. So gibt auch die Arbeit von R. S. Platt, 1926, nur ein allgemein übersichtliches Bild[47]). Eine Verbesserung des Materials gegenüber Kulenkampff-Schenck ist nur insofern zu verzeichnen, als dieser Verfasserin der Zensus von Guatemala vom Jahre 1921 noch nicht zugänglich war. Er reicht aber auch nicht aus, um zahlenmäßig die verschiedenen Bevölkerungsteile ihrer Rassenzugehörigkeit nach auszusondern oder ihre Verteilung in den einzelnen Landschaften, Klimagebieten oder Höhenlagen festzulegen. Diese Fragen sind aber gerade die den Geographen am meisten interessierenden. Sie nur auf Grund flüchtiger Reisebeobachtungen zu behandeln, ist abzulehnen. Erinnern wir uns nur daran, ein wie stark gebrochenes Relief in Mittelguatemala vorhanden ist und wie in diesem gerade im Binnenlande die tropischen Höhenzonen deutlich erkennbar sind. An verschiedenen Punkten, wie den breiten Talsenken des Motagua oder des Cuilco, prägen sich durch dieses Relief Einflüsse auf die Bevölkerungsdichte und -verteilung aus, die erst durch genaue Kartenaufnahmen die für Spezialstudien erforderliche Grundlage bieten würden. Ebenso sind wir noch nicht in der Lage, die Bevölkerungsverteilung nach den einzelnen natürlichen Landschaften in Guatemala zur Darstellung zu bringen. Ihre Zusammenballung in den Vulkangebieten der pazifischen Abdachung und in den vulkanischen Hochländern der westlichen Landeshälfte, ihre Auflockerung in den Trockensteppen der östlichen wie ihre punktförmige Gruppierung in den Regenwaldgebieten des nördlichen Tieflandes oder in den Regenwaldgebirgen der atlantischen Flanke sind genauer noch nicht zu erfassen.

Luftbildaufnahmen.

Hier entsteht nun eine sehr lohnende Aufgabe zukünftiger Forschungen auf anthropogeographischem Gebiete und verwandter Zweige der Kulturgeographie. Wir erblicken sie in dem Einsatz der modernen Luftbildforschung in Guatemala! Unter Hinweis auf die wertvolle Zusammenstellung der neuesten Ergebnisse und Aufgaben der Luftbildaufnahmen, die C. Troll jüngst veröffentlichte[48]), erübrigt sich, die allgemeine Be-

[47]) R. S. Platt in: Ann. Associacion Amer. Geographers, 1926, no. 1, S. 57.

[48]) C. Troll, Luftbildplan und ökologische Bodenforschung. (= Z. Ges. f. Erdkde. Berlin, 1939, S. 241—298.)

deutung dieser Forschung besonders hervorzuheben. Einige Bemerkungen über die speziellen Verhältnisse in Guatemala dagegen dürften hier am Platze sein, wobei wir in diesem Zusammenhange die physisch-geographischen Probleme unberücksichtigt lassen.

Mittel- und Südguatemala bieten infolge ihrer spärlichen Ausstattung mit Wald in der Gegenwart dankbare Aufnahmegebiete aus der Luft. Die Lage der Siedlungen, die auf den bisherigen Karten gerade hinsichtlich der Kleinsiedlungen und Einzelsiedlungen sehr unvollkommen dargestellt ist, wird sich schlagartig durch das Luftbild bestimmen lassen. Die Gebrochenheit des Geländes im Westen und Osten mit seinen verzweigten Barrancosystemen wird durch die Aufnahmen gut ihren Einfluß auf die Verteilung und Anordnung der Siedlungen zu erkennen geben. Leicht wird sich aus den Luftplänen die Höhenlage ermitteln lassen und damit der Wunsch erfüllt werden, endlich genauere Daten über die Verteilung der Siedlungen nach Höhenzonen zu erhalten. Es werden sich ferner Ergebnisse über die Anlageformen der Weiler in den mehr von Indianern oder von Ladinos bewohnten Gegenden erwarten lassen, die sich dem Beobachter bei flächenhafter Begehung des Geländes nur schwer enthüllen. Wertvolle Einblicke wird das Luftbild auch gerade in den Vulkanlandschaften von Südguatemala erbringen hinsichtlich ihres Einflusses auf Zusammendrängung oder Verstreuung der Siedlungen, deren Abhängigkeit von den verschiedenen vulkanischen Böden und ihre Beeinträchtigung durch die rasche Veränderung des morphologischen Formenreichtums ihrer näheren Umgebung. Nicht minder aufschlußreich würden die Bilder von der pazifischen Küstenebene sein, deren zahlreiche Siedlungen zonal nach der Höhe mit ihren landwirtschaftlich genutzten Flächen uns eine dringend zu fordernde genauere Anschauung von diesem wichtigen Gebiet der Republik vermitteln. Der Einfluß der Siedlungen auf ihre Umgebung, namentlich hinsichtlich der Waldverwüstung der neueren Zeit in Westguatemala, der Badlandbildung in den Binnengebieten, ältere Einflüsse der Überstockung ebendort wären auf diesem Wege leicht und eindeutig festzulegen.

Aber auch in den Waldgebieten der feuchten nördlichen Gegenden des Landes oder in den Regenwaldgebirgen der Zone der Sierra de las Minas und Sierra del Mico lassen sich sehr wertvolle Ergebnisse aus dem Luftbild erwarten. Eine allerdings für weitere Kreise noch unzugängliche Vorarbeit ist gerade in der allerjüngsten Zeit für einen größeren Sektor in Nordostguatemala durch die Luftbildaufnahme der Erdölgesellschaften geleistet worden, deren Bildmaterial auch für geographische Zwecke und für die Siedlungsgeographie des nördlichen Karst- und Urwaldgürtels unschätzbare wissenschaftliche Quellen enthält. Möge es in Zukunft auch einmal der Forschung zur Verfügung gestellt werden!

Wenden wir uns den rein technischen Belangen dieser Frage zu, so ist sie in Guatemala heute recht einfach zu lösen. Es ist nicht in der Öffentlichkeit bekanntgeworden, ob und in welchem Umfange nordamerikanische Versuche zur Luftbildaufnahme von Gebieten in Guatemala vorgenommen worden sind. Sie möchten hier nicht in Abrede gestellt werden, zumal vereinzelt in nordamerikanischen Zeitschriften ähnliche Bilder veröffentlicht wurden. In der Gegenwart ist das Flugwesen in der Republik so gut entwickelt und durch Anlage von Flugplätzen ausgebaut (s. S. 247), daß überall Stützpunkte vorhanden sind, von denen eine ins einzelne gehende Luftaufnahme erfolgen könnte. Die praktischen Schwierigkeiten liegen vornehmlich in den Bewölkungsverhältnissen, die auch in den niederschlagsarmen Jahresabschnitten die klare Sicht in den Hochländern zeitlich beträchtlich einschränken können, wie sie in der nördlichen Regenzone von Guatemala überhaupt durch tägliche Bewölkung die Aufnahmen auf Stunden nur ermöglichen.

Natürlich werden sich Luftbildaufnahmen für unsere Zwecke allein aus rein finanziellen Gründen kaum durchführen lassen, sondern müßten in Gemeinschaft mit anderen Luftbildaufgaben in Angriff genommen werden. Der Vorschlag von T r o l l, mehr als bisher bei Luftaufnahmen die Auswertbarkeit derselben für geographische Forschungen zu verlangen, kann für Mittelamerika nur auf das nachdrücklichste unterstützt werden.

Für die archäologischen Fragen, die mit der Siedlungskunde zusammenhängen, eröffnen sich für die Luftaufnahme in Mittel- und Südguatemala ebenfalls günstige Aufgaben, obwohl wir im allgemeinen über die alten, durch ihre Tumuli und anderen Bauwerke kenntlichen Kultstätten aus dem Hoch- und pazifischen Tieflande gut unterrichtet sind. Das waldarme Gelände erleichtert aber auch hier die Arbeit aus der Luft wesentlich und vermag uns hinsichtlich der Lage der Plätze sehr erwünschte Ergänzungen zu dem mangelhaften heutigen Kartenbild zu liefern. Dagegen liegen die Umstände im Urwaldgebiet von Nordguatemala, im Petén und in der Alta Verapaz wie in Britisch-Honduras weniger vorteilhaft. Denn hier ist die Urwalddecke doch so dicht und zusammenhängend, daß man genauere Einzelheiten über alte Ruinenplätze nicht erhalten kann. Die von Oberst Lindbergh angestellten Versuche beim Überfliegen der alten Siedlungszone der Mayavölker in Nordguatemala und Yukatan hatten das Ergebnis, daß man zwar Ruinenplätze entdeckte, die durch ihre mit Waldbäumen bewachsenen Pyramiden sich deutlich aus der Urwalddecke abhoben, daß man später aber kaum die Möglichkeit hatte, diese Punkte von der Erde aus wiederzufinden[49]). Die Positionsbestimmung vom Flugzeug war eben doch nicht genau genug, um sich danach beim Vordringen durch weglosen Urwald und Buschwald zu richten. Braucht es doch in solchen Wäldern nur weniger Meter Entfernung, um an Ruinenresten unbemerkt vorbeizumarschieren. Wir sehen daher für die archäologische Luftbildaufnahme in solchen Urwaldgebieten noch erhebliche Schwierigkeiten vorhanden, die erst durch spezielle Verfeinerung der geographischen Ortsbestimmung vom Flugzeug aus verbessert werden müßten.

So bleibt denn die Forderung bestehen, auch die mittelamerikanischen Länder jetzt der Luftbildforschung zugänglich zu machen, was bei der Entwicklung des nationalen Flugwesens in engster Zusammenarbeit und unter Kontrolle der Landesregierungen geschehen könnte. Der modernen wissenschaftlichen Landesforschung werden damit die besten Dienste geleistet werden. Möge in Guatemala im besonderen sich die „Sociedad de Geografia é Historia" als berufene Vertreterin nationaler und wissenschaftlicher Interessen des Landes dieser Aufgabe in Zukunft zuwenden!

Verteilung der Bevölkerung in Mittel- und Südguatemala.*

Wenden wir uns nunmehr der Frage der Verteilung der Bevölkerung von Mittel- und Südguatemala zu, so sind wir heute nur in der Lage, sie nach der statistischen Methode zu behandeln. Als Zahlenmaterial stehen die Angaben des Zensus von 1921 mit einigen in den folgenden Jahren verbesserten oder ergänzten Angaben zur Verfügung. Bei der Verteilung der Bevölkerung müssen wir uns damit begnügen, sie auf die Flächen der politischen Einheiten der Departamentos zu beziehen, wobei sich seit 1921 Änderungen ergeben haben, insofern das Departamento Amatitlán aufgehoben, das von El Progreso 1934 neu geschaffen und das von Suchitepéquez in seiner Fläche verändert wurden. Um einigermaßen einen Überblick über die Verteilung der Bevölkerung nach Höhenzonen zu gewinnen, sind nach eigener Kenntnis der einzelnen Distrikte deren mittlere Höhengrenzen annähernd ermittelt worden. Als natürliche Grenze von Mittel- und Südguatemala wurde eine Linie gewählt, die sich an die Vulkankette als deutliche Scheide zwischen Hoch- und Tiefland anlehnt, zugleich auch zwei wirtschaftlich deutlich voneinander abgesetzte Gebiete

[49]) O. Ricketson u. A. V. Kidder, An archaeological reconnaisance by air in Central America. (= Geogr. Rev. Bd. XX, 1930, S. 177—206.)

* (s. Fig. 1.)

trennt und auch bevölkerungspolitische Unterschiede erkennen läßt. Die Grenzlinie verläuft vom Vulkan Tacaná über Tajumulco, Santa Maria, Atitlan, Fuego, Tecuamburro zum Vulkan von Moyuta. Nur an einer Stelle würde sie nach Norden ausgreifen, was aber für unsere Zwecke des allgemeinen Überblicks unwesentlich ist. Es handelt sich um die Bucht des sogenannten „Pamaxán" (spr. „Pamaschán"), die sich an den Oberlauf des Rio Nahualate anlehnt und im Westen vom Vulkanriegel des Zunil und Santo Tomas, im Osten von den vulkanischen Erhebungen des Santa Clara hufeisenförmig umgeben ist. An ihrer Einmündung in das pazifische Tiefland liegt das Dorf Santo Tomás La Union (früher S. T. Perdido) und die Plantagenzone um Chocolá. Statistisch läßt sich dieses Gebiet schwer erfassen. Der offizielle Zensus von 1921 selbst gibt für die Kleinsiedlungen der Bucht in lakonischer Kürze an: „Poblados sin nombre, no clasificados" und bringt deshalb auch keine Zahlenangaben. Die erste Hälfte des Satzes ist sicher unrichtig. Denn die Bucht ist besetzt mit Kleinsiedlungen von Indianern des Quichéstammes, die sämtlich ihre indianischen Ortsnamen haben. Verständlich wird aber die mangelhafte Statistik, wenn man sich daran erinnert, daß gerade diese Indianer, gewöhnlich „Xancatales" (spr. „Schankatales") genannt, eine Bezeichnung, die sich von dem indianisierten Dorfnamen Santa Catalina Ixtlahuacan im benachbarten Hochland ableitet[50]), noch heute äußerst unzugänglich sind und sich nicht nur gegen Fremde, sondern auch gegen alle Einmischungen von seiten der Regierung ablehnend verhalten. So dürfte auch die Volkszählung unter ihnen keine Erfolge gebracht haben, da der Indianer gegen alle derartigen behördlichen Maßnahmen mißtrauisch ist. Soweit mir ein Überblick über dieses Gebiet möglich war (1938), handelt es sich um eine verhältnismäßig dicht besiedelte, eifrig bebaute Gegend, in der die indianische Einzel- und Kleinsiedlung vorherrscht. Nach den Rodungen zu urteilen dürfte das besiedelte Land bis zu 2300 m und darüber an den Hängen des Santo Tomás-Zunil und Santa Clara hinaufreichen. Von Mischlingen ist sicher dort niemand ansässig. Politisch würde diese Bucht zum Departamento Suchitepequez gehören.

Die Tabelle ist ferner so angelegt, daß die Departamentos, soweit sie in das pazifische Land, also nach Südguatemala, übergreifen, in ihren Anteil

---

[50]) Im Quiché wird das „San" in den spanischen Heiligennamen gelegentlich zu „Xan" (spr. „Schan"). Dazu tritt die verkürzte Form „Catal" von „Catalina". Eine ähnliche Bildung ist der Name „Maxeños" für die Indianer des Dorfes Santo Tomas Chichicastenango, das von „Tomáx' (spr. „Tomásch") abzuleiten ist.

an Mittel- und Südguatemala aufgeteilt wurden. Für jeden dieser Teile wurde die Bevölkerung nach dem Zensus besonders zusammengestellt.

Zu dem Zensus ist zu bemerken, daß er erhebliche Mängel aufweist, aber trotzdem der beste ist, der bisher in der Republik aufgestellt worden ist. Es erübrigt sich, darauf hinzuweisen, daß die Zahlenangaben nicht bis zum letzten exakt sein werden, insofern besonders Einzelsiedlungen und Plantagen nicht vollzählig aufgenommen worden sind. Nach 1921 sind in einigen Departamentos besondere Zählungen vorgenommen worden. Um aber ein einheitliches Bild zu geben, ist in unserer Tabelle auf die Angaben von 1921 zurückgegriffen worden.

Ein weiterer Mangel für anthropogeographische Untersuchungen sind die mangelhaften Unterlagen für die Berechnung der Flächen der Departamentos. Da die Karten ungenau sind, sind es auch die Grenzlinien der Departamentos. Daher bringt denn auch die „Geografía de Guatemala" von J. V. Mejía 1927 richtig nur die Flächenzahlen in angenäherter Größe. Immerhin läßt sich hieraus ein Überblick über die Dichte der Bevölkerung gewinnen. Auf Grund planimetrischer Ausmessungen hat Kulenkampff-Schenck 1923 die Dichte für bestimmte Distrikte berechnet. Da hier von anderen Gesichtspunkten aus ein Überblick gegeben werden soll, wird nicht auf sie zurückgegriffen. Sie behalten daher ihren wissenschaftlichen Wert.

Schließlich bringt die Tabelle, ebenfalls in allgemeinen Zügen, nach persönlicher Schätzung die Angabe, wie das Verhältnis von Indianern und Mischlingen in den betreffenden Departamentos ist. Bei der Ausplanimetrierung der Flächen der Departamentos hat Studienrat Dr. Blasius mich freundlichst unterstützt, wofür ihm an dieser Stelle herzlicher Dank ausgesprochen sei.

Es ergibt sich somit die Gesamtzahl der Bevölkerung von Mittel- und Südguatemala auf Grund des Zensus von 1921 zu 1 709 011 Seelen. Davon entfielen auf Mittelguatemala allein 1 308 582, auf Südguatemala 400 429 Seelen. Da die Gesamtbevölkerung der Republik damals 2 004 900 Seelen ergab, kamen danach 85.2 % auf Mittel- und Südguatemala, auf Mittelguatemala allein 65.3 %, auf Südguatemala 19.9 %. Verteilen wir die Ziffern auf West- und Ostguatemala, wobei als Grenze beider Gebiete eine Linie gewählt ist, die sich an die westlichen Grenzlinien der Departamente Baja Verapaz, Guatemala und Amatitlán sowie an eine Linie von Escuintla nach San José anlehnt, so erhalten wir für Westguatemala 1 002 853, für Ostguatemala 706 158 Seelen. Es wohnten also im Osten der Republik 35.2 %, im Westen 50 % der Gesamtbevölkerung der Republik.

Die Verteilung der Bevölkerung in Mittel- und Südguatemala (vgl. Fig. 1).

Departamento	Mittl. Höhengrenzen	Hauptstadt	Meereshöhe	Fläche qkm	Bev.-Zahl	Dichte	Überwiegend Indianer oder Mestizen
I. Mittelguatemala							
1. San Marcos	1600—2800	San Marcos	2500	1954	89 356	45.7	Indianer
2. Quezaltenango	2000—2800	Quezaltenango	2380	750	86 855	115.8	Indianer
3. Sololá**)	1300—2500	Sololá	2100	880**)	60 401	68.6	Indianer
4. Chimaltenango	1600—2600	Chimaltenango	1790	302	75 510	250.0	Indianer
5. Sacatepequez	1300—2000	Antigua	1500	464	46 453	100.0	Indianer
6. Amatitlán	1200—1700	Amatitlán	1245	541	30 777	56.9	Ladinos
7. Santa Rosa	600—1600	Cuilapa	900	1754	58 009	33.1	Ladinos
8. Jutiapa	500—1250	Jutiapa	890	2082	91 735	44.1	Ladinos
9. Jalapa	500—2000	Jalapa	1380	1912	43 041	22.5	Ladinos
10. Chiquimula	350—1500	Chiquimula	380	2554	94 182	36.9	Ladinos
11. Zacapa	100—1000	Zacapa	225	3223	65 723	20.4	Ladinos
12. Baja Verapaz	950—1900	Salamá	960	3535	68 531	19.4	Ladinos
13. Guatemala	650—1950	Guatemala	1480	2301	216 807	94.2	Ladinos
14. Quiché***)	1200—2350	Santa Cruz	2015	3875	117 661	30.4	Indianer
15. Totonicapán	2000—2650	Totonicapán	2475	1086	94 080	86.6	Indianer
16. Huehuetenango***)	1000—2400	Huehuetenango	1890	2166	69 461	32.1	Ladinos
II. Südguatemala							
1. San Marcos	0—2200	—	—	1645	87 146	53.0	Ladinos
2. Retalhuleu	0—1300	Retalhuleu	240	1798	37 145	20.7	Ladinos
3. Quezaltenango	0—1560	—	—	1468	71 899	49.0	Ladinos
4. Suchitepequez	0—2500	Mazatenango	375	1408	64 820	46.0	Ladinos
5. Sololá	0—1250	—	—	1238	33 882	27.4	Ladinos
6. Chimaltenango	400—1370	—	—	302	12 518	41.5	Ladinos
7. Amatitlán	350—1100	—	—	325	8 218	25.3	Ladinos
8. Escuintla	0—1000	Escuintla	340	4011	58 989	14.7	Ladinos
9. Santa Rosa	0— 800	—	—	1560	23 334	15.0	Ladinos
10. Jutiapa	0— 700	—	—	1219	2 478	2.0	Ladinos

*) Als Unterlage dienten die Departamentsgrenzen auf der Karte von Urrutia, 1923.
**) Ohne Atitlan-See. Mit diesem = 892 qkm.
***) Südl. Teile des Departamentos, d. h. südlich der Altos Cuchumatanes.

Die Zahlen beweisen also das starke Überwiegen der Bevölkerung in der westlichen Hälfte des Landes mit der Hälfte der Gesamtbevölkerung, während der Osten etwas über ein Drittel von ihr beherbergt. Der Rest würde auf die nördlichen Departamentos entfallen, die hier nicht zu berücksichtigen sind. Es ergibt sich weiter die Feststellung, daß auf das pazifische Gebiet von Südguatemala nur 20 % oder ein Fünftel der Bevölkerung entfallen. Hierzu muß bemerkt werden, daß in Wirklichkeit die Menschenzahl besonders im westlichen Abschnitt des pazifischen Tieflandes höher ist. Denn die zum Teil erheblichen Mengen der Saisonarbeiter sind nicht in den Zahlen enthalten, da diese nur vorübergehend im Tieflande anwesend sind. In den Arbeitszeiten aber vermehren sie die Menschenzahl nicht unbeträchtlich. Ferner enthält der Zensus nicht die Zahl der Fremden, die in dieser Zone als selbständige Unternehmer oder Angestellte kaufmännisch oder im Plantagenbetrieb tätig sind.

Aus der Tabelle ist weiter zu entnehmen, daß die Indianer in der westlichen Hälfte in der Überzahl sind, in der östlichen und im pazifischen Tiefland die Mestizen. Die oben angeführte Grenze von West- und Ostguatemala gibt in roher Annäherung ebenfalls eine Scheidelinie zwischen vorwiegend von Indianern und von Mestizen besetztem Land an. Man entnimmt aber der Aufstellung auch die Tatsache, daß die Indianer in den Höhenlagen zwischen 1500 und 2500 m ansässig sind. Auch dieses sind natürlich nur allgemein angenäherte Werte, die aber doch ein nicht unzutreffendes Bild der Bevölkerungsverteilung nach der Meereshöhe ergeben. Alle archäologischen Beweise lassen erkennen, daß jene Höhengebiete schon seit uralter Zeit von den Indianern besetzt gehalten worden sind. An der pazifischen Küste fehlen uns leider noch jegliche systematische Grabungen, die einen Blick in die geschichtliche Tiefe der dortigen Besiedlung in vorkolumbischer Zeit gestatten würden. Wenn wir uns aber vor Augen halten, daß die Indianer dort Angehörige der Hochlandstämme, der Mam, Quiché, Cakchiquel, Tzutuhil und Xinca, waren — auch die letzteren müssen nach den bisherigen Ergebnissen meiner letzten Reise 1938 bis 1939 hierzu gerechnet werden —, so wird man nicht fehlgehen, die Besiedlung des pazifischen Tieflandes durch sie als sekundär zu betrachten. Die Pipil aber, die an der pazifischen Abdachung noch in Resten zur Zeit der spanischen Konquista saßen, sind erst spät eingewandert; wann, wissen wir nicht genau. Doch spricht manches dafür, ihre Ankunft in die Zeit des 11. bis 12. Jahrhunderts n. Chr. anzusetzen. Wie auch sonst in den alten Völker- und Kulturgebieten von Mittelamerika ist der Bevölkerungsdrang vom Hoch- in die Tiefländer gerichtet gewesen.

Umgekehrte Wanderungen sind, wenn überhaupt sicher nachweisbar, als Ausnahmen anzusehen.

Die Ladinobevölkerung dagegen siedelt in Meereshöhen vom Meeresspiegel bis zu rund 2000 m im Durchschnitt. Natürlich finden sich auch darüber solche ansässig. Man denke an das Becken von Quezaltenango, die Hochfläche von San Marcos oder das Dorf Sibilia im Departament Quezaltenango, das in 2780 m Meereshöhe liegt und von Ladinos bewohnt wird. Aber es handelt sich dort entweder um die größeren betriebsamen Städte des Hochlandes oder um dörfliche Siedlungen, in denen kleinere, durch gemeinsame wirtschaftliche Interessen verbundene Ladinogemeinwesen entstanden sind (Arrierowesen z. B. in Sibilia und San Carlos Sija). Die starke Ladinobevölkerung an der pazifischen Abdachung hängt mit der wirtschaftlichen Entwicklung dieses Gebietes seit der Kolonialzeit zusammen.

Der Zensus, der unseren Betrachtungen zugrunde liegt, stammt von 1921. In diesen verflossenen 18 Jahren haben sich wesentliche Veränderungen in der prozentualen Verteilung der Bevölkerung nicht ergeben. Eine allgemeine Zunahme der Mestizen, aber auch Indianer darf erwartet werden. Durch den gesteigerten Anbau von Bananen an der pazifischen Abdachung und die damit verbundene Errichtung größerer Plantagen (Tiquisate) und Anlage neuer Bahnlinien ist eine Zuwanderung weiterer Bevölkerungsteile erfolgt, die sich auf den westlichen Abschnitt der Küste bezieht. Im östlichen Abschnitt ist nur eine leichte Steigerung zu bemerken, nachdem durch Nationalisierung einiger Latifundien und Erschließung brachliegenden Kulturlandes Kleinpächter und kleine Besitzer dorthin sich gewandt haben, darunter viele Salvadoreños. Bedeutend verändert hat sich aber das Zahlenbild der Bevölkerung hierdurch nicht[51]).

Kapitel II.

Die Siedlungen.

1. Der Einfluß physisch-geographischer Faktoren auf die Siedlungen im allgemeinen.

Die mit dem abwechslungsreichen Relief der Republik Guatemala verbundenen physisch-geographischen Erscheinungen wie sie im I. Teil dieser Beiträge gekennzeichnet worden waren, sind auf das Siedlungswesen der Bewohner nicht ohne Einfluß gewesen. Sie dürfen aber nicht über-

[51]) Eine Übersicht über die Bevölkerungsverhältnisse im 19. Jh. bei Bancroft, Hist. of Centr. America, Bd. III, S. 613—620, San Franzisko 1887.

schätzt werden. Denn Siedlungen sind Werke der Menschen und besitzen ihre Geschichte. Für ihre Anlage waren bestimmte Motive maßgebend, die meist, aber nicht immer und zwangsläufig von geographischen Gegebenheiten abhängig waren. Bietet schon die Erforschung der Siedlungen in den Kulturländern Europas mit einer weit zurückzuverfolgenden Geschichte ihre Schwierigkeiten, so stoßen wir um so mehr auf solche in Ländern, die für uns erst wenige Jahrhunderte zurück ins Licht der Geschichte treten. Bewohnt von alten hochkultivierten Völkern, die hier seit mindestens zwei Jahrtausenden ansässig waren, ermangeln sie bis zur europäischen Eroberung jeglicher historischer Tatsachenüberlieferung. Nichts ist bekannt darüber, wann Siedlungen angelegt wurden, welche Wandlungen sie erlitten haben, ja bei manchen kennen wir nicht einmal ihre Gründer oder späteren Bewohner. Selbst in der geschichtlichen Epoche, die in unserem Falle 400 Jahre umfaßt, ist der Einblick in die Wandlungen und Umformungen des Siedlungswesens nur beschränkt, da die Überlieferung nur spärlich fließt, auch ganz fehlt. So können wir, um wenigstens einigermaßen Klarheit zu schaffen, oft nur zu indirekten Folgerungen unsere Zuflucht nehmen. Betrachten wir zunächst geographische Einflüsse auf die Siedlungen in Mittel- und Südguatemala.

a) Die Siedlungen im Hochlande.

Sie nehmen die Beckenlandschaften der westlichen Altos und die ihnen entsprechenden „Valles" oder „Senken" der östlichen Landesteile ein. Sie ziehen sich an den Flanken der Gebirgszüge im Bereich der vulkanischen Massengebirge wie in der kristallinen Zentralzone und den Sedimentzügen der nördlichen Scheidegebirge von Mittelguatemala hin und reihen sich in den breiten Talsenken auf, die von Westen nach Osten dem allgemeinen Gebirgsstreichen sich anpassen.

Die Beckengebiete und die Valles, erfüllt mit mächtigen vulkanischen Lockermassenablagerungen, sind nun durch die Erosion tief zerschnitten worden. Weit haben sich daher die zahllosen Schluchten, die Barrancos, in ihnen gegen die Quellmulden zu ausgebreitet, die infolge der petrographischen Beschaffenheit und Durchlässigkeit der Lockermassen die Neigung zur Ausbildung der steilwandigen Schluchten mit rechteckigem Querschnitt besitzen[52]). Die Barrancos sind im Mittel- und Unterlauf daher mit einer schmalen Sohle ausgestattet, über der die Wände mit steiler

[52]) vgl. im einzelnen J. Lentz, Die Abtragungsvorgänge in den vulkanischen Lockermassen der Republik Guatemala. Würzburg 1925, S. 51 ff.

Böschung bis zu 150 m und mehr emporstreben. Mit scharfem Knick gehen sie in die Fläche der Lockermassenebenen über, die als flache oder leicht gewellte Platten mit unregelmäßigen Umrissen Reste der alten zusammenhängenden Becken- bzw. Vallesfläche bilden. Infolge mehrfacher Hebungen, wie im I. Teil dieser Beiträge behandelt[53]), haben sich in Mittelguatemala, vom Westen bis in den Osten zu verfolgen, Terrassen herausgebildet, die als ebene oder leicht geneigte Hangabsätze vielfach die Barrancohänge gliedern. Die Hochterrassen zeichnen sich gegenüber den Niederterrassen durch breitere Flächen aus. Oft ist die Niederterrasse nur in kleinen Resten erhalten geblieben. Wo hierzu sich noch als dritte eine Flutterrasse in der Talsohle gesellt, pflegt sie wieder eine größere Tiefe zu besitzen, so daß in solchen Fällen also Hochfläche, Hoch- und Flutterrasse einigermaßen breite und tiefe Flächenstücke aufweisen. Morphologisch bedeutsam und von erheblichem Einfluß auf die anthropogeographischen Verhältnisse der Barrancolandschaften sind zwei Vorgänge, die sie für letztere nachteilig beeinflussen: die jahreszeitliche starke Zunahme der Abflußmengen der Barrancoflüsse in den Regenzeiten und die Neigung des Lockermassenmaterials, bei stärkerer Durchfeuchtung längs stark geneigter Böschungen abzurutschen oder bei geringerer Neigung oberflächlich von schmalen, tiefen Runsen zerschnitten zu werden.

Die Barrancoflüsse führen auch in den Trockenzeiten genügende Wassermengen aus ihren in den Becken- und Vallesumwallungen gelegenen Quellgebieten, um ständig Triebsande zu verfrachten und geringe Veränderungen an den flußnahen Aueböschungen hervorzurufen. In den Regenzeiten nimmt die Wassermenge zu, führt aber dann zur Auslösung katastrophaler Ereignisse, wenn plötzliche Gewittergüsse (aguaceros) eintreten oder mehrtägige ergiebige Regenfälle (temporales) große Abflußmengen bedingen. Dann wälzen sich trübe Fluten, die ganze Auenfläche ausfüllend, durch die Schluchten, untergraben die Seitenhänge und rufen Abrutsche hervor, zerstören die Terrassenreste oder lösen die Niederterrasse stückweise auf. Auf den weniger steilen Hangflächen und auf den Hochterrassen kommt es zur Anlage der Regenrillen, ihrer Erweiterung zu Gehängetrichtern und tiefen, schmalen Kerbschluchten, die sich nach der Barrancosohle senken. Badlandbildung ist das letzte Stadium dieser Vorgänge, Herausbildung inselhafter Flächenstücke zwischen Racheln nur eine vorübergehende Erscheinung.

---

[53]) Mitt. Geogr. Ges. Hamburg, Bd. 44, 1936, passim.

Unter derartigen Voraussetzungen ist es nicht verwunderlich, wenn im Barrancogebiet des Hochlandes die Siedlungen nur in Form der Einzelsiedlungen anzutreffen sind. Außer indianischen Hütten oder kleinen Anwesen findet sich kein geschlossener Weiler oder ein Dorf. Entsprechend der beschränkten Siedlungsfläche ist die Siedlungsdichte daher gering. Die Lage der Hütten (ranchos) vermeidet den oberen Rand der Hochfläche und die Talsohle. Sie bevorzugt sanfter geböschte Hänge oder die Hochterrasse, auf der die Hütte errichtet ist, während die dazugehörigen Felder sich an den Abhängen entlangziehen. Die Niederterrasse wird nur von Feldern eingenommen, höchst selten und nur in den breiteren Barrancos trägt sie auch Hütten. In den schmaleren ist die starke Beschattung und die Möglichkeit von Hochwässern ihrer Anlage hinderlich.

Wenn nun, wie dargelegt, durch erosive Zerschneidung die Hänge und Hochterrassen allmählich zerstört werden, so bleiben die Siedlungen hiervon nicht unberührt. Rillen und Zwergbarrancos ziehen zuerst die Felder hier und dort in Mitleidenschaft. Rutschungen lassen größere Feldstücke abgleiten, Gehängetrichter vernichten den oberflächlich aufbereiteten Boden. Der Indianer wird daher gezwungen, Neuland urbar zu machen, die Hänge an anderen Stellen zu roden. Die Hütte aber wird erst dann aufgegeben, wenn sie tatsächlich vernichtet zu werden droht. Die Zeiteinheit, in der solche Zerstörungen fortschreiten, ist ganz verschieden in einzelnen Gegenden. Auf einem von mir 1925 in dem Canton Chivuác südlich von Chichicastenango aufgenommenen Bilde tritt deutlich die Hangzerschneidung eines besiedelten Barrancostückes hervor. Als ich 1938 die gleiche Stelle wiedersah, war der Anblick kaum verändert. Hütten und Felder lagen immer noch dort, nur die Hangtrichter schienen größere Durchmesser erlangt zu haben. Damit vergleiche man das Bild (Mitt. Geogr. Ges. Hamburg, Bd. 44, 1936, Taf. 30, Abb. 2) aus dem Barrancogebiet des Quiché, etwa 16 km nordöstlich des vorigen aufgenommen. Es zeigt die vollständige Hangzerstörung durch Rachelbildung im obersten Abschnitt eines Barrancos. Der frühere Kulturboden ist von den Hängen ganz verschwunden; nur in der schmalen Talfurche sind noch einige Maisfelder kümmerlichen Aussehens erhalten geblieben. Siedlungen sind nicht mehr vorhanden.

Letzten Endes ist es der Mensch mit seinen Siedlungen selbst, der den Anlaß zu ihrer schließlichen Aufgabe herbeiführt infolge der Entwaldung. Sie schafft erst die Voraussetzungen, wie bekannt, für die verstärkte Oberflächenzerstörung durch die erosiven Kräfte der tropischen Regen.

Ein weiteres Beispiel für die Siedlungen zeigt das Bild aus der Nähe von Zacualpa (Mitt. Geogr. Ges. Hamburg, Bd. 39, 1928, Taf. 19, Abb. 1*). Wir befinden uns in der lockermassenerfüllten Senke des oberen Motagua, in der sich sein nördlicher Nebenfluß, Rio Joyabáj, einen Barranco angelegt hat. Die Hochterrasse ist von den Indianern gerodet und mit Maisfeldern bebaut worden. Die Einzelhütten treten im Landschaftsbild nicht hervor. Sie verschwinden entweder in den Feldern selbst oder werden durch Restbestände des Waldes verborgen. Sie liegen aber nicht auf der Senkenfläche, sondern auf der Hochterrasse, unter der sich der Barranco schnell schluchtartig vertieft.

Diese Siedlungsweise in ihrer Abhängigkeit von dem morphologischen Formenschatz ist für das gesamte Barrancogebiet Mittelguatemalas charakteristisch. Wir können es in der großen Senke des Quiché beobachten, also in dem Raume, der im W von einer Linie Malacatán—Sija, im N vom Rio Negro bis Zacapulas, im S von dem Kettengebirgszug Totonicapán—Tecpán umgrenzt wird und der nach O sich in die Senke des Motagua fortsetzt. In dem Barrancogebiet des Valle de las Vacas nördlich der Hauptstadt treten die Siedlungen an sich schon mehr zurück, die indianische Bevölkerung gruppiert sich dort um die größeren Dörfer oder lebt in Weilern, die andere geographische Lagen voraussetzen.

Sowohl das Becken des Quiché wie das Valle de las Vacas werden nach zwei Richtungen entwässert. Im ersteren liegen die Quellbezirke des Rio Negro und Rio Motagua, im letzteren diejenigen der Zuflüsse des Amatitlán-Sees und des mittleren Motagua. Infolgedessen liegt eine neutrale Zone zwischen den betreffenden Flußgebieten, in der sich ihr Kampf um die Wasserscheide abspielt. Diese Zone ist noch nicht von der rückschreitenden Erosion angegriffen worden. Sie umfaßt daher zusammenhängende Reststücke der Hochbeckenfüllungen, die fast eben oder nur leicht gewellt sind. In flachen Dellen entwickeln sich dort die beiderseitigen Quellmulden, besonders im Quiché zu beobachten, während im Valle de las Vacas infolge des steilen Gefälles zur Erosionsbasis die Barrancoansätze gleich als steile Schluchten ihren Anfang nehmen. Unmittelbar im Bereich des Stadtbildes von Guatemala-Stadt kommen diese Formen bereits zur Entwicklung. Für die Siedlungen ist insofern diese „neutrale" Fläche von Wichtigkeit, als sich auf ihr geschlossene Siedlungen herausbilden konnten, im Quiché die Stadt Santa Cruz Quiché, im Valle de las Vacas die „neue" Haupt-

* Als Text des Bildes ist derjenige von Tafel 17, Abb. 1, zu nehmen. Die beiden Texte wurden beim Druck irrtümlich vertauscht!

stadt Guatemala. Aber wenn diese infolge des viel bedeutenderen Kampfes um die Wasserscheide benachteiligt ist, so bleibt um so weniger jene davon behelligt, da sie mitten im Herzen des Landes gelegen, weit entfernt von der Meerküste des Golfes von Mexico und der Bai von Honduras entfernt ist. Im Umkreise um diese größeren Siedlungen liegen Dörfer und Weiler, die das flache Terrain ausgenutzt haben.

Kommt es in den Hochbecken zur Ausbildung flacher Sohlentäler, wie etwa bei Quezaltenango und San Cristobal (Rio San Miguel und Rio Salcajá), so finden wir auf der Beckenfläche zahlreiche Einzelsiedlungen, in den Sohlentälern Weiler, Dörfer und Landstädte (Salcajá, Olintepeque, San Cristobal Totonicapán). Man vergleiche hierzu das Bild in Mitt. Geogr Ges. Hamburg, Bd. 44, 1936, Taf. 28, Abb. 1.

Wenden wir uns den Siedlungen in den Gebirgserhebungen zu, wie sie als Kettenzüge Mittelguatemala von W nach O durchziehen, so lehnen sie sich hier an die Bergflanken an. Terrassen in den Gehängen und breite Absätze werden für die Einzelsiedlungen wie für die Weiler benutzt, die sich in Streulage weit in die Länge ziehen. Sporne dagegen vermeidet man, weil dort die Lage zu ungeschützt ist und Rutschungen im waldfreien Gelände Gefahren in sich bergen. Ein typisches Bild solcher Gehängesiedlungen zeigt die Aufnahme in Mitt. Geogr. Ges. Hamburg, Bd. 39, 1928, Taf. 17, Abb. 1, für die der Text von Abb. 1 auf Taf. 19 zu setzen ist. Man erkennt deutlich die Entwaldung des Berghanges mit den Feldern und den verstreut liegenden indianischen Anwesen, die sich auf den Flächen der Gehängeschultern finden. Nach der Höhe zu hat der Wald ebenfalls weichen müssen, ein Ergebnis der jüngsten Zeit, wo an seiner Stelle Grasflächen für Weidezwecke entstanden sind, wenn nicht Pajóngras kulturfeindliches Land entstehen ließ.

Manchmal erklärt sich die Hangschulterlage in den Sedimentgebirgen aus der Zusammensetzung der Schulterflächen aus wasserundurchlässigen Schichten (Tonen, Mergeln) im Verband durchlässiger Kalke oder Sandsteine. Die linienförmige Aufreihung der Einzelsiedlungen längs solcher Absätze kennzeichnet vortrefflich den Quellwasserhorizont. Ähnliche Verhältnisse treten an dem nach S gekehrten Gehänge der Sierra de Chuacús auf, wo die zonale Hanganordnung der Kleinsiedlungen durch ihre Lage oberhalb des Serpentingürtels bedingt wird. Dieser selbst als unproduktives Land wird gemieden.

In den tiefen Tälern, die in Westguatemala durch einige Küstenflüsse geschaffen wurden, wird das Siedlungsbild durch die Talterrassen wesentlich beeinflußt. Wenn auch nicht in unser engeres Gebiet fallend, sei auf das Bild in Mitt. Geogr. Ges. Hamburg, Bd. 39, 1928, Taf. 7, Abb. 2, hingewiesen, das uns das von Indianern des Chuj-Stammes besiedelte Tal des nach W fließenden Rio Acatán vor Augen führt. Auf den Terrassenflächen liegen die indianischen Kleinsiedlungen, an den Böschungen die Felder. Als Parallele dazu diene das Tal des Rio Tajumulco (= R. Kusulchimá) in Westguatemala, in dem eine zahlreiche Bewohnerschaft von Mam-Indianern heute noch lebt. Das Tal ist mit ausgesprochener Streusiedlung bedeckt, die bei dem schmalen Kerbtal sich der Hänge auf beiden Seiten bemächtigt hat. Fast kaum ein Terrassenvorsprung der hier vorhandenen vier Talterrassen oder Reste von solchen ist leer geblieben. Meist ist er von einem einzigen indianischen Anwesen in Besitz genommen, dessen Felder sich noch oben und unten hangwärts ausbreiten. Auf einem breiteren Terrassenstück liegt das einzige Dorf des Tales Tajumulco (auf der 3. Terrasse), sonst finden sich nur die zentralen Kerne kleiner Weiler, kenntlich an ihren Gemeindehäusern und kleinen Kapellen.

Wo sich in Westguatemala Hochflächen ausbreiten, wie im Bereich des Granitgebietes nördlich von San Marcos, sind nur wenige geschlossene Siedlungen kleiner Ausmaße vorhanden, die in der kühlen, von Winden heimgesuchten Umgebung ein kümmerliches Dasein fristen, etwa Ixchiguán (3180 m)[54]), das schutzlos ist. Treffen wir indianische Einzelsiedlungen, so sind sie fast immer jüngeren Datums. Sonst suchen die Siedlungen in jenen Höhen zwischen 2500 bis 3000 m den Schutz von Bodendellen oder die Anlehnung an Bergzüge, wie Serchíl im N von San Marcos.

Im Umkreis um die Vulkane sind die Siedlungen von der Wasserfrage abhängig. Handelt es sich um ältere Feuerberge, die seit langem untätig geblieben sind, sich daher mit genügendem Verwitterungsmantel und Waldkleid umgeben haben, ist die geographische Lage der Siedlungen im Indianergebiet des Westens ähnlich jener in den Kettengebirgen, also Gehängelage mit Ausnutzung von Gehängeschultern und Lavaterrassen. Ein Beispiel hierfür ist das Durchbruchstal des Samalá zwischen den Dörfern Zuníl und Santa Maria. Flächenhafte interkolline Senken oder Täler, wie das Valle del Pinál bei Quezaltenango und das Tal von Antigua, sind infolge ihrer fruchtbaren Böden dicht mit Einzel-, Klein- und Dorfsiedlungen besetzt.

Schwieriger wird die Lage im Bereich der tätigen oder bis vor kurzem tätig gewesenen Feuerberge, in deren Umgebung etwa durchlässige Lava-

[54]) Mitt. Geogr. Ges. Hamburg, Bd. 38, 1927, S. 47.

ströme und Aschenmassen lagern. Sie sind nur dort besiedelt, wo Wasser in der Nähe ist. Als typisches Beispiel sind die Dörfer Santiago Atitlán und San Lucas Tolimán zu nennen, die ihr Bestehen ihrer Lage am Ufer des Atitlansees verdanken. Am West-, Nord- und Ostufer des Sees zwingt die Steilheit der Hänge zur Siedlungslage am Ufer, auf niedrigen Terrassen (San Antonio Palopó) oder auf den das Seebecken umrahmenden Hochflächen (Sololá, Semetabáj, Santa Clara, Agua Escondida). Ähnlich finden wir am Amatitlán-See eine Siedlungszone am Ufer, die andere auf der Höhe.

Mit dem Vulkan Pacaya beginnen nach O zu isolierte Vulkanmassive hervorzutreten. Es handelt sich um kompliziert zusammengesetzte Gebilde verschiedener Ausbruchsperioden, die aus Kuppen, Kegeln und Rücken mit Plateauflächen dazwischen heute in Erscheinung treten. Pacaya-, Gavia-, Tecuamburro- und Moyuta-Vulkan sind die Hauptvertreter dieser Gattung, von denen nur der erste noch aktiv sich bis in die Neuzeit betätigt hat. Sie haben auf Siedlungen anziehend gewirkt. Diese nehmen die Plateauflächen ein oder sanft geneigte Ausläufer, wobei die Küstenseite gemieden wird, da sie zu steil abfällt und durch tiefe Barrancos zerfurcht zu sein pflegt (Pacaya, Gavia, Moyuta). Als Beispiel geschlossener Siedlungen seien das Dorf San Vicente und die Nachbarweiler am Pacaya, das kleine Dorf Ixpaco am Tecuamburro und das Dorf Moyuta mit seinen Ausliegern am gleichnamigen Vulkan genannt.

In den niederschlagsärmeren, steppenhaften Gegenden des Ostens der Republik fehlt der Typus der weit zerstreuten Siedlungen. Sie drängen sich zu geschlossenen Dörfern an einzelnen Punkten zusammen, die an oder in Nähe der Dauerflüsse angelegt worden sind. Da die Barrancolandschaft des Westens hier von Sohlentälern in vulkanischen und kristallinen Gesteinen abgelöst ist, in denen die Abtragungsvorgänge weniger Gefahren für Siedlungen erwarten lassen, so sind Weiler und Kleinsiedlungen oft an den Flüssen in der Tiefe des Talgrundes anzutreffen. Beispiele hierfür sind das Tal des Rio Chiquimula oder des Rio Plátanos, das eine Strecke weit die Nordbahnlinie durchzieht. Die Seen im „Oriente" sind an ihren Ufern gegenüber denen des Westens siedlungsleer oder allenfalls von einigen Haciendcn besetzt (Laguna de Güija, L. de Ayarza). Ihre Gestade sind flach und sumpfig, so daß Ansiedlungen unmöglich waren. Die Fiebergefahr wird sich nicht weniger hemmend ausgewirkt haben.

b) Die Siedlungen im Tieflande.

Nachdem die Reise im Jahre 1938/39 mich in den südöstlichen Teil des pazifischen Tieflandes von Guatemala geführt hatte, den ich während des ersten Aufenthaltes im Lande nicht besuchen konnte, ist es jetzt möglich, das Siedlungswesen an der gesamten pazifischen Abdachung der Republik zusammenfassend zu behandeln. Da es uns hier auf die geographischen Grundlagen der Siedlungen ankommt, muß in kurzen Umrissen auf die physisch-geographischen Züge des Gebietes eingegangen werden.

Vor der vulkanischen Küstenkordillere mit den ihr aufgesetzten Feuerbergen breitet sich bis an den Stillen Ozean eine geneigte Zone aus, der man bezeichnend den Namen einer Abdachung beilegt. Von der Vulkankette neigt sie sich zunächst steil, dann sanfter im hügeligen Vorgelände und schließlich ganz flach gegen die Küste, so daß die Profillinie eine deutliche Kurve bildet, deren einer Schenkel an den Vulkanbergen und den Flanken des Massengebirges steiler aufsteigt. Diese pazifische Abdachung gliedert sich in zwei Teile, deren Grenze durch eine Linie Palín—Escuintla—San José gebildet wird und die wir im folgenden als westliche und östliche Abdachung bezeichnen wollen. Beide zerfallen wieder in der Vertikalen in einen Tieflandanteil und Hochlandanteil, dessen Grenze wir bei einer Seehöhe von 500 m ansetzen.

Das Tiefland der westlichen Hälfte der Abdachung ist breiter als das der östlichen. Seine Ausdehnung schwankt zwischen 40 bis 60 km. Im Osten dehnt es sich zwischen 16 bis 35 km aus. Im Westen steigt die Vulkankette viel steiler und höher auf, so daß die Flüsse ein steileres Gefälle besitzen. Im Osten ist die Gebirgskette nicht nur niedriger, sondern auch in einzelne Bergmassive aufgelöst, die sich vom Pacaya über die Gavia, den Tecuamburro bis zum Vulkanmassiv von Moyuta hinziehen. Die hier vorhandenen bedeutenderen Flüsse, wie Rio Maria Linda (im Oberlauf = Rio Aguacapa), Rio Esclavos und Rio Paz[55]) haben

[55]) Der Name „Paz" hat mit „Friedensfluß" (span. Rio de Paz) nichts zu tun, sondern geht auf ein indianisches Wort „pax" (spr. „pasch") zurück. Daher treten in der älteren Zeit auch die richtigen Schreibungen „Rio Pax" oder „Rio Paxa" auf, welches wohl die richtige Form sein dürfte. Das Wort „pax" gehört den Mayasprachen an, in unserem Gebiet wahrscheinlich dem Pokomám. Die Bedeutung der Wurzel „pax" ist mir nicht bekannt aus dem genannten Dialekt. In dem ihm eng verwandten des Pokonchí bedeutet „pax": „Schweiß". Die zweite Wurzel „— (j)a" bedeutet „Fluß". In anderen Mayadialekten hat „pax" als Wurzel die Bedeutungn: „zerbrechen" (Quiché und Ixil), „Trommel" (Maya in Yucatan), „Binde" (Kekchí).

ihre Quellgebiete weit im Inneren des Hochlandes des „Oriente“. Da aber die Profilkurve im Osten infolge der niedrigeren Meereshöhe des Küstengebirges und des Fehlens der hohen Feuerberge sanfter gegen das Hochland ansteigt, so ist das Gefälle dieser Flüsse in der Tieflandzone weniger steil und ihre Strömung im Unterlauf weniger stark als die der westlichen Küstenflüsse. Nur wo im Hochlande des Ostens Gebirgsriegel oder die Küstenkette als solche durchbrochen wird, ist das Gefälle unausgeglichen, oft steil, und die Strömung daher reißend. Besonders gefährlich wirkt sich in dieser Hinsicht der Rio Aguacapa aus, der im Mittellauf unterhalb von Viñas einen engen Cañon in felsigen Andesitlaven durcheilt.

Ein weiterer Unterschied zwischen der westlichen und östlichen Abdachung offenbart sich in der morphologischen Gestalt des Abfalls. Im Westen treffen wir größere Sporne, die sich vom Küstengebirge ins Vorland ausstrecken und parallel von N nach S gerichtete Hügelrücken bilden, die sich quer zur Streichrichtung der Küste stellen und daher den Verkehr in der Längsrichtung erschweren. In der östlichen Hälfte fehlen solche Sporne fast ganz. Nur vom Moyuta-Vulkan senken sich lange Rücken aus alten Laven gegen die Küste, die einen Riegel gegen das Tal des Rio Paz bilden. Ihr Fehlen in den übrigen Gebieten der östlichen Hälfte erleichtert den Längsverkehr von Natur wesentlich.

Geologisch haben wir es mit verhältnismäßig einheitlichen Bildungen vulkanischer Herkunft zu tun. Andesitische Gesteine herrschen vor. Nur in der breiten Bucht des Pamaxán (spr. Pamaschán) nördlich von Santo Tomas La Union (890 m ü. M.) treten dioritische Gesteine und Granite an die Oberfläche, in denen die Talschluchten des Rio Nahualate und seiner Zuflüsse (z. B. Rio Maçá) angelegt sind und die an den Westhängen des Santa Clara genannten Bergstockes zu zackigen Felsen herausgewittert sind. Die markanteste Kuppe nennen die umwohnenden Quichéindianer „Botz“ = „Topf“.

Zwischen Siquinalá und Mirandilla-Escuintla breitet sich eine Hügelmasse von Tuffen aus, die in auffallenden Spitzen, Zacken und Graten abgetragen sind und die schon den alten Chronisten wie Fuentes y Guzmán aufgefallen sind. Am eindrucksvollsten erhebt sich unter ihnen der wahrscheinlich als Neck zu deutende Peñon de Siquinalá (auch P. de Obispo), der als eine weithin erkennbare Landmarke seine Umgebung überragt. Im Osten treten verwitterte felsige Andesite auf, die die Gavia zusammensetzen und in Form von alten Lavaströmen die Querrücken des Moyuta-Vulkans bei Pazaco aufbauen. Der Volksmund weiß davon zu berichten, daß hier und dort in solchen Erhebungen Edelmetalle vorhanden wären, so am Peñon de Siquinalá und in der Hügelzone von Pazaco. Außer Pyriten und Eisenkies lassen sich keine Spuren von Metallen entdecken. Gold und Silber sind mir nicht bekanntgeworden, und wären sie vorhanden, dann hätten schon die vorkolumbischen Bewohner sich deren Vorkommen zunutze gemacht. Bekannt ist, daß die Archäologie des Küstengebietes bisher ebensowenig Erzeugnisse aus Edelmetallen geliefert hat, wie Jadeite von dort bekanntgeworden wären, abgesehen von vereinzelten Funden, die aus dem Hochlande stammen dürften.

Zu den geologischen Unterschieden der beiden Gebiete treten die klimatischen. Die hohen Erhebungen des Küstengebirges im Westen wirken als Regensammler erster Ordnung, noch dazu, wo gerade in den Regenzeiten feuchte Luftströmungen vom Stillen Ozean als abgelenkter Südostpassat landeinwärts streichen und ihre Feuchtigkeit an den Hängen des Gebirges abladen. Im Osten sind die Gebirge niedriger und noch dazu als vereinzelte Massive angeordnet, zwischen denen sich die Talsenken des Rio Maria Linda, Rio Esclavos und Rio Paz einschalten. Es kommt daher mehr zu lokalen Regenanhäufungen an diesen Massiven, die voneinander durch niederschlagsärmere Partien getrennt sind. Da aber die Meereshöhen der Vulkane wie des Massengebirges im Oriente niedriger sind als im Westen, so nimmt auch die Regenmenge ab. Im flachen Vorlande der Küste macht sich diese Erscheinung ebenfalls bemerkbar, die weniger Niederschläge im Jahre empfangen muß als im Westen. Leider fehlen aus dem Osten der Republik und besonders aus dem Küstengebiet Regenmessungen so gut wie ganz. Die längste Beobachtungsreihe besitzt die Finca Santa Isabel. Da sie im Norden des Tecuamburro liegt, ist sie für das Küstengebiet nicht maßgeblich. Bedenken wir, daß durch die Senken im Osten fast ständig ein heftiger Fallwind vom Hochland zur Küste weht, der als solcher trocken und warm ist, so macht sich sein Einfluß auf die vor den Senken liegenden Abschnitte des Küstenlandes bemerkbar und ist dort mit eine Ursache für die Ausbildung trockner Landschaften, auf die wir in anderem Zusammenhange und an anderer Stelle zurückkommen werden. Wer sich einmal am Westhang der Gavia aufgehalten hat, wird erfahren haben, mit welcher Wucht der Fallwind hier namentlich des Nachts vom Hochland nach der Küste weht und sturmartig zu ihren Niederungen herunterstürzt. Die trockne Wirkung des Föhns wirkt sich im Küstenland aus, wo sie kleinere Gebiete von Busch- und Kakteenlandschaften hervorruft, ähnliche Verhältnisse, wie sie etwa in einigen Gegenden der südamerikanischen Anden begegnen.

Zu der verminderten jährlichen Regenmenge gesellt sich im Osten die streng ausgeprägte Trockenzeit, in der die Verdunstung hoch ist, so daß die Böden tiefgründig austrocknen. Noch besser unterstreichen den Trockencharakter des Klimas die Panzerkrusten und lackartigen Überzüge der Gesteinsblöcke, die unterhalb des Moyuta-Vulkans südlich von Pazaco zu beobachten sind.

In diesem Bilde sind nicht die Sumpfniederungen zu vergessen, die sich zwischen Rio Esclavos und Rio Paz ausbreiten. Wie bemerkt, ist das Gefälle der Flüsse in der Küstenabdachung des Oriente schwächer als im Westen. Daher sind sie von Nebenarmen begleitet (Rio Esclavos), oder das Wasser sammelt sich in flachen Mulden zu Seen an, wie sie südlich von Pazaco und Tecuaco auftreten. Das Kartenbild ist in jener Gegend bis heute so mangelhaft, daß nur die wenigsten der Seen und Sümpfe, und diese noch ungenau, verzeichnet sind.

So liegen die Dinge heutzutage! In der vorspanischen Zeit muß das Bild ein anderes gewesen sein. Denn dort, wo in der Gegenwart Sumpfniederungen liegen, finden sich mehrfach die Reste und Spuren von alten Siedlungen der Indianer, so bei dem Weiler El Paraiso und im Terrain von Montufar. Es ist nicht anzunehmen, daß gerade in derartigen Sumpf- und Überschwemmungsgebieten die einstigen Bewohner ihre Kultstätten angelegt haben sollten. Weiterhin zwingt der Umstand zum Nachdenken, daß unmittelbar an dem Brackwassergürtel der heutigen Lagunen (Esteros) alte Siedlungen liegen. Bei dem aus einigen Hütten bestehenden Weiler El Potrerillos, südlich von Paraiso, beobachtete ich Siedlungsspuren sogar noch unter dem heutigen bei Ebbe trocken liegenden Schlickboden. Sie lassen den Schluß zu, daß das ganze Gebiet zumindest zwischen den Mündungen des Rio Esclavos und Rio Paz in den vergangenen Jahrhunderten sich gesenkt haben muß, so daß die alte Siedlungszone an der Küste teilweise unter Wasser gesetzt wurde. Daß eine ganz junge Senkung tatsächlich hier vorhanden ist, beweist noch ein anderer Umstand. Vor ungefähr fünf Jahren (ca. 1934) suchte ein heftiger Temporal, verbunden mit einer Sturm- oder Springflut, jenes Küstengebiet heim, der von den Anwohnern noch jetzt als „Ciclón" erwähnt wird. Das Meer drang über die Strandwälle in den Lagunengürtel ein und überschwemmte noch das festländische Ufer. Zugleich aber brach damals der Rio Paz ca. 12 km oberhalb seiner Mündung bei dem Weiler El Salamár nach Westen durch. In dieser Richtung folgte er einem Gefälle, das sich durch die Senkung des Terrains von Montufar schon vorher angebahnt hatte. Die Hochfluten schufen sich ein neues Bett, das noch jetzt von der

Hauptwassermasse des Rio Paz benutzt wird. Nur ein kleiner Teil ergießt sich durch die alte Mündung ins Meer. Die neue Mündung liegt etwa halbwegs zwischen der alten und derjenigen des Rio Esclavos.

Im Gegensatz hierzu ist die Küste im westlichen Abschnitt der pazifischen Abdachung in Hebung begriffen, wie früher bereits ausgeführt wurde[56]). Wo die Grenze zwischen Hebungs- und Senkungszone zu finden ist, bedarf noch besonderer Untersuchungen. Im Zusammenhang mit der Küstensenkung im Osten sei auf das häufige Auftreten von Erdbeben gerade im Bereich der Vulkane Tecuamburro und Moyuta hingewiesen, die vielleicht von denselben tektonischen Vorgängen in den festlandnahen ozeanischen Tiefen hervorgerufen werden, die für die Senkung der Küste verantwortlich sind. Daß sie schon seit langer Zeit vor sich gehen dürfte, beweist das Fehlen von Flußterrassen am unteren Esclavos und Paz, während ich den Unterlauf des Maria Linda nicht kennengelernt habe. Man vergleiche demgegenüber die Terrassen längs der Flüsse im westlichen Küstenteil[57]).

In ihm ist das Bodenrelief unruhiger als in der östlichen Abteilung. Schon eine deutliche Vorhügelzone, die bis 200 m Seehöhe herabreicht, gibt der Landschaft eine Unruhe, die unterstrichen wird durch die tief eingesenkten Flußtäler. In unzähligen parallelen oder spitzwinklig ineinander mündenden Folgeflüssen, zumeist sämtlich wasserreich und reißend, entwässert die Vulkankette zum Ozean. Zwischen den Wasserläufen erstrecken sich Riedel nach Süden, die besonders im Westen, in der Costa Cuca und im Chuvá, flächenhafte Ebenheiten besitzen. Andernorts wie am Südgehänge des Atitlán-Vulkans in dem Gebiet von San Rafael Panán erheben sich auf der Vulkanschleppe unregelmäßige Anhäufungen von Hügeln, die kleine Niederungen und Senken in sich schließen. Höhen und Niederungen wechseln miteinander ab, Schluchten mit steilen Uferwänden dehnen sich weit nach Süden aus: die westliche Abteilung der pazifischen Abdachung erscheint als ein aufgelöstes Berg- und Hügelland, dem sich erst an der tieferen Küste eine flache Tieflandzone anschließt. Lehrreich hierfür ist ein Vergleich der Profillinien des Ostens und Westens: im Osten ein sanft geschwungenes Ausklingen einer regelmäßigen Kurve, im Westen ein stufen- bzw. terrassenartiges Absetzen in gebrochener Linie zu einem Flachland.

Die Siedlungen in beiden Gebieten passen sich diesen physischen Voraussetzungen an. Die Täler im Westen sind frei von ihnen bis auf einzelne

[56]) Mitt. Geogr. Ges. Hamburg, Bd. 44, 1936, S. 267/268.

[57]) a. a. O., S. 266/267.

Häuser von Mischlingen oder Indianern, die an den sanfter geböschten Abhängen der breiteren Sohlentäler angelegt sind, dabei vorzugsweise sich an die Terrassen anlehnend. Häufiger dagegen sind kleine Senken besiedelt in Form unregelmäßig verstreuter Weiler, wie sie im Süden des Atitlán-Vulkans anzutreffen und nördlich von San Rafael Panán für Tzutuhil-Indianer charakteristisch sind, die dort seit langen Zeiten vom Hochland her sich niedergelassen haben. In der Überzahl liegen die Siedlungen, und zwar als Plantagen, Weiler oder Dörfer, auf den Rücken, Riedeln oder in flächenhaften Spornen zwischen den Tälern. Erst unterhalb der hügelartigen Vorlandzone, etwa von 300 m Seehöhe abwärts, finden sich die Küstenstädte, die kolonialspanischer Entstehung sind und ihre heutige Ausdehnung und Bedeutung der Bahnlinie und der modernen wirtschaftlichen Entwicklung zu verdanken haben. Retalhuleu, Mazatenango, Escuintla sind bedeutende Landstädte, die sämtlich zwischen 240 und 350 m Meereshöhe liegen. Die übrigen geschlossenen Siedlungen reihen sich als Dörfer entweder in einer westöstlichen Linie fast sämtlich vor der 500 m-Höhenlinie an und bezeichnen bis in die Gegenwart den Verlauf alter Verkehrswege, die längs des Gebirgsabfalles von Soconusco im Westen nach Salvador im Osten sich hinzogen. Oder sie erstrecken sich in den wichtigen Querfurchen aufwärts, die wieder durch den Verkehr vom Hoch- nach dem Küstenlande ihre Wichtigkeit seit langer Zeit besessen haben und noch heute besitzen. Man vergleiche etwa die Furchen Retalhuleu—Colomba, Retalhuleu—San Felipe—Santa Maria, Mazatenango —Santa Maria, Patulúl—San Lucas Tolimán, Santa Lucía Cotzumalhuapa —Yepocapa. Was im tieferen Küstenland an geschlossenen Siedlungen vorhanden ist, entstammt neuerer Zeit und erreicht an Ausdehnung höchstens den Umfang kleiner Dörfer. Auch die Häfen Champerico und San José sind dörfliche Siedlungen, die nur Durchgangsstationen für den Verkehr von der See nach dem Landesinneren darstellen.

Im östlichen Küstenabschnitt reihen sich die geschlossenen Siedlungen nur in einer Westostlinie aneinander, die einem alten Verkehrsweg nach Salvador entspricht. Auch dort ist die Höhenlage fast einheitlich: Guanagazapa ca. 300 m, Taxisco 210 m, Guazacapán 280 m, Chiquimulilla 340 m. Sie entspricht dem Abfall der Vorlandzone des Gebirges. Als einzige verkehrsförderliche Nordsüdfurche öffnet sich dort das Tal des Rio Esclavos, in dem sich außer Plantagen nur wenige Weiler, wie Sinacantan und San Miguel Aroche, finden. Tiefer abwärts fehlen Dörfer ganz. Nur Einzel- und Weilersiedlungen jüngerer Herkunft sind über das flache Land hin verstreut. Häfen fehlen, zumal der einzige vorhandene Hafen Iztapa seit langer Zeit aufgegeben worden ist (Fig. 5, S. 233).

2. Die Siedlungen in der vorspanischen Zeit.

Einblicke in das Siedlungswesen der indianischen Bevölkerung auf den Hochländern und an der pazifischen Abdachung des nördlichen Mittelamerika in den Zeiten ihrer Unabhängigkeit von europäischen Einflüssen lassen sich nicht leicht gewinnen. Im Gegensatz zu den andinen Kulturreichen Südamerikas und zu Mexico fließen uns aus den Jahren der ersten Berührung der Indianer mit den Europäern kaum genauere Nachrichten darüber zu. Sie treten spärlich erst viel später im 16. und 17. Jahrhundert hervor. Sind sie trotzdem für unsere Untersuchungen wertvoll, so wird ihr Wert noch erhöht durch die Bewahrung altertümlicher Formen in den Gebirgsgegenden, in denen langsamer als in den offenen Landschaften oder Beckengebieten der Hochländer die Indianer einer Umwandlung ihrer Wohnweise unterlagen. Vereinzelt haben sich althergebrachte Siedlungstypen sogar noch bis in die Gegenwart erhalten, so daß sich aus diesen Relikten Rückschlüsse auf die alte Zeit ermöglichen lassen.

In allen zeitgenössischen Äußerungen der spanischen Eroberung von Guatemala tritt immer wieder hervor, daß das Hochland dicht besiedelt war. Diese Angaben werden unterstrichen durch Beobachtungen aus der Gegenwart, die uns überall eine Fülle von Scherben der Gegenstände des täglichen Gebrauches, von Prunkware kultischer Verwendung und von Steinbildwerken oder Bruchstücken von ihnen vor Augen stellen, wo man nur den Boden einigermaßen danach absucht. Ebenso verhält es sich im pazifischen Tiefland, das nicht minder reiche Zeugnisse einst dichter Besiedlung geliefert hat und noch verbirgt. Das flächenhafte Auftreten dieser Funde, nicht nur gebunden an einzelne Punkte, läßt den Schluß zu, daß die weiträumige, flächenhafte Besiedlung des Landes in den Gebirgsgegenden und in den Niederungen vorherrschend war. Entsprechend ihrer Zugehörigkeit zu einer dieser beiden Zonen, die sich mit den Räumen von Mittel- und Südguatemala in Beziehung setzen lassen, sollen Hochland- und Tieflandsiedlungen unterschieden werden. Dabei wird von einem Eingehen auf die Siedlungsverhältnisse der atlantischen Niederungen, als zu Nordguatemala gehörend, abgesehen werden.

a) Die indianischen Siedlungen im Hochlande.

Die zeitgenössischen Berichte über die Eroberung des nördlichen Mittelamerika enthalten höchst mangelhafte Bemerkungen über die Siedlungsweise der Eingeborenen. In der Mehrzahl der Fälle wird von „Dörfern" (pueblos) gesprochen, seltener von „Städten" oder gar „Hauptstädten".

Eine scharfe Trennung zwischen Dorf und Stadt ist oft schon deswegen in jenen Quellen undurchführbar, weil die Eroberer in ihren glühenden Schilderungen vom Reichtum der neu eroberten Länder die Zahl ihrer Bewohner vervielfachten und lieber mit der Einnahme von „Städten" als von Dörfern prunken mochten. Ferner müssen wir uns aber auch daran erinnern, daß Guatemala von Mexico her erobert wurde, wo die Spanier im Hochlande tatsächlich große Städte und blühende Dörfer angetroffen hatten, die auf den weiten Ebenen der Hochbecken lagen.

In Guatemala ist das Bild ein anderes gewesen. So große, weiträumige Becken wie in Mexico gibt es hier nicht. Das einzige geschlossene Hochbecken ist das von Quezaltenango, tritt aber an Ausdehnung gegen mexikanische Verhältnisse zurück. Ebenso verhält es sich mit den in mittlerer Höhenlage in das Kettengebirge eingesenkten Becken von Salamá und Rabinál. Alle übrigen weiten Hohlformen sind teils Senken (Quiché), teils breite Talmulden (Valles im Osten der Republik) oder Gebirgsfußsenken (Zone von Huehuetenango—Aguacatán). Dazu treten die breiten Täler im Streichen des Kettengebirges, von denen das Motagua-Tal siedlungsgeschichtlich bedeutsam ist, das Cuilco-Tal eher zurücktritt, während das Polochic-Tal mit der Izabal-See-Zone eine untergeordnete Rolle gespielt hat. In allen diesen Gebieten nun haben wir es in vorspanischer Zeit mit einer flächenhaft ausgebreiteten Siedlung zu tun, einer Streusiedlung von kleinen Siedlungseinheiten, sei es von Einzelhöfen (Ranchos) oder Weilern von wenigen Hütten Umfang. In der Nachbarschaft breiteten sich die Felder aus, zumal alle Indianer in Guatemala seit langen Zeiten Feldbauer waren. Der Inhaber wohnte mitten in den Feldern, unter denen bei aufgeschossenem Mais die niedrigen Hütten verschwanden, oder in ihrer Nähe. So zogen sich punktförmig verstreut zahllose Einzelranchos über Gebirgshänge und Täler hin, die im Landschaftsbilde kaum anders als durch ihre Rodungsflächen sich kenntlich gemacht haben werden. (Taf. 1, Abb. 1.)

Ihren inneren Zusammenhalt fanden diese Streusiedlungen in den Kultplätzen, die das sichtbare Zentrum eines Stammes oder einer seiner Unterabteilungen waren. An ihnen waren die Tempel, Pyramiden, Gebetsstätten und Götterbilder errichtet, zugleich lagen dort die Wohngebäude der Priesterschaften bei den höher kultivierten Stämmen von Mittelguatemala. Bedeutende Erdwerke, Anlagen aus Stein und Mörtelwerk, prunkvolle Fassaden mit künstlerischem Schmuck verliehen diesen Plätzen nach außen hin ein bedeutendes Ansehen. Sie stachen im Landschaftsbild schon durch die Pyramiden und auf Terrassenunterbauten errichteten Wohngebäude hervor und müssen ihren Eindruck in der Umgebung noch dadurch erhöht haben, daß ihre Bewohner die Sitte hatten, die Außenwände in bunten Farben anzumalen, deren Sinn sicher ein symbolischer gewesen sein wird. So sind noch heute Farbspuren an den kalkverputzten Außenmauern der Ruinen des Cakyúb bei Rabinál sichtbar.

An diesen Kultstätten sammelte sich auch das politische Leben der in Streusiedlung um sie herum ansässigen Bevölkerung. Denn in steinernen, langgestreckten Gebäuden hielten sich die Obrigkeiten des betreffenden Stammes auf, solange sie ihre Dienstpflicht dort verlangte. Die Adligen des Stammes aber wohnten nur zeitweise in den Kultstätten, wo jeder seinen eigenen Wohnraum besaß. Sie kamen dort nur aus Anlaß der Götterfeste oder zu politischen Zwecken zusammen. Wenn wir daher in mancher besser erhaltenen Ruinenstätte von Mittelguatemala, so etwa bei Rabinál, weitläufige, schmale, lange Gebäude mit vielen Einzelkammern treffen, wie sie auch aus dem älteren und jüngeren Mayareich in Nordguatemala und Yukatan bekannt sind, so dürften sie dem Zweck der Unterbringung jener Klasse von Menschen gedient haben. Für gewöhnlich aber hielten sich die Adligen auf ihren Feldbesitzungen auf, wo sie kaum anders als in den üblichen Ranchos gehaust haben werden[58]).

Endlich hatten die Kultplätze noch die Funktion militärischer Sammel- und Verteidigungspunkte zu erfüllen. In sie zog man sich in Kriegszeiten zurück und sammelte in ihnen die wehrfähige Mannschaft. Diese Funktion war so bestimmend, daß sich die Anlage der Kultplätze danach richtete. Schon Ximenez hat richtig diese Bedeutung erkannt[59]). Das gebirgige

[58]) Ximenez, Bd. I, S. 71: „... porque en los palacios y adoratorio del Idolo tenían cada uno de aquestos Señores su casa donde vivía y residía cuando se juntaban a sus fiestas y funciones, que lo demás tiempo lo pasaban en sus casas que cada uno tenía en sus heredades y haciendas, que fué el modo que los indios tuvieron de vivir en sus tierras y milpas y donde tenían sus sembrados, que jamás, si no es en muy rara parte, tuvieron población en forma sino en un paraje donde hallaban oportunidad de tierras buenas, que esto era regularmente en los bajíos, quebradas y tierras bajas."

[59]) Ximenez, Bd. I, S. 129: „No fundaron la ciudad (d. h. die spanische Stadt La Antigua) en la Corte del Rey Zinacam porque es lugar muy barrancoso y de subidas muy agrias porque siempre los indios buscaron estos lugares fuertes para hacer sus fortalezas para que les ayudase el lugar a la defenza que sus cortas fuerzas no alcanzaban." — Vgl. auch S. 130: „... buscaron siempre cerros muy empinados y de subidas muy ásperas o lugares circumbalados de barrancos muy profundos para estar defendidos como se ve hasta hoy en todos ellos, ni menos había poblaciones de indios más que algunos desparramados al modo que ellos vivían, que era que solo en las cabeceras o lugares de fortaleza habitaban los Reyes y Caciques, y todo el demás resto de la gente desparcidos en quebradas,

Gelände der Kettenzüge und die Barrancolandschaft kamen diesem Zweck auf das beste entgegen. Bis in die Gegenwart können wir diese geschickte Ausnutzung der geographischen Lage an vielen Ruinenplätzen beobachten. Utatlán, die Hauptkultstätte der Quiché, Iximché bei den Cakchiquel, Mixco Viejo bei den Pokomám, Zakuleu bei den Mam, Xeocóc und Cakyúb bei Rabinál bei den östlichen Quiché, schließlich Amatitlán bei den Pokomám. Bis auf die Rabinál- und Amatitlánanlagen sind alle auf Plateauresten in einem Barrancogebiet angelegt. Jene nehmen Berg- bzw. Hügelrücken ein. In allen Fällen handelt es sich um ein beschränktes Gelände, dem sich die Bauten anpassen. Fast immer fällt das Plateau oder der Rücken nach drei Seiten steil ab, in den Barrancogebieten meist mit sehr steilen Wänden, an denen ein Emporklimmen schwierig war. An der vierten Seite ist oft eine Verbindung mit umliegenden Flächenstücken der Barrancolandschaft gegeben, die durch eine leichte Einsenkung gegen sie abgesetzt ist. Bei Utatlán wird sie von einem kleinen Bachlauf in einem Tälchen zerschnitten. Die Rückenerhebungen gehen gewöhnlich in die benachbarten Gebirgsflanken über. Bei der vorkolumbischen Angriffs- und Verteidigungstaktik waren diese Kultplätze schwer einzunehmende Hindernisse, deren Eroberung den Sieg entschied. Wie in den mexikanischen Bilderhandschriften die Eroberung eines Ortes durch den brennenden und zusammenstürzenden Tempel gekennzeichnet wird[60]), muß auch bei den Hochlandstämmen in Mittelguatemala die Vernichtung der Tempelzentrale den Ausgang des militärischen Unternehmens besiegelt haben.

Eine Frage, die sich der heutige Besucher solcher Stätten stellt, ist die ihrer Wasserversorgung. Fast immer ist Wasser in den benachbarten Schluchten vorhanden und mußte also heraufgeschleppt werden, was in Friedenszeiten keine Schwierigkeiten bot. Im Kriege aber konnte sie leicht vom Feinde unterbunden werden. Wahrscheinlich aber werden diese Kultplätze gar nicht für lange Belagerungen gedacht gewesen sein, da die indianische Kriegstaktik sich auf die offenen Feldschlachten einstellte und längeren Belagerungen abhold war. Die Kriege waren kurz, eine Vorratswirtschaft auf längere Dauer unbekannt, so daß schon mit Rücksicht auf die Felderbestellung und Einbringung der Ernte langdauernde Belagerungen nicht vorgekommen sein werden. Ein Beweis hierfür ist in den spanischen

---

vegas, rios etc., en donde tenían comodidad de hacer sus milperías y sembrados como cada parentela o calpul en un paraje más o menos extendido conforme era mayor o menor el gentío de tal calpul o parentela a cuya población llamaban Amac que es pueblo pequeño..."

[60]) So z. B. im mexikanischen Codex Mendoza.

Kämpfen um solche Punkte gegeben. Sie fielen schnell. Wenn auch der Verrat dabei eine Rolle gespielt hat, so haben doch kaum längere Belagerungen stattgefunden. Die tapfere Verteidigung des Lempira in Cerquin gegen die Spanier während sechs Monate bildet eine Ausnahme. Wenn in spanischen Quellen und nach ihnen noch in der neueren Literatur die betrachteten Kultplätze als „Städte" bezeichnet werden, so ist das nach dem Vorhergesagten eine irrtümliche Kennzeichnung dieser Siedlungen. Eher am Platze ist ihre Benennung als „Kultburgen", worin der religiöse und profane Zweck ihrer Anlage am besten zum Ausdruck kommt. An keinem der oben genannten und von mir sämtlich besuchten Stätten kann jemals eine größere Bevölkerungsmenge seßhaft gewesen sein. Die Ziffernangaben der Konquistadoren, z. B. für Utatalán zu 12 000 Menschen, sind übertrieben[61]). Für eine solche Menge wäre gar kein Siedlungsplatz vorhanden gewesen.

Es bleibt somit für das Siedlungsbild im Hochlande die Streusiedlung bestehen, mit der verbunden einzelne Kultburgen vorhanden waren. Um sie herum in größerem Umkreis siedelte das gewöhnliche Volk. Hießen die Burgen nach einem aus der Nahuasprache stammenden Wort „tinamit", so die Streusiedlungen „ama'k". Dieses der Quichésprache zugehörige Wort bedeutet „Volksgemeinde", „Volksgemeinschaft"[62]). Brasseur de Bourbourg übersetzte es einfach mit „pueblo"-„Siedlung"[63]), was den Sinn nicht treffend wiedergibt. Falsch dagegen ist die Ableitung, wie sie Ximenez gibt, von „am" = „Spinne" und daran die Erklärung knüpft, man hätte mit „ama'k" die wie Spinnenfüße von der zentralen Kultburg in die Umgebung sich erstreckenden Streusiedlungen bezeichnen wollen[64]). Im übrigen aber entwirft er ein durchaus zutreffendes Bild von der Siedlungsweise der Hochlandindianer: „Die übrige Zeit (außerhalb der Feste) verbrachten sie in ihren Behausungen, die jeder auf seinem Erbbesitz und seinem Landeigentum besaß. Denn in dieser Weise lebten die Indianer auf ihren Ländereien und Milpas, wo sie ihre Anbaugewächse zogen. Niemals, wo nicht in ganz seltenen Fällen, hatten sie eine vollkommene Siedlung. Vielmehr siedelten sie an irgendeinem Platz, wo sie günstige Gelegenheit guten

---

[61]) Pedro de Alvarado, Relación etc., ed. Vedía, Bd. I, S. 458, I.

[62]) L. Schultze Jena, Indiana I, S. 332.

[63]) Brasseur de Bourbourg, Grammaire de la Langue Quichée, S. 167.

[64]) „... aqueste género de poblaje se llamaban amac que quiere decir como pierna de araña, o que ha extendídose en ramos como piernas de haraña porque así estaban desparramados en las quebradas o tierras calientes..." Ximenez, Lib. I, cap. 27 (ed. 1929, Bd. I, S. 72).

Bodens fanden, was in den Senken, Schluchten und im Tieflande der Fall zu sein pflegte"[65]). Es geht aber aus dieser Angabe eines vortrefflichen Landeskenners und aus den archäologischen Beobachtungen in der Gegenwart hervor, daß überhaupt die geschlossene dörfliche Siedlung im Hochland von Guatemala, wo es sich um die Kettengebirgszüge handelt, nicht vorhanden gewesen sein kann. Auf den Lockermassenebenen des Beckens von Quezaltenango scheint ein Dorf vorhanden gewesen zu sein, da Alvarado ausdrücklich von dem „pueblo de Quezaltenango" spricht, das er verlassen angetroffen hätte[66]). Sonst aber enthält sein Bericht nichts von überfallenen Dörfern oder Orten, die man durchzogen hätte, als man im Hochlande vordrang. Nur die Kultburgen treten als festumrissene Siedlungplätze deutlich heraus (Utatlan, Iximché, Atitlan)[67]).

Ein treffliches Beispiel für den vorherrschenden Typ der Streusiedlung im Gebirge bietet das Tal von Tajumulco in Westguatemala. Als schmales Kerbtal erstreckt es sich um den Nordabfall des Vulkans Tajumulco nach Südwesten zur pazifischen Küste, tief eingesenkt und mit vier Talterrassen ausgestattet. Sie liegen in Meereshöhen von rund 2840 m, 2740 m, 2690 m und 2610 m im obersten Abschnitt des vom Rio Kusulchimá durcheilten Tales und fallen gleichsinnig mit diesem gegen Westen ein. Sie sind durch zahlreiche Seitenbäche auf beiden Talflanken in Reststücke aufgelöst und diese tragen fast überall Einzelranchos der das Tal besiedelnden Mamindianer. Die Böschungen nach oben und unten von den Wohnplätzen aus sind gänzlich gerodet und mit Feldern bestellt. Wald ist in Resten nur an der gegen Norden gekehrten Talflanke im Bereich felsiger Lavamassen erhalten geblieben, sonst sind von ihm auch die obersten Höhen gesäubert (so auch der Paß von Tuichán 3000 m). Das Bild einer ausgedehnten indianischen Streusiedlung wird hier auf das beste gekennzeichnet, die einen weiteren Zug der vorspanischen Siedlungsweise dadurch bewahrt hat, daß dicht oberhalb des Talknicks, wo sich der Fluß nach Südwesten zur pazifischen Küstenebene wendet, die alte Kultstätte liegt, an die sich das spanische Dorf Tajumulco unmittelbar anlehnt. Auf einem Terrassenrest aus vulkanischen Lockermassen, der sich steil über dem Flußtal erhebt, liegen die Ruinen einer alten Tempelanlage mit ausgedehntem Hof, etwas abseits davon Reste von einer Pyra-

[65]) Ximenez, a. a. O.

[66]) Alavarado, Relación etc., ed. Vedía 1877, Bd. I, S. 458, I.

[67]) Vazquez, Lib. I, cap. 21 (ed. 1937, Bd. I, S. 109): „. . . porque en aquellos tiempos estaban los indios donde querían, y no tenían forma de pueblos, ni jamás fueron amigos de vivir en poblado, ni en poblaciones, y hoy día (el año de 1583, que se escribió) dan muestra de ello . . ."

mide und einige andere Erdwerke. Da der Kusulchimá um diese Terrasse einen Mäander schlingt, entsteht ein nach drei Seiten abfallender Vorsprung, dessen Oberfläche in die benachbarten steilen Talwände übergeht, so daß auch diese vierte Seite bei kriegerischen Anlässen gut zu sperren und verteidigen war.

Als ich am 25. Februar 1939 zum zweiten Male in Tajumulco weilte, fand ich gegenüber dem ersten Besuch am 10. November 1926 das Bild wesentlich verändert. Damals sah man vom Reitweg hart südlich vor dem Einreiten ins Dorf ein paar unscheinbare runde Erdhügel in einer Milpa, die bei der noch nicht abgeernteten Frucht kaum hervortraten. Ladinos im Dorf berichteten von „cimientos", der oft gebrauchte Ausdruck der Mestizenbevölkerung für Ruinenplätze. 1939 aber hatten die ersten umfangreichen Ausgrabungen der „School of American Research" von der Universität in Santa Fé stattgefunden, die schlagartig dank der vorzüglichen Feldarbeit von Miss Bertha P. Dutton und Miss Hobbs vom Stabe des Museums den Reichtum dieses kleinen Platzes an Altertümern und Bauwerken enthüllt hatten. Handelte es sich doch um einen abgelegenen Platz, an dem sich niemals Schatzgräber versucht hatten. Da die Veröffentlichung der Forschungen von Dutton und Hobbs noch aussteht, nehme ich Abstand, auf die Ergebnisse einzugehen, von denen mir die beiden Forscherinnen in der liebenswürdigsten Weise Kenntnis gaben. Auf Grund der Fundbesichtigung schien mir schon an Ort und Stelle der Beweis vorzuliegen, daß diese Kultburg einst an einem Verkehrsweg vom inneren Hochland in Westguatemala zur pazifischen Niederung gegen Tapachula zu gelegen haben müßte, eine Verbindung, die heute nicht mehr besteht. Dieser Gedanke fand insofern eine Bestätigung, als in der Chronik des Fuentes y Guzmán überliefert ist, daß die indianischen Einwohner des in spanischer Zeit gegründeten Dorfes Tajumulco vornehmlich viel Handel mit Kakao aus Soconusco getrieben hätten[68]). Das wird erhärtet durch das ehemalige Vorhandensein eines Handelsweges, den die Kultburg Tajumulco wohl sperren konnte. Zweifellos gruppierten sich die Streusiedlungen um dieses Zentrum, und so wie heute deren Bewohner zu den Markttagen ins Dorf zusammenkommen, wird es früher zu den Götterfesten der Fall gewesen sein. Wir werden später nochmals auf die heutige Siedlungsweise des Tales zurückkommen.

Noch ein weiteres Beispiel sei an der alten Stätte von Amatitlán belegt, die, soweit mir bekannt, noch niemals genauer archäologisch untersucht worden ist, trotzdem sie in der Nähe der Hauptstadt und seit langer

[68]) Fuentes y Guzmán, Lib. IX, cap. 10 (ed. 1933, Bd. III, S. 177).

Zeit inmitten eines von Ladinos besiedelten Landes vor den Toren der Landstadt Amatitlán liegt. Dort wird das Westufer des Amatitlán-Sees begrenzt von einem kleinen Plateau aus vulkanischen Lockermassen, die zu Talpetate verfestigt sind. Es erhebt sich rund 20 m über dem Seespiegel und fällt gegen diesen steil ab mit einem Hang, an dem sich seit einigen Jahren eine Villenkolonie von Landeseinheimischen und Fremden aufgetan hat. Im Norden trennt eine flache Senke das Plateau von den Randhöhen des Seebeckens. Durch diese tritt als Abfluß des Sees der Rio Michatoya aus, der in einem flachen Bogen das Plateau im Norden und Westen umfließt. Die Abfälle sind nicht so steil wie nach Osten zum See, dafür aber bot in alter Zeit der Fluß in seiner Senke insofern Schutz, als diese versumpft war und oft überflutet gewesen sein muß. Heute sind die unregelmäßigen Abflußverhältnisse des Sees durch Anlage von Stauwehren für das Kraftwerk der Empresa Eléctrica soweit als möglich ausgeschaltet worden. Nach Süden geht das Plateau in eine wellige Fläche über, die durch eine schmale trockene Senke gegen die Abhänge des Vulkans Pacaya abgesetzt ist. Auf der so entstandenen Grundfläche sind um vier Höfe gruppiert die alten Gebäudekomplexe angelegt gewesen. Auch in diesem Falle kann es sich nicht um eine „Stadt" der Pokomam-Indianer gehandelt haben, sondern um eine der für Mittelguatemala typischen Kultburgen. Wenn wir aber im Tal von Tajumulco die alte Streusiedlung bis heute erhalten gefunden haben, so ist sie bei Amatitlán verschwunden. Denn diese Gegend, in Nähe der spanischen Kolonisationszentren gelegen, wurde schon früh hispaniert und in ihrem Siedlungsbild entsprechend verändert.

In Ostguatemala, wo alte Ruinenstätten an sich spärlicher sind, tritt das Moment der günstigen Verteidigungslage weniger hervor. Bei dem ausgedehnten Mita (in Nähe des modernen Dorfes Asunción Mita) handelte es sich um eine rein kultischen Zwecken dienende Anlage. Das gleiche muß bei den Ruinen von Soyate der Fall gewesen sein, die ich am 5. Dezember 1938 besuchte. Der Platz liegt in der heißen Trockenbuschsteppe des oberen Rio Santa Margarita, der eine beckenartige Senke nach Südwesten entwässert. Unmittelbar an einem seiner Nebenflüsse gelegen, bietet die Anlage kaum einen natürlichen Geländeschutz[69]). Zur selben Gruppe gehören die weit ausgedehnten Tumuli westlich der Hauptstadt, die jüngstens den Namen „Kaminalhuyú" (Totenhügel) erhalten haben.

---

[69]) vgl. über weitere Siedlungen im Hochlande K. Sapper, Altindianische Ansiedlungen in Guatemala u. Chiapas, in: Veröff. Königl. Mus. f. Völkde., Bd. IV, Heft 1, S. 13—20, Berlin 1895, und Das nördl. Mittelamerika, Braunschweig 1897, S. 354—385.

b) Die indianischen Siedlungen im pazifischen Tieflande.

Nach den erhaltenen Spuren zu urteilen, hat sich die vorspanische Besiedlung der Küstenabdachung auf die Höhenzone zwischen 600 m Seehöhe und der Küste beschränkt. Die Vorhügelzone am Abfall der Vulkankette ist schwächer besiedelt gewesen. Bei Chocolá und San Andres Osuna sind alte Anlagen in rund 700 bis 800 m Meereshöhe anzutreffen. Anlage und Form der mächtigen Rundhügel von Chocolá ohne Reste von Bauwerken heben sie von den anderen Plätzen ab, ohne daß es bisher möglich gewesen ist, sie einer bestimmten Kultur oder einer bestimmten Bevölkerung zuzuweisen[70]). Um so mehr häufen sich die Anlagen in einem Band zwischen 400 und 200 m Meereshöhe, um weniger zahlreich von da abwärts bis zur Küste aufzutreten. Eine genaue Aufnahme oder überhaupt ein zusammenfassendes Bild dieser Siedlungen, trotzdem sie sämtlich in einem unter moderne Kultur genommenen Land liegen, ist noch nicht erfolgt.

Auf Grund meiner Kenntnis einer größeren Anzahl von Plätzen in der westlichen Abteilung des Tieflandes ist festzustellen, daß die Anlagen durchweg aus Erdwerken in Form von Pyramiden und rechteckigen Erdwällen bestehen, die sich um Höfe rechteckiger Grundrisse anordnen. Die Plattformen sind durchweg schmal und lassen keine gemauerten Reste von Gebäuden erkennen, die sich auf ihnen erhoben hätten. Dagegen sind Treppenaufgänge nachzuweisen. Der gleiche Typ setzt sich in der wenig bekannten östlichen Abteilung fort. Dort ist die schmale Vorhügelzone am Abfall der Gavia wie des Tecuamburro besiedelt gewesen, die Pedro de Alvarado auf seinem Zug nach Salvador 1524 durchzog und in der er den Xinca-Stamm antraf. An allen in seinem Bericht erwähnten Plätzen finden sich heute noch die entsprechenden Ruinen, so bei Tacuilula, Taxisco, Guazacapán, Nancinta. Die Erdwerke umrahmen rechteckige Höfe, lassen aber ohne Ausgrabungen bei ihrem heutigen Erhaltungszustand noch keine Schlüsse auf ihre ursprüngliche Form zu. Wahrscheinlich aber haben wir es auch hier mit Pyramiden und rechteckigen Erdterrassen zu tun. Unterhalb dieses Streifens auf dem ganz flach sich zum Meer absenkenden Tieflande ist zwischen 200 m und der Küste eine weitere Siedlungszone zu beobachten, die sich von unterhalb Taxisco über El Cerrito, Los Cerritos, El Bonete nach La Nueva verfolgen läßt. Ferner begleiten die Binnenküste des Lagunen-

[70]) R. Burkitt, Excavations at Chocolá, in: The Museum Journal, Bd. XXI, no. 1, Philadelphia 1930, S. 5—24.

gürtels einige alte Plätze, wie Casas Viejas, El Potrerillo und El Paraiso zwischen Rio Esclavos und Rio Paz. Es ist anzunehmen, daß sich andere Reste zwischen ersterem Fluß und dem Michatoya nach Westen hin finden lassen, wo sie Anschluß an die Küstensiedlungen unterhalb von Escuintla (Monte Alto, La Victoria) finden.

In der Anlage rechteckiger Höfe und gebäudeloser Erdwerke gleichen sie den westlichen Siedlungstypen völlig und sind daher einer gleichen Bevölkerung zuzuweisen. Auf Grund von Probegrabungen, die ich 1925 bis 1929 und 1938 bis 1939 ausführte, ist die untere Siedlungszone einer mit archaischen Elementen durchsetzten Pipilbevölkerung zuzuweisen, die obere im westlichen Abschnitt den Pipil vermischt mit Mayaelementen des Hochlandes.

Im östlichen Abschnitt umfaßt die obere Zone Xincasiedlungen mit einer altertümlichen Kultur, die untere Pipilkultur. Durch meine zweite Reise ließ sich der Beweis erbringen, daß die Pipil sich auch an der ganzen Küstenzone des östlichen Abschnittes bis nach Salvador verbreitet hatten.

Im Unterschied zu den Kultburgen im Hochlande tritt die strategische Lage dieser alten Tieflandplätze nicht deutlich hervor. Anscheinend ist sie auch gar nicht beabsichtigt gewesen. Ferner ist der konstruktive Aufbau der Anlagen ein anderer. Er wird vor allem durch das zur Verfügung stehende Material bedingt. Sedimentäre und kristalline Schiefergesteine fehlen an der Küstenabdachung, auch Kalk ist nicht vorhanden, so daß der für das Hochland charakteristische äußere Belag der inneren Kerne der Erdwerke mit plattigen Steinen und ihr Überzug mit Kalkverputz im Tiefland fortfällt. Dort besteht der Kern aus Erde vermengt mit Steinbrocken und Flußgeröllen vulkanischen Materials, der an den Außenböschungen mit gröberen Rollsteinen gepflastert ist. Aus felsigen Laven behauene Steinquadern dienen als Stufen für die Pyramidentreppen. Sind in der Nähe plattig abgesonderte Laven vorhanden, hat man größere Platten als Opfertische (?) am Fuße von Pyramidentreppen angebracht (Palo Gordo). Die Plattformen der Erdwerke sind durchweg schmal, so daß auf ihnen sich keine größeren Gebäude erhoben haben können. Es ist anzunehmen, daß einfache Konstruktionen aus Holzpfosten mit Stroh- oder Blattdächern auf ihnen errichtet waren, deren Spuren in dem feuchten Klima verschwunden sind. Alle diese einzelnen Momente müssen den Kultplätzen im pazifischen Tiefland ein anderes Aussehen als im Hochland verliehen haben. Traten diese dank ihrer exponierten Lage auf Plateaus und Berggipfeln in der Landschaft sichtbar hervor, dürften jene im Tiefland in dem umgebenden Waldkleid verschwunden und erst aus der Nähe sichtbar geworden sein.

Probegrabungen an verschiedenen Küstenplätzen scheinen darauf hinzudeuten, daß in unmittelbarer Nähe der Kultstätten auch größere geschlossene dorfartige Ansiedlungen lagen. Bei Palo Gordo, El Baúl, El Cerrito (unterhalb Guazacapán) und anderen Punkten finden sich im Vorgelände der Tempelbezirke weite Flächen, die übersät mit Resten der alten Bewohnerschaft sind. Der Umstand, daß sich darunter viel Gebrauchsware findet, weist auf Wohnplätze des gewöhnlichen Volkes, das also hier nicht in Streusiedlungen wie im Hochlande, sondern in geschlossenen Siedlungen lebte. So war Zapotitlán, bekannt geworden durch die Schlacht der Truppen Pedro de Alvarados gegen die dortigen Quiché, dessen einheimischen Namen uns Juarros richtig mit „Xetulúl" überliefert hat[71]), ein größeres Dorf, südlich des heutigen San Franzisco Zapotitlán, im Gebiet der modernen Finca Zambo. Itzcuintepeque, etwas nördlich vom heutigen Escuintla, war ein Dorf mit Straßen, das von den hinterhältig einbrechenden Spaniern in Schutt und Asche gelegt wurde. Es dürfte sich an die Kultstätte angelehnt haben, deren Reste gegenwärtig auf dem Gelände der Finca Concepción noch zu bemerken sind. Um Dörfer hat es sich ebenfalls im östlichen Teil des Küstentieflandes gehandelt. Tacuilula, Taxicsco, Nancinta und die anderen von Alvarado berührten Punkte waren Dörfer geschlossener Anlage, von denen Guazacapán noch bis in die Gegenwart seinen alten Typ bewahrt hat.

Das heutige bedeutende Dorf wird durch den Rio Usarin in zwei Teile getrennt. Auf dem westlichen Ufer ist die von Ladinos bewohnte kolonialspanische Niederlassung gegründet worden, auf der östlichen liegt das von Xinca bewohnte Eingeborenendorf. Der Boden wird von einem alten Blocklavastrom des benachbarten Tecuamburro gebildet. Durch Fortschaffen der Lavablöcke und kleineren Steine sind ebene Flächen geschaffen worden, zwischen denen das ursprüngliche Gelände erhalten geblieben ist. Auf diesen Flächen erheben sich die Gehöfte der Indianer, jedes von zwei bis drei Hütten zusammengesetzt, die einen rechten Winkel oder ein offenes Rechteck bilden. Wälle aus Lavasteinen trennen die Gehöfte voneinander, die von dichten grünenden Bäumen und niedrig wüchsigen Fruchtbäumen umgeben sind. In der Mitte des Hofplatzes steht ein halbmannshohes Gestell, auf dem Reis oder Kaffeebohnen zum Trocknen ausgelegt werden. Die Küche ist unter dem vorspringenden Dach

[71]) Juarros, Trat. VI, cap. 2 (ed. 1936, Bd. II, S. 169).

der Vorderfront untergebracht. Entgegen den in Guatemala sonst üblichen, die ganze Vorderbreite einnehmenden Veranden (zaguán), erstreckt sich bei den Xinca der Korridor nur bis zur Hälfte der Hausfront. Die andere bleibt frei. Charakteristisch für die Dorfanlage ist das Fehlen von Straßen. Nur ein einziger breiter Weg zieht in der Mitte der Siedlung von Norden nach Süden. An seinen beiden Seiten sind die Gehöfte regellos angeordnet und durch schmale gewundene, oft kaum bemerkbare Pfade miteinander verbunden. Aus der Ferne gesehen, verschwindet das Dorf vollkommen unter den Bäumen. Wasser liefert der Rio Usarin, zu dem man in die Schlucht hinabsteigt, um zugleich dort zu waschen und zu baden.

Unmittelbar südlich von den Hütten liegen die Überreste von alten Erdwerken, die die ehemalige Tempelanlage kennzeichnen. Der bisher nie näher beschriebene interessante Ort Guazacapán enthüllt uns auf das beste die vorspanische Dorfanlage im östlichen Küstenabschnitt aus dem Stammesgebiet der Xinca-Indianer. Wir finden sie in einem zweiten Beispiel erhalten in Nancinta, dicht westlich des Rio Esclavos, nur daß das Dorf an Bewohnerzahl stark zurückgegangen ist und heute fast nur von Ladinos bewohnt wird. Regellosigkeit der Hüttenanlage, eine zentrale, von Norden nach Süden ziehende Straße, offene Höfe umgeben von Lavablockwällen sind die gleichen. Nur die Hütten ermangeln des halben Korridors und entsprechen dem Typ der üblichen Küstenranchos. Zum Unterschied zu Guazacapán ist nur das Vorhandensein einer „Plaza" mit ärmlichem Rathaus (cabildo) zu erwähnen, ein Zeichen, daß die spanische Zeit hier ihren Einzug hielt, während man in Guazacapán die Kirche mit den Verwaltungsgebäuden in einen neugegründeten Dorfteil jenseits des Usarin verlegte. Auch in Nancinta, das von Alvarado 1524 berührt wurde, liegen eine Reihe von vorspanischen Erdwerken unmittelbar südlich des Ortes.

Von den an der tieferen Küste gelegenen alten Plätzen ist keine einzige Dorfanlage mehr erhalten geblieben. Wir gehen wohl nicht fehl, sie uns ganz ähnlich vorzustellen wie es eben von Guazacapán gezeigt wurde. Im allgemeinen ist die dörfliche Siedlungsform im nördlichen Mittelamerika und in weiten Teilen von Mexico ähnlich, wenn nicht gleichartig gewesen. In Mittelamerika läßt sie sich weiter nach Süden verfolgen, um sich in Nicaragua zu langausgedehnten Straßendörfern abzuwandeln[72]).

[72]) Oviedo, Lib. 42, cap. 5 (Bd. IV, S. 67, II). — Petrus Martyr, Dec. VI, Lib. III (ed. 1892, Bd. II, S. 245): „ubi ait vicos reperisse sex, duorum millium domorum circiter singulos." — Gomara (ed. Vedía, 1877, Bd. I, S. 283, I). — Las Casas, Destrucción de las Indias (bei Pelaez, Bd. I, S. 172). — F. Termer, 1933, S. 1—18.

Von Costa Rica nach Süden treten südamerikanische Siedlungsformen hervor.

Betrachten wir die geographische Anordnung sicher nachweisbarer geschlossener dörflicher Siedlungen in unserem Gebiet, so treten sie im Hochlande ganz zurück, im Tieflande dagegen stark in den Vordergrund. Sie gehören vornehmlich der Höhenzone zwischen der Meeresküste und der 600 m Höhengrenze an, also völlig dem warmen Lande der Tierra caliente. Dieses war einst überwiegend mit Wald bedeckt, der inselhaft für die Siedlungen und ihre Feldländereien gerodet war. Der allgemeine Unterschied in dem Ausmaß und der Erträglichkeit der Wärmegrade für den Menschen zwischen dem Regenwaldland der atlantischen Abdachung in Nordguatemala und dem pazifischen Tiefland liegt in der kühlenden Wirkung der täglichen Seebrise vom Stillen Ozean her, die sich landeinwärts in dem flach sich erhebenden Küstenabschnitt bemerkbar macht. Mir ist dieses besonders im östlichen Küstenabschnitt aufgefallen, wo vormittags die Hitze erträglich gemildert wurde, sobald der Seewind einsetzte. Noch bis zum alten Ruinenplatz von El Bonete bei Santa Clara habe ich diesen Einfluß bemerkt, eine Entfernung von rund 15 km von dem Küstensaum. Ebenso beobachtet man in den Dörfern der Vorstufe des Gebirgsabfalles wie Taxisco, Guazacapán und Chiquimulilla diesen Einfluß der Seebrise, Orte, die 200 bis 300 m über dem Meeresspiegel liegen. Pazaco dagegen entbehrt dieses Vorzuges, da es durch Sporne des Moyutamassivs von der freien Luftzirkulation abgeschlossen ist.

Ferner ist die pazifische Landschaft durch ihre periodischen Trockenzeiten erheblich begünstigt gegenüber dem nördlichen Tieflande, das an seinem Anstieg zum Kettengebirge das ganze Jahr Steigungsregen empfängt. Zu den klimatischen Vorzügen treten solche der Bodenqualität hinzu. Das pazifische Tiefland ist vorwiegend von fruchtbaren vulkanischen Aschenböden bedeckt, die ergiebige Ernten gewährleisteten und dichtere Siedlungen erlaubten. Im Hochland haben die Lockermassenböden und Verwitterungsböden der andesitischen Gesteine ebenfalls günstige Voraussetzungen für dichtere Besiedlung gegeben, weniger aber die Verwitterungsböden der kristallinen und sedimentären Formationen des Kettengebirges. Geradezu siedlungsfeindlich haben sich bis auf den heutigen Tag die breiten Serpentinzonen gezeigt, die in Nordwest-Guatemala im Vorland der Altos Cuchumatanes, im Verband der Sierra de Chuacús und Sierra de las Minas auftreten.

Die andere Frage, die sich bei der Anordnung von geschlossener und verstreuter Siedlung erhebt, ist die nach der ethnischen Zugehörigkeit.

Auffällig im pazifischen Tieflande ist die Tatsache, daß sich die Spuren von Dörfern nur im Bereich der Pipil mit Sicherheit erkennen lassen. Wir sind archäologisch noch nicht in der Lage, im westlichen Abschnitt des pazifischen Tieflandes von den Pipiles einwandfrei Siedlungen abzusondern, die den Ausläufern der Quiché, Tzutuhil und Cakchiquel vom Hochland her angehörten. Nach dem bisher bekannt gewordenen archäologischen Material scheint die geschlossene Siedlung doch für die Pipiles typisch gewesen zu sein. Freilich heißt es auch von Zapotitlán (oder Xetulúl), es wäre eine großes Dorf gewesen, das von Quiché bewohnt war. Letzteres ist sicher richtig, ersteres nach den Überresten zwischen San Francisco Zapotitlán und San Isidro wahrscheinlich. Da aber unter den Funden, besonders auch denen von San Isidro, echte Pipilware vorkommt, daneben Ware der Hochlandmaya, so kann es sich hier sehr wohl um eine sekundäre Quichébesiedlung eines ursprünglichen Pipilplatzes handeln.

Die Pipiles waren nach allen Überlieferungen Einwanderer vom Stamm der Naua-Familie aus dem mexikanischen Hochland. Die in Guatemala ans Tageslicht gekommenen Reste ihrer Keramik bezeugen enge Verwandtschaft mit den Stilen von Cholula und dem Golfküstengebiet. Nun wissen wir aber, daß die Nauavölker des mexikanischen Blocks allenthalben die dörfliche Siedlungsweise kannten, die sich bis zur Stadt hin entwickelt hatte. Kein Wunder also, wenn die abgewanderten Pipiles die überkommene Siedlungsform in ihrer neuen Heimat im pazifischen Tiefland von Guatemala weiterhin pflegten, die vielleicht besonders günstig sein mochte, weil man sich hier in der Nähe von Fremdvölkern der Mayastämme niederlassen mußte[73]). Finden wir auch im pazifischen Küstenland von Salvador bis nach Nicaragua die großen Dorfanlagen, wo nachweisbar ebenfalls Nauastämme eingewandert waren, so erhärtet das die Annahme, daß die geschlossene Dorfsiedlung für die mexikanischen Nauastämme ins nördliche Mittelamerika überführt wurde. Umgekehrt müssen die Hochlandmaya die Streusiedlung bevorzugt haben, sie ist sogar für sie charakteristisch.

---

[73]) Allerdings scheint das Pipilgebiet von den Gebieten der Hochlandmaya, zumindest gegen das Cakchiquel-Reich, durch eine dichte, unbesiedelte Waldzone getrennt gewesen zu sein. Alvarado mußte auf seinem Zuge gegen Escuintla drei Tage durch ein menschenleeres Gelände marschieren (despoblado), ehe er in das Territorium der Pipiles einrückte. Alvarado (ed. Vedía 1877, Bd. I, S. 461, I).

Die Pipiles sollen keinen Handel mit den Bewohnern des Hochlandes getrieben haben. Fuentes y Guzmán, ed. 1933, Bd. III, S. 72.

Ein ähnliches Nebeneinander von Dorfsiedlungen der Naua zu Streusiedlungen der Maya und anderer Völker (Jicaque, Paya, Lenca) finden wir in Nordhonduras. Dort waren echte Nauasiedlungen wie Naco dörflicher Anlage, während uns von den anderen hondureñischen Stämmen nichts dergleichen bekannt ist.

Es liegt nahe, kartographisch die Siedlungen aus der vorspanischen Zeit festzulegen. Dieses ist durch K. Sapper 1897 geschehen[74]). Zwar hat das mittelamerikanische Forschungsinstitut der Tulane-Universität in New Orleans (Department of Middle American Research) einen umfangreichen Ruinenkatalog des nördlichen Mittelamerika in Kartothekform angelegt, aber seine Veröffentlichung in Form einer Karte hat bisher nicht erfolgen können.

3. Die Siedlungen während der spanischen Kolonialzeit.

Für die spanische Konquista, deren Zeit die ersten fünf Jahrzehnte des 16. Jahrhunderts umfaßte, ist die rasche Einführung der spanischen Siedlungsformen charakteristisch. Unmittelbar nach der Unterwerfung eines Stammesgebietes begann der Anführer des Eroberungszuges mit der Gründung einer oder mehrerer Niederlassungen, ohne lange Prüfung, ob das Gelände günstig oder schlecht war, ob Verpflegungsmöglichkeiten bestanden oder ob man nur auf den guten Willen der Eingeborenen zur Belieferung mit Lebensmitteln angewiesen war. Die frühe Kolonialgeschichte ist voll von Beispielen des schnellen Unterganges mancher Niederlassung. Im allgemeinen war das entstehende Siedlungsbild für alle spanisch-amerikanischen Kolonien gleich, zumal für alle neuentdeckten und eroberten Gebiete gültige Gesetzesvorschriften von der spanischen Krone erlassen worden waren[75]). Sie leisteten einer Technik bei der Gründung und Anlage Vorschub, die in Neuspanien wie in Mittelamerika, in Neu-Granada wie in den La Plata-Ländern angewandt wurde und deren Ergebnis eine Uniformierung der Siedlungsformen war, die sich bis heute in Ibero-Amerika erhalten hat.

Um nicht bereits Gesagtes zu wiederholen, sei auf die Ausführungen von Georg Friederici verwiesen, die er dem kolonialen Siedlungswesen, soweit es die Konquistazeit betraf, gewidmet hat[76]). Wir beziehen

[74]) Das nördl. Mittelamerika, 1897, Karte VIII.

[75]) Recopilación de Leyes de Indias etc.

[76]) G. Friederici, 1925—1936, Bd. I, S. 574—579 et passim.

uns im folgenden besonders auf die Verhältnisse in Mittel- und Südguatemala, die sich in den allgemeinen Rahmen der Kolonialgründungen einfügen, um ihnen einige geographische und historische Bemerkungen zu widmen.

Auch hier stoßen wir wieder auf die bis jetzt vorliegenden mangelhaften Quellen. Was durch Veröffentlichung erreichbar ist, bildet nur einen kleinen Teil des vorhandenen Materials, das noch in den Archiven Spaniens, besonders im Indienarchiv und in dem 1934 neugegründeten Nationalarchiv von Guatemala schlummert. Namentlich das letztere bietet für die spätere Kolonialzeit des 17. und 18. Jahrhunderts eine Fülle von urkundlichen Belegen, die für siedlungsgeographische Forschungen noch nicht ausgewertet worden sind und ein längeres Studium erfordern. Dank der außerordentlich rührigen, gewissenhaften und kundigen Leitung des Direktors dieses Archives, Professor Don Joaquin Pardo, ist das Nationalarchiv heute so vortrefflich geordnet, daß die wissenschaftliche Benutzung des Akten- und Schriftmaterials sehr erleichtert worden ist. Durch Überführung von Material aus den Provinzstädten ist der Versuch gemacht worden, zu retten, was noch zu retten ist, und jeder Wissenschaftler wird der Regierung der Republik Dank wissen, daß sie die lange vernachlässigten Aufgaben eines gut organisierten Archivwesens erkannt hat und jetzt zu fördern bereit ist. Freilich ist in Guatemala wie in den anderen mittelamerikanischen Staaten sehr viel Material unwiederbringlich verloren gegangen, sei es durch Naturkatastrophen oder durch Nachlässigkeit. Besonders schwer muß die geographische Forschung den Verlust fast aller alten Dorfbücher, der sog. „Titulos" beklagen, die durch Regierungsmaßnahmen während der Präsidentschaft von Justo Rufino Barrios in den siebziger Jahren des 19. Jahrhunderts hervorgerufen wurde. Eine wenig indianerfreundliche Politik verordnete die Vernichtung der Titel, in denen oft schon im 16. Jahrhundert den Ortsgemeinden ihre Ländereien garantiert worden waren. Meist enthielten die Schriftstücke am Anfang einen Abriß der indianischen Stammesgeschichte und indianischer Landbesitzungen in den Mayadialekten, um für die Folgezeit die wichtigsten Ereignisse rechtlicher und verwaltungsmäßiger Natur in spanischer Sprache fortzusetzen. Für die Eingeborenen waren diese Gemeindebücher die einzige Grundlage ihrer verbrieften Rechte und wurden daher hoch in Ehren gehalten.

So sind denn heute bis auf ganz wenige Ausnahmen die Dorfbücher als verloren zu betrachten. Diese aber sind dem Fremden unzugänglich, da die indianischen Gemeinden sich weigern, Einsicht darin nehmen zu lassen, ein Mißtrauen, das nach dem Vorgefallenen durchaus verständlich ist. Ebenso ist aber auch das Verhalten der Regierung zu verstehen, nicht durch Zwangsmaßnahmen die indianischen Ortsbehörden zur Auslieferung dieser Schriften zu bewegen, da hieraus nur neues Mißtrauen und vielleicht sogar ernstere Folgen zu erwarten sein würden.

Soweit mir bekannt geworden, existieren in der Gegenwart noch folgende Dorfbücher:

1. Título de los señores de Totonicapán, 1554 in Quichésprache verfaßt mit einer Einleitung über die Stammesgeschichte der Bewohner der bedeutenden Stadt in den Altos von Westguatemala. Von diesem wurde eine Ausgabe des Originaltextes in spanischer Übersetzung durch den Pfarrer Dionisio José Chonay aus Sacapulas 1834 hergestellt, die 1875 in Alençon (Frankreich) durch H. de Charencey mit französischer Übertragung veröffentlicht wurde[77]). Sehr bedauerlich ist, daß damals nicht auch der Quichétext von Chonay bekannt gegeben wurde, so daß eine Überprüfung seiner spanischen Übersetzung nicht möglich ist. Diese selbst wurde noch einmal 1886 in Madrid herausgegeben[78]). Da es sich nur um die Einleitung des Titels handelt, erfahren wir nichts über seinen die Kolonialzeit betreffenden Inhalt.

Weder in den Jahren 1925 bis 1929 noch 1938, als ich mich mehrfach in Totonicapán nach dem Original erkundigte, gelang es mir, Einsicht darin zu nehmen. Es soll im Hause einer indianischen Bruderschaft noch heute verwahrt werden.

2. Der Dorftitel von Soloma, einem Ort in den Altos Cuchumatanes im Gebiet der Chuj-Indianer. Nach Angaben, die ich 1926 in dem von Ladinos und Indianern bewohnten Dorfe erhielt, wird das Dorfbuch in einem mit rotem Sammt ausgeschlagenen Kasten von einer indianischen Bruderschaft in Verwahrung gehalten. Nur einmal im Jahre, am 6. Januar, wird es vom indianischen Alkalden in der Öffentlichkeit seinen Rassegenossen gezeigt, die ihm ihre Ehrerbietung bezeigen. Ob der Text nur in Spanisch verfaßt ist oder auch einen Chuj-Teil enthält, war nicht feststellbar.

3. Das Dorfbuch von Cabricán, einem Dorf von Mam-Indianern im Norden des Departaments Quezaltenango. Es wird von den indianischen

---

[77]) Título de los Señores de Totonicapán, ed. 1875. — Der Übersetzung von Charencey lag eine Abschrift des spanischen Textes des Chonay zugrunde, die Brasseur de Bourbourg in Totonicapán angefertigt hatte.

[78]) Título de los Señores de Totonicapán escrito en lengua Quiche el año de 1554 etc., in: Bol. de la Soc. Geográfica, Tomo 20, Madrid 1886, S. 149—171.

Behörden verwahrt und nicht öffentlich gezeigt. Angeblich stammt es aus der Zeit Philipps II. und soll in spanischer Sprache abgefaßt sein.

4. Das Dorfbuch von Rabinál in der Baja Verapaz, das mir in Gegenwart des Bürgermeisters nur für einen Augenblick 1928 vorgelegt wurde. Der Text war in Spanisch gehalten. Das Buch begann, soweit ich sah, im 17. Jahrhundert.

5. Das Dorfbuch von San Pedro Carchá in der Alta Verapaz, von dem der österreichische Reisende Dr. S. Habel 1863 zu berichten wußte[79]). Die Verhältnisse lagen damals ebenso wie in der Gegenwart: Habel erhielt nicht die Erlaubnis zur Einsichtnahme, trotzdem der Pfarrer sich für ihn verwendete. Ob dieser Titel heute noch vorhanden ist, entzieht sich meiner Kenntnis.

Alle weiteren historischen Nachrichten müssen wir den älteren Quellenwerken entnehmen, die durch die verdienstvolle Neuausgabe durch die „Sociedad de Geografia é Historia de Guatemala" leichter zugänglich geworden sind[80]). Leider hat man in einigen Werken einzelne Kapitel fortgelassen, ohne eine kurze Inhaltsangabe der betreffenden Stellen zu geben.

Neuere Arbeiten sind aus unserem Gebiet nur wenig vorhanden. Erst in allerjüngster Zeit sind durch Mitarbeiter des Carnegie-Institutes in Washington Spezialuntersuchungen über die indianischen Gemeinwesen in Westguatemala in Angriff genommen worden, die sich an die mustergültigen Forschungen von Robert Redfield in Mexico und Yukatan anlehnen. Da die Forscher sich zu längeren Aufenthalten in einzelnen Dörfern niedergelassen haben, werden wertvolle Spezialarbeiten zu erwarten sein. Und diese sind notwendig. Denn bei aller äußerlichen Einheitlichkeit des Siedlungswesens der Indianer in der Gegenwart bestehen erhebliche Unterschiede in den einzelnen Dörfern, oft eng benachbarter Orte, die zu klären nur auf Grund eines längeren Aufenthaltes an Ort und Stelle möglich ist.

Die ersten Gegenden, in denen in Guatemala die neue spanische Siedlungsform der geschlossenen Ortschaft eingeführt wurde, waren die Hoch-

---

[79]) S. Habel, 1878, S. 9/10: „I went to San Pedro Carcha in the hope of seeing the aboriginal writings which this town possesses. After repeated meetings which the Common Council held to discuss the propriety of my examining these books, which are in charge of a special committee as trustees, my request was denied, although the Cura was in favour of it. The reason given for this refusal was the fear that some harm might befall the community, in deed, that the town might sink into the ground if they were shown."

[80]) „Biblioteca Goathemala", seit 1929. — vgl. F. Termer, in Iberoamerikan. Archiv, Bd. VIII, 1934/35.

länder des mittleren Guatemala. Man setzte sich gleich im Zentrum der altindianischen Territorien fest und begann mit der Gründung von Städten im Quiché- und Cakchiquelgebiet, also in Meereshöhen zwischen 1500 und 2000 m. Bezeichnend für den Gang einer solchen Gründung ist die Geschichte der nachmaligen Hauptstadt Santiago de los Caballeros. Nach Unterwerfung der Cakchiquel bei Tecpán rückt das Heer aus Spaniern und mexikanischen Hilfstruppen zur Eroberung der Küstenprovinzen und von Salvador aus, wobei man das Hochtal zwischen den Vulkanen Agua und Fuego passiert hatte. Auf dem Rückmarsch dieses nur 40 Tage dauernden Zuges entschließt sich Alvarado von dem ihm als Konquistador zustehenden Rechte Gebrauch zu machen, eine Stadt in dem eroberten Gebiet zu gründen.

Zunächst kommt es nur auf den Gründungsakt als solchen an, nicht auf die Wahl eines geeigneten Platzes. So kehrt man erst in die Hauptstadt der Cakchiquel nach Iximché zurück. Am 25. Juli 1524, dem Namenstag des spanischen Nationalheiligen Santiago, tritt das Heer im vollen Schmuck seiner Waffenausrüstung zu einer Parade zusammen. Der Schall der Trompeten vermehrt die festliche Stimmung. Der Feldgeistliche zelebriert eine Messe unter einer aus Stangen und Stroh primitiv errichteten Kapelle. Dann wird die Gründung einer Stadt, „Villa", verkündet und durch lauten Zuruf der Truppen Santiago zu ihrem Schutzpatron erwählt. Ihm wird die zu errichtende Kirche geweiht. Am gleichen Tage ernennt Alvarado die Verwaltungs- und kirchlichen Behörden, 2 Alkalden, 4 Regidores, 1 Alguacil Mayor, den Stadtpfarrer und seinen Sakristan. Schon 18 Tage später wird die „Villa" zu einer „Ciudad" erhoben, aber noch immer steht die Gründung nur auf dem Papier[81]). Die folgenden Tage sind mit Ernennungen untergeordneter Beamter und wirtschaftlichen Maßnahmen ausgefüllt. Am 6. Mai werden die Spanier aufgefordert, sich als Bürger der neuen Gründung zu melden. Die erhaltene Liste zeigt 45 Namen, die sich eintragen ließen[82]).

Es ist das Verdienst des bedeutenden Geschichtschreibers von Guatemala, José Milla, als erster darauf hingewiesen zu haben[83]), daß die Gründung von Guatemala in Iximché erfolgte, wie aus einer Angabe in den Cakchiquelannalen hervorgeht. Die Ruhmsucht des eitlen Konquistadors wollte sich mit dem ganzen Glanz eines Eroberers umgeben und seinem vorgesetzten Herrn Cortés so bald als möglich die Erfolge seiner Er-

[81]) Remesal, Lib. I, cap. 2 (ed. 1932, Bd. I, S. 21).

[82]) Libro Viejo etc. (ed. 1934, S. 7).

[83]) J. Milla, Hist. de la Am. Centr., 1879, Bd. I, S. 95.

oberungen vor Augen führen. Sie veranlaßte ihn zu der raschen Gründung, ohne daß es zunächst technisch zur Anlage eines Ortes kam.

Vielmehr hausten die Spanier in primitiven Hütten aus Stangen und Stroh[84]) in dem Tal von Almolonga oder „Valle de Panchoy", vermutlich am Fuß des Vulkans Agua, das ihnen als besonders günstiger Platz von ihrem Salvadorzug her in Erinnerung geblieben sein mußte. Erst 1527 schritt der zum Stellvertreter seines in Spanien abwesenden Bruders ernannte Jorge de Alvarado zur endgültigen Wahl des Platzes, der nach Art eines Dorfes („en traza de pueblo") mit den dazu gehörenden Ländereien angelegt werden sollte. Als Vorbild wurden die Siedlungen der Spanier in Neuspanien und auf den westindischen Inseln hingestellt[85]). Man hatte zwei Gegenden zur Wahl gestellt, über die sich 17 Spanier gutachtlich zu äußern hatten, das Valle de Panchoy und die Hochebene des heutigen Chimaltenango. Auf dieser lag von vorspanischer Zeit her eine Versammlungsstätte der Indianer, an der sie zu Märkten zusammenzukommen pflegten, wonach der Platz „El Tianguecillo", der „kleine Marktplatz", genannt wurde[86]). Von den Gutachtern gaben 15 ihre Stimme für Panchoy ab, womit die Wahl getroffen war.

In dem Stadtbuch von Guatemala sind diese Äußerungen urkundlich erhalten geblieben[87]). Interessant sind die Gründe, die gegen Tianguecillo und für Panchoy sprachen. Vor allem ist daraus die Tatsache zu entnehmen, daß das Valle de Panchoy zu jener Zeit nicht von Indianern besiedelt war[88]). Die Hauptstadt von Guatemala wurde also nicht, wie sonst so oft in den spanischen Kolonien, in der unmittelbaren Nähe einer altindianischen Niederlassung angelegt. Das Tal war bewaldet, mit reichlichem fließenden Wasser versehen, aber auch stellenweise sumpfig. Wie

[84]) „vivían ... como los hijos de Israel en el desierto en barracas y pabellones, que aquí se componían de pajas y de ramadas." Ximenez, Lib. II, cap. 5 (ed. 1929, Bd. I, S. 157).

[85]) Im „Libro Viejo" heißt es unter dem 28. Okt. 1527: „... é suelen concurir en los asientos de los otros pueblos de españoles de las yslas y de esta nueva españa." — Ximenez, Lib. II, cap. 5, der hier das Stadtbuch ausgezogen hat, schreibt: „... de españoles de las Islas de Nueva España", was sinnlos ist und wohl auf einen Fehler der Abschrift des Ms. oder einen Druckfehler der modernen Ausgabe zurückgeht.

[86]) Aus dem Aztekischen von „tianquiztli": „Marktplatz" hispanisierte Form.

[87]) Libro Viejo etc. (ed. 1934, S. 24—29). — Remesal, Lib. I, cap 10 und Ximenez, Lib. II, cap. 5 bringen ebenfalls die Urkunde.

[88]) „despoblado de los naturales", Libro Viejo, ed. 1934, S. 25.

der Name Panchoy („am See“) sagt[89]), muß sich dort ursprünglich ein See befunden haben, der aber schon zu Anfang des 16. Jahrhunderts soweit zurückgegangen war, daß nurmehr einige sumpfige Flächen (ciénagas) übrig geblieben waren.

Unter den Gründen, die gegen Tianguecillo sprachen und fast in allen Gutachten wiederkehren, sind folgende hervorzuheben:

Armut der Umgebung an Bau- und Feuerholz, die bei allen Gutachtern besonders hervorgehoben wird, ungünstiges Weideland auf den Hochflächen, ungeschützte Lage gegen Nordwinde wie gegen Winde überhaupt, Schattenlosigkeit in der Trockenzeit, nicht genügend Wasser für Viehzucht in der Nähe, kein Steinmaterial zum Bauen, nicht genügend Indianer in der Nähe, um zu Dienstleistungen herangezogen zu werden.

Für Almolonga dagegen werden als günstig bezeichnet: gutes gemäßigtes Klima für Europäer und Indianer, die man hier sowohl von der heißen Küste wie vom kalten Hochland ansiedeln könnte, Reichtum an Wäldern mit genügend Nutz- und Bauholz, gutes Weideland, reichliche Bewässerung, auch gute Voraussetzungen für künstliche Bewässerung, günstige Verkehrslage zu den anderen Teilen des Landes, von indianischen Besitzrechten freies Land, Schutz gegen Winde.

Nur einer setzte sich besonders für Tianguecillo ein, Hernando de Alvarado, ein Bruder des Eroberers. Seine Gründe, die einen nicht unklugen Kopf verraten, waren das weite ebene Gelände bei Tianguecillo, die bequemere Verkehrslage zu den anderen Landesteilen; die Winde schadeten nicht viel, weil sie über die Hochflächen hinwehten, während sie im Valle de Panchoy wie in einen Kanal hinabstürzen könnten; mehr Sonnenschein als in dem Talkessel; für den Bau von Häusern besser geeignetes Lehmmaterial, während in Panchoy nur vulkanische Aschen und Sande vorhanden wären, ferner gäbe es nicht weit von Tianguecillo entfernt altindianische Bauwerke, die zusammen mit dem nahen Gebirge Bausteine liefern würden. Bei der spärlichen Bewaldung brauche man nicht viel zu roden, auch eine Trockenlegung des Bodens wie bei Panchoy wäre nicht nötig, das mit Wald, Binsendickichten, dornigem Gestrüpp und Sumpf umgeben wäre[90]). Außerdem wäre bei Panchoy die Nachbarschaft der Vulkane und die Bebengefahr bedenklich[91]). Wie zu sehen, war dieser

[89]) „pan-choy“ im Cakchiquel: „am See“. — Fuentes y Guzmán, Lib. III, cap. 1 (ed. 1933, Bd. I, S. 39), hat daneben den Namen „Pancam“, der aus dem Cakchiquel „pan-cam“: „an der Brücke“ abzuleiten ist.

[90]) „monte, é balsales, é carrizales, é ciénagas“, Libro Viejo (ed. 1934, S. 25).

[91]) „. . . é temblar mucho la tierra á cabsa del fuego que echan los volcanes.“ Libro Viejo a. a. O.

Gutachter der einzige, der auf die geographischen Voraussetzungen der Gründung näher einging, während bei allen anderen wirtschaftliche im Vordergrund standen.

Nachdem am 21. November 1527 die Gutachten niedergelegt worden waren, wurde am 22. November die Gründung ausgesprochen, wobei zugleich technische Anweisungen gegeben wurden: Anlage von nordsüdlich und ostwestlich verlaufenden Straßen, besondere Bauplätze für die Kirche, Hospital, Festung (fortaleza), Rathaus, Gefängnis, zwei städtische Gebäude und eine zweite Kirche. Zum äußeren Zeichen der Gründung pflanzte Jorge de Alvarado einen Holzpfahl auf. Am 26. November wurden die ersten freiwillig gemeldeten Bürger eingetragen, 23 an Zahl, und mit Baulosen ausgestattet.

Entrollt sich vor uns hiermit das Bild einer der vielfach in Spanisch-Amerika vorgenommenen Stadtgründungen der Spanier, so entbehrt es nicht einiger besonderer Züge. Nicht wie sonst üblich, wählte man als Platz eine Stelle in unmittelbarer Nähe einer wichtigen altindianischen Siedlung aus, wie es bei Tecpan Guatemala oder Iximché bzw. bei Utatlan der Fall gewesen wäre. Vielmehr zog man ein von Indianern unbesiedeltes oder höchstens nur schwach besiedeltes Hochtal vor, das im Norden einen bequemen Zugang zu den Hochflächen und Beckengebieten des zentralen Landes, im Süden und Südosten zu den Küstenniederungen bot. Freilich belehren uns archäologische Funde aus dem Valle Panchoy, die bei der ehemaligen Finca La Pompeya, bei El Portal und einigen anderen Stellen geborgen worden sind, daß einstmals auch dort eine indianische Bevölkerung ansässig war, die den Funden nach zu urteilen, den Pipiles angehörte[92]). Sie muß eine gewisse Zeit vor der spanischen Konquista das Tal Panchoy verlassen haben, ohne daß Hochlandstämme nachdrangen.

[92]) In den Quellen wird im Valle Panchoy eine alte Niederlassung der Indianer Bulbuxyá genannt (bei Vazquez, Lib. 1, cap. 1, ed. 1937, Bd. 1, S. 19 Vulvusyá). Die Übersetzung würde lauten: bulbux-ya, „Quell-Wasser", also Wasserquelle. Es handelt sich um ein Cakchiquelwort, das sich heute in jener Gegend nicht mehr erhalten hat. Wohl aber existiert noch seine hispanisierte aztekische Form „Almolonga". Dieses leitet sich ab von „atl-molon-ca(n)": „am Ort, wo das Wasser sprudelt". Es sind dies die warmen Quellen, die südwestlich von Antigua liegen und noch heute von Indianern und Weißen benutzt werden.

Es ist nicht richtig, wenn J. E. Kelly in seinem Werk (s. Literaturverzeichnis) Bulbuxyá als eine alte Niederlassung oberhalb von Ciudad Vieja kennzeichnet. Dort sind keine derartigen Quellen vorhanden.

Almolonga ist der Name eines weiteren Dorfes südlich von Quezaltenango, wo ebenfalls heiße Quellen und Bäder sich befinden.

Wir entnehmen diese Tatsache aus der direkten Angabe in den Gutachten, die von Wäldern und Sümpfen, niemals von Indianern sprechen, indirekt aber auch aus dem Umstand, daß unmittelbar mit der Gründung der Stadt auch eine Menge von mexikanischen Indianern, den Hilfstruppen des Eroberungszuges, in deren Nachbarschaft angesiedelt wurden. So wurde der Ort Alotenango als Niederlassung dieser Leute angelegt, die aus Tlaxcala, Cholula und Mexico stammten. Sie bildeten einen Schutz der neuen Siedlung und standen jederzeit bereit, wenn Aufstände der Maya im Hochlande drohten oder sonstige Strafexpeditionen ins innere Land unternommen werden mußten. Infolge des sumpfigen Talbeckens legte man die Stadt auf die Vulkanschleppe des Agua, 70 m über dem Talboden, an und folgte darin wohl den ehemaligen Pipiles, deren Spuren bei La Pompeya sich etwa in der gleichen Höhe etwas oberhalb von Ciudad Vieja fanden.

Ein weiterer Vorzug des Tales Panchoy mag darin erkannt worden sein, daß es günstiger als irgendwelche anderen Plätze im Hochlande des Westens zu den reichen Provinzen von Salvador lag, die Alvarado eben erst erobert hatte und in enge Verwaltungsabhängigkeit von Guatemala brachte, wie auch der Osten Guatemalas, noch kaum endgültig unterworfen, von hier aus besser verwaltet werden konnte.

Die geographischen, wirtschaftlichen und politischen Vorzüge des Tals von Panchoy konnten kaum bessere sein. Daß sie erkannt wurden, spricht für den klaren Blick der spanischen Konquistadoren. Nur eine geographische Besonderheit beachteten sie nicht oder erkannten sie nicht in ihrer Tragweite, die gefährliche Nachbarschaft des aktiven Fuegovulkans und die hiermit zusammenhängende starke Seismizität des Hochtales. Bekanntlich hat denn auch die junge Siedlung durch Katastrophen bald schwer zu leiden gehabt, und auch in den folgenden Jahrhunderten sind Naturgewalten mehrfach vernichtend über die Stadt hereingebrochen, trotzdem sie verlegt worden war.

Eines ist festzuhalten, daß die erste Stadtgründung in Guatemala sich kaum von einem Dorf unterschieden hat. Ihre räumliche Ausdehnung und ihre einfachen, größtenteils aus Holz, Lehmmauern und Strohdächern zusammengesetzten Häuser, vielleicht besser Hütten, gaben ihr nach außen hin das Bild einer dörflichen Siedlung. Die Stadt mit Steinbauten, Kirchen und Klöstern, geschlossenen Straßenfronten entstand erst nach der Zerstörung des ersten Ortes infolge der Murgänge im Jahre 1541, als man die Siedlung in die Beckensohle an den Platz verlegte, wo heute sich La Antigua erhebt.

Wir sind in Guatemala bis auf wenige Ausnahmen nicht in der Lage, die Gründungszeiten der geschlossenen dörflichen Siedlungen festzustellen. Die älteste ist das heute noch erhaltene Dorf Salcajá im Hochbecken von Quezaltenango. Die Archäologie weist uns darauf hin, daß die vorspanische Bevölkerung in dichter Masse auf den Flächen des „Llano de Urbina" saß, die sich auf dem linken Ufer des Rio San Cristobal oder Rio Salcajá gegen Cantél hin ausbreiteten. In der Nähe eines mit seinem einheimischen Quichénamen „Tzakajá" genannten Platzes, wo 1524 Alvarado die Truppen des Quichéreiches geschlagen hatte, weihte der Eroberer unmittelbar nach dem Kampf eine Kapelle und bestimmte, dort ein Dorf anzulegen, in dem der Ursprung des späteren Ortes Quezaltenango zu erblicken ist[93]) Nach Vazquez wurde nach vierjährigem Bestehen die Verlegung vorgenommen, also 1528. Der neuauserwählte Platz hieß im Quiché „Xelajúh", unmittelbar am Nordabhang des Vulkans Cerro Quemado. Auf ihn übertrug man dann auch den mexikanischen Namen der vorspanischen, am Rio Salcajá gelegenen Quichésiedlung Quezaltenango. Wenn wir heute für diese Stadt denselben Namen und den von Indianern heute noch immer verwendeten Xelajúh finden, so ist immer daran zu erinnern, daß diese Namen ursprünglich zwei verschiedene, von einander getrennte Plätze bezeichneten und erst in der spanischen Zeit in einem Ort miteinander verbunden wurden[94]).

Freilich sind heute keine Spuren mehr von den vorspanischen Gebäuden, Tempeln usw. des alten Quezaltenango am Rio Salcajá erhalten. Die lange intensive Bodenkultur auf den Hochflächen und die Entstehung größerer spanischer Siedlungen in der Nähe, die die alte Stätte sicher als Stein-

---

[93]) Vazquez, Lib. I, cap. 2 (ed. 1937, Bd. I, S. 19/20).

[94]) Ximenez, Lib. I, cap. 40 (ed. 1929, Bd. I, S. 120), unterscheidet Xelajúh und Quezaltenango als zwei verschiedene Orte.

„es muy diferente el paraje y sitio de Quezaltenango que el de Xelajú; Quezaltenango se Illamaba el sitio antiguo donde ellos tenían sus edificios, Xelajú a donde se mudó y por eso es más conocido aqueste pueblo de los indios por este nombre que por el de Quezaltenango."

Infolge der langen intensiven Bodenkultur im Becken von Quezaltenango und besonders auf der Ebene des Llano de Urbina sind etwaige vorspanische Bauwerke längst zerstört worden. Nur zufällige Bodenfunde zeugen in ihrer reichen Fülle von der einstigen dichten Besiedlung. Die Lage zum fließenden Wasser war bei Tzakajá (= Quezaltenango I) und im Llano de Urbina günstiger als bei Xelajú (= Quezaltenango II), in dessen Nähe nur periodisch durchströmte Trockentäler (Rios Secos) und eine sumpfige Wanne (Ciénaga) liegen.

Die Verlegung von Tzakajá (Salcajá) nach Quezaltenango ist auch von Juarros, Trat. I, cap. 4 (ed. 1936, Bd. I, S. 49), beschrieben.

bruch benutzten, haben ihr Zerstörungswerk geleistet. Nur die reichen Bodenfunde zeugen von der einstigen Besiedlung. Die Lage des vorspanischen Quezaltenango in der Nähe des Flusses Salcajá war günstiger als der Platz Xelajúh (= Quezaltenango II), der zur Ansiedlung auf verhärteten Lockermassenböden (Talpetate) ohne Nähe von fließendem Wasser zwang. Nur nach Platzregen Wasser führende Bachschluchten, heute Rio Seco I und II genannt, und eine sumpfige Wanne im Osten (heute La Ciénaga) waren vorhanden, und von Quellenreichtum am Cerro Quemado konnte keine Rede sein. Man war also auf die Anlage von Brunnen, Zisternen oder dem weiten Herbeischleppen von Flußwasser aus dem Rio Xequiquél angewiesen.

Wann das heutige Quezaltenango (= Xelajuh) zur Stadt erhoben wurde, ist mir nicht bekannt geworden.

Wir gehen kaum fehl in der Annahme, daß die Zahl der nach dem Feldzug Alvarados vorgenommenen Dorfgründungen zunächst nur klein war. Die Indianergebiete waren durcheinandergebracht, die Eingeborenen mit den Familien in die Wildnis entflohen. Ihre alten Tempelburgen lagen verlassen und verfallen. Ein Beispiel hierfür bietet die Hauptburg der Cakchiquel, das alte Iximché (= Tecpan Guatemala, auch Patinamit genannt). Als 1541 Missionare dorthin kamen, sahen sie Tempel und Gebäude von dichtem Buschwerk überwachsen, die Gegend verödet. Versteckt im Dickicht lagen ein paar armselige Hütten von Indianern. Alle anderen waren nach dem Cakchiquelaufstand 1528 in das nahe Waldgebirge entflohen. Ähnlich wird es mit den übrigen Kultburgen in jenen Jahren bestellt gewesen sein, ehe man in ihrer Nähe spanische Siedlungen gründete. Die Schilderung, die Vazquez von Iximché entworfen hat[95]), kam mir lebhaft in die Erinnerung, als ich 1927 die alte Kultburg der Pokomam-Indianer, Mixco Viejo am Rio Pixcayá, besuchte, deren Nachbarschaft von Dörfern frei geblieben ist. In stiller Einöde ruhten im dornigen Buschwerk die einst ansehnlichen Pyramiden und langgestreckten profanen Gebäude, ein paar ärmliche Ranchos von Indianern lugten in der Ferne aus mageren Maisfeldern hervor. Der einzige Laut in der sonnendurchglühten Landschaft war das Knacken von Zweigen, die das in den Ruinen weidende Rindvieh niedertrat, bis auf die Vegetation ähnliche Bilder, wie sie der Reisende in sizilianischen Ruinenstätten erleben kann.

---

[95]) Vazquez, Lib. I, cap. 14 (ed. 1937, Bd. I, S. 71 u. 79): „Llegaron al pueblo de Patinamit . . . y le hallaron yermo, de muchos tiempos despoblado, todo montuoso, y sin que le habitase, aunque no dejaba de haber algunos indios, como en atalaya, escondidos en matorrales y buhíos, cercados de arboledas."

Eine Änderung im Siedlungsbild erfolgte in unserem Gebiet erst, als mit der Beruhigung des Landes die Mission einsetzte und im Verein mit den weltlichen Behörden an die siedlungsmäßige Erfassung der Indianer heranging. Wir treten damit in die für Guatemala wichtige Periode der „Reduktionen" ein, die einen noch heute wahrnehmbaren Einfluß auf die dörflichen Siedlungen in der Republik hinterlassen haben.

Die Reduktionen.

Schon 1540 war ein königlicher Erlaß herausgekommen, in dem die zwangsweise Ansiedlung der Indianer in geschlossenen Ortschaften bestimmt wurde. Um den Eingeborenen die Umsiedlung mundgerecht zu machen, sollten sie auf eine bestimmte Zeit von den Tributleistungen an ihre Herren befreit werden. Die königliche Verordnung ist durch die alten Autoren erhalten geblieben[96]) und lautet in deutscher Übersetzung:

„Der König.

Unser Gouverneur der Provinz Guatemala und unser in Christo zu verehrender Padre Don Francisco Marroquin, Bischof besagter Provinz!

Wie Wir unterrichtet worden sind, wißt Ihr bereits, daß es angebracht war, die Indianer jener Provinz in gemeinsamen Siedlungen zusammenzuziehen, um sie in den Dingen unseres heiligen Glaubens zu unterweisen. Denn man behauptet, daß der größte Teil jener Provinz von einem sehr steilen und unwegsamen Gebirge eingenommen wird und ein Gehöft vom anderen weit entfernt liegt, weshalb jene Indianer nicht im Glauben unterrichtet werden konnten, ohne sie vorher in Siedlungen zu vereinigen. Um hierin Abhilfe zu schaffen, sollten alle führenden Indianer in passender Weise zusammengerufen und ihnen zu verstehen gegeben werden, wie vorteilhaft für sie die Zusammenziehung in Siedlungen sein würde. Ihr wißt, daß hierzu eine Verordnung notwendig war, weil man es nicht vornehmen kann, ohne sie von Dienstleistungen und Tributen für eine gewisse Zeit zu befreien und den besagten Dienst für die nötige Zeit auszusetzen.

Wir sandten Euch den Befehl, an den Orten, die nach Eurer Besichtigung Bequemlichkeiten für die Gemeinschaftssiedlung der besagten Indianer bieten möchten und die von ihnen für gut befunden würden, Vorsorge zur Ausführung des oben Gesagten zu treffen, ohne irgendeinen Zwang auszuüben.

Wir sind unterrichtet, daß Ihr den Befehl zur Durchführung des Besagten nicht in die Tat umgesetzt habt, weil Euch angewiesen wurde, die

---

[96]) Remesal, Lib. VIII, cap. 24 (ed. 1932, Bd. II, S. 242/243).

besagten Indianer nicht dazu zu zwingen, Euch aber es nicht ohne Anwendung von Zwang durchführbar erschien. Um es aber in geeigneterer Weise in die Tat umsetzen zu können, müßten die besagten Indianer von Tributleistungen befreit werden und sollten nur soviel Tribute abgeben, als für ein Jahr oder eine angemessen scheinende Frist erforderlich ist. Die Indianer, die es nicht tun wollten, müßten dafür in Strafe genommen und von allen Plätzen, wo immer sie sich aufhielten, herausgeholt werden können. Nach Ansicht Unseres Indienrates und mit dem Wunsche, ihm gemäß zu verfügen, wurde der Befehl vereinbart, diesen Meinen Erlaß mündlich bekannt zu geben. Ich befand es für gut!

Daher befehle ich Euch, das Besagte zu beachten und Beide nach und nach Vorsorge auf dem bestmöglichen Wege zu treffen, daß sich die besagten Indianer an den Euch geeignet erscheinenden Plätzen zu Siedlungen vereinigen, an denen es dafür Bequemlichkeiten gibt.

Gegeben in der Stadt Madrid am 10. Juni 1540. Frater Garcias, Cardinales Hispanensis. Auf Befehl Seiner Majestät, der Gouverneur in seinem Namen, Juan de Samano."

Aus der Urkunde, die an die weltlichen und geistlichen Behörden gerichtet wurde, lassen sich schon die Schwierigkeiten erkennen, die das umfassende Projekt der Umsiedlung der Eingeborenen im Gefolge haben sollte, Schwierigkeiten, die sich von den beiden betroffenen Parteien, den Indianern wie den Spaniern, ergaben. Doch ehe wir darauf eingehen, müssen wir unsere Aufmerksamkeit auf die neuen Gemeinschaftssiedlungen richten, für die der Name „reducciones" (Reduktionen) sich eingebürgert hatte

Ihre Entstehung ist auf die indianerfreundlichen Bestrebungen des einstigen Encomiendabesitzers, nachmaligen Angehörigen des Dominikanerordens und Bischofs, Fray Bartolomé de Las Casas, zurückzuführen, die von den Dominikanern aufgegriffen wurden. Um den erschütternden Folgen des Zusammenlebens der Indianer mit den Spaniern zu begegnen, erblickte Las Casas einen der hierzu gangbaren Wege in der getrennten Siedlung beider Teile. Schon während seiner ersten Spanienreise 1515 führte er diesen Punkt unter seinen Vorschlägen gegenüber dem Kardinal Ximenez de Cisneros auf. Als Ergebnis der Beratungen wurde beschlossen, eine Kommission von drei Hieronymitenmönchen nach Westindien zu schicken, um dort an Hand erteilter Instruktionen eine Untersuchung über den Zustand der Indianer und ihr Verhältnis zu den Spaniern anzustellen, bei der es vor allem um die im Hintergrunde des ganzen Problems stehende Frage der Aufhebung oder Beibehaltung der Encomiendas ging[97]). Las Casas, der sich selbst als Hauptverfasser der Instruktionen bezeichnet[98], hatte darin auch folgende Anweisung gegeben. Die Kommission sollte danach sehen, wo geeignete Terrains zur Anlage von Eingeborenendörfern vorhanden waren, möglichst in Nähe der Minen, in denen die Indianer ihre Frondienste leisten mußten. Auf die Nähe fischreicher Flüsse und guten Ackerbodens sollte geachtet werden. Es sollten Dörfer von je 300 Einwohnern angelegt werden mit Hütten, wie sie die Indianer benutzten. Eine Plaza und Straßen waren anzulegen, eine Kirche zu erbauen und an der Plaza als größte aller Hütten die des Kaziken zu errichten, ferner für ein Hospital Vorsorge zu treffen. Genügende Feldländereien waren vorzusehen, die unter die Bewohner gerecht zu verteilen waren, so daß jeder Einzelne Anteil an einem Stück des guten Landes und an einem solchen für Baumpflanzungen besaß, dem Kaziken aber das Vierfache von dem dem Einzelnen zustehenden Anteil. Der Rest der Ländereien war für die Gemeindeanteile (ejidos) und Weideland bestimmt.

Die Verwaltung war auf eine vorwiegend durch Eingeborene ausgeübte Selbstverwaltung ausgerichtet, wobei den Kaziken die niedere Strafvollzugsgewalt blieb. Neben ihnen standen als Oberaufsichtsbehörde des Staates der Geistliche und ein spanischer weltlicher Verwaltungsbeamter. Gab es in einem Distrikt Kleinhäuptlinge, so war ein Oberkazike zu ernennen, dem die anderen untertan waren. Die Strafgewalt desselben umfaßte die Verhängung von Prügelstrafen, alle weiteren Bußen konnten nur vom staatlichen Richter verhängt werden. Die Kaziken hatten ferner das Ernennungsrecht der Dorfbehörden, der Regidores, Alguaciles u. a., jedoch bedurften sie der Zustimmung des Geistlichen und des Staatsaufsehers. In Zweifelsfällen entschieden diese beiden. Es war eine modern anmutende, von gesundem Menschenverstand getragene Eingeborenenpolitik, die jedoch in der Praxis eine andere Richtung genommen hat. Heute, wo die modernen Kolonialvölker vor demselben Problem stehen, sind jene vor 400 Jahren unternommenen Versuche fast in Vergessenheit geraten, die ihrem Urheber das Zeugnis eines der größten Kolonialpraktiker ausstellen.

[97]) Ausführlich bei Las Casas, Hist. general, Lib. III, cap. 88/89, wo auch der Wortlaut der Instruktionen mitgeteilt ist. — Oviedo, Lib. IV, cap. 2. — Herrera, Dec. II, Lib. I, cap. 4 (Bd. II, S. 28, II). — vgl. auch die eingehende Studie von Silvio A. Zavala (s. Literaturverzeichnis).

[98]) Las Casas, Hist. general, Lib. III, cap. 89. — Er hatte schon selbst an Dorfsiedlungsgründungen auf Cuba teilgenommen. — Herrera, Descripción etc., cap. 6 (Bd. I, S. 9, I).

Das Ergebnis der Reise der Kommission war, daß bis 1519 auf der Insel Española (Santo Domingo) insgesamt 25 bis 26 Reduktionsdörfer angelegt werden konnten[99]). Aus dieser Entstehungsgeschichte der Reduktionen in Westindien ergibt sich die Tatsache, daß sie ihrem Wesen nach Repartiemientos waren, die auf die praktischen Belange der Mission eingestellt wurden.

Diese Vorgeschichte müssen wir im Auge behalten, wenn wir die Reduktionen auf dem Festlande verstehen wollen. Waren sie auf den Inseln infolge der furchtbaren Ausrottung der Indianer bald hinfällig geworden, so zeigten sie sich als probates Mittel in Mittelamerika, und zwar in den von Indianern dicht bevölkerten Gebieten von Guatemala. Gerade die dort verbreitete Streusiedlung der Eingeborenen in schwer zugänglichen Waldgebirgen schuf den Anlaß, das Reduktionssystem in Anwendung zu bringen, in dem sich sowohl die Interessen der Kirche wie der weltlichen Obrigkeit vereinigten. Erstere wurden stets in den Vordergrund gerückt, als wenn es sich nur um die leichtere Bekehrung der Eingeborenen, ihre Errettung aus der Finsternis des Heidentums zu menschenwürdigem Dasein und nicht auch um ihre leichtere Besteuerung und Pressung zu Frondiensten gehandelt hätte. Trotz aller Nachteile müssen wir den Erfolg der Reduktionen, ihre praktische Durchführung und ihren volkserhaltenden Einfluß auf die Eingeborenen in Guatemala so gut wie ausschließlich den Orden zuerkennen, ein Erfolg, der nach 400 Jahren wohl darin am besten noch erkennbar wird, daß bis heute das indianische Element in Guatemala sich so stark erhalten hat. Westguatemala und die Alta Verapaz würden heute ein anderes Bevölkerungsbild bieten, letztere wohl auch wirtschaftlich anders organisiert worden sein, wenn nicht das Werk der Ordensgeistlichen im 16. Jahrhundert segensreich angelegt worden wäre. Es war die Zeit, als die Kirche in den spanischen Kolonien über tapfere, verantwortungsbewußte, ihr Leben für ein Ideal einsetzende Männer verfügte, ehe schlaffe Zersetzung und laxe Berufsauffassung in der Folgezeit das gute Werk in ungeeignete Hände legten.

Die Widerstände von weltlicher Seite gegen die zwangsweise Ansiedlung der Indianer erhoben sich unmittelbar beim Bekanntwerden der Pläne. Wer im Besitz einer Encomienda war, befürchtete seine auf dem weiten Terrain wohnenden Eingeborenen zu verlieren und aller Arbeitskräfte bar zu bleiben. Hatten doch viele Encomenderos in den Kolonien und auch

[99]) Die Mönche gaben über ihre Siedlungstätigkeit einen Bericht an den König, der einige interessante Einzelheiten enthält. Doc. inéd. Bd. I, S. 298, abgedruckt bei Zavala, S. 26, Anm. 3.

in Guatemala Indianerinnen geheiratet, teils aus Kazikengeschlechtern, teils aus niederem Stande, um dadurch Anrechte auf die betreffenden Eingeborenensiedlungen zu erhalten, was nach den neuen Reduktionsgesetzen in Frage gestellt sein konnte[100]). Erst als aus Spanien auch an die weltlichen Behörden strikte Anweisungen und Gesetze zur Unterstützung der Reduktionen ergingen, war deren Durchführung in der Praxis erleichtert worden. Daß aber trotzdem das Werk der Missionare von den Kreisen der Laien mißgünstig beurteilt wurde, ist nicht verwunderlich, wie ja bis in die Gegenwart in der modernen Kolonialpolitik die Behandlung der Eingeborenen durch die Mission von Wirtschaftspraktikern eine geteilte Beurteilung findet. Neigt man aber heute dazu, den Missionsneger als minderwertig hinzustellen gegenüber dem nicht bekehrten Eingeborenen, so war in den spanischen Kolonien mit den Indianern das Umgekehrte der Fall. Aus Laienkreisen diene Fuentes y Guzmán als Zeuge aus dem 17. Jahrhundert, wenn er von den zu reduzierenden Eingeborenen spricht:

„Das sind diejenigen, die man als Barbaren ansehen muß, die im Zustande von wilden Tieren in den Wäldern, Höhlen und Schluchten lebten, so wie Wilde, Schmutzige, Rußbedeckte, rot Angemalte, mit sehr langen, wirren Haaren, nackt, mit Nägeln langgewachsen wie die eines Jaguars, die da ihre Jagdbeute aßen, ganz gleich, ob es Schlangen, Ameisen, Würmer und andere derartig widerliche Dinge waren"[101]).

Wie anders wäre das Bild dieser Eingeborenen ausgefallen, wenn es ein Ethnologe von jenen Mayastämmen entworfen hätte! Auch von den Ordensgeistlichen hören wir nichts ähnliches in ihren Chroniken über Guatemala.

Über den Beginn der Reduktionen in Guatemala läßt sich kein ganz klarer Aufschluß gewinnen. Wahrscheinlich ist es auch hier Las Casas gewesen, der damit den Anfang gemacht hat, nachdem er 1535 nach Guatemala gekommen war. Ich glaube nicht, daß schon vorher Dörfer angelegt worden sind. Denn jene Jahre zwischen der Gründung von Guatemala-Stadt und dem Eintreffen des Las Casas sind erfüllt mit Klagen der Oberen über die mangelhafte Zahl von Geistlichen zur Betreuung der Indianer. Als der Franziskaner Fray Toribio Motolinia 1528 bis 1529 sich von Mexico kommend in Guatemala aufhielt, in Quezaltenango, Tecpán und Guatemala-Stadt das Feld seiner Tätigkeit sondierend, gab er die Weiterarbeit auf, weil die Indianer noch zu weit verstreut wohnten. Er

---

[100]) Remesal, Lib. VII, cap. 11, 5 (ed. 1932, Bd. II, S. 83/84).

[101]) Fuentes y Guzmán, Segunda Parte, Lib. III, cap. 13 (ed. 1933, Bd. II, S. 158).

wandte sich nach Nicaragua, wo das nicht in diesem Maße der Fall war[102]. Fuentes y Guzman setzt zwar den Beginn der Zwangsansiedlungen in das Jahr 1529, hat aber dabei zweifellos die Anlage von Dörfern der Repartimientos weltlicher Bistzer im Auge[103]. Wir stoßen hier wieder auf den oben angedeuteten Zusammenhang zwischen Reduktion und Repartimiento bzw. Encomienda.

Als erster nachweisbarer Versuch der Reduktionen in Guatemala bleibt demnach das bekannte Unternehmen von Las Casas bestehen, der sich mit der Missionierung des nördlichen Guatemala, des „Kriegslandes" Tezulutlan, betreuen ließ. Das Unternehmen, auf das wir hier im einzelnen nicht eingehen wollen[104]), nahm seinen Anfang in dem Becken von Rabinál, in dem, 1538 noch nicht unterworfen, Quichéindianer ansässig waren. Mehrere bedeutende vorspanische Kultburgen lagen hier auf den leicht gewölbten Glimmerschieferrücken, von denen die bedeutendsten Xeocóc und Cakyúb waren. Ihre Ruinen sind noch heute zu den besterhaltenen im Hochlande von Guatemala zu zählen, ohne daß bis jetzt archäologische Untersuchungen der ausgedehnten Anlagen ausgeführt worden wären. Eine dieser Stellen muß bei Ankunft des Las Casas noch bewohnt gewesen sein. Ihr Oberhaupt stellte sich auf guten Fuß mit den Mönchen und ging auf deren Vorschlag ein, seine Untergebenen in einem neuen Dorf nach spanischem Muster anzusiedeln. Nach mehrtägigen Verhandlungen und einer Besichtigung der Gegend wählte man im Einvernehmen mit dem Kaziken die Stelle aus, die den Namen Rabinál trug (mexikanisch Tecocistlan). Es war eine Stelle, die etwa 5 km unterhalb des heutigen Ortes Rabinál lag. Allein die Eingeborenen ließen sich erst nach langwierigen Bemühungen der Mönche bewegen, an den neuen Ort zu ziehen, an dem alsbald eine Kirche errichtet wurde. Rabinál dürfte damit die erste geistliche Reduktion auf dem Boden von Guatemala gewesen sein. Überblickt man das Gelände, das das heutige Dorf umgibt, so wird die Anlage desselben an dem schmalen, stets Wasser führenden Flüßchen, des Rio Rabinál, deutlich, der hier eine verhältnismäßig breite Talebene durchfließt. Gegen Norden schützen die 250 m über der Talsohle sich erhebenden kahlen Glimmerschieferhöhen den Ort vor den kühlen Nordwinden, im Osten steigt das Gelände zur Beckenumrandung auf, über die der Paß

---

[102]) Vazquez, Lib. I, cap. 4 ed. 1937, Bd. I, S. 31).

[103]) Fuentes y Guzmán, Seg. Parte, Lib. VII, cap. 16 (ed. 1933, Bd. II, S 446).

[104]) O. Stoll, D. Bischof Bartolomé de las Casas, in. Jhber. Geogr.-ethnogr. Ges. in Zürich, 1907/1908.

nach Salamá leitet, nach Süden und Westen dehnt sich die Talebene aus, die mit Fruchthainen besetzt ist. Sie bergen vornehmlich die in der Kolonialzeit eingeführten Orangenkulturen, die eine vorzügliche in der Republik anerkannte Frucht liefern. Nur vermittelst künstlicher Bewässerung sind diese Kulturen möglich. Ob sie erst mit den Spaniern im 16. Jahrhundert Eingang fanden oder ob sie schon den Indianern vordem bekannt waren, ist nicht zu entscheiden, da wir hinsichtlich der künstlichen Bewässerung im Gegensatz zu Altmexico aus den mittelamerikanischen Hochländern keine Angaben besitzen. Da sie aber von den Eingeborenen an der pazifischen Küste im Bereich der aus Mexico stammenden Pipil geübt wurde, so halte ich es nicht für ausgeschlossen, daß sie auch in den Binnengebieten des nördlichen Mittelamerika angewendet wurde, in denen Angehörige derselben Nauafamilie sich niedergelassen hatten. Und das war gerade im Hochbecken von Rabinál der Fall. Vergleichen wir die Angaben über die Reduktion von Rabinál, so müssen zur Zeit des Las Casas die Indianer an der Beckenumrandung und wohl auch in der Ebene weit verstreut gesiedelt haben[105]). Diese muß schon damals waldlos gewesen sein, da das Klima des Beckens mit einer jährlichen Niederschlagsumme zwischen 750 und 800 mm einem geschlossenen Waldwuchs feindlich ist. Nach den zahlreichen Siedlungsspuren, die man überall im Becken bis gegen Cubulco hin trifft, zu urteilen, muß die Besiedlung einst sehr dicht gewesen sein. Bei dem Fehlen jeglicher systematischer archäologischer Untersuchungen in jener Gegend bleibt die Frage offen, ob jener Zustand bis an die spanische Zeit herangereicht hat oder ob nicht vielmehr damals schon ein Bevölkerungsrückgang durch Abwanderung eingesetzt hatte. Für eine Reduktion, zugleich als Basis für die weitere Durchdringung der Alta Verapaz, konnte kaum ein besserer Punkt als Rabinál gefunden werden, wenn man berücksichtigt, daß in dem Nachbarbecken von Salamá die Indianer spärlicher verbreitet waren.

Las Casas war Angehöriger des Ordens der Dominikaner, der sich in den Reduktionen auf den Antillen bereits Erfahrungen gesammelt hatte. Er machte also auch in Guatemala den Anfang damit. Jedoch trat sehr bald neben ihn der Franziskanerorden, der von dem ersten geistlichen Oberhaupt und späteren Bischof des Landes, Francisco Marroquín, besonders gefördert wurde. So wurde zunächst diesem Orden Mittel- und Südguatemala als Arbeitsfeld zugewiesen, den Dominikanern Chiapas und Nordguatemala. Wenn aber Vazquez als Franziskanermönch in seiner Chronik behauptet, daß die Franziskaner in Guatemala Reduktionen an-

[105]) Remesal, Lib. III, cap. 17 (ed. 1932, Bd. I, S. 212).

gelegt hätten, ehe die Dominikaner daran dachten[106]), so ist das nicht richtig. Daß sie praktisch nicht dazu kamen, lag daran, daß sie durch viel zu wenig Angehörige in Guatemala damals vertreten waren, während die Franziskaner in größerer Anzahl kamen (Fig. 2).

Diese begannen ihr Siedlungswerk unter den Indianern 1541. Den Anfang machten sie mit den Gebieten der Tzutuhil, Cakchiquel und Quichéindianer. Unter Begleitung einer Bedeckung von mexikanischen Indianern, die bei Antigua angesiedelt worden waren, begaben sich die Mönche Francisco de Bustillo und Diego de Alva ins Cakchiquel- und Quichégebiet, Gonzalo Mendez[107]) an den Atitlan-See zu den Tzutuhiles, wo er als Reduktionsdorf Santiago Atitlán gründete. Die beiden anderen gelangten nach Iximché (= Tecpan Guatemala), das sie öde und verlassen, von Buschwerk und Wald überwuchert fanden, nachdem sich die Indianer von ihrer alten Kultburg nach dem Cakchiquelaufstand 1526 in die Wälder und Schluchten des Gebirgszuges nördlich des heutigen Tecpán zurückgezogen hatten. Sie wohnten dort verstreut in einem Gelände, das den Namen Ruyaalxot trug. Nach längerem Verweilen gelang es den Mönchen, Fühlung mit 20 speerbewaffneten Cakchiquel aufzunehmen, ohne sie aber veranlassen zu können, sie nach Ruyaalxot zu führen. Als auch die Absendung eines Boten dorthin erfolglos blieb, ein selbständiges Vordringen in die unwegsame Bergwildnis aber unmöglich war, entschlossen sich die Patres nach Tecpan Atitlan (= Sololá) aufzubrechen und dort ihre Bemühungen fortzusetzen. Dieses einem Unterstamm der Cakchiquel gehörige Gebiet fanden sie nur schwach besiedelt vor. Die Indianer flohen vor ihnen in die Wälder, so daß auch dort zunächst nicht an eine Reduktion gedacht werden konnte. Infolgedessen trennten sich die Mönche. Bustillo ging nach Totonicapán und Quezaltenango ins Quichégebiet, Alva blieb in Sololá zurück, wo er nach einiger Zeit von Indianern nach Tecpan zurückgeholt wurde. Dort hatten sich inzwischen einige Cakchiquel-Familien eingefunden, die sich weigerten, das Gelände der Ruinen freizulegen. Nach längeren mühsamen Verhandlungen mit den Leuten von Ruyaalxot einigte man sich endlich darauf, eine Reduktion auf dem Gelände von Puvachil (= Poaquil) zu gründen, dessen genaue Lage nicht mehr eindeutig bestimmbar ist, vielleicht aber in der Nähe des heutigen San José Poaquil lag. Man übersetzte den Cakchiquelnamen Ruyaalxot, der auf die Reduktion zunächst

[106]) Vazquez, Lib. III, cap. 35 (ed. 1937, Bd. II, S. 166).

[107]) Die Namen der Mönche sind hier nach Mendieta, Lib. IV, cap. 7, angegeben. Vazquez hat die Namen Alonso Bustillo, Alvaque und Gonzalo.

übertragen wurde, ins Mexikanische mit Comalapa. Nach sechs Jahren, also ca. 1547, wurde das Dorf an die Stelle des heutigen Dorfes Comalapa verlegt. Nachdem so der Anfang gemacht worden war, folgten die Klostergründungen von Sololá, Totonicapán und Quezaltenango[108]).

Das zweite Gebiet der Franziskanerreduktionen lag im Umkreis der Hauptstadt Guatemala (= Antigua). Dort gründete der Mönch Diego Ordoñez die Dörfer Santa Maria Jesús am Osthang des Agua-Vulkans (Taf. 3, Abb. 5), San Juan Obispo südlich der Stadt, Agua Caliente (= San Antonio Aguas Calientes) westlich der Stadt, andere Mönche Alotenango, das mit Indianern von der pazifischen Küste, also wohl Pipiles aus der Gegend von Escuintla, besiedelt wurde. Auch Chimaltenango ist, wenn wir Vazquez folgen dürfen, als Reduktion an seinem heutigen Platz angelegt worden, nachdem ein indianischer Ort gleichen Namens aufgegeben worden war, der an der Stelle des heutigen Comalapa gelegen haben soll.

Das dritte wichtige Reduktionsgebiet der Franziskaner war das pazifische Küstenland. Dort war die erste Reduktion Escuintla, das als solche schon Toribio Motolinia bestimmt haben soll. Sein Nachfolger Luis de Villalpando gründete 1542 bis 1544 unmittelbar südlich davon San Luis Mazagua. Später folgten Siquinalá, Santa Lucía Cotzumalhuapa, Patulúl, Samayác, Mazatenango, San Francisco Zapotitlán, Santiago Zambotz[109]), heute die Finca Zambo nördlich von Mazatenango, in deren Kaffeehainen noch die Ruinen der Kirche zu sehen sind.

Zu diesen aus den Quellen als sichere Reduktionsgründungen zu ermittelnden Orten traten andere, die vermutlich ebenfalls Reduktionen des Ordens bzw. weltliche Repartimientos waren, an denen sich der Orden festsetzte. Es handelte sich um folgende Orte:

Santa Catarina Ixtahuacán (südlich von Naguală),
Momostenango,
Santa Maria Chiquimula, östlich von Momostenango,
San Pablo Jocopilas, unmittelbar südwestlich von Samayàc,
Párramos, nordwestlich von Antigua,

---

108) Vazquez, Lib. I, cap. 14 (ed. 1937, Bd. I, S. 71/72 u. 79/80).

109) Die richtige Schreibweise von Zambotz ist „Tzambotz", das sich aus dem Quiché „tzam": „Nase, Vorsprung" und „botz": „Bergkegel" herleitet, also: „am Vorsprung des Bergkegels".

„Botz" wird heute von den Indianern des Pamaxán zur Bezeichnung kegelartiger Berge verwendet, z. B. eine Kuppe Botz am Vulkan Santa Clara.

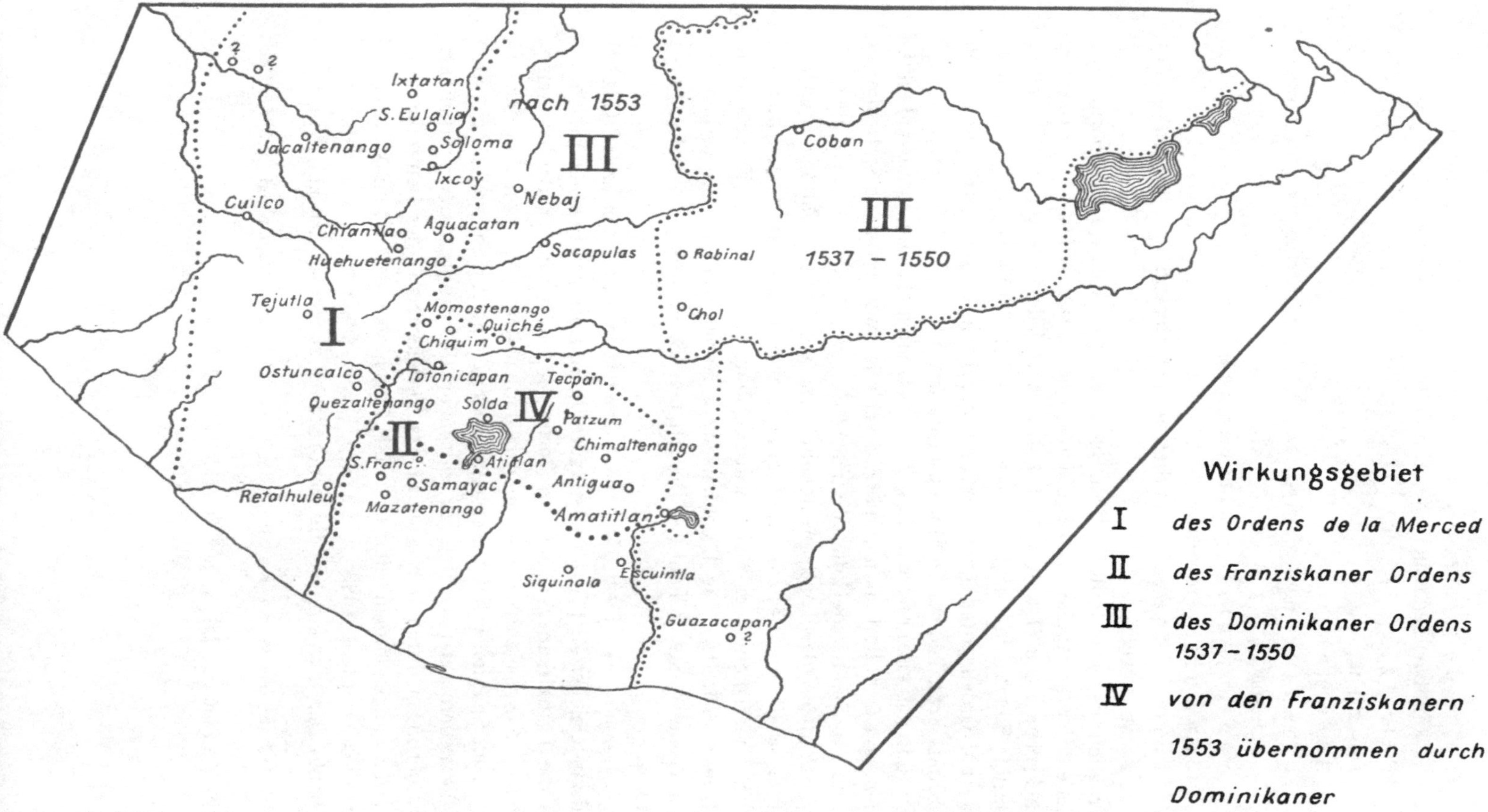

Fig. 2.
Die Wirkungsgebiete der geistlichen Orden in Guatemala im 16. Jahrhundert.

Tejar de Ortiz, seinem Namen nach als Repartimiento erkennbar, südöstlich von Chimaltenango,

Patzitzía,

Patzúm,

Acatenango,

Ichanguegue, eine spätere Wüstung nördlich von Cotzumalhuapa[110]),

San Antonio Suchitepequez,

San Luis, nordwestlich von Antigua,

Paruyalchay, vermutlich in der Gegend von Tecpán, später aufgegeben.

Fraglich dagegen muß bleiben, ob auch die Anfänge der nördlichen Quichédörfer Zacapulas, Nebáj, Chajúl und Cotzál auf die Franziskaner zurückgehen. Die Haupttätigkeit haben dort jedenfalls die Dominikaner entfaltet. Ebenso läßt sich nicht erkennen, ob die Dörfer an der Südostküste auf Ordensgründungen zurückzuführen sind. Nach Vazquez hätten allerdings Franziskaner in Guazacapán gewirkt[111]).

Im übrigen erfahren wir aus ganz Ostguatemala nichts über Reduktionen. Da dort die Indianer spärlich vertreten waren, lag an sich weniger Anreiz für die Kirche zum Missionswerk vor. Wahrscheinlich aber ist, daß der Osten der heutigen Republik in weitem Ausmaß von Repartimientos weltlicher Besitzer eingenommen war, so daß die Orden hier nur auf Schwierigkeiten gestoßen wären, ohne sich auf die Eingeborenen stützen zu können. Die bedeutenden Ländereien der Kirche östlich des Valle de las Vacas im heutigen Departament Santa Rosa sind erst späteren Datums.

Die Dominikaner, denen wir uns jetzt zuzuwenden haben (Fig. 2), sind zur gleichen Zeit in die Festländer des Karibischen Raumes gekommen wie die Franziskaner. Nachdem Cortés sich dem inneren Aufbau seines Reiches in Neuspanien zu widmen begonnen hatte, war von ihm der Antrag nach Spanien geleitet worden, von dort eine Anzahl von Missionaren in die neueroberten Gebiete zu entsenden. Er wurde nach anfänglichen Verzögerungen durch García de Loaiza, Ordensmeister der Dominikaner in Spanien, angenommen, der je zwölf Angehörige des Dominikaner- und Franziskanerordens 1523 in die Neue Welt entsandte. 1524 trafen diese in Santo Domingo ein, wo die Dominikaner zunächst zurückblieben, wäh-

[110]) Auf der Karte bei Fuentes y Guzmán eingetragen (ed. 1933, Bd. II, bei S. 74).

[111]) Vazquez, Lib. I, cap. 26 (ed. 1937, Bd. I, S. 128).

rend die Franziskaner sogleich ihre Fahrt nach Mexico fortsetzten. Erst 1526 folgten ihnen die Dominikaner, die auf ihren in Spanien zurückgehaltenen Führer gewartet hatten, vermehrt um weitere acht Ordensgeistliche, die er aus der Heimat mitgebracht hatte. 1528 verhandelte Pedro de Alvarado, der für sein Eroberungsgebiet dasselbe wie Cortés unternehmen wollte, mit dem ihm von Santo Domingo her bekannten Dominikaner Domingo de Betanzos in Mexico wegen Gründung eines Klosters des Ordens in der 1527 gegründeten Stadt Santiago de los Caballeros, worauf dieser sich 1529 nach Guatemala begab und dort das Kloster einrichtete. 1530 nach Mexico zurückberufen, ohne es beendet zu haben, wurde die geistliche Verwaltung der Stadt und des übrigen Landes dem Francisco Marroquín übertragen, der, wie oben angedeutet wurde, mehr auf Seiten der Franziskaner als der Dominikaner stand[112]). Diese sahen ihr Haupttätigkeitsfeld im ersten Drittel des 16. Jahrhunderts in Mexico liegen. Sie waren zahlenmäßig in Guatemala viel zu schwach vertreten, als daß sie wie die Franziskaner an die Anlage umfangreicher Reduktionen in den volkreichen Indianergebieten denken konnten. Erst als Las Casas 1535 auftrat, begann der Orden mit diesen Anlagen, die mehr der persönlichen Initiative des Las Casas als einem direkten Ordensbefehl entsprachen. Das Gebiet lag im nördlichen Guatemala und in dessen südlichem Randgebiet der heutigen Baja Verapaz. Wir brauchen uns hier nicht weiter darauf einzulassen, zumal erst kürzlich K. Sapper die Tätigkeit des Ordens in der Alta Verapaz eingehend behandelt hat[113]).

Ein weiteres Gebiet, in dem der Orden sich ausbreitete, war Chiapas, wo aber infolge Mangels an Geistlichen zunächst bis in die Mitte der vierziger Jahre des 16. Jahrhunderts an Reduktionen größeren Umfanges nicht zu denken war. Der gleiche Grund scheint auch den Orden in den Provinzen von Guatemala, mit Ausnahme der Verapaz noch zurückgehalten zu haben. Seine Mitglieder gewannen erst an Boden nach dem Ausbruch der Streitigkeiten mit den Franziskanern 1551 bis 1560, die unliebsame Zwischenfälle herbeiführten. Im Verlauf der Auseinandersetzungen, dann vor allem durch den Tod des Bischofs Marroquin im Jahre 1563 gaben die Franziskaner ihr Gebiet auf und zogen sich von der Anlage weiterer Reduktionen zurück. Sie behielten vor allem das Gebiet der pazifischen Küste, während die Dominikaner ihren Einzug in die

[112]) vgl. für die frühe Ordensgeschichte Remesal, Lib I, cap. 5—17; Lib. II, cap. 1—6.

[113]) K. Sapper, Die Dominikanerprovinz Vera Paz in Guatemala usw., in: Iberoam. Archiv XIII/3, 1939, S. 217—244.

Quichéprovinz nahmen, womit sie eine räumliche Verbindung zwischen der Alta Verapaz und Chiapas herstellten. Ihre Reduktionstätigkeit dehnte sich in der Folgezeit teilweise mit Übernahme der vorher schon bestehenden Franziskanerreduktionen nach Nordwest- und Nordguatemala weiter aus, wo sie bis in das 18. Jahrhundert eine segensreiche Tätigkeit entfaltet haben.

In den Kreis unserer Betrachtungen fallen nur ihre Gründungen in Mittelguatemala. Dort wurde ihr Zentrum das Kerngebiet des ehemaligen Quichéreiches, wo zunächst dicht östlich der alten Kultburg von Utatlan (= Kumarcaah), etwa 2 km entfernt das Dorf Santa Cruz Quiché angelegt wurde. Da aber ein Teil der Indianer von dort nach Joyabaj verlegt wurde, vereinigte man den Rest mit der Reduktion von Santa Maria Chiquimula. Fast alle übrigen noch heute bestehenden Indianerdörfer in der breiten Senke des Quiché sind ebenfalls damals als Reduktionen der Dominikaner entstanden. Wir nennen folgende Dörfer: Santo Tomás Chichicastenango, Zacualpa, San Antonio Ilotenango, San Bartolomé (nördlich von Momostenango), San Miguel Uspantán, San Pedro Jocopilas, Cunén, San Andres Sajcabajá[114]). Fraglich bleibt, ob auch Zacapulas als Reduktion den Dominikanern oder den Franziskanern zuerkannt werden muß. Vazquez steht als Franziskaner auf diesem Standpunkt und behauptet, daß erst später der Ort den Dominikanern abgetreten worden wäre; Ximenez nimmt das Prioritätsrecht für den Dominikanerorden in Anspruch, unterstreicht sogar, daß es die erste Reduktion der Dominikaner überhaupt gewesen wäre[115]).

Ihnen ist ferner die Betreuung des nördlichen Quiché zuzuschreiben, also jener gebirgigen Gebiete, die sich als östliche Cuchumatanes nördlich von Zacapulas erheben. Dort wurden die noch gegenwärtig bedeutenden Indianerdörfer Nebáj, Cotzál und Chajúl gegründet. Man unterwarf also das Gebiet der Ixil-Indianer dem Orden. Die Grenze nach Westen mag etwa einer Linie San Bartolomé—Nebáj entsprochen haben. Aguacatán blieb jedenfalls außerhalb der Dominikanerreduktionen.

[114]) Remesal, Lib. VIII, cap. 25 (ed. 1932, Bd. II, S. 245). — Ximenez, Lib. II, cap. 74 (ed. 1929, Bd. I, S. 484), mit teilweise schlechterer Transkription der eingeborenen Ortsnahmen als Remesal.

[115]) Vazquez, Lib. I, cap. 26 (ed. 1937, Bd. I, S. 129). — Ximenez, Lib. II, cap. 74 (ed. 1929, Bd. I, S. 485). — Trotzdem in der Liste der den Franziskanern gehörenden Dörfer vom Bischof Marroquin Zacapulas nicht genannt ist, hält Vazquez am Prioritätsrecht seines Ordens fest. Sicher ist, daß das erste Kloster 1553 von Dominikanern gegründet wurde.

Während wir nichts von Dorfgründungen im Cakchiquelgebiet erfahren, das durch die Franziskaner 1540 bis 1545[116]) befriedet worden sein muß, treten Reduktionen des Ordens wieder im Umkreis um die Hauptstadt Antigua bzw. Santiago de los Caballeros auf. Dort wurde das schon bestehende Dorf San Lucas Sacatepequez an einen gesünderen Platz verlegt und mit Indianern aus Rabinál besetzt und Jocotenango, dicht nördlich von Antigua, mit freigelassenen indianischen Sklaven besiedelt, die dort Alvarado aus dem Quiché- und Cakchiquelstamm angesiedelt hatte. Interessant ist die Reduktion von San Juan Amatitlán, dem heutigen Amatitlán am Westufer des gleichnamigen Sees[117]). Vordem lag nämlich eine alte Kultburg als bedeutendste von fünf eingeborenen Siedlungen der Pokomam-Indianer auf einem abgeflachten Hügelrücken, der sich steil über dem See erhebt[118]). (s. S. 89 f.)

Nach Remesal und dem ihm folgenden Ximenez erfolgte die Reduktion an der in der Talsenke am Rio Michatoya gelegenen Stelle des heutigen Amatitlán, weil der alte Platz zu ungesund und die Wasserfrage zu schwierig zu lösen gewesen wäre. Ersterer Grund erscheint noch stichhaltiger als der zweite. Denn bis in die Gegenwart hinein sind einige Uferstrecken am See wegen ihrer Malaria berüchtigt, besonders Relleno am Südufer, aber auch Amatitlán selbst, was mit sumpfigen Geländestreifen (südlich von Amatitlán) zusammenhängen dürfte. Jedenfalls geht aus den alten Berichten hervor, daß die Pokomam der alten Zeit am Westufer verstreut in fünf Siedlungsflecken hausten, von denen einer als Kultburg angelegt war. Fuentes y Guzmán hat uns zwei der ursprünglichen indianischen Ortsnamen erhalten, Pampichin und Tzacualpa[119]). Letztere dürfte der Kultburg angehört haben. Pampichin, das noch Thomas Gage als im 17. Jahrhundert bestehend aufführt[120]), muß am Südufer des Sees gelegen haben, wenn wir der Lagebezeichnung des

---

[116]) Vazquez, Lib. I, cap. 24 (ed. 1937, Bd. 1, S. 121).

[117]) Remesal und Ximenez a. a. O.

[118]) Diese Stätte ist noch niemals einer archäologischen Untersuchung unterzogen worden, die lohnend wäre. Freilich ist die Anlage von Schatzgräbern schon gründlich geplündert worden, wie mehrere Spuren in den Erdhügeln zeigen. Auch sollen schon seit langer Zeit Steinmonumente fortgeschleppt worden sein. Oberflächliches Schürfen im Erdreich in den Höfen förderte bei meinem Besuch am 26. 3. 1939 zahlreiche Obsidianbruchstücke und Scherben zutage.

[119]) Fuentes y Guzmán, Primera Parte, Lib. IX, cap. 8 (ed. 1933, Bd. I, S. 253).

[120]) Gage, 1693, S. 395/396. Engl. Ausg. 1928, S. 329: „Pampichi, at the bottom of a high mountain on the other side of the lake over against it . . .“

irischen Mönches „am Fuß eines hohen Berges" Glauben schenken und in ihm den Pacaya-Vulkan erkennen wollen.

Wenn, wie gesagt, nichts über die einzelnen Jahre dieser Dorfgründungen bekannt ist, so ist doch so viel festzustellen, daß das Reduktionswesen mit dem Versuch der Dominikaner in der Alta Verapaz 1537 bis 1538 beginnt, von 1541 bis 1553 die Franziskaner in Mittel- und Südguatemala systematisch an die Sammlung der Indianer in Dörfern herangehen und daß von 1553 an die Dominikaner sie in Mittelguatemala ablösen, wo ihre Gründungen etwa Anfang der sechziger Jahre aufhören.

In diese letzte Periode fällt die Reduktionstätigkeit eines dritten Ordens in Guatemala, der Mercedarier[121]), der in den Zeiten der Maurenkämpfe in Spanien zu dem Zweck gegründet worden war, christliche Gefangene aus den Händen der Mohammedaner gegen Lösegeld zu befreien. Nach Abschluß dieser Kämpfe sah er sich nach einem neuen Tätigkeitsfelde um und entsandte auf eigene Kosten ohne Unterstützung der Krone schon zu Beginn der Konquista einzelne Angehörige in die Neue Welt, zuerst nach Neuspanien, dann nach Peru, stets im Gefolge der vordringenden spanischen Eroberungszüge. Erst nach der Unterwerfung des Inkareiches trat der Orden der Frage von Niederlassungen näher, zumal nach Beendigung der Heerzüge seine eigentliche Aufgabe erfüllt war. Von Neuspanien her betraten seine Mitglieder zuerst Chiapas, wo 1537 ein Kloster im Ciudad Real gegründet wurde. 1538 folgte das zweite in Guatemala-Antigua. Hier widmeten sich die Mercedarier ausschließlich der Seelsorge, sie waren 1542 noch nicht stärker als sechs Mönche, denen keine bestimmten Dörfer hierfür zugewiesen waren (Fig. 2). Durch Unterstützung der Dominikaner machten sie Fortschritte und gelangten bald zu Ansehen, besonders als nach 1553 dieser Orden eine Stärkung seiner Position erfahren hatte. Es muß damals zu einer Vereinbarung und Abgrenzung über die beiderseitigen Missionsaufgaben gekommen sein, wodurch die Mercedarier die Möglichkeit erhielten, ihrerseits in Guatemala solche in Angriff zu nehmen. So wurde ihnen außer dem Wirken in der Stadt Guatemala-Antigua besonders der Westen des Landes zugewiesen, nach heutigen Begriffen am besten geographisch zu kennzeichnen, die Departamentos Quezaltenango, San Marcos und Huehuetenango. Ihre Hauptstützpunkte waren die Klöster in Aguacatán, wo noch heute beachtliche Reste schöner Architektur des spanischen Kolonialstils an der verfallenen Kirche sichtbar sind, und Chiantla, beide 1553 angelegt. Von hier aus drangen

[121]) Remesal, Lib. III, cap. 19 (ed. 1932, Bd. I, S. 217—221).

sie in die Altos Cuchumatanes ein und gründeten als Reduktionen die noch heute bestehenden wichtigen Indianerdörfer San Juan Ixcoy, San Pedro Soloma, Santa Eulalia und San Mateo Ixtatán. Das südliche und westliche Vorland dieses mächtigen Gebirgsklotzes wurde ebenso mit Reduktionen belegt, die sich längs des alten Verkehrsweges nach Chiapas aufreihten, wie Huehuetenango, Todos Santos, San Martin, Petatán und San Antonio Huista, die sämtlich noch in der Gegenwart von Bedeutung sind. Andere Orte dagegen, wie Izcuintenango (bei Remesal = Ezcuytenango) und Acuezpala[122]), die schon in der heißen Senke des Rio Chiapas lagen, sind längst eingegangen[123]), wann, ist nicht bekannt. In der breiten Talsenke des Rio Cuilco setzten sich Mercedarier bei Cuilco fest, das ihre Reduktionsgründung war, südlich davon gehen die Dörfer Tejutla und Ostuncalco auf sie zurück. Ethnisch betrachtet waren es also die Gebiete der Mam-, Chuj- und Jacalteca-Indianer sowie der Aguacateca, die von ihnen betreut wurden. Sie führten als Verkehrssprache anscheinend in weiterem Umfang das Mexikanische (Aztekische) ein, erlernten aber bald die Mamsprache, von der der Mercedarier Gerónimo Larios eine Grammatik verfaßte, die 1607 in Mexico gedruckt wurde. Er war der erste, der im Mam predigte. Ximenez weist ausdrücklich darauf hin, daß der Orden anfangs es im Gegensatz zu den Dominikanern und Franziskanern nicht für nötig befand, die Eingeborenensprachen zu erlernen[124]).

An der pazifischen Küste von Guatemala sind die Mercedarier nur im Westen vorgedrungen, wo sie sich in Retalhuleu niedergelassen hatten, um von hier aus die Seelsorge in dem damals noch siedlungsarmen Gebiet zwischen Rio Ocositos und Suchiate auszuüben[125]).

Die Mercedarier haben sich mithin nur auf Nordwest- und Nordguatemala und auf ein schmales Stück an der Küste bei Retalhuleu beschränkt. Die von ihnen angelegten Reduktionen begannen 1553 und dürften bis zum Ende der sechziger Jahre abgeschlossen gewesen sein. Eine zweite Periode setzte im letzten Drittel des 16. Jahrhunderts ein, als der Orden von den Cuchumatanes aus in das nördliche Tiefland am

---

[122]) „Aquezpala, en que se acaba el obispado de Guatemala." Remesal, Lib. III, cap. 19 (ed. 1932, Bd. I, S. 220).

[123]) E. Seler, 1901, S. 4.

[124]) Ximenez, Lib. II, cap. 74 (ed. 1929, Bd. I, S. 482).

[125]) Alonso Ponce, 1872, S. 305. — Fuentes y Guzmán, ed. 1933, Bd. III, S. 183/184.

Rio Lacantún eindrang[126]) und dort die Bekehrung der Lacandonen versuchte, ohne bei der spärlichen Zahl dieser Indianer, ihrem unsteten Wanderleben und den Schwierigkeiten des Urwaldgeländes Erfolg zu haben.

Gegenüber den geistlichen Reduktionen treten in der Überlieferung solche von weltlichen Gründern und Behörden weitaus zurück. Was der Technik nach als Reduktion in diesem Sinne anzusprechen ist, geschah in der Praxis unter dem Namen der Encomienda. Da aber diese Einrichtung von den Orden bekämpft wurde und für sie eine Konkurrenz bedeutete, so ist es verständlich, wenn die geistlichen Chronikenschreiber hiervon schweigen. Der einzige Laie, der uns geschichtlich hier Auskunft geben könnte, Fuentes y Guzmán, läßt sich aber nicht darauf ein, so daß wir eine ganze Reihe von Dörfern annehmen dürfen, die als weltliche Gründungen geschaffen worden sind. Rein äußerlich waren sie daran kenntlich, daß den Ortsnamen der Name des Encomendero oder Laiengründers beigefügt wurde, z. B. El Tejar de Ortiz oder in heute erhaltenen Namen wie Don Melchor (Dep. de Santa Rosa), Don García u. ä. Weitere Beispiele finden sich in dem Reisebericht des Alonso Ponce aus der zweiten Hälfte des 16. Jahrhunderts. Zeitlich können wir den Beginn dieser Art von Gründungen vor die geistlichen Reduktionen ansetzen. Sie begannen sicher schon durch die ersten mit Repartimientos belehnten Konquistadoren in Mittelguatemala im Umkreis um Guatemala-Antigua. Wir möchten auch die Dorfgründungen im Osten des Landes auf weltliche Gründungen zurückführen, nur daß uns aus diesem Gebiet überhaupt keine Zeitangaben zur Verfügung stehen.

Bei der Anlage von weltlichen Dorfgründungen scheinen bisweilen Angehörige indianischer Stämme in stammfremdes Gebiet verlegt worden zu sein. Politische und militärische, vielleicht auch wirtschaftliche Überlegungen mögen dabei mitgesprochen haben. Sehen wir hier von den bedeutsamen Ansiedlungen mexikanischer Hilfsvölker aus Mexico, Cholula und Tlaxcala bei Antigua, Alotenango und Totonicapán ab[127]), so ist eines der bezeichnendsten Beispiele die Umsiedlung der Pokomam-Indianer der alten Kultburg zwischen Rio Motagua und Pixcayá, als Mixco Viejo bekannt, nach dem neu angelegten Dorfe Mixco, das sich an der westlichen Beckenumrandung des Valle de las Vacas westlich der Stadt Guate-

---

[126]) Fuentes y Guzmán, Segunda Parte, Lib. IX, cap. 12 (ed. 1933, Bd. III, S. 185).

[127]) Noch heute erinnern sich hier indianische Familien ihrer mexikanischen Abkunft und fühlen sich gegenüber den Quiché des Ortes erhaben.

mala erhebt[128]). Diese Umsiedlung fand 1526 auf Geheiß von Alvarado statt und war eine militärisch-politische Maßnahme, wie auch damals aus demselben Anlaß andere Pokomam-Mitglieder in Chinautla seßhaft gemacht wurden. Von gleicher Bedeutung war die Verlegung von Quichéindianern nach dem Ort San Lucas Sacatepequez östlich von Antigua, wo der Gedanke mitgesprochen haben mag, aufsässige und unterworfene Quichéangehörige in einem ihnen stammfremdem Gebiet anzusiedeln und sie mit Hilfe ihnen weniger gut gesonnener Rassegenossen im Schach zu halten.

Von geistlicher Seite aus wurde dieser Ort später an eine andere Stelle als Reduktion gelegt und gleichzeitig dorthin eine Anzahl von Indianern aus Rabinál gebracht[129]). Da es sich in diesen Fällen um Menschenverschiebungen innerhalb der Hochlandgebiete handelte, waren sie nicht mit Verlusten verbunden, die durch klimatische Wechsel hätten hervorgerufen werden können. Man vermied den Fehler, den Mönche in der zweiten Hälfte des 16. Jahrhunderts begingen, als sie aus dem warmfeuchten Tiefland von Nordguatemala Angehörige des Cholstammes in der Sierra de Chuacús ansiedelten, wo ein Dorf El Chol in 1500 m Meereshöhe gegründet wurde, in dem bald die Tieflandindianer zugrunde gingen.

Wenn wir nun die Technik der Anlage von Reduktionen betrachten, so müssen wir bedenken, daß schon vor der Mitte des 16. Jahrhunderts von der spanischen Krone bestimmte Verordnungen erlassen worden waren, die bei jeder Dorfgründung befolgt werden mußten. Karl V. hatte 1523 Befehle veröffentlichen lassen, in denen die geographischen Voraussetzungen für eine günstige Lage bekannt gegeben waren[130]). Die Gründung der ersten Stadt Guatemala (= Ciudad Vieja) erfolgte schon planmäßig, wie oben behandelt wurde (S. 105). Bei den weltlichen Gründungen im Gefolge von Repartimientos und Encomiendas wurde das gleiche Schema befolgt, worauf es zurückzuführen ist, daß das Bild der geschlossenen Siedlungen mit ihrem Schachbrettmuster einheitlich über ganz Spanisch-Amerika verbreitet worden ist.

Während wir über den technischen Vorgang bei solchen Anlagen in Guatemala nur wenig erfahren, sie nur am Beispiel von Ciudad Vieja genauer verfolgen können, sind wir besser darüber von den geistlichen

---

[128]) Juarros, Trat. VI, cap. 1 (ed. 1936, Bd. II, S. 167).

[129]) Remesal, Lib. VIII, cap. 25 (ed. 1932, Bd. II, S. 245). — Ximenez, Lib. II, cap. 74 (ed. 1929, Bd. I, S. 485).

[130]) Recopilación de Leyes de Indias, 1756, Lib. IV, Tit. VII, Ley 1 a.

Reduktionen unterrichtet. Remesal, Ximenez und Vazquez geben uns gleichlautende Berichte.

Daß technisch diese Unternehmungen oft nicht leicht waren und viel Geduld und Einsicht von seiten der Spanier erforderten, darf ohne weiteres geglaubt werden. Die Mönche hätten auch wohl in den meisten Fällen wenig ausgerichtet, die Indianer zum Verlassen ihrer alten Siedlungen zu veranlassen, wenn sie nicht die militärische Macht und Unterstützung der weltlichen Behörden in ihrem Rücken gehabt hätten. Besonders der Oidor Juan Rogel hat ihnen in den Hochlandgebieten seine Hilfe geliehen[131]). Während aber Remesal und Ximenez wohl die Schwierigkeiten andeuten, die auch physisch für die Geistlichen damit verbunden waren, übertreibt Vazquez, der im ausgehenden 17. Jahrhundert schrieb, sichtlich das Ausmaß der Anstrengungen, wenn er von den reduzierenden Mönchen im Hochland berichtet:

„Wieviele Male brachten einer oder einige von ihnen (den Mönchen) die Nächte in verlassenen Einöden zu, ohne mehr von einer Begleitung bei sich zu sehen als die von wilden und giftigen Tieren, weil sie ihre Führer schutz- und hilflos im Stich gelassen hatten, ohne zu wissen, wo sie den Weg finden sollten, weil es keine Pfade gab und keine Spur, daß menschliche Wesen in so wilden Bergwäldern wohnten. Wie oft kam es vor, daß sie ganze Tage ohne zu speisen zubrachten, ständig zu Fuß ohne Schuhwerk marschierend, ohne Sohlen oder Sandalen, durch Straucheln ihr Blut vergießend, Gesicht und Hände verletzt von dornigen Zweigen, die, um durchzukommen, abgehauen werden mußten, ihre Kleidung durch Unbilden und Schweiß beschädigt, manchmal durchbohrt von Kälte, ohne einen Schutz zu haben noch Feuer, um sich zu erwärmen. Andere waren in einen See von Schweiß verwandelt, verbrannt vor Hitze. Und warum das alles, wenn sie auch die Götzenbilder entdeckten, die sie (die Indianer) in ihren Wohnungen, Feldern und Höhlen hatten, aus Stein, Holzstöcken, Holzstämmen, Tierknochen und Kautschukmasse (pastas de ule) hergestellt, die in Tücher eingewickelt waren, und andere Dinge, die von den Zauberern und demselben Götzen stammten, der ihnen in sichtbarer Gestalt erschien?“ [132]).

Daß das Reduzieren der Indianer mit der Jagd nach Götterbildern Hand in Hand ging, entsprach dem Zug jener Zeit, in der sich der spanische Fanatismus nicht nur in den Schreckens- aber auch Heldentaten der Konquistadoren, sondern auch im blinden Bekehrungseifer der kirchlichen

---

131) Vazquez, Lib. I, cap. 21 (ed. 1937, Bd. I, S. 108).

132) Vazquez, Lib. I, cap. 21 (ed. 1937, Bd. I, S. 109).

Kreise Bahn brach, einen seiner Auslässe im rücksichtslos vernichtenden Zerstörungswahn findend. Nach dem Vorbild, wie es Angehörige der geistlichen Orden in Mexico geboten hatten, wurden auch in Guatemala Razzien auf alles unternommen, was irgendwie mit dem alten Glauben der Indianer zusammenhing, und wie man in Mexico öffentliche Verbrennungen des als Erzeugnisse Satans angesehenen Götzendienstes veranstaltete, so verfuhren die Mönche auch in Guatemala. 1545 fand eine öffentliche Verbrennung von Götterbildern der Cakchiquel-Indianer in Tecpán statt. Bis 1550 folgten gleiche Veranstaltungen in Atitlán, Quezaltenango und anderen Orten[133]). Nachher scheint der Eifer nachgelassen zu haben, so daß nach der Zeit jener Vorgänge und den Orten ihres Geschehens zu urteilen, die Franziskaner die Veranlasser dieser Zerstörungen gewesen zu sein scheinen.

Kehren wir von diesen Begleitumständen des Reduktionswesens zu dessen Technik an sich zurück, so wurde ein solches Unternehmen nach Aufspürung der im Verborgenen wohnenden Indianer damit eingeleitet, daß man sich mit den Anführern der Eingeborenen in Verbindung setzte, ihnen die Vorzüge der neuen Siedlungsart plausibel zu machen suchte und sie veranlaßte, sich der Suche nach einem geeigneten Siedlungsgelände anzuschließen.

Interessant zu beobachten ist nun, wie oft man im Hochland von Guatemala die neue Reduktion in der Nachbarschaft der alten Stammesniederlassungen in der Form der Kultburgen anlegte, ja bisweilen direkt auf deren Terrain oder auf sonstwie geheiligtem Boden der Indianer diese Dörfer gründete. Wir können archäologisch nachweisen, daß die noch unmittelbar bei der Konquista besiedelten Stätten zu Ansatzpunkten der spanischen Dorfgründungen wurden, und zwar solcher, die durch Ordensgeistliche getätigt worden sind. Im Cakchiquelgebiet wurde dicht bei dem alten Iximché das heutige Tecpán gegründet (Taf. 2, Abb. 4); Santiago Atitlán erhebt sich nahe bei der alten Tzutuhilfeste Atitlán; Tecpan Atitlan wurde der Ausgangspunkt für das moderne Sololá; etwa 2 km östlich der alten Quichéburg Utatlan gründete man das Dorf Santa Cruz Quiché; etwa ebensoweit entfernt liegt die einst tapfer verteidigte Mam-Burg Zaculeu vom benachbarten Huehuetenango entfernt. 3 km westlich der Ruinen von Chalchitán gründeten die Mercedanier ihr Kloster und Dorf Aguacatán; Amatitlán wurde dicht bei der alten Tempelstadt am See angelegt; das Dorf Joyabaj liegt in der Nachbarschaft bei

---

[133]) Vazquez, a. a. O., S. 110.

alten Ruinen, und Chichicastenango muß ebenfalls als direkt auf einer alten Stätte gegründet bezeichnet werden, da mitten im Zentrum des heutigen Dorfes oft bei Ausschachtungen Altertümer der vorspanischen Zeit zum Vorschein kommen.

Ein vortreffliches Beispiel einer Reduktionsgründung bei einer vorspanischen Kultstätte bietet das Dorf San Mateo Ixtatán[134]), das auf die Mercedarier zurückgeht (Taf. 2, Abb. 3). Auf einem nach Osten sich erstreckenden Bergsporn, der nach dem Tal des Rio Paijilá abfällt, liegen an dessen Spitze auf künstlich geebnetem Boden eine Reihe von Erdwerken und Pyramiden, die sich um zwei rechteckige Höfe anordnen, wie es den im Hochlande üblichen Grundrissen entspricht. Etwa 300 m spornaufwärts wurde von den Mönchen die Kirche gebaut und um sie herum das neue Indianerdorf angelegt. Der ursprüngliche, vermutlich der Mayasprache des Chuj angehörige Ortsname ist mir nicht bekannt geworden. Die Ruinen heißen heute „Uaxaklajun", soviel wie „Achtzehn". Der mexikanische Name „Ixtatan", soviel wie „bei den Salinen", ist sicher eine Übersetzung des ursprünglichen Mayaortsnamens. Denn bei dem Dorf, unterhalb der Ruinen, liegen ergiebige Salzquellen, die noch heute von den Indianern ausgebeutet werden. So wie sie in vorspanischer Zeit diesen Ort als bevorzugten Sammelpunkt der Eingeborenen für ihre Kultveranstaltungen und als guten Verteidigungsplatz auswählen ließen, sahen auch die Missionare in ihm verschiedene Anreize vereinigt, um die Indianer aus ihrer Streusiedlung in der gebirgigen Waldumgebung hier zusammenzuziehen, so daß ein stattliches, heute noch bedeutsames Dorf entstanden ist.

Es tritt in diesem wie bei anderen Beispielen eine Tatsache klar hervor, daß nämlich die Indianer schon längst die brauchbarsten Terrains für ihre zentralen Siedlungen erprobt hatten, so daß die Spanier in vielen Fällen gar nicht anders konnten, als die Indianer an denselben Orten wieder seßhaft zu machen. Die Geistlichen werden dabei die Erfahrung gemacht haben, daß ihre Schutzbefohlenen viel geneigter dazu waren, als wenn sie zur Niederlassung an ganz neuen Orten veranlaßt wurden. Das Beispiel von Chichicastenango zeigt noch heute seine Anziehungskraft auf die Indianer seiner weiten Umgebung, die, obwohl vielleicht heute nur mehr im Unterbewußtsein schlummernd, die Erinnerung an eine alte Kultstätte bewahrt haben.

War also gemeinsam mit den Indianern ein Platz zur Anlage der Reduktion gefunden worden, so wurde ein Grundrißplan der Siedlung ent-

[134]) F. Termer, in: Mitt. Geogr. Ges. Hamburg, Bd. 38, 1927, S. 18/19.

worfen, der dem staatlich vorgeschriebenen Schema entsprach. Zuerst sonderte man den Platz für die Kirche aus, neben der das Haus des Geistlichen abgesteckt wurde. Vor der Kirchenfront mußte ein weiter öffentlicher Platz, die Plaza, freibleiben. An ihrer Seite, der Kirche gegenüber, kam das Gebäude der weltlichen Behörden zu liegen (Juzgado), an dieses grenzend das Gefängnis, und nicht weit davon entfernt ein Unterkunftshaus für die Reisenden. Von dieser zentralen Anlage aus maß man dann das Straßengitter im Schachbrettmuster nach den vier Himmelsrichtungen ab und teilte die Straßenvierecke in Wohnlose unter.

Sehr bald hatten die Geistlichen ihre Technik insofern verfeinert, als sie gleichzeitig mit diesen Vorbereitungen die Indianer veranlaßten, ihre Maisfelder (milpas) frisch zu bestellen. Mit anderen Worten, man begann mit der Reduktionsgründung zur Zeit der Maisaussaat. Während die Frucht heranwuchs und daher die Indianer weniger durch Feldarbeit in Anspruch genommen waren, mußten sie in der Reduktion ihre neuen Hütten bauen, sich am Kirchenbau u. ä. beteiligen. Da bei der einfachen Bauweise der Hütten aus Holzpfählen mit Flechtwänden und Lehmbewurf die Neukonstruktion rasch vonstatten ging, die ersten Kirchen auch meist nur aus Holz mit Strohdächern erbaut waren, stand eine solche Reduktion bis zur Erntezeit fix und fertig da, so daß nach der Ernte der allgemeine Einzug der Bewohner in den neuen Ort erfolgen konnte, wobei man den Indianern Tänze und Feste mit den üblichen alkoholischen Exzessen einräumte[135]).

Gelegentlich hat die Besorgnis vor der Inbesitznahme des Siedlungsgeländes durch Laien die Mönche zur Beschleunigung des Dorfbaues getrieben, wie denn von dem Dorf Xenajcoj berichtet wird[136]), daß es von seinem reduzierenden Gründer Villacañas innerhalb einer einzigen Nacht fix und fertig erbaut worden wäre. Es besteht noch heute als ein fast ganz von Cakchiquel bewohntes Indianerdorf, südwestlich von San Juan Sacatepequez, das ca. 1800 Bewohner besitzt.

Das Ende der Reduktionstätigkeit der Mönchsorden kann für Mittel- und Südguatemala etwa in die sechziger Jahre des 16. Jahrhunderts verlegt werden. Sie fand ihre unmittelbare Fortsetzung in den nördlichen und nordwestlichen Gebieten, im Lande der Lacandones im Flußgebiet des Rio Lacantún, in der nördlichen Verapaz und bis in das Petén und in das Land Acalá hinein, das im Usumacintagebiet zu suchen ist[137]). Es sind also die tropischen Tiefländer der atlantischen Seite des nördlichen Mittel-

[135]) Remesal, Lib. VIII, cap. 24/25 (ed. 1932, Bd. II, S. 244 u. 246).
[136]) Remesal, a. a. O., S. 246.
[137]) K. Sapper, Die Verapaz im 16. u. 17. Jh., 1936.

amerika gewesen, in denen die mühsamen und an Opfern reichen, entsagungsvollen Siedlungsvorstöße der Dominikaner und Mercedarier vorgetragen wurden, bis sie im Laufe der zweiten Hälfte des 17. Jahrhunderts auch dort erloschen. Das Reduktionswesen als solches aber hat sich noch bis in das 19. Jahrhundert hinein in den tropischen Teilen von Südamerika erhalten und damit in der Praxis seine Brauchbarkeit zur Christianisierung und Europäisierung der Eingeborenen erwiesen. Freilich haben die Reduktionen besonders im Anfang manche Fehlschläge mit sich gebracht. Handelte es sich nur um die Erfahrung, daß das ausgesuchte Terrain zu ungesund war, des brauchbaren Wassers oder guter Ackerböden ermangelte, so wurden die jungen Dörfer rasch verlegt und ebenso schnell wie die vorhergehenden aufgebaut. Im Hochland der Altos war das seltener der Fall als in den waldreichen, feuchten Tiefländern in Nordguatemala oder an der Südküste. Auch der Chiapasgraben hat wegen seiner klimatischen Gefahren zur Verlegung von Ansiedlungen gezwungen. Allein aus diesem Gebiet überliefert Ximenez eine ganze Liste von derartigen Orten[138]). Mehrfach wird als Grund des Ortswechsels die Plage durch Insekten und besonders durch Fledermäuse erwähnt, letzteres aus Chiapas und von der Südküste, wo der Ort San Juan nördlich von Cotzumalhuapa deswegen verlassen worden sein soll. In der Gegenwart ragen noch unmittelbar westlich des Weges von El Baúl nach Los Tarros die Ruinen der einst stattlichen Kirche auf, eingehüllt in ein Stückchen üppigen lianendurchflochtenen Waldes, den die moderne Gegenwart innerhalb der in Zuckerrohrfelder umgewandelten Nachbarschaft hat bestehen lassen. Wie fast immer bei Wüstungen oder ehemaligen Wüstungsflächen trägt der Platz heute den Beinamen „Perdido".

Weit empfindlicher aber wurde die Reduktion getroffen, wenn die Indianer wieder davonliefen, um sich irgendwo im Verborgenen der Gebirge und Wälder Land zu roden und eine Hütte zu erbauen. In den meisten Fällen waren die Beweggründe der Zwang zu dem neuen Leben, die geforderte Willfährigkeit zur Unterwerfung unter die kirchlichen Regeln, Gesetze und europäischen Gebote einer Sittlichkeit, die dem Indianer fremd war und ihm keineswegs höher stehend erschien, als diejenige seiner Altvordern gewesen war. Im tropischen Tiefland des Nordens gab auch die rasche Erschöpfung der Böden zum Verlassen des Terrains Anlaß, ohne daß die Mönche sich der Tragweite dieser naturbedingten Ursachen bewußt geworden wären. Dieselben Gründe werden schon in den Jahrhunderten des sog. „Alten Reiches" der Maya zu Ortsverlegungen

[138]) Ximenez, Lib. IV, cap. 63 (ed. 1929, Bd. II, S. 201).

geführt haben. In den Hochlandgebieten von Mittel- und Südguatemala ist uns nichts von der Flucht der reduzierten Indianer überliefert worden. Sie wird schon deshalb wenig Nutzen gehabt haben, weil das Hochland zu dicht besiedelt war und die unbesiedelten, waldreichen Gebirgszüge zwischen den von den Spaniern kontrollierten Beckenlandschaften leicht durch Streifexpeditionen nach den Entlaufenen abgesucht werden konnten, leichter jedenfalls als es in den weiten zusammenhängenden Regenwäldern des Tieflandes möglich war, wo der einzelne oder kleine Gruppen von Flüchtlingen spurlos verschwanden. Noch in der neuesten Zeit haben wir Beispiele für derartige Fluchtwanderungen, der direkten Kenntnis zugänglich, bei Kekchi-Indianern, die einzelnen oder familienweise sich von ihren Fincas in der Alta Verapaz entfernten und in den urwaldbedeckten Kalkrücken der Zona Reina sich versteckt auf Niemandsland oder unbenutzten Terrains fremder Besitzer niederließen oder solchen ihrer Stammesgenossen, die seit dem Ende des 19. Jahrhunderts in kleinen Trupps oder einzeln vor den behördlichen Bedrückungen in Guatemala eine freie Lebensführung in dem benachbarten Britisch-Honduras suchten, Beispiele, die uns überhaupt einen Begriff von den „Wanderungen" indianischer Stämme in der vorspanischen Zeit zu vermitteln mögen.

An der pazifischen Abdachung erfahren wir nichts über fluchtartiges Verlassen von Reduktionsdörfern durch die Indianer. Nur Verlegungen wegen ungünstiger Lage, Insekten- und Vampirplage sind vereinzelt überliefert, während das Aufgeben von Dörfern durch Krankheiten und Epidemien aus späteren Zeiten der Kolonialepoche festzustellen ist. Auch Erdbeben werden gelegentlich zur Aufgabe der Orte geführt haben, wenn auch nichts darüber überliefert ist. So bestand bis in die Mitte des 18. Jahrhunderts der einst bedeutende Ort Tacuilula der Xinca-Indianer am Ausgang der Talsenke zwischen dem Gavia-Gebirgsstock und dem Tecuamburro-Vulkan, eine vorspanische an ihren Tempelanlagen kenntliche Siedlung, in die hinein eine spanische Kirche und ein Reduktionsdorf hineingebaut worden waren. 1740 zählte man dort noch 223 Indianer[139]). Die im Waldkleid liegenden Ruinen der Kirche beweisen, daß sie einst ein stattliches massiv gebautes Werk war, das stilmäßig auf den Anfang des 18. Jahrhunderts zurückzuführen sein dürfte. Als letzter Rest menschlicher Besiedlung nimmt das Gelände heute eine kleine Finca des Namens Tacuilula ein. Ein anderes ähnliches Beispiel bietet die nach Westen geöffnete Mulde am Südfuß des Fuego-Vulkans, in der sich heute

[139]) Alonso Crespo, 1935, S. 12.

die stattliche Kaffeefinca San Andres Osuna findet. Grabungen, die ich in den Jahren 1926 bis 1928 mehrfach in dem Gelände dieser Mulde vornahm, ergaben zahlreiche vorspanische Spuren einer dichteren Besiedlung, in die sich in den obersten Fundschichten Reste aus der Kolonialzeit einmengten. Daß hier in der Tat ein Dorf in der Kolonialzeit gelegen hat, lehrt uns Fuentes y Guzmán, der auch seinen echten Namen erhalten hat[140]). Es hieß nämlich „San Andres Ichan Utzuma" („San Andres das Haus oder Dorf oben"), was dann in einer späteren nicht mehr festzustellenden Zeit, evtl. bei Gründung der Finca im 19. Jahrhundert an das spanische „Osuna" angeglichen wurde. Im Laufe des 17. Jahrhunderts dürfte es eingegangen sein. Zur gleichen Finca gehört ein Vorwerk Chuchú, in dessen Terrain ich ebenfalls durch Grabungen vorspanische Altertümer freilegte. Wichtig ist hier eine Bemerkung des kundigen guatemaltekischen Geschichtsforschers Juan Gavarrete auf Grund verloren gegangener Akten, daß die ehemalige Siedlung San Andres Ichan Utzuma oder Chuchué geheißen habe. Ich halte beide Benennungen für je einem besonderen Orte zukommend, zumal Chuchué einer anderen als der Cakchiquelsprache angehören dürfte, worauf in einer anderen Abhandlung zurückzukommen sein wird. Derselbe Autor bringt die Notiz, daß diese Siedlung zu Anfang des 17. Jahrhunderts einging.

Er ist auch für uns die einzige Quelle, die uns überhaupt ein Bild der Dorfverwüstungen jener Gegend um Cotzumalhuapa entwirft. Hiernach lassen sich folgende Feststellungen machen.

Als die ersten Missionare, die Franziskaner, sich in das Gebiet zwischen Escuintla und dem Rio Coyolate begaben, waren noch zwei bedeutendere vorspanische Plätze vorhanden, Cotzumalhuapa und Alotepeque. Ersteres wurde als Reduktion unter dem Namen Santiago, letzteres als San Juan angelegt. Dieses entspricht dem heutigen Platz San Juan Perdido. Santiago Cotzumalhuapa wurde hernach verlegt und zu dem heutigen Santa Lucía Cotzumalhuapa umgetauft. Andere Dorfgründungen waren San Cristobal Cotzumalhuapa, Santo Domingo Tzotzican oder Tzinacamecayo (Xinagameco), das erwähnte San Andres Ichan Utzuma oder Chuchué, Santa Catarina Tziguinalá (Siquinalá), San Miguel Teguantepeque südlich von Santa Lucia Cotz. und San Francisco Ichanguegucy, das dicht beim heutigen El Baúl gelegen haben muß. Dazu kamen eine Reihe von größeren Haciendas, wie diejenige von Don García de Aguilar y de la

[140]) Fuentes y Guzmán, Segunda Parte, Lib. II, cap. 2 (ed. 1933, Bd. II, S. 80).

Cueva, aus der später das Dorf Don García wurde, die Hacienda des Don Gaspar Arias, gegründet 1589, des Don García de Escobar 1589 und des Don Francisco de Aylon 1592, die sämtlich die Vorläufer der großen Wirtschaftsbetriebe geworden sind, die heute unter anderen Namen jenes Fincagebiet zusammensetzen. Wirtschaftskrisen, Epidemien und andere Ursachen führten zur Aufgabe der Dörfer. So ging San Miguel Teguantepeque 1599 ein, dessen letzte Ansiedler nach Santa Lucia Cotz. verlegt wurden, Anfang des 17. Jahrhunderts folgten San Andres Ichan Utzuma und Asunción Casillas, auf dessen Terrain sich heute die Finca Asunción befindet. Beider Einwohner kamen nach Siquinalá. San Cristobal Cotz. wurde wegen einer Fieberepidemie in der zweiten Hälfte des 18. Jahrhunderts verlassen, seine letzten Bewohner 1772 nach Santa Lucia Cotz. verbracht. 1778 ereilte Siquinalá dasselbe Schicksal, von dem die letzten fünf oder sechs Familien ebenfalls nach Santa Lucia Cotz. überführt wurden. Mit dem 18. Jahrhundert verfielen ebenfalls die Haciendas infolge der Krise im Anbau des Indigo, so daß zu Beginn des 19. Jahrhunderts jene Zone nur ein schwaches Abbild der einstigen Siedlungsdichte bot[141]).

Noch ausführlicher ist die Liste der aufgegebenen Siedlungen in dem Bericht des Erzbischofs Cortez y Larraz von 1769—1770, die hier, da dieser Abschnitt noch nicht veröffentlicht worden ist, folgen möge:

Santiago Cotzumalhuapa,
San Francisco Ichanguegue,
San Juan Alotepeque,
San Andres Chipichiapa,
San Miguel Pachup,
Santa Ana Pachup,
San Marcos Chipichiapa,
San Jacinto,
unbekannter Name,
San Andres Chuchué,
Asuncion Chuchué,
La Magdalena,
San Miguel Teguantepeque,
San Juan Ichancuyan,
San Francisco Ichancucut.

Demgegenüber scheinen in dem Siedlungsabschnitt von Mazatenango die Dörfer sich eher erhalten zu haben, da sie noch bis heute existieren, wie etwa Mazatenango, San Pablo Jocopilas, Samayác, San Francisco Zapotitlán u. a. Eingegangen dagegen ist Tzambotz, dessen Terrain heute von der Finca Zambo eingenommen wird. In ihm liegen die Ruinen einer hübschen aus Stein erbauten Kirche des 18. Jahrhunderts. Ebenso haben

[141]) Juan Gavarrete, Antiguidades de Cotzumalhuapa, in: An. Soc. Géogr. é Hist. Guatemala, Bd. IV, 1928/29, S. 308—311.

sich die meisten Dörfer im südöstlichen Küstenabschnitt erhalten, die sich an dem alten Verkehrsweg von Escuintla nach Salvador aufreihen. Nur Tacuilula ist, wie wir sahen, aufgegeben worden. Im benachbarten Hochland ist das gleiche Schicksal dem alten Xistiquipaque widerfahren, wo an einer vorspanischen Siedlung ein christliches Reduktionsdorf angelegt wurde, im 18. Jahrhundert noch als Itiquipaque erwähnt[142]). Es ist der heutige Weiler Ixpaco am Nordabhang des Tecuamburro-Vulkans, wo ich in einem Kaffeehain noch Reste der Grundmauern einer kolonialspanischen Kirche und eines Taufsteines 1938 gesehen habe.

Das äußere Bild der Reduktionssiedlungen wie aller übrigen ist in Guatemala allenthalben das gleiche gewesen. Die Wohnhäuser waren anfangs die üblichen Hütten der Eingeborenen aus Holzgerüst mit Stangen- oder lehmbeworfenen Flechtwänden und strohgedecktem Giebel- oder Walmdach[143]).

Aber noch im Laufe des 16. Jahrhunderts kam der Adobebau weitgehend zur Anwendung in den Hochlandgebieten, mit dem sich spanische Bauformen wie etwa die vorspringenden Verandas (Corredores, Zaguanes) verbanden (Taf. 4, Abb. 7). Die eigentlich spanische Hausbauweise aber mit ihren Patios und ihren Ziegeldächern war zunächst nur bei den wohlhabenden Kreisen anzutreffen. Wenn wir heute in Indianerdörfern ähnliche Bauten vorfinden, wie es in den größeren Siedlungen der Altos (Totonicapán, Quezaltenango, San Pedro Sacatepequez bei San Marcos oder den Siedlungen im Umkreis um Antigua und im Valle de las Vacas) der Fall ist, so entstammen sie jüngerer Zeit und sind auf besser gestellte indianische Familien, darunter besonders solche von Händlern und Gewerbetreibenden beschränkt.

Ziegeldächer auf indianischen Gehöften findet man hauptsächlich überall dort, wo ein enges Zusammenwohnen von Indianern und Ladinos besteht und die indianische Lebensweise daher weitgehend bereits ladinisiert worden ist[144]). (Taf. 4, Abb. 8.)

An bestimmten Punkten des Landes haben sich aber noch ursprünglich indianische Hausformen erhalten. Die spitzgiebeligen Stangenhütten der Chuj-Indianer in den Altos Cuchumatanes, die eigentümlichen Rechteckhütten der Tzutuhil am Südufer des Atitlan-Sees mit ihren Steinwänden

[142]) Alonso Crespo, a. a. O.

[143]) Wauchope, 1938.

[144]) Teilweise sind die Ziegeldächer ganz jungen Ursprungs, und ebenso die Adobehäuser, wie z. B. in Cabricán, wo ich 1927 solche bemerkte, die erst 1926 an Stelle von Gras (Pajón-) Hütten mit Strohdach errichtet worden waren.

und dem Pyramidendach, dessen Spitze von einem umgestülpten Tongefäß bedeckt wird[144a]), sind Typen des Eingeborenenhauses, die vorspanischer Herkunft sind.

Im Gegensatz dazu müssen wir als spanisch beeinflußt die Hausform der Ixil-Indianer in den Dörfern Chajul und Cotzal ansprechen. Sie sind mit kalkverputzten Lehmwänden und flachem Walmdach mit Ziegelbedeckung versehen und besitzen den spanischen Korridor. Als isoliert und mir sonst nicht aus Guatemala bekannt muß die Verzierung des Firstbalkens mit holzgeschnitzten Figuren von Menschen und Tieren und anderen stilisierten Darstellungen betrachtet werden. Es sind im Gegensatz zu sonstigen indianischen Häusern geradezu üppige Hausbauten.

Das Xincagebiet von Guazacapán besitzt noch einen besonderen Typ. In dem Eingeborenenviertel dieses bedeutenden Dorfes hat sich eine altertümliche Rechteckhütte erhalten, die von einem hohen Walmdach gekrönt ist. Es springt allseits über die vier Seiten vor, ist aber an der Vorderfront zur Hälfte ihrer Länge soweit vorgezogen, daß ein halber Corredor entsteht, eine Bauweise, die mir von keinem anderen Dorf in Guatemala bekannt geworden ist. Unter diesem Vordach steht der Kochherd und die übliche Kücheneinrichtung. Die Wände sind aus lehmbeworfenen Flechtwerk hergestellt. Die Tür in der Mitte der Vorderwand ist die einzige Öffnung für den Zutritt von Luft und Licht in das Innere der Hütte, das um so dunkler ist, als jedes Gehöft inmitten schattenspendender Bäume liegt. Es ist daher stets angenehm kühl in der Hütte, zumal das Dorf bei einer Meereshöhe von 280 m in einem heißen Tieflandklima liegt. Auf dem sorgfältig geebneten und geglätteten Hofplatz ist gewöhnlich in der Mitte ein halbmannshoher Pfahlrost (barbacoa) errichtet, auf dem Reis zum Trocknen ausgebreitet wird. Niedrige Nebengelasse beherbergen Kleinvieh.

Ist dieser Hüttentyp nun indianischer Herkunft oder enthält er spanische Formen? Allem Anschein nach handelt es sich um eine Mischform, bei der Grundriß und Dach auf indianischen Ursprung zurückzuführen sind, während die Wandkonstruktion aus Lehmwänden und der corredorartige Vorsprung spanischen Vorbildern entnommen sein dürften. Wir werden in dieser Annahme bestärkt durch die Beobachtung, daß noch vereinzelt im Indianerviertel die rechteckige Stangenhütte mit den einfachen Wänden aus Schilf- und Rohrstengeln vorkommt, wie sie für die Tieflandhütte üblich und immer als der bodenständige Haustyp der vorspanischen Küstenbevölkerung anzusehen ist. Andererseits müssen wir

[144a]) Linné, 1938, S. 18—30.

bedenken, daß die bedeutenden Xincadörfer seit langer Zeit auch eine spanische und Mestizenschicht besessen haben, die in Taxisco und Chiquimulilla so stark ist, daß hier das indianische Element nur noch in Resten seine Xincasprache sich erhalten hat. Guazacapán mit seiner starken Xincazahl ist insofern einer größeren indianischen Selbständigkeit günstig gewesen, als das Indianerdorf durch einen Barranco deutlich von der Ladinohälfte abgetrennt ist. So ist es wohl zu erklären, daß dort die Eingeborenen nicht zu einer einfachen Nachahmung des Hausbaues der Ladinos sich bequemten, sondern einen Mischstil aus eigenen und spanischen Formen entwickelten.

Die Kirchenbauten als die Dörfer respräsentierende Schmuckbauten sind in den Gebieten von Mittel- und Südguatemala in ihrer heutigen Gestalt in der Mehrzahl im 18. Jahrhundert errichtet, ein kleinerer Teil geht auf das 17. Jahrhundert zurück. Alle Nachrichten stimmen darin überein, daß noch bis gegen Ende des 16. Jahrhunderts die Kirchen in den Dörfern recht primitiv aus Holz erbaut waren, einfache Rohrwände, allenfalls Lehmbewurf darauf, nur selten Adobemauern besaßen. Verfolgen wir den Bericht über die Visitationsreise des Franziskanermönches Alonso Ponce, der 1585 die Südküste von Guatemala berührte, so findet sich nicht eine Kirche dort aus Steinwerk erwähnt, sondern immer nur aus vergänglichem Material erbaut, ebenso die Wohnungen der Geistlichen als in einem kümmerlichen Zustand befindlich, strohgedeckt, mit zerlöcherten Wänden. Ist einmal eine Kirche aus Adobemauerwerk vorhanden, das mit Kalk innen und außen geweißt ist, so wird das in dem Bericht unterstrichen. Für das Hochland hat Remesal ähnliches überliefert: auch dort dürftige vergängliche Bauwerke, die den Unbilden der Witterung wenig Widerstand leisteten, den Erdbeben aber leicht zum Opfer fielen. Erst gegen Ende des 16. Jahrhunderts kommt im Hoch- und im pazifischen Tiefland der steinerne Kirchenbau auf, der besonderen Wert auf die Fassade mit dem Eingang legt, der auf die Bebenhäufigkeit durch das außerordentlich dicke Mauerwerk und die niedrig gehaltenen Türme Rücksicht nimmt und gegenüber der Ärmlichkeit der vorangegangenen Jahrzehnte nun plötzlich ein künstlerisches Formen- und Stilwerk entstehen läßt, das spanische oder neuspanische Vorbilder nachahmt, aber dabei doch immer zweitrangiger Kolonialstil einer ärmlicheren Kolonie bleibt. Nur in der Hauptstadt Antigua kommt es im Laufe des 17. Jahrhunderts zu prächtigen Kirchenbauten, deren Ruinen noch die Erinnerung an eine strahlende, uns allerdings heute übertrieben anmutende Pracht wachhalten.

Wenn wir in den Hochlanddörfern Kirchen aus jener Zeit noch erhalten finden, zeigen sie überall dort bemerkenswerten künstlerischen Charakter, wo die Ordensgeistlichen stärkere Stützpunkte besaßen. So wird noch heute jeder, der das Dorf Patzúm passiert, gefesselt werden von der schönen Fassade und dem schlichten, ansprechenden Inneren der kleinen, aber massigen Kirche; man bewundert die schönen Fassadenreste der zerstörten Kirche von Panajachel, wird sich der stilvollen Westfront der Kirchenruine von Samayác an der pazifischen Küste erinnern. Diesen gegenüber steht die Menge der schmucklosen Gotteshäuser in den meisten übrigen Dörfern, die oft jeder künstlerischen Bedeutung entbehren. Die moderne Entwicklung der Kirche und die Aufhebung der Orden in Guatemala haben zu einer Verkümmerung des Kirchenbaues geführt, der das Landschaftsbild nicht gerade vorteilhaft verschönt.

Im Überblick, den wir über die historische Entwicklung der Siedlungen in Mittel- und Südguatemala zu geben versucht haben, mußte den dörflichen Siedlungen ein besonderer Vorrang eingeräumt werden. Denn sie sind in der Republik die vorherrschende Siedlungsform. Dabei war dem Reduktionswesen und damit den kirchlichen Einflüssen bei der Gründung und Anlage besondere Aufmerksamkeit zu widmen. Dieses selbst ist einer Sonderuntersuchung wert, die einmal auf das gesamte spanische Amerika auszudehnen wäre.

Nun hat es daneben auch Ortsgründungen von weltlicher Seite gegeben — diejenige von Ciudad Vieja wurde besprochen —, bedauerlicherweise sind wir aber hierüber quellenmäßig höchst unzureichend unterrichtet. Es bedarf zu deren Studium der Einsicht der Archive in Spanien und des Nationalarchivs in Guatemala-Stadt, wozu sich mir keine Gelegenheit geboten hat. Diese weltlichen Gründungen im 16. Jahrhundert scheinen hinter die kirchlichen zurückgetreten zu sein, wenn wir nicht dadurch ein verzerrtes Bild erhalten, daß unsere Quellen fast sämtlich geistlichen Ursprungs sind. Erst mit der verstärkten Macht der Regierung durch die Audiencia und mit dem Rückgang der Mission im 17. Jahrhundert beginnt in unseren Gebieten der weltliche Einfluß im Siedlungswesen stärker hervorzutreten. Er wird der herrschende nach der Unabhängigkeitserklärung des Landes 1821, hat aber das Siedlungsbild nicht wesentlich verändert. Gewiß sind in der Neuzeit Siedlungen eingegangen, stark reduziert worden (etwa Santa Isabel, westlich von Huehuetenango, durch die Grippeepidemie 1918) und wurden neu angelegt. Irgendeine Änderung gegenüber den kolonialen Vorbildern ist nicht eingetreten, ein Beweis, daß diese Siedlungsweise ihre Probe für ihre Geeignetheit in diesem tropischen Lande bestanden hat. Sie hat sich den geographischen Umweltsfaktoren auf das beste angepaßt. Sie brauchte nicht Rücksicht zu nehmen auf militärische Schutz- und Trutzlage, wie es bei den vorspanischen Siedlungen in Guatemala oder in Europa der Fall war (Taf. 1, Abb. 2).

4. Die Siedlungen in der Gegenwart.

Wem die geschichtliche Entwicklung der Siedlungen in Guatemala vertraut ist, der wird beim Bereisen des Landes in der Gegenwart Gestalt und Form, Grundriß und geographische Lage und die sich aus ihr ergebenden Beziehungen zur Landschaft nur wenig verändert finden, wie sie aus Reiseschilderungen des vorigen Jahrhunderts uns entgegentreten. Die wichtigste Ausnahme macht die Landeshauptstadt. Wenn ich selbst einen Vergleich zwischen meinen Beobachtungen von 1925 bis 1929 und 1938/39 ziehe, so drängen sich mir in den berührten Siedlungen nur solche Züge auf, die auf die rapide Verkehrsentwicklung der letzten Jahre und die hiermit verbundene beschleunigte Einführung gegenwartsbedingter technischer Bedürfnisse sich zurückführen lassen. Alle Departamentsstädte und größeren Dörfer sind heute durch Autowege miteinander und indirekt dadurch mit der Hauptstadt verbunden. Schon allein die Technisierung des Überlandverkehrs bedingt technische Betriebe, Garagen, mechanische Kleinbetriebe in den Orten, Tankstationen für die Kraftwagen und anderes mehr, die samt und sonders neuartig sind, in oder am Rande des Ortes liegen und durch ihre Neubauten und amerikanisch aufgezogenen Reklamen im Ortsbild hervorstechen. Dazu treten bei manchen Dörfern die Flugplätze. Hier und da sucht man im Baustil der Häuser sich modernen Flachdachbauten anzupassen, die sich in der Hauptstadt einzubürgern begonnen haben. Größere Orte, durch die auf den wichtigen Überlandstraßen der Durchgangsverkehr geleitet ist, haben die Benutzbarkeit der befahrenen Straßen ganz wesentlich verbessert durch Pflasterung und Zementierung. Chichicastenango ist hierdurch zu einer breiten Zufahrtstraße gekommen, die von Norden in das Dorf führt und sich überall mit ihrer Sauberkeit sehen lassen kann. Hier hat der verstärkte Touristenverkehr bei der Weganlage mitgesprochen. Selbst in manchen Küstenplätzen der Südabdachung, die heute an wichtigen Landstraßen liegen, ist man zu sauberer Pflasterung übergegangen, wie in Mazatenango oder Retalhuleu, und hat damit wenigstens für einige Stellen solcher Siedlungen ein Straßenbild geschaffen, das erheblich von dem früheren abweicht. Freilich wird man dieses selbst noch überall finden, sobald man sich von den beiden Hauptstraßenachsen der Siedlungen entfernt und in die Nebenstraßen begibt.

Der bedeutenderen Siedlungen dieser Art sind aber doch wenige. Die Mehrzahl der Dörfer auf dem platten Lande hat dasselbe Bild bewahrt, wie es vor 10 oder 25 Jahren war, d. h. man findet immer wieder das spanische Patiohaus, das indianische Gehöft mit dem offenen Hofviereck, die einstöckige niedrige Bauweise, die vergitterten Fenster der Straßenfronten und die blendend weißen Hauswände. Eine Beschreibung aus den neunziger Jahren des vorigen Jahrhunderts würde heute noch vollkommen zutreffen. Neuartig sind dagegen die elektrischen Lichtanlagen, die sich in vielen kleineren Dörfern in den letzten Jahren Eingang verschafft haben, so daß man vielfach auch elektrische Straßenbeleuchtung findet. Am meisten jedoch fielen mir unter allen Veränderungen des dörflichen Lebens zwei Einrichtungen auf, das Kino und Radio, die sich innerhalb der letzten zehn Jahre ganz auffallend rasch über Guatemala verbreitet haben. Ich mochte auf der letzten Reise in ein noch so entlegenes Dorf kommen, in dem Ladinos ansässig waren, niemals fehlte mindestens ein Haus, aus dem nicht Töne des Lautsprechers hervordrangen. Er war in den Hochlanddörfern genau so verbreitet wie in den Siedlungen der Küste, wo ich das Radio bis Pazaco hin angetroffen habe. Kinos bestehen jetzt in allen Departamentsstädten, sie fehlen nicht den größeren Dörfern an den Durchgangswegen. Retalhuleu, Mazatenango, Cotzumalhuapa, Chiquimulilla haben ihre Kinos wie die bedeutenderen Hochlandsorte. Sah ich dort noch 1927/28 das Wanderkino, das sich anläßlich der Jahrmärkte und Fiestas produzierte, so ist das Kino dort ortsständig geworden und hat sich eines guten Besuches zu erfreuen. Ist es doch die einzige öffentliche Unterhaltung, abgesehen von den Platzkonzerten des Militärs, die abendlich zur Verfügung stehen. Verbessert hat sich in den letzten Jahren die öffentliche Sauberkeit in den wichtigeren Siedlungen dank der energischen Maßnahmen der gegenwärtigen Regierung. Manche Departamentsstadt hat dadurch ein neues Aussehen erhalten, wie Huehuetenango, Santa Cruz Quiché, Mazatenango, Escuintla u. a. Es darf daher gesagt werden, daß die vergangenen zehn Jahre nur zum Vorteil der Entwicklung der Siedlungen gewesen sind.

Die Republik Guatemala unterscheidet offiziell an Siedlungstypen Ciudades, Villas, Pueblos, Aldeas, Caserios und Wirtschaftsbetriebe wie Fincas (Plantagen), Haciendas (Viehzuchtbetriebe), Labores (am besten zu vergleichen mit Tagewerken) und Salinen. Die Einteilung der städtischen und dörflichen Siedlungen geht auf die Kolonialzeit zurück, wo man einfach zwischen Ciudad, Villa und Lugar unterschied[145]). Letzterer Begriff umfaßte Dörfer, Weiler und alle kleinsten Gemeinwesen. Der Unterschied zwischen „Villa" und „Ciudad" ist ein rein politisch-verwaltungsmäßiger gewesen, der sich nach außen in den Ämtern der Obrigkeiten, in juristischen Befugnissen und in bestimmten persönlichen Rechten des einzelnen Bürgers ausprägte. Ein Unterschied in der Größe und dem Siedlungsbild beider Typen bestand nicht.

Als das Ladinoelement von größerer Bedeutung in sozialer Hinsicht geworden war, wurde es üblich, seine Siedlungen als „Villas" allgemein zu bezeichnen, ohne Rücksicht auf ihre Größe oder rechtlichen Befugnisse, als „Pueblos" aber alle von Indianern bewohnten Orte[146]). Letzterer Beigeschmack dieser Bezeichnung ist noch bis in die Gegenwart im landesüblichen Sprachgebrauch zu bemerken.

Die erstarkende Ladinobevölkerung entwickelte aus sich heraus vom 17. Jahrhundert an den Antrieb zu neuen Ortsgründungen, um sich von den indianischen Siedlungen zu emanzipieren oder im indianerarmen Osten sich zusammenzuschließen. Man handelte dabei auf private Initiative hin, gründete die Siedlungen auf privaten Terrains und brauchte daher nicht den umständlichen Weg über die behördlichen Instanzen bis Madrid zu wählen. So sind Salamá auf privatem Grund und Boden und San Gerónimo östlich davon entstanden, so wurde das Dorf Don García bei Escuintla gegründet, indem Ladinos sich auf dem Land eines höheren Beamten García de Aguilar niederließen (1708). Mit den Orten Cuilapa, Azacualpa und Santa Rosa, mit Chiquimulilla und vielen anderen Orientesiedlungen war es ebenso der Fall. Auch San Marcos, die heutige Hauptstadt des gleichnamigen Departaments, soll auf dieselbe Weise entstanden sein. Noch gegenwärtig prägt sich der Ladinocharakter ihrer Bewohnerschaft im Gegensatz zu den unmittelbar benachbarten indianischen Einwohnern des großen Dorfes San Pedro Sacatepequez aus[147]).

Auf das von uns behandelte Gebiet von Mittel- und Südguatemala entfallen die meisten dieser beiden Siedlungskategorien. Man zählt hier 19 Ciudades, von denen nur zwei, Tecpán und Rabinál, nicht zugleich auch die Departamentshauptstädte sind. Tecpán hat infolge seiner geschichtlichen Bedeutung als Ausgangspunkt der spanischen Kolonisierung (erste Ansiedlung durch Alvarado, frühe Reduktionstätigkeit) den Titel „Ciudad" seit kolonialen Zeiten bewahrt. Rabinál wurde 1894

---

[145]) Leyes de Indias, 1756, Bd. II, fol. 91, I.
[146]) Pelaez, cap. 125 (Bd. III, S. 209—213), wo Näheres zu entnehmen.
[147]) Pelaez, a. a. O. (Bd. III, S. 208—216).

dazu erklärt, worin seine Bedeutung als Siedlungszentrum neben der Departamentshauptstadt Salamá zur Geltung kommt. Ihrer Einwohnerzahl nach ordnen sich die Ciudades in folgender Weise (Zahlen abgerundet):

Guatemala . . .	101 230	
Quezaltenango	18 700	seit 1825 zur Ciudad erhoben
Antigua .	8 000	
Zacapa . .	5 000	
Chiquimula	4 800	
Mazatenango .	4 600	„ 1915 „ „ „
Escuintla .	4 500	„ 1887 „ „ „
Totonicapán	4 300	„ 1829 „ „ „
Jalapa . . .	4 000	
Huehuetenango	3 600	„ 1886 „ „ „
Retalhuleu .	3 400	„ 1892 „ „ „
Amatitlán .	3 300	„ 1835 „ „ „
Sololá . .	3 200	„ 1924 „ „ „
San Marcos . . .	3 200	
Santa Cruz Quiché .	2 800	„ 1924 „ „ „
Tecpán .	2 700	
Jutiapa .	2 700	„ 1921 „ „ „
Salamá .	2 500	„ 1833 „ „ „*)
Rabinál .	2 200	„ 1894 „ „ „

Geographisch wichtig ist die Tatsache, daß diese Ciudades überwiegend im Hochland der gemäßigten und kühlen Höhenstufen liegen, wie aus folgender Tabelle hervorgeht.

Meereshöhen der Ciudades in Mittel- und Südguatemala.

Totonicapán	2540 m	Amatitlán	1200 m
San Marcos .	2500 m	Rabinál	940 m
Quezaltenango .	2380 m	Salamá	930 m
Tecpán	.2260 m	Jutiapa .	930 m
Sololá	2100 m	Chiquimula .	420 m
Santa Cruz Quiché	2000 m	Mazatenango	350 m
Huehuetenango	1900 m	Escuintla	340 m
Antigua .	1480 m	Retalhuleu	240 m
Guatemala	1480 m	Zacapa	220 m
Jalapa	1380 m		

*) Nach Mejia, Geogr. de la Rep. de Guatemala, 1927, S. 309, wurde der Ort 1831 zur Ciudad erhoben. Wir folgen hier der Angabe des offiziellen Zensus 1921.

Klimatisch gehören nur drei, Retalhuleu, Mazatenango und Escuintla, einem feucht-heißen Gebiet mit hohen Regenfällen in den feuchten Jahresperioden an. Zacapa und Chiquimula liegen in Trockengebieten mit hohen Wärmegraden, alle übrigen in den kühleren und kalten Regionen mit tropischem Wechselklima. Leider besitzen wir nur von vier der genannten Städte Regenmessungen: Guatemala 1323 mm, Quezaltenango 671 mm, Antigua 1003 mm und Salamá 764 mm Jahresniederschlag. Mit Ausnahme der drei Tieflandstädte an der pazifischen Abdachung empfangen die übrigen aufgezählten nur mittelmäßige Niederschläge im Jahre.

Den 19 Ciudades stehen in Mittel- und Südguatemala 28 Villas gegenüber. Ihre gestaffelte, abgerundete Einwohnerzahl zeigt folgende Tabelle:

Momostenango	9700	
Patzum . . .	4600	
Chimaltenango	4250	seit 1825 zur Villa erhoben
Patzitzía	4200	
San Pedro Sacatepequez	3500	(Dep. San Marcos)
Salcajá	3200	
San Juan Sacatepequez	2650	seit 1923 zur Villa erhoben
San Martin Jilotepeque	2300	„ 1825 „ „ „
Chiquimulilla .	2300	„ 1825 „ „ „
Cubulco .	2200	„ 1923 „ „ „
Zaragoza	2100	
Samayác . . .	2000	„ 1922 „ „ „
Mataquescuintla .	2000	
San Juan Ostuncalco	2000	
Cuilapa	1800	
San Antonio Suchitepequez .	1800	
Villa Nueva	1750	
San Felipe .	1450	
Cuyotenango	1400	
Gualán .	1350	
Esquipulas . .	1300	
Nueva Santa Rosa .	1200	
Chiantla .	1150	
Quezaltepeque	1150	
Tejutla	1050	
Jocotán . .	900	
Villa Cañales .	750	
La Gomera	700	

Betrachten wir die zahlenmäßige Verteilung der Villas auf die Departamentos, so zeigt sich, daß sie sich vorwiegend in solchen Gebieten finden, in denen das Ladinoelement vorherrschend ist. Als ausgesprochene Indianersiedlung macht nur Momostenango eine Ausnahme davon.

Reihen wir auch diese Villas in eine Liste ihrer Meereshöhen ein, so erhalten wir folgende Tabelle.

Meereshöhen der Villas in Mittel- und Südguatemala.

San Juan Ostuncalco . .	2500 m	Villa Cañales	1250 m
Tejutla	2470 m	Cubulco	1000 m
San Pedro Sacatepequez .	2450 m	Nueva Santa Rosa . . .	960 m
Salcajá	2360 m	Esquipulas	950 m
Patzúm	2170 m	Cuilapa	870 m
Momostenango	2160 m	San Felipe	630 m
Patzitzía	2090 m	Samayác	620 m
Zaragoza	2020 m	Quezaltepeque	620 m
Chiantla	1980 m	Jocotán	450 m
San Juan Sacatepequez, ca.	1900 m	Cuyotenango	340 m
San Martin Jilotepeque .	1800 m	Chiquimulilla	330 m
Chimaltenango	1740 m	San Antonio Suchitepequez	260 m
Mataquescuintla	1600 m	La Gomera	180 m
Villa Nueva	1350 m	Gualán	130 m

Aus unseren Tabellen geht hervor, daß ein Unterschied zwischen den Ciudades und Villas hinsichtlich ihrer Einwohnerzahl nicht besteht. Nehmen wir die drei größten Ciudades Guatemala, Antigua und Quezaltenango als „Städte“ in unserem mitteleuropäischen Sinne aus, so schwankt die Zahl bei den Ciudades zwischen 5000 und 2200 Einwohnern, bei den Villas zwischen 9700 und 700 (Momostenango und La Gomera). Bei Momostenango handelt es sich um ein überwiegend von Indianern besiedeltes Dorf, das eine umfangreiche Ortsgemarkung besitzt, in der die Leute in Streusiedlung ansässig sind. Wenn die verhältnismäßig hohe Einwohnerzahl von Zacapa auffällt, das in einer sehr heißen Umgebung liegt, so erkennen wir hierin die wichtige Verkehrslage der Stadt als Ausfallspforte des sog. „Oriente“ der Republik zur benachbarten Küste des Karibischen Meeres, über die seit der Kolonialzeit der Hauptverkehrsweg von Binnengebieten des Landes zu den Hafenplätzen am Golf von Honduras führte (Izabál, Omoa, Puerto Cortez, heute Puerto Barrios). Wie oben hervorgehoben, ist der einzige Unterschied zwischen den beiden

Stadttypen ein rein politisch-verwaltungsmäßiger. Wirtschaftlich betrachtet erhellt aus dieser Gegenüberstellung und den Einwohnerzahlen, daß diese Siedlungen nur einen beschränkten Wirtschaftsraum besitzen, dessen Potenz, an europäischen Verhältnissen gemessen, schwach gewesen und es auch heute geblieben ist.

Die übrigen ländlichen Siedlungen wie Dörfer, Weiler (Aldeas) und Kleinsiedlungen bieten hinsichtlich ihrer Struktur keine Abweichungen von den bekannten gleichen Typen im übrigen romanischen Amerika der Tropen. Als äußeres Kennzeichen eines Dorfes gilt bei der ländlichen Bevölkerung das Vorhandensein einer Kirche, die den Aldeas fehlt oder durch eine kleine Kapelle ersetzt ist, die nur an bestimmten Tagen des Jahres benutzt wird.

Geographisch erkennen wir darin Unterschiede zwischen Dörfern und den übrigen Kleinsiedlungen, daß erstere an verkehrsgeographisch wichtigen Punkten angelegt worden sind. Aus unseren früheren Darlegungen ist ersichtlich geworden, daß viele davon schon in vorspanischer Zeit diese Verkehrslage erkennen lassen. Es sei hier verwiesen auf die reihenweise Folge von Dörfern in der Längsrichtung der großen Gebirgssenken in Mittelguatemala. So zieht sich eine solche Reihe längs des alten Verkehrsweges von Chiantla über Todos Santos, Jacaltenango nach Nentón und Comitán hin, der schon vorspanisch wichtig war. Die andere Reihe der Chujdörfer in den westlichen Cuchumatanes von Chiantla über San Juan Ixcoy nach Ixtatán und Comitán ist wohl erst in der Kolonialzeit wichtiger geworden. Hierzu senkrecht steht die Reihe der Dörfer am Südabfall der Cuchumatanes, die sich von Chiantla östlich über Aguacatán nach Zacapulas, von da oberhalb des Rio Negro-Tales über Cunén nach Uspantán erstreckt. Zu ihr in Süd-Nord-Richtung steht die Reihe Zacapulas, Nebáj bis Chajúl. In ihrer Verlängerung nach Norden würde sie, dem Tal des Rio Xacbál folgend, eine zweite Verkehrsreihe in das tropische Tiefland des westlichen Petén ergeben haben, wenn jenes Gebiet einst dichter besiedelt gewesen wäre. So erkennen wir in den Dörfern bis Chajúl eine durch die Mission geschaffene Missionsreihe, die an der Grenze der unbesiedelten Bergwälder des mittleren Xacbál haltmachte.

Die Kirche begnügte sich damit, durch ihre Dorfgründungen im Stammesgebiet der Ixil-Indianer festen Fuß gefaßt zu haben. Nachdem die Alta Verpaz mit dem Bistum Cobán gegründet worden war, stand sie verkehrsmäßig mit den politischen und wirtschaftlichen Zentren des Hochlandes über die Baja Verapaz wie noch heute in Verbindung. Daher trat der andere Verkehrsweg aus dem westlichen Hochland über Zacapulas demgegenüber von jeher zurück und gab keine Anreize, hier in spanischer Zeit umfangreichere Dorfgründungen vorzunehmen.

Verfolgen wir den Gebirgsfuß nach Westen, so ist hier etwas Ähnliches zu beobachten. Zwar erstreckt sich dort die breite, tiefe und verkehrsgünstige Senke des Cuilco-Tales weit nach Westen an die heutige mexikanische Grenze. Es fehlen aber die verkehrsanziehenden Punkte in dem folgenden Abschnitt der chiapanekischen Sierra Madre. Vielmehr lagen diese stets im Chiapasgraben und den wichtigen kolonialspanischen Zentren um San Cristobal herum, auf die die naturbedingten günstigen Verkehrswege am Westfuß der Cuchumatanes und allenfalls das Tal des Rio Saleguá leiteten. Da aber letzteres stellenweise Verkehrshindernisse durch seine Felsenengen bietet, trat es gegenüber dem ersteren Wege zurück. So kam es zur Anlage der Dörfer von Chiantla über San Sebastian bis San Pedro Necta, die aber keine besondere Bedeutung erlangt haben.

Deutlich tritt entlang einer geographischen Leitlinie die Siedlungsreihe im Motaguatal hervor. Sie leitet von Morazán über Acasaguastlán, Teculután und Rio Hondo bis Gualán, wo in der Kolonial- und der ersten Zeit nach der Unabhängigkeitserklärung eine freilich beschränkte Flußschiffahrt ihren Anfang nahm. Auch die südliche Talseite ist von einer Dörferreihe besetzt, die aber jüngerer Entstehung zu sein scheint und in der Neuzeit durch die Nordbahnlinie einen Aufschwung erhalten hat. Ihr gegenüber besaß die nördliche Reihe in der Kolonialzeit größere Wichtigkeit, wie die einst bedeutenden Kloster- und Kirchengründungen in San Augustín und San Cristobal Acasaguastlán zeigen.

In Ostguatemala, wo der Kettencharakter der Gebirgszüge nicht mehr so deutlich hervortritt, ist die Aufreihung von Siedlungen weniger häufig zu beobachten. Wir machen aufmerksam auf die wichtige Linie, die sich von Zacapa südwärts das Tal des Rio Chiquimula aufwärts erstreckt und eine ganze Reihe von Dörfern entstehen ließ. Sie lassen sich über Chiquimula und Quetzaltepeque bis Concepción verfolgen, wo diese Verkehrslinie nach Salvador hinüberleitet. Ihre Wichtigkeit ist in der Gegenwart wieder durch die Anlage der Eisenbahnlinie Zacapa—San Salvador hervorgetreten. In Westostlinie finden wir die wichtige Siedlungsreihe von Guatemala-Stadt über Cuilapa, Jutiapa nach Asunción Mita, die in der Neuzeit durch den Hauptverkehrsweg nach Salvador hervorgetreten ist. In der Kolonialzeit lief dieser südlich, ohne daß es an ihm zur Anlage bedeutenderer Plätze gekommen wäre.

Endlich tritt die Reihenordnung von Siedlungen deutlich an der pazifischen Abdachung hervor. Von Retalhuleu im Westen ziehen sich

Dörfer längs des Abfalls der Vulkankette nach Osten bis Escuintla, wobei deutlich wird, wie die bedeutenderen Orte meist an den Stellen entstanden, wo vom Hochland Querwege auf die Küste stießen, so beim Tal des Samalá, des Madre Vieja (vom Atitlán-See her), des von Yepocapa kommenden Rio Pantaleón und des Guacalate, dem der Weg von Antigua nach Escuintla folgte. Wir finden entsprechend die heute durch die Südbahnlinie wieder bedeutend gewordenen Orte San Felipe und Mazatenango, Patulúl, Cotzumalhuapa und Escuintla (Fig. 5, S. 233).

Von dort nach Südosten reihen sich die Küstendörfer entlang dem alten Verkehrsweg durch das Xincagebiet auf, wie Brito, Taxisco, Guazacapán, Chiquimulilla und Pazaco. Nur eine einzige Querverbindung vom Hochland zur Küste ist hier von Bedeutung geworden, die von Cuilapa dem Rio Esclavos folgend auf Chiquimulilla führt, das seine Bedeutung dieser Lage zu verdanken hat.

Die lokalen geographischen Bedingungen spiegeln sich in der Auswahl der Plätze mehrfach gut wieder. In den zerschnittenen Barrancolandschaften des Quiché- und Cakchiquelgebietes liegen die Dörfer auf den sanft gewölbten wasserscheidenden Scheitelpartien der aufgesetzten Lockermassenebenen, in denen die rückschreitende Erosion größere zusammenhängende Stücke der Ebenen noch nicht angegriffen hat. Das tritt besonders deutlich in der die Quellflüsse des Motagua und Rio Negro bergenden Senke des Quiché hervor, wo wir alle bedeutenderen Dörfer an den Ansatzstellen der Barrancos finden (Santa Maria Chiquimula, Chichicastenango, Jocopilas, Chiché, Chinique und Santa Cruz Quiché selbst), wogegen die Motaguarinne selbst wie das obere Rio Negro-Tal siedlungsarm sind und höchstens nur Weiler und Kleinsiedlungen bergen. Das gleiche treffen wir im Cakchiquelgebiet wieder. Hier liegt Tecpán am Kopfende des Barrancosystems, das in die Hauptsammelader des Rio Madre Vieja entwässert, während Patzúm und Patzitzía auf Flächenstücken angelegt wurden, die erst schwach von Seitenbarrancos des Madre Vieja und anderer Küstenzuflüsse angeschnitten worden sind. Am eindrucksvollsten kommt diese Lage bei der Stadt Guatemala zum Vorschein, die auf einem schmalen Reststück der Senkenfüllung des Valle de las Vacas erbaut wurde. Sowohl von Norden vom Flußsystem des Motagua wie von Süden vom Einzugsgebiet des Stillen Ozeans her hat die Erosion sich in tiefen Barrancos bis in das Stadtbild selbst zurückgeschnitten, so daß dessen Ausweitung nach diesen Richtungen, besonders nach Norden gehemmt ist. Ähnlich ist die Lage von San Marcos und San Pedro Sacatepequez in Westguatemala, die auf Restflächen einer leicht nach Osten geneigten Hochfläche errichtet wurden.

Wo sich Stadt- und Dorfanlagen in den wenig zerschnittenen Hochbecken von Westguatemala oder in der Baja Verapaz finden (Quezaltenango, Totonicapán, San Cristobal T., Salcajá, Olintepeque, Ostuncálco, Cantél, Salama, Rabinál, San Gerónimo, Cubulco), hat die Nähe der Flüsse die Lage bestimmt, gegen deren Überschwemmungen man die vorhandenen Terrassen benutzen konnte. Die Terrassenanlage tritt auch sonst in den Gebirgen von Mittelguatemala oft in Erscheinung, wie bei Chiantla, den Dörfern am Westabfall der Cuchumatanes, im Cuilco-Tal und bei vielen Siedlungen im Osten der Republik. Bald ist es die Nieder-, bald die Hochterrasse, die gewählt wurden[148]).

Wo in sedimentären Formationen durchlässige und undurchlässige Schichtkomplexe wechsellagern, hat man die wasserführenden, auf lehmig-tonige Sedimente begrenzten Horizonte zur Anlage der Siedlungen benutzt, die morphologisch zugleich als mehr oder weniger breite Hangschultern herauspräpariert worden sind. Hierfür ist das obere Xacbál-Tal, westlich von Nebáj, ein gutes Beispiel, das von einer als Hangschulter hervortretenden Mergelzone hoch über dem schluchtartigen Flußtal begleitet ist. Die Siedlungen Tzalvál (2000 m) und Salquíl Grande (2330 m) ziehen sich mit ihrer weit ausgebreiteten Streulage auf solchen Schultern hin, die dort 350 bzw. 680 m über dem Talgrund liegen.

Eine besondere geographische Lage kommt einigen dörflichen und Streusiedlungen in den inneren Partien der tief zerfurchten Cuchumatanes zu. Wir bezeichnen sie als Riedellage. Bei der Enge und steilgeböschten Anlage der nach Nordosten sich öffnenden Täler mit einer weithin noch zusammenhängenden Decke von unberührten Urwäldern sind die die Nachbartäler trennenden Riedel das einzig geeignete Gelände zur Anlage von Siedlungen gewesen. Als älteste dieser Art ist das Dorf San Mateo Ixtatán anzusehen, das als Reduktionsdorf von den Mercedariern um die Mitte des 16. Jahrhunderts gegründet wurde. Es ist früher darauf hingewiesen worden (s. S. 128).

In dem Teil der Cuchumatanes, der sich östlich einer Linie Ixtatán—San Juan Ixcoy ausdehnt, handelt es sich um ein in lange Riedel aufgelöstes Gebiet, das erst seit dem Ende des 19. Jahrhunderts von Indianern und Ladinos langsam besiedelt worden ist. Hier hat man sich ebenfalls auf den Riedeln niedergelassen. Die Weilersiedlungen wie San José

148) F. Termer, in: Mitt. Geogr. Ges. Hamburg, Bd. 44, 1936, passim.

de las Flores und Palo Grande bieten gute Beispiele dafür, wie die Siedlungen und Kultivierung des Geländes vor den Höhen der Riedel flankenabwärts gegen die Talsohle vorschreitet. Ein weiteres Beispiel bietet die Streusiedlung Ixabáj, nordöstlich von Palo Grande.

Stoßen wir aber auf alte vorspanische Riedelsiedlungen, die am Rande von Beckenlandschaften liegen, wie es bei den Plätzen im Becken von Rabinál der Fall ist, so bemerken wir, wie die spanische Reduktionssiedlung ihre Anlagen in die Beckensohlen verlegte, in denen ausreichende Flächenstücke und geringe Bewaldung keine Schwierigkeiten boten.

Die Flußlage von Siedlungen tritt nur bei drei Flüssen in Mittel- und Südguatemala hervor, dem Motagua-, Polochic- und Chiquimula-Fluß. Die übrigen größeren fließenden Gewässer sind entweder nach Nordwesten gerichtet, um sich in den heißen, stets siedlungsarm gewesenen Chiapasgraben zu ergießen, führen also verkehrsgeographisch in ein wenig wichtiges Gebiet wechseltrockner Binnenlandschaften, um erst nach langer Laufstrecke in den mexikanischen Golf zu münden; oder es handelt sich wie beim Chixoy um einen nach Norden in das dünn besiedelte Urwaldland strömenden Fluß, dessen südnördliche Laufstrecke in Mittelguatemala durch tiefe Felsenengen führt. Sie haben nur wenig Platz geboten, um am Fluß im warmen Klima der Binnensenken kleinere Hacienden entstehen zu lassen. Sämtliche südlichen Küstenzuflüsse haben niemals Anlaß zu Siedlungsgründungen gegeben, da sie nicht schiffbar sind, fast alle reißende Strömungen besitzen und in den Regenzeiten durch plötzliche Schwellen ihre Ufer übertreten und verwüsten. Berüchtigt sind der Ocositos, Nahualate, Madre Vieja und Guacalate, nicht minder der kleinere Rio Cenizas zwischen Pantaleón und Siquinalá, der bei Schwellen durch seine hohe Transportführung an vulkanischen Sanden und Lockermassen Weide- und Kulturland verheert. Weiter im Osten ist der Aguacapa, im Unterlauf Maria Linda, der gefährlichste, der die Sammelader der Hochlandgebiete von Santa Rosa und Mataquescuintla bildet. Da er bis zum Austritt in das Küstenland in einem tiefen Barranco strömt, ist die Anlage von Siedlungen unmöglich gewesen. Endlich wäre der Esclavos hier anzufügen, der zwar in einem breiten Sohlental durch die Küstenkette bricht, aber kein wirtschaftlich und verkehrsgeographisch wichtiges Hinterland besaß, um größere Siedlungen als Hacienden oder Weiler entstehen zu lassen.

Allen diesen Gewässern tritt der Motagua als Hauptleitlinie nach der atlantischen Küste von Guatemala an Bedeutung gegenüber, die er seit dem 17. Jahrhundert sich erobert hat. Als wichtigste Siedlung, bedingt durch die Flußlage, tritt Zacapa hervor, das als Ausfallspforte der Binnengebiete des „Oriente" an der Mündung des Rio Chiquimula in den Motagua angelegt wurde. Seine Bedeutung erhöhte sich bis in die Gegenwart noch dadurch, daß etwas oberhalb der Rio Copán in den Chiquimula von Osten her mündet, dem abwärts schon immer der Verkehr aus den nordwestlichen Grenzlandschaften von Honduras gefolgt ist. Die vorhandenen direkten Wege von ihnen nordwärts nach dem Motagua sind schwierige Pfade, die die hohen und unwegsamen Waldeinsamkeiten der Sierra del Espíritu Santo übersteigen müssen. In der Neuzeit hat der Unterlauf des Flusses Motagua durch den Bananenanbau eine erhöhte Wichtigkeit erhalten, die ihrerseits eine ganze Reihe von Siedlungen entstehen ließ. Vordem endete die Siedlungsreihe bei dem Weiler Los Amates, von wo der Verkehr nach dem am Izabál-See gelegenen Hafen Izabál leitete. Heute ist er fast zur Bedeutungslosigkeit herabgesunken und dient nur der Verbindung jener kleineren Pflanzungen am Südufer des Sees, die sich um Izabál herum erhalten haben.

Der Polochic ist als Leitader des Verkehrs der Alta Verapaz zur Küste des Golfes von Amatique von hoher Bedeutung, die er seit der wirtschaftlichen Erschließung der Alta Verapaz in der zweiten Hälfte des 19. Jahrhunderts erlangt hat. In der Kolonialzeit hatte die Mission die Bedeutung des nach Osten sich öffnenden Tales wohl erkannt und dort Reduktionsdörfer wie Tamahú und Tucurú angelegt, denen Polochíc und Xocoló gefolgt waren, ohne sich freilich, da flußabwärts in äußerst ungesundem Gebiet gelegen, sich längere Zeit halten zu können[149]). Diese Siedlungsreihe war als Ausgangsbasis für die Christianisierung der östlichen Chol-Indianer gedacht gewesen. Als im 19. Jahrhundert der Fluß

[149]) Ximenez, Lib. V, cap. 9 (ed. 1929, Bd. II, S. 316); Lib. IV, cap. 66 (ed. 1929, Bd. II, S. 203): „Todo lo que toca á aquel rio del Golfo es muy enfermizo como hasta hoy se esperimenta en el Castillo y en los indios que allí cerca se han poblado, como los de Amatique y otros que se han agregado allí que todos se han acabado, ya de invasiones de enemigos, ya de enfermedades y así se acabaron los dos pueblos de Polochic y Xocoló que á no haber sido aquello tan enfermiso para todos por aquella parte se hubiera con mas facilidad conseguido la reduccion de los Choles; pero es todo tan enfermiso originado de la mucha humedad en lugares tan calientes que ni gente alguna ha quedado por aquellos contornos, y aquesa fué la causa de las destrucciones de aquellos pueblos."

San Andres Polochic wurde 1552, Santa Catalina Xocoló 1631 aufgegeben. — Remesal, Lib. X, cap. 6 (ed. 1932, Bd. II, S. 371). — Nach Alonso de Escobar lag Sa. Catalina Xocoló 8 Leguas unterhalb von Tucurú nahe am Polochic. Es soll von englischen Flibustiern zerstört worden sein. Die Lage von Xocoló war schon für denselben Autor nicht mehr feststellbar. Escobar, S. 96.

als Transportweg der Aus- und Einfuhrgüter der Verapaz eine gesteigerte Wichtigkeit erlangte, blühten nicht nur die alten Dörfer Tamahú und Tucurú wieder auf, sondern auch der Flußhafen Panzós und bis dahin den Typ von Weilerorten repräsentierende Siedlungen wie La Tinta und Pancajché wurden zu wichtigen Dörfern, von denen Transportwege teils nach Norden in die Fincazone des Tzalamilá-Gebirges, teils nach Süden in jene am Nordabhang der Sierra de las Minas abzweigten. Die Verapazeisenbahn und die Dampfschiffahrt auf dem Polochic- und Izabal-See haben die Bedeutung dieser Siedlungsreihe noch hervorgehoben, wie es seit 1938 der durchgehende Automobilweg von Cobán über Tactic nach Panzós unterstreicht.

Die Seen von Mittelguatemala haben nur bei zweien siedlungsverdichtend gewirkt, beim Atitlán- und Amatitlán-See. Um sie herum war schon in vorspanischer Zeit eine dichte Indianerbevölkerung heimisch, die am Atitlán-See den Tzutuhiles und Cakchiqueles, am Amatitlán-See den Pokomames angehörte. Als die Mission an dem ersteren Fuß faßte, legte sie den Kranz jener reizvollen Seeorte an, die in ihrer Zwölfzahl sich bis in die Gegenwart erhalten haben und sich in ihrem Grundriß weitgehend dem gebrochenen Gelände der Seeufer oder der Oberfläche alter Lavaströme anpassen mußten. Am Amatitlán-See finden wir nur die westliche Hälfte mit Dörfern besetzt, da die übrigen Uferpartien zu schmale Siedlungsflächen bieten und auch gesundheitlich nicht einwandfrei sind. Die größeren Seen im „Oriente", wie der See von Ayarza und Güija, sind frei von Dörfern geblieben, weil hier schon bei der Missionierung größere Indianermengen fehlten und ihre Ufer bis in die Gegenwart Malariaherde geblieben sind. Dasselbe Schicksal hat der Izabál-See gehabt. Schon zu Anfang des 16. Jahrhunderts, als Cortés als erster Weißer mit seiner Truppe an seinen Ufern weilte, waren sie siedlungsleer und sind es auch weiterhin geblieben. Wenn wir heute einige kleinere Ortschaften finden, wie Izabál, Estór und San Felipe, so handelt es sich um koloniale Gründungen. Bei San Felipe wurde im 17. Jahrhundert das wichtige Fort gegründet, das den Eingang zum See vom Meer her verteidigen sollte und den Schutz des atlantischen Haupthafens Izabál vor den Angriffen der Flibustier zu übernehmen hatte. Dieses selbst ist der Haupthafen der atlantischen Seite bis in die erste Hälfte des 19. Jahrhunderts gewesen. Die Siedlungsarmut der Umgebung des Izabál-Sees ist wohl in allererster Linie den ungesunden Klimabedingungen des tief gelegenen feuchten Urwaldgeländes zuzuschreiben. Da in diesem bisher noch keine Reste vorspanischer Siedlungen der alten Mayabevölkerung bekanntgeworden sind, darf man annehmen, daß das gleiche Bild auch schon Jahrhunderte vor der spanischen Zeit bestanden hat.

Wir müssen endlich den Hafensiedlungen des Landes uns noch zuwenden, die in den Bereich von Mittel- und Südguatemala fallen. Pazifische und atlantische Landeshälfte standen zur Anlage von Häfen zur Verfügung. In der ersten Zeit der spanischen Kolonialepoche war nur ein einziger Platz an der Südküste als Hafen von Wichtigkeit, Iztapa, an der Mündung des Rio Maria Linda. Schon Alvarado hatte diesen Punkt als Hafen ausersehen und ihn zum Stützpunkt seiner Unternehmungen im Pazifik benutzt. Die Schiffahrt auf dem Stillen Ozean war aber in jenen Zeiten spärlich. Sie lief die Küste von Guatemala nur als Zwischenstation auf ihren Routen nach Mexico und Peru an. Die Ausfuhr des Landes war im 16. Jahrhundert schwach entwickelt, zumal das Hauptausfuhrprodukt jener Zeiten an der pazifischen Küstenabdachung der Kakao war, von dem erhebliche Mengen auf dem Landwege über Soconusco nach Mexico geleitet wurden, um von Veracruz ihren Weg über den Ozean nach Spanien anzutreten. Wenn auch Transporte zur See nach Acapulco stattfanden[150]), so waren sie doch untergeordnet im Vergleich mit den ersteren.

Die Frage nach Hafenplätzen an der Südküste war mit dem Augenblick erledigt, als sich Spanien für den Ostasienhandel auf die mexikanisch-philippinische Route festgelegt hatte und damit Acapulco zum Zentralhafen für diesen Verkehr bestimmt worden war. Ferner fiel für Guatemala ungünstig ins Gewicht, daß seine Küste so gut wie keine geschützten Häfen aufzuweisen hatte. Vielmehr waren es offene Reeden, die den damaligen größeren Fahrzeugen, die in unserem Gebiet 300 Tonnen kaum überschritten zu haben scheinen, das Anlaufen nur unter schwierigen Umständen möglich machten. Nicht nur die stets hohe Dünung und die gewaltige Brandung an der Flachküste bargen viele Gefahren, sondern auch der mangelhafte Ankergrund, da die Küste verhältnismäßig nah vom Ufer schon steil abfällt.

Die Schiffahrt der damaligen Zeit versuchte bei dem geringen Tiefgang der Fahrzeuge durch die Flußmündung in die schmalen Lagunen einzufahren, die sich von Iztapa als schmaler Kanal (Canal de Chiquimulilla) weit nach Osten fortsetzen. Da diese an sich flachen Lagunen der Ebbe und Flut unterliegen, mußten die größeren Schiffe bei Niedrigwasser stets auf Grund sitzen. Noch unangenehmer muß das Passieren der flachen Barren am Auslaß zum offenen Meere gewesen sein.

[150]) Pelaez, cap. 27 (Bd. I, S. 198, 199, 201). — Acosta, Lib. IV, cap. 22.

Dazu kamen ungünstige Windverhältnisse. Denn durch die interkollinen Täler der Vulkankette stürzen sich häufig heftige Fallwinde herab, die sich bis auf das Meer hinaus bemerkbar machen. Eine derartige Lücke mit fast ständigen nächtlichen Fallwinden ist die Senke zwischen Pacaya-Vulkan und Gavia-Massiv, in die der Rio Maria Linda seine tiefe Schlucht eingenagt hat. Und diese öffnet sich gerade gegen die Mündung des Flusses hin, an der Iztapa angelegt worden war. Dieser und kommerzielle sowie politische Umstände haben dazu beigetragen, daß schon im 16. Jahrhundert Iztapa als Hafen allmählich seine Bedeutung verlor. Hatte man noch 1538/39 eine Fahrstraße vom Hafen nach Antigua gebaut, in der Hoffnung, hierdurch dem ersteren einen Auftrieb geben zu können, so mußte man doch alsbald die Erfahrung machen, daß die Sandbarren an der Hafenmündung das Einfahren der Schiffe selbst von 150 Tonnen außerordentlich erschwerten. In den sechziger Jahren des 16. Jahrhunderts tauchten daher Projekte auf, durch Verstärkung der Strömungsgeschwindigkeit des Maria Linda die Barre ausräumen zu lassen, wozu man ihn mit einem nah mündenden Nachbarfluß vereinigen wollte. Dann wieder suchte man nach einem anderen Platz, den man etwa 35 bis 40 km östlich entdeckt zu haben glaubte an einer Stelle der Lagunenküste, die „Estero del Salto" hieß. Der Name besteht nicht mehr. Wir vermuten, daß der Platz an der Mündung des Rio Esclavos gelegen hat.

Von der Mitte des 17. Jahrhunderts an büßte Iztapa seine Bedeutung immer mehr ein. Wir hören nichts mehr über irgendwelchen überseeischen Verkehr außer gelegentlichen Fahrzeugen nach Peru und Mexico, der dort stattgehabt hätte. Der Ort blieb eine kleine Ansammlung von Hütten primitiver Bauart. Erst als nach der Unabhängigkeitserklärung das Land dem Handel der Fremden geöffnet wurde, kam Iztapa wieder zu einiger Blüte, wenn auch die Anzahl der fremden Schiffe gering blieb. Am 10. Februar 1824 erhielt der Platz die offizielle Bestätigung als Einfuhrhafen der Republik an der Südküste mit dem Namen „Puerto de Iztapa La Independencia"[151]).

Seit 1830 nahm sein Umschlag an europäischen und nordamerikanischen Waren zu, verringerte sich aber bald wieder infolge der unsicheren innenpolitischen Lage des Landes und seiner kurzsichtigen Zollpolitik gegenüber El Salvador, so daß die Einfuhr ihren Weg über Acajutla und Sonsonate wählte, wo geringere Einfuhrzölle zu leisten waren, um weiter auf direkten

[151]) Haefkens, 1832, S. 81, 336. Der Verfasser des seltenen Werkes konnte damals darauf hinweisen, daß Iztapa außerhalb des Landes noch sehr wenig bekannt war.

Verkehrslinien oder vielfach auf Schmuggelpfaden Guatemala zu erreichen[152]).

1854 wurde Iztapa als Hafen endgültig geschlossen und dafür etwa 10 km weiter westlich ein neuer mit dem Namen „San José de Guatemala" angelegt[153]), der zu den bedeutendsten unter den pazifischen Häfen der Republik geworden ist, dank seiner nahen Lage zur Landeshauptstadt und der direkten Bahnverbindung mit dieser. Damals wurde als besonderer Vorzug betrachtet, daß der Warentransport auf den Maultierkarawanen nicht mehr wie bei Iztapa den Rio Michatoya zu überqueren brauchte. 1868 wurde erstmalig ein eiserner Landungssteg erbaut, um das Entladen von Menschen und Lasten aus den Leichtern bei der hohen Dünung bequemer zu gestalten. Jeder Passagier, der einen der Südhäfen mit offenen Reeden in Mittelamerika kennengelernt hat, wird sich mit mehr oder weniger angenehmen Gefühlen der pendelnden Schwebekörbe oder -stühle erinnern (jaulas), die ihn dort aus dem schaukelnden Leichter auf den Steg in kühnem Aufschwung gebracht haben.

In der jüngsten Zeit hat San José durch schmucke, moderne Bauten der staatlichen Verwaltungszweige und Hotels in seinem Äußeren gewonnen, zumal auch das Badeleben einen Aufschwung durch Anlage der vorzüglichen neuen Automobilstraße nach Guatemala-Stadt zu verzeichnen hat.

Die übrigen pazifischen Häfen Guatemalas sind jüngeren Datums und verdanken ihre Bedeutung der wirtschaftlichen Entwicklung des Westens der Republik.

Ocós, das nach der Grenzregulierung zwischen Guatemala und Mexico an ersteren Staat gefallen war, wurde 1884 offiziell zum Hafen proklamiert, 1887 mit einem eisernen Landungssteg ausgestattet und 1896 bis 1899 durch eine Bahnlinie über Ayutla mit Vado Ancho verbunden, von wo die Binnenverkehrswege in die Plantagenzone des Chuvá und Cholhuitz führten. Durch das Erdbeben vom April 1902 wurde Ocós so stark in Mitleidenschaft gezogen, daß es seitdem als Hafen so gut wie aufgegeben worden ist, zumal eine submarine Bodenhebung den Ankergrund verschlechterte.

Champerico, das 1861 zum Haupthafen des Westens erklärt und zum Ausfallstor der Kaffeeausfuhr der Zone der Costa Cuca bestimmt worden war, hat seine Stellung bis heute behauptet. Seine Bahnverbindung mit Retalhuleu, die 1882 eingerichtet wurde, ist ihm bis zur Gegenwart zustatten gekommen. Daneben wurde unter den Präsidenten Orellana und

---

[152]) Hamburg. Konsulatsberichte, 1846.

[153]) Hamburg. Konsulatsberichte, 1854.

Chacón 1925 bis 1927 eine Automobilstraße nach Retalhuleu gebaut, die aber, nach meinem letzten Besuch im Jahre 1938 zu urteilen, im Warentransport gegen die Konkurrenz der Bahn nicht hat aufkommen können.

Die geographische Lage der drei pazifischen Häfen ist die gleiche. Alle liegen auf einem schmalen Strandwall zwischen dem offenen Meer und einem Lagunengürtel, der von dichtem Mangrovenwald begleitet ist. Bei Champerico stehen vulkanische Tuffe an, die stellenweise mit einem 3 m hohen Kliff zum Meer abfallen, Ocós und San José liegen auf dem dunklen vulkanischen Dünensand.

Das äußere Bild der beiden letztgenannten weicht in nichts von dem kleiner Küstendörfer ab, wie man sie mit ihren halboffenen Hütten aus Stangen mit dem Giebeldach aus Kokospalmblättern oder Schilf überall findet. Am eisernen Landungssteg, der wegen der hohen Dünung auf mächtigen hohen Eisenpfeilern ruht, liegen die offiziellen Gebäude der Hafenbehörden, die Bahnstation und größere, aus Holzplanken errichtete Lagerschuppen einiger Handelsfirmen. San José dagegen hat in der jüngsten Zeit ein moderneres Aussehen erhalten, besitzt stattliche Regierungsgebäude, und unterstreicht damit den Anspruch, heute der Haupthafen der Republik an der Südseeküste zu sein. Die Entwicklung seines Fremdenverkehrs und Hotelwesens hängt aber auch damit zusammen, daß nach Eröffnung der sehr guten Automobilstraße nach Escuintla und Guatemala-Stadt der Ort zu Wochenendausflügen häufiger als früher aufgesucht wird und sich hierdurch ein regelrechtes Badeleben entwickelt hat. Die Einwohnerzahlen (San José: 1486; Champerico: 631; Ocós: 278) unterstreichen den Vorrang des ersten Hafenortes. I z t a p a dagegen ist zu einem Weiler (Aldea) herabgesunken, der 420 Einwohner zählt. Wenn er in den letzten Jahren wieder öfter in der Öffentlichkeit des Landes genannt wird, so verdankt er diese Erwähnung seiner Lage am Westende jenes lang sich hinziehenden Lagunenstreifens, der sich bis an die Mündung des Rio Esclavos erstreckend als Canal de Chiquimulilla bekannt ist. Er bietet wegen seiner hohen landschaftlichen Reize ein immer mehr in Aufnahme gekommenes Ausflugsziel von Turisten, die die Fahrt in Booten bei Iztapa beginnen. 1938 hat man leider sich bereit gefunden, zwecks Intensivierung und Erleichterung des Fremdenverkehrs (Aufnahme dieser Route in die nordamerikanischen Gesellschaftsfahrten) den „Kanal" von allen Wasserpflanzen und Schlinggewächsen zu säubern, um seine Befahrung mit Motorbooten zu ermöglichen. Man hat damit dem Landschaftsbild manche Reize geraubt, die gerade in der üppigen wilden Pflanzenwelt zu finden waren, jene geheimnisvolle Stille der trägen

Wasserrinnen mit ihren wuchernden Sumpfgewächsen, die sich vielfach verästelnd zwischen den hohen Mangrovendickichten ihren Weg suchen. Eine offizielle Erklärung dieses Teiles der Südküste als Naturschutzgebiet, wie es vor etwa zwölf Jahren mit den Ufern des Rio Dulce geschehen ist, würde heute noch rechtzeitig genug kommen, um die unwiderbringliche Zerstörung eines eigenartigen Landschaftsgebietes von Guatemala zu verhindern.

Im Lande werden gelegentlich noch einige Punkte als Häfen an der Südküste genannt, wie Los Esclavos (Mündung des gleichnamigen Flusses), San Jerónimo und Tecojate im Departamento Escuintla an der Mündung des Coyolate, ferner San Luis an der Mündung des Samalá und Ixtán an derjenigen des Rio Bolas, dicht östlich von Champerico. Bei allen diesen handelt es sich um kleine, unbedeutende Weiler, deren Bootsverkehr sich auf Einbäume beschränkt zum Transport von Salz, das in Salinen der Küste gewonnen wird. Um das Jahr 1929 wurde der Name eines Fleckens Tiquisate an der Mündung des Madre Vieja in Zusammenhang mit der Erweiterung des Bananenanbaus an der pazifischen Küste oft genannt. Man plante, dort einen modernen Hafen auszubauen, um die Frucht direkt nach den pazifischen Häfen der nordamerikanischen Union zu verfrachten. Infolge der hohen Anlagekosten bei dem ungünstigen Gelände ist der Plan aufgegeben worden (s. S. 215).

An dem Gestade des Golfes von Amatique auf der atlantischen Seite der Republik standen von Natur vier Küstenpunkte zur Hafenanlage zur Verfügung, von denen aus das Hinterland leicht zu erreichen war: die Senke von Sula im Grenzraum von Honduras und Guatemala, die Bucht von Amatique mit der Mündung des Motagua, die Mündung des Rio Dulce und diejenige des Rio Sarstoon. Für die praktische Auswertung fiel der letztere fort, da sein Binnengebiet ein ganz dünn besiedeltes Urwaldgelände ist, aus dem keine Handelsgüter in nennenswertem Ausmaß abtransportiert werden konnten, bis der Bananenanbau seit etwa 1920 an den Ufern des unteren Sarstoon Fuß faßte. Seitdem gab es einen belebteren Bootsverkehr auf dem Fluß mit flachgehenden Motorbooten und Lanchas. Da aber eine sehr flache Sandbarre vor der Mündung des Flusses sich erstreckt, die selbst kleinen Fahrzeugen mit geringem Tiefgang die Einfahrt erschwert — saß doch das kleine Motorboot, mit dem ich im April 1939 in den Sarstoon einfuhr, bei Ebbe einmal auf dieser Barre fest —, so mußten die Bananenladungen nach Livingston gebracht werden, um dort erst auf die Überseedampfer umgeladen zu werden. Mit dem Rückgang des Bananenbaus am Sarstoon (s. S. 214) hat die Mündung dieses Grenzflusses zu

Britisch-Honduras jede Hafenbedeutung wieder verloren. Da Guatemala mit Recht seine territorialen Ansprüche gegenüber Großbritannien weiter nordwärts bis an den Rio Sibún geltend macht, wäre nicht ausgeschlossen, daß durch gesteigerte Holzausbeute in dem reichen Waldgelände zwischen Sibún und Sarstoon einer der beiden Flüsse verkehrsgeographisch wieder von einiger Bedeutung werden könnte.

Geschichtlich betrachtet sind die Hafensiedlungen jener Küstenzone einem wechselvollen Schicksal unterworfen gewesen. Zuerst nutzte man nur die Plätze der Niederung von Sula aus, wo sich schon zu Zeiten von Cortés die ersten Hafensiedlungen nachweisen lassen, Puerto Caballos und Omoa. Von ihnen führte der Verkehr durch das westliche Honduras nach Guatemala weiter, ein umständlicher und langwieriger wie beschwerlicher Weg. Infolge der Seeräuberplage an den karibischen Küsten seit der Mitte des 16. Jahrhunderts wurde die Frage des Weiterbestehens von Omoa und Puerto Caballos spruchreif. Der anfangs lebhaftere Handel mit Spanien mied immer mehr die Gefahren, die ihm durch Seeraub im Golf von Honduras mit seinen Schlupfwinkeln drohten; er zog es vor, seine Transporte von Havanna nach Veracruz zu leiten. Schon 1538 erhielt Guatemala seine Einfuhrwaren aus dem Mutterlande zur Hälfte über den mexikanischen Golf, zur anderen über Honduras. Der Schiffsverkehr nach den Hondurashäfen nahm ab. Hatte sich von der Mitte des 16. Jahrhunderts an die Regel herausgebildet, daß die für Guatemala bestimmten Fahrzeuge von Spanien mit der Veracruzflotte bis Westindien gemeinsam segelten, um sich an der Isla de Pinos südlich von Cuba von ihr zu trennen und direkt nach Omoa bzw. Puerto Caballos zu fahren, so kamen hierfür doch in der Praxis alljährlich nur wenige Schiffe in Betracht. Das Mutterland befestigte von 1541 bis 1544 zwar Havanna, Veracruz und Nombre de Dios auf der Panamaenge, aber der Schutz der Hondurashäfen blieb aus.

So entstand in Guatemala der Gedanke, sich einen vor feindlichen Belästigungen besser geschützten Punkt auszusuchen. Man ersah sich hierfür den Izabal-See aus, der durch den Engpaß des Rio Dulce mit der offenen Bucht von Amatique in Verbindung steht. Schon 1560 wird von einem Verkehrsweg von Guatemala nach Izabal gesprochen. Von Wichtigkeit ist aber der Rio Dulce-Hafen erst vom 17. Jahrhundert an geworden, als trotz der Befestigung von Omoa die feindlichen Störungen des Schiffsverkehrs immer weiteren Umfang annahmen. So entstand um 1600 herum der Plan, einen neuen, besser gesicherten Hafen anzulegen. 1604 besichtigte eine Kommission von Antigua aus unter der technischen Beratung des Piloten Francisco Navarro das Mündungsgebiet des Motagua, wo etwas landeinwärts ein kleiner Flecken Amatique lag, bewohnt von den letzten Resten eines Indianerstammes der Tequegua oder Toquegua. In dessen Nähe wurde 1613 der Hafen Santo Tomas de Castilla gegründet, an dem sich mehrere Spanier niederließen.

Wenn wir den Angaben des Remesal Glauben schenken dürfen, der selbst 1613 in Amatique sich aufhielt, so könnte der Hafen entweder an der Mündung des Motagua oder Rio San Francisco del Mar gelegen haben, war jedenfalls nicht identisch mit dem heutigen Santo Tomas[154]). Denn es heißt, daß man 3 Leguas einen am Hafen mündenden Fluß aufwärts fahrend an das Dorf Amatique gelangt wäre. Für die Motaguamündung scheint mir der Umstand zu sprechen, daß man den Binnenweg zunächst in Richtung der Sierra del Espiritu Santo suchte („montañas que salen para Esquipulas y Chiquimula"). Hätte der Hafen in der Bucht von Puerto Barrios gelegen, so wäre damit ein sehr schwieriger Flußübergang über den Motagua verbunden gewesen, was gleichermaßen bei einer Lage am Rio San Francisco der Fall gewesen wäre. Außerdem aber gibt es bei dem heutigen Puerto Barrios oder Santo Tomas keinen für Bootsverkehr zugänglichen Fluß, den man 3 Leguas (= 12 km) hinauf befahren könnte. Hierfür kämen in erster Linie der Motagua, dann vielleicht auch der San Francisco in Betracht. Am wahrscheinlichsten ist mir, daß wir das ursprüngliche Santo Tomas an der Graciosa-Bucht anzunehmen haben, wo durch den „Canal de los Ingleses", den San Francisco und alte Mündungsarme des Motagua ein zusammenhängender Wasserweg zum Motagua vorhanden gewesen sein könnte.

Gleich zu Anfang erschwerte den Aufschwung des Hafens das Problem des Verkehrs mit dem Binnenlande. Wenn man auch versuchte, den

[154]) Remesal, Lib. XI, cap. 20, 1 (ed. 1932, Bd. II, S. 583). — Ximenez, Lib. II, cap. 5 (ed. 1929, Bd. II, S. 20/21), bringt zum Teil wörtlich die betr. Stelle aus Remesal, erweitert sie aber in manchen Punkten. So ergänzt er die Mitteilung über den Binnenweg durch dessen genauere geographische Festlegung. Man kann sich fragen, ob Ximenez, der fast 100 Jahre später als Remesal schrieb, sich in dieser geographischen Angabe nicht geirrt haben kann. Ich halte sie aber für glaubhaft. Sie lautet:

„Este camino era para las montañas que salen para Esquipulas y Chiquimula y salió muy fragoso y de muchas montañas, en que aqueste Presidente Don Alonso Criado de Castilla gastó mucha hacienda Real y se malogró todo como yo he visto en papeles del archivo de la Ciudad de Guatemala."

Gerade der Hinweis auf die Akteneinsichtnahme erhöht nur die Glaubwürdigkeit des Ximenez.

Landweg am Motagua aufwärts, dann östlich über die Sierra del Espíritu Santo nach den östlichen Gebieten des Landes anzulegen, um von dort nach der Hauptstadt zu gelangen, so ergaben sich schon anfangs infolge mangelhafter Weideplätze für die Saumtiere in dem unbesiedelten, stark gebrochenen Urwaldgebirge so große Schwierigkeiten, daß man wieder auf den Weg von Guatemala zum Izabal-See zurückkam.

Um dem mit großem Enthusiasmus gegründeten Hafen von Santo Tomás aber zu helfen, verfiel man auf den Ausweg, eine Landverbindung zwischen Santo Tomás und einer Niederlassung am Rio Dulce namens Rancho Quemado herzustellen, der 3 Leguas (= ca. 12 km) von der Mündung entfernt lag. Jeder, der Gelegenheit gehabt hat, das nördliche Urwaldland vor dem Cerro San Gil kennenzulernen, wird zugeben, daß nur die Unkenntnis des unbesiedelten Gebietes damals ein solches Wegeprojekt hatte aufkommen lassen. Nach ein paar vergeblichen Versuchen, mit Maultiertrupps durch die Wälder hindurchzukommen, mußte der Plan wieder aufgegeben werden. Statt dessen behalf man sich dadurch, daß die in Santo Tomas gelandeten Waren auf kleine, flachgehende Fahrzeuge umgeladen und auf ihnen den Rio Dulce aufwärts nach Izabal gebracht wurden, wo der Landweg nach Guatemala offen war. 1647 wurde ein schwaches Fort am Ausfluß des Rio Dulce aus dem Izabal-See angelegt, um Einfälle der Flibustier parieren zu können. Es hieß Fuerte de Bustamante, wurde 1651 verstärkt und nach dem Urheber seines Ausbaues, dem Oidor Lara Mongrovejo, in San Felipe de Lara umgetauft. Es muß eine recht primitive Niederlassung gewesen sein, die von ein paar Kanonen geschützt wurde, nichts weiter als ein paar armselige Stangenhütten, über die Kokospalmen geragt haben werden, wie sie noch in der Gegenwart die Reste dieses malerischen Winkels in einer der anmutigsten Tropenlandschaften Guatemalas überschatten.

Der Hafen selbst hieß „Bodegas del Golfo“ und lag am Südufer des Izabál-Sees, etwa 12 km östlich des heutigen Izabál. Die ungesunde Umgebung führte 1804 zu seiner Verlegung weiter westlich, nach I z a b á l, das in der Gegenwart ohne jede Bedeutung ist (1921: 121 Bewohner).

So ergibt sich für die spanische Kolonialzeit die Lösung des Hafenproblems an der atlantischen Küste durch die endgültige Festlegung auf einen Binnenhafen mit Rücksicht auf das Seeraubwesen des 16. und 17. Jahrhunderts. Erst im 19. Jahrhundert mit der Sicherheit und Zunahme des Überseehandels nach Nordamerika und Europa und mit der Vergrößerung des Tiefganges der Schiffe ist es zur Anlage der heutigen Küstenhäfen gekommen.

S a n t o T o m á s tauchte in den dreißiger Jahren des vorigen Jahrhunderts mit den trügerischen Plänen zur Anlage einer belgischen Kolonie wieder auf, die in dem innersten Winkel der Amatique-Bucht errichtet wurde. Sie nahm bald ein unrühmliches Ende. Was heute als Santo Tomás besteht, ist ein kleiner Flecken von ein paar Holzhäusern und Golfplätzen der United Fruit Co., der sich eng an die steil aufstrebenden Kalkfelsen des San Gil-Gebirges anschmiegt. Als Hafen hat Santo Tomas in der Folgezeit nur eine unwesentliche Rolle gespielt, weil der größte Teil des Überseehandels die pazifischen Häfen von Guatemala aufsuchte, die in kürzerer Entfernung von den Produktions- und Absatzgebieten des Binnenlandes lagen. Die Alta Verapaz hatte damals noch nicht die Bedeutung als Ausfuhrgebiet erhalten, die sie erst in der zweiten Hälfte des Jahrhunderts erlangte.

Der Aufschwung der atlantischen Häfen Guatemalas hängt zusammen mit der Initiative des Präsidenten Justo Rufino Barrios zum Bau der Nordbahnlinie von Guatemala nach der Amatiquebucht, dem durch deutsche Energie unternommenen Bau der Verapazbahn und der Modernisierung des Flußverkehrs auf dem Polochic- und dem Izabál-See. So entwickelt sich P u e r t o B a r r i o s aus ein paar Hütten in sumpfigem Gelände zu einer Siedlung, belebt von Technikern und Arbeitern des Bahnbaus (s. S. 243). Als Haupthafen aber ist es erst unter dem Präsidenten Manuel Cabrera im ersten Dezennium unseres Jahrhunderts entwickelt worden, als die Nordbahn bis zur Hauptstadt fertiggestellt war und der Bananenanbau im unteren Motaguatal sich zu einer hohen wirtschaftlichen Blüte entfaltet hatte. Heute sind moderne Kaianlagen, Lagerschuppen, Geschäfts- und Verwaltungshäuser erstanden, die als Kern einer städtischen Siedlung gewertet werden können. Scharf heben sie sich ab von den primitiven Holzbaracken der farbigen Mischlinge, die in ihrer wachsenden Ausbreitung die verkehrsmäßige und wirtschaftliche Bedeutung des Hafens kennzeichnen. Mit seinen 2190 Einwohnern ist Puerto Barrios gegenwärtig die bedeutendste Hafensiedlung des Landes, die zugleich seit 1920 zur Hauptstadt des Departaments Izabál erklärt worden ist. Der Nachteil der Ortsanlage gegenüber Santo Tomás ist die unmittelbare Nähe von Sümpfen, die früher gesundheitliche Gefahren für die Bewohner und den Fremdenverkehr besaßen. Durch radikale hygienische Maßnahmen wie Verölung der Sümpfe ist diese Gefahr aber jetzt weitgehend beseitigt worden.

L i v i n g s t o n, der zweitwichtigste atlantische Hafen der Republik, ist ein Karibendorf, anmutig auf einer Terrasse am Eingang des Rio Dulce gelegen. Es soll erst 1802 durch einen Haitineger gegründet worden sein, erhielt aber seine karibische Bewohnerschaft 1832, womit die Kleinsiedlung zu einem Dorf erweitert wurde. Der Nachteil des Hafens ist die Sandbarre vor der Mündung des Rio Dulce, die nur kleinen Fahrzeugen das Einlaufen ermöglicht. Daher ist Livingston als Umschlagshafen zu bezeichnen, in dem seewärts gehende Ausfuhrprodukte der Verapaz von Leichtern in die auf der Reede ankernden Seeschiffe verladen werden. Die binnenwärts gehenden Einfuhrmengen sind nicht erheblich im Vergleich zu Puerto Barrios. Siedlungsmäßig muß Livingston als Dorf bezeichnet werden, das aber mit 2124 Einwohnern kaum hinter Puerto Barrios zurücksteht. Die Kariben geben dem Siedlungsbild, aus dem sich nur ganz wenige moderne Wohnhäuser europäischer Vertreter abheben, sein Gepräge. Verwaltungsmäßig tritt der Ort dadurch hervor, daß er Grenzüberwachungszentrale des Sarstoongebietes und Überwachungspunkt des Schmuggelhandels mit Britisch-Honduras ist.

Kapitel III.

Die Wirtschaft.

Die Aufgabe der folgenden Ausführungen soll die Behandlung einiger Fragen sein, die sich aus den geographischen Bedingtheiten und den geschichtlichen Veränderungen der wirtschaftlichen Ausnutzung der zentralen und südlichen Gebiete der Republik Guatemala ergeben. Dabei muß, um die Ausführungen zu beschränken, die Kenntnis über den Kulturzustand der Eingeborenen in der vorkolumbischen Zeit und ihre Wirtschaftsformen vorausgesetzt werden. Es sei zur Einführung in diesen Stoff auf die Arbeiten von K. Sapper, H. Spinden und E. Thompson verwiesen. Auch das Studium der Arbeit von W. McBride sei empfohlen[155]. Haben die Eingeborenen mehrfach Anreize zur wissenschaftlichen Beschäftigung hinsichtlich ihrer Wirtschaft gegeben, die sich auch in anderen iberoamerikanischen Ländern, wie in Mexico und den andinen Staaten Südamerikas, beobachten läßt, so bestehen noch um so größere Lücken über unsere Kenntnis der wirtschaftlichen Zustände in den Jahrhunderten der spanischen Kolonialherrschaft. Sie haben in Mittelamerika und gerade in unseren Gebieten bisher kaum eine eingehendere Behandlung erfahren. Bedenkt man, wie sehr jene Zeitläufte der Aufprägung iberischer Eigenarten auf das wirtschaftliche und soziale Gefüge der Kultur

[155]) vgl. Literaturverzeichnis.

der Eingeborenen ihren Einfluß bis auf die Gegenwart ausgeübt haben, so möchte man nur wünschen, daß sie in stärkerem Maße Gegenstand wissenschaftlicher Untersuchungen werden möchten.

1. Die wirtschaftlichen Zustände in der vorspanischen Zeit.

Die Wirtschaftsweise der indianischen Hochlandbevölkerung von Guatemala hielt sich völlig im Rahmen des großen Kulturbezirkes der alten Kulturvölker, die sich in Mexico und im nördlichen Mittelamerika aus einfachen bäuerlichen Kulturen zu Hochkulturen emporgearbeitet hatten. Ein Zeitraum langer Entwicklung kann als sicher angenommen werden, zumal nach dem heutigen Stande unserer Kenntnis die Wahrscheinlichkeit dafür spricht, daß in den Gebieten von Südmexico oder Mittelguatemala die Grundlage des indianischen Feldbaus durch Züchtung des Maises aus Wildformen stattgefunden hat. Die Annahme geht davon aus, daß das Teosintegras (Euchlaena luxurians) die Wildform der späteren Kulturpflanze gewesen ist. Wenn sie nun jüngst in den offenen Landschaften von Ostguatemala im Departament Jutiapa und im westlichen Vorgelände der Altos Cuchumatanes bei Huista in größeren Beständen aufgefunden wurde, so bieten diese lokalen Vorkommen jedoch noch keine genügende Voraussetzung, um zu behaupten, daß tatsächlich im Hochlande von Guatemala die Kultur des Maises ihren Ursprung besessen hätte. Erst müssen noch entsprechende Beobachtungen und Untersuchungen aus Chiapas und aus den südlichen Gebieten des mittelamerikanischen Isthmus, aus Honduras und Nicaragua vorliegen, um einen engeren Entstehungsbezirk aussondern zu können. Jedenfalls muß die Maiskultur zu einer Zeit entstanden sein, als eine kulturell einheitliche primitive Bevölkerung vom mexikanischen Hochland bis weit nach Mittelamerika südwärts die Hochländer in Besitz hatte, die wir anstatt der immer noch verwendeten Bezeichnung „Cultura arcaica" besser die „primitive Grundkultur" benennen sollten. Ihr werden wir auch schon die Nutzung der übrigen Nahrungspflanzen der Indianer zuschreiben dürfen, wie Bohnen und Kürbisse, des Chilepfeffers und aller anderen Gewächse, deren Aufzählung im einzelnen hier nicht erfolgen soll[156]). Die Technik des Landbaus ist in unseren Gebieten die gleiche gewesen, wie sie K. Sapper mehrfach beschrieben hat. Der Pflanzstockbau herrschte überall in den Gebirgen wie in den Senken der breiten Täler des Landes. Werkzeuge anderer Art, wie das alt-

[156]) K. Sapper, Geogr. u. Gesch. d. indian. Landwirtschaft, 1936.

mexikanische „Coa", waren nicht nach Mittelamerika vorgedrungen. Schwieriger zu entscheiden ist die Frage, ob auch im Hochlande von Guatemala künstliche Bewässerung der Felder bekannt war. Wir möchten sie verneinen, da keinerlei Anhaltspunkte weder archäologischer Art noch der frühen historischen Überlieferung für Bewässerung vorhanden sind. In den abgeschlossenen niederschlagsarmen Becken der zentralen Gebirge wie bei Sajcabajá, Rabinál oder Salamá, die eine einst dichte vorspanische Besiedlung aufzuweisen hatten, lassen sich nirgends Reste nachweisen, die als Bewässerungsanlage gedeutet werden könnten. Man ist versucht anzunehmen, daß die Mayavölker nicht die künstliche Bewässerung gekannt haben. Im pazifischen Tiefland dagegen herrschen, wie unten ausgeführt ist, andere Verhältnisse, also in einer Region, in der nachweisbar mexikanische Stämme sich niedergelassen hatten. Wenn man dem entgegenhalten wollte, daß die Indianer gegenwärtig etwa bei Aguacatán oder Panajachél die künstliche Bewässerung ausüben, so ist darauf hinzuweisen, daß es sich hier um Gartenkulturen europäischer Pflanzen handelt, die schon durch ihre unmittelbare Nachbarschaft einst wichtiger Klosterniederlassungen diese Technik als spanischen Ursprungs erkennen lassen.

Der Feldbau der Indianer war extensiv. Er benötigte ausreichende Rodungsflächen und mußte mangels jeder Düngung etwa zwei- bis dreimal benutzte Felder einer mehrjährigen Brache überlassen. Nach heutigen Verhältnissen aus den Hochlandgebieten zu urteilen, dürften diese fünf bis sechs Jahre betragen haben. Die Feldbestellung war der Gemengebau, d. h. auf ein und demselben Feld säte man verschiedene Pflanzen aus, wie noch heute Mais, Bohnen und Kürbisse. Die beschränkte Ausdehnung der Feldstücke, der Fluren, mag hierzu Anlaß gewesen sein. Daß große, zusammenhängende Felderflächen vorhanden gewesen wären, ist kaum anzunehmen, zumal die Siedlungsweise mit ihren verstreuten Wohnplätzen eine fleckenhafte Feldverteilung im Gelände begünstigte. Wir haben noch in der Gegenwart ganz ähnliche Zustände in den gebirgigen Umrandungen der Hochbeckenlandschaften, in denen die Indianer in Streusiedlung sitzen. Um die einzelnen Gehöfte liegen die Maisfelder, die an steileren Hängen terrassiert sind (Taf. 1, Abb. 1). Vereinzelte Bäume hat die rodende Axt verschont, die wie Landmarken sich aus den Feldern erheben. Meist stehen in der Nähe der Hütte ein oder zwei Handblumenbäume (Chiranthodendrum sp.), die in der Quichésprache „k'anak" genannt werden, deren Blätter zum Einwickeln der aus Maismehl zubereiteten Tamales dienen, mit denen sich aber auch abergläubische Vorstellungen verbinden. Dazu kommen etliche Agaven, in den tieferen Tälern mit ihrem wärmeren Klima mancherlei Fruchtbäume, wie Jocotes, Aguacates und Mangos. Die Entfernungen von den Behausungen zur Feldstätte waren im allgemeinen im Hochland nicht übermäßig weit, so daß sie täglich zurückgelegt werden konnten, anders als im tropischen Tiefland von Nordguatemala oder etwa in Yucatan, wo der Zwang zu schnellerer Feldverlegung die Entfernungen erheblich weiter werden ließ, so daß in den Zeiten der Saat und Ernte Notbehausungen bei den Feldern zu vorübergehendem Aufenthalt errichtet werden mußten. Auch heute bestehen dieselben Verhältnisse in jenen Gebieten. Über die Arbeitszeit der Indianer auf den Feldern in der vorspanischen Zeit besitzen wir keine Hinweise. Urteilen wir nach den modernen Verhältnissen, so wird sie die Tagesstunden von Sonnenaufgang bis kurz vor Sonnenuntergang umfaßt haben mit einer Mittagspause in der Zeit zwischen 11 bis 1 Uhr[157]). Zeitmesser in den frühen Morgenstunden wird schon damals wie noch heute das Kreuz des Südens gewesen sein. Ist es doch bei vielen Indianern des Hochlandes und der pazifischen Abdachung noch Sitte, sich von ihrem Lager zu erheben, wenn das Gestirn aus seiner senkrechten Lage sich nach Westen zu neigen beginnt. „Ya cae la Cruz!" ist der Ausruf, wenn man sich zur Tagesarbeit erhebt, was gegen 4 Uhr früh der Fall zu sein pflegt. Bei Übernachtungen in Indianerhütten, etwa im Cakchiquelgebiet von San Martín Jilotepeque und Mixco Viejo, konnte ich mehrfach diese Sitte beobachten. Die gesamte Familie erhebt sich, die Frauen machen sich an die Zubereitung der Tortillas als Frühmahlzeit und Tagesproviant für die Männer. Diese richten ihre Feldbaugeräte her und ziehen zwischen 5 und 6 Uhr, je nach der Entfernung der Felder, zur Arbeit aus, begleitet von ihren halbwüchsigen Söhnen und den Hunden. Wer im Besitz einer Flinte ist, nimmt sie mit, um bei Gelegenheit Kleinwild oder Vögel zu erlegen, so wie man einst wohl Pfeil und Bogen mit aufs Feld nahm. Sind fischreiche Bäche oder Flüsse in der Nähe, versucht man in der Mittagspause oder in den Spätnachmittagsstunden ein paar Fische im Netz zu fangen. Mit Sonnenuntergang ist die Familie wieder beisammen in der Hütte, um nach gemeinsam genossenem Mahle gegen 8 Uhr sich zur Nachtruhe niederzulegen.

In den wechseltrocknen Hochländern erfordert die Beseitigung des Unkrautes nach dem Emporsprießen der Saat nicht die bedeutende Arbeit wie in den Tiefländern mit ihrem dauernd feuchten Klima. So bleibt Zeit zur Ausübung häuslicher Kleingewerbe übrig. Mehr Feldarbeit ist nötig,

[157]) Die tägliche Arbeitszeit der Indianer in den Reduktionen in Nordmexico betrug 7 Stunden. — F. W. Blackmar, 1890, S. 38.

wenn man nach Höherwerden der Feldfrucht zum Häufeln des Maises schreitet („el calzar del mais"), das vorgenommen wird, um den Maisstauden einen größeren Widerstand gegen Winde zu geben. Zeitweise erfordert das Auftreten von Heuschrecken erhöhte Wachsamkeit auf den Feldern, um die Tiere durch Lärm aufzuscheuchen und zu vertreiben. Daß diese Plage auch die hohen Lagen nicht verschont, habe ich mehrfach kennengelernt. So traf ich Schwärme bis über 2000 m Meereshöhe im Quichégebiet und in der Baja Verapaz an. Nähert sich der Mais seiner Reife, so wird die Arbeit des Abknickens der Kolben („el doblar del mais") notwendig, das den Zweck verfolgt, das Aufsteigen von zu viel Feuchtigkeit in die Kolben zu verhüten und diese besser ausreifen zu lassen. Beginnt die Ernte, so wird die Arbeitszeit oft ohne Pause den ganzen Tag über fortgeführt und alle verfügbare Arbeitskraft eingesetzt.

Dürfen wir annehmen, daß sich aus diesen gegenwärtigen Verhältnissen analoge für die vorspanische Zeit voraussetzen lassen, so wird es mit den Saat- und Erntezeiten sich ebenso verhalten haben. Sie liegen in unseren Gebieten innerhalb kleiner, lokal umgrenzter Bezirke zu recht unterschiedlichen Zeiten. Das gebrochene Relief des Gebirgslandes, die tieferen Senken innerhalb der Kettenzüge, die abgeriegelten Becken und die Tiefländer bedingen infolge ihrer klimatischen Abweichungen voneinander namentlich hinsichtlich Temperatur- und Niederschlagsverteilung nicht nur die jeweilige Anordnung der Saat- und Erntezeiten, sondern auch die Ein- oder Mehrzahl der jährlichen Feldbestellungen.

Eine Übersicht über die innerhalb des Jahres verteilten Saat- und Erntezeiten in Mittel- und Südguatemala gibt die umstehende Tabelle, in der 37 Ortschaften oder Siedlungen ihrer Höhenlage nach eingestuft worden sind. Sie greift über den Rahmen unseres speziell behandelten Gebietes insofern hinaus, als sie auch einige Daten über die Alta Verapaz, aus den Altos Cuchumatanes in Nordwestguatemala und aus dem benachbarten zentralen Chiapas bringt, die während meiner Reisen gesammelt werden konnten (s. S. 166 f.).

Aus dieser Übersicht geht hervor, wie die Reifeperiode des Maises sich von drei bis vier Monaten in den feuchtwarmen Tiefländern bis zu zehn Monaten und darüber in den kühlen Hochländern verlängert. Sie zeigt ferner, wie günstig sich in den tropischen Gebirgen das stark gebrochene Relief für den Feldbau gestaltet insofern, als sich in den Flußtälern mit ihrem geschützten wärmeren Klima eine zweite Feldbestellung als Ergänzung zu den kühleren, dicht benachbarten hohen Lagen ermöglichen läßt (vgl. Tectitán und das zwei Reitstunden entfernte Tal des Rio Agua caliente oder San José de las Flores und das zwei Marschstunden entfernte

Tal des Nojchacóm). In den kühlen Hochlandgebieten hängt von der Exposition der Felder zu den Winden auf den Hochflächen viel ab, ebenso auch von der Lage in flachen Bodenwannen, in denen sich in der kühleren Jahreshälfte der Trockenzeit Temperaturumkehr mit Gefriertemperaturen einstellt, z. B. bei Quezaltenango und San Martín Sacatepequez. In den Tiefländern der atlantischen Abdachung spricht sich die Wärme im Verein mit der hohen Feuchtigkeit (kein Monat des Jahres ohne Niederschlag!) in der Tatsache aus, daß man vielfach drei Aussaaten vornehmen kann. In den tiefen Lagen der pazifischen Abdachung aber macht sich die niederschlagsarme Jahresperiode von Dezember bis Anfang April darin bemerkbar, daß nur zwei Saaten vorgenommen werden. Nur von wenigen begünstigten Punkten ist mir bekannt geworden, daß drei Saaten ausgebracht werden. Sie haben als Ausnahmen zu gelten.

Halten wir uns vor Augen, daß dieselben Naturbedingungen von jeher in unseren Gebieten vorhanden waren, so werden auch die Feldbestellungen von der vorspanischen Bevölkerung in demselben unterschiedlichen Rhythmus vorgenommen worden sein, wie ihn die Indianer noch in der Gegenwart pflegen. Die starken Unterschiede machen es dann auch erklärlich, daß in den altindianischen Kalendern, die vollkommen auf den landwirtschaftlichen Jahreszeiten aufgebaut waren, mancherlei Differenzen sich zeigen. Ihr Studium bedarf daher genauerer Kenntnisse der kleinräumigen Stammesgebiete hinsichtlich ihrer landwirtschaftlichen Rhythmen!

Wie schon oben angedeutet, ist die Technik des indianischen Feldbaus in Guatemala überall die gleiche gewesen, die sich als des einzigen bodenaufbereitenden Werkzeuges des Pflanzstocks bediente. Wir verweisen hierüber auf die Arbeiten von K. S a p p e r , der die einzelnen Formen der Pflanzstöcke genauer beschrieben hat. In Mittel- und Südguatemala ist heute für diese der spanische Ausdruck „Macana" gebräuchlich. Im Kekchí der Alta Verapaz wird das Wort „aukleb" verwendet, zusammengesetzt aus der Wurzel „auk" = „pflanzen" und „leb" (bzw. lab) = „stechen". Oft wird auch erweitert „auk-leb-ché" = „pflanzen + stechen + Stock" gesagt. In der Alta Verapaz benutzt man für die Pflanzstöcke meist das Holz der Acté-Palme. In den Altos des westlichen Quiché bei Momostenango und Santa Cruz Quiché verwenden die Indianer dafür Kiefernholz und auch das Holz des Madrón, einer Erikazeenart.

In die mit dem Pflanzstock gemachten Löcher werden mehrere Maiskörner gemeinsam geworfen. Bei den Kekchí sind es gewöhnlich sieben, im Mamgebiet von Westguatemala und in den Altos Cuchumatanes sah ich die Leute fünf Körner in jedes Loch säen.

Tabelle der Saat- und Erntezeiten in Mittel- und Südguatemala.

Ort	Departamento	Meereshöhe	Saat	Ernte
1. Champerico	Retalhuleu	5 m	I. September II. Mai	I. Januar II. August
2. S. Humberto, Rio Dulce	Izabal	10 m	I. Mitte Mai bis Anfang Juni II. November III. Mitte Februar bis Ende März	I. September bis Oktober II. Februar III. Ende April bis Anfang Mai
3. Chejel, Rio Grijalva	Chiapas	ca. 600 m	I. 25.—31. Mai II. August III. 31. Oktober	I. August II. Oktober III. Dezember
4. Chulác	Alta Verapaz	630 m	I. Dezember II. März III. 20.—25. April	I. Mai bis Juni II. August III. September
5. La Taña, Zona Reina	Quiché	700 m	I. 22. Dezember II. 10. April	I. Mai II. Ende August bis Anfang September
6. La Asunción	Escuintla	750 m	Februar	Juli
7. Santa Sofia	Escuintla	750 m	1.—15. März	August
8. El Cimarrón (Sierra de Chuacús)	Baja Verapaz	900 m	Mai	August
9. El Chol (Sierra de Chuacús)	Baja Verapaz	980 m	Mai und Juni	August und Dezember
10. Cuilco	Huehuetenango	1190 m	I. März II. Mai	I. Juli II. September
11. S. Antonio Huista	Huehuetenango	1180 m	Mai	November bis Dezember
12. Palo Grande (Altos Cuchumatanes)	Huehuetenango	1200 m	Januar	Mai
13. Yepocapa	Chimaltenango	1380 m	Februar bis März	November bis Dezember
14. Zacualpa	Quiché	1490 m	I. März II. Mai	I. September II. Dezember bis Januar
15. Tzanjuyú	Sololá	1500 m	Mai	November
16. S. Lucas Tolimán	Sololá	1510 m	Januar	August

19. Chimaltenango	Chimaltenango	1840 m	Mai	Dezember bis Januar
20. S. Martín Cuchumatán	Huehuetenango	1860 m	Februar	a) im Dorf: Oktober b) auf den Höhen: bei ca. 2500 m: November
21. Chiché	Quiché	1980 m	Mai	Dezember
22. S. Juan Ixcoy (Altos Cuchumatanes)	Huehuetenango	2140 m	15. März bis 25. April	November bis Dezember
23. Momostenango	Totonicapán	2190 m	Mai	September
24. Altos bei Momostenango	Totonicapán	2400 m	Januar	Dezember
25. Tectitán	Huehuetenango	2230 m	Mai	Februar
26. La Vega-Tectitán (Rio Agua caliente)	Huehuetenango	1150 m	Juni	November
27. Soloma (Altos Cuchumatanes)	Huehuetenango	2240 m	März bis April	Dezember
28. El Qetztál (Altos Cuchumatanes)	Huehuetenango	2305 m	15. Februar bis 15. März	September bis Oktober
29. Olintepeque	Quezaltenango	2370 m	1.—15. März	Oktober
30. Quezaltenango	Quezaltenango	2380 m	15. März	Oktober
31. S. José de las Flores (Altos Cuchumatanes)	Huehuetenango	2400 m	April	Dezember bis Januar
32. Rio Nojchacóm bei S. José de las Flores	Huehuetenango	2130 m	Februar	August
33. S. Martín Sacatepequez (früher Chileverde)	Quezaltenango	2460 m	April	Dezember
34. S. Mateo Ixtatán (Altos Cuchumatanes)	Huehuetenango	2560 m	15.—25. Februar	November
35. Santa Eulalia (Altos Cuchumatanes)	Huehuetenango	2590 m	25. Februar bis 15. März	Dezember bis Januar
36. Cabricán	Quezaltenango	2580 m	20.—23. April	November bis Dezember
37. Tuichán	San Marcos	2840 m	März	November bis Dezember

Die geernteten Kolben werden in Tragnetzen von den Feldern zu den Hütten gebracht und mit Rücksicht auf Ratten und anderes Ungeziefer in den Dachböden oder Dachsparren verwahrt. Maisspeicher, wie sie in Mexico seit altersher üblich sind, kommen in Guatemala nicht vor. Ebensowenig finden sich flache Steinscheiben an den Stützpfosten von Aufbewahrungsstellen, wie sie aus vielen Gebieten bekannt sind. Das Entkörnen der Kolben nimmt die Familie vor jedesmaligem Gebrauch erst vor, wobei meist mit der Hand die Körner aus den Kolben gepreßt werden. Manchmal schlägt man auch mit Holzknüppeln auf die Kolben.

Von der hohen Wichtigkeit des Maisbaues und seiner weit zurückliegenden Kultivierung legt das reiche Vokabular der einzelnen mit dem Maisbau zusammenhängenden Begriffe Zeugnis ab, die teilweise in den verschiedenen Mayasprachen erheblich voneinander abweichen[158]). Daß natürlich der Mais im Kult und in der Religion einst eine große Rolle gespielt hat, bedarf keines weiteren Hinweises.

Wenn also der Maisbau die Grundlage der Ernährung und Wirtschaft der Indianer von Guatemala immer gewesen ist, so interessiert die Frage, welche Mengen dieser Frucht zum Lebensunterhalt notwendig waren. Auch hier liegt es nahe, wieder von der Gegenwart aus Rückschlüsse auf die Vergangenheit zu ziehen. Dabei müssen wir aber bedenken, daß sich in der Gegenwart die wirtschaftlichen Verhältnisse der Eingeborenen erheblich gegen die vorspanische Zeit verändert haben. Die Zerschlagung der alten sozialen Ordnungen durch die spanische Kolonialpolitik, die Landnahme durch die Weißen und die abhängige Stellung des Indianers und der indianischen Gemeinden haben das ehemalige Wirtschaftssystem erschüttert. Zweifellos sind die wirtschaftlichen Grundlagen des Feldbaus, die in stärkstem Ausmaß von der sozialen Gliederung der altindianischen Gemeinschaften in günstigem Sinne beeinflußt waren, früher wesentlich vorteilhaftere für den Unterhalt der Eingeborenen gewesen als in der spanischen Zeit und in der Gegenwart. Wir dürfen in der Einschränkung der Nährfläche durch die Landnahme der Europäer und die Auflösung der agrarsozialen Verfassung der vorkolumbischen Zeit die wesentlichsten Gründe für den Rückgang der Nährfläche sehen. Wenn daher einzelne Beispiele im folgenden gebracht werden, die die gegenwärtigen Zustände beleuchten, so haben sie für den Zeitraum vor der spanischen Eroberung nur einen beschränkten Wert. Damals müssen die Verhältnisse wesentlich günstiger gelegen haben.

---

[158]) K. Sapper, D. nördl. Mittelamerika, 1897, S. 417/418.

Welche Nährfläche steht heute der einzelnen indianischen Familie zur Verfügung? Sie ist in Mittelamerika recht unterschiedlich und richtet sich nach dem Gelände, ob Gebirge oder Hochebene und Talsenke; nach der geologischen Zusammensetzung der Böden; nach der Meereshöhe (kalte, unwirtliche Hochflächen der Cuchumatanes und der Sierra Madre in San Marcos); nach der Terraingröße der dörflichen Gemeinwesen und der Siedlungsdichte; nach dem Vorhandensein schwach besiedelter, unerschöpfter Neulandgebiete; nach der Bevölkerungsdichte und schließlich nach der Zahl der Mischlingsbevölkerung und ihrem Anteil an Grund und Boden. Man sieht hieraus die Momente in Erscheinung treten, die sich erst in der spanischen Zeit entwickelt haben.

Hierzu tritt noch eine weitere Schwierigkeit der Flächenbestimmung, die sich aus der Größe der im Lande üblichen Flächenmaße ergibt. Unter der indianischen Landbevölkerung und den Mestizen sind zwar die offiziellen Maße der „Manzana" und „Cuerda" für die landwirtschaftlich genutzten Flächen im Gebrauch, aber ihre Ausdehnung wechselt nicht nur lokal, sondern auch individuell. So ergeben sich im landläufigen Gebrauch dieser Maße Differenzen, etwa zwischen der Verapaz und Nordwestguatemala und wiederum zur pazifischen Küstenzone, wo man innerhalb der Kaffeeplantagen andere Maßstäbe anlegt. Eine genaue Festlegung dieser Differenzen ist kaum möglich, wenn man nicht zur exakten Ausmessung der betreffenden Terrains schreiten wollte. Und eine solche ist schon bei den kleineren Grundbesitzern aus der Ladinoschicht mit großen Schwierigkeiten verbunden, um wieviel mehr erst bei den noch stärker mißtrauenden Indianern, die jede Vermessung ihrer Felder durch einen Fremden nur unter dem Gesichtspunkt ihrer persönlichen Eigentumsschädigung betrachten würden. Man ist daher auf die mündlichen Mitteilungen angewiesen, wie es auch in unserem Falle gewesen ist. Um nun eine Vergleichsbasis zu erhalten, sind bei den folgenden Beispielen die im heutigen offiziellen Vermessungswesen der Republik gültigen Größen eingesetzt worden[159]). Mögen sie in den einzelnen Fällen über oder unter den

---

[159]) Als solche gelten:

1 caballería	64 manzanas = 44.72 ha
1 manzana	10 000 Quadratvaras
1 vara	0.836 m
1 cuerda	1600 Quadratvaras
1 caballería	400 cuerdas.

In den Kaffeeplantagen Guatemalas wird gewöhnlich die Caballería zu 1000 cuerdas angesetzt, was damit zusammenhängt, daß man den Pflanzungsjeweils lokal gültigen Größen bleiben, so erhalten wir doch hiermit einen lehrreichen Überblick. Es sei darauf hingewiesen, daß der Indianer sein Land nicht vermißt in unserem Sinne, sondern abschreitet oder abschätzt, und als Grenzpunkte irgendwelche Geländemarken, wie Hügel, Kuppen oder Bäume bzw. Baumgruppen, nimmt.

Ein Gebiet, in dem heute noch verhältnismäßig dünn besiedeltes Land vorhanden ist unter vorteilhaften Anbaubedingungen, sind Teile der Alta Verapaz. In dem Waldgebiet nördlich des Rio Dulce besitzt eine indianische Familie von durchschnittlich vier bis fünf Köpfen 8.4 bis 10.5 ha Maisfelder (milpas), d. h. 12 bis 15 Manzanas. Davon kann jeweils ein Stück von einer Manzana oder 0.7 ha abgezogen werden, das durch Nachlässigkeit oder Zufall beim Abbrennen des Waldes verloren geht. Wie oben gezeigt wurde, besteht in diesem Gebiet die Möglichkeit einer zweifachen Saat und Ernte, bisweilen auch einer dreifachen.

Wenden wir uns in die Hochländer des Westens, so finden wir verhältnismäßig geringe Unterschiede in den Feldergrößen, die sich mehr nach der sozialen Stellung der Inhaber abstufen. In der breiten Senke des Quiché in ca. 1900 bis 2000 m Meereshöhe besitzt eine Familie durchschnittlich 5 bis 6 ha oder 50 bis 60 cuerdas Maisfelder für das Jahr. Bei Todos Santos in ca. 2400 bis 2500 m Meereshöhe braucht eine minderbemittelte Familie 2 bis 3 ha Feldfläche oder 20 bis 30 cuerdas; eine bessergestellte hat 6 bis 9 ha oder 60 bis 80 cuerdas zu eigen. Bei Chaculá (1300 bis 1400 m ü. M.) am Nordwestabfall des Cuchumatanes, wo ärmliche Familien hausen, beträgt die Fläche nur 1.7 ha oder 15 cuerdas. Man rechnet dort eine Familie zu durchschnittlich vier Köpfen. Der Maisertrag der Felder wird noch nach der vorspanischen, aus dem Aztekischen entlehnten bzw. auf dem indianischen Vigesimalsystem beruhenden Bezeichnung durch das „tzontli" errechnet, wobei 1 tzontli = 400 Maiskolben entspricht. Der Jahresbedarf beziffert sich hier auf 8 tzontli (hispanisiert „Tzontes"), d. h. auf 3200 Maiskolben, so daß als durchschnittlicher Tagesbedarf für die Familie acht bis neun Maiskolben bleiben. Das ist eine geringe Menge und zeigt die Armut jener dem Chuj-Stamme angehörenden Leute, die dort seit langer Zeit auf Grund und Boden spanischen

arbeitern je 24 oder 25 Quadratvaras bei den Arbeiten zur Reinigung der Kaffeehaine von Unkraut zuweist. Hier besteht auch der Brauch, die Cuerda nach Brazadas zu je 2 Varas zu berechnen. Der Wert dieser Cuerdas wechselt zwischen 12, 13, 14 und 20 Brazadas. Diese Differenzen erklären sich aus der Schwierigkeit des Geländes für die Feldarbeiten. (Nach freundlicher Mitteilung der Firma Nottebohm & Co. in Hamburg.)

Encomiendabesitzes bzw. modernen Haciendaeigentums hausen. Da jenes Gebiet mit seiner verkarsteten Hügellandschaft vornehmlich für Viehzucht in den letzten Jahrhunderten benutzt worden ist, muß mit einer Abnahme der Nährfläche für die Eingeborenen gerechnet werden. Daß sie in vorspanischer Zeit erheblich ausgedehnter und ergiebiger gewesen ist, beweisen die zahlreichen Ruinen und anderen Spuren einer einst dichteren Besiedlung, deren Bedarf an Feldländereien größer als bei der geringen Eingeborenenbevölkerung der Gegenwart anzunehmen ist.

Noch ungünstiger liegen die Verhältnisse in den dicht bevölkerten Gemeinden der Altos Cuchumatanes, die sich sämtlich aus Chuj-Indianern zusammensetzen, also Dörfer wie San Juan Ixcoy, Soloma, Santa Eulalia, San Mateo Ixtatán, San Sebastián Coatán, San Juán Atitán, Santa Barbara u. a. sowie die vielen Weiler in den höheren Lagen, in denen weder Zuckerrohr noch Kaffee gedeihen (San José de las Flores, Paiconób u. a.). Dort rechnet man für die minderbemittelten Familien einen Milpabesitz von durchschnittlich 140 qm, die einen Ernteertrag von rund vier Zentner Mais ergeben. Diese Menge reicht für zwei Erwachsene und zwei bis vier Kinder für etwa zwei Monate aus. Um durchzukommen, bleibt nichts anderes übrig, als entweder zusätzlichen Mais zu kaufen oder als Ergänzungsfrucht Weizen zu säen, was in den Monaten Oktober bis Dezember geschieht. Der Weizenertrag erreicht pro 35 qm Anbaufläche etwa 70 Pfund. Die Größe dieser Weizenfelder schwankt je nach der Vermögenslage der Leute. Aus diesen Umständen heraus wird erklärlich, weshalb gerade jene Hochlanddörfer so viele Wanderarbeiter für die Kaffeeplantagen der pazifischen Abdachung stellen, wo die Leute gleichzeitig ihre Verpflegungsrationen an Mais erhalten.

Lehrreich ist im Vergleich hierzu die Nährfläche und der Ernteertrag bei den Mayaindianern des nördlichen Yucatan im tropischen Tiefland, dessen Studium wir den sorgfältigen Untersuchungen von Robert Redfield und Alfonso Villa R. verdanken[160]. Bei dem Dorf Chan Kom beträgt die Feldfläche rund 2000 qm mit einem durchschnittlichen Maisertrag von 40 bis 80 Zentner im Jahr, wobei zu beachten ist, daß man dort zwei Saaten und Ernten vorzunehmen pflegt. Die Zwangslage, zusätzlich Maismengen zu erwerben, entfällt dort, so daß die Tieflandbevölkerung wesentlich vor jener der kühlen Hochländer begünstigt erscheint.

---

[160]) Redfield-Villa, 1934, S. 52/53.

Tabelle der durchschnittlichen Anbauflächen in Mittelguatemala.

Östliche Alta Verapaz . .	835—1050 qm	
Quichégebiet (bei Chiché) .	1740—1750 qm	
Todos Santos . . .	700—1050 qm	bzw. 2100—2800 qm
Chaculá	500— 550 qm	
Altos Cuchumatanes . .	150— 200 qm	
Dazu im Vergleich:		
Nordyukatan .	2000 qm und darüber.	

Es bleibt noch zu berücksichtigen, daß die Ernteerträge von jeher gewissen Schwankungen in einzelnen Jahren unterworfen waren, wie es auch heute der Fall ist. Die Aufeinanderfolge von Jahren mit größeren oder geringeren Mengen von Niederschlägen wirkte sich ebenso aus wie die vorzeitige oder verspätete Eintrittszeit der Regenfälle in den feuchten Jahresperioden. Dazu kamen Jahre mit Insektenplagen, besonders mit Heuschreckeneinfällen, die die Ernten auf ein Mindestmaß einschränken konnten. Wie sehr die Indianer der vorspanischen Zeit von diesen Zufällen beeindruckt waren, erhellt aus den religiösen und kultischen Gebräuchen, die ihren Niederschlag in den Bilderhandschriften gefunden haben. So wie etwa im Codex Borgia aus dem altmexikanischen Gebiet uns eine Tabelle der erntebegünstigenden und -schädigenden Jahre erhalten ist, bringt die Handschrift des Codex Tro-Cortés aus dem Mayagebiet lange Abschnitte über Heuschrecken, wobei wir in den früher oft für Bienen gehaltenen Tieren jene für den Feldbau in unseren Gegenden bedeutsamen Insekten sehen.

Die Landesnatur Mittelamerikas hat nun dem Menschen für die Erschwerung seines Feldbaus gleichzeitig einen heilsamen Ausgleich geschenkt, der in der günstigen Anordnung tropischer Hoch- und Tiefländer gegeben war. Ihn haben die Indianer schon seit langen Zeiten erkannt, so daß die Hochlandstämme die Tiefländer als Ergänzungsgebiete ihrer Nährflächen benutzt haben. Sie drangen sowohl vom zentralen Hochland nach Norden in die tieferen Lagen von Nordguatemala vor wie auch in die pazifische Niederung des Südens und pflanzten dort ihren Mais, dessen Erträge ins Hochland hinaufgebracht wurden. Seit wann sie für die Hochlandstämme von Wichtigkeit geworden sind, ist nicht mehr genauer zu ermitteln. Daß es nach der pazifischen Abdachung nicht sehr lange vor der spanischen Eroberung der Fall gewesen ist, läßt sich daraus entnehmen, daß die Tendenz der Quiché- und Cakchiquelstämme, sich an der pazifischen Küste festzusetzen, etwa in das 15. Jahrhundert fallen dürfte.

Denn vordem war jene Gegend von mexikanischen Nauastämmen besiedelt, die langsam sich weiter nach Südosten gegen Salvador und Nicaragua vorschoben. Vom Hochland her drängten die Quiché und Cakchiquel nach, die sich an der Costa Cuca, dem Abschnitt zwischen Rio Nil und Rio Naranjo bis ans Meer, an der Boca Costa, zwischen Rio Madre Vieja und Rio Guacalate, bis in eine Höhenzone von etwa 500 m abwärts vorgeschoben hatten. Dort fanden sie genügend Terrain zur Rodung und Anlage von Feldländereien und konnten zusätzlich zur Brotfrucht noch allerlei tropische Pflanzen sich nutzbar machen, worunter der Kakao eine besondere Rolle gespielt hat. Geschichtliche Erinnerungen an diese Ausbreitung schimmern noch in den wenigen erhaltenen eingeborenen Traditionen hindurch, wie sie der „Título de los señores de Totonicapán" oder die „Cakchiquel-Annalen" bringen. Entsprechend der geringen geschichtlichen Tiefe indianischer Überlieferungen können wir annehmen, daß jene Vorgänge nicht eben lange vor dem Einbruch der Spanier in Guatemala stattgefunden haben.

In der neueren Zeit ist durch die Abwandlung der wirtschaftlichen Verhältnisse auch hierin eine Änderung eingetreten, zumal das pazifische Gebiet eine der Hauptplantagenzonen geworden ist. Um so mehr aber durchragen die alten Verhältnisse die Neuzeit noch in der Alta Verapaz, wo bis in die Gegenwart hinein die Kekchí-Indianer die Sitte haben, Maisländereien als Ergänzungsgebiete im Tiefland der nördlichen Verapaz und im südlichen Petén anzulegen, so daß Knappheit an Mais selbst in ungünstigen Jahren nicht so stark in Erscheinung tritt als in den zentralen Hochländern.

Fassen wir alle überlieferten und aus den heutigen Verhältnissen auf die vorspanische Zeit analog anzuwendenden Beobachtungen zusammen, so ergibt sich schon für jene Epoche ein kompliziertes Bild der indianischen Wirtschaft, das auf eine lange Entwicklung schließen läßt und der Tüchtigkeit der indianischen Völker ein hervorragendes Zeugnis ausstellt. Es zeigt sich aber auch, daß die auf dem Feldbau beruhende Ernährungswirtschaft damals wesentlich günstiger für die Eingeborenen gewesen sein dürfte, als sie in der Folge unter der kolonialen Herrschaft der Weißen wurde. Dieser Epoche wollen wir nunmehr unsere Aufmerksamkeit zuwenden.

2. Die koloniale Epoche.

Das Menschenalter zwischen der Entdeckung Westindiens und der Eroberung Guatemalas hatte genügt, daß die Weißen den kühnen Versuch einer Verschmelzung alt- und neuweltlicher Wirtschaftsformen auf den

Westindischen Inseln in vergrößertem Umfang auf dem Festlande in Angriff nahmen. Es waren vor allem die alten Kulturreiche in Mittel- und Südamerika, in denen dieser Prozeß vorangetrieben wurde, während in den Küstengebieten des Karibischen Meeres, sei es in Mittelamerika oder in Darien, Santa Marta und Cumana, von einem zukünftige Erfolge garantierenden Wirtschaftsaufbau nicht gesprochen werden konnte. Vielmehr herrschte dort Ausbeutung schlimmster Art an Edelmetallen, Perlen und Menschenware, bei der die Ausbeuter selbst Hungers starben oder dem mörderischen Klima, den Giftpfeilen der Eingeborenen und dem eigenen Henker erlagen.

In Mittelamerika begann dieser Wirtschaftsprozeß von Süden und von Norden sich auf der Landbrücke einzuführen, fast zur gleichen Zeit in den zwanziger Jahren des 16. Jahrhunderts, wobei Panama und Mexico die Ausgangszentren waren. In der Folgezeit haben sich die Verbindungen zu Neuspanien, namentlich von seiten des heutigen Guatemala, enger gestaltet, sind aber bis nach Nicaragua hinein nachweisbar. Dagegen tritt Costa Rica in nähere Verbindung zu Panama, dessen wirtschaftliche Bedeutung noch lange auf seiner Lage zu Peru beruht hat.

In Guatemala begann die Einführung der europäischen Wirtschaftsformen seit etwa 1530 bemerkbar zu werden. Mittelguatemala im Bereich der Hochlandgebiete der Quiché, Cakchiquel und Pokomam wurde zuerst hiervon betroffen. Die Wirtschaft der Fremden war hier eine reine Agrarwirtschaft, die für den Eigenbedarf der Kolonie produzierte, höchstens Produkte der Viehzucht in Nachbargebiete abgab. Der Versuch, Minenbetriebe in größerem Ausmaß zu eröffnen, schlug fehl. Guatemala ist auch in den frühen Zeiten der spanischen Herrschaft niemals über eine bescheidene Bergbauproduktion hinausgekommen. War doch auch in der vorspanischen Zeit in unserem Gebiet von einer indianischen Edelmetallausbeute kaum mehr als eine Spur vorhanden gewesen. Wie spärlich sind die archäologischen Funde von Gold- oder Silberobjekten, von Kupfer in verarbeiteter Form in Mittel- und Südguatemala, und was an solchen bekannt geworden ist, stammt fast gänzlich aus mexikanischen oder Rohstoffgebieten des südlichen Mittelamerikas, vielleicht auch Südamerikas. Wo wirklich Gold gefunden wurde, da handelte es sich um unbedeutende Seifen. So erwähnt Ximenez derartige Minen im Besitz der Indianer von Nebáj, Joyabáj, San Juan und San Pedro Sacatepequez[161]). Weitere Nachrichten, die uns aus der Kolonialzeit zufließen,

[161]) Ximenez, Hist. Natural de Guatemala, tit. 13, nach Pelaez, cap. 24 (Bd. I, S. 184).

verdanken wir Fuentes y Guzmán, dessen Angaben den Tatsachen entsprechen, aber deren Bedeutung übertrieben ist[162]). Wichtig ist aber doch, daß geographisch die von ihm erwähnten Vorkommen sich auf das jungvulkanische Massengebirge südlich des Motaguatales verteilen, auf das Hochtal von Antigua, (Almolonga, Jocotenango), auf das Valle de las Vacas (Silbermine bei Pinula, Gold bei Ayampúc), die Umgegend von Sacatepequez im Westen der Senke von Las Vacas (Silber und Rubine). Davon getrennt liegt in Nordwestguatemala ein Minengebiet in den Altos Cuchumatanes und bei Zacualpa. Bei letzerem aber dürfte es sich nach unserem Dafürhalten um die Salzminen handeln, die sich noch heute nordwestlich dieses Ortes bei La Magdalena befinden. Die Entdeckung der Blei- und Silberminen in den Cuchumatanes beschränkte sich auf den Südabfall des Gebirges bei Huehuetenango bzw. Chiantla. Sie erfolgte im 17. Jahrhundert und wird einem armen Brotbäcker namens Pedro de Armengol zugeschrieben, nach dessen Tode sie wieder in Vergessenheit gerieten. Kupferhaltige Erze bzw. Bronze (!) werden ebenfalls von Fuentes y Guzmán erwähnt, und zwar wäre eine derartige Mine noch im 17. Jahrhundert bei Todos Santos in Betrieb gewesen, bei dem Autor Cuchumatlan alto genannt[163]). Es handelte sich dort um schwach kupferhaltige Erze, wie sie auch aus neuester Zeit aus den westlichen Cuchumatanes bekanntgeworden sind. Irre führt dagegen die Mitteilung desselben Chronisten, wenn er die kleinen Bronzeäxte („hachas de metal campanil") als aus Guatemala stammend bezeichnet[164]). Wenn er überliefert, daß solche bei Sololá (Tecpan Atitlan), zwischen diesem Ort und Totonicapán und bei Quezaltenango vorgekommen wären, die als Werkzeuge benutzt wurden, so handelt es sich um die bekannten und archäologisch öfter nachgewiesenen Bronzeäxte, die aus Oaxaca als Handelsware in vorspanischer Zeit nach Guatemala eingeführt wurden.

Entsprechend der Ausrichtung der spanischen Wirtschaft zu Beginn der Konquista auf Ausbeutung von Edelmetallen versuchte man auch anfangs in Guatemala sein Glück damit. Eine Menge von indianischen Sklaven und zur Minenarbeit gepreßten Jugendlichen wurde in der Umgegend von Antigua eingesetzt, um für Alvarado selbst zu schürfen. Da die Eingeborenen wie besonders in Honduras versagten, wird man ähnlich verfahren sein wie in dem Fall, wo 40 Indianer von Santo Domingo (Española), die

---

[162]) Fuentes y Guzmán, ed. 1882, Bd. I, S. 44, 67, 175; Bd. II, S. 7, 25, 101, 107.

[163]) Fuentes y Guzmán, ed. 1882, Bd. II, S. 107.

[164]) Fuentes y Guzmán, ed. 1882, Bd. I, S. 328.

des Goldsuchens kundig waren, nach dem Festland überführt wurden, um die Eingeborenen zur Minenarbeit anzulernen[165]). Man nannte sie „cuadrillas a sacar oro". Von irgendeinem Erfolg war in Guatemala keine Rede.

So stellte man sich denn vernünftigerweise auf die Agrarwirtschaft ein, die auf das Hochland von Mittel- wie das Tiefland von Südguatemala ausgedehnt wurde. Sie brachte zwei grundlegende Neuerungen im Lande mit sich: die Einführung europäischer Nahrungspflanzen und die Ausrichtung auf den Zweig der tierischen Produktion. Letzterer hatte vordem bei den Eingeborenen vollkommen gefehlt. Denn wenn als „Haustiere" Hunde und Truthühner gehalten wurden, so haben sie nur als Fleischlieferanten Bedeutung gehabt, wenn wir von der kultischen Bedeutung des Hundes als Opfertier bei den Totenzeremonien absehen. Es ist mir aus Guatemala nicht bekanntgeworden, daß die Indianer etwa die Eier von Truthühnern gegessen hätten. Auch aus alter Zeit liegen keine entsprechenden Mitteilungen vor[166]). Wenn daher Lauterer behauptet hat[167]), daß „im alten Mittelamerika der Truthahn auch um der Eier willen gezüchtet wurde", was neuestens von Elisabeth Schilling anscheinend übernommen worden ist[168]), so entspricht das nicht den Tatsachen. Auch die älteren Autoren des 16. Jahrhunderts wie Oviedo, Sahagun, Cobo und aus späteren Zeiten berichten nie etwas über das Essen von Truthühnereiern oder eine Zucht dieses Geflügels um seiner Eier willen. Es war in vorspanischer Zeit Fleischlieferant und ist es bis heute geblieben.

Der Vorteil bei der Einbürgerung der europäischen Pflanzen[169]) im festländischen Mittelamerika war der, daß man 30 Jahre lang in Westindien Zeit gehabt hatte, ihre Anpassungsfähigkeit an die Böden und das Klima der tropischen Inselwelt zu erproben. Die ausgedehnten Gebiete des kühlgemäßigten und kalten Landes in Neuspanien ergaben wesentlich weitere Ausblicke auf die Ausbreitung des Anbaus der altweltlichen Getreidearten, die denn auch alsbald auf Mittelamerika mit seinen geeigneten

---

[165]) Herrera, Dec. I, Lib. VII, cap. 7 (Bd. I, S. 186, II).

[166]) Eier von Truthühnern wurden zum Ausbrüten verwendet, wie es von den Maya in Yucatan auch mit Eiern von Wildvögeln vorgenommen wurde. — Rel. de Yucatan, Bd. II, S. 397.

[167]) J. Lauterer, 2. Aufl., S. 55.

[168]) E. Schilling, 1939, S. 43.

[169]) Ausführlich handelt über die europäischen Gewächse in den amerikanischen Tropen schon A. v. Humboldt, 1811, Bd. III, S. 67 ff. — Wertvolle, wenn auch nicht vollständige Notizen aus spanischen Quellen bringt M. de la Puente y Olea, 1900, S. 369—446.

Hochländern übertragen wurde. Den Eroberern unter Pedro de Alvarado folgten die europäischen Pflanzen und Haustiere auf dem Fuße. Von Getreidearten war zuallererst der Weizen für die Spanier das wichtigste Brotgetreide, das neben der einheimischen Maiskost ihre Ernährungsgrundlage bildete. Hinsichtlich der Persönlichkeit, die zuerst den Weizen in Guatemala einführte, bestehen in der Überlieferung Unstimmigkeiten. Fuentes y Guzmán nennt Francisco de Castellanos, der der erste Schatzmeister des königlichen Rentamtes in Guatemala war. Juarros ist in seiner Chronik diesem Autor gefolgt. Vazquez dagegen hebt ausdrücklich hervor, daß das Verdienst des ersten Anbaus dem Antonio de Paredes gebühre, der sein direkter Vorfahre mütterlicherseits gewesen wäre[170]). Ist die Frage der Urheberschaft in diesem Fall nicht mehr eindeutig zu klären, so steht doch so viel fest, daß schon mit der Gründung der Hauptstadt Santiago de los Caballeros 1527 Weizen nach Guatemala gekommen war. Sein Anbau griff dann schnell überall dort auf die Hochländer vor, wo Spanier sich in ihren Encomiendas niederließen. Es waren hauptsächlich die Gebiete um das Hochtal von Antigua, das Valle de las Vacas bei Mixco, den Sacatepequez-Dörfern, bei Petapa, am Amatitlán-See und auch bei Jilotepeque, mit andern Worten im Bereich der Pokomam- und Cakchiquel-Indianer[171]). Anscheinend ist die weitere Verbreitung in die westlichen Altos erst im 17. Jahrhundert energischer vorgenommen worden, wobei die Kirche auf die Indianer eingewirkt haben dürfte. So wurden zum Beispiel im 17. Jahrhundert durch den Geistlichen Fr. Benito de Villacañas die Quichéindianer von Cunén im Weizenanbau unterrichtet und geradezu verpflichtet, dieses Getreide auszusäen[172]).

Da die untere Anbaugrenze des Weizens in Guatemala im allgemeinen bei etwa 1800 m liegt, so wird hieraus erkenntlich, daß zur Kolonialzeit das Anbaugebiet auf die Beckenlandschaften der Altos von Westguatemala, bei Quezaltenango, im Quiché, bei Sololá und auf die Hochebenen bei Tecpán, Chimaltenango und der Sacatepequezdörfer beschränkt war und sich auf die spanischen Landbesitze bezog. Erst langsam sind die Indianer dazu übergegangen, wie das Beispiel von Cunén zeigt, besonders aber erst in der neuesten Zeit, wie unten noch bemerkt werden wird.

---

170) Fuentes y Guzmán, ed. 1882, Bd. I, S. 104. — Juarros, Trat. 3, cap. 5 (ed. 1936, Bd. I, S. 252). — Vazquez, ed. 1937, Lib. I, cap. 32 (Bd. I, S. 159).

171) Fuentes y Guzmán, ed. 1882, Bd. I, S. 302, 325; Bd. II, S. 2, 34, 40, 58, 74, 100, 101, 104, wo der Weizen „pelón“ genannt wird.

172) Ximenez, Lib. IV, cap. 12 (ed. 1929, Bd. II, S. 48).

Von altweltlichen Getreidearten kam nur der W e i z e n in Frage. Ihm gegenüber traten Gerste, Hafer und Roggen zurück und sind höchstens nur in ganz kleinem Umfang angebaut worden. Denn Biertrinker waren die Spanier nicht, ebensowenig Roggenbrotesser, und die Pferde und Maultiere fanden im Mais eine vollwertige Futterkost, die den Hafer überflüssig machte. Auch diese Arten sind erst in der Neuzeit mehr in dem Landbau berücksichtigt worden. Ihre Verbreitungsgebiete decken sich mit denen des Weizens, soweit er in den Hochländern des Westens heimisch geworden ist.

Nicht unerwähnt mag der R e i s bleiben, dessen kolonialspanische Bedeutung in Mexico nur gering war. In Guatemala findet sich seine Kultur heute besonders im Küstengebiet von Südostguatemala verbreitet (Chiquimulilla, Guazacapán), wo auch die Xinca-Indianer ihn anbauen. Bedenkt man, daß der Reis schon zur Zeit Ferdinands des Katholischen von Spanien nach den Antillen überführt wurde, so läge es nahe, seine frühzeitige Verpflanzung auch nach dem Festlande anzunehmen. Die älteren Autoren schweigen sich darüber aus, was gegen eine nennenswerte Verbreitung der Pflanze spricht. Wahrscheinlich ist der Anbau im genannten Gebiet neuen Datums und wird kaum über das 19. Jahrhundert zurückreichen.

Wesentlich reichhaltiger war die Liste der altweltlichen Gemüse- und Obstsorten, die man einführte und kultivierte. Die Kirche und die Klöster haben hieran einen besonderen Anteil gehabt. Orangen, Quitten, Granatäpfel, Pfirsiche, Aprikosen, Birnen, Äpfel waren im kühlen wie gemäßigten Land bald eingebürgert und steuerten ihre Erträge zur Tafel der einheimischen Fruchtarten bei, zu jener immer wieder erstaunlichen Reichhaltigkeit, die jedem Fremden, der das Land betritt, überrascht. Für die altweltlichen Sorten eröffneten sich durch die fein differenzierten lokalen Klimabedingungen des gebirgigen Landesinneren die denkbar besten Möglichkeiten, so daß in dicht benachbarten Gebieten, wie etwa der Quichésenke und dem Rabinalbecken, Früchte Südeuropas mit denen kühlerer Regionen des Heimaterdteils sich einbürgern ließen[173]).

Dazu kam die Möglichkeit, auch der Rebe[174]) Heimatsrecht in Guatemala zu verschaffen, das dann freilich durch die politischen Maßnahmen Spaniens aufgehoben wurde. Die Zeit der Anbauversuche liegt im ausgehenden 16. und im 17. Jahrhundert, und zwar waren es wieder Mönche

---

[173]) Der heute häufig in den wärmeren Lagen anzutreffende B r o t b a u m (Artocarpus sp.) stammt aus den asiatischen Tropen und ist erst im 19. Jahrhundert nach Guatemala gekommen. vgl. D e C a n d o l l e, 1884, S. 375. — H u m b o l d t, 1811, Bd. III, S. 145.

[174]) P u e n t e y O l e a, 1900, S. 390—392, mit weiteren Quellenangaben.

und Geistliche, die sie unternahmen. Am wichtigsten waren die Gegenden am Südabfall der Altos Cuchumatanes zwischen Zacapulas und Chiantla, die vorzügliche Rebenkulturen ergaben[175]). Man ließ dort die Pflanzen an Bäumen emporranken. Ein anderes Gebiet lag bei Cunén und Uspantan, wo sie der Dominikaner Fr. Juan de San José anbauen ließ. Doch verfielen die Kulturen schon nach seinem Tode[176]). Auch am Atitlán-See bei Panajachél, ferner bei Rabinál ist in der zweiten Hälfte des 16. Jahrhunderts Rebbau versucht worden[177]). Im Osten der heutigen Republik scheint Weinbau sich ebenfalls an die dortigen Kirchenländereien angelehnt zu haben, so besonders in der hügeligen Zone zwischen Los Fraijanes und Cuilapa, wo die heutigen Ortsnamen, wie Las Viñas und Pueblo Nuevo Viñas, noch auf diese Kultur hinweisen. Ähnlich lagen die Verhältnisse in Honduras und Nicaragua, wo Weinbau von den Spaniern betrieben wurde[178]). Im 18. Jahrhundert ist er verfallen und hat bis heute sich nicht wieder einführen können[179]).

Von um so größerer Bedeutung für die Kolonien wenn auch nicht für Guatemala wurde die Einbürgerung eines anderen Heimatgewächses, der Olive[180]), die anfangs mit wenig Erfolg auf den Antillen, dann in Mexico und Peru kultiviert worden war. Wichtig wurde sie aber in Peru, wo sie seit dem 17. Jahrhundert zu einem bedeutenden Ausfuhrartikel für die übrigen Kolonien in Amerika sich emporgeschwungen hatte, zumal sie von dort nach Chile sich ausgebreitet hatte. Peru besaß auch Ölmühlen, die in Mexico und Mittelamerika fehlten, so daß wir in den Handelslisten des 17. und 18. Jahrhunderts Oliven und Öl immer wieder als Einfuhrware aus Peru in Mittelamerika antreffen. Von einem nennenswerten Anbau in Guatemala konnte keine Rede sein.

Um so wichtiger aber ist für unser Gebiet der Anbau des Zuckerrohrs geworden, das bekanntlich zu einem der am frühesten von den Spanier gebrachten Gewächse gehört. Im 16. bis 18. Jahrhundert lagen

---

[175]) Gage, ed. 1693, S. 238.

[176]) Ximenez, Lib. V, cap. 53 (ed. 1929, Bd. II, S. 497).

[177]) Gage, ed. 1693, S. 291.

[178]) Ponce, 1872, S. 447: „... uvas, las cuales se estiman en mucho en aquella tierra por haber pocas." — Herrera, Dec. III, Lib. VIII, cap. 7 (Bd. III, S. 240, II): „i dende á ocho dias que se vendimia la Uba, se podan las Viñas, i buelven á echar, de manera, que á Navidad se comen Ubas maduras..."

[179]) In der Mitte des 19. Jahrhunderts gab es vorzügliche Trauben bei Salamá. Dollfus u. Montserrat, 1868, S. 56.

[180]) Puente y Olea, 1900, S. 396—399.

seine Hauptanbaugebiete in der Tierra templada. Da es große Anbauflächen benötigte, kamen dafür die Terrains der weltlichen und geistlichen Latifundien in Betracht. Wir finden sie daher im Umkreis um das Hochtal von Antigua, besonders am Amatitlán-See, wo schon 1536 bei Amatitlán ausgedehnte Zuckerrohrfelder erwähnt werden[181]), ferner in dem Valle de las Vacas, und im 17. Jahrhundert im Becken von Rabinál, wo das Kloster San Gerónimo ausgedehnte Ländereien unter Kultur hatte[182]). Gerade bei dieser Kultur nahm man die farbigen Arbeitskräfte gern aus dem Vorrat afrikanischer Negersklaven. Zuckerrohrmühlen entstanden in den genannten Gebieten, sog. „Ingenios“, die man ebenfalls mit Negern betrieb. Die Indianer gingen erst später zum Zuckerrohranbau im Kleinbetrieb über, wobei der Wunsch nach Branntweinherstellung mit sein Teil beigetragen haben mag. Sie machten mit ihren primitiven Zuckerrohrpressen den größeren Hacienden eine unliebsame Konkurrenz, so daß mehrfach durch die Behörden Verbote des Anbaus oder der Verarbeitung erlassen wurden. Wann der Anbau in die wärmeren Tieflandgebiete der pazifischen Küste vorgedrungen ist, läßt sich nicht genauer ermitteln. Wir dürfen ihn wohl schon im 17. Jahrhundert voraussetzen, als die Kirche ihre umfangreichen Terrains südlich von Antigua und im Oriente zwischen Jutiapa und Santa Rosa landwirtschaftlich auszubeuten begann. Gesteigert wurde er überall dort erst im 18. Jahrhundert, um seine heutige Bedeutung im 19. und 20. Jahrhundert zu erreichen.

Überblicken wir die lange Liste europäischer Nahrungs- und Nutzgewächse in Guatemala, so kam keines für die Ausfuhr nach Europa in Frage. Sie dienten alle dem Verbrauch im Lande selbst oder allenfalls in den Nachbarländern, wenn dort durch Mißernten Nachfrage entstanden war.

Wenden wir uns den einheimischen neuweltlichen Nahrungs- und Genußmittelpflanzen zu, so ist ihre Bedeutung für die wirtschaftlichen Zustände der Kolonialzeit grundlegend gewesen. Blieben sie doch weiterhin die Nahrungsgrundlage der zahlreichen eingeborenen Bevölkerung und waren darüber hinaus auch aus der Lebenshaltung der spanischen und Mischlingsbevölkerung nicht mehr fortzudenken. Denn diese hatte sich ebenfalls auf Maisnahrung eingestellt; sie bediente sich der Bohnen, Kürbisse und Tomaten und aller der zahlreichen tropischen Gemüse- und Fruchtpflanzen, die die Indianer seit langen Zeiten kannten. Als Neuheit kam dazu seit dem 17., vielleicht auch erst seit dem 18. Jahrhundert die Kartoffel, ohne aber bei den Indianern bis in die Gegenwart irgendeine

[181]) Pelaez, Bd. I, S. 188, 196.
[182]) Pelaez, Bd. I, S. 187.

Wichtigkeit erreicht zu haben[182a]). Bauen sie heute Kartoffeln in den westlichen Altos an, so ist das eine neuzeitliche Erscheinung, die auf den Verkauf auf den städtischen Märkten abzielt. Die Küche der Hochland- und Tieflandindianer meidet sie noch jetzt. Sie pflanzen sie nur in kleinem Umfang, und wenn wir etwa bei Quezaltenango oder Totonicapán heute zwischen dem Mais auf den Feldern Kartoffeln gesät beobachten, so handelt es sich in der Mehrzahl der Fälle um Terrains von Mischlingen. Sind es indianische Felder, so liegen sie in Gebieten einer überwiegenden Mestizenbevölkerung, denen die Indianer den Anbau abgesehen haben.

Unter allen einheimischen Gewächsen hat allein der Kakao in der frühen Kolonialzeit seine ihm schon in der vorkolumbischen Zeit zukommende Bedeutung gewahrt, indem er eines der Hauptausfuhrprodukte der einheimischen Landwirtschaft geblieben war. Als Pflanze der heißen Tieflandzone bevorzugte sein Anbau die verkehrserschlossene pazifische Abdachung von Guatemala, wo er schon im 14. und 15. Jahrhundert in Form von Tributleistungen ins Hochland von Mexico gebracht wurde. Soconusco und die pazifischen Niederungen von Südguatemala waren seine Hauptanbaugebiete. Aus den Urwäldern in Nordguatemala kamen aber auch beträchtliche Mengen, die wohl als Wildkakao gesammelt wurden. Im 17. Jahrhundert soll er seinen Weg durch die Verapaz nach dem Rio Dulce und weiter nach Spanien gefunden haben[183]).

Schon im 16. Jahrhundert wurde das Anbaugebiet in Soconusco eingeschränkt und dafür dasjenige in Westguatemala weiter ausgedehnt. Dort besaßen von alters her die Quiché-, Tzutuhil- und Cakchiquelindianer des Hochlandes Kakaoplantagen in der Umgebung von Zapotitlán, Panán und Cotzumalhuapa (Fig. 3). Die unter Schattenbäumen angelegten Haine wurden künstlich bewässert, wie aus den Berichten über die Reise des Alonso Ponce hervorgeht. Wie wichtig sie für die Wirtschaft der Indianer waren, erhellt aus der Beschwerdeschrift der Tzutuhiles an die spanische Krone vom Ende des 16. Jahrhunderts[184]), wo der allmähliche Verfall der Plantagen infolge der von der spanischen Regierung hervorgerufenen Arbeiterbeschränkungen bitter beklagt wird. Der Rückgang der Produktion wird deutlich durch die Angabe, daß die Indianer bis 1542 an Tributleistungen 1400 xiquipiles (= 11.2 Millionen Bohnen), danach nur 6 xiquipiles[185])

[182a]) In Costa Rica wurde die Kartoffel erst 1839 eingebürgert. — Wagner-Scherzer, 1856, S. 240.

[183]) Villagutierre, Lib. III, cap. 2 (ed. 1933, S. 127).

[184]) Requête de plusieurs chefs etc., 1838, S. 423.

[185]) xiquipiles, aztekische Bezeichnung einer Menge von 8000 Einheiten, in unserem Fall Kakaobohnen. 1 Carga waren 3 xiquipiles, also 24 000 Bohnen. — Palacio, ed. 1873, S. 16.

(= 48 000 Bohnen) gezahlt hatten. Trotzdem muß im 16. Jahrhundert der Anbau wieder mehr aufgekommen sein. Denn als Alonso Ponce im Jahre 1585 bis 1586 die pazifischen Gebiete Mittelamerikas bereiste, wußten seine Begleiter überall im westlichen Küstenabschnitt von Guatemala von reichen Kakaoplantagen zu berichten. Besonders die Zone der Costa Cuca und Boca Costa war auf den Anbau eingestellt, der zwei Ernten im Jahre ergab, die eine zwischen Weihnachten und Ostern, die andere Anfang Oktober von geringerer Bedeutung. Da es den Spaniern auf die guten, zum Export geeigneten Sorten ankam, wird man in der Kakaozone von Suchitepequez (Xuchitepequez nach älterer Schreibweise) kaum die geringeren als Münzen verwendeten Sorten angebaut haben. Im 17. Jahrhundert ging der Anbau zurück auf etwa die Hälfte desjenigen im 16. Jahrhundert. Pelaez bezifferte die Ausfuhr nach Mexico damals auf 10 000 Cargas, wozu noch Mengen kamen, die aus Guatemala über die karibischen Häfen außer Landes gebracht wurden. Letztere zusammen mit der Ausfuhr aus den übrigen Provinzen des ehemaligen Königreiches Guatemala errechnete derselbe Autor auf 15 000 Cargas, so daß sich für ganz Mittelamerika außer Panama eine Ausfuhr von 25 000 Cargas ergeben hätte[186]). Einer der Hauptgründe des Rückganges war die Konkurrenz anderer spanischer Kolonien besonders in Südamerika (Ecuador, Venezuela), die nicht nur eine hochqualifizierte Ware ins Mutterland, sondern auch nach Mittelamerika selbst ausführten. Gegen den „Kakao von Peru" wurden wiederholt Einfuhrverbote durch die Behörden in Guatemala erlassen, teilweise solche Mengen verbrannt. Mag man vielleicht noch das Argument gelten lassen, die Qualität des „Peru-Kakaos" wäre schlecht gewesen, so mutet das andere um so seltsamer an, daß der Genuß des südamerikanischen Produktes den Indianern in Guatemala gesundheitlichen Schaden zugefügt hätte[187]). Jedenfalls hat sich die alte Blüte des Kakaoanbaus in Guatemala seit dem 17. Jahrhundert nicht mehr wiederholt. Er blieb in der Folgezeit auf das kleine Gebiet bei Suchitepequez und Mazatenango beschränkt, wo noch gegenwärtig kleine Kakaobestände zu sehen sind (z. B. südlich von San Antonio Suchitepequez). Ihre Erträge bleiben jetzt fast ganz für den Konsum der unmittelbaren Nachbarschaft bestimmt.

Wenn man die überraschende Fülle der mittelamerikanischen Pflanzenwelt betrachtet, die selbst heute floristisch nur lückenhaft bekannt ist, mag

---

[186]) Pelaez, cap. 50 (Bd. II, S. 44).
[187]) Pelaez, a. a. O. (Bd. II, S. 45).

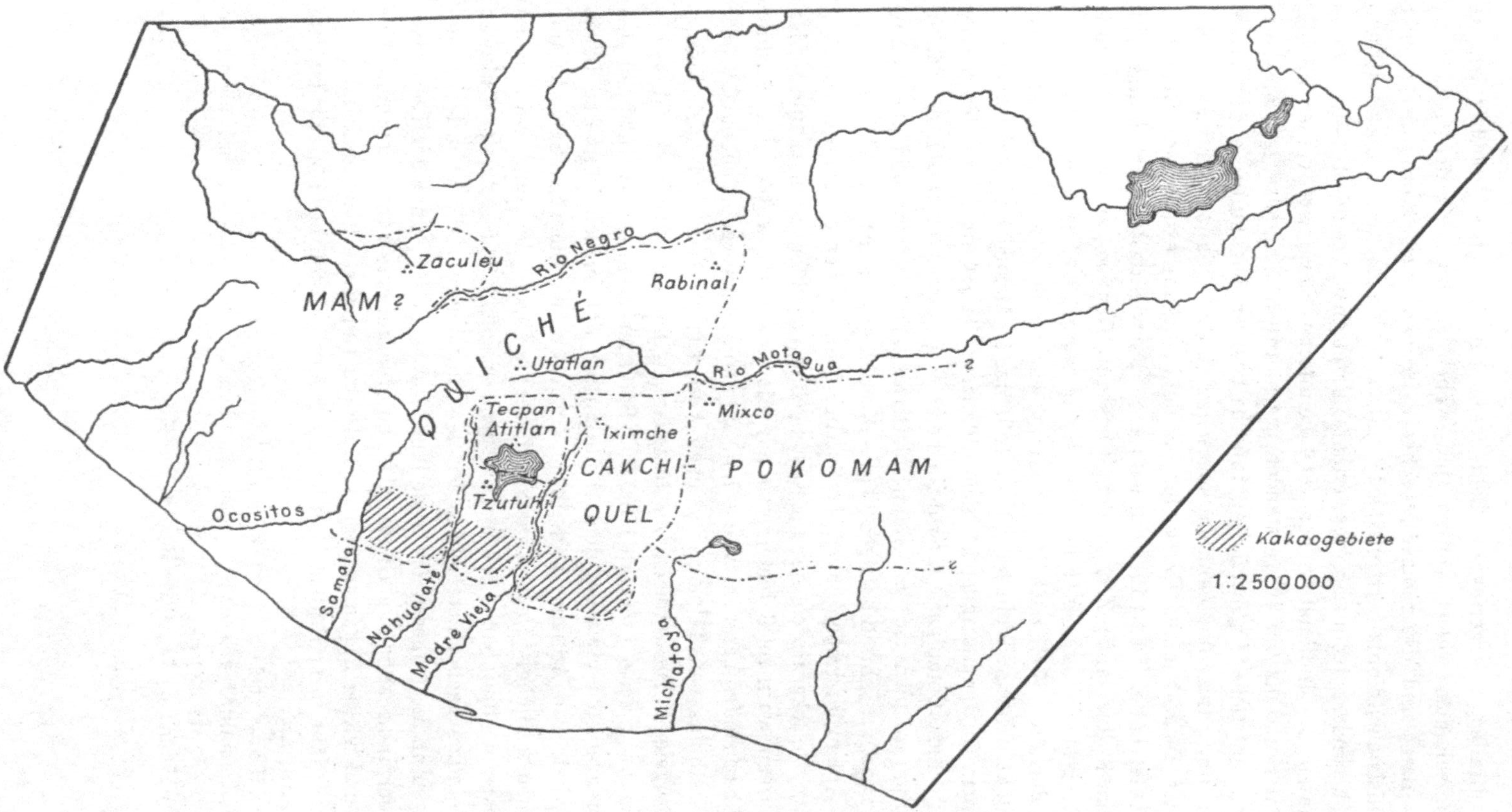

Fig. 3.
Versuch einer Darstellung der indianischen Reiche von Guatemala vor dem Eintreffen der Spanier.

es auffallen, wie gering die Zahl derjenigen Gewächse geblieben ist, die technisch ausgewertet worden sind, wobei wir hier von der Gewinnung der Bau- und Nutzhölzer absehen. In den vier Jahrhunderten der spanischen Kolonialherrschaft ist kaum eine Pflanze neu entdeckt worden, die besondere technisch verwertbare Erzeugnisse geliefert hätte. Zwar kannten die Indianer sicher ihre heimische Flora viel besser als die Spanier und hatten es verstanden, verhältnismäßig vielseitiger als diese deren nützliche Eigenschaften innerhalb ihrer Sachkultur auszuwerten, aber die Spanier übernahmen, abgesehen von Heilpflanzen, kaum eine, die in der Technik einen Ersatz für bis dahin bekannte oder eine Neuerung bedeutet hätte. Das trifft selbst für eine der wichtigsten Farbpflanzen zu, deren Kultur lange Zeit in der Wirtschaft Guatemalas eine bedeutende Rolle gespielt hat, den Indigo, der in seiner Spezies Indigofera Import aus der alten Welt nach Mittelamerika war, wo er in Guatemala das beste Produkt lieferte. Wohl hatten die Indianer in Mexico und wahrscheinlich auch in Guatemala indigoähnliche Pflanzensäfte gekannt, deren Träger der Arzt und Botaniker Hernandez mit ihren aztekischen Namen „xiuhquilitl pitzauac" = „schmalblättriges blaues Kraut" und „xiuhquilitl patlauac" = „breitblättriges blaues Kraut" beschrieben hat[188]). Aber für den Anbau im großen haben die Spanier doch auf den echten altweltlichen Indigo zurückgegriffen, der im Küstengebiet von Südguatemala und in den niedrigen warmen Gebieten von Salvador kultiviert wurde. Die Ausfuhr des Farbstoffes geschah, wie schon Humboldt hervorgehoben hat[189]), über den Isthmus von Tehuantepec nach Veracruz, um von dort nach Europa weitergeleitet zu werden. Der Indigoanbau hat sich bis in die Mitte des 19. Jahrhunderts in Guatemala und Salvador erhalten, so außer in den Küstengebieten etwa um den Amatitlán-See und in den wärmeren Lagen unterhalb von Antigua, auch in der Umgebung der Stadt San Salvador und in den östlichen Departamentos dieser heutigen Republik, wo ich im Departamento Cabañas bei Sensuntepeque noch 1928 einige kleine Kulturen von Indigo beobachtete und unter den Bewohnern noch lebhafte Erinnerungen an die früheren Zustände fand. Durch die Erfindung der Teerfarben ist der Indigoanbau in Guatemala heute so gut wie ganz erloschen. Nur hin und wieder finden sich kleine Kulturen von Mischlingen und Indianern in der Nähe ihrer Hütten. Man benutzte den Farbstoff noch bis vor kurzem

[188]) Hernandez, Lib. IV, cap. 12. — Von xiuhquilitl ist das hispanisierte Wort „jiquilite" abgeleitet worden, das man auf den echten Indigo übertragen hat. s. A. Malaret, 1931, S. 306.

[189]) Humboldt, 1811, Bd. IV, S. 347.

zum Färben der bunten Frauengewänder und der Männerkopftücher gewisser indianischer Trachten. Aber auch diese Verwendung ist neuestens immer mehr in Abnahme begriffen.

Es mag hier gleich die Produktion eines anderen wichtigen Farbstoffes tierischer Herkunft angeschlossen werden, der Cochenille, auch „la grana" genannt. Die Zucht der Cochenillelaus, die Kakteen als Wirtspflanzen voraussetzt, bildete einst in Alt-Mexico einen umfangreichen Produktionszweig, der von den Spaniern übernommen wurde und ein wertvolles Ausfuhrerzeugnis in der Kolonialzeit geliefert hat. In Guatemala begann die auf Export abgestellte Zucht erst im 19. Jahrhundert, worauf wir später zurückkommen werden. In der Kolonialzeit war die Ausbeute geringer. Zur Zucht in Frage kamen die wechseltrocknen Gebiete mittlerer Höhenlage in den Binnengebieten, in denen die Opuntie ihr Fortkommen fand. Produzenten waren Spanier. Aber von ihnen lernten manche Indianer die Zucht von neuem, und reichere unter ihnen trieben damit Handel, wobei sie die Ware auf Maultieren aus dem Valle de las Vacas bei Mixco an den Izabál-See zum Hafen Izabál brachten[190]). Eine Konkurrenz für die mexikanische Cochenilleproduktion hat Guatemala in der Kolonialzeit kaum bedeutet.

Würde man die Frage zu beantworten versuchen, in welchem Umfang die eingeführten europäischen Gewächse in der Kolonialzeit angebaut worden sind, so würde man auf keine bedeutenden Anbauflächen kommen. Denn diese dienten in ihren Erträgen doch nur für die Versorgung der einheimischen Bevölkerung, höchstens in Notzeiten zur Ausfüllung von Lücken in den Nachbargebieten. Und innerhalb der Bevölkerung waren sie auch fast ausschließlich für die Nahrung der Spanier und der ihrer Lebensführung nacheifernden Ladinoschicht bestimmt, die in den Hochländern ansässig war, d. h. also in den Gegenden von Antigua, den Landstädtchen im Cakchiquelgebiet, bei Sololá und im Becken von Quezaltenango. Die Indianer blieben weiterhin Maisesser und kamen daher als Abnehmer von Weizenmehl nicht in Betracht. Vielmehr ist die Maiskost selbst von der weißen Bevölkerung übernommen worden und hat wohl in den unbemittelten Schichten wegen ihrer Billigkeit stets den Vorrang vor dem Weizen gehabt. Im Landschaftsbild wird daher der Weizenanbau kaum stärker hervorgetreten sein, schwächer jedenfalls als heutzutage, wo er größeren Umfang als damals erlangt hat.

Eine direkte Folge des europäischen Getreideanbaues war die mit ihm zusammenhängende, für Mittelamerika neuartige Technik des Feldbaus.

[190]) Pelaez, cap. 25 (Bd. I, S. 191).

Er war nach der herkömmlichen Form des indianischen Pflanzstockbaues undurchführbar, sondern setzte die furchenmäßige Auflockerung des Bodens voraus. So kam mit dem Weizen der altweltliche Pflug nach Amerika und eroberte sich frühzeitig in den unterworfenen Ländern die von Spanien bewirtschafteten Gebiete. Bekanntlich ist es der mediterrane Hakenpflug gewesen, wie er aus der römischen Zeit sich in den Mittelmeerländern und somit auch in Spanien erhalten hatte, jenes primitive Ackerwerkzeug mit einem schmalen hölzernen Leisten, das durch Zugtiere bewegt wurde. Sieht man davon ab, daß in neuerer Zeit der Leisten mit einem eisernen Schuh versehen wurde, so hat sich dieser Pflugtyp bis in die Gegenwart in Guatemala erhalten, wo Mischlinge und Indianer auf dem platten Lande Ackerbau treiben. Sogar die alten Holzpflüge sind bis in die Gegenwart anzutreffen. Selbstverständlich war die Pflugbaumethode nur auf ebenen oder mäßig geneigten Flächen möglich. Sie versagte an den steileren Gebirgsflanken, die in den vegetationsärmeren Binnengebieten zu steinig und mit zu geringer chemisch verwitterter Bodenkrume bedeckt waren, in den regenfeuchten Urwaldgebieten aber durch Stubben und Wurzelfilz bei tiefgründig chemisch aufbereiteten Eluvialböden technisch undurchführbar war. Der europäische Pflug ist daher wie die Weizenkultur selbst in der Kolonialzeit auf die wechseltrocknen, kühlen binnenländischen Hochländer beschränkt gewesen. Die Ackerbautechnik ähnelte derjenigen im spanischen Mutterlande. Man säte in Reihen und erntete das Getreide mit der Sichel, wie es heute noch geschieht. Eine Abweichung ist nur insofern vorhanden gewesen, als man, der Gunst klimatischer Verhältnisse Rechnung tragend, in einigen Gegenden eine zweifache Saat und Ernte vornehmen konnte. Hierüber verdanken wir Thomas G a g e einen wichtigen Aufschluß. Er erwähnt nämlich aus dem Valle de las Vacas (in der Kolonialzeit „Valle de Mixco", „Valle de Pinula", „Valle de las Mesas" genannt) den zweifachen jährlichen Weizenanbau. Man säte dort zuerst einen kleinkörnigen Weizen aus, den „Trigo tremesino" (Trigo tremés), den „dreimonatlichen Weizen", der in der Zeit von August bis November schnittfähig wurde und ein gutes brauchbares Mehl lieferte, das allerdings ein weniger haltbares Brot ergab. Diese schnellreifende Sorte hatte den Vorteil, daß man sie noch in der zweiten Hälfte der Regenzeit aussäen konnte, die am Amatitlán-See Mitte bis Ende Oktober zu enden pflegt, so daß das Korn noch fast einen Monat sonniges, trocknes Wetter zum Ausreifen hatte.

Die zweite Ernte folgte in kurzem Abstand auf die erste, bald nach Weihnachten, also Ende Dezember. Das Getreide dieser Aussaat, über deren Zeit freilich nichts verlautet, war ein roter Weizen (trigo rubio) und ein weißer Weizen (trigo blanquillo), auch Kandiaweizen genannt. Das mit den Sicheln geschnittene Korn ließ man an Ort und Stelle auf den Feldern auf runden Tennen durch Pferde austreten, füllte die Körner in Säcke und brachte sie in die Scheunen. Spreu und Stroh ließ man auf den Feldern verfaulen und betrachtete sie als Düngung des Bodens[191]).

Neuartig in der Technik für unsere Länder war auch die Einführung der Mühlen zum Mahlen des Weizens, auch der Ölmühlen. Erstere waren durchgehend Wassermühlen. Ihre Zahl war lange beschränkt, was daraus ersichtlich wird, daß stets eine Einfuhr von Weizenmehl als notwendig sich ergab.

In welcher Weise die anderen eingeführten Pflanzen angebaut worden sind, also die Obst- und Fruchtsorten, ist nicht überliefert. Wir dürfen aber hierfür die heutigen Verhältnisse zum Vergleich heranziehen, die uns die kolonialen widerspiegeln. Die Obstanlagen werden wie in Europa in Hainen, Gärten und in Einzelexemplaren um die Besitzungen der Spanier, um die Klöster und Pfarreien gelegen haben und werden von den Spaniern und Mischlingen betreut worden sein, da der Indianer noch heute im Obstbau wenig Geschick und Interesse zeigt. Gemüsesorten aber wurden im Gartenbau gezogen, vielfach mit Hilfe künstlicher Bewässerung auf sauberen Beeten, ganz so, wie wir heute den Zwiebel-, Knoblauch- und anderen Gemüsebau im Flußdelta des Panajachel (Taf. 8, Abb. 19) oder in der Flußaue des Rio San Juan bei Aguacatán ausgeübt sehen. Der Indianer hat hier mehr von seinen Herren gelernt als im Obstbau, zumal gartenbauartige Betriebe ihm in der vorspanischen Zeit nicht ganz fremd gewesen sein dürften. Erinnern wir uns nur des hochentwickelten Gartenbaus der Indianer etwa bei Xochimilco in Alt-Mexico, um die Fähigkeiten der Eingeborenen für diesen Landwirtschaftszweig zu erkennen! Man kann sich fragen, ob nicht sogar in die genannten Gebiete von Guatemala dieser Gartenbau erst durch die mexikanischen Hilfsvölker im Verein mit den Spaniern gekommen oder von ihren Nachkommen gepflegt worden ist, zumal diese Truppen aus dem Teile des mexikanischen Hochlandes stammten, in dem der indianische Gartenbau hochentwickelt war.

Die Umwälzungen durch die europäischen Gewächse in Mittelamerika sind für die einheimische farbige Bevölkerung nicht von einschneidender Bedeutung gewesen. Um so mehr war dieses der Fall durch die von den

---

[191]) Gage, ed. 1693, S. 284.

Spaniern gebrachten europäischen Haustiere[192]). Das wird allein schon aus der Tatsache deutlich, daß die Indianer vordem keine Haustiere besessen haben. Wohl hatten sie den Hund und als Federvieh den Truthahn, vielleicht auch Enten (im Hochland von Guatemala allerdings fraglich[193]), aber beide Tiergattungen bedeuteten noch keine Haustierzucht im europäischen Sinne. Welche Hunderassen in vorkolumbischer Zeit in Mittelamerika heimisch waren, läßt sich nicht feststellen, da weder Nachrichten aus der Eroberungszeit und bestimmbare Reste (wie etwa in den Trockengebieten von Peru) noch archäologische Darstellungen, die deutbar auf Rassenzusammensetzung wären, aus unseren Gebieten erhalten sind. Die Spanier brachten Hunde mit, die sich schnell mit den einheimischen Rassen vermischt haben. Die heutigen Hunde in Guatemala, ohne die kein Haus eines Indianers oder Mischlings denkbar ist, sind das Produkt einer seitdem immer weiter fortgeschrittenen Kreuzung und Verbastadierung.

Durch die Spanier kamen Pferde, Maultiere, Rinder, Schweine, Schafe und Ziegen nach Mittelamerika, letztere besonders nach Guatemala, dessen Hochländer gute Akklimatisationsbedingungen für das Kleinvieh boten[194]). Dazu traten die Haushühner. Diese haben unter allen übrigen Haustieren bei den Indianern die schnellste und weiteste Verbreitung gefunden. Ob Hochland oder Tiefland, ob Trocken- oder Feuchtgebiete, überall nahm der Eingeborene das europäische Federvieh rasch an. Es diente ihm als Fleischkost und Eierlieferant und bildete einen lebhaften Handelsartikel. So sehr eignete sich der Indianer des Huhns an, daß es aus einem indianischen Haushalt überhaupt nicht fortzudenken ist. Wandert heute eine indianische Familie über Land zu längerem Aufenthalt an einen andern Ort, so werden außer den Hunden auch die Hühner mitgenommen, die mit zusammengebundenen Beinen zuoberst der Lasten auf dem Rücken getragen werden oder die die Frauen zusammengebunden unter dem Arm schleppen. Da Kreuzungen mit einheimischen Rassen nicht möglich waren, haben sich die europäischen rein erhalten, so daß man bis in die Gegenwart das europäische Haushuhn sowohl in den Urwäldern des Petén, in der Alta Verapaz wie in Mittel- und Südguatemala antrifft.

---

[192]) Friederici, 1925—1936, Bd. I, S. 425—434. — Puente y Olea, 1900, S. 418—442.

[193]) In Yukatan nannten die Maya eine Entenart „maxix", die bei den Behausungen gehalten wurde. „Hay otros anadoncitos pequeños y de mucha hermosura que se llaman Maxix, son muy mansitos y se crian en casa no se saben huyr." Relaciones de Yucatan, Bd. II, S. 399.

[194]) Schafe und Ziegen wurden auch in Yukatan gehalten. (Relaciones de Yucatan, passim).

Die Pferde- und Maultierzucht fand dort günstige Bedingungen vor, wo in nicht zu feuchtem, heißem Klima weite Grasflächen sich ausdehnten, also in den Savannen- und Steppengebieten der zentralen Binnenländer, in Meereshöhen von 900 bis 2000 m. Eine ihrer ersten Aufgaben in den neu eroberten Ländern sahen die Spanier darin, Pferde und Maultiere sowie Rindvieh und Schweine einzubürgern. Für die Niederlassung der Europäer waren sie von größter Bedeutung. Wo spanische Ansiedelungen gegründet wurden, schritt man zugleich zur Anlage von Weideländereien. Schon bald ergab sich, daß auch die pazifische Küstenabdachung für Viehzucht durchaus geeignet war, so daß schon im 16. Jahrhundert dort Weiden angelegt wurden. Als Hauptzuchtgebiete aber stellten sich die ausgedehnten Flächen im zentralen Chiapas heraus, wo die Indianer sich neben den Spaniern der Pferde- und Maultierzucht widmeten und die besten Zuchtergebnisse in ganz Neuspanien geliefert haben sollen[195]). Andere Zuchtgebiete lagen bei Antigua, Petapa, Jilotepeque, in Salvador und besonders in Honduras[196]). Auf die pazifische Küstenabdachung ist schon hingewiesen worden.

Die Pferde kamen schon mit den ersten Eroberern ins Land. Rinder wurden durch einen Hector de Barreda vor 1530 aus Kuba nach Guatemala gebracht, dessen Besitzung im Valle de las Vacas lag[197]). Schweine wurden schon durch Alvarado 1525 eingeführt. Bildeten sie doch auf den Eroberungszügen stets einen lebendigen Proviant für die spanischen Truppen. 1529 gelangten größere Viehtransporte über den hondureñischen Hafen Trujillo nach Guatemala[198]). Schafe trafen um 1530 zuerst im Lande ein[199]). Sämtliches Vieh vermehrte sich ausgezeichnet und bedurfte kaum einer aufmerksameren Pflege. Man ließ das Großvieh im Freien weiden und benutzte Mischlinge, Neger und Indianer als Aufseher und Hirten. Raubtierschäden, Insektenplagen (Zecken!) und Seuchen haben nie eine dezimierende Wirkung auf die Dauer hervorgerufen. Dagegen konnten die blutsaugenden Vampire stellenweise so sehr die Viehhaltung beeinträchtigen, daß man Hacienden aufgeben mußte, wie es an der Südküste und in Chiapas vorkam[200]). Schwieriger gestalteten sich die Verhältnisse in der Nachbarschaft der größeren Siedlungen, wie etwa bei Antigua. Bei

[195]) Herrera, Descripción etc., 1730, Bd. I, S. 26, I.

[196]) Fuentes y Guzmán, ed. 1882, Bd. I, S. 186, 187, 325; Bd. II, 101. — Pelaez, cap. 25 (Bd. I, S. 187/188).

[197]) Juarros, ed. 1936, Bd. II, S. 230.

[198]) Pelaez, cap. 25 (Bd. I, S. 187).

[199]) Pelaez, Bd. I, S. 186.

[200]) Herrera, Dec. IV, Lib. VIII, cap. 8 (Bd. IV, S. 163, I)

dem beschränkten Weideraum des Hochtales trat Überbestockung ein. Das Vieh fand nicht mehr genug Grasflächen und drang daher in die Mais- und Weizenfelder und in die Obstplantagen ein, so daß man behördlicherseits dagegen einschreiten mußte und die Weideländereien immer weiter von der Stadt entfernte, bis sie dann später ganz an die Küste und in das Valle de las Vacas verlegt werden mußten[201]).

Die Indianer übernahmen teilweise, so im Pokomamgebiet von Mixco und Petapa, die Maultierzucht und gelangten dadurch zu einer gewissen Wohlhabenheit. In den westlichen Altos dagegen verlegten sie sich auf die Schafzucht, die ihrerseits wieder zum Aufkommen einer lebhaften Heimindustrie von Wolldecken in Totonicapán, Momostenango und Quezaltenango führte. Bevorzugte Weidegebiete sind von damals an die 2400 bis 2900 m hohen Teile des Gebirgszuges zwischen Tejutla und Momostenango geworden, die im Cerro Calél nördlich San Andres Sija 3300 m Seehöhe erreichen, ferner die Altos Cuchumatanes vornehmlich auf ihrem westlichen Hochplateau zwischen Chiantla, San Mateo Ixtatán, San Miguel Acatán und Todos Santos, während im Osten die Grenze der Schafhaltung dort liegt, wo das Talnetz des Rio Ixcán dicht wird und die Täler sich zu schmalen, tiefen Kerbtälern einsenken. Man könnte die Grenze etwa durch eine Linie Barillas—San José de las Flores—Nebáj festlegen. Dann treffen wir Schafweiden in dem ganzen Höhenzug, der sich von Totonicapán über Los Encuentros nach Tecpán erstreckt, wo sie sich in Höhenlagen von 2700 bis 3200 m finden. Überwiegend gehören die Herden einzelnen indianischen Besitzern. Je nach ihrer wirtschaftlichen Lage betragen sie 6 bis 20 oder 50 und mehr Stück. Im Durchschnitt habe ich auf meinen Reisen den Eindruck gewonnen, daß die kleinen Herden die häufigeren Besitze darstellen. Nur auf dem östlichen Abschnitt des Hochplateaus der Cuchumatanes trifft man größere Schafherden an, die zwar von Indianern gehütet werden, aber zum Besitz der bedeutenden Hacienda Chancól gehören.

Kaum zu entscheiden ist die Frage, ob die heutigen Weidegebiete mit denen der Kolonialzeit übereinstimmen. Da die Schafzucht nur in den kühlen Hochlandgebieten möglich ist, werden wir sie schon damals auf die Altos von Westguatemala und die hohen Kettengebirgszüge der jungvulkanischen Massengebirge bis gegen das Valle de las Vacas im Osten anzunehmen haben. Aber fraglich ist, ob schon damals die hohen Rückenpartien der Gebirge benutzt wurden, wie es heute geschieht. Eher ist anzunehmen, daß damals noch ungelichteter Bergwald jene Höhenzüge

[201]) Remesal, Lib. I, cap. 4 (ed. 1932, Bd. I, S. 24—26). — Bd. I, S. 187.

bedeckte, in dem freies Weideland in Form von Matten noch nicht vorhanden war. Infolgedessen dürften die Weidegebiete in tieferen Lagen angelegt worden sein, mehr in der Nachbarschaft der Siedlungen, wie wir denn aus älteren Berichten erfahren, daß Schafzucht im 16. Jahrhundert bei Antigua, Chimaltenango und Tecpán getrieben wurde, also in Höhen zwischen 1500 und 2000 m, und Entsprechendes dürfen wir für die Siedlungen spanischer Herkunft in Westguatemala voraussetzen. Die Besitzergreifung der höheren Regionen muß später erfolgt sein, teilweise erst im 19. Jahrhundert, als man die Rodungen weiter aufwärts vortrug. Diese bedeckten sich, wie es in den kühlen Höhen Mittelamerikas üblich ist, mit niedriger würziger Grasnarbe, wo die Rodungsfläche klein an Ausdehnung blieb und der umrandende Wald genügend Feuchtigkeit speicherte, um den Grasteppich immer frisch zu halten. Wo man aber weite Flächen entblößte, siedelte sich auf den Grasfluren das Büschelgras (pajón) an, das nicht nur bodenversauernd wirkt, sondern auch als Futterpflanze unbrauchbar ist. Doch hat die Natur dem Menschen insofern geholfen, als die „Pajonales" locker mit den einzelnen Büscheln bestanden sind, so daß dazwischen immer noch Grasflächen blieben, die man durch Schafe abweiden lassen konnte (Taf. 4, Abb. 9).

Verfolgen wir die Entwicklung der Schafzucht hier gleich bis in die Gegenwart, so ist festzustellen, daß sie seit der Kolonialzeit nicht nur in höhere Geländelagen sich verschoben hat, sondern daß sie auch von dem kolonialspanischen Wirtschaftszentrum im Pokomam- und Cakchiquelgebiet nach Westen ins Quiché, Mam- und Chujgebiet vorgetragen worden ist. In West- und Nordwestguatemala liegen gegenwärtig die Schafzuchtgebiete der Republik, und ihre Besitzer sind teils indianische Dorfgemeinden oder indianische Einzelbesitzer. Großbetriebe von Schafhaciendas gibt es nicht. Für die Indianer bedeutet die Schafzucht eine wichtige Einnahmequelle, da sämtliche Wolle im Lande aufgekauft und verarbeitet wird. Die Eingeborenen bevorzugen die dunkle Wolle, weshalb man in den westlichen Altos fast nur die dunklen Tiere beobachtet. Seitdem aber Guatemala in den letzten Jahren auf dem Wege ist, eine eigene Tuchindustrie zu entwickeln, steigt der Bedarf an hellem Material. So wird in Zukunft die Schafzucht für die Hochlandindianer in West- und Nordwestguatemala noch eine wichtige wirtschaftliche Produktion bilden.

Wie eng die Eingeborenen sich mit diesem ihnen einst fremden Kleintier verbunden fühlen, erkennt man aus Sitte und Brauch, die sich bei den Schafzüchtern herausgebildet haben. Am eindrucksvollsten dürfte die alljährliche Zusammenkunft der Hirten mit ihren Herden auf den öden

Hochflächen von Pologuá, nordöstlich von Sija, am Antoniustage im August sein, wo man die Herden vom Pfarrer segnen läßt und vor der kleinen einsamen Kapelle außer den üblichen Maskentänzen die Schlangen- und Gracejostänze gelegentlich aufführt[202]).

Es bedarf keines weiteren Hinweises, daß Herdenwanderungen mit Transhumanzerscheinungen, wie sie aus Spanien bekannt sind und nach Mexico übertragen wurden, in Mittelamerika fehlen, da die klimatischen Verhältnisse das jahreszeitliche Aufsuchen gewisser Weidegebiete überflüssig machen.

Hinter den Schafen stehen an Bedeutung in Guatemala die Ziegen zurück. Man trifft sie in kleiner Zahl bei Indianern der Cuchumatanes und westlichen Altos an. Ihr Weidebereich deckt sich mit dem der Schafe. Da der Indianer bis heute kein Milchtrinker ist — nur bei Gelegenheit wird er Kuh- oder Ziegenmilch zu sich nehmen —, hat er für die Ziege kaum Verwendung, außer daß er sie auf den Märkten an Mischlinge verkauft. Sie ist für ihr ein Handelsgegenstand.

Bedeutend wichtiger wurde Haltung und Zucht des europäischen Hausschweins. Es wurde wie das Pferd und Rind unmittelbar bei der Eroberung Neuspaniens und Mittelamerikas eingeführt. Wie schon hervorgehoben, lieferte es den wichtigsten Proviant an Frischfleisch, der auf den Eroberungszügen mitgeführt wurde, zumal die Tiere sich unterwegs schnell vermehrten. So nahm Cortés auf seinem berühmten Urwaldmarsch durch Nordguatemala eine große Schweineherde mit[203]). Für die sich ansiedelnden Spanier wurde das Tier unentbehrlich, zumal seine Zucht und Unterhaltung wenig Mühe machte. Die Indianer übernahmen es rasch. Mochte es daran liegen, daß sie aus ihrer heimischen Tierwelt die Wildschweine kannten, die eine regelmäßige Jagdbeute lieferten, und somit der Genuß des Schweinefleisches an sich ihnen geläufig war? Freilich beschränkte sich der indianische Besitz auf jeweils nur wenige Tiere, die beim Haus gehalten wurden. Herden aber bildeten den Besitz der spanischen Landeigner, deren Verwüstungen in Dorf- und Stadtländereien oft Erlasse der Behörden notwendig machten. Der Vorteil der Haltung war, daß die Schweine sich sowohl im Hochland wie im heißen Tiefland einbürgern ließen, so daß sie bald über das ganze Land hin verbreitet waren. Wie beim europäischen Haushuhn war es auch beim

202) F. Termer, 1930, S. 448/449.

203) Bernal Diaz, ed. 1934, cap. 174 (Bd. II, S. 159): „una gran manada de puercos, que venia comiendo por el camino." — Gomara (ed. Vedía, 1877, Bd. I, S. 409, II): „Llevó una piara de puercos animales para mucho camino y trabajo, y que se multiplicaban en gran manera."

europäischen Schwein, das wir heute von den Urwäldern Nordguatemalas über die Hochländer hinweg bis in die heißen Niederungen der pazifischen Küsten antreffen. Außer dem Fleisch übernahmen die Indianer auch die Verwertung der Fettprodukte, so daß die spanische „Manteca" heute aus keinem Indianerhaushalt fortzudenken ist.

Überblicken wir die Einführung der europäischen Haustiere in der Kolonialzeit, so erhellt aus unseren Darlegungen die Tatsache, daß die Spanier und Mischlinge sich auf die Großtierzucht, die Indianer auf die Kleintierzucht verlegten. Pferde, Maultiere und Rinder blieben immer ein Reservat der besitzenden spanischen und bessergestellten Mischlingsschicht, schon weil sie Großgrundbesitz erforderten und für die indianische Lebensführung keine grundlegende Bedeutung besaßen. Pferde und Maultiere dienten dem Verkehr, wie ihn die Spanier mit diesem neuartigen Verkehrsmittel nach Mittelamerika gebracht hatten. Der Personen- und Warenverkehr war ganz auf sie angewiesen, während die Indianer nach wie vor zu Fuß durch das Land zogen und durch Menschen die Lasten tragen ließen. Es bildeten sich Verkehrsunternehmungen von Spaniern und Mischlingen, später auch Negern, die Maultiertrupps vermieteten, um Waren von Guatemala nach den Häfen oder in die Nachbarländer zu befördern. Nur an wenigen Punkten gingen auch Indianer zur Zucht und Haltung dieser Tiere über, wie in Zentralchiapas und im Valle de las Vacas (Pokomam-Indianer von Mixco). In manchen Gegenden war es den Eingeborenen geradezu verboten, Pferde zu halten und zu reiten, wie in Mexico, Michuacan und Yukatan. Nur mit besonderer behördlicher Erlaubnis waren Ausnahmen davon gestattet. Erinnern wir uns daran, daß das Pferd eine der größten Überraschungen für den Indianer war, die er bei den Eroberern kennenlernte, und daß er anfangs diesem Tier wie einem überirdischen Wesen kultische Verehrung zuteil werden ließ. So geschah es mit dem von Cortés in Tayasal am Petén-See zurückgelassenen Tier[204]), so war es noch 1695, als auf der Expedition des Präsidenten Barrios ins Lacandonengebiet ein Lacandone beim ersten Ansichtigwerden eines Pferdes sich aus Verehrung oder Furcht platt auf den Boden warf[205]). Das

[204]) Villagutierre, Lib. I, cap. 8 (ed. 1933, S. 45). — Lib. II, cap. 4 (a. a. O. S. 82).

[205]) Villagutierre, Lib. V, cap. 5 (a. a. O. S. 240): „A este indio llamaban ... los nuestros ... don Pablo Caballo ... porque habiendo visto ahora, que era la primera vez, un caballo de los nuestros, se admiró sobremanera, y le causaron tan grande gusto, y alegría los respingos, y corbetas, que hacia con el ginete encima, que se volvía loco. Y como preguntase; que qué era aquel?

Pferd und das Reiten waren Vorrecht der Herren des Landes. Den Unterworfenen stand es nicht zu, sich durch Reiten etwa äußerlich auf dieselbe Stufe mit ihnen zu stellen. Räumte man den Indianern dennoch einmal dieses Vorrecht ein, so handelte es sich um die Belohnung für besondere Dienste und beschränkte sich auf die Angehörigen alter Kazikengeschlechter oder indianische Amtsträger. Hin und wieder kam es wohl vor, daß man einen Indianer beritten auf dem Wege traf, mehr noch als in Guatemala in den südlichen Ländern des mittelamerikanischen Isthmus. Wie so ein Reiter aussah, haben die Berichterstatter der Visitationsreise des Alonso Ponce uns überliefert: „Donnerstag, den 19. Juni (1585) brach der Pater Kommissar an einem klaren Tage von Subtiaba (in Nicaragua) mit einem alten Indianer als Wegführer auf, der das Land gut kannte. Dieser ritt auf einem so dürren Klepper, daß er mehr Haut und Knochen zu sein schien. Trotzdem blieb er immer vornweg. Der Sattel war aus trocknem Gras wie Heubündel gemacht mit einer Handstütze vorn und hinten aus dem gleichen Material. Die Steigbügel waren aus ungegerbtem Rindleder, und als Zügel führte er einen Strick, den man »barboquejo« nennt[206]).

Dieses ist die übliche Art zu reiten bei den Indianern jenes Landes, denn nur wenigen erteilten die Gouverneure die Erlaubnis, Sattel und Zaumzeug zu besitzen, wie es auch in México, Michuacan und Yucatan der Fall ist, wo man auch ohne Lizenz keine Pferde halten darf. Um Sattel und Zaumzeug zu führen, bedarf es einer besonderen Erlaubnis, ausgenommen in Yucatan, wo man bei der Lizenz zum Halten von Pferden auch die zum Führen eines Sattels erteilt, damit die Eingeborenen den Spaniern zu Hilfe eilen können, wenn französische Korsaren jene Küsten überfallen[207])."

Auch das Rindvieh blieb ein den Spaniern vorbehaltener Besitz, der Großländereien voraussetzte. Fleisch und Häute bildeten die Hauptproduktion, die auch zur Ausfuhr in Frage kam. Da das europäische Rindvieh in den Tropen nur wenig Milch liefert, hat sich eine Milchwirtschaft nach europäischem Muster in der Kolonialzeit nicht entwickelt, ist übrigens in Guatemala erst in jüngster Zeit durch Import hochwertigen europäischen Zuchtviehs aufgekommen. Von überragender Bedeutung ist

---

y le dijesen: que caballo, tomó le nombre tan de memoria, que siempre le andaba diciendo, y repitiendo, y remedaba con suma gracia, lo que le había visto hacer, poniéndose en cuatro pies, con las manos en el suelo."

[206]) Ein Strick, der um das Kinn und durch das Maul gezogen wird.

[207]) Ponce, ed. 1872, S. 373.

aber in Guatemala die Rindviehzucht niemals in dem Maße geworden wie in Honduras und Zentralchiapas, höchstens daß in den östlichen Teilen der Republik sich größere Viehhacienden entwickelt haben. Ein Grund hierfür mag darin zu suchen sein, daß Zentralhonduras ein schwachbesiedeltes, von Indianern so gut wie ganz entblößtes Land war, das ausgezeichnete Weideterrains in seinen schütteren Kiefernwäldern und breiten waldarmen Senken hatte, wie es ganz ähnlich in Mittelchiapas auf den Mesaflächen der Fall war. Die in dem dichter besiedelten kolonialspanischen Hauptwirtschaftsgebiet von Guatemala gelegenen Ländereien waren doch demgegenüber durch Indianerland mit seiner dichten Eingeborenenbevölkerung für Viehzucht im großen zu sehr eingeschränkt. Die pazifische Küste aber trug noch weithin ihr Waldkleid, in dem Weideland im 16. Jahrhundert nur bei Escuintla und Masagua in nennenswertem Umfang lag, von wo es langsam gegen Südosten (Taxisco, Guazacapán) und nach Westen (Cotzumalhuapa) vorgeschoben wurde.

Auch in der Gegenwart ist der Indianer kein Rindviehzüchter geworden, weil ihm Land und Mittel dazu fehlen, vielleicht auch die innere Neigung dazu mangelt. Nur hin und wieder findet man bei wohlhabenderen Leuten in Westguatemala ein oder drei Rinder, die mehr eine Kapitalanlage mit dem Gedanken einer preiswerten Wiederveräußerung bilden, als zur Gewinnung tierischer Produkte bestimmt sind.

Betrachten wir nun die Verteilung der Produktionsgebiete in Guatemala während der Kolonialzeit, wobei wir zusammenfassen, was im einzelnen oben aufgeführt wurde. Eine allgemeine Verbreitung über das ganze Gebiet hat der Maisbau gehabt, die Kakaoproduktion sich in der Tierra caliente auf der pazifischen Seite hauptsächlich erhalten, nur vereinzelt und wirtschaftlich weniger bedeutend auf der atlantischen Abdachung. Die Verteilung der übrigen vorkolumbischen Nahrungs- und Nutzpflanzen hat keine Veränderung in der Kolonialzeit erfahren, hat niemals unter dem Einfluß der Europäer Flächenkulturen in großem Umfang entstehen sehen, sondern ist stets punktweise verbreitet gewesen. Die neu eingeführten europäischen Pflanzen verteilten sich den klimatischen Höhenstufen entsprechend, wobei der Weizen noch den weitesten Spielraum eroberte. Es ist sogar wahrscheinlich, daß seine untere Kulturgrenze in der Kolonialepoche tiefer lag als in der späteren Zeit. Denn wenn wir gegenwärtig als untere Grenze etwa eine Meereshöhe von 1800 m ansetzen können, die nur stellenweise in kleinen Vorkommen unterschritten wird, so zeigt das Beispiel vom Valle de las Vacas bei Petapa, daß im 17. Jahrhundert noch bei 1200 m ausgedehnte Weizenkulturen gepflegt wurden. Die Angabe von Gage, es habe sich um Kandiaweizen gehandelt, deutet auf die südeuropäische wärmeliebende Art, die von Spanien nach Guatemala gebracht sein dürfte. Damit lagen die Hauptanbaugebiete im Mam-, Quiché-, Cakchiquel- und Pokomamgebiet und lehnten sich an die spanischen Großgrundbesitze der Encomiendas und die spanischen Landsiedlungen an. So bedeutende Flächenkulturen wie beim einheimischen Mais sind für den Weizen nicht anzunehmen. Er beschränkte sich auf lokale, enger umgrenzte Anbauflächen, die auch verstreut in Ostguatemala anzunehmen sind.

Der Zuckerrohranbau nahm größere Areale damals in den mittleren Höhenlagen der Tierra templada ein, zwischen 700 bis 1200 m, stieg auch wohl in geschützten Lagen (Antigua) auf 1500 m herauf. Hauptanbaugebiete waren die südlichen Teile des Valle de las Vacas um den Amatitlán-See herum (1200 m ü. M.) und die Ebene von San Gerónimo bei Salamá (ca. 1000 m), weiter wärmere Flußauen am Rio Esclavos bei Cuilapa und der Ausgang des Hochtals von Antigua gegen die pazifische Küste. An dieser selbst können Anbauflächen vereinzelt angenommen werden, die erst im Laufe des 18. Jahrhunderts sich zu größeren Flächen zusammengeschlossen haben. Sonst geschah der Anbau in Kleinbetrieben, zumal auch die Indianer sich ihm bald widmeten. Die tiefen Flußtäler und Gebirgssenken in Mittelguatemala haben allenthalben die Anlage von kleinen Zuckerrohrfeldern begünstigt, zumal genügend Wasser zum Betrieb der Zuckerquetschen vorhanden war, wenn die Mittel zur technischen Anlage ausreichten. Überwiegend werden aber die primitiven hölzernen, von Menschenhand oder von Tieren getriebenen Zuckerrohrmühlen verwendet worden sein, wie man sie gegenwärtig noch in den indianischen Kleinbetrieben der östlichen Altos Cuchumatanes beobachtet.

Die Agrumen fanden ihre besten Plätze in den warmen, geschützten Tälern und Becken der gemäßigten Höhenlagen, wo sie bei Rabinál oder Panajachél vortrefflich gediehen. Europäische Obstarten blieben auf die kühleren Regionen beschränkt und haben niemals besonders gute Qualitäten geliefert. In den breiten, von Norden nach Süden gerichteten Senken und an den entsprechenden Abhängen der pazifischen Abdachung verhinderten die heftigen Luftströmungen die Anlage größerer Obstbaumplantagen.

Die europäische Viehzucht endlich hat sich in allen Gebieten von Guatemala eingeführt, vom Meeresstrand bis über die obere Baumgrenze hinaus, ohne daß eine besondere, wenn nicht durch die Tierarten (Schafe, Ziegen) bedingte Verbreitungsanordnung erkennbar würde.

3. Der kolonialspanische Handel.

Guatemala hat im Einfuhr- und Ausfuhrhandel stets eine stiefmütterlich bedachte Rolle bis zum Anfang des 19. Jahrhunderts gespielt. Von der Mitte bis gegen Ende des 16. Jahrhunderts war seine Lage besser, weil die Produktion von Indigo und Zucker zum Massenexport geführt und die vorher noch bedeutsame Kakaoausfuhr zurückgedrängt hatte. Müssen wir ja auch bedenken, daß der Genuß von Schokolade damals in Europa noch auf wenige Kreise beschränkt geblieben war. Dem spanischen Mutterlande aber lag damals viel mehr an der Edelmetallausfuhr aus seinen Kolonien als an derjenigen von Agrarprodukten. Um so mehr legte es Wert auf seine eigene Ausfuhr nach den amerikanischen Gebieten, die in der Form von Fertigwaren und gewissen Genußmitteln erfolgte. Tuche, Eisenwaren, Olivenöl und Wein waren im 16. Jahrhundert die Haupteinfuhrwaren aus Spanien, Indigo, Kakao, Zucker und Häute die Hauptausfuhrerzeugnisse des nördlichen Mittelamerika. Mit dem Ende des 16. Jahrhunderts setzte der rapide Rückgang des Handels infolge der Beschränkungen von seiten der Regierung Spaniens ein, nachdem schon vorher durch die verkehrstechnischen Maßnahmen Stockungen eingetreten waren. Das zunehmende Flibustierunwesen im amerikanischen Mittelmeer hatte 1561 zur Aufstellung der Begleitflotten geführt, einem Konvoisystem, wie es der gegenwärtige Krieg wieder hat entstehen sehen. Damit war der Schiffsverkehr auch nach Mittelamerika auf wenige Fahrten zusammengedrängt worden, deren wichtigste und stets geförderte Routen die Linien nach der Landenge von Darien bzw. Panama und nach Veracruz waren. Die mittelamerikanischen Häfen an der karibischen Küste von Honduras pflegten bis in die Mitte des 16. Jahrhunderts von spanischen Schiffen über die Antillen angelaufen zu werden. Aber die Verkehrsschwierigkeiten von Omoa, Puerto Caballos und Trujillo aus ins Innere und bis Guatemala waren noch so groß, daß die Einfuhr zum Teil bereits 1538 ihren Weg über Veracruz und dann über Chiapas oder Soconusco nach Guatemala gesucht hatte. Infolge der Piratenüberfälle nahm der Verkehr nach den hondureñischen Häfen ab und schrumpfte noch mehr ein, als 1564 bestimmt wurde, daß die Mittelamerika- bzw. Hondurasfahrer sich der Neuspanien-Geleitflotte anzuschließen hätten. Denn hierdurch verzögerte sich der Verkehr durch langes Warten in Spanien oder bei den Antillen erheblich. Die Erlasse verlangten, daß die Hondurasschiffe sich bei der Isla de Pinos oder beim Kap San Antonio an der Südostspitze Kubas von der Neuspanienflotte trennten und unter Vermeidung der yukatekischen

Ostküste direkt Puerto Caballos ansteuerten. Wie vernachlässigt der Verkehr war, beweisen die Klagen aus Antigua vom Jahre 1573, daß nur mehr zwei Schiffe alle zwei Jahre mit spanischen Waren einträfen. 1583 kamen nur drei Schiffe mit Wein an. Das Schlimme für die Kaufleute war, daß das Eintreffen ganz unregelmäßig geschah. Lange Monate konnten vergehen, bis nach dem vorausgesehenen Termin die Flotten anlangten, die im Falle von Honduras kaum mehr als zwei bis drei Schiffe betrugen. Natürlich waren dann in den Häfen weder genügend Leute noch Maultierkarawanen bereit, um die Waren in Empfang zu nehmen und landeinwärts nach Antigua abzutransportieren, so daß manches verdarb. 1633 wurde jede Begleitung durch Kriegsschiffe auf der Hondurasfahrt aufgehoben, wahrscheinlich wegen der zahlreichen Verstecke und Stützpunkte der Flibustier auf den Bai-Inseln, an der Moskito- und Belizeküste. Damit hörte praktisch jeder Handelsverkehr via Puerto Caballos auf, und die Kaufleute in Guatemala verschifften ihre Ladungen über Granada in Nicaragua und weiter über Cartagenas. So weiß Gage von den bis zu 300 Maultieren starken Karawanen zu berichten, die mit Indigo, Cochenille und Häuten sowie mit Zucker aus Guatemala und Salvador nach Nicaragua zogen. Als auch dieser Weg durch Landstreifzüge der Flibustier zu unsicher geworden war, wandte sich der Handelsverkehr wieder der Route von Guatemala nach Veracruz zu[208]).

Den Umfang des Handels in der Kolonialzeit dürfen wir für Guatemala nicht überschätzen. Er hat sich immer nur in beschränkten Grenzen gehalten und niemals auch nur annähernd den Umsatz des Handels von Neuspanien oder Peru erreicht. Guatemala wurde eben durch die beiden reichen, dicht bevölkerten Länder an die Wand gedrückt und hatte kein einziges Produkt, vielleicht außer der Cochenille und dem Indigo, das eine durch ihre Qualität und Spezialität ausgezeichnete Ware bildete. Andererseits war seine Bevölkerung nicht kaufkräftig genug, um einen größeren Absatz eingeführter Waren zu garantieren. Die spanische Oberschicht war viel geringer an Zahl als in Neuspanien, die Mestizen zu unbemittelt und die selbstgenügsamen Indianer zu zahlreich, als daß sich bedeutendere Handelsumsätze hätten voraussehen lassen. Man halte sich vor Augen, daß im Jahre 1610 über die Nordküste nach Guatemala eingeführt wurden:

120 quintales Eisenwaren (= 5520 kg)
2 quintales Hufeisen (= 92 kg)
18 Paar Frauenpantoffel

[208]) Pelaez, cap. 28 (Bd. I, S. 203—209); cap. 55/56 (Bd. II, S. 76—86).

12 Ries Papier
450 botijas Wein (= ca. 360 l)
9 cargazones Handelswaren aus Sevilla an Kaufleute in Antigua[209]).

Das sind Zahlen, die nach der Aufstellung von Pelaez[210]) weit hinter denen in der zweiten Hälfte des 16. Jahrhunderts zurückbleiben. Er beziffert den Rückgang des Guatemalahandels Anfang des 17. Jahrhunderts gegen 1586 an der Nordküste auf ein Viertel. Um so mehr blühten die südlichen Provinzen, wie Nicaragua und Costa Rica, auf, die an dem Durchgangshandel von Cartagena oder Panama nach Guatemala nur verdienen konnten.

Am stärksten unter den Einfuhrwaren aus Spanien und den spanischen Kolonien nach Guatemala war der Wein vertreten, der bis ins 18. Jahrhundert im Lande in größeren Mengen verbraucht wurde, besonders im 16. Jahrhundert, ehe die zunehmende Zuckerproduktion den Branntweinumsatz förderte. Obwohl die Zahl der Weinschankstellen in Antigua 1577 auf 12 beschränkt worden war, blühten trotzdem ihrer 35[211]). Noch 1583 liefen in Puerto Caballos drei Schiffe mit 30 000 Fäßchen Wein aus Spanien ein, weitere Zufuhren kamen aus Peru. Diese Einfuhr aus Südamerika bildete im 17. und 18. Jahrhundert den Hauptbestandteil des Handels nach den mittelamerikanischen Gebieten[212]).

Nach 1610 wurden die Lizenzen des freien Warenaustausches von Guatemala mit den spanischen Kolonien aufgehoben und schärfere Bestimmungen mit dem Handel nach Spanien erlassen, die einseitig Guatemala benachteiligten, um so eher aber die Interessen von Peru förderten, da dieses als wichtiger Lieferant für Guatemala Vorrechte eingeräumt erhielt. Als auch der Weinhandel unterbunden zu werden drohte, nahmen die Beschwerden und Eingaben der Bevölkerung in Guatemala zu. Sie verdichteten sich 1679 zu einem Vorschlag an die spanische Regierung, gegen eine jährlich von Guatemala an die Krone zu zahlende Summe von 400 000 Pesos die freie Wareneinfuhr aus Peru nach Guatemala zu bewilligen. 1683 wurde ein weiterer genauer spezialisierter Vorschlag eingereicht, wonach die Summe auf 200 000 Pesos ermäßigt war, um dagegen 5000 Fäßchen Wein und ein Schiff mit Waren und

---

[209]) Der Umfang eines „cargazón“ ist für die damalige Zeit fraglich.

[210]) Pelaez, Bd. II, S. 78/79.

[211]) Pelaez, Bd. I, S. 208.

[212]) Über Warentransporte auf Küstenschiffen vgl. Gage, ed. 1693, S. 418. Man beförderte auf diese Weise Honig, Leder, Speck, Mehl und Geflügel.

Früchten im Wert von 200 000 Dukaten einführen zu dürfen. Nur Guayaquil-Kakao sollte nicht gebracht werden, mit der seltsamen Begründung, daß er den Indianern in Guatemala unbekömmlich wäre. Ferner bat man um die Erlaubnis der Einfuhr chinesischer Waren. Alles wurde abgelehnt, und der Handel drohte ganz zu erliegen[213]).

Das 18. Jahrhundert besserte an diesen Zuständen nichts, verschärfte allenfalls nur die Erbitterung über die Hintansetzung oder Nichtberücksichtigung der Interessen Guatemalas durch die Krone. Ein Streiflicht auf die Zusammensetzung der Wareneinfuhr aus Mexico, Peru und Kuba, die wir mengenmäßig uns nur gering vorzustellen haben, mag folgende Aufstellung geben, die uns überliefert ist (1798—1799)[214]):

Aus Mexico: Mehl, Weizen, Porzellan aus Guadalajara, Seife, Schinken, Umschlagetücher (rebozos), Tuchstoffe aus Querétaro, Kattune, Leinen und Wollstoffe, Flandrisches Linnen, Taschentücher, Seide, Otternfelle.

Aus Peru: Wein, Branntwein, Öl, Oliven, Weizen und Weizenmehl, Nudeln, Bohnen, Linsen, Fische, Käse, Mandeln, Kakao, Feigen, Schinken, Rosinen, Nüsse, Wäschestoffe aus Cuzco, grobes Linnen, Kattune, graue Hemden, feinere Hemden, weiße gestreifte Doppelleinewand, baumwollene Steppdecken, kleine Teppiche, Hüte, Filztücher, Schaffelle, zugeschnittenes buntes Schuhleder, Alpakapelze, Salz, bearbeitetes Kupfer, Glocken, Eisenwaren, Blechplatten, Zinntassen, Tassen und Schüsseln aus Puebla-porzellan, Schiffbauzubehör, gelegentlich Kutschwagen.

Aus Havanna: Kubawachs, Korduanleder, Seife, Garn, Leder, Seidentücher, Chinawaren, chinesisches Porzellan.

Die Liste zeigt, daß die Mehrzahl der Waren aus Europa stammte, ein Teil aus Ostasien und auf dem Wege des Zwischenhandels nach Guatemala gelangte. Die Waren wurden erheblich verteuert und zeigten in ihrer Zusammenstellung, daß sie mehr auf die Bedürfnisse der Kreolenschicht als auf die Masse der Eingeborenen und die Mehrzahl der Mestizen in den Landgemeinden abgestellt waren. Das Risiko des Handels ergibt sich aus einer Notiz, daß gelegentlich spanische Waren wegen Unverkäuflichkeit wieder zurückgeschickt werden mußten[215]).

[213]) Pelaez, Bd. II, S. 56. — Ders. ausführlich über den Weinhandel mit wertvollen Einzelangaben, auf die hier nicht näher eingegangen werden kann, Bd. II, S. 50—62.

[214]) Pelaez, cap. 54.

[215]) Pelaez, Bd. II, S. 75.

Gegen die Einschnürung der Handelsbeziehungen und aus dem Bewußtsein heraus, daß jede wirtschaftliche Zukunft Guatemalas einem Ruin entgegengesteuert wurde, machten sich in der ersten Hälfte des 18. Jahrhunderts Gegenbestrebungen bemerkbar, die von einigen klugen, unternehmungslustigen Männern ausgingen und aus den allgemeinen Wirtschaftstendenzen des Jahrhunderts verstanden werden müssen. Sie führten zur Planung einer Handelsgesellschaft, auf die wir kurz zurückkommen müssen.

4. Die Handelsgesellschaft von Guatemala.

Der seit dem Ende des 17. Jahrhunderts einsetzende Rückgang des Handels zwischen Guatemala und Mexico nebst Peru und dem spanischen Mutterland drohte im 18. Jahrhundert zu einem völligen Stillstand zu führen. Das handelspolitische Interesse Spaniens wandte sich mit seiner merkantilistischen Tendenz ausschließlich Neuspanien und Südamerika zu, wo 1728 eine Handelskompanie in Caracas ins Leben gerufen worden war[216]). Sie wurde der Anlaß, daß sich ein über seine Landsleute durch Weitsicht und Unternehmungsgeist hervorragender Kopf Fernando de Echevers mit ähnlichen Plänen für Mittelamerika befaßte. Er reichte 1742 beim Ayuntamiento in Antigua eine Eingabe ein, eine Handelsgesellschaft von Guatemala zu gründen, um durch sie der Schwierigkeiten des Handels Herr zu werden und ihn einer neuen Blüte entgegenzuführen. Er stützte sich auf den fast erloschenen Seeverkehr mit Mexico und Peru, mit Havanna und Spanien, und sah richtig einen der Hinderungsgründe in der mangelnden Initiative seiner Mitbürger, die sich mit den beschränkten Verhältnissen ihres mittelamerikanischen Wohnraumes abzufinden drohten. Für ihn war die Aufnahme des Seeverkehrs mit eigenen Kompaniefahrzeugen eine Vorbedingung des Aufschwunges, auch wenn sie nur jährlich mit je einem Schiff nach Peru und Mexico sowie nach Spanien begonnen wurde. Das durch private Kreise in der Kompanie vertretene fortschrittliche Interesse mußte das Gegengewicht gegen die retardierenden Machenschaften des Mutterlandes sein. Weitere Vorbedingung war aber auch eine stärkere Ausnutzung der wirtschaftlichen Hilfsquellen Guatemalas selbst, die vor allem in einer Modernisierung und gesteigerten Ausbeute der in Honduras liegenden Minenbezirke erblickt wurde. Dazu kam die vermehrte Ausfuhr von Produkten pflanzlicher und tierischer Natur, die allerdings keine spezifisch mittelamerikanischen

[216]) Hussey, 1934, s. Literaturverzeichnis.

Erzeugnisse liefern konnten, sondern in Konkurrenz zu den gleichgerichteten der übrigen spanisch-amerikanischen Kolonien zu treten hatten. Der wichtigste Punkt des Planes war die Einsicht, daß man nur dann zu einem positiven Ergebnis kommen konnte, wenn es gelang, die Kompaniegründung ohne den langwierigen Umweg über die spanische Regierung vorzunehmen.

Es sollten als Kapital Aktien gezeichnet werden, 2000 an Zahl zu je 500 Pesos, so daß eine Grundlage von 1 Million Pesos zu Verfügung stand. Aber um einen Anfang zu machen, sollte es genügen, wenn zunächst einmal 400 Aktien gezeichnet wurden. Den Anstoß hätten vier angesehene Bürger von Antigua zu geben, die jeder 20 Aktien oder mehr, je nach Vermögen, übernehmen sollten.

Stände erst einmal die Gesellschaft auf festen Füßen, so hätte sie dringliche Aufgaben vor sich, die Echevers in der Ausdehnung des Handels an der karibischen Küste sah, in der Vertreibung der Engländer aus Britisch-Honduras, der Bekämpfung des Piratenunwesens, dem Schutz der Moskitoküste, wo die Macht der heimatlichen Regierung bisher versagt hatte. Für diese freiwillig übernommenen Verpflichtungen forderte die Kompanie das Recht, ihren Handel auf eigenen Schiffen zu betreiben, die sich in der Transatlantikfahrt den Verbänden der spanischen Sammelflotten anschließen durften. Es war ein großzügiges Projekt, das der späteren Entwicklung des mittelamerikanischen Handels nach der Unabhängigkeitserklärung um rund 80 Jahre vorauseilte.

1743 wurde in einer öffentlichen Sitzung des Cabildo die Angelegenheit behandelt und der Generalkapitän veranlaßt, sie unter seinen persönlichen Schutz zu nehmen. Bedenkt man, daß dieser ein Spanier war und die Interessen der Madrider Regierung vertrat, so ist es nicht verwunderlich, daß er die Gründung von der vorherigen Genehmigung des Königs abhängig machte. Trotzdem sich einige Zeichner von Aktien gefunden hatten und ein starkes öffentliches Interesse an der Kompanie vorhanden war, wurde durch das Verhalten des obersten spanischen Beamten die Gründung 1744 vereitelt.

Aber 1748 nahm man den Plan unter dem neuen Generalkapitän Araujo wieder auf. Es kam zu einer neuerlichen öffentlichen Behandlung des Themas und zu einer Zeichnung von 1200 Aktien innerhalb von 14 Tagen zu je 500 Pesos, sowie gegen Ende des Jahres zur Ernennung der Direktoren der Gesellschaft, die die Interessen von 1519 Aktionären zu vertreten hatten. Das Statut der Kompanie umfaßte 36 Abschnitte, die leider nicht erhalten geblieben sind. Sie mußten vom König genehmigt, also nach Spanien gesandt werden. Dort tauchte alsbald, wie Echevers richtig vorausgesehen hatte, die größte Schwierigkeit auf, insofern der König ein Gutachten der Casa de Contratación einholte. Sie, die sich unter dem Einfluß von Mitgliedern eines der Caracaskompanie, Neuspanien und Südamerika freundlichen Kreises sah, entschied ablehnend, so daß damit der Plan einer Guatemala-Handelsgesellschaft, geboren aus den wirtschaftlichen Ansichten des 18. Jahrhunderts, endgültig scheiterte. Ein nochmaliger Versuch 1761 hatte das gleiche Schicksal.

Für Guatemala war es ein harter Schlag, sich damit als zweitrangige Kolonie von Spanien aus bewertet zu sehen, um auf der anderen Seite zu erfahren, wie nach dem Aufhören der staatlichen Galeonenflotten nach Amerika im Jahre 1748 private Schiffe den Handel mit Argentinien, Chile und Peru aufnahmen. Sein Handel verfiel damit gänzlich, ähnlich wie derjenige von Panama, wo 1749 die Audiencia aufgehoben worden war. Die Folge war eine Stagnation des Wirtschaftslebens, Mittelamerika war zu einer Provinz gestempelt und gegen Mexico und Südamerika zurückgeworfen. Erst das 19. Jahrhundert sollte nach der Befreiung von der Bevormundung Spaniens darin eine Änderung herbeiführen[217]).

5. Wirtschaft und Handel seit der Gründung der Republik Guatemala 1823.

Der letzte und jüngste Abschnitt der wirtschaftlichen Entwicklung Mittelamerikas beginnt mit seiner Lostrennung vom spanischen Mutterlande. Sie hat zwei grundlegende Änderungen gegenüber der Vergangenheit im Gefolge: die Zulassung landesfremder Unternehmer aus Europa und den Vereinigten Staaten, später, wenn auch in beschränktem Umfang, aus Ostasien und den Anschluß der jungen Republiken an den Welthandel. Wir unterlassen es, im einzelnen diese Entwicklung zu verfolgen, die mehrfach in neueren Darstellungen gewürdigt worden ist, wobei besonders auf die Zusammenstellung von Carlos Hegel 1930 mit weiteren Literaturangaben verwiesen sei[218]). Es möge hierzu nur einiges weitere Material hinzugefügt werden.

Wichtig ist, daß die neue Zeit sich erst allmählich Eingang in Mittel- und Südguatemala verschaffte, das wir hier wieder besonders behandeln wollen. Man griff zunächst noch auf die bisher zur Ausfuhr gelangten

---

[217]) Die Guatemala-Kompanie ist ausführlich behandelt bei Pelaez, cap. 94/95 (Bd. III, S. 9—20). — Hieran lehnt sich eng an die kurze Würdigung bei A. Gomez Carillo, 1895, S. 275—278.

[218]) Carlos Hegel, 1930.

Produktionszweige zurück, auf Indigo und Cochenille, die bis in die fünfziger Jahre die einzig nennenswerten Produkte waren, die ins Ausland gebracht wurden. Um so reger gestaltete sich der Einfuhrhandel, in dem Großbritannien als erste Macht auf dem Platze erschien. Es hatte den Vorteil, in Belize ein günstiges Einfallstor nach Guatemala zu besitzen, an dem sich die Überseefahrzeuge sammelten, um ihre Waren zu löschen, die auf kleineren Schiffen geringen Tiefganges an der Küste südwärts bis zum Rio Dulce und diesen aufwärts nach Izabál gebracht wurden. Bis zur Mitte des Jahrhunderts blieb dieser Platz an dem heißen, ungesunden Gestade des Izabál-Sees der einzige nordatlantische Hafen der jungen Republik. Dieser Transport war umständlich und teuer. Denn die in Belize eingetroffenen Ladungen mußten dort erst in Ballen von 150 bis 180 span. Pfunden umgepackt werden, um sie für die Verfrachtung auf den 60 bis 80 Tonnen fassenden kleinen Segelschiffen der Küstenfahrt geeignet zu machen und sie zugleich in Izabál, wo zwei Kommissionshäuser für den Warenumschlag bestanden, als passende Frachten für den Maultiertransport nach der Hauptstadt bereit zu haben. War doch ein langes Lagern aus klimatischen Gründen unmöglich, wodurch schon in der Kolonialzeit in den „Bodegas" viele Werte vernichtet worden waren. Die Nordamerikaner waren die ersten, die die englische Zwischenstation dadurch zu umgehen versuchten, daß sie eigene kleine Segelschiffe von den Staaten oder Havanna direkt bis Izabál laufen ließen. In den Jahren des mittelamerikanischen Staatenbundes aber umgingen europäische Schiffe Belize nach Möglichkeit und landeten in Omoa, von wo die Weiterleitung der Einfuhrgüter teils nach Izabál, teils auf dem Motagua-Fluß nach Gualán mittels flach gehender Boote (pipantes) erfolgte[219]).

Die Schwierigkeiten und die Verteuerung des Handels ergaben sich erst aus dem von diesen Plätzen zur Hauptstadt erfolgenden Transport, der auf Maultierkarawanen angewiesen war und nur schlechte Wege in dem regenreichen, heißen, damals noch ganz von Wald bedeckten unteren Motaguatal und über die Sierra del Mico zur Verfügung hatte. So betrug die Zeit solcher Trupps von Izabál nach Guatemala-Stadt im Durchschnitt 40 Tage, konnte notfalls auf 20 bis 22 Tage verkürzt werden, während die Passagiere selbst auf guten Reittieren 6 bis 7 Tage benötigten. Nicht selten kam es vor, daß Warenladungen 2 bis 4 Monate unterwegs waren. Mißhelligkeiten und Erschwernisse ergaben sich auch aus dem schleppen-

[219]) Diese und die folgenden Ausführungen verwerten Material, das in den Hamburgischen Consulatsberichten auf der Commerzbibliothek in Hamburg enthalten ist.

den Gang der behördlichen Waren- und Zollabfertigung in Izabál, das, weit vom Regierungszentrum abgelegen, eine strengere Beaufsichtigung der Beamten unmöglich machte.

Besser lagen die Verhältnisse an der Südküste, deren Haupthafen Iztapa war. Der Weg von dort nach der Hauptstadt war in der Trockenzeit recht gut, so daß die Maultiertransporte in acht Tagen, Passagiere in zwei Tagen nach Guatemala gelangen konnten. Da die Verzollung in der Hauptstadt vorgenommen wurde, wickelte sich der Handel hier viel rascher und besser ab als über Izabál.

Ein besondere Zunahme der europäischen Wareneinfuhr ist seit 1830 zu bemerken, deren jährliche Summe auf etwa 1 600 000 Dollar berechnet wurde. An ihr waren anteilsmäßig vertreten:

Großbritannien	mit	990 000	Dollar
Frankreich	„	300 000	„
Deutschland	„	200 000	„
Spanien u. a.	„	100 000	„
Vereinigte Staaten	„	10 000	„

Wichtig ist, daß ein großer Teil des deutschen Imports indirekt erfolgte, da er nämlich seinen Weg von Hamburg und Bremen nach England nahm und auf englischen Schiffen weiter verfrachtet wurde. Wenn auch hamburgische Segelschiffe seit den dreißiger Jahren in guatemaltekischen Häfen erschienen, so waren es doch nur ganz wenige, zumal das Anlaufen der Westküstenhäfen durch den Umweg um das Kap Hoorn zeitlich zu sehr behindert wurde.

So wird denn ein nicht unbeträchtlicher Teil von Importwaren, der unter englischer Herkunft erscheint, aus deutschen Gebieten gestammt haben. Einfuhrerzeugnisse von England waren verschiedene Arten von Kattunstoffen, schwarze Tuche, Wollstoffe, Eisenwaren und Messerschmiedeerzeugnisse, dagegen nur wenig Luxus- und Modeartikel. Sie brachten die englischen Mahagonischiffe auf der Ausreise nach Belize mit, um als Rückfracht von dort Nutz- und Farbhölzer zu laden.

Frankreich lieferte Seidenwaren, Musseline, Bänder, modische Strumpfwaren, Handschuhe, Parfümerien und Spielzeuge, Spanien vor allem Weine, Speiseöl, Eisen- und Stahlwaren, Papier, während aus den Vereinigten Staaten etwas Kattunstoffe und Kramwaren kamen.

Der Import blieb zum größten Teil in der Republik. Einige Mengen gingen aber auch im Schleichhandel über die Altos und Soconusco nach Mexico, an dem sowohl Mexikaner wie Guatemaltecos beteiligt waren.

Ihm kam zustatten, daß letzterer Küstenstrich damals als eine Art neutrales Gebiet zwischen Guatemala und Mexico betrachtet wurde, in dem es an jeder staatlichen Aufsicht mangelte, so daß sich allerlei Gesindel und Verbrecher mit Vorliebe dorthin zu flüchten pflegte. Bei der Geländebeschaffenheit und der langen Grenzlinie war eine Aufsicht kaum möglich. Erst in der Gegenwart hat sich dank strengerer Kontrolle der illegitime Handel einschränken lassen. In den Jahren 1925 bis 1929 bestanden bereits Überwachungsstellen an den Hauptwegen, wie etwa bei Cuilco und Nentón, ganz zu schweigen von der strengen Aufsicht in Ayutla und Suchiate, die jeder Reisende, der jemals den Suchiate-Fluß überschritten hat, in Erinnerung behalten wird. Dazu treten berittene Grenzpatrouillen, die Reisende unterwegs kontrollieren und gegebenenfalls nach der nächsten Grenzstation begleiten, wie es mir 1926 auf dem Marsch von Chaculá nach Comitán auf der mexikanischen Seite der Grenze begegnete.

Die Hebung der landeseinheimischen agrarwirtschaftlichen Produktion ließen sich die Regierungen von Guatemala alsbald angelegen sein. Sie förderten aus diesem Grunde die Einwanderung von Fremden, wobei der Gedanke der Siedlungskolonien besonders verfolgt wurde. Auf ihn sind die beiden Gründungen der englischen „The Eastern Coast of Central America Commercial and Agricultural Company" 1834 und der „Compagnie Belge de Colonisation" 1841 zurückzuführen. Die erstere erhielt ein weites Gebiet in der östlichen Alta Verapaz bis zum Polochic im Süden zugewiesen, wo als Platz Abbotsville angelegt wurde, das noch auf der Karte von Hermann Au von 1876 Jahrzehnte nach seiner kurzen Existenz eingetragen wurde. Es liegt dort am Rio Boca Nueva, nordwestlich von Panzós, ist aber sicher falsch gezeichnet, da dieser Fluß von Westen her und nicht aus Norden, wie bei Au, in den Polochic mündet. Das englische Unternehmen war auf betrügerischer Grundlage errichtet. In England selbst diente es dazu, unbrauchbares Großstadtgesindel aus London abzuschieben, in Guatemala, um die Taschen der skrupellosen Agenten zu füllen, die sich um die mit der Landesregierung eingegangenen Verpflichtungen zu drücken versuchten. Es kostete ihnen die Konzession; Abbotsville, das aus primitiven Hütten bestand, in malariaverseuchter heißer Gegend lag und jede hygienische Vorsorge für die weißen Siedler vermissen ließ, wurde teils zu einem Friedhof durch das Massensterben der Einwanderer, teils fluchtartig von ihnen verlassen, so daß bald keine Spur mehr von der „Kolonie" übrig war. Heute wird sich der Reisende bei Panzós oder sonst im Polochictal vergeblich nach dem Namen Abbotsville zu erkundigen versuchen: niemand von der gegenwärtigen Bevölkerung wird ihm darüber Auskunft geben können.

Nicht unbeeinflußt von der englischen Siedlungsgesellschaft war die ihr folgende belgische Unternehmung, an der zahlreiche Deutsche als Einwanderer beteiligt waren. Wir verdanken H. Schottelius eine neue Untersuchung über die belgische Kompanie und ihren Anteil an der deutschen Einwanderung nach Guatemala, die verstreutes Material zusammengetragen hat[220]). Wir verweisen auf diese Arbeit und bemerken nur, daß auch diese Siedlungsgesellschaft eine Enttäuschung für Guatemala wurde. Sie ging ebenfalls unter großen Menschenverlusten zugrunde, hat aber gegenüber Abbotsville noch heute Spuren hinterlassen. Denn noch jetzt besteht der Ort Santo Tomás, in reizvoller Lage im innersten Winkel der Amatique-Bucht, unmittelbar am Fuß urwaldbedeckter felsiger Kalkberge des San Gil-Gebirges. Bis in die Gegenwart haben sich die Straßen der alten Kolonie erhalten, freilich überwuchert vom Grün der Vegetation, aus dem Holzhäuser europäischen Stils hervorlugen. Am Meeresgestade aber breiten sich gut gepflegte Rasenplätze aus, auf denen heutzutage die nordamerikanischen Angestellten der United Fruit Co. aus Puerto Barrios Golf zu spielen pflegen.

Einzelne Deutsche, die zur Gruppe der Santo Tomás-Einwanderer gehört haben, sind ins Landesinnere abgewandert oder haben sich in der Hauptstadt niedergelassen, wo sie in Handelsfirmen eintraten und bald selbständig wurden. In manchen Familien der Hauptstadt, wie z. B. der Familie Ascoli, van de Putte u. a., ist die Erinnerung an diese Zeit noch lebendig.

Zu einem der frühesten deutschen Kaufleute, der es zu Ansehen gebracht hat, muß Carl Rudolf Klee gerechnet werden, der aus Ahlden a. d. Aller stammte und 1827 nach Guatemala gekommen war, wo er sich seit 1830 in der Hauptstadt niedergelassen und das Handelshaus Elster, Klee & Co. gegründet hatte, das später zur Firma Klee, Skinner & Co. umgewandelt wurde. Klee war ein weitblickender, unternehmungslustiger Mann, der die Möglichkeiten einer Ausweitung der Landesproduktion über ihre bisherigen engen Grenzen hinaus ins Auge faßte. Er regte andere Europäer in der Republik an, den Versuch mit dem Anbau von Kaffee zu machen und Zuckerrohrplantagen mit modernen Hilfsmitteln anzulegen und pflanzte selbst, mehr versuchsweise, bei der Hauptstadt Guatemala Kaffee. Rührig war er bemüht, den deutschen Handel in der Heimat auf die günstigen Möglichkeiten der Ein- und Ausfuhr in Mittelamerika aufmerksam zu machen, und wurde nicht müde, besonders die Hamburger und Bremer Kaufmannskreise dafür zu interessieren. Seine Anregungen fielen dort auf guten Boden,

[220]) H. Schottelius, 1939.

so daß ihm 1841 das hamburgische und bremische Konsulat für Guatemala übertragen wurde, das 1844 bereits in ein Generalkonsulat umgewandelt wurde. Als auch im südlichen Mittelamerika unter deutschem Einfluß der Kaffeeanbau einen Aufschwung erlebte, wurde auf Betreiben von Klee ein Vizekonsulat in San José de Costa Rica eingerichtet. Sein vornehmstes Bemühen aber blieb, eine engere handelspolitische Verbindung zwischen Guatemala und Deutschland zustande zu bringen, um dessen Interessen gegenüber denen von Großbritannien zu wahren. Dank seines Ansehens bei der Landesregierung nahm er Verhandlungen auf, die aber den für 1847 in Aussicht genommenen „Freundschafts-, Handels- und Schiffahrtsvertrag" mit der damaligen konföderierten mittelamerikanischen Republik an deren unsicheren innerpolitischen Verhältnissen scheitern ließen. Nachdem sich aber am 21. März 1847 Guatemala aus der Konföderation gelöst und zur selbständigen „República de Guatemala" erklärt hatte, nahm Klee mit der Regierung des Präsidenten Carrera die Verhandlungen wieder auf, die zum Vertragsabschluß führten. Von da an wurden gerade die Handels- und Schiffahrtsbeziehungen zwischen den beiden Hansestädten und Guatemala besonders intensiv gestaltet, die nun nach Möglichkeit den englischen Zwischenhandel auszuschalten bemüht blieben.

Bis über die Mitte des 19. Jahrhunderts hinaus blieben diese Handelsbeziehungen mehr solche der deutschen Wareneinfuhr nach Guatemala als der Ausfuhr nach Deutschland. Der Kaffeeanbau machte nur langsam Fortschritte. Seitdem der Schweizer Bleuler bei Antigua ca. 1835 bis 1840 zuerst in größerem Umfang Kaffeepflanzungen angelegt hatte, der überhaupt als einer der Pioniere der modernen Plantagenwirtschaft in der pazifischen Landeshälfte betrachtet werden muß, fand sein Beispiel langsam Nachahmung bei Landesfremden, so durch den Schweizer Zollikofer auf Chitalón bei Mazatenango um 1850 bis 1855, und bei Landeseinheimischen vornehmlich von der Zeit an, als der Präsident Justo Rufino Barrios seit 1873 den Kaffeeanbau durch eigene große Plantagen, z. B. El Porvenir am Tajumulco-Vulkan, energisch gefördert hatte. Als Ausfuhrware aber trat der Kaffee zunächst kaum in Erscheinung. Erst 1854 wurde ein kleiner Anfang mit dem Export gemacht[221]). Beanspruchen doch Kaffeeplantagen erst eine Reihe von Jahren bis zur vollen Ertragssteigerung, was bei der viel schnelleren Rentabilität der Cochenilleproduktion nicht in Betracht kam. Erst als diese durch Mißernten und Preisrückgang zu einer Krise führte, entstand ein größerer

[221]) Hamb. Consul.-Ber., Bericht des Konsuls Hermann Gaedeckens vom 31. 8. 1854.

Anreiz zur Umstellung auf den Kaffeebau. Noch bis in den Anfang der fünfziger Jahre stand die Cochenille[222]) an erster Stelle der Landesausfuhr, als 1852/53 eine Mißernte großen Ausmaßes den Markt erschütterte. 1854 betrug die Ernte noch 14 000 Zurrones (Säcke)[223]), von denen 5000 bis 6000 zur Ausfuhr ums Kap Hoorn verschifft wurden, doch konnten die Preise den Mut der Züchter nicht wieder beleben, zumal durch Heuschreckenplagen die Preise für Mais, Bohnen und Mehl ums Vierfache stiegen und die Kaufkraft der Bevölkerung herabsetzten. Diese Notlage zwang auch die bisher sich zurückhaltenden Produzenten, dem Kaffeebau[224]), der inzwischen in Costa Rica einen Aufschwung genommen hatte, ihre Aufmerksamkeit erhöht zuzuwenden, so daß von der Mitte der fünfziger und seit den sechziger Jahren nunmehr Südguatemala sich zum kaffeeproduzierenden Land umwandelte. Damals entwickelten sich die Plantagenbezirke in der Landschaft der Costa Cuca, Costa Grande und Boca Costa[225]), später die Zone des Chuvá und Xolhuitz[226]) unterhalb von San Marcos, und zogen in ihrem Gefolge eine wirtschaftliche, soziale und verkehrstechnische Umwandlung der Südküste nach sich. Damals hub die schnelle Veränderung

---

[222]) Dollfus u. Montserrat, 1868, S. 5. — Haefkens, 1832, S. 423/424.

[223]) Zurrones: Säcke zu je 100 kg. Humboldt, 1811, Bd.IV, S. 363. — Scherzer, 1864, S. 250, gibt 120 kg an.

Im Konsulatsbericht steht „Seronen". Die Menge entspricht 1.4 Mill. kg. — Produktionsziffern bei Dollfus u. Montserrat, 1868, S. 39, für die Jahre 1851—1862, aus denen ein Jahresmittel der Cochenlilleproduktion von 782 295 kg hervorgeht.

[224]) In den zwanziger Jahren des 19. Jahrhunderts gab es vereinzelt Kaffeebäume in Guatemala. Haefkens, 1832, S. 425: „De koffij wordt nergens opzettelijk geteeld. Alleen in sommige tuinen vindt men eenige boomen, welke men vrij laat opgroeijen, zoo dat zij gewoonlijk 12 á 14 voet hoog zijn. Men heeft ze bijna enkel tot sieraad, want van de boon wordt schier nimmer gebruik gemaakt, behalve voor de weinige vreemdelingen, die zich thans te Guatemala bevinden. Men verkoopt ze tot 1½ ja 2 realen het pond, dus duurder dan in Europa."

[225]) Bei Escuintla der Franzose du Teil ca. 1856. — Dollfus u. Montserrat, 1868, S. 52/53 u. S. 40.

[226]) Die ortsüblichen Landschaftsbezeichnungen des westlichen Abschnittes der pazifischen Küste sind:

Costa Cuca, zwischen Rio Naranjo und Rio Ocositos;

Costa Grande, zwischen Rio Ocositos und Rio Madre Vieja;

Boca Costa, zwischen Rio Madre Vieja und Rio Guacalate.

Xolhuitz und Chuvá sind Gebiete im Dep. Quezaltenango. Ersteres umfaßt das tiefere Vorgelände im Süden des Vulkans Santa Maria, letzteres dasjenige im Vorland des Vulkans Lacandón.

der auf weiten Strecken noch vorhandenen Naturlandschaft oder einer solchen kolonialspanischen Gepräges zu der modernen Kulturlandschaft an, die in der Gegenwart das Bild der Küstenabdachung beherrscht. Als dann endlich auch Nordguatemala durch die Pionierarbeit deutscher Unternehmer, wie der Brüder Heinrich Rudolph und Willy Dieseldorff, der Brüder Franz und Frederik Sarg, der Familie Sapper u. a., in der Alta Verapaz ein zweites wichtiges Anbauzentrum des Kaffeebaus erhalten hatte[227]), war damit die Grundlage der modernen wirtschaftlichen Umstellung des Landes auf eine weltwirtschaftlich wichtige Basis des modernen Plantagenbaus umgestellt worden. Besonders konkurrenzfähig wurde der Guatemalakaffee durch die hochqualifizierten Aufbereitungsmethoden und die Einführung neuer Sorten, wie des Maragogype, die Richard Sapper in Coban zu verdanken ist, nicht zum wenigsten aber auch durch die günstigen im Bodenrelief und den klimatischen Bedingungen vorhandenen geographischen Voraussetzungen des Anbaus (Höhenlagen, Temperaturen, Luftfeuchtigkeit, vulkanische Böden auf der pazifischen, kalkreiche Tonböden auf der atlantischen Abdachung) hervorgerufen wurde.

Große Kapitalinvestierungen, besonders von deutscher, englischer, später auch von holländischer Seite, ließen moderne technische Betriebe entstehen, die Guatemala in die erste Reihe der Kaffeeproduzenten stellten. Der Nachteil war nur der, daß man sich zu einseitig auf eine Monokultur geworfen hatte und damit aufs engste von den internationalen Preisschwankungen auf dem Weltmarkt abhängig wurde. Dieser Einfluß mußte um so stärker bemerkbar werden, je mehr andere amerikanische und außeramerikanische Tropenländer ihrerseits konkurrenzfähig auf dem Weltmarkt hervortraten. Jedenfalls aber kann gesagt werden, daß der Kaffeebau zu einer wirtschaftlichen Blüte Guatemalas geführt hat, die auf alle Bevölkerungsschichten, auch auf die Indianer von größtem Einfluß geworden ist. Denn nicht nur der gesteigerte Arbeiterbedarf zog weite Kreise der Landbevölkerung in seinen Bann, sondern kleine Unternehmer aus der Mestizenschicht wandten sich ebenfalls dem lohnenden Anbau zu. Selbst die Indianer legten sich kleine Pflanzungen an, wie sie uns in den „Labores" der Quiché- und Cakchiquelindianer an der Costa Cuca und Boca Costa begegnen oder wie wir sie in den abgelegenen Waldgebirgen der östlichen Cuchumatanes und in der Zone von Barillas bei den Chuj-Indianern antreffen. Es ist ein primitiver Anbau mit rückständiger Aufbereitungsweise. Vom Waschen des Kaffees ist kaum die Rede, getrocknet

[227]) A. Rösch, 1934.

wird er auf ein paar ausgespannten Rindshäuten. Es ist Ware dritten und vierten Ranges, die aber trotzdem billig auf den Wochenmärkten der Dörfer und Landstädte von den Indianern an die unbemittelte Bevölkerung abgesetzt wird. Leider besitzen wir keine Mengenangaben über diese für den Landesbedarf bestimmte Produktion, auch ihre Schätzungen sind kaum möglich. Dennoch glaube ich, daß wir sie nicht zu gering veranschlagen dürfen.

Nach dem Weltkrieg setzte eine Belebung des Kaffeemarktes ein, die ihren Niederschlag in der Modernisierung der Plantagen und der Gründung neuer Großunternehmungen fand, trotzdem vielfach die Gefahr einer reinen Monokultur erkannt und zu bannen versucht wurde. Oft verband man Viehzucht mit den Unternehmungen, produzierte Zucker nebenher und versuchte neue Kulturen einzubürgern, etwa Teepflanzungen in der Alta Verapaz, wo der Deutsche Oskar Majus auf der Pflanzung Chiripéc Erfolg hatte[228]) (Taf. 6, Abb. 15). Sein Erzeugnis „Chiripeco" hat im Landeskonsum einen gewissen Erfolg zu buchen gehabt. Majus zu verdanken ist auch die Anpflanzung von Kardamom in der Verapaz, während anderwärts Versuche mit der Ramiefaser gemacht wurden, die aber ungünstig verliefen. Der erste, der diese Pflanze zu kultivieren versuchte, war der bedeutende deutsche Archäologe und Sprachforscher Dr. Hermann Berendt.

Ebensowenig von dauerndem Erfolg waren die Bemühungen begleitet, die mit der Kultur des Chinarindenbaumes angestellt worden waren. Das Verdienst, den Anfang damit gemacht zu haben, gebührt den Brüdern Franz und J. Frederick Sarg in Coban, die hierin von dem damaligen Landwirtschaftsminister Manuel Maria Herrera aufmunternd unterstützt wurden. Denn er stiftete eine Prämie für die erste Anpflanzung von 2000 Bäumen. Den beiden Sarg gelang es durch die Vermittlung des Prinzen Nikolaus von Nassau, von der Kronprinzessin Viktoria von Preußen frischen Samen von Cinchona succirubra und Cinchona calisaya aus Ceylon zu bekommen, der Anfang 1878 ausgesät wurde. Er entwickelte sich so vorzüglich, daß schon 1880 kräftige Pflänzlinge auf einer Landesausstellung gezeigt werden konnten. Danach pflanzten die Brüder in der Nähe von Coban in dem Terrain Sajut zwischen Kaffeebäumen Cinchona succirubra aus, auf der Plantage Sachamach die andere Sorte Cinchona calisaya mit einigen tausend Bäumchen. 1882 war der Erfolg so vielversprechend, daß den Sargs die Prämie von 1500 Dollar ausgezahlt wurde. 1883 nahm man die ersten Schälproben vor, deren in New York

[228]) Rösch, 1934, S. 44. — Als ich 1927 Chiripéc besuchte, war der Teeanbau mit gutem Erfolge vorangebracht worden.

vorgenommene Analyse einen hohen Chiningehalt ergab. Auch auf der pazifischen Seite hatte man Versuche angestellt, bei Xolhuitz und andernorts, wo bis zu mehreren hunderttausend Bäumchen angepflanzt worden waren. Aber alle diese Pionierarbeit stellte sich als unrentabel heraus. Denn das Schälen der Bäume war kostspielig, und die Weltmarktpreise für Chinin gingen derart zurück, daß jeder Anreiz der Kultur unterbunden wurde. Da nur die Apotheken in der Landeshauptstadt sich als Abnehmer der Rinde einfanden, so war der Verkauf ein vollkommenes Fiasko, da die Rinde eines Baumes genügte, um den Bedarf dieser Geschäfte auf Jahre hinaus zu decken[229]).

Seit wenigen Jahren sind aufs neue Erprobungen des Chinarindenanbaus vorgenommen worden, wobei man wieder auf die Alta Verapaz und die pazifische Abdachung, besonders in der Gegend von Suchitepequez, sein Augenmerk gerichtet hat, anscheinend ohne Kenntnis von den um 60 Jahre zurückliegenden Versuchen zu haben. Auch dieses neue Unternehmen wird man nur skeptisch betrachten können.

Die ausgedehnten Waldbestände im Küstentiefland von Südguatemala, deren Reichtum an Hölzern und deren einzelne Baumarten Fuentes y Guzmán gepriesen hat[230]), haben schon frühzeitig in der Kolonialepoche die Aufmerksamkeit der Spanier erweckt. Bei Iztapa war es, wo schon Pedro de Alvarado Hölzer zum Schiffbau schlagen ließ, aber zur Ausfuhr von Bau- und Nutzhölzern war die Zeit erst gekommen, als die Seeverbindungen an der pazifischen Küste im 19. Jahrhundert die Verfrachtung über See ermöglichten. Farbhölzer, wie der Campechegolf oder die Küste von Belize, hat die pazifische Landeshälfte nicht geliefert. Rapide wuchs die Holzausbeutung an, als Zedern- und Mahagoniholz auf dem Weltmarkt guten Absatz fanden, also seit der zweiten Hälfte des 19. Jahrhunderts, um in den ersten beiden Dezennien des 20. Jahrhunderts ein solches Ausmaß zu erlangen, daß heute die Küstenwälder fast ganz ihrer Bestände beraubt worden sind. Am eindrucksvollsten tritt dieser Raubbau an der Südostküste von Guatemala zwischen Iztapa und dem Rio Paz in die Erscheinung, wo zuletzt im Großbetrieb die reichen Vorkommen in den zwanziger Jahren unseres Jahrhunderts gelichtet worden sind. Holzschlägereien fanden sich besonders um die Mündung des Rio Esclavos und von dort östlich gegen die Salvadorgrenze zu. Reitet

[229]) Nach Aufzeichnungen von Konsul Franz Sarg.

[230]) Fuentes y Guzmán, Lib. II, cap. 4 (ed. 1932, Bd. II, S. 84—89). — Lib. III, cap. 15 (a. a. O. Bd. I, S. 162—165). — Beschreibung riesiger Zedern, Lib. II, cap. 10 (a. a. O. Bd. II, S. 104).

man heute etwa durch das Flachland südlich von Pazaco, so wird einem der gelichtete Waldbestand, unterbrochen von freien, nur mit kleinen Bauminseln oder einzelnen Fächerpalmen bestandenen Savannen auffallen. Noch bis etwa 1925 herrschte dort reges Leben. Zahlreiche Arbeiter, viele davon Salvadoreños, fanden in der ungesunden Küstengegend ihren Unterhalt, Sägemühlen und rasch emporgeschossene Arbeitersiedlungen waren entstanden. 1938/39 traf ich die meisten dieser Siedlungen zusammengeschrumpft an, besetzt von fieberkranken Mischlingen, die sich mit Viehzucht oder der Arbeit auf den Salinen an der Lagunenküste abgeben[231]). Letztere bedingen gegenwärtig ein weiteres Zurückdrängen des Waldes, z. B. zwischen Rio Paz und Rio Esclavos, da man aus ihm nun Feuerungsmaterial herausschlägt. Weiter westlich an der Küste, zwischen Rio Michatoya und Rio Madre Vieja, bestehen noch einige Fällereien, wie Rio Seco unterhalb von Obispo, die aber keine große Bedeutung mehr beanspruchen können. Die Waldausbeute an der pazifischen Küste hat einen wertvollen Reichtum des Landes schnell durch Raubbau zum Erliegen gebracht.

Wohl der wichtigste Umschwung der neuesten Zeit in der Wirtschaft der Republik ist durch den Bananenanbau hervorgerufen worden, der durch die Nordamerikaner seit dem Ende der neunziger Jahre eingebürgert worden ist. Sein Pionier ist der weitsichtige, unternehmende Minor C. Keith gewesen, der als der Schrittmacher des gesteigerten nordamerikanischen Wirtschaftseinflusses in Guatemala anzusehen ist. In kurzer Zeit wurde der Anbau der schnell wachsenden und Ertrag bringenden Pflanze im unteren Motaguatal und an der hondureñischen Nordküste ausgebreitet, von wo aus er in den breiten Flußtälern des Chamelecón und Ulúa aufwärts vordrang. Höchst eindrucksvoll ist heute das Durchstreifen des unteren Motaguatales, das ein Schulbeispiel für eine kapitalistisch orientierte, technisch moderne Trustunternehmung größten Stiles bildet. Riesige Flächen wurden des Waldes beraubt, dafür mit Bananenhainen meilenweiter Ausdehnung besetzt. Bahnen wurden gelegt, hygienisch einwandfreie Arbeiter- und Angestelltensiedlungen erbaut, die gegen die Moskitogefahr abgedrahtet und gegen Bodenfeuchtigkeit durch Betonpfahlroste geschützt wurden; moderne Krankenhäuser, darunter die Musteranlage des Hospitals von Quiriguá, geschaffen, und schließlich Sportplätze für die fremden Angestellten angelegt. Durch ein Netz von

---

[231]) Als größerer Betrieb ist gegenwärtig nur noch Santa Clara unterhalb von Chiquimulilla zu nennen, im Besitz von Don Miguel Fajardo, wo auch noch eine große dampfbetriebene Sägemühle arbeitet (1939).

Warenläden wird die Bevölkerung mit allem Notwendigen zur Lebenshaltung versehen, die natürlich nordamerikanische Waren führen. Wird hierdurch diesem Landstrich bereits ein fremdartiger, nordamerikanischer Charakter aufgeprägt, so ist seine Bevölkerung durch die Zuwanderung von Negern als Arbeiter fremdartig umgestaltet worden. Es sind vor allem westindische Farbige von Barbados, Jamaika, den Bahamas und Belize, die das Kontingent stellen und die daher, als aus englischen Kolonien stammend, in der Bevölkerungsstatistik der Republik als „Engländer" geführt werden. Der hohe Prozentsatz von Engländern in Guatemala erfährt hieraus seine Erklärung. Mit diesen Leuten ist auch die englische Sprache im Bananengebiet eingedrungen, die dort vor der spanischen fast den Vorrang hat, ebenso wie der Dollar das vorherrschende Zahlungsmittel ist.

Der intensive und lukrative Anbau stand aber nach kaum 20 Jahren vor unvorhergesehenen Gefahren und Schwierigkeiten. Denn von den Bananengebieten des südlichen Mittelamerika hatte sich die Krankheit des Panama Disease auch in Honduras und Guatemala eingeschlichen, deren Erreger erst nach langwierigen, sehr kostspieligen Untersuchungen in eigens dazu gegründeten Laboratorien entdeckt werden konnte, ohne daß es bis heute gelungen ist, ein durchgreifendes Abwehrmittel dagegen gefunden zu haben. Fast alle Bestände im unteren Motaguatal wurden davon befallen, und zwar in steigendem Ausmaß, so daß heute vielfach ganze Strecken sich selbst überlassen werden mußten. Als ich 1939 nach zehnjähriger Abwesenheit das Anbaugebiet bei Quiriguá wieder besuchte, fand ich die einstigen dichten zusammenhängenden Bananenhaine von größeren Strecken Buschlandes durchsetzt, an einigen Stellen mit Maisfeldern bestellt. Das rege Leben der Station mit ihren umfangreichen Werkstätten hatte aufgehört, da diese sämtlich in der Station von Bananera unterhalb von Quiriguá zusammengezogen worden waren. Man sah deutlich, daß die Blütezeit dieser Gegend überschritten worden war.

Als die Fruchtgesellschaft sich der drohenden Gefahren bewußt geworden war, suchte sie alsbald sich dadurch zu schützen, daß sie nach weiteren Terrains an der atlantischen Küste Ausschau hielt. Man ermunterte private Unternehmer am Rio Sarstoon und unteren Polochic sowie am Golfo Dulce, Bananen zu bauen, deren Erträge von der Kompanie aufgekauft werden sollten. So entstanden um 1925/26 herum größere Plantagen bei El Crique-Pueblo Viejo südlich von Panzós und längs des südlichen Ufers des Sarstoon-Flusses, wo man leicht die Möglichkeit eines Transportes auf dem Wasserwege nach Livingston bzw.

Puerto Barrios hatte. Aber auch dort fand ich 1939 einen ersichtlichen Rückgang der Produktion vor.

Unter diesen Umständen war es selbstverständlich, daß auch die pazifische Küste auf ihre Produktionsfähigkeit hinsichtlich des Bananenanbaus in größerem Maßstabe untersucht wurde. 1929 und 1930 begannen die Erkundungen von seiten der Nordamerikaner in Verbindung mit landeseinheimischen Unternehmern, die schon kleinere Pflanzungen unterhalb von Escuintla angelegt hatten. Zuerst faßte man den Überseetransport auf dem Stillen Ozean nach den Westküstenhäfen der Union ins Auge, der die Anlage eines neuen Hafens bedingt haben würde. Er sollte an der Mündung des Coyolate oder Madre Vieja gebaut werden, stellte sich aber als so kostspielig heraus, daß davon Abstand genommen wurde. Daher kam man auf den Bahntransport nach Puerto Barrios zurück, der mit geringeren Kosten nur die Erweiterung des Wagen- und Lokomotivenparkes der internationalen, in amerikanischem Besitz befindlichen Eisenbahn erforderte. Schließlich wurde für den pazifischen Anbau die von der United Fruit Co. abhängige und kontrollierte „Compañía Agrícola" gegründet und mit nordamerikanischem Kapital das ausgedehnte Terrain von Concepción Grande und Tiquisate erworben, das bei Rio Bravo an die Bahnlinie stößt. Hier ist in den letzten Jahren der Bananenanbau im großen in Angriff genommen worden, nachdem ein Vollbahnanschluß zur Hauptlinie ausgebaut worden war. Eine neue, moderne Siedlung für weiße Angestellte und farbige Arbeiter entstand in Tiquisate selbst, die sich an die entsprechenden Vorbilder auf der atlantischen Seite anlehnt. 1939 herrschte ein reges, buntes Leben in diesem Gebiet, auf dem vorher manche kostspieligen landwirtschaftlichen Unternehmungen gescheitert waren, wie etwa das schwedisch-englische Wallenberg-Unternehmen, das dort Tabak- und Ananasanbau mit modernen maschinellen Einrichtungen 1926 ff. versucht hatte[232]).

Außer diesem Eigenbesitz greift die nordamerikanische Kompanie auf die Erträgnisse der gesamten Küstenabdachung zurück. Sie fließen ihr aus den Kaffeeplantagen zu, die hier eine willkommene Ergänzung ihrer Erträge gefunden haben, zumal Bananen seit jeher als Schattenpflanzen in den Kaffeehainen verwendet werden. An bestimmten Abnahmesammelstellen liefern sie die Frucht ab, die dort hauptsächlich von Negern begutachtet wird. Sie schreibt die Preise vor und verfährt bei der Abnahme

---

[232]) H. Key, 1929, S. 296—318, besser in der schwedischen Ausgabe von 1930, S. 319—336. In beiden Ausgaben findet sich eine Spezialkarte des Terrains von Tiquisate.

der Mengen rein willkürlich, so daß oft die gelieferte Ware an den Sammelstellen nicht abgenommen wird und verfault. Durch diese Umstellung der Produktion von einer vorwiegend auf den Kaffee abgestellten zu einer gemischten von Kaffee und Bananen hat sich in den letzten Jahren der wirtschaftliche Charakter der Küste zwischen der mexikanischen Grenze und Escuintla erheblich verändert. Tag und Nacht rollen die langen Züge der Bananentransporte, deren Waggons und Lokomotiven zum großen Teil deutsches Fabrikat (Krupp) sind, über die Stadt Guatemala zum atlantischen Hafen Puerto Barrios. Eine umfangreiche Arbeiterbewegung nach Tiquisate hat eingesetzt, wo hohe Löhne locken und wohin Werber Leute aus dem ganzen Lande zu verflichten suchen. Freilich ist das Klima gerade in Tiquisate höchst ungesund und die Sterblichkeitsrate unter den Arbeitern hoch, weshalb die Höhe der Löhne im Gegensatz zu anderen Gegenden der Republik gerechtfertigt scheint. Mengenmäßig ist jetzt die Bananenernte an der pazifischen Abdachung ganz beträchtlich gewachsen. Allein von der großen Kaffeeplantage Chocolá stehen mir dank des Entgegenkommens der „Central American Plantations Corporation" genauere Produktionsziffern zur Verfügung. Sie beginnen mit dem Jahre 1934/35, wo an private Abnehmer 14 108 Büschel verkauft und 23 193 Büschel für die Fruchtkompanie geschnitten, aber nicht restlos abgesetzt wurden. Die Zahlen für die folgenden Jahre lauten:

1935/36 . .	geschnitten:	98 022	Büschel,	abgenommen:	97 903
1936/37 .	„ :	113 024	„ ,	„ :	107 808
1937/38 . .	„ :	120 971	„ ,	„ :	115 349
1938 (1. 10.) —					
1939 (29. 7.)	„	?	„ ,	„	83 971

Man schätzte für das Gesamtjahr 1938/39 eine Abnahme von unter 100 000 Büscheln.

Genaue Angaben über die Produktion von Tiquisate waren nicht zu erhalten. Doch gehen die Schätzungen auf wöchentlich 115 bis 120 Waggons zu je 250 Büscheln aus, was einer runden Summe von 28 750 bis 30 000 Büscheln pro Woche entsprechen würde. Das ergäbe pro Jahr die runde Summe von über 1,5 Millionen Büscheln.

Doch ungetrübt lacht auch der Himmel am Pazifik nicht über dem Bananenanbau. Denn eine neuartige, erst seit einigen Jahren bekannte Krankheit befällt auch hier langsam die Haine. Sie wird Sigatoca genannt und äußert sich im Zerfall und Absterben der Blätter. Die Ursache oder der Erreger der Krankheit hat noch nicht festgestellt werden können. Die Kompanie aber benutzt sie zum Vorwand, um ihr nicht genehme Bananenangebote bei den Ablieferern auf den Plantagen zurückzuweisen, wodurch unliebsame Schwierigkeiten entstehen. Der rasche Abtransport der Frucht hat es erfordert, an Stelle des üblichen langsamen Verkehrsmittels der Karreten Lastautomobile zu verwenden, die zwar in den Trockenzeiten auf den Wegen gut vorwärts kommen, in den Regenzeiten aber in dem aufgeweichten Lehmboden oft genug stecken bleiben und damit die Gefahr des nicht rechtzeitigen Eintreffens an der Bahnstation mit sich bringen (Taf. 5, Abb. 14). Um so ärgerlicher muß es den Finqueros sein, wenn ihre Ware dann dort abgewiesen oder beanstandet wird.

Im folgenden mögen die Produktionsziffern des Bananenanbaus in Guatemala nach den Angaben der United Fruit Company für das Jahr 1938/39 mitgeteilt werden, die zwischen der atlantischen und pazifischen Landeshälfte unterscheiden.

Bananenexport des Jahres 1938/39 aus Guatemala.

Monat	atlant. Hälfte	pazif. Hälfte
Juli 1938	709 853 Büschel	380 000 Büschel
August 1938	342 048	320 036
September 1938	383 441	275 179
Oktober 1938	255 768	304 233
November 1938	297 370	337 612
Dezember 1938	251 327	331 527
Januar 1939	312 011	360 462
Februar 1939	374 380	320 530
März 1939	614 418	435 226
April 1939	502 351	420 278
Mai 1939	420 064	344 281
(für Juni keine Zahlen erhalten!)		
Gesamtsumme der 11 Monate	4 463 031 Büschel	3 829 364 Büschel

Für das Jahr 1938 (1. Januar bis 31. Dezember) werden als Gesamtexport 9 376 593 Büschel angegeben. Hiervon entfielen auf die atlantische Hälfte 5 824 669, auf die pazifische 3 551 924 Büschel. Das atlantische Produktionsgebiet lieferte also 62 %, das pazifische 38 % des Gesamtexportbetrages an Bananen.

Soweit sich aus den heutigen Verhältnissen Ausblicke auf die Zukunft eröffnen, werden die zunehmenden Einschränkungen des Bananenanbaus am karibischen Gestade seine Intensivierung an der pazifischen Küste steigern. Einer Extension wird dort freilich insofern eine Grenze gesetzt sein, als das Gebiet der Südostküste dafür ausscheidet, und zwar hauptsächlich wegen der fehlenden Bahn- oder Schiffsverbindungen, weniger aus ungünstigen Naturbedingungen, wie sie in den lokal ausgebildeten, mit Dornstrauchdickichten besetzten Trockeninseln dort vorhanden sind. Andererseits ist zu berücksichtigen, daß auch in dem westlichen Küstenabschnitt besonders solche Terrainstücke für einen Anbau auf größeren Flächen ausscheiden, die vor den Ausgängen der Talrinnen des Küstengebirges liegen. Denn sie sind bekannte Bahnen der Fallwinde, die vom Hochland oft mit großer Wucht herniederstoßen und schon den in ihrem Weg liegenden Kaffeefincas erheblichen Schaden zufügen können. Wo man dort Bananen meist als Schattengewächse in den Kaffeehainen angepflanzt hat, zeugen ihre zerfetzten und zerknickten Exemplare von der Windlage der Fincas. Die hohe Bedeutung der pazifischen Bananenproduktion in Guatemala beruht vor allem auf der Möglichkeit, den Kaffeefincas aus den Schwierigkeiten einer intensiven Monokultur wenigstens vorübergehend herauszuhelfen. Das drohende Gespenst aber bleibt hier wie an der atlantischen Küste das der Krankheiten, denen Unsummen alljährlich von der Fruchtkompanie geopfert werden. Wer Gelegenheit hatte, durch die Pflanzungen bei Quiriguá und Bananera zu streifen, wird beobachtet haben, wie die Bananenstauden mit einer kupfervitriolartigen Flüssigkeit besprengt sind, ganz ähnlich den bespritzten Weinbergen in Mitteleuropa, nur daß die Nordamerikaner dieses Mittel aus Flugzeugen auf die Pflanzungen zerstäuben lassen. Ein Radikalmittel ist aber dieses nicht, und gegen die böse Sigatoca ist bisher aller Scharfsinn der Spezialisten machtlos gewesen. Sie und Panama disease werden auch über den Bananenbau an der pazifischen Küste das letzte Wort mitzureden haben.

Auf den Anbau des Zuckerrohrs sei hier nicht näher eingegangen. Es mag genügen, darauf hinzuweisen, daß die Großbetriebe, die in der Kolonialzeit ihr Zentrum bei Amatitlán besaßen, in der modernen Zeit an der pazifischen Abdachung sich ausgebreitet haben. Hier kommen vornehmlich drei Gebiete in Betracht: die Gegend von Escuintla am Fuße des Vulkans Agua, die von Lavaströmen und Lockerabsätzen überschütteten, flach geneigten Ebenen von Pantaleón-El Baúl und das Vorland der Bucht des Pamaxán. Diesen Gebieten entsprechen die

Großunternehmungen mit Zuckerfabriken von Concepción nördlich von Escuintla, von Pantaleón und Baúl sowie von Chocolá, von denen das erste und letzte vorwiegend von deutschen Verwaltern, Technikern und Angestellten betreut wird, während Pantaleón und Baúl, im Besitze der Familie Herrera, als größte Zuckerfabrik der Republik zu gelten hat. Ferner wären noch die Pflanzung und Fabrik von Mirandilla nordnordwestlich von Escuintla und Santa Cecilia nördlich Mazatenango zu nennen. Bestimmend für die moderne Entwicklung des Zuckerrohranbaus und der Zuckergewinnung wurde eine von der Regierung erlassene Restriktion der Erzeugung, die den drei großen Fabriken je eine bestimmte Produktionsmenge im Jahre vorschreibt. Die Preisentwicklung auf dem Weltmarkt in den Jahren nach dem Weltkriege hat zu dieser Maßnahme Anlaß gegeben. Die maschinellen Einrichtungen sind durchweg auf diesen Unternehmungen modern ausgebaut worden, während man bei den gepflanzten Rohrsorten, die ja in der Kolonialzeit sich von kanarischen und westindischen ableiteten, mehr und mehr zu javanischen übergeht, deren Mengenertrag höher und Zuckergehalt größer ist als der früher kultivierten Arten.

Als vierter wichtiger Wirtschaftszweig der Gegenwart an der pazifischen Abdachung ist der Viehzucht Erwähnung zu tun, die den Anlaß zur Freilegung größerer Waldgebiete zwecks Gewinnung von Weideland gegeben hat. Auch älteres Kulturland, das ertraglos wurde, wird letzten Endes für Zwecke der Viehzucht verwendet. So sind jetzt größere Flächen des Terrains von Caballo Blanco, wo 1925 bis 1930 der Versuch von Maisanbau im großen mit modernen maschinellen Vorrichtungen unternommen wurde (Taf. 4, Abb. 10), nach seiner Fruchtlosigkeit zu Weideland umgewandelt worden, das an die Nachbarhacienda von El Reposo angeschlossen ist. Viel Weideland birgt die Südostküste bis zur Salvadorgrenze. Dort ist der Wandel von der Wald- zur Weidelandschaft unmittelbar erfolgt, begünstigt durch große Latifundien im Besitze von landeseinheimischen Familien (Taf. 5, Abb. 11). Geographisch gesehen finden sich die Großweiden in Höhenlagen zwischen der Meeresküste und etwa 150 bis 200 Meter, also Gebieten, die für Kaffee gar nicht, für Zuckerrohr bedingt und allenfalls für Bananen als Nutzländereien in Frage kämen. Durch Einführung auswärtiger Futtergräser (Parágras) sind die Weiden verbessert worden, die Pflege des Viehs durch Bäder gegen die Zeckenplage modernisiert und schließlich durch Aufkreuzen mit Edelrassen eine Blutauffrischung vorgenommen worden. Auch die Einführung des Zeburindes und Kreuzungen mit den europäischen Rinderarten hat sich als erfolgversprechend herausgestellt (Taf. 5, Abb. 13).

So beherrscht denn das Weidegebiet heute weite Strecken der pazifischen Küstenebene, jene von einzelnen Bäumen wie Ceibas oder Fächerpalmen und Baumgruppen durchsetzte Landschaft. Für das Vieh werden aber auch brachliegende Ackerländereien freigegeben, die sich schnell mit Gestrüppdickicht (monte) überziehen (Taf. 5, Abb. 12). Solche Landstücke werden landesüblich „Guatál" (Plur. „Guatales") bezeichnet, davon abgeleitet z. B. der Ortsname „Guatalón". Daneben kommt, wenn auch seltener, die Bezeichnung „Guaimíl" vor, die im Sprachschatz von El Salvador und Honduras häufiger auftritt. „Guatál" und „Guaimíl" leiten sich beide aus dem Aztekischen ab („quauh-tlalli" = „Holz- oder Waldland"; „quauh-milli" = „Wald-" bzw. „verholztes Ackerland").

Außer dem bodenständig gezüchteten Vieh wird noch eine größere Menge aus Honduras nach Guatemala eingeführt, das, wie in der Kolonialzeit, aus den zentralen und westlichen Weidegebieten dieser Republik durch Ostguatemala nach der Südostküste getrieben wird, wo es sich nach seiner Schwächung durch das wochenlange Treiben auf den Weiden (potreros) zwischen Chiquimulilla und Brito erst erholen soll, ehe es zum Verkauf gelangt. Alljährlich wird Hondurasvieh zur Messe nach der Landeshauptstadt gebracht. Nach der Errichtung eines großen, modernen Schlachthauses in Escuintla vor wenigen Jahren, das der Versorgung der Stadt Guatemala dient, hat die Fleischviehzucht in Südostguatemala einen neuen Auftrieb erhalten, während besonders guatemaltekische Viehzüchter im Hochlande mehr und mehr dazu übergehen, auch vollwertiges Milchvieh durch Aufkreuzen mit europäischem Blut einzubürgern. Die auf den Ausstellungen gezeigten bisherigen Ergebnisse zeigen einen wesentlichen Fortschritt gegenüber früher. Man muß aber bedenken, daß eine Milchproduktion im großen in Guatemala gewisse Grenzen ihrer Rentabilität in den beschränkten Absatzmöglichkeiten finden dürfte. Denn weite Teile der Bevölkerung sind keine oder nur schwache Milchtrinker, so daß als Hauptabnehmer eigentlich nur die bessergestellten Kreise und die Fremden in Betracht kommen. Zudem erfordert die moderne Milchviehzucht nicht geringes Kapital und ist mit dem Unsicherheitsfaktor der Akklimatisationsschwierigkeiten der hochwertigen europäischen Rinderarten in Mittelamerika behaftet.

Unsere Betrachtungen über die moderne Agrarwirtschaft mögen mit einer kurzen Erwähnung der Baumwolle in Guatemala abgeschlossen sein. Die Indianer der vorspanischen Zeit haben sie sicher kultiviert, da ihre Kleidung aus Stoffen dieser Pflanzen bestand. Die Weberei ist hier wie in Mexico und im übrigen Mittelamerika ein uraltes Hausgewerbe gewesen, das zu einer hohen Kunst entwickelt worden war. Der damalige Anbau wird in kleinem Ausmaß der einzelnen Haushalte in den wechseltrocknen Hochlandgebieten vorgenommen worden sein. Wie sich die Spanier zum Anbau der Baumwolle verhalten haben, wird aus den erhaltenen bisher bekannten Quellen nicht ersichtlich. Wir dürfen aber annehmen, daß die Indianer und Mestizen ihn im kleinen weiterbetrieben haben, wenn auch die Einfuhr europäischer Stoffe ihn eingeschränkt haben wird. In der neueren Zeit hat man wiederholt Versuche gemacht, die Baumwolle wieder mehr aus der Landesproduktion her zu kultivieren und womöglich zum Export zu bringen, da ja eine Verarbeitung in der Republik wegen des Fehlens von Spinnereien kaum in nennenswertem Umfang in Frage kam. Vielfach haben Deutsche versucht, in den trockneren Landstrichen den Anbau zu versuchen, mußten aber schnell die Unrentabilität einsehen. Einer der letzten größeren Versuche wurde vor dem Weltkriege von einem Peruaner in der heißen Ebene La Fragua bei Zacapa unternommen, eine Gegend, die für den Anbau alle Voraussetzungen aufweist. Aber auch er erlitt Schiffbruch. Denn die allein zur Verfügung stehenden indianischen Arbeiter erwiesen sich als ganz ungeeignet dazu, weil sie viel zu geringe Arbeitsleistungen vor sich brachten, wo doch alles bei der Baumwolle darauf ankommt, sie rasch in den trocknen Monaten der Erntezeit zu pflücken. Auf einen indianischen Arbeiter kam nur eine Erntemenge von 20 Zentner, während Negerarbeiter in anderen Ländern bis zu 200 Zentner einbringen. So kam es, daß die Regenzeiten eintraten, ehe die Baumwollpflücke zu Ende gebracht war, und der größte Teil der Ernte durch Feuchtigkeit vernichtet wurde. Der Besitzer selbst hat dann in seiner Verzweiflung über den Mißerfolg seine Felder sämtlich in Brand gesteckt und von allen weiteren Versuchen Abstand genommen.

So kommt es, daß heute die Anbauflächen von Baumwolle nur punktartig in Südguatemala verstreut sind. Fast immer handelt es sich um Indianer, die an der Küstenabdachung etwas anpflanzen, um es teils selbst zu verweben oder auf den indianischen Wochenmärkten im Hoch- und Tieflande zum Verkauf zu bringen. Es sind stets nur kleine Mengen, die dort umgesetzt werden. Dadurch, daß gegenwärtig billige Baumwollstoffe eingeführt werden, ist der Indianer nicht mehr darauf angewiesen, in dem alten Ausmaß seine Gewebe selbst herzustellen. Wie wir gesehen haben, ist neuestens der Kauf fertiger indianischer Baumwolltrachten, die fabrikmäßig hergestellt werden, aufgekommen. Nicht ausgeschlossen erscheint, daß in naher Zukunft eine Belebung des Baumwollanbaus eintreten könnte, da in den letzten Jahren die Einrichtung eigner Spinnereien in Guatemala Fortschritte zu machen beginnt, die mit dem auch in anderen iberoamerikanischen Ländern zu beobachtenden Industrialisierungsprozeß zusammenhängt. Als Exportgegenstand wird aber die Baumwolle in Guatemala kaum in Frage kommen, da Großpflanzungen die Konkurrenz mit anderen Baumwolle produzierenden Ländern Amerikas nicht aufnehmen können.

Die bergbauliche Produktion hat in Guatemala in der neuesten Zeit keinen nennenswerten Aufschwung zu verzeichnen gehabt. Die seit der Mitte des 19. Jahrhunderts immer wieder unternommenen Schürfungsversuche haben keine rentablen Erfolge gebracht. Am häufigsten sind in der Republik silberhaltige Bleierze vorhanden, die in den sedimentären Kettengebirgen von Mittelguatemala auftreten und meist schon seit der Kolonialzeit bekannt sind. Am reichsten dürften die Vorkommen in den westlichen Altos Cuchumatanes sein. Dort liegen Minen oberhalb von Chiantla bei Chochál und südlich von San Miguel Acatán. Die schwierigen Verkehrs- und Transportverhältnisse aber machen jeden Abbau von vornherein aussichtslos, selbst jetzt noch, wo die Landstraßen nach Huehuetenango für den Automobilverkehr erheblich verbessert worden sind. 1928 sollten in den westlichen Cuchumatanes kupferhaltige Vorkommen entdeckt worden sein. Das Gerücht hat sich aber nicht bestätigt, ebensowenig wie die immer wieder auftauchenden Hinweise auf Steinkohle, die man in der Gegend zwischen Santa Eulalia und Barillas zu hören bekommt. Die in der Kolonialzeit erwähnten Minen sind heute nirgends mehr im Betrieb. Sie sind wohl schnell erschöpft worden, ohne daß genauere Hinweise auf die Erzarten in den Quellen zu finden wären. So ist denn im 19. Jahrhundert Bergbau in Guatemala eigentlich nur im Osten der Republik getrieben worden, wo die Minen von El Rosario südlich von Mataquescuintla (Silberbromide, Silberchloride, Sulfide von Silber, Kupfer und Eisen[233]) längere Jahre hindurch ertragreichen Abbau lohnten. Heute sind sie aufgegeben worden.

In den Jahren vor dem Weltkrieg begann eine amerikanische Gesellschaft unter dem Namen „Guatemala Marble Mining Company" die Ausbeutung von Marmorbrüchen bei Rio Hondo am Südabfall der Sierra de las Minas (Brüche von San Lorenzo), die bis vor einigen Jahren mit Erfolg betrieben worden sind. Jetzt sind sie aber aufgelassen worden.

In kleinerem Umfang hat man in der Sierra de Chuacús Glimmer gewonnen, der auch gegenwärtig noch hin und wieder gehandelt wird.

[233]) K. Sapper, 1937, S. 142.

Gold wird in der Gegenwart nur noch in der Mine von Las Quebradas im unteren Motaguatal aus jungen Schotterabsätzen mittels hydraulischer Methoden gewaschen[234]), ein nordamerikanisches Unternehmen, dessen Erträge in den letzten Jahren weiter zurückgegangen sein sollen, nachdem sie nie besonders hoch gewesen waren. Sonst dürfte Gold noch in dem Gebirgszug nördlich und südlich des mittleren Motaguatales vorhanden sein, freilich in wohl kaum abbauwürdigen Vorkommen. Die Flußanwohner in der Gegend von San Agustin Acasaguastlan, Teculután und Rio Hondo bergen gelegentlich kleine Goldkörnchen aus dem Flußsand. Einer der Gehängeflüsse bei dem Ort Rio Hondo trägt den Namen „Rio del Oro", da seine Sande nach Angabe der Bewohner Gold führen sollen. In der Kolonialzeit war eine Goldmine bei Teculután im Betrieb, die erschöpft wurde[235]). Bei meiner Durchquerung der Sierra de las Minas 1939 vom Polochic- zum Motaguatal fand sich in der zentralen Senke, die vom Oberlauf des Rio Teculután (= Rio Santa Clara) entwässert wird, vielfach Quarz in mächtigen Klötzen im Verband von Gneisen- und Glimmerschiefern[236]). Ob er goldführend ist, bedarf genauerer Untersuchungen. Proben von Serpentinen ergaben einen verhältnismäßig hohen Nickelgehalt, so daß eine zukünftige Prospektierung des in seinem Inneren unbekannten Gebirges lohnend sein würde.

Mehrfach ist früher auf Quecksilbervorkommen bei Zunil in Westguatemala hingewiesen worden, so auch von mir 1936[237]). In Ergänzung hierzu sei hinzugefügt, daß nach erneuten Erkundigungen 1939 in Quezaltenango jeder Handel mit diesem Metall von seiten der Indianer aufgehört hat, so daß die Mine wohl erschöpft ist.

Industriell in größerem Umfang ausgebeutet wird Kalk zur Zementfabrikation unmittelbar östlich der Stadt Guatemala (Fabrik von Novella), deren Erzeugnis im Lande abgesetzt wird. Nicht unbedeutend ist daneben die von Indianern immer noch betriebene Gewinnung von Kalk, die in dem jungvulkanischen Gebirgszug zwischen Tejutla und San José Poaquil anzutreffen ist[238]). Wahrscheinlich handelt es sich um eine sehr alte Gewinnung, die das Material für die Tempelstädte der Hochlandreiche der Quiché und Cakchiquel geliefert hat. Die Kalkvorkommen

---

[234]) F. Termer, in: Mitt. Geogr. Ges. Hamburg, Bd. 39, 1928, S. 37.

[235]) J. A. Lemus, 1928, S. 48.

[236]) F. Termer, 1939, S. 337—348.

[237]) F. Termer, in: Mitt. Geogr. Ges. Hamburg, Bd. 44, 1936, S. 255, 260 und Anm. 107.

[238]) F. Termer, a. a. O., 1936, S. 243/244.

finden sich eng lokal umgrenzt im Verbande von jungen eruptiven Massenergüssen und sind Durchragungen des liegenden kretazischen Kalkes durch die späteren Ergußgesteine. Infolgedessen sind sie oft durch Kontaktmetamorphose in der Randzone umgewandelt, ohne daß es zur Bildung echten Marmors gekommen wäre. Man stößt mehr auf gefrittete und wohl durch die Hitzewirkung spaltenreiche und brüchige Kalke, die in ihren Kernen aber hinreichend rein geblieben sind, um brennbares und verwertbares Material zu liefern. Bei Chichabaj, oberhalb von Tecpán, ist der Kalk kohlig umgewandelt, eine Erscheinung, die mir sonst nicht bekanntgeworden ist.

Die von Indianern abgebauten Vorkommen liegen bei Cabricán, San Francisco El Alto, Santa Apolonia und San José Poaquíl. Altertümliche Formen des Abbaus haben sich bei Cabricán erhalten. So sind die Kalkbrüche Besitz des Dorfes. Jeder männliche Bewohner ist in bestimmten Zeitabschnitten zur kostenlosen Arbeitsleistung in ihnen verpflichtet. Der Kalk wird gebrochen, indem man durch Feuer den Felsen erhitzt, um dann größere Blöcke aus ihm herauszubrechen. Diese werden mit dem Hammer zu kleineren Stücken zerschlagen und kommen in die an Ort und Stelle liegenden Kalkbrennöfen, die spanischem Muster nachgebildet sind. Indianische Wanderhändler treffen dort mit ihren Tragtieren ein und kaufen dem Dorf die gewünschte Menge ab, um sie auf den Märkten des Hochlandes und an der pazifischen Abdachung abzusetzen. 1927 kostete ein span. Zentner gebrannten Kalkes an den Brüchen 25 Pesos damaliger Währung (= ca. 0,43 Dollar).

In den Nachkriegsjahren wurden in Guatemala auch Hoffnungen auf Ölvorkommen laut. Unverantwortliche Elemente suchten den Glauben zu erwecken, daß am Nordufer des Izabál-Sees bei Estor Öl zu erbohren wäre, und riefen eine Aktiengesellschaft ins Leben, die bald fallierte. Andere Stimmen suchten Ölfündigkeit am Amatitlán-See als wahrscheinlich hinzustellen, die ebenso unrecht behielten. 1938 endlich unternahm die Royal Dutch Shell-Gruppe eine großzügige Untersuchung des Nordostsektors der Republik zwischen dem Polochic- und Izabál-See im Süden und der Grenze von Mexico im Petén im Norden, bei der weitgehend Flugzeuge zur Aufnahme eingesetzt wurden. Die Ergebnisse dieser von Fachgeologen angestellten Prüfungen ergaben anscheinend keine günstigen Resultate. Eine 1927 unternommene Ölprospektierung durch eine Tochtergesellschaft derselben Gruppe in den Altos Cuchumatanes führte zu negativen Ergebnissen. Guatemala dürfte daher abbauwürdige Ölvorkommen in seinen Landesgrenzen nicht besitzen.

Endlich möge noch die Salzgewinnung in Guatemala erwähnt sein. Sie lehnt sich an die Herkunft des Materials aus Salzstöcken in Nordwestguatemala und aus dem Meer- bzw. Brackwasser der pazifischen Küste an. Die Salzquellen der Salinas de los nueve Cerros in der nordwestlichen Alta Verapaz, die sicher schon in vorspanischer Zeit von den Indianern ausgebeutet worden sind, lassen wir hier außer acht, da sie zu Nordguatemala gehören[239]). In unseren Bereich aber fallen die wichtigen Salzvorkommen bei San Mateo Ixtatán in den nördlichen Altos Cuchumatanes, die ebenfalls bereits in vorkolumbischer Zeit bekannt waren, ausgebeutet wurden und Anlaß zur Dorfgründung und Ortsbenennung „Ixtatán" (vom Aztek. „iztatl" = „Salz") gegeben haben. Wir haben schon früher an anderer Stelle auf diese Salinen, die der Mergelstufe der Todos-Santos-Formation angehören, hingewiesen[240]) und hervorgehoben, daß sie im Besitz der Gemeinde sind, wie es übrigens auch bei den Salinen von Los Nueve Cerros der Fall ist, die zu Coban gehören, und wie wir es von den Kalkvorkommen bei Cabricán erfahren haben. Eine der Salzquellen von Ixtatán ist Eigentum der Genossenschaft der „Alcaldes rezadores", worunter eine Art kirchlicher Vorsteherschaft zu verstehen ist. Das technische Siedeverfahren, dem die stark salzhaltige Soole unterworfen wird, ist heute in nichts von derjenigen unterschieden, die schon Fuentes y Guzmán im 17. Jahrhundert von dort beschrieben hat[241]). Seine Ortsschilderung entspricht in Einzelheiten dem

---

239) Zur Zeit des österreichischen Reisenden und Arztes S. Habel sollen täglich 2500 Pfund Salz gewonnen worden sein (1878, S. 5/6). — vgl. auch Ximenez, Lib. IV, cap. 69 (ed. 1929, Bd. II, S. 215).

240) F. Termer, 1930, S. 357/358.

241) Fuentes y Guzmán, Lib. VIII, cap. 15 (ed. 1932, Bd. III, S. 98): „Por que estas salinas son unos aposentos labrados á pico y á boca de azadón en la corpulencia de un gran cerro de aquella serranía; están por los costados cubiertos de tablazón algo desunida por las junturas; son aposentos hondos á mas de dos varas del pavimiento de afuera, con que al suelo de estos aposentos se desciende por cuatro ó cinco gradas; por que así del cielo ó cúpula de estas cavas y por los resquicios que dejan una y otra tabla, esta continuamente manando cantidad de agua, en aquella manera que decimos gotear á destilar. Estos aposentos están cerrados con llave que está en poder de la justicia, y solo se abren de jueves á jueves, á hora determinada, en que se junta y congrea todo el pueblo en aquel sitio, y el agua recojida se reparte llevando cada individuo un cántaro de ella, y los oficiales de justicia y asistentes de Yglesia á dos cántaros, quedando allí la que sobra. Estas vacijas se arriman al fuego donde están por el término de la noche, y á la mañana está el agua de ellas, cuajada y convertida en sal muy limpia y muy activa, sin otro beneficio ni diligencia que se esplique

Zustand, den ich 1926 bei meinem Besuche der Salinen vorfand. Auch heute noch sind die Stolleneingänge verschlossen. Die Schlüssel werden vom zweiten Ortsvorsteher (Alkalde) verwahrt, der auch den Besucher einläßt. Zur Zeit von Fuentes y Guzmán wurden die Stollen jeden Donnerstag zu einer bestimmten Stunde geöffnet, wo die Leute des Ortes sich einfanden, um von dem aus den Stollenwänden hervorgesickerten und in einer natürlichen Vertiefung angesammelten Wasser je einen Krug pro Kopf davonzutragen, während die im Behörden- oder Kirchendienst stehenden Bewohner zwei Krüge erhielten. Jeder stellte hernach die Krüge über Nacht an ein Feuer, das bis zum anderen Morgen das Wasser verdunsten und das Salz sich ausscheiden ließ. Wir können voraussetzen, daß dieselbe Methode schon in der vorspanischen Zeit angewandt worden ist. Von Ixtatán aus wurde damals das Salz innerhalb von Westguatemala (den kolonialspanischen Corregimientos Totonicapán und Quezaltenango) und nach Zentral-Chiapas (Llanos de Chiapa, Alcaldía Mayor de San Antonio) verhandelt. Ferner kamen die in den Wäldern des Lacantún-Gebietes hausenden Lacandonen stets zum Dorf, um im Tauschhandel gegen Waldsammelprodukte, Kakao und Achiote, das ihrer Heimat vollkommen fehlende Salz einzulösen. Heute wird es in Nordwestguatemala und Teilen der westlichen Altos abgesetzt und vornehmlich von Indianern konsumiert.

Wesentlich größer ist die Bedeutung der pazifischen Salinen für die Republik geworden, die aus ihnen einen erheblichen Anteil ihres Bedarfes an Salz für Mensch und Vieh deckt. Auch hier dürfen wir schon für vorkolumbische Zeit die Gewinnung aus dem Meerwasser annehmen, die die spanisch-koloniale Erzeugung übernommen, verbessert und erweitert hat. Eine der ältesten Nachrichten über die Küstensalinen verdanken wir Diego Garcia de P a l a c i o vom Jahre 1576, der kurz den Betrieb in der Gegend zwischen Iztapa und Rio Paz erwähnt, wo man damals zum Aussieden Öfen benutzte, die spanischen Vorbildern angepaßt waren[242]). Auch F u e n t e s y G u z m á n gibt etwas ausführlichere Hinweise auf

---

para su manufactura, providencia que les confiere á estos indios grande y frecuentísima ganancia en una saca innumerable de sal, que se conduce á los llanos de Chiapa, San Antonio y los dos Corregimientos, . . . , y que fuera de ser la manutención de aquellos pueblos este necesarísimo condimentos, para el ganado menor de los partidos de Totonicapa y Quezaltenango es de grandísimo útil y toda su conservación y aumento."

[242]) P a l a c i o s, ed. 1873, S. 5. — ed. San Salvador 1921, S. 17. — Doc. inéd. Bd. 6, 1866, S. 8. Dort steht „cuencenla" als Druckfehler für „cuécenla".

die Betriebe bei Iztapa[243]). Man sammelte entweder in primitiver Weise das durch die Verdunstung aus dem in Lachen hinter den Strandwällen zurückgebliebenen Meerwasser auskristallisierte Salz, das aber an Menge und Güte nur gering war. Oder man fuhr in Canoas auf den brackigen Lagunen hinter den Strandwällen und schöpfte den Schlick in sie hinein. An Land gebracht, wurde diese Erde mit salzhaltigem Brackwasser vermischt und in Tonkrüge gefüllt. Diese setzte man in größerer Zahl (70 bis 80) in spanischen Brennöfen einem Erhitzungsprozeß aus, um so das Auskristallisieren zu veranlassen. Die Produktion war wie heute noch auf die Monate der Trockenzeit beschränkt und wurde von indianischen Arbeitern, die sich in den damals bedeutendsten Salinen bei Ixtapa aus den Cakchiqueldörfern Comalapa, Patzitzía, Patzúm, Iztapa und Chimaltenango zusammensetzten, sowie von Mulatten besorgt. Das ungesunde Küstenklima raffte aber zahlreiche Hochlandindianer alljährlich dahin. In der Gegenwart finden sich die bedeutendsten Küstensalinen bei Champerico, im Abschnitt zwischen den Mündungen des Rio Madre Vieja und Rio Michatoya und zwischen jenen des Rio Los Esclavos und Rio Paz. Sind letztere heute Nationaleigentum und daher von der Landesregierung in Ausbeutung genommen, so gehören jene privaten Eigentümern. Das Verfahren, das ich 1928 in Ixtan bei Champerico sah, entspricht dem von Fuentes y Guzmán beschriebenen. Hinter dem Strandwall dehnt sich eine Reihe flacher, schüsselförmiger Vertiefungen aus, die in der Regenzeit unter Wasser stehen. Das Erdreich ist salzgeschwängert, so daß bei der Verdunstung der Wasserlachen in der Trockenzeit sich die Salzkristalle abscheiden. Man kratzt dann die oberen Schichten des trocknen Schlicks ab und häufelt die Erde auf, um sie zu den Brennöfen zu transportieren (Taf. 6, Abb. 16). Ferner schöpft man aus den Lagunen Schlick und bringt ihn mit Einbäumen dorthin, um ihn mit der anderen Erde vermischt dem weiteren Prozeß zu unterwerfen. Hierzu wird das feuchte Erdreich in längliche Holzkästen gepackt, unter denen in die Erde eingelassene breite Tongefäße stehen. In diese tropft die Flüssigkeit ab, und dieses salzhaltige Wasser wird in größere Kästen aus Eisenblech geschüttet, um die ein Feuer entfacht wird, das die Auskristallisierung in kurzer Zeit hervorruft (Fig. 4).

Indianische Arbeiter gibt es heute nicht mehr in diesen Salinen, sondern nur noch Mestizen und einige Mulatten, die dem Klima besser angepaßt sind. Nur selten finden sich Indianer ein, meist Leute, die dem Arm der Gerechtigkeit sich in diese abgelegenen Gebiete entzogen haben. 1928

[243]) Fuentes y Guzmán, Lib. II, cap. 9 u. 10 (ed. 1932, Bd. II, S. 102—104).

erhielten in den Salinen von Champerico die Arbeiter einen Tageslohn von 70 Pesos (= 1,10 Dollar). In den Betrieben am unteren Esclavos und Paz bei Potrerillos fand ich 1939 ebenfalls nur Mischlinge, die sich hier hauptsächlich aus Salvadoreños zusammensetzten.

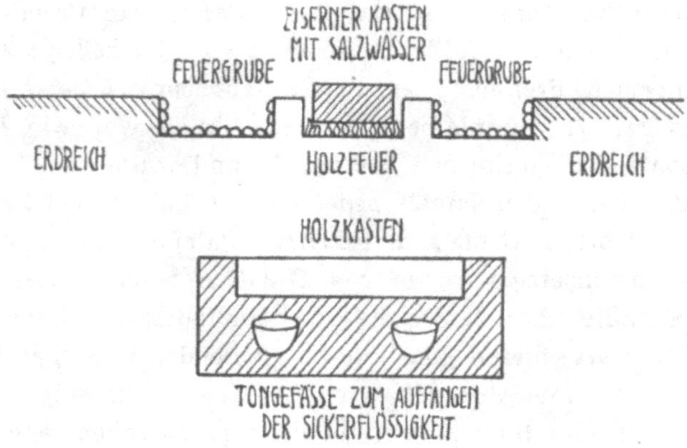

Fig. 4.

Das Salz ist grobkörnig und nicht sehr rein. Es wird sowohl auf die Märkte zum Verbrauch unter der Landbevölkerung gebracht als auch für die Viehhaltung verwendet. Feine Sorten von Tafelsalz aber werden von auswärts, z. B. aus den Vereinigten Staaten, eingeführt.

Die mannigfachen Produktionszweige in Südguatemala haben der pazifischen Abdachung in der Gegenwart den Charakter einer Kulturlandschaft aufgeprägt, die, abgesehen von schmalen Waldstreifen an der Lagunenküste oder dichten Bergwäldern an einzelnen Vulkanen, keine Spuren mehr einer ursprünglichen Naturwirtschaft trägt. Überblickt man von einem erhöhten Punkt des Küstengebirges, sei es vom Gipfel eines der mächtigen Feuerberge oder einer Kuppe der Vorhügelkette, den Küstenabfall, so gewinnt man den Eindruck, eine Parklandschaft vor sich zu haben. Die freien, grasbestandenen Flächen der Viehweiden mit ihren vereinzelten Palmen und Laubbäumen, gelegentlich fälschlich als Savannen bezeichnet, die Brachländereien der Guatales und auch die Zuckerrohrfelder, wenn sie nicht gerade in Blüte stehen, tragen bestimmend zu diesem Charakter bei, beweisen aber, mit welcher Schnelligkeit die Zurückdrängung der Naturlandschaft in den letzten 50 Jahren vor sich gegangen ist. Die spanische Kolonialzeit hat die Tieflandwälder der pazifischen Küste nicht derart radikal beseitigt, wie es seit dem Ende des 19. und im 20. Jahrhundert erfolgt ist. Die Spanier und die unter ihrem

Einfluß stehende Mischlingsbevölkerung haben schuld an der Waldvernichtung der Binnengebiete mittlerer Höhenlagen; das Küstentiefland haben sie mehr punktförmig mit kleineren Gebieten einer Wirtschaftslandschaft durchsetzt, die erst mit dem Eindringen einer auf den Welthandel gerichteten modernen Produktion der landwirtschaftlichen Möglichkeiten sich allein herrschend durchgesetzt hat.

Besonders deutlich tritt die Wirtschaftslandschaft in der mittleren Höhenzone der Abdachung zwischen 400 und 800 m Seehöhe hervor, insofern sich hier einzelne der vorherrschenden Produktionszweige überschneiden und damit ihre Spuren auch im Landschaftsbilde hinterlassen. Von Schattenwäldern überdachte Kaffeehaine, fast eine Naturlandschaft vortäuschend, jüngere Haine mit gerade ausgerichteten Bananenkulturen als Schattenspender, Zuckerrohrfelder im hellen Grün oder in der hellgrauen Farbe der Blütezeit, Viehweiden verzahnen sich in diesem Gebiet auf kleinem Raum, so daß man fast eine Wirtschaftskarte vor sich ausgebreitet zu sehen vermeint. In dieser treten gegenwärtig als neue Züge im westlichen Küstengebiet die größeren zusammenhängenden Flächen der Bananenhaine hervor, während in der östlichen Hälfte die Weidelandschaft noch viel stärker ausgeprägt ist als im Westen. Dieses Bild wird seine begrenzte zeitliche Dauer besitzen und ist auf das engste von den Schwankungen des Welthandels abhängig. Kaffee und Bananen werden räumlich sich ausdehnen oder zusammenschrumpfen, der Zuckerrohranbau und die Viehzucht aber werden bleiben, da sie vorwiegend binnenwirtschaftlich oder regional mittelamerikanisch ausgerichtet sind. Neuartige Zweige, wie etwa die jüngsten Versuche des Tabakanbaus unter Förderung der Landesregierung, besonders im Küstengebiet südlich von Chiquimulilla, oder solche des Ananasanbaus im großen sind nicht dazu berufen, landschaftsumbildend von Bedeutung zu werden. Nur eine Gefahr besteht: die der völligen Vernichtung der Küstenwälder und die damit drohende klimatische Beeinflussung von Südguatemala in seiner Gesamtheit. Deutlich macht sich im östlichen Küstengebiet eine zunehmende Versteppung mit der Ausbildung von Trockenbuschflecken (chaparrales) bemerkbar, die sich jetzt schon im südlichen Vorgelände des Vulkans Tecuamburro, zwischen Guazacapán und dem Rio Esclavos, finden, und immer häufiger mehren sich die Stimmen lange ansässiger Pflanzer, die von einer abnormen Unregelmäßigkeit in der jahreszeitlichen Verteilung der Niederschläge im westlichen Abschnitt sprechen. Hieraufjetzt durch eingehende Untersuchungen einzugehen, sollte eine der dringendsten Forderungen der geographischen und klimatologischen Forschung in Südguatemala sein. Es ist die wirtschaftlich wertvollste, die reichste Zone der Republik. Man sollte daher nicht versäumen, Schäden in der Zukunft rechtzeitig zu begegnen.

Wir versagen es uns, an dieser Stelle auf die modernste wirtschaftliche Entwicklung des Landes näher einzugehen, die durch eine gesteigerte landeseinheimische Industrialisierung gekennzeichnet ist. Sie ist besonders in der Tuchfabrikation zu beobachten, nachdem damit der Anfang in den Nachkriegsjahren mit der modernen Spinnerei in Cantél gemacht worden war. Sie wird auch jetzt in der Schuhfabrikation und Hutmacherei bemerkbar und ist im Begriff, sich auf andere Zweige einzustellen, wie die Musterschauen der alljährlichen großen Messe in Guatemala-Stadt beweisen. Die Probleme, die sich hierbei abheben, müßten in dem größeren Zusammenhang der Industrialisierung ganz Iberoamerikas behandelt werden.

Kapitel IV.

Der Verkehr.

1. Der Verkehr in der indianischen Zeit.

Die Archäologie gibt uns eine Fülle von Beweisen für Verkehrsbeziehungen der Stämme in Guatemala untereinander und mit Mexico wie dem südlichen Mittelamerika in die Hand, die schon seit weit zurückliegenden Epochen vorhanden gewesen sein müssen. Die geographische Lage Mittelamerikas mußte es zu einem Einzugsgebiet fremder Völker aus dem Norden und Süden werden lassen, wie es ein Durchgangsgebiet für Völkerzüge gewesen sein muß, die in die Urzeiten der Besiedlung des amerikanischen Doppelkontinentes zurückreichen. Die Natur hat den Zugang von Norden her günstig gestaltet. Ohne Schwierigkeiten in der Überwindung eines ungünstigen Bodenreliefs ist der Übergang von Mexico nach Chiapas möglich, sowohl im Hochland wie im pazifischen Tiefland, wogegen das flache Schwemmland an der atlantischen Golfküste schon eher Hindernisse geboten hat, wenn nicht die großen Tieflandströme als natürliche Verkehrsleitlinien benutzt werden konnten.

Derselbe Charakter läßt sich in Guatemala verfolgen, wo im Hochlande die Becken der Altos durch keine unüberwindlichen Schranken getrennt sind und sich an sie breite Talsenken nach Osten anschließen, von denen die Senke des Motagua eine wichtige Leitlinie gewesen zu sein scheint. Denn von ihr war das Vordringen nach Honduras oder den zentralen Gebieten von El Salvador leicht durchführbar mit einer vorgezeichneten Richtungskomponente nach der pazifischen Küste und der Fonseca-Bucht hin. Die andere war durch den Verlauf der pazifischen Küstenabdachung gegeben, die von Mexico bis weit ins südliche Mittelamerika leitete.

Weisen uns diese Richtungen auf die großen Verkehrslinien in der Längserstreckung der mittelamerikanischen Landbrücke, so lassen sich verschiedene dazu senkrechte Linien feststellen, die der Verbindung der Hochmit den Tiefländern an beiden Ozeanen dienten (Fig. 5). Die Entwicklung verschiedener indianischer Staatswesen hat diese Verkehrswege in ihrer Bedeutung nur um so mehr hervortreten lassen können, zumal die Handelsbeziehungen unter den indianischen Stämmen sehr rege gewesen sind und erstaunliche Entfernungen überbrückt haben. Kupferne, als Geldersatz dienende Messer aus dem Tzapotekengebiet in Oaxaca sind nach Guatemala und Yukatan gelangt, Meermuscheln der karibischen Küste weit ins Innere des Petén, Schmuck und Keramik aus Costa Rica bis nach Nordyukatan, und endlich sind mexikanische Stämme und Kultureinflüsse längs der pazifischen Niederung bis nach Nicaragua und Costa Rica gedrungen.

Der Verkehr in der vorkolumbischen Periode war ausschließlich Saumverkehr, der nur an wenigen Stellen mit einem Bootsverkehr vergesellschaftet war. Die Verkehrswege liefen als schmale Pfade durch die Regenwälder; sie wanden sich ohne Zickzackrichtungen steil an den Spornen der Gebirgsflanken empor, kreuzten die Kerbtäler unmittelbar, ohne sanftere Böschungswinkel an den Gehängen auszunutzen und dadurch das uns lästige Auf und Nieder der direkten Talkreuzung einzuschränken. Künstliche Wegebauten gab es in unseren Gegenden nicht, wie sie in den andinen Gebieten vorhanden waren. Nur Brücken wurden bei weniger breiten, aber tiefen und reißenden Flüssen geschlagen, und zwar in den Tiefländern und den Waldgebirgen der feuchten Gebirgsabdachungen, wo die erforderlichen Materialien, Hölzer und Lianen, vorhanden waren. In den trockneren Binnengebieten, wo die Flüsse nur in den Schwellzeiten der feuchten Jahreshälfte größere Wassermengen führen, hat man sie durchwatet, wohl kaum durch Holzbrücken überspannt.

Bootsverkehr herrschte auf den breiten Tieflandflüssen in Nordguatemala (Pasión-Usumacinta-System), in Tabasco und Nordhonduras mittels kleinerer oder größerer Einbäume (canoas), während die Maya von Ostyukatan und Westhonduras auch Küstenschiffahrt in Einbäumen betrieben. Sie führte an der Küste von Britisch-Honduras entlang in die Amatiquebucht, streifte die Bai-Inseln und die gegenüberliegende hondureñische Küste und drang von dort aus in die unteren Abschnitte der größeren Flüsse (Rio Dulce, Motagua, Ulua, Chamelecón u. a.) vor. Sie benutzte stattliche Boote, die mindestens 25 Personen und Warenladungen tragen konnten.

Die Schiffahrt an der pazifischen Küste tritt in der Überlieferung nicht so deutlich hervor. Wir dürfen aber annehmen, daß auch dort die Lagunen (esteros) mit Canoas befahren worden sind, zumal sie als zusammenhängende Wasserwege über weite Entfernungen hin zu verfolgen waren. Auf dem offenen Meer aber werden die Indianer kaum gefahren sein, da die stets hohe Brandung des offenen Ozeans für die primitiven Einbäume zu viele Gefahren mit sich brachte. Nur an der Fonseca-Bucht scheint ein indianischer Bootsverkehr von der Küste bei Chinandega bis nach den Inseln in der Bucht und an ihre Gestade selbst stattgefunden zu haben. Lokal ausgebildet fand sich Schiffsverkehr auf dem Atitlán-See mittels eigentümlicher, aus Aguacateholz hergestellter Plankenboote, und wahrscheinlich ist auch der Güija-See einst befahren worden.

Der Überlandverkehr erfolgte zu Fuß, der Lastenverkehr wickelte sich mit Trägern ab. Wir besitzen bisher aus völkerkundlichen Untersuchungen noch keine zusammenfassende Behandlung der Tragfähigkeiten einzelner Völker, die sicher interessante Unterschiede aufzeigen würde. Die Indianer unseres Gebietes und in Mexico haben wohl immer schon große Leistungen vollbracht. Wir dürfen annehmen, daß das übliche Gewicht der Lasten 1 Zentner wie in der Gegenwart gewesen sein wird. Wenn auch keine übermäßig großen Höhen zu überqueren waren, wie in den südamerikanischen Anden, so ist das Gewicht doch immer noch ein hohes gewesen. Karibenneger, die mich 1928 begleiteten, haben nur ca. 60 Pfund tragen können.

In Guatemala kann die Tragfähigkeit der Indianer im Hochlande zu rund 1 Zentner, im heißen Tiefland zu 50 Pfund angesetzt werden.

Die Träger, die ihre Lasten auf Rückenkraxen trugen und einen Wanderstab führten (Taf. 7, Abb. 18), teilten ihre Marschleistungen in einstündliche Wegeabschnitte ein, wo sie eine kurze Rast von wenigen Minuten einlegten („hun bej" der heutigen Kekchí-Indianer, auch sonst allgemein bei den anderen Stämmen gebräuchlich). Nachts rastete man an bestimmten Plätzen, die sich aus der Gewohnheit des Verkehrs ergeben hatten und die durch die Nähe von Trinkwasser bestimmt waren. In den Urwäldern von Nordguatemala waren wohl auch primitive Wetterdächer errichtet, die notdürftig Schutz vor dem Regen boten. Auf Paßübergängen oder an anderen markanten Wegpunkten lagen kleine Opferaltäre zur Darbringung von Weihegaben an die Naturgötter, deren Wohlwollen man sich für den glücklichen Ausgang des Marsches damit erwerben wollte. Kiefernnadelbüschel und Steine, Kopal-

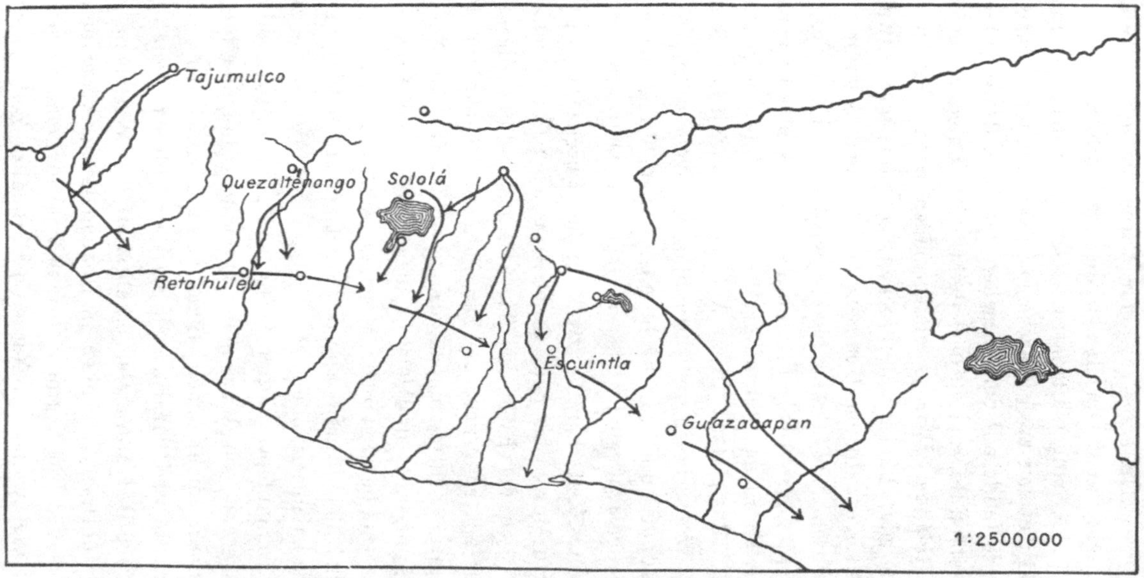

Fig. 5.
Die Hauptrichtungen des indianischen Verkehrs in Mittel- und Südguatemala in der vorspanischen Zeit.

harz und vielleicht auch einmal eine wertvollere Opfergabe waren die üblichen Spenden.

Im Mayagebiet des Tieflandes war für Vornehme als Verkehrsmittel, vielleicht nicht unbeeinflußt von Mexico, die Tragmatte im Gebrauch, ein an Stangen befestigtes hängemattenartiges Gestell, in dem der Fürst oder Kaufherr saß, und das von zwei Trägern auf den Schulter getragen wurde (Taf. 7, Abb. 17). Nie fehlte auf den Märschen der Hund, der auch heute noch den Indianer auf seinen Reisen stets begleitet. Die Marschleistungen richteten sich nach dem Gelände. War es einigermaßen eben und nicht durch zahlreiche Flüsse oder Bäche unterbrochen, so kann man etwa 25 bis 30 km pro Tag ansetzen. In den Gebirgen aber werden es kaum mehr als 15 bis 20 km gewesen sein. Größer waren wieder die Leistungen in den offenen Binnenhochländern. Die Indianer brachen stets früh kurz vor Sonnenaufgang auf, rasteten in den Vormittagsstunden und trafen gegen 4 Uhr nachmittags an den Rastplätzen für die Nacht ein, um Zeit zur Herrichtung des Lagers, zum Wasserholen und Brennholzschlagen zu haben. Kienspäne als Feuerzunder und zur nächtlichen Beleuchtung sowie Regenschutzmatten (suyacal) pflegten stets im Gepäck mitgetragen zu werden.

Die vorspanische Zeit kannte zwei große Durchgangswege durch Guatemala, die von Mexico bis nach Costa Rica liefen. Der Hochlandweg, der in Soconusco von der Küste bei Tlapanaltepec in die Sierra Madre abbog, sie auf der später „Cuesta de San Fernando" genannten Paßhöhe überschritt und durch Zentralchiapas zog, erreichte etwa bei Nentón den Westfuß der Cuchumatanes und folgte ihm aufwärts nach Chiantla. Von dort dürfte er ins Quiché weitergeleitet haben, senkte sich, der Motaguafurche folgend, nach Osten und bog in der Fraguaebene nach Chiquimulilla ab, um nach Salvador überzuleiten. Der Tieflandweg folgte der pazifischen Abdachung von Tehuantepec durch Soconusco zum Küstenland Xuchitepequez (heute Gegend von Mazatenango), berührte Cotzumalhuapa und Escuintla, bog dann mehr nach Südosten ab, um über Tacuilula, Guazacapán, Nancinta und Pazaco nach Salvador hinüberzuleiten (Fig. 5).

Eine ähnlich große Bedeutung als Verkehrslinie von Westen nach Osten kommt keiner der übrigen Talsenken in Guatemala zu, weder dem westöstlichen Laufstück des Rio Negro noch dem Polochic, dem Sarstoon oder dem Cuilco. Erst viel weiter im Norden hat in alter Zeit die sehr alte Verbindungsstraße von Tabasco nach Honduras durch das Petén eine Wichtigkeit besessen, die dem Handel zwischen Mexico und Mittelamerika zugute gekommen ist. Als Wanderstraße größerer Völkerbewegungen hat sie wahrscheinlich gegenüber den beiden anderen Wegen zurückgestanden.

Zu diesen Längswegen senkrecht standen nun in Guatemala eine Anzahl von Querverbindungen, die vom pazifischen Tiefland ins Hochland oder innerhalb desselben bzw. von dort ins nördliche Tiefland hinabführten. Im ersten Fall benutzten die Wege die interkollinen Senken zwischen den Vulkanen, in denen die Täler der reißenden Gebirgsflüsse die Leitlinien abgaben. So verlief ein wichtiger Weg von Xuchitepequez über Zapotitlan zwischen dem Santa Maria- und Zunil-Vulkan dem Samalá aufwärts folgend bis zur Talstufe von Santa Maria, einem kleinen Dorf der späteren spanischen Zeit. Dort kletterte er den Einschnitt zwischen dem Santa Maria-Vulkan und dem Cerro Quemado hinauf und durchquerte von Süden nach Norden das ebene, nur von niedrigen Bergsturzhügeln durchsetzte Valle del Pinal, um nach Osten biegend die Siedlungszone von Salcajá und Totonicapán zu erreichen. Von dort führte er ins Quiché nach dessen altem Zentrum von Utatlán. Er war der Hauptweg des Quichéreiches zur warmen Tieflandküste. Eine weitere Küstenverbindung müssen wir von Tapachula den Rio Cabus aufwärts über Malacatán, von wo an der Fluß den Namen Tajumulco führt, annehmen, der dann die Hochflächen von Ixchiguán und Serchíl erreichte, um teils ins Becken von Quezaltenango und damit ins Quichéreich, teils über Tejutla ins Mamgebiet gegen Zaculeu sich fortzusetzen.

Der dritte Querweg zog sich von der Küstenebene bei Patulúl landeinwärts nach dem Ostufer des Atitlán-Sees und richtete sich ins Cakchiquelreich bei Iximché (Tecpán), während der Weg von Xuchitepequez über Panán nach dem westlichen Atitlán-See bei Santiago Atitlán die Verbindung der Tzutuhiles mit dem Tiefland herstellte. Der vorhergenannte Weg Patulúl—Iximché hatte oberhalb von Agua Escondida eine Abzweigung nach Nordwesten, wo er über Semetabáj nach Tecpán Atitlán (Sololá) führte. Ferner müssen wir den Weg von Itzcuintepeque (Escuintla) ins Valle de Panchoy (Antigua) und ins Cakchiquelgebiet von Patzitzía sowie ostwärts ins Pokomamgebiet von Mixco Viejo nennen, der schon seit alters her sich in der Nähe des heutigen Sabana Grande mit einem Küstenweg vereinigte, dessen Ausgangspunkt wir in der Gegend von Cotzumalhuapa anzunehmen haben.

In Südostguatemala sind nur zwei wichtige Querverbindungen in vorspanischer Zeit vorauszusetzen. Die eine benutzte das breite Tag des Rio Esclavos und stellte die Verbindung zwischen den Pipilreichen der Küste mit den Territorien dieses Volkes im Hochland von Cuilapa und Jutiapa her, die andere können wir entlang dem Rio Paz nach Ahuachapán und zum Güija-See voraussetzen. Die Rekonstruktion aller dieser Verkehrslinien ist, wenn auch nicht bis in alle Einzelheiten exakt, möglich auf Grund der archäologischen Hinweise und der Überlieferung aus frühspanischer Zeit.

Im Binnenhochland haben wir uns eine ganze Reihe von Querwegen zu denken, die in südnördlicher Richtung die Kettengebirge überquerten und die benachbarten Becken miteinander verbanden. Wir erwähnen hier als die wichtigsten den Weg vom Quiché bei Utatlán nach Zacapulas und den Ixildörfern der Nebaj-Provinz, vom Quiché nach Sajcabajá und Uspantán, vom Quiché über Zacualpa und Joyabáj ins Becken von Rabinal mit seinen alten Siedlungen und weiter nach Coban ins Kekchígebiet. Weiter östlich hören solche Querverbindungen auf, ausgenommen vielleicht, daß schon in alter Zeit ein Weg vom Pokomamgebiet durch das Becken von Salamá in die Pokonchíprovinz zog. Aber sonst hat die Sierra de las Minas stets nur als trennendes Gebirge zwischen dem südlichen und nördlichen Guatemala gewirkt. Erst dort, wo sie sich zur tiefen Einsattelung von Izabál absenkt, ist eine uralte Verkehrsverbindung zwischen den Mayastädten des Petén, den alten Siedlungen des unteren Polochictales und denen bei Quiriguá und Copán anzunehmen. In Ostguatemala endlich dürfte eine alte Verkehrsstraße vom Motaguatal bei Zacapa nach Chiquimula vorhanden gewesen sein, wo sie sich in einen Ast über Ipala nach Mita und in einen östlichen über Quezaltepeque nach Ocotepeque und weiter nach Salvador gabelte.

Überblickt man die Verkehrsmöglichkeiten in unserem Gebiet zusammenfassend, so kommt man zu der Feststellung, daß weder Süd- noch Mittelguatemala dem altindianischen Verkehr unüberwindbare Hindernisse in den Weg gelegt haben, daß vielmehr besonders Mittelguatemala recht gut verkehrsmäßig aufgeschlossen gewesen ist. Im Gegensatz dazu müssen wir das unmittelbar der pazifischen Küste benachbarte Gelände und Regenwaldgebirge sowie die Karstgebiete der Alta Verapaz als verkehrsfeindlich bezeichnen, während im Petén immerhin einige der größeren Flüsse Einfallswege von den Randgebieten ins Innere dargestellt haben.

2. Der Verkehr in der Kolonialzeit.

Die spanische Kolonisation hat technisch im Verkehrswesen manche Veränderungen mit sich gebracht, sich aber auch der vorkolumbischen Methoden zu bedienen gewußt und vor allem sich den von den Indianern längst erprobten natürlichen Verbindungen angepaßt. Wie in so vielen Zweigen des kulturellen und wirtschaftlichen Lebens haben die Spanier es verstanden, indianische Erfahrungen sich zunutze zu machen und sie mit dem von Europa, besonders Südeuropa Gewohnten zu verschmelzen, so sehr, daß bis in die Gegenwart hinein der weitaus überwiegende Anteil des Verkehrs am öffentlichen Leben auf dem platten Lande in Guatemala wie in anderen Ländern Iberoamerikas das Gepräge des indianisch-spanischen Verkehrswesens trägt.

Die von uns erwähnten alten indianischen Hauptverkehrswege sind auch in der Kolonialzeit bestehen geblieben. Der Küstenweg von Mexico nach Guatemala, der Hochlandweg von Chiapas nach West- und Zentralguatemala waren auch fernerhin Hauptverkehrsadern des Fernverkehrs, die nunmehr in dem Mittelpunkt Antigua zusammenstießen, um von dort durch das südöstliche Hochland, verändert gegen die alte Zeit, über Petapa—Cerro Redondo—Jalpatagua nach Salvador zu führen. Die Küstenstraße von Escuintla nach Pazaco hat ihre Bedeutung verloren, ebenso wie der Querweg von Tapachula zum oberen Tajumulco-Fluß für den spanischen Verkehr nicht mehr in Frage kam. Dafür wurde er lebhafter auf dem Wege über die Sierra de Chuacús, der Salamá berührte, was mit der Entwicklung der Alta Verapaz in Zusammenhang stand.

Neu dagegen sind die Wege gewesen, die man nach den Häfen an der pazifischen und atlantischen Küste anlegte. Zeitlich war die Anlage der Straße an der Südküste die frühere. Schon 1538 hatte das Cabildo in Antigua beschlossen, eine für Karreten fahrbare Straße von der Stadt nach dem Hafen Iztapa anzulegen, die auszuführen 1539 ein gewisser Antonio de Salazar übernahm. Ihm sollten dafür die Einnahmen aus dem Verkehr zufließen. In fünf Monaten war der Weg fertiggestellt[244]), woraus man ermessen kann, daß seine Konstruktion alles andere als sorgfältig gewesen wäre. Er ist aber seitdem einer der Hauptverkehrswege, was Wichtigkeit und Frequenz anbelangt, bis ins 19. Jahrhundert geblieben. Überhaupt begann der spanische Wegebau intensiver nach dem Tode von Alvarado um 1542. Zunächst setzte man die Wege um Antigua instand, langsamer folgten die anderen im Landesinneren. Wichtig war unter ihnen eine Straße von Antigua nach dem hondureñischen Hafen Puerto Caballos, das damals der Haupthafen an der karibischen Küste war. Der Weg wurde um 1550 angelegt, ebenso ein weiterer nach Izabál, auf dem 1560 Karreten passieren konnten[245]).

Die meisten Wege aber blieben Saumpfade, die dem Fußgängerverkehr wie in der indianischen Zeit und jetzt auch dem Reitverkehr dienen mußten. Im letzteren Falle wichen sie in den gebirgigen Landesteilen oft

---

[244]) Pelaez, Bd. I, S. 199.
[245]) Pelaez, Bd. I, S. 205/206.

von den Fußwegen ab, insofern man kurvenreiche Tracen, wohl auch Zickzackwege baute, um für Tier und Reiter die steil die Abhänge in gerader Richtung hinaufführenden Indianerpfade zu vermeiden. Der Verlauf aber blieb der gleiche wie bei jenen.

Als man zu Beginn des 17. Jahrhunderts den Hafen Santo Tomas in der Amatique-Bucht angelegt hatte, wurde 1604 von dem Präsidenten der Audiencia, Alonso Criado de Castilla, eine Wegtrace nach Antigua zu bauen unternommen, die vom unteren Motaguatal östlich bzw. südöstlich durch die Sierra del Espíritu Santo führen sollte. Die erheblichen Kosten waren aber umsonst, denn weil in den Urwäldern jenes Gebirges nicht genügend Futter für die Maultiere vorhanden war, mußte diese Straße aufgegeben werden[246]).

So hat denn die Kolonialzeit an Hauptverkehrsstraßen jene nach Iztapa und Izabál, bzw. Puerto Caballos, nach Salvador über Jalpatagua und nach Mexico besessen, wobei für letztere zwei jahreszeitlich benutzte Strecken zur Verfügung standen: in den Trockenzeiten der Küstenweg von Antigua über Patulul, Suchitepequez und Soconusco, in den Regenzeiten der Hochlandweg über Chiantla, San Cristobal Las Casas und zur Küste von Soconusco hinab[247]). Ein lehrreiches Beispiel für diese Wegebenutzung bietet die Reise des Padre Alonso Ponce zu Ende des 16. Jahrhunderts und das Wegetinerar von Thomas Gage.

Eine wesentliche Veränderung erfuhren die Verkehrsmittel durch Einführung der Pack- und Zugtiere und des Wagens, wobei letzterer mehr auf die Umgebung der Hauptstadt, die Häfen und die Landstädte beschränkt blieb. Weitaus stärker war der Anteil der Lasttierkarawanen (recuas, patachos), die von Verkehrsunternehmern, Spaniern, Ladinos und vereinzelten Indianern, gehalten wurden[248]). Die starke Berufsgruppe der Treiber (arrieros) fügte einen neuen Berufszweig ins öffentliche Leben ein, deren Spanisch im Laufe der Zeit mannigfache Provinzialismen ausbildete. Im 17. Jahrhundert scheinen auch Neger und Mulatten häufig diesen Beruf ausgeübt zu haben. Die Stärke der Trupps erreichte oft erhebliche Ausmaße von einigen hundert Maultieren, die weit nach Mexico und Nicaragua über Land zogen. Infolgedessen mußten die Wege Terrains suchen, in

---

[246]) Ximenez, Lib. IV, cap. 5 (ed. 1929, Bd. III, S. 21).

[247]) Fuentes y Guzmán, Segunda Parte, Lib. I, cap. 10 (ed. 1932, Bd. II, S. 60).

[248]) Gage, 1693, S. 276 nennt einen Spanier, der 300 Maultiere für Transporte nach Izabal besaß. Er teilte sie in sechs Trupps zu je 50 Tieren unter 100 Negern als Arrieros.

denen genügende Voraussetzungen zum Weiden der Tiere gegeben waren. Bestimmte Rastplätze bildeten sich aus. Die Tagesentfernungen werden 20 bis 25 km kaum überschritten haben.

Wo der Wagen als Gefährt in Frage kam, handelte es sich zum Lastentransport um die zweirädrigen Karren (carretas), deren Räder hoch und mit Speichen versehen oder als Vollscheiben und dann niedrig ausgebildet waren. Letzterer Typus scheint sich, nach den modernen Verhältnissen zu urteilen, mehr im südlichen Mittelamerika, in Nicaragua und Costa Rica, eingebürgert zu haben. Im Überlandverkehr wurden im Laufe der Zeit auch Reisewagen eingeführt[249]), die freilich bis ins 19. Jahrhundert hinein bei den Wegverhältnissen nur eine beschränkte Anwendungsmöglichkeit besessen haben werden. Bestimmtere Nachrichten hierüber sind aus der Kolonialzeit nicht vorhanden.

Mit den Spaniern ist auch der Nachrichtenverkehr nach Guatemala gelangt. Wenigstens besitzen wir aus vorspanischer Zeit keine Anhaltspunkte dafür, einen geregelten Nachrichten- und Boteneilverkehr in unserem Gebiet, wie er in Altmexico bestand, vorauszusetzen. Für ihn fehlte das große zusammenhängende politische Gebilde des Aztekenreiches mit seiner straffen Organisation. Wir müssen uns von dem kolonialspanischen Nachrichtendienst und dem Postwesen in Guatemala zunächst keine weitgehenden Vorstellungen machen. Die Postbestellungen über Land erfolgten durch indianische Botengänger, die Briefe in Umhüllungen aus Rohrgeflecht beförderten[250]). Noch gegenwärtig findet man in abgelegeneren Landesteilen eine ähnliche Form der Nachrichtenübermittlung, nur daß an Stelle der Rohrkästen röhrenartige Büchsen aus Zinkblech getreten sind.

Die Verbindungen nach Übersee waren so spärlich, daß Post von außen im Jahre vielleicht ein- oder zweimal eintraf. War es anfangs im 16. Jahrhundert der Weg von Puerto Caballos durch Westhonduras nach Guatemala gewesen, den die Post benutzte, so wählte man später den längeren, aber sichereren von Veracruz durch Chiapas. Den Umfang dieses Verkehrs können wir aus den erhaltenen Nachrichten kaum ermessen[251]), möchten aber hervorheben, daß man sich dieser Dinge in der modernen Forschung über Iberoamerika und besonders über Mittelamerika noch nicht an-

---

[249]) Die Formen der „Calesas" und „Caricoches" wie in Yucatan sind aus Guatemala nicht belegt. — vgl. J. L. Stephens, 1843, Bd. I, S. 40 f. u. 211.

[250]) Ximenez, Lib. V, cap. 25 (ed. 1929, Bd. II, S. 367), erwähnt einen Briefboten in den Urwäldern des Cholgebietes „con un envoltorio pequeño de petate".

[251]) Pelaez, cap. 107 (Bd. III, S. 100/101).

genommen hat. Das Indienarchiv in Sevilla dürfte auch hierfür noch eine Fülle ungehobener Schätze bergen!

Verhältnismäßig rege muß der Verkehr der kirchlichen Institutionen des Landes untereinander und mit den Nachbargebieten gewesen sein (Mexico), da ständig Geistliche zwischen den Klöstern und den Hauptstädten Guatemala—Antigua und Mexico hin- und herreisten, auch oft Visitationsreisen in die Reduktionsgebiete nach Nordguatemala unternommen wurden. Die Ordenskapitel führten stets Geistliche aus dem Lande und aus fremden Provinzen an jeweils bestimmten Punkten zusammen (Antigua, Zacapulas, Tecpán u. a.).

Der Reiseverkehr in der Kolonialzeit ist nicht unbedeutend gewesen. Beamte, Geistliche, Hacendados waren oft unterwegs und belebten die Hauptwege zwischen den Maultiertrupps der Lastkarawanen. Man legte die Wege stets beritten zurück, was zum guten Ton spanischer Sitte gehörte und heute noch gehört, wo man den Fußgänger, der die Landwege passiert, als geringeren Mitmenschen betrachtet. In den feuchten Regenwäldern und in den schwer passierbaren Gebirgen von Nordguatemala hatten die Spanier eine Art des Reisens übernommen, die schon in der Zeit des älteren Mayareiches gehandhabt worden sein muß. Sie ließen sich nämlich in Hängematten tragen, die an einer langen Stange befestigt waren. Mancher Missionar aber, der sich der Mühsal des Vordringens in die Wälder der Verapaz und des Petén unterzog, legte die Märsche zu Fuß zurück[252]). Die Benutzung von Moskitonetzen auf diesen Reisen im Tieflande wird mehrfach aus dem 17. Jahrhundert überliefert.

Die Unsicherheit des Überlandreisens hat in Guatemala in den spanischen Zeiten kaum Anlaß zu häufigeren Klagen gegeben. Die Indianer waren keine Wegelagerer, viel eher wären Mischlinge dazu imstande gewesen, wie das von Gage überlieferte Beispiel der marodierenden Zambos in der Sierra del Mico beweist[253]). Es mußte erst die Unabhängigkeit Guatemalas kommen, als die inneren politischen Wirren die Unsicherheit im Überlandverkehr vermehrten, ehe sich reguläre Räuberbanden bildeten, die sich aus entlaufenen Soldaten oder Vieh- und Strauchdieben zusammensetzten (Lucios). Manchmal standen sie unter dem Befehl besonderer Anführer, die ihre unzugänglichen Schlupfwinkel in den Barrancogebieten von Mittel- und Ostguatemala hatten. Noch heute ist die Erinnerung an einen dieser Räuber im Volksmunde von Ostguatemala lebendig, der Don Raimundo genannt wird und zur Zeit von Carrera die Landstraßen

---

252) Ximenez, Lib. II, cap. 7 (ed. 1929, Bd. I, S. 167) et passim.

253) Gage, 1693, S. 272.

östlich der Stadt Guatemala unsicher gemacht haben soll. Nach der Legende hätte seine Bande einen Schlupfwinkel in dem Massiv der Gavia gehabt. Als ich mich dort im Januar 1939 aufhielt, gelang es mir, unter der Führung eines Indianers der Finca El Coyolar am Westhang des Gebirges diesen tatsächlich aufzufinden. Es handelt sich um ein von Lockermassen aufgebautes Vorgelände der alten Vulkanruine, das die breite Mulde zwischen Gavia und Pacaya ausfüllt und von der tiefen Rinne des Rio Aguacapa mit zahlreichen Nebenschluchten zerschnitten ist. Einer dieser Hangflüsse der Gavia namens Rio Aposento wird in der Lockermassenzone spitzwinklig von einem Trockenbachtälchen getroffen, das hängend hoch über der Aposentos-Talsohle mündet. Und zwar hat der Nebenbach sich seine Mündung durch einen kleinen Tunnel in dem schmalen Lockermassenriedel gebahnt, wodurch eine Höhle mit einem Naturfenster entstanden ist, das schätzungsweise 80 m über der Sohle des Aposentos liegt. Dieses war der Schlupfwinkel des Don Raimundo, den aufzufinden nur einem mit dem Gelände Vertrauten möglich ist. Man sieht noch einige Spuren der ehemaligen Benutzung der Höhle, von der sich der Volksmund Wunderdinge (alte Götteridole, Riesenfledermäuse) erzählt, die sämtlich nicht den Tatsachen entsprechen.

Wir schließen hier unsere Betrachtungen über das Verkehrswesen in der spanischen Kolonialzeit und versagen es uns, auf den Überseeverkehr noch näher einzugehen, dessen Entwicklung seit dem 16. Jahrhundert eine rückläufige gewesen ist. Da sie Hand in Hand mit den Handelsschrumpfungen, wie wir sie früher dargestellt haben, einherging, so mögen die dort gemachten Äußerungen einiges Licht auf den Umfang des Schiffsverkehrs werfen.

3. Der Verkehr in der neueren Zeit.

Nachdem die Unabhängigkeitserklärung der mittelamerikanischen Republiken auch Guatemala neue Impulse wirtschaftlichen Aufschwunges gebracht hatte, war zu erwarten, daß das Verkehrswesen an dieser neuen Entwicklung Anteil nehmen würde. Wenn es nicht geschah, so waren dafür die innerpolitischen Verhältnisse verantwortlich zu machen, die öffentliche Arbeiten in größerem Umfange hemmten. Die Wegeverbesserung mußte sich auf ein paar der wichtigen Überlandverbindungen beschränken, so etwa, daß die wichtige Hochlandstraße von Guatemala-Stadt nach Quezaltenango für Wagen und Poststellwagen fahrbar gemacht wurde. Sonst aber blieben die Wege so schlecht, wie sie in der Kolonialzeit gewesen waren. Die Schilderungen fast aller Reisender aus der ersten

Hälfte des 19. Jahrhunderts stimmen in ihrem Urteil hierin überein. Ohne Übertreibung darf gesagt werden, daß sich an diesen Zuständen bis in die jüngste Zeit kaum Wesentliches zum Besseren geändert hätte. Zwar wurden gesetzlich Wegearbeiten der Landbevölkerung auferlegt. Sie litten aber unter der Schwäche der Regierungsgewalten, ihrem Eigennutz und vor allem an den mangelhaften technischen Vorkehrungen, die den klimatischen Unbilden nicht gewachsen waren. Was mühsam in den trocknen Jahreshälften ausgebessert worden war, wurde in den Regenzeiten wieder zerstört oder schwer beschädigt. In den Tiefländern der Küste versanken Roß und Reiter in Schlammlöchern oder stapften durch den zähen Brei der aufgeweichten Lehmmassen, in den Hochländern rissen die Fluten tropischer Gewittergüsse tiefe Furchen in die Wege, die nur dem Fußgänger oder Reiter noch das Passieren ermöglichten. In den feuchten Regenwaldgebieten entstanden durch den häufigen Maultierverkehr stufenartige Wegtreppen an den steileren Anstiegen, die landesüblich „Marimbas" genannt werden und heute noch vielfach in den abgelegeneren Gegenden anzutreffen sind.

Von der Kolonialzeit her blieben die wichtigsten Längsverbindungen bestehen, von der Hauptstadt nach den westlichen Altos und nach Mexico, nach Osten der Weg nach Salvador, der immer noch über Cuilapa—Jalpatagua führte. Dazu traten die jetzt stärker benutzten Straßen nach den Häfen Iztapa und Izabal, die die beiden Haupteinfallswege von Übersee her in die Republik bildeten.

Die Modernisierung des Verkehrswesens setzte mit dem Bau der Eisenbahnlinien ein, für den sich der Präsident Justo Rufino Barrios energisch ins Mittel legte. Als erste Linie wurde die Bahn zwischen dem Hafen San José und Escuintla 1880 eröffnet, die 1882 bis Amatitlán verlängert wurde und 1884 die Hauptstadt erreichte[254]. Der Bau ruhte in den Händen von Wilhelm Nanne. 1882 erfolgte die Einweihung der Strecke vom Hafen Champerico nach Retalhuleu, in den neunziger Jahren wurden verschiedene kleine Abschnitte an der pazifischen Küste dem Verkehr übergeben, nachdem das Projekt einer Küstenbahn im Zuge der panamerikanischen Linie unter Mithilfe der Nordamerikaner aufgegriffen worden war. Eine Ingenieurkommission bereiste zu diesem Zwecke die pazifischen Länder Mittelamerikas bis Südamerika und trug durch die Veröffentlichung ihrer Itinerare und Beobachtungen viel zur wissenschaftlichen Kenntnis

[254]) Der Umweg über Morán wurde gewählt, weil dort Terrains des Präsidenten J. Rufino Barrios lagen.

dieser Zone bei[255]). Das erste größere Teilstück der „International Railway of Central America" zwischen Santa Maria (südlich Escuintla) und Patulúl wurde 1897 dem Verkehr übergeben, 1903 bis Mazatenango verlängert und stieß hier mit der Westbahn von Champerico nach Retalhuleu zusammen, da gleichzeitig 1903 auch das fehlende Verbindungsglied zwischen Mazatenango und Retalhuleu fertiggestellt worden war. Dem Abtransport von Kaffee sollte gleichzeitig ein kurzer Nebenzweig von Palo Gordo nach San Antonio Suchitepequez dienen, der 1902/03 gebaut wurde.

1896 bis 1899 kam es zur Fertigstellung der kurzen Strecke vom Hafen Ocós nach Vado Ancho, die schon 1902 ihre Bedeutung verlor, als der Hafen durch das schwere Erdbeben unbrauchbar geworden war. 1908 war endlich auch das letzte fehlende Verbindungsstück der internationalen Bahn von Vado Ancho nach Cruces beendet worden, so daß nunmehr ein zusammenhängender Schienenstrang von Mexico bis Guatemala geschaffen war.

Der kurze Zweig von Muluá nach San Felipe war bereits Ende des 19. Jahrhunderts konstruiert worden und sollte der Anfang einer Linie nach Quezaltenango werden. Pläne hierfür waren ausgearbeitet, die die Linie südlich um den Vulkan Santa Maria (Taf. 3, Abb. 6) legen und sie westlich des Berges über Chuipache ins Valle del Pinál einmünden lassen wollten. Sie wurden durch den Ausbruch im Jahre 1902 überflüssig.

Das nordamerikanische Bahnprojekt hatte die Verlängerung der internationalen Linie von Santa Maria bzw. Escuintla nach Südosten längs der Küstenabdachung zum Rio Paz und Salvador vorgesehen. Es ist niemals zur Ausführung gelangt, da bei der spärlichen Besiedlung dieser Zone, die auch kein Kaffeegebiet war, jeder wirtschaftliche Anreiz zum Bau fehlte.

Die Zweigbahn von Overo nach Iztapa ist seit mehreren Jahren aufgegeben worden, wird aber immer noch auf modernen Karten verzeichnet.

Justo Rufino Barrios war auch der erste eifrige Befürworter einer Bahn von der Hauptstadt nach der Amatiquebucht gewesen, die er mit allen Mitteln zu fördern versuchte[256]). Aber erst 1892 bis 1902 konnte nach mannigfachen Schwierigkeiten die Strecke von Puerto Barrios nach El Rancho im Motaguatal beendet werden, ein Bau, der besonders im unteren Motaguatal viele Menschenleben infolge des ungünstigen Klimas verschlungen hat. Unter dem Präsidenten Manuel Estrada Cabrera gelang es schließlich auch, den Rest der Strecke von El Rancho zur Hauptstadt zu

[255]) Report Intercont. Railway Commission, 1898.

[256]) O. Stoll, 1886, S. 476—481.

bauen, womit nicht nur diese, sondern das ganze Land nunmehr eine moderne Lebensader erhalten hatte, die in jeder Weise den Hauptverkehrsbedürfnissen entsprach. Auch diese „Nordbahn" ist ein Teil der „Internationalen Bahnlinie" geworden.

Die Pläne der Verbindung mit Salvador sind erst nach dem Weltkriege verwirklicht worden. Man gab das ursprüngliche Projekt der Verlängerung der Küstenlinie durch Südostguatemala auf, nachdem Vermessungen von Brito nach Cuilapa und Ahuachapán keine günstigen Ergebnisse gezeitigt hatten, und entschied sich für die Linie von Zacapa über Chiquimula und Metapán, die 1930 eingeweiht wurde, nachdem vorher schon Teile in Betrieb genommen worden waren[257]). An Wichtigkeit steht diese Linie gegenüber den anderen zurück. Sie besitzt einen gewissen strategischen Wert auch gerade für die Vereinigten Staaten, da sie ihnen eine schnelle Isthmusverbindung vom Karibischen Meer nach der Foncesabucht verschafft, sobald die Union nach Konstruktion eines Nicaragua-Kanals ihre verbürgten Anrechte auf diese wichtige Hafenbucht geltend machen wird. Für Salvador und Guatemala aber ist sie bisher nur von untergeordneter Bedeutung, da die Landstriche des Ostens zu dünn bevölkert und wirtschaftlich von geringer Bedeutung sind.

Ein Fehlschlag ist auch die elektrische Bahn von San Felipe nach Quezaltenango geworden[258]), die 1929 dem Verkehr übergeben wurde, als Wunderwerk deutscher Technik angestaunt, um wegen verschiedener Gründe mehr innerpolitischer Art seit 1934 aufgegeben zu werden. Wenn man die großen Schwierigkeiten des Baues aus nächster Nähe kennengelernt hat, die modernen Anlagen sah und des emsigen Lebens und Treibens sich erinnert, wird man um so mehr beeindruckt von dem gegenwärtigen Zustand des Verfalls der Trace, auf der sich schon wieder Vegetation angesammelt hat und von der Schienen streckenweise entfernt worden sind. Nur das große Kraftwerk in Santa Maria ist geblieben, das einen Teil des Westens des Landes mit Licht- und Kraftstrom versorgt.

Schließlich wollen wir noch kurz auf die 1896/97 erbaute Verapaz-Bahn hinweisen, die unter deutscher Initiative entstand und für die Erschließung der Alta Verapaz große Bedeutung gehabt hat. Die 45 km haben fast 2 Millionen Mark an Baukosten verschlungen[259]).

[257]) F. Termer, in: Pet. Mitt. 1931.

[258]) F. Termer, a. a. O.

[259]) A. Rösch, 1934, S. 91—99. — Ein älteres deutsches Bahnprojekt von Schumann und List sah eine Bahnlinie von Guatemala-Stadt über Antigua nach Chimaltenango vor. Es gelangte nie zur Ausführung. Die Pläne der beiden deutschen Ingenieure sind 1914 von dem Deutschen Schneckenburger in Guatemala verbrannt worden (nach einer mündlichen Mitteilung von Herrn Teófilo Glinz).

So besitzt heute Guatemala eine durchgehende kontinentale Linie in West-Ost-Richtung, die über Mexico Anschluß an das nordamerikanische Bahnnetz hat, und eine zweite transithmische Verbindung, die über Salvador die Verbindung mit dem südlichen Mittelamerika aufnehmen soll. Ob es je zum vollen Ausbau dieser Strecke im Sinne der panamerikanischen Bahn kommen wird, muß als zweifelhaft hingestellt werden. Denn das Zeitalter der Bahnen ist, wie in den meisten tropischen Kolonialländern auch in Guatemala heute überwunden durch Automobil und Flugzeug, die den Durchgangsverkehr im Lande an sich reißen werden.

Beide verdanken ihre moderne Entwicklung den Jahren nach dem Weltkriege. Zunächst war das Wegenetz in einem so schlechten Zustand, daß außerhalb der Stadt Guatemala das Auto als Überlandverkehrsmittel nicht in Frage kam. Erst von 1923 an begann der Straßenausbau, der zuerst die wichtige Landstraße von der Hauptstadt nach Antigua modernisierte, um dann allmählich den alten Hochlandweg über Tecpán nach Quezaltenango für Kraftwagen fahrbar zu machen. In den Jahren 1925 bis 1929 griff man darüber hinaus auch auf die übrigen binnenländischen Departamentos über, so daß man nach Huehuetenango, Quiché, Salamá, San Marcos gelangen konnte. Von besonderer Wichtigkeit wurde der Ausbau der Straße über Jutiapa nach Santa Ana in Salvador, der einer der am meisten befahrenen der Republik wurde. Ebenso wichtig und stark benutzt war die Straße von Mazatenango bzw. San Felipe nach Quezaltenango, die küstenwärts über Retalhuleu bis Champerico verlängert wurde. Außer der Regierung war es die Initiative privater Pflanzer, die den Wegebau energisch förderten, darunter in hervorragendem Maße der Deutschen, denen die Erschließung der Alta Verapaz für den Kraftverkehr zu verdanken ist, wie auch auf sie viele Autowege im pazifischen Küstengebiet zurückzuführen sind. Daß Coban über Salama mit der Hauptstadt verbunden wurde, ist ebenfalls ihnen zu verdanken.

Seit dem Regierungsantritt des Präsidenten Ubico ist der Ausbau des Wegenetzes so sehr und so energisch vorangetrieben worden, daß praktisch gegenwärtig jeder größere Ort im Lande durch Automobile zu erreichen ist. Als besondere Leistungen in Anbetracht der Geländeschwierigkeiten müssen die Wege von Huehuetenango auf die Cuchumatanes mit ihrer projektierten Verlängerung nach Barillas, von Coban nach Flores im Petén und die Straße von Coban nach Panzos gewertet werden. Letztere ist jetzt von Panzos nach Estor am Nordufer des Izabal-Sees im Bau und wird für die Verapazbahn eine schwere Konkurrenz werden. Freilich kostet ihr Bau erhebliche Summen, und das schlimme Tieflandklima fordert zahlreiche Arbeiterleben. Trotzdem wird aber auch sie in Bälde ihr Ziel erreicht haben. Ferner ist der Bau der Strecke von El Rancho nach Zacapa über Acasaguastlan im Motaguatal zu erwähnen, der 1939 dicht vor seinem Abschluß stand, sowie der Weg von Escuintla über Brito, Taxisco, Chiquimulilla zur Salvadorgrenze, der 1939, abgesehen von einem kurzen Stück zwischen La Libertad und Brito, bis Chiquimulilla fertig war. Nicht unerwähnt mag bleiben, daß die Erschließung des nördlichen Vorlandes des Tecuamburro-Vulkans im Valle de San Nicolas der deutschen Familie Keller auf Santa Isabel zu verdanken ist, die in Verbindung mit den Regierungsstellen eine rühmliche Arbeit geleistet hat.

Infolge dieser Verbesserungen des Wegenetzes ist gegenwärtig für die Republik die Zeit des Automobils angebrochen, das man in allen Landesteilen antrifft. Diese Entwicklung wird um so auffälliger, wenn man nach einem Zwischenraum von zehn Jahren das Land wieder betritt. Neben die überwiegenden amerikanischen Marken sind in steigendem Umfang deutsche Erzeugnisse getreten, sowohl Personen- wie Lastkraftwagen und namentlich die Überlandomnibusse (Camiones, Camionetas), die sich schnell einer steigenden Benutzung durch die Landbevölkerung erfreuen. Wohl am überraschendsten ist die Verbilligung des Verkehrs. Für wenige Cents gelangt man auf einer der Überlandlinien des Autobusverkehrs von einer Departamentshauptstadt zur anderen. Für 1 Dollar fährt man von Guatemala bis Esquipulas, wenige Cents kostet die Strecke von Escuintla nach der Hauptstadt, sogar weniger, als die Eisenbahn fordert. So ist es heute Sitte geworden, daß Reisende auf der internationalen Südlinie den Zug nur bis Escuintla benutzen, um dann im Autobus zur Hauptstadt zu fahren, wo sie den Vorteil haben, direkt vor das angegebene Haus gebracht zu werden. Ich erinnere mich, daß 1926 die Miete eines Autos von Quezaltenango nach Momostenango 25 Dollar kostete. 1939 fuhr ich dieselbe Strecke in einem Taxi für 3.50 Dollar! Dabei ist zu berücksichtigen, daß durch die Straßenverbesserung die Schnelligkeit der Fahrten zugenommen hat. Die zugunsten des Autos entschiedene Verkehrsfrage erhellt auch daraus, daß die Hochlandbahn von San Felipe nach Quezaltenango ohne weiteres wieder durch den Kraftwagenverkehr ersetzt worden ist, der wesentlich rentabler arbeitet als die Bahn zuvor.

Nachdem von den Vereinigten Staaten aus der Plan einer panamerikanischen Autostraße bis nach Südamerika aufgegriffen und von den mittelamerikanischen Ländern gefördert worden ist, hat Guatemala das auf seinen Anteil entfallende Stück fertig ausgebaut in einer Weise, die die höchste Anerkennung verdient. Von Mariscal an der mexikanischen Grenze kann man daher jetzt auf besten Wegen über das Hochland bis nach Salvador gelangen.

Etwa gleichzeitig mit dem Automobil hielt auch das Verkehrsflugzeug seinen Einzug in Guatemala, das in der Gegenwart aus dem öffentlichen Verkehrswesen der Republik nicht mehr wegzudenken ist. Die Nordamerikaner waren seine Förderer, als sie die Panamakanalzone in direkten Flugverkehr zur Union setzen wollten. So entstand die wichtige kontinentale Linie über Mexico und die mittelamerikanischen Länder zum Isthmus von Panama, die von der Panamerican Airways beflogen wird. Sie hat heute die unbestrittene Monopolstellung inne und versieht den Personen- und Postverkehr. Hauptflughafen für diese Linie ist der moderne, mit prächtigen Anlagen ausgestattete Flugplatz bei Guatemala-Stadt, der auch als Zwischenstation für nordamerikanische Marine- und Militärflugzeuge auf dem Wege nach Panama angeflogen wird.

Daneben wurde die nationale Linie, die TACA, gegründet, die innerhalb des Landes und nach Honduras und Salvador den Dienst versieht. Ihre am stärksten benutzten Routen sind die Linie von der Hauptstadt nach Coban und Flores im Petén, nach Quezaltenango und an die pazifische Küste sowie nach Puerto Barrios. Durch sie wurden mehrere Flugplätze angelegt, so bei Coban, La Tinta, Salamá, Quiché, Quezaltenango und anderen Orten. Die Beförderungstarife sind mäßig, so daß sich eine rege Benutzung eingestellt hat, die geradezu umwälzende Verhältnisse im Binnenverkehr der Republik mit sich brachte. Flugzeug und Auto werden in Zukunft die maßgeblichen Verkehrsmittel auch in Guatemala bleiben.

Nicht unerwähnt mag bleiben, daß auch das Nachrichtenwesen in Guatemala durch Radiostationen, zum Teil unter deutscher Mithilfe, wesentlich modernisiert worden ist und daß 1928 eine neuzeitliche automatische Telefonanlage in der Hauptstadt eingerichtet wurde. Alle diese Errungenschaften des kleinen Landes können nur dann entsprechend gewertet werden, wenn man bedenkt, daß sie in der kurzen Spanne von rund 20 Jahren sich eingeführt und daß sie mit dazu beigetragen haben, daß heute Guatemala zu einem der beliebtesten Fremdenländer in Mittelamerika geworden ist. Bei den Krisenschwankungen seiner Wirtschaft, sei es durch eine naturbedingte Instabilität oder durch seine Verkettung mit der Weltkrise, ist der Fremdenverkehr und seine stete Förderung gegenwärtig ein Thema geworden, das oft behandelt und als ein Ausweg für die Erschließung neuer Einnahmequellen des Landes betrachtet wird. Einen Ausblick in die nächste Zukunft Guatemalas zu tun verbietet eine Zeit, in der die Welt im Banne eines neuen Krieges steht, der es an Auswirkungen auf die glücklichen Länder Mittelamerikas nicht fehlen lassen wird.

Literatur-Verzeichnis.

Acosta, José de, Historia Natural y Moral de las Indias, Madrid 1894.

Alvarado, Pedro de, Relación hecha por P. de A. á Hernando Cortés; Otra Relación hecha por P. de A. á Hernando Cortés, in: Vedía, Historiadores primitivos de Indias, Bd. I, Madrid 1877, S. 457—463.

Bancroft, Hubert Howe, History of Central America, Bd. I—III, San Franzisco 1883—1887.

Bates, Henry Walter, Elf Jahre am Amazonas, Stuttgart 1924.

Blackmar, F. W., Spanish Colonization in the Southwest, in: John Hopkins University Studies in Historical and Political Sciences, 8th series, IV, Baltimore 1890.

Brasseur de Bourbourg, Grammaire de la Langue Quichée, Paris 1862.

Burdon, John Alder, Archives of British Honduras, Bd. I—III, London 1931—1935.

Burkitt, Robert, Excavations at Chocolá, in: The Museum Journal, Bd. XXI, no. 1, Philadelphia 1930.

Censo de la Población de la República, levantado el 28 de Agosto de 1921, 4° Censo. Parte II. Ministerio de Fomento, Guatemala o. J.

Conzemius, E., Ethnographical Notes on the Black Carib, in: American Anthropologist, Bd. 30, 1928, S. 183—205.

— — Ethnographical Survey of the Miskito and Sumu Indians of Honduras and Nicaragua, Washington 1932 (Bulletin 106, Bureau American Ethnology).

Cortés y Larraz, Pedro, Descripción Geográfico-moral, La Provincia de San Salvador en la Diocesis de Goathemala hecha por su Arzobispo el iltmo. Sor. Dn. Pedro de C. y L., in: Colección de Documentos importantes relativos á la República de El Salvador, San Salvador 1921, S. 45—294.

Crespo, Alonso, Relación geográfica del Partido de Escuintla, 1740, in: Boletín del Archivo General del Gobierno, Bd. I, Guatemala 1935.

Dávila Padilla, Fr. Augustin, Historia de la Fundación y Discurso de la Provincia de Santiago de México, de la Orden de Predicadores por las vidas de sus varones insignes y casos notables de Nueva España. Edición segunda, Brusselas 1625.

De Candolle, Alphonse, Der Ursprung der Culturpflanzen, Leipzig 1884.

Diaz del Castillo, Bernal, Verdadera y Notable Relacion del Descubrimiento y Conquista de la Nueva España y Guatemala, Guatemala 1933—1934 (Biblioteca „Goathemala", Bd. X/XI).

Dollfuss, A., und Mont-Serrat, E. de, Voyage Géologique dans les Républiques de Guatemala et de Salvador, Paris 1868.

Dunlop, Robert Glasgow, Travels in Central America, London 1847.

Escobar, P. Fr. Alonso de, Account of the Province of Vera Paz, in Guatemala. (Journ. R. Geogr. Soc., Bd. XI, London 1841, S. 89—97.)

Friederici, Georg, Der Charakter der Entdeckung und Eroberung Amerikas durch die Europäer, Stuttgart-Gotha 1925—1936.

Fuentes y Guzmán, Francisco Antonio de, Recordación Florida. Discurso Historial y Demostración Natural, Material, Militar y Política del Reyno de Guatemala, Guatemala 1932—1933 (Biblioteca „Goathemala", Bd. VI—VIII).

Fuentes y Guzmán, Historia de Guatemala ó Recordación Florida, Madrid 1882—1883. Unvollständige Ausgabe.

Gage, Thomas, Neue merkwürdige Reise-Beschreibung nach Neu Spanien, Leipzig 1693.

— — The English-American. A new survey of the West Indies, 1648. Edited with an Introduction by A. P. Newton, London 1928.

Gavarrete, Juan, Antiguidades de Cotzumalhuapa, in: Anales de la Sociedad de Geografía e Historia de Guatemala, Bd. IV, 1928—1929, S. 308—311.

Gomara, Francisco Lopez de, Historia General de las Indias, in: Vedía, Historiadores Primitivos de Indias, Bd. I, Madrid 1877.

Gómez Carillo, Agustín, Historia de la América Central, Bd. III—V, Guatemala 1895—1905.

Habel, S., The Sculptures of Santa Lucia Cosumalwhuapa in Guatemala with an Account of Travels in Central America and on the Western Coast of South America, Washington 1878 (Smithsonian Contributions to Knowledge, 269).

Haefkens, J., Reize naar Guatemala, 's Gravenhage 1827.

— — Centraal Amerika, Dordrecht 1832.

Hamburgische Konsularberichte, Commerz-Bibliothek, Hamburg.

Hegel, Carlos, Die historische Entwicklung der Plantagenwirtschaft in Guatemala bis zum Ende des 19. Jahrhunderts, München 1930 (Inaugural-Dissertation Staatswissenschaftliche Fakultät, Universität München).

Hernandez, Francisco, Nova Plantarum Animalium et Mineralium Mexicanorum Historia, Rom 1648.

Herrera, Antonio de, Historia General de los Hechos de los Castellanos en las Islas i Tierra Firme del Mar Océano etc., Madrid 1726—1730.

Humboldt, A. v., Essai Politique sur le Royaume de la Nouvelle-Espagne, Paris 1811.

Hussey, R. Dennis, The Caracas-Company 1728—1784, Cambridge 1934.

Intercontinental Railway Commission, Bd. I. Part. II. Report of Surveys and Explorations, Washington 1898.

Juarez Muñoz, J. Fernando, El Indio Guatemalteco, Guatemala 1931.

Juarros, Domingo, Compendio de la Historia de la Ciudad de Guatemala, Guatemala 1936 (Neuausgabe in 2 Bänden).

Kelly, John Eoghan, Pedro de Alvarado Conquistador, Princeton 1932.

Kempton, J. H., und Popenoe, Wilson, Teosinte in Guatemala, Washington 1937 (Contributions to American Archaeology, Bd. IV, Nos. 20—23. Carnegie Institution, Publ. No. 483).

Key, Helmer, Kaffee, Zucker und Bananen, München 1929.

— — Kaffe, Socker och Bananer, Fjärde, omarbetade Upplagan, Stockholm 1930.

Konsular-Berichte, s. Hamburgische.

Kulenkampff-Schenck, Elsbeth, Die Volksdichte von Mittelamerika, Bonn und Leipzig 1923.

Las Casas, Bartolomé de, Historia de las Indias, Bd. I—III. Madrid o. J. (ca. 1927).

Lauterer, Joseph, Mexiko, das Land der blühenden Agave einst und jetzt, Leipzig o. J.

Lemus, José Archila, Monografía del Departamento de Zacapa, Guatemala 1928.

Lentz, Joseph, Die Abtragungsvorgänge in den vulkanischen Lockermassen der Republik Guatemala, Würzburg 1925 (Mitteilungen der Geographischen Gesellschaft zu Würzburg, 1. Jahrgang).

Libro Viejo de la Fundación de Guatemala y Papeles relativos a D. Pedro de Alvarado, Guatemala 1934 (Biblioteca „Goathemala, Bd. XII).

Linné, S., American roof-apex caps of clay (Ethnos, Stockholm 1938, S. 18—32).

Malaret, Augusto, Diccionario de Americanismos, 2a Edición, San Juan, Puerto Rico, 1931.

McBryde, Webster, Sololá: A Guatemalan Town and Cakchiquel Market-Center, New Orleans 1933 (Middle American Research Series, Publication No. 5, Tulane University).

McCutchen McBride, G., The Land Systems of Mexico, New York 1923 (American Geographical Society, Research Series Nr. 12).

Mejía, José Victor, Geografía de la República de Guatemala, 2. Aufl., Guatemala 1927.

Mendieta, Fr. Gerónimo de, Historia Eclesiástica Indiana, México 1870.

Milla, José, Historia de la América Central, Band I/II, Guatemala 1879—1882.

Oviedo y Valdés, Gonzalo Fernandez de, Historia General y Natural de las Indias, Madrid 1851.

Palacio, Diego García de, San Salvador und Honduras im Jahre 1576, herausgegeben von A. von Frantzius, Berlin 1873.

Pelaez, Francisco de Paula García, Memorias para la Historia del antiguo Reyno de Guatemala, Bd. I—III, Guatemala 1851—1852.

Ponce, Fr. Alonso, Relación de las cosas que sucedieron al Padre Fr. Al. P. en las provincias de la Nueva España, Madrid 1872 (Col. Doc. inéd. para la Hist. de España, Bd. 57).

Puente y Olea, Manuel de la, Los Trabajos Geográficos de la Casa de Contratación, Sevilla 1900.

Recinos, Adrian, Monografía del Departamento de Huehuetenango, Guatemala 1913.

Recopilación de Leyes de los Reynos de las Indias, 2a. Edición, Madrid 1756.

Redfield, Robert, und Villa R., Alfonso, Chan Kom, a Maya Village, Washington 1934 (Carnegie Institution Publ. No. 448).

Relación de las cosas que sucedieron al P. Fr. Alonso Ponce etc., s. Ponce.

Relaciones de Yucatan, Bd. I. Madrid 1898; Bd. II. Madrid 1900 (Doc. inéd., 2a. serie Bd. 11 u. 13).

Remesal, Antonio de, Historia General de las Indias Occidentales, y particular de la Gobernación de Chiapa y Guatemala, 2a. edición, Bd. I/II, Guatemala 1932 (Biblioteca „Goathemala", Bd. IV u. V)

Requête de plusieurs chefs indiens d' Atitlan á Philippe II, Paris 1838 (ed. Ternaux-Compans).

Rösch, Adrian, Allerlei aus der Alta Verapaz, Stuttgart 1934.

Sapper, Karl, Altindianische Ansiedlungen in Guatemala und Chiapas, Berlin 1895 (Veröff. Königl. Museum f. Völkerkunde, Bd. IV, Heft 1).

— — Das nördliche Mittelamerika, Braunschweig 1897.

— — Geographie und Geschichte der indianischen Landwirtschaft, Hamburg 1936 (Ibero-Amerikanische Studien, Bd. I).

— — Die Verapaz im 16. und 17. Jahrhundert, München 1936 (Abh. Bayer. Akademie d. Wiss., Mathem.-aturw. Abt., N. F. Heft 37).

— — Mittelamerika, in: Handbuch d. regionalen Geologie, Bd. VIII, 4a. Abt., Heidelberg 1937.

Scherzer, Karl v., Aus dem Natur- und Völkerleben im tropischen Amerika, Leipzig 1864.

Schilling, Elisabeth, Die „schwimmenden Gärten" von Xochimilco, Kiel 1939 (Schriften d. Geogr. Inst. d. Univ. Kiel, Bd. IX, Heft 3).

Schottelius, Herbert, Mittelamerika als Schauplatz deutscher Kolonisationsversuche 1840—1865, Hamburg 1939 (Übersee-Geschichte, herausg. A. Rein, Bd. 10).

Schuller, Rudolf, Calachuni, in: Revista de Etnología, Arqueología y Linguística, Bd. I, San Salvador 1925, S. 1—10.

Schultze Jena, Leonhard, Indiana. I. Leben, Glaube und Sprache der Quiché von Guatemala, Jena 1933.

Seler, Eduard, Die alten Ansiedlungen von Chaculá, Berlin 1901.

Sivers, Jégor v., Über Madeira u. d. Antillen nach Mittelamerika, Leipzig 1861 (m. nützlicher älterer Literaturübersicht).

Spinden, Herbert, Ancient Civilizations of Mexico and Central America, 3. Aufl., New York 1928.

Stephens, John L., Incidents of Travel in Yucatan, New York 1843.

— — Incidents of Travel in Central America, Chiapas, and Yucatan. Revised etc. by Frederick Catherwood, London 1854.

Stoll, Otto, Guatemala, Leipzig 1886.

— — Der Bischof Bartolomé de las Casas, ein Zeitgenosse des Columbus, seine wissenschaftlichen und humanitären Verdienste, Zürich 1908 (Jahresber. d. Geogr.-Ethnogr. Ges. in Zürich pro 1907—1908).

Termer, Franz, Berichte über Reisen in Mittelamerika, Hamburg 1927—1930 (Mitt. Geogr. Ges. Hamburg, Bd. 38—41).

— — Deutsche und Nordamerikaner in Guatemala, Berlin 1929 (Zeitschr. f. Geopolitik, VI. Jhg., S. 830—846).

— — Zur Ethnologie und Ethnographie des nördlichen Mittelamerika, Berlin u. Bonn 1930 (Iberoam. Archiv, Bd. IV, Heft 3).

— — Die neuen Eisenbahnlinien im nördlichen Mittelamerika, Gotha 1931 (Pet. Mitt., 1931, S. 300—304).

— — Die ländlichen Siedlungen in Mittelamerika, Berlin u. Bonn 1933 (Iberoam. Archiv, Bd. VII, Heft 1).

— — Die „Sociedad de Geografía é Historia de Guatemala" und ihre wissen schaftlichen Arbeiten, Berlin u. Bonn 1934—1935 (Iberoam. Archiv, Bd. VIII, Heft 2).

Termer, Franz, Über den gegenwärtigen Zustand der Indianer im nördlichen Mittelamerika, Leipzig 1937 (Tagungsber. d. Ges. f. Völkerkunde, Ber. über die II. Tagung 1936).

— — Zur Geographie der Republik Guatemala. 1. Teil. Beiträge zur Physischen Geographie von Mittel- und Südguatemala, Hamburg 1936 (Mitt. Geogr. Ges. Hamburg, Bd. 44).

— — Die Sierra de las Minas in Guatemala, Gotha 1939. (Pet. Mitt. 1939, S. 337—348).

— — Südost-Guatemala, Gotha 1940. (Pet. Mitt. 1940).

Título de los Señores de Totonicapan, herausg. de Charencey, Alençon 1875.

Thompson, J. Eric, The Civilization of the Mayas, Chicago 1927 (Field Museum, Anthropology, Leaflet 25).

Troll, Carl, Luftbildplan und ökologische Bodenforschung, Berlin 1939 (Zeitschr. Ges. f. Erdkunde, Berlin 1939, S. 241—298).

Vázquez, Francisco, Crónica de la Provincia del Santísimo Nombre de Jesús de Guatemala, 2a. Edición, Bd. I—III, Guatemala 1937—1940 (Biblioteca „Goathemala", Bd. XIV—XVI).

Villacorta C., Antonio, Monografía del Departamento de Guatemala, Guatemala 1926.

Villagutierre Soto-Mayor, Juan de, Historia de la Conquista de la Provincia de El Itza, 2a. Edición, Guatemala 1933 (Biblioteca „Goathemala", Bd. IX).

Wagner, M., u. Scherzer, K. v., D. Republik Costa Rica, Leipzig 1856.

Wauchope, Robert, Modern Maya Houses. A Study of their archaeological Significance, Washington 1938 (Carnegie Institution Publ. No. 502).

Ximenez, Fr. Francisco, Historia de la Provincia de San Vicente de Chiapa y Guatemala, Bd. I—III, Guatemala 1929—1931 (Biblioteca „Goathemala", Bd. I—III).

Zavala, Silvio A., La Encomienda Indiana, Madrid 1935.

Namen- und Sachverzeichnis.

Zu Abb. 1. Indianische Einzelsiedlungen in den Altos von Westguatemala.

In dem 2800 bis 3000 m hohen vulkanischen Massengebirge zwischen Totonicapán und Santa Cruz del Quiché sind durch die Quiché-Indianer die Sporne und Flanken gerodet und mit Feldern bestellt worden. Im Vordergrund terrassierte Maisfelder und eine frische Rodung. In der Schlucht (Barranco) Waldreste, am jenseitigen Hang frisches Rodungsland. Im Hintergrund Brachland, als Viehweide benutzt. Die einzelnen Hütten treten im Landschaftsbilde kaum hervor.

Zu Abb. 2. Indianische Streusiedlungen bei Cantél in Westguatemala.

Auf der 2420 m hohen Lockermassenebene des Hochbeckens Flureinteilung moderner Herkunft mit indianischen Einzelgehöften. Darüber zwei Terrassen mit der gleichen Siedlungsform. Die Terrassenhänge sind mit kleinen Anwesen übersät. Spärliche Waldreste als Zeugen des einstigen Waldkleides. In jüngster Zeit ist die bedeutende mechanische Weberei in diesem Indianerland errichtet worden, die sich die Wasserkräfte des nahen Samalá-Flusses zunutze macht.

Abb. 1. Aufn. F. Termer, 1927

Abb. 2. Aufn. F. Termer, 1926

Zu Abb. 3. San Mateo Ixtatán (2580 m) in den Altos Cuchumatanes von Nordwestguatemala.

Auf dem Spornausläufer Ruinen der vorspanischen Tempelanlage. Aufwärts das von den spanischen Mercedariern gegründete Reduktionsdorf. Um die Plaza mit Kirche scharen sich auf dem Sporn und an seinen Flanken die Hütten der Eingeborenen. In der Tiefe des Bachtales im Vordergrund liegen die Salinen. Am unteren Bildrand Ruinen einer anderen vorspanischen Tempelanlage.

Zu Abb. 4. Die Stadt Tecpán (2220 m) im Cakchiquelgebiet von Mittelguatemala.

Frühe Ortsgründung nach spanischem Kolonialmuster. In der Mitte die Plaza mit Kirche und Cabildo. Von links nach rechts schräg durch das Bild laufend die nordsüdliche Hauptstraße. An ihr in Nähe der Plaza das moderne zweistöckige Haus eines deutschen Kaufmannes. Die von Indianern und Mestizen bewohnten Häuser mit kleinen Maisfeldern mitten im Ort. Im Hintergrund der Friedhof und Ackerflächen.

Abb. 3. Aufn. F. Termer, 1926

Abb. 4. Aufn. F. Termer, 1928

Zu Abb. 5. Das Dorf Santa Maria de Jesús (2060 m) mit dem Vulkan Agua (3752 m).

Frühe spanische Dorfgründung aus dem 16. Jahrhundert mit exzentrisch liegender Plaza. Ländereien und Felder dehnen sich in weitem Umkreis aus und ziehen sich die Bergflanken empor, wo sie den Wald in einzelne Inseln aufgelöst haben.

Zu Abb. 6. Vulkan Santa Maria (3768 m) mit Staukegel Santiago.

Hauptvulkan wie der seit 1922 im Entstehen begriffene Staukegel, an dessen westlicher (im Bild linker) Flanke soeben eine Lavalawine niedergeht, sind als schwere Schadenstifter für die nahe Plantagenzone in ihrem südlichen Vorland bekanntgeworden, besonders seitdem aus dem Staukegel mehrfach Glutwolken niedergegangen sind.

Abb. 5. Aufn. J. Schwendener, 1939

Abb. 6. Aufn F. Termer. 30. 12. 1938

Zu Abb. 7. Indianische Hütten (ranchos) am Küstenabfall von Westguatemala, auf dem Wege von Colomba nach San Martín.

Die Wände aus Flechtwerk mit Lehmverputz, darüber ein Walmdach aus Pajóngrasbüscheln. Vor der Hütte das bepackte Traggestell eines indianischen Wanderarbeiters mit der zusammengerollten Regenschutzmatte (suyacal).

Zu Abb. 8. Haus der Mestizenbevölkerung in Mittelguatemala bei Mixco Viejo.

Die Wände aus Adobes aufgeführt, das Dach mit Ziegeln gedeckt und mit dem spanischen Vorbildern entnommenen vorspringenden Korridor (corredor, zaguán). Der Typ ist der in Ostguatemala vorherrschende.

Zu Abb. 9. Weideland der Schafhirten in den westlichen Altos nördlich von San Carlos Sija. (Meereshöhe ca. 2800 m.)

Niedrige Grasnarbe zwischen Büschelgras (pajón) hat das entwaldete Gelände überzogen, das Schafherden gute Weideplätze das ganze Jahr über bietet. Im Hintergrund der vulkanische flache Plateaurücken des Cerro de Sija, am Horizont links davon, in Wolken gehüllt, der Vulkan Santa Maria.

Zu Abb. 10. Moderne maschinelle Einrichtungen im Wirtschaftsbetrieb der pazifischen Küste.

Maisentkörnungsmaschine in Caballo Blanco (80 m ü. M.).

Abb. 7. Aufn. F. Termer, 1928

Abb. 8. Aufn. F. Termer, 1927

Abb. 9. Aufn. F. Termer, 1928

Abb. 10. Aufn. F. Termer, 1928

Zu Abb. 11. Landschaft der pazifischen Küste in Südostguatemala bei Santa Clara (30 m ü. M.).

An Stelle des früheren Regenwaldes im feuchtheißen Tiefland ist seit dem letzten Drittel des 19. Jahrhunderts offenes Weideland getreten, dessen Grasflächen von einzelnen Laubbäumen und Palmen oder von Waldinseln durchsetzt sind.

Zu Abb. 12. Guatal-Formation in der pazifischen Niederung bei El Reposo in Westguatemala (80 m ü. M.).

Gerodetes kulturfähiges Land wurde sich selbst überlassen und hat sich mit Buschdickicht überzogen, in dem das Weidevieh, von Zecken geplagt, umherstreift.

Zu Abb. 13. Zeburinder auf der Hacienda El Reposo im Küstentiefland von Westguatemala (80 m ü. M.).

Diese Rinderart ist seit einer längeren Zeit mit Erfolg im tropischen Tiefland eingebürgert worden.

Zu Abb. 14. Neuzeitliche Gestaltung des Bananenanbaus auf der pazifischen Abdachung von Westguatemala in Chocolá (850 m ü. M.).

Der Abtransport geschieht auf größeren Plantagen vielfach auf Lastkraftwagen, um die Frucht schneller zur Abnahme- und Bahnstation zu bringen, von der sie quer durch die Republik zum Hafen Puerto Barrios am Karibischen Meer verfrachtet wird.

Aufn. F. Termer, 1939

Abb. 11.

Aufn. F. Termer, 1938

Abb. 12.

Aufn. F. Termer, 1938

Abb. 13.

Aufn. F. Termer, 1938

Abb. 14.

Zu Abb. 15. Teeplantage Chiripec in der Alta Verapaz

Indianische Frauen des Kekchí-Stammes als Arbeiterinnen in der Pflanzung, deren Produkt als „Chiripeco" im Lande guten Absatz findet. Die Gründung der Plantage geht auf den Deutschen Oscar Majus zurück.

Zu Abb. 16. Salinen von Ixtán bei Champerico.

Der salzhaltige Schlickboden wird in der Trockenzeit gehäufelt und zum Auslaugen mit Karren zu den Siedeöfen gefahren. Im Hintergrund die der Seebrise ausgesetzten Hütten der Arbeiter.

Abb. 15. Aufn. G. Hurter, 1927

Abb. 16. Aufn. G. Hurter, 1928

Zu Abb. 17. Vasengemälde aus der Zeit des älteren Mayareiches. Fundort Ratinlixul in Nordguatemala, Dep. Quiché.

Ein Vornehmer reist in einer Tragmatte in Begleitung von Trägern und Würdenträgern. Auch der Hund fehlt nicht.

Zu Abb. 18. Indianer auf dem Wege zum Markt bei Quezaltenango.

Während die Frauen ihre Verkaufsware auf dem Kopfe balancieren, befördern die Männer diese in Traggestellen (cacaxte) auf dem Rücken. Der Wanderstab wird dabei bald in der Armbeuge, bald im Genick getragen, sobald es auf ebenem Gelände vorwärts geht.

Nach „The Museum Journal", Philadelphia 1927

Abb. 17.

Aufn. F. Termer, 1926

Abb. 18.

Zu Abb. 19. Atitlán-See mit Schuttfächer des Panajachel-Flusses.

Mittels künstlicher Bewässerung ist das Schwemmland am Talausgang in Gartenland umgestaltet worden, dessen Erträgnisse von den Cakchiquel-Indianern weithin verhandelt werden. Am Seeufer das Hotel Tzanjuyú mit Landestelle, heute ein beliebter Turistenort.

Zu Abb. 20. Wochenmarkt in Chocolá (850 m ü. M.).

Er wird überwiegend von Indianern aufgesucht. Die Verkäufer breiten ihre Waren reihenweise auf dem Boden aus, um nach einigen Stunden mit dem unverkauften Rest wieder ihre stundenweiten Märsche zum Wohnplatz anzutreten.

Abb. 19. Aufn. F. Termer, 1927

Abb. 20. Aufn. F. Termer, 1939

Die prozentuale Verteilung der Siedlungsty

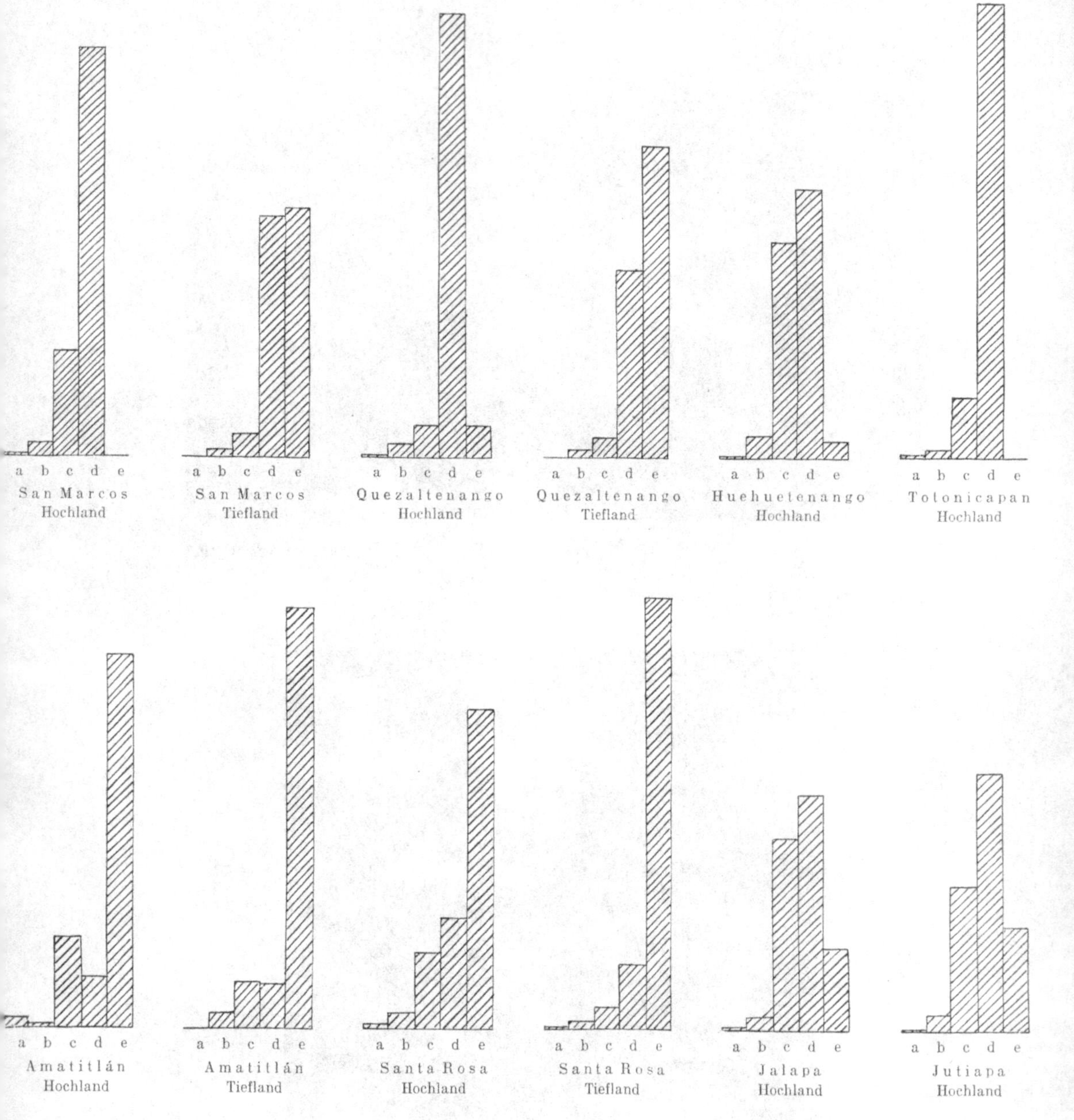

- und Südguatemala nach dem Zensus von 1921.

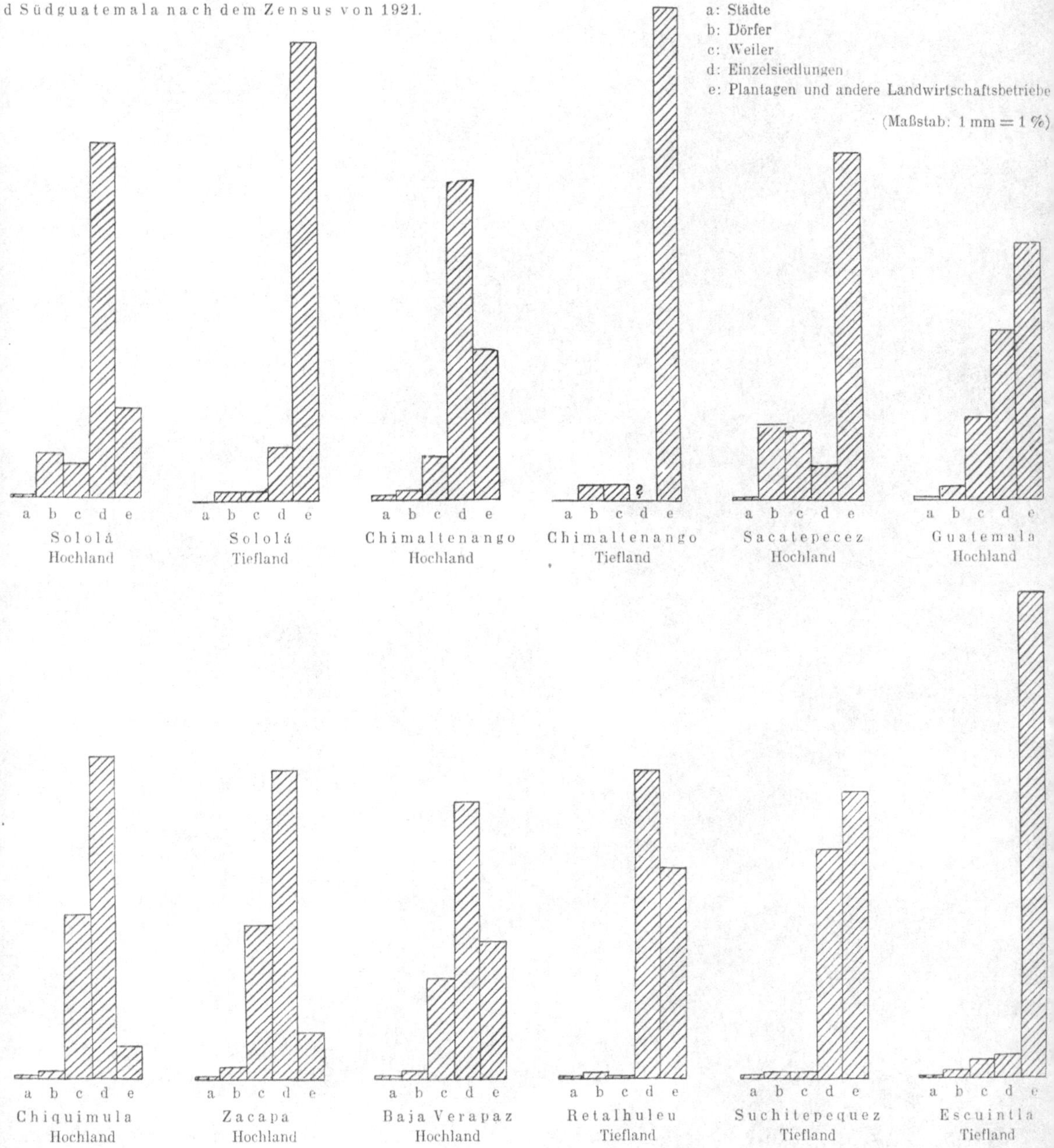

Th. Haenkes Bedeutung für die Erforschung Südamerikas vor Alexander v. Humboldt.

Von

Josef und Renée Gicklhorn, Prag.

Mit 1 Textfigur.

Inhalt.

I. Teil.

Leben, Leistung und Wertung Haenkes.

II. Teil.

Haenke als Forschungsreisender, Geograph, Wirtschafts- und Kolonialpolitiker.

I. Teil.

Leben, Leistung und Wertung Haenkes.

Von

Josef Gicklhorn, Prag.

I. Grundlagen und Ziele.

Diese Ausführungen streben zwei Zielen zu. Erstens wollen sie eine sinngemäß notwendige Einführung mit einem Lebensbild zum II. Teil unserer Arbeit sein, der Haenke als Forschungsreisenden, Geograph und Wirtschaftspolitiker würdigt. Die anschließenden Darstellungen von Renée Gicklhorn geben dazu leitende Gesichtspunkte und einiges Beweismaterial als sachliche Grundlagen. Zweitens wollen unsere Ausführungen auch eine kritische und erstmalig umfassende Wertung von Haenkes Leistungen und seiner Stellung in der Geschichte der deutschen Wissenschaft versuchen, gestützt auf unser derzeitiges Wissen über Haenkes Leben, Werke, Briefe und Schriften über ihn. Das erste Ziel ist unschwer zu erreichen, weil für eine bloß einführende Biographie und Würdigung bereits befriedigende Vorarbeiten vorhanden sind, die nach willkürlichen Gesichtspunkten gruppiert werden können. Demgegenüber ist eine letzte und erschöpfende Wertung von Haenkes wissenschaftlicher Bedeutung derzeit unmöglich. Die Schwierigkeiten sind nicht nur an sich groß, sondern überdies mannigfaltig. Es sei z. B. bloß folgendes bedacht:

1. Wir kennen derzeit nur Bruchstücke von Haenkes Gesamtleistung. Der weitaus größte Teil seiner Tagebücher, begonnenen Spezialarbeiten, Karten, Sammlungen usw. aus der Zeit seiner späteren Forschungsreisen gilt als verschollen oder zerstört.

2. Als Mitglied einer Expedition hatte Haenke zunächst bestimmte, ihm vorgeschriebene Aufgaben zu erfüllen. Seine eigenen Arbeiten und Leistungen in dieser Zeit dürfen also nur im Rahmen eines Gesamturteils über die Erfolge der Expedition gewertet werden. Das unglückliche Schicksal von Kapitän Malaspina, dem Kommandanten der in Rede stehenden Forschungsexpedition, hat auch die uns interessierenden Schriften Haenkes mit getroffen, daher ist auch darin sein Anteil derzeit nur bruchstückweise bekannt.

3. Haenkes überragende Rolle in der Erforschungsgeschichte Südamerikas kann so lange nicht einwandfrei und in jeder Hinsicht zutreffend beurteilt werden, solange man nicht die Leistungen seiner Vorgänger, vor allem Abbé Molina, Dombey, d'Azara, ebenso die seiner unmittelbaren Nachfolger, Alex. v. Humboldt und Bonpland und später Ch. Darwin, nebeneinander vergleichend kritisch prüft. Dazu kommen natürlich noch die früheren

Pionierarbeiten wissenschaftlich beachtenswerter Missionäre vorher und die ungefähr nach 1860 einsetzende Welle von Südamerikareisenden, z. B. d'Orbigny, Schomburgk, Castelnau, Burmeister, Chandless, Raimondi, Philippi und anderen bis zur Gegenwart.

4. Es bleibt ferner die Zeitgebundenheit der Arbeiten Haenkes zu berücksichtigen. Dazu kommt noch der Vergleich der damaligen Epoche mit dem heutigen Zustand.

5. Jeder Versuch einer bleibenden und umfassenden Wertung Haenkes hat mit der ungewöhnlichen Vielseitigkeit dieses überragenden Forschers zu rechnen, so daß eine wohlbegründete Gesamtwürdigung ohne sinngemäße und meist noch zu leistende Vorarbeit in den verschiedensten Fachgebieten nicht zu geben ist. Ich betone gerade dies mit Nachdruck, weil in den „mit Liebe" geschriebenen Biographien kein Fortschritt erzielt wurde.

6. Bei einem Studium seiner bis heute bekannten Werke und ihrer geschichtlichen Würdigung muß man außerdem unterscheiden zwischen eigenen, nur ihn fesselnden Arbeiten und jenen, die er auftragsgemäß im Dienste anderer Interessen ausgeführt hat.

7. Schließlich ist es mit ein Hindernis, daß, abgesehen von den rein botanischen Jugendwerken, Haenkes wichtigste Werke und Memoranden in spanischer Sprache geschrieben und besonders die in älteren Werken gedruckten Arbeiten im Originaltext relativ schwer zu beschaffen sind. Deutsche Übersetzungen nach den spanischen Originaltexten aller uns erreichbaren Haenkestudien durch Frau Renée Gicklhorn konnten infolge der Zeitverhältnisse erst teilweise veröffentlicht werden.

II. Aus Haenkes Leben[1]).

Thaddäus (Peregrinus Xaverius) Haenke wurde am 5. Dezember 1761 in Kreibitz (heute Sudetengau, damals im „Leutmeritzer Kreis") als das 7. unter 12 Kindern des Ehepaares Elias Georg Thomas Haenke (1724—1796) und Rosalie, geb. Eschler aus Kreibitz (1728—1814) geboren. Er ist rein deutscher Abstammung, wie sich aus der Stammtafel seiner Eltern ergibt, die in Kühnels Buch abgedruckt ist. Verschiedene Versuche, Haenke

[1]) Als Grundlagen dienen neben der ersten Würdigung durch d'Azara (1809): die erste Haenke-Biographie von Ridler (1814), die Übersetzung von Sternbergs Ausführungen in den von ihm herausgegebenen „Reliquiae Haenkeanae" (1827), Knys Festschrift (1885), Ballivián, M. V., und Kramer, P. (1898), die Studien von Groussac (1900), Khols Biographie (1911) und besonders die letzte und umfassende deutsche Haenke-Biographie von J. Kühnel (1939). Vgl. hierzu S. 297 ff.

als „český badatel", d. h. als „böhmischen" Naturforscher hinzustellen, beruhen entweder auf bewußter Fälschung oder Mißbrauch der sprachlichen Doppelbedeutung des Wortes „český" für „böhmisch" und tschechisch[2]). — Sein Vater war Bauer und als angesehener Bürger der Kleinstadt Kreibitz längere Zeit auch Stadtrichter, überdies Kantor und Leiter der Kirchenmusik. Erbbiologisch sind die bewundernswerten Anlagen zweifellos eine glückliche Kombination hervorstechender Merkmale der Eltern, da seine Geschwister — mit Ausnahme seines Bruders Alois, dessen militärische Laufbahn sehr beachtlich ist — keine gleichen Begabungen und Charaktereigenschaften aufweisen. Vom Vater erbte er ein hervorragendes musikalisches Talent, eine unermüdliche Arbeitskraft bei zähem Fleiß, eine ausgesprochene Naturliebe, stark betonten Gerechtigkeitssinn und eine kräftige Gesundheit, wohl auch persönliche Ähnlichkeit. Von der Mutter her stammen Familienanlagen seines tiefen Gemütes mit einem wahrscheinlich nicht nur durch die Erziehung und das Vorbild der Umgebung bedingten Hang zur Frömmigkeit, genauer: Glaubensstärke. Seine erste Erziehung im Elternhaus galt zunächst der Förderung seines musikalischen Talentes (Gesang und Instrumentalmusik) und war im übrigen den bescheidenen Bedürfnissen der Familie bzw. damaligen Verhältnissen angepaßt. Während einer durch Mißernte verursachten Hungersnot in Böhmen in den Jahren 1770 bis 1772 kam Haenke vorübergehend zu seinem Onkel, dem angesehenen Pfarrer Matthias Eschler in Robitsch, der ihn weiter in Musik ausbildete und überdies die Grundlagen des Latein lehrte. Nachdem der Versuch seines Vaters, den Jungen an Kindes Statt bei seiner in Warschau lebenden verwitweten Schwester zu versorgen, mißlungen war, war es wieder Pfarrer Eschler, der helfend eingriff. Er verschaffte dem Knaben im Jahre 1772 einen Freiplatz als Stipendist am St.-Wenzel-Seminar der Jesuiten in Prag, wo er als Sängerknabe eintrat, als Gegenleistung Wohnung, Kost und Kleidung erhielt und vor allem Gelegenheit hatte, das Gymnasium zu besuchen. Auch im Seminar wurde auf seine musikalische Ausbildung größerer Wert gelegt — er spielte damals außer Orgel und Klavier noch Oboe und Horn —, so daß der ungewöhnlich musikalisch begabte Junge nach Auflösung des Jesuitenordens sofort eine Stelle als Gesanglehrer und Mitwirkender im Bläserchor des Orchesters im Orden der Kreuzherren zu Prag erhielt. Vielleicht führte die Beanspruchung im Dienste zu einer „Brusterkrankung", so daß er die wenig einträgliche Stelle auch wieder aufgeben mußte. Von diesem Zeitpunkt an

[2]) Gegen diese absichtliche Verwechslung hatte ich bereits wiederholt Stellung genommen. (Vgl. „Der Neue Tag", Prag No. 100, 18. VII. 1939.)

wird der junge Haenke selbständig und seiner natürlichen Begabung folgend, wendet er sich dem Studium an der Karls-Universität in Prag zu, wo er zunächst Mathematik, Physik und Astronomie wählte. Während seiner Studienzeit mußte er für seinen Lebenserhalt selbst durch Privatstunden (besonders in Musik) sorgen, um zunächst den 2jährigen philosophischen Kurs absolvieren zu können. Am 31. August 1782 wurde er auf Grund einer mathematischen Arbeit zum „Magister" der Deutschen Karls-Universität Prag promoviert. Im Herbst 1782 begann er das Medizinstudium und gleichzeitig das der Botanik bei Josef Gottfried Mikan, in dessen Haus er auf eine Empfehlung von Stanislaus Wydra[3]) als Hauslehrer für Mikans Sohn aufgenommen wurde. Von dieser Zeit an widmete sich Haenke außer der Botanik noch der Chemie, die damals auch Mikan vorzutragen hatte. Durch Wanderungen in die nähere und weitere Umgebung Prags, durch praktische Arbeiten im botanischen Garten und unter Anleitung seines ausgezeichneten Lehrers Mikan erwarb sich der junge Student frühzeitig ein so ansehnliches botanisches Wissen, daß er auf Empfehlungen von Gönnern hin als Mitglied der von der „Böhmischen Gesellschaft der Wissenschaften" in Prag ausgerüsteten „wissenschaftlichen Bereisung" der böhmischen Seite des Riesengebirges bestimmt wurde. Der Erfolg seiner botanischen Beobachtungen war derart, daß Haenkes Name damals in Prag viel genannt wurde, er dadurch auch neue Gönner und Förderer fand, überdies in Anerkennung seiner Verdienste später eine silberne Ehrenmedaille erhielt. Sie trägt auf einer Seite die für Haenke wahrhaft bezeichnende Widmung: „Ingenio et Labore."

Aus unbekannten Gründen kam es kurz nach Haenkes Rückkehr von dieser ersten „Expedition" und der verdienten Anerkennung zu einer Trennung Haenkes von seinem Lehrer Mikan. Am 21. September 1786 wanderte Haenke nach Wien ab, um bei Nikolaus von Jacquin Botanik und bei M. Stoll Medizin weiter zu studieren. Der Förderung durch N. v. Jacquin verdankt Haenke eine vertiefte wissenschaftliche Ausbildung in der Botanik und die Möglichkeit mehrerer Reisen in die österreichischen Alpengebiete, die er zuerst als Begleiter von Jacquins Sohn, später mit Reichsgraf von Sickingen unternahm. Eine Wendung in Haenkes Leben schien sich vorzubereiten, als er zur Teilnahme an der von der Kaiserin Katharina II. in Rußland geplanten, unter Kommando des englischen Kapitäns Billings stehenden Expedition nach Kamtschatka empfohlen wurde. Er sollte Begleiter des schon damals weltbekannten

[3]) An der Rückseite des „Museum Regni Bohemiae" in Prag steht Haenkes Gedenktafel neben der seines ersten Lehrers. (Zufall oder Absicht??)

Reinhold Forster werden, dem Reisebegleiter Cooks; der Ausbruch des Krimkrieges verhinderte diese Expedition. Die Bemühungen Jacquins, für Haenke die akademische Laufbahn zu sichern, wurden unterbrochen, als Spanien zu einer Weltreise rüstete und Haenke neuerlich durch Empfehlungen seines Lehrers Jacquin einerseits und des in Spanien hochangesehenen Barons Ignaz v. Born anderseits als Botaniker für diese Expedition vorgeschlagen wurde. „Spanien wird kaum einen andern jungen Gelehrten finden, von dem es mehr erwarten dürfte, als Haenke zu leisten imstande ist. Schwerlich ist einer würdiger als dieser, den Schauplatz der Natur zu betreten. Durch diese Wahl würde Spanien mancherlei Vorteile, Österreich an Ehre, die Natur- und Volkskunde an Erweiterung gewinnen" — so heißt es in einem Empfehlungsbrief von Jacquin an den österreichischen Botschafter Graf Kageneck in Madrid. In einem anderen Dokument wird „der Überbringer des Gegenwärtigen Thad. Haenke der Arzneykunst beflissener als ein in der Botanik ganz vorzüglich starkes Subjekt" bezeichnet.

Die erste Briefstelle ist nicht nur ein ehrendes Zeichen der Achtung Jacquins für seinen Schüler, sondern spricht auch für den Weitblick des „österreichischen Linné", der als gebürtiger Wallone nach seinen Studien zu Paris schließlich in Wien seine Wahlheimat gefunden hatte. Nach anfänglichen Schwierigkeiten, die Kaiser Josef II. der Ausreise entgegensetzte, konnte dieser durch Vermittlung einflußreicher Adelskreise umgestimmt werden, so daß Haenke nach einer Audienz im Schloß Laxenburg bei Wien die erforderlichen Papiere als kaiserlicher Kurier erhielt, überdies noch ein Reisestipendium zur Fahrt bis Madrid. Allerdings mußte er einen Revers unterzeichnen, in welchem er sich zur Rückkehr verpflichtet und „bey seiner Zurückkunft Saamen aus den Südseeinseln mitzubringen habe". — Am 26. Juni 1789 konnte der damals 28jährige Thaddäus Haenke seine Weltreise antreten, die ihn zuerst über München, Straßburg, Paris, Orléans, Bordeaux, Biarritz nach Madrid führte, wo er am 20. Juli eintraf. Hier wurde er von dem Marineminister Marquis de Valdés empfangen und vom spanischen König Karl IV. als beamteter Arzt und Botaniker bestimmt; er erhielt 2400 Gulden Gehalt, zugleich Offiziersrang. Außerdem wurde ihm freigestellt, entweder nach Abschluß der Reise in seine Heimat zurückzukehren oder später in spanische Staatsdienste zu treten. — Von Madrid fuhr er nach Cadiz, um die aus den beiden bewaffneten Korvetten „Descubierta" und „Atrevida" bestehende Expedition zu treffen, die der damals hochangesehene Kapitän Malaspina befehligte. Haenke traf aber um einige Stunden zu spät in Cadiz ein, so daß er erst weitere Weisungen vom Hof in Madrid abzuwarten hatte, die schließlich dahin lauteten, daß er mit dem nächsten Kauffahrteischiff, der „Nuestra Señora del Buen Viaje“, nachzufolgen habe, um die Expedition in Montevideo zu erreichen. Nach einer dreimonatigen Fahrt über den Atlantischen Ozean kam dieses Schiff am 23. November 1789 an der Mündung des La Plata-Stromes an, wo es Schiffbruch an der Punta de las Carretas erlitt und Haenke nur seine Papiere, nicht aber auch seine in Wien und Paris gekauften Instrumente und Bücher retten konnte.

Auch diesmal kam also Haenke zu spät, nachdem schon am 16. November die Expeditionsschiffe abgesegelt waren. Nach kurzer Erholung und guter Aufnahme beim Gouverneur von Montevideo begann Haenke am neuen Kontinent seine ersten (botanischen) Reisen zunächst in der Umgebung der Stadt Montevideo, besonders am Cerro und am Pan de Azucar. Am 23. Dezember 1789 begab er sich nach Buenos Aires, wo er vom damaligen Vizekönig Arredondo wohlwollend aufgenommen und für die beim Schiffbruch verlorengegangenen Bücher und Instrumente Schadenersatz erhielt. Seine Musikkenntnisse verschafften ihm während des kurzen Aufenthaltes Zutritt und hohes Ansehen in den besten Familien der Stadt. Am 17. Februar 1790 begann Haenkes erste selbständige Reise durch die Pampas von Argentinien mit dem Ziel, Mendoza zu erreichen, wo er am 17. März eintraf. Die Anden überschritt er über den Cumbrepaß und erreichte Santiago de Chile am 2. April. Hier erst traf der „físico-botánico comisionado por Su Magestad Católica“ im Rang eines Schiffsleutnants mit Kapitän Malaspina zusammen, der ihn nicht nur freundlich aufnahm, sondern ihn auch gleich mit den zugedachten Aufgaben bekannt machte. Als Expeditionsmitglied wurde er mehr als Gast denn als Schiffsoffizier[4]) behandelt und der Fregatte „Descubierta“ zugewiesen. Am 8. April verließen die Schiffe Valparaiso, und damit beginnen Haenkes weite Reisen, die er zunächst im Dienste des Planes von Malaspina mit unternimmt und die ihn bis Alaska einerseits, die Philippinen und Australien anderseits führten. Da Einzelheiten darüber später genannt werden, sei hier nur darauf verwiesen, daß er nach Rückkehr der Expedition aus der Südsee — also nach über 3 Jahren — in Callao am 23. Juli 1793 von Malaspina zu neuen Aufgaben entlassen wurde. Nach kurzer Erholung beginnen im Auftrag der Regierung ausgedehnte Reisen im Inneren des Königreiches Peru, wo Haenke in der Nähe der Stadt Cochabamba, und zwar in Santa Cruz de Elicona, ein Landgut erwarb, das für ihn künftighin Rast- und Ruhestätte nach Rückkehr von seinen ausgedehnten Reisen blieb.

---

[4]) Für die spätere Behandlung Haenkes verdient dies Beachtung.

Die Jahre nach 1796 sind Haenkes erfolgreichste und fruchtbarste Schaffensperiode, wie aus der Zusammenstellung seiner Schriften ersichtlich ist. Haenke unternahm Reisen ins Innere von Peru, Bolivien und Chile im Auftrage der Regierung, die ihn, trotzdem er aus dem Verband und den speziellen Aufgaben der Expedition Malaspina entlassen war, weiterhin besoldete und ihn vorwiegend als Berater im Bergbau verwendete. — Einen neuerlichen Wendepunkt in Haenkes Leben bedeutete die durch den Vizekönig Cisneros vermittelte schroffe Aufforderung der Junta Suprema in Sevilla, sofort nach Spanien zurückzukehren (1810), wobei gegen ihn der Vorwurf erhoben wurde, daß er seit seiner Entlassung als Expeditionsmitglied zu Unrecht weiterhin Sold bezogen habe. Auf diese Art der Rückberufung, die Haenkes rechtliches Empfinden kränkte und seinen wohlbegründeten Stolz auf die Tragweite und Bedeutung seiner jahrelangen Arbeiten in Südamerika verletzte, antwortete er dem Vizekönig mit einem Brief vom 12. März 1810[5]), den der Gouverneur-Intendant der Provinz Cochabamba, Don José Gonzales de Prada, vermittelte und wärmstens befürwortete. Dieser Brief ist die letzte, zurzeit sichere[6]) Handschrift Haenkes, aus der wir auch erfahren, welchen Wert er seinen überaus reichen Sammlungen für den Fortschritt der Botanik beimißt, welches Verdienst er sich für das ganze Land durch seine Studien über Salpeter und die Herstellung des Konversionssalpeters erworben habe, welche Wohltaten ihm die Bevölkerung des ganzen Landes durch sein Wirken als Arzt und Arzneimittelkundiger zu danken habe. Er macht sich erbötig, ein Jahr später nach Spanien zurückzukehren und mit seinen Sammlungen und Aufzeichnungen den Beweis dafür zu liefern, daß er weder Sold zu Unrecht bezogen habe, noch daß er für eigene Interessen zu viel Zeit aufgewendet habe. Es kam aber nicht mehr zu der von ihm selbst erhofften Rückkehr nach Europa. Hier spielte sich ja die kritische Phase der Napoleonischen Kriege ab, die Revolutionsbewegung Frankreichs erfaßte in zunehmendem Maße die Kolonien, das geschwächte und vom Feinde besetzte Mutterland Spanien verlor zusehends an Einfluß und Macht. Die kurzsichtige Kolonialpolitik und das starre Festhalten an überalterten Systemen der Verwaltung, der Landesverteidigung und der Wirtschaft führten unaufhaltsam stufenweise zum Zusammenbruch des alten

[5]) Ich bemerke, daß die Übersetzung dieses Briefes in Kühnels Buch S. 185 bis 188 nicht wörtlich, sondern nur auszugsweise sinngemäß wiedergegeben ist. Der spanische Originaltext findet sich vollständig in der „Descripción del Perú", Vorrede.

[6]) Ein Brief vom 3. XII. 1811 an seinen Bruder Josef bedarf noch einer Überprüfung.

Regimes und zum Bürgerkrieg. In diesen unruhigen Zeiten verlieren sich Haenkes Spuren. Am 30. September 1817 meldete „Morning Chronicle" in London den Tod Haenkes. Die Nachricht wurde in seiner Heimat zunächst mit Zweifel aufgenommen, als die „Prager Zeitung" vom 31. Oktober 1817 die englische Meldung wiedergab. — Über Haenkes Todestag und Todesart ist das gleiche Dunkel, wie über seinen Lebensjahren zwischen 1810 und 1817, da vereinzelte Bemerkungen von Bekannten und Freunden Haenkes nicht mehr nachzuprüfen sind.

Über die Todesart werden von Biographen zwei Meinungen vertreten. Nach der ersten soll Haenke schwer erkrankt sein und in einem Fieberanfall durch Irrtum einer Dienerin statt Arznei ein tödlich wirkendes Gift genommen haben. Diese Ansicht finden wir in den meisten Haenke-Biographien. — Nach der zweiten Meinung soll Haenke sich durch seine nicht verhehlte Sympathie, ja sogar aktive Unterstützung der Aufständischen der spanischen Regierung verdächtig gemacht haben, die ihn zu Cochabamba eingekerkert haben soll. Die Meinung des Kerkertodes vertritt besonders Kühnel und führt als „Indizienbeweise" an: das Fehlen von Briefen an seine Mutter, der er früher regelmäßig schrieb; das Wissen der Regierung um Haenkes sog. „Humanitätsideal der Aufklärung" (Kühnel, Seite 78); seine Kritik an Verwaltungsmethoden und maßgebenden Persönlichkeiten in hohen Stellen und schließlich als schwerstwiegendes Argument: die Behandlung seines gesamten Nachlasses seitens der spanischen Regierung, die „mit dem Besitz Haenkes nicht wie mit dem Vermögen eines königlichen Beamten, sondern wie mit dem eines Rebellen" verfuhr. (Kühnel, S. 79). Der Nachlaß wurde beschlagnahmt und verschleppt[7]). Der größte Teil der Sammlungen, Aufzeichnungen und Schriften soll sich nach Angaben von General Alejandro Gonzales noch im Jahre 1818 im Zollamt von Cochabamba befunden haben, von wo aus alles angeblich nach Lima geschickt wurde. „... Allein man weiß nicht, ob sie dahin abgingen." Auch Haenkes ältester Bruder Josef, der sich vergeblich

[7]) Diese Tatsache verliert bedeutend an Überzeugungswert, wenn man das gleiche Verhalten der spanischen Regierung gegenüber dem Besitz an Sammlungen, Wertgegenständen, Aufzeichnungen, Manuskripten, Karten usw. eines d'Anville, Dombey, Azara, Malaspina, Bonpland usw. beachtet. Es sind vorwiegend Ausländer, die mit Versprechungen zu den schwierigsten, wissenschaftlich bedeutungsvollsten Expeditionen eingeladen und ausgerüstet wurden, denen man aber nach erfolgreichem Abschluß ihrer Aufgabe entweder den Ruhm nicht gönnte oder beim Abtransport ihrer Sammlungen die größten Hemmungen und Schwierigkeiten bereitete. Die häufige Wiederholung ähnlicher peinlicher Vorfälle beweist, daß sich solche Maßnahmen nicht gegen Haenke persönlich oder sein Verhalten gerichtet haben dürften

um den Nachlaß[8]) an Geld und Gut bemühte, wird von Kühnel als Zeuge für diese Version angeführt. Meiner Meinung nach ist die Hypothese über den Tod im Kerker kombinierender Phantasie entsprungen. In der Biographie von Ballivian und Kramer — die für Haenkes Leben in Peru einzig und allein maßgebend sein kann — steht der von allen späteren Biographen — auch Kühnel — übersehene Satz: „Der Gouverneur Mendizabal é Imas befahl, alle die von dem Gelehrten für die Wissenschaft gesammelten Schätze zu verpacken und sandte sie nach Lima. Diese Tatsache berichtete uns Dr. Manuel Protasio Laredo, in dessem Hause er (Haenke) starb."[9]) Zusammen mit dem uns bekannten neuen Beweis, daß Haenke außer seinem Landgut Santa Cruz de Elicona noch eine Mietwohnung in der Stadt Cochabamba besaß, halte ich damit zumindest die Behauptung, daß Haenke im Kerker gestorben sei, als widerlegt. Die Todesart durch Vergiftung wird zwar einstimmig als sicher hingestellt, doch fehlen auch dafür sichere Beweise. Über das Grab Haenkes ist überhaupt nichts bekannt. So bleiben weiterhin Haenkes sterbliche Überreste ebenso verschollen wie sein wissenschaftlicher Nachlaß. Während ein Suchen nach Haenkes Grabstätte vielleicht aussichtslos ist, kann aus Haenkes Nachlaß noch manches in verschiedenen Archiven, Bibliotheken und Museen in Peru, Bolivien, Argentinien und auch in europäischen Handschriftensammlungen, besonders in London, Paris, Madrid, Sevilla u. a. o., gefunden werden.

III. Über Haenkes Persönlichkeit, Arbeitsweise und Arbeitsbedingungen.

Ein Überblick über Haenkes Lebenswerk läßt einige für diesen Forscher charakteristische Züge erkennen, unter denen hier nur die auffallendsten erwähnt sein mögen. In der Gesamtheit ergibt sich ein Bild, in dem wesentliche Merkmale seiner wissenschaftlichen Leistungen mit schönen Charaktereigenschaften harmonisch vereint sind.

Ein hervorstechendes Merkmal, das namentlich in Briefen an Eltern und Geschwister hervortritt, ist sein ausgeprägter Familiensinn, vor allem seine stete Sorge um das Wohlergehen seiner Mutter,

---

[8]) Haenke war nicht verheiratet und gedachte seinen Nachlaß an Geld und Gut unter Geschwister aufzuteilen. (Siehe Brief vom 15. III. 1803.)

[9]) „El gobernador Mendizabal é Imas mandó recojer toda la riqueza acopiada para la ciencia por este eminente sabio y remitióla á Lima. Este hecho nos lo refirió el doctor Manuel Protasio Laredo, en cuya casa falleció."

die seit 1796 verwitwet war. Nach jahrelanger Unterbrechung des Briefwechsels mit der Heimat ist es nach Rückkehr in kultivierte Gebiete oder größere Städte immer seine erste Sorge, sich mit seinem Elternhaus in Verbindung zu setzen. — Dazu kommen seine vorbildliche Heimattreue und sein Zugehörigkeitsgefühl zum deutschen Volke. In seinen Vorschlägen und Memoranden weist er immer wieder auf die Vorzüge geeigneter deutscher Fachleute und ihrer Arbeitsweise hin und rät, solche Männer im Dienste des Bergbaues, der chemischen Industrie, der Glasfabrikation, der Landwirtschaft, im Handel usw. zu verwenden bzw. sie anderen vorzuziehen. Er bekennt sich immer als Deutscher, und mit Stolz hebt er diese Volkszugehörigkeit hervor. Als bezeichnendes Beispiel schon für den jungen (!) Haenke führe ich hier nur eine Briefstelle an, in der er vor Verlassen Europas sagt: „Ich bin überzeugt, daß, wenn der Himmel mir Gesundheit und Stärke schenkt, diese Wallfahrt zum Schöpfer der Natur für mich und für meine Nation ruhm- und ehrenvoll ausfallen wird, und mit diesem Gedanken habe ich für diese Reise mein Vaterland verlassen ..." Wenn er bis an sein Lebensende in Südamerika verblieb, das ihm zur Wahlheimat wurde, so ist das wesentlich widrigen Zeitumständen durch die Napoleonischen Kriege in Europa und den aufflammenden Befreiungskämpfen in Südamerika zuzuschreiben. Die Sehnsucht nach Rückkehr in seine Heimat äußert er immer dringlicher, wobei offensichtlich nicht nur der Wunsch entscheidend war, in seiner Heimat von ausgedehnten, jahrelangen und beschwerlichen Reisen Erholung zu finden. Wir müssen in Haenke einen vorbildlichen Auslandsdeutschen und Pionier deutschen Kulturschaffens sehen, der auch inmitten einer ihm völlig fremden Umgebung seine Eigenart restlos bewahrt hat, sich nicht „assimilierte" oder aus egoistischen Gründen anpaßte. Er war nur bestrebt, sein großes Wissen und Können zum Wohle und Aufblühen der spanischen Kolonien zu verwerten, in deren Diensten er stand. Spanische Historiker, Geographen, Mediziner, Schriftsteller u. a. haben gerade diese Seite von Haenkes Charakter ausdrücklich hervorgehoben und nicht nur mit Worten der Bewunderung für den „menschenfreundlichen" Haenke betont, sondern auch mit dem Ausdruck der Dankbarkeit. „So gab Haenke einen öffentlichen Beweis der Dankbarkeit gegenüber dem König, der ihn unterstützt, gegenüber dem Volke, das ihn aufgenommen hat, und zugleich einen Beweis seiner hohen und vornehmen Gesinnung, denn durch diese Tat und andere wichtige Dienste für das Königreich erwarb er sich die Wertschätzung der Peruaner." („Minerva Peruana" vom 15. Juli 1809, anläßlich Haenkes grundlegenden Mitteilungen über die Verwertung des Caliche im Bezirk Tarapacá in der Intendanz Arequipa.)[10])

Haenkes wissenschaftliche Arbeitsweise ist nicht nur durch die bereits hervorgehobene Vielseitigkeit gekennzeichnet, sondern ebenso durch eine vorbildliche Gründlichkeit seiner Beobachtungen und Klarheit seiner Denk- und Schreibweise, wobei ein selbstbewußter Stolz mit einer geradezu auffallenden Bescheidenheit der Darstellung verbunden ist. Oft enthalten wenige seiner Sätze solche Vorschläge und Ideen oder Anregungen, die später Gegenstand sehr umfangreicher Schriften geworden sind. Seine wissenschaftlichen Aussagen sind von unbedingter Verläßlichkeit. Seine Wahrheitsliebe ist ein typischer Zug seiner Darstellungsweise. Selbst aus seinen Schriften ist der ganze Eifer und wissenschaftliche Enthusiasmus ersichtlich, und in seinen Werken finden wir oft inmitten rein fachlicher Ausführungen auch eingestreute Bemerkungen, die nicht nur seine ungewöhnliche Beobachtungsgabe oder sein scharfsinniges Denken, sondern auch einen seltenen Mut im Nachweis von Fehlern und Irrtümern von seiten hoher Beamter, selbst der damals allmächtigen Geistlichkeit, beweisen. Die Fülle und Vielseitigkeit seiner Beobachtungen wird nur durch den Hinweis auf seinen einzigartigen Arbeitseifer und seine unermüdlichen Bemühungen im Dienste der Wissenschaft und der Gesamtkultur des Landes überhaupt verständlich. Seine Erfahrungen in Natur und mit Menschen bewogen ihn des öfteren auch zu recht abfälligen Kritiken anerkannter Lehrmeinungen, Methoden oder Arbeiten verschiedener Wissenschaftler, besonders in der Medizin, Geologie, Chemie, Metallurgie, Verwaltungspraxis usw., sogar in der hohen Kolonialpolitik Spaniens. (Siehe Kap. IX, II. Teil.)

*

Über Haenkes Arbeitsbedingungen erfahren wir einiges von ihm selber, entweder aus seinen Werken oder seinen Briefen. Die Schwierigkeiten, mit denen er, ganz auf sich selbst in einem technisch rückständigen Lande angewiesen, zu kämpfen hatte, sind für unsere heutigen Anschauungen schlechthin unvorstellbar. Man bedenke: die erforderlichen Reagentien für seine chemischen Untersuchungen hat er sich „eigenhändig" aus den Rohstoffen (!) des Landes hergestellt, vor allem die drei Mineralsäuren. Ebenso hat er sich fallweise notwendige Glasgefäße (!) für seine chemischen Versuche vom Schmelzfluß bis zur Formung der

[10]) Siehe dazu noch: „Diese Länder haben Haenke gegenüber, der sich für sie so einsetzte, eine vergessene Dankesschuld abzutragen." (Edwards [13] Oktober 1939.)

Geräte „eigenhändig“ hergestellt oder ihre Herstellung überwacht. Reagentien hat er auch bei seinen Reisen in unwirtliche Gegenden immer im Gepäck mitgeführt, so daß er an Ort und Stelle (!) im Rahmen des Möglichen seine Untersuchungen ausführen konnte. Man vergleiche gerade zu diesem Punkt die Bemerkungen in Raimondi über Voraussetzungen fruchtbarer wissenschaftlicher Reisen in Peru! (Raimondi, 63, I. Bd.)

*

Für Haenkes Arbeitsweise ist aber nicht nur Ausrüstung und Vorbildung beachtenswert, sondern noch mehr seine Menschenkenntnis und Menschenbehandlung, und zwar nicht bloß in seiner Eigenschaft als ausübender Arzt. Die psychologische Seite, die ja für einen Forschungsreisenden oft recht bezeichnend sein kann, hat Edwards wohl am treffendsten mit den Worten gekennzeichnet, daß Haenke die ungewöhnliche Fähigkeit besaß, „Herzen zu erschließen und Zungen zu lösen“, selbst bei den von Natur aus so mißtrauischen Stämmen der Eingeborenen. Diese Seite als Voraussetzung für erfolgreiche landeskundliche Forschungen hat besonders Raimondi Jahrzehnte später als oft genug entscheidend wichtige Bedingung hervorgehoben und mit dem sicherlich zutreffenden Zusatz versehen, daß gerade ärztliche Kenntnisse einem Forscher in Südamerika von unschätzbarem Wert sein können. Das auffallendste Kennzeichen an Haenkes Arbeitsweise unter den so schweren Arbeitsbedingungen sehe ich darin, daß wir aus seinen eigenen Schriften nur ganz vereinzelt Hinweise auf Gefahren und Hindernisse während seiner Reisen finden. In Haenkes wichtigsten Schriften sind keine aufregenden Abenteuer, keine lebensbedrohenden Gefahren erwähnt, seien diese nun in der Natur des Landes selbst gelegen, in der Tier- oder Pflanzenwelt oder in der unberechenbaren Psyche der eingeborenen Naturmenschen oder in der Gefährdung der eigenen Gesundheit. Er ist stets sachlich objektiv. Während seiner Reisen ist Haenke — seinen eigenen Angaben nach — zwar wiederholt erkrankt, aber seine robuste Gesundheit ist ihm ein wesentlicher Vorteil gewesen; er selber erwähnt in einem Brief an seine Mutter: „Es geht mir sehr gut, und Sie dürften für mich keine Sorge tragen, denn fast dürfte ich sagen, daß ich die so lange Zeit, als ich aus Europa abwesend bin, noch nie krank gewesen bin, denn das Studium der Medizin ist mir von ganz besonderem Nutzen gewesen, und auf diese Weise habe ich meine Gesundheit in dem besten Stande erhalten.“ (Aus der Provinz Chiquitos vom 20. Mai 1800.) Dieser Hinweis Haenkes sei deshalb hervorgehoben, weil viele andere Forscher vor und nach ihm als eine der größten Gefahren für den Reisenden die Möglichkeit einer Erkrankung oder Schwierigkeiten eines länger dauernden Krankentransportes, fern von kultivierten Gegenden, eigens hervorheben.

Über Haenkes körperliches Aussehen erfahren wir nur wenig von seinen Zeitgenossen. Er wird übereinstimmend geschildert als mittelgroß, kräftig gebaut, von gewinnendem Aussehen und Auftreten. Seine „mit Stolz gepaarte Bescheidenheit" wirkte einnehmend, wozu noch seine angenehmen Umgangsformen und Talente für Sprachen und Musik beitrugen. Er war eben nicht nur ein „der Arzneikunst beflissener und in der Botanik ganz vorzüglich starkes Subjekt", wie ihn ein Empfehlungsbrief vom österreichischen Haus-, Hof- und Staatskanzler Kaunitz-Rietberger für Spaniens Hof schilderte.

Bisher ist nur ein einziges Bild von Haenke bekannt, das von V. R. Grüner gezeichnet ist und das wir in allen Schriften über Haenke wiederfinden. An Klarheit des Druckes ist — meiner Meinung nach — die Wiedergabe des Bildes in Rainold (64) allen andern überlegen.

IV. Haenkes Schriften in und über Südamerika.

Sie sind ausnahmslos in spanischer Sprache geschrieben und blieben zum großen Teil bis Ende des 19. Jahrhunderts in Archiven liegen. Die Arbeiten sind hier nicht chronologisch, sondern nach ihrer Bedeutung geordnet. Haenke konnte seinerzeit nur wenig selbst drucken lassen.

I. Descripción del Perú. Eine Landeskunde von Peru. Zeitpunkt der Entstehung: 1796/97. Manuskript im Britischen Museum; gedruckt 1901 in Lima auf Staatskosten.

II. Introducción á la Historia Natural de la Provincia de Cochabamba y circunvecinas. Eine wissenschaftliche Bearbeitung der wichtigsten mineralischen, pflanzlichen und tierischen Produkte Perus und Boliviens. Manuskript datiert vom 31. Dezember 1798; Original in der Biblioteca Nacional von Buenos Aires; von Haenke selbst veröffentlicht in Fortsetzungen im „Telégrafo Mercantil", Buenos Aires 1801/02. Der botanische Teil und einige Kapitel der Chemie sind bei Gicklhorn, J. (26) in deutscher Sprache zugänglich.

III. Descripción del Chile. Eine Landeskunde von Chile; Entstehung 1796/97. Manuskript im Britischen Museum; erstmalig erwähnt von Ballivián, gedruckt in spanischer Sprache durch das Instituto Cultural Germano-Chileno in Santiago 1940 (El Nascimento). Die deutsche Übersetzung, die seit 1938 abgeschlossen ist, kann mit Förderung der Deutschen Akademie der Wissenschaften in Prag infolge der Kriegsverhältnisse erst 1941 erscheinen. Im Jahre 1939 entspann sich zwischen uns und der Universität Santiago eine Debatte über die Echtheit des Manuskripts als Haenkes Werk, die durch glückliche Funde von R. Gicklhorn und weitere erfolgreiche Nachforschungen von Edwards im Sinne der Echtheit entschieden wurde.

IV. Viaje de Santiago á Mendoza. Viaje de Mendoza á Punta de San Luis. Noticias sobre el Obispado de Tucumán, el Territorio del Gran Chaco usw. Lose Kapitel, die mit einer rein tagebuchartigen Reisebeschreibung verbunden sind und sich mit verschiedenen Orten der La Plata-Provinzen einschließlich Buenos Aires und Montevideo befassen. Der Anteil Haenkes an diesem Werk, das von ihm redigiert und zusammengestellt wurde, mußte erst festgestellt werden.

Einzelheiten über dieses Werk, das von Haenke-Biographen vor Kühnel nicht erwähnt ist[11]), werden auf Grund von Studien, die Renée Gicklhorn weiterführt und anläßlich der bevorstehenden Veröffentlichung der deutschen Übersetzung durch die Deutsche Akademie der Wissenschaften und Künste in Prag klargelegt werden. Einstweilen begnüge ich mich mit der Feststellung, daß dieses von Josef Kühnel mit apodiktischer Sicherheit als unveröffentlicht bezeichnete Manuskript — wie sich nach eingehenderen Untersuchungen herausstellte — bereits im 19. Jahrhundert zum größeren Teil in einem Sammelwerk gedruckt ist. Den 1. Teil hat übrigens Edwards 1940 in die „Descripción del Chile" aufgenommen[11]).

Kleinere Schriften Haenkes sind:

V. Memoria sobre los Rios navegables que fluyen al Marañon. Eine Denkschrift über die schiffbaren Nebenflüsse des Marañon. Entstehung 1799. Teilweise zu Lebzeiten Haenkes im „Telégrafo Mercantil" ausgewertet (1801/02). Zahlreiche Neudrucke in spanischer Sprache unter verschiedenen Titeln.

VI. Descripción geográfica, física é histórica de las Montañas habitadas por la nación de los Indios Yuracarées. Eine landeskundliche Beschreibung der Montaña im nördlichen Teil der Provinz Cochabamba. Entstehung 1796, als Denkschrift für den

---

[11]) Erstmalig veröffentlichte J. Kühnel, der sich Kopien der Originalmanuskripte aus London beschaffte, einen von R. Gicklhorn geschriebenen Auszug aus den Schriften III und IV. Sie befanden sich in einem Manuskriptenfaszikel, das unter dem Namen Haenke registriert ist. Das besagt allerdings nichts über die Autorschaft. Die Teilnehmer der Expedition tauschten Manuskripte untereinander aus. Da sie meist von Kopisten verfertigt und nicht gezeichnet sind, entstand ein schwer entwirrbares Durcheinander.

Vizekönig Pedro Melo von Portugal verfaßt. Nach Groussac soll sie 1810 im „Correo del Comercio" veröffentlicht sein.

VII. Informe hecho al Señor Gobernador Intendente por el Naturalista Don Tadeo Haenke. Eine kurze Zusammenfassung der Beschreibung des obigen Gebiets für den Gouverneur Fr. v. Viedma. 1796 überreicht.

VIII. Descripción y análisis de las aguas de Yura, hecha por el Naturalista Botánico Don Tadeo Haenke. Eine Beschreibung und quellenanalytische Studie der Mineralwässer von Yura bei Arequipa. Haenke hat sie im „Telégrafo Mercantil" veröffentlicht. Erwähnt ist die Arbeit erstmalig in der Vorrede der „Descripción del Perú", die Wiederauffindung im „Telégrafo" ist Kühnel zu verdanken. Im Jahre 1940 von Jos. Gicklhorn in einer Studie in deutscher Sprache zugänglich gemacht. (Gicklhorn, 25.)

IX. Memoria sobre la conservación de los cueros y otras producciones animales del perjuicio de la polilla. Eine wirtschaftszoologische Studie über die Konservierung tierischer Häute vor Mottenfraß. Sie erschien im Jahre 1868 in der „Revista de Buenos Aires". Groussac macht im Jahre 1900 erstmalig wieder auf sie aufmerksam.

X. Un nuevo Arbusto penetrado de Alcánfor. Erschienen im „Correo del Comercio". Diese Arbeit war uns bisher nicht im Original zugänglich.

XI. Observaciones sobre el Volcán de Arequipa. Eine Studie über die vulkanischen Eruptivgesteine des Misti, die Ballivián mehrfach zitiert, ohne aber den Ort der Veröffentlichung oder der Auffindung des Manuskripts anzugeben[12]).

XII. Iter ex agro Limensi ad Alpes (Cordilleras de los Andes). Diese Studie, die erste, die Haenke in Südamerika abfaßte und die sicher die Behandlung des floristischen Materials seiner Expedition am Huallaga (1790) zum Gegenstand hatte, sollte nach den Angaben von Colmeiro[13]) noch aufzufinden sein. Angeblich existiert nur mehr eine Kopie, die der Botaniker Née nach dem Original angefertigt hat.

XIII. Los Puertos y Rios que hay desde el Callao hasta la Provincia de Chile. Ein Schiffstagebuch mit genauer Aufzählung

[12]) Nach Kapitel über Arequipa in der „Descripción del Perú" kann man sich vielleicht eine Vorstellung von der Art machen, wie Haenke seine Beobachtungen ausgeführt hat.

[13]) Colmeiro, Miguel. La botánica y los botánicos de la peninsula hispánica.

der Flüsse und Häfen von Peru bis Chile. Von geographischem Interesse, aber ohne historischen Wert, wie A. Edwards bemerkt, der es im Verlaufe seiner Nachforschungen im Manuskript auffand.

XIV. Estado político, militar y económico de la ciudad de La Concepción. Dieses kleine Werk befindet sich als letztes in der Schriftenreihe der Essays über die Reise von Santiago nach Mendoza usw. Nr. IV. Der von Edwards als sehr interessant bezeichnete Inhalt — über die militärische und politische Lage von Concepción in Verbindung mit den araukanischen Kriegen — ist im wesentlichen von Haenke in der „Descripción del Chile" verarbeitet. R. Gicklhorn zieht aber in Zweifel, ob es von Haenke stammt. Der Handschrift nach ist es ein Originalmanuskript, das Haenke von einem Mitarbeiter zur Verfügung gestellt wurde.

XV. Itinerario de Oruro a Jujuy. Diese Arbeit Haenkes finden wir ohne nähere Angabe nur in der Vorrede der „Descripción del Perú" erwähnt. Erscheinungsort ? Jahr der Niederschrift ? Vielleicht nur im Manuskript, das Ballivián zugänglich war. Wir haben die Arbeit nicht gesehen.

Am Schluß[14]) sei hier noch ein Werk erwähnt, das von dem Haenke-Biographen Jos. Kühnel als Originalarbeit Haenkes eigens als „neu" bezeichnet wird. (Kühnel, S. 115.)

Es ist aber weder eine Originalarbeit, noch neu, sondern hier liegt unter dem Titel „Descripción histórica, civil y natural de las Misiones de Moxos" ein Sammelreferat von Oberst Cabello, dem Herausgeber des „Telégrafo Mercantil", vor. Die ersten Kapitel dieser Studie behandeln die Hydrographie des Mojosgebietes und sind laut Angabe des Verfassers vollinhaltlich dem Memorandum Haenkes über die schiffbaren Nebenflüsse des Marañon (siehe Nr. V) entnommen. Der Rest stammt aus Informationen von Reisenden und Missionären und hat mit Haenke nichts zu tun.

---

[14]) Die vier deutsch geschriebenen Jugendarbeiten Haenkes in Europa sind längst gewürdigt, namentlich von Maiwald (52) und Kühnel (49), wo sich auch der Inhalt auszugsweise findet. Dazu kommt noch seine Bearbeitung von Linné, editio VIII, vol. I u. VI, 1791.

V. Wertung der Arbeiten Haenkes und seiner Stellung in der Geschichte einiger Wissensgebiete

(Musik, Medizin, Chemie, Botanik, Zoologie, Mineralogie, Geologie).

Bei einer Wertung von Haenkes Leistungen kann man sinngemäß eine Unterscheidung nach Gebieten treffen, für die er in Europa bereits entsprechend vorgeschult war, im Gegensatz zu jenen, auf die ihn erst seine Reisen in Südamerika und die Beschäftigung mit dem gesamten kulturellen Leben des spanischen Kolonialreiches geführt haben. Zur ersten Gruppe müssen wir dann vor allem Haenke als Musiker, Botaniker, Chemiker, Arzt, Mineraloge und Geologe rechnen.

Die **Musik** spielt für diesen Naturforscher eine wesentliche Rolle, und zwar von seiner frühesten Jugend an bis in seine letzten Lebensjahre, wie wir von ihm selber aus einem Brief von Cochabamba vom 15. Februar 1803 erfahren: „.. Ich empfehle Dir sehr nachdrücklich daß Du mir eine Sammlung gutter Musikalien ... machst... Ich werde Gelegenheit suchen, Dir zum Erkaufen dieser musikalischen Werke einige 500 fl. zu überschicken, und Du must mir ausdrücklich eine Reise nach Dresden oder nach Leipsick machen, nur um einige gutte Musikalien anzuschaffen..., denn die Musik ist hier noch meine Lieblingsunterhaltung, so wie sie es in meiner Jugend in Deutschland war." (Original des Briefes an seinen Bruder Josef liegt im Landesmuseum Prag.) Als Teilnehmer der Expedition konnte er bald eine Probe seiner musikalischen Fähigkeiten gelegentlich der feierlichen Regierungsübernahme des neuen Vizekönigs von Peru, Francisco Gil y Lemus, geben, als Haenke an der Seite des Kapitäns Malaspina an den Feierlichkeiten zu Lima (1790) teilnahm. Es waren zahlreiche Abordnungen von Indianerstämmen erschienen, die bei den Festlichkeiten ihre Lieder sangen und Tänze vorführten. Es erregte Erstaunen und Bewunderung, als Haenke die gehörten Indianerlieder zusammen mit einer von ihm improvisierten Begleitung am Klavier vortrug. Haenke gehört zu den wenigen älteren Forschungsreisenden, die sich bewußt für die Lieder, Musik, Musikinstrumente und Tänze der verschiedenen Indianer- und Negerstämme interessierten. Er besaß eine reiche Sammlung von diesbezüglichen Aufzeichnungen, die in seinem Nachlaß wären und mit diesem (bis heute) verschollen sind. In den bereits bekannten Schriften mit anderen Zielen finden wir immer wieder eingestreut musikalische Bemerkungen, wozu ich nur ein Beispiel aus der „Descripción del Perú" anführe:

„Sie lieben leidenschaftlich Musik und Tanz, der für sie den Höhepunkt aller Genüsse darstellt; sie verschönern dadurch auch ihre geselligen und religiösen Versammlungen.“

„Ihre Instrumente sind kleine Flöten, verschiedene Saiteninstrumente, die sie mit großer Zartheit streichen und zupfen, und kleine Trommeln, die den Negertrommeln ähneln, aber viel klangvoller und angenehmer sind. Der Gesang ist süß, zärtlich, weich und melancholisch, besonders in den von ihren Vorfahren übernommenen elegischen Gesängen, die mehr wie die Lieder anderer Nationen geeignet sind, im Menschenherzen Gefühle des Mitleids und Zuneigung wach zu rufen. Die Tänze sind ernst und gemessen, für uns nur dadurch lächerlich, daß sie sich am ganzen Körper, sogar bis zu den Füßen mit Schellen behängen, die im Takte mitklingen. Die Spanier pflegten nämlich zur Zeit der Eroberung das Zaumzeug ihrer Pferde mit Schellen zu versehen. Die davon ganz überraschten Indianer glaubten anfangs, es seien böse Geister, die zu ihrer Vernichtung beitrügen; aber nachdem sie sich von dieser Täuschung überzeugt hatten, nahmen sie sie als Begleitinstrument aller Tänze an.“ (S.106.)

Dieser Musik und diesen Tänzen des Aymará- und Quichuastammes stellt er in längeren Ausführungen und scharfer Beobachtung des Gegensatzes Musik und Tänze der zu besonderen Stammesbrüderschaften zusammengeschlossenen Neger gegenüber.

Die Musik der Gauchos wird ebenfalls ausführlich behandelt.

Es ist sicher, daß die musikalischen Beobachtungen und Aufzeichnungen Haenkes von ethnographischer Bedeutung wären, weil sich darunter vor allem Mitteilungen über heute bereits ausgestorbene Indianerstämme befänden.

Von der Musik der spanischen Kolonisten hebt er ausdrücklich hervor, daß sie „noch in ihrer Kindheit ist“, und gerade deshalb verdienen seine Bemühungen um die Einführung und Verbreitung besonders klassischer deutscher Musik ausdrückliche Erwähnung. Sein persönliches Interesse gilt hauptsächlich Mozart, Haydn, Gluck, Bach und Graun. Mit dem bereits erwähnten General Don Alejandro Gonzales hat er in Cochabamba öfter musiziert, und es ist wohl zutreffend, wenn O. Quelle (62) darauf hinweist, daß deutsche Musik auch auf solche Art nach Südamerika gekommen ist und hier verbreitet wurde.

Haenke als Arzt in Südamerika verdient eine bleibende Stellung in der Geschichte der Medizin. Er betätigte sich nicht nur als praktischer Arzt bei den Kolonisten und Eingeborenen, sondern verfolgte das Auftreten der verschiedenen Krankheiten, den Umfang und die Ursachen nicht nur der

Sterblichkeit, sondern auch des Gesundheitszustandes der ganzen Bevölkerung, machte Vorschläge zur Ausbildung der Ärzteschaft, nahm scharf Stellung gegen Unwissen, Aberglauben und Kurpfuschertum; er war auch bestrebt, theoretische medizinische Fragen einer Klärung zuzuführen. Seine bedeutendste positive Leistung ist wohl die Einführung der Blatternschutzimpfung gelegentlich der Epidemie in Peru im Jahre 1806, wozu er selbst in seinem Schreiben vom 12. März 1810 anführt, daß er „ohne Entschädigung... und ohne Kosten für die Bewohner des Ortes von Straße zu Straße, von Platz zu Platz ging und noch selbst die Bandagen beisteuerte, so daß die besagte Expedition bei ihrer Ankunft bereits den Großteil ihrer Aufgabe schon erfüllt vorfand." (—) In diesem Brief erwähnt er auch als Rechtfertigung dem neuen Vizekönig von Buenos Aires, Baltazar Hidalgo de Cisneros, gegenüber, daß „in den kritischen Zeiten, während welcher das Meer infolge der ununterbrochenen Kriege unsicher war und aus Europa keine Medikamente eingeführt werden konnten, verdankt das Königreich Peru es nur meiner Arbeit, daß seine Apotheken mit vielen Salzen, Teesorten, Extrakten und Spirituosen versorgt wurden, die ich in meiner freien Zeit hergestellt habe, und zwar zu Preisen, die bescheidener und angemessener waren als die üblichen. Die Medikamente besaßen außerdem noch den Vorteil, daß sie, weil nicht verdünnt, viel wirkungsvoller und kräftiger waren als sonst. Mein Haus war der Zufluchtsort der Bedürftigen, die hier rasch Hilfe für ihre Leiden fanden und nichts für Heilmittel ausgeben mußten, da ich sie ihnen kostenlos gab..." Seine chemische Vorschulung hatte es ihm ermöglicht, mit den Rohstoffen des Landes, vornehmlich dem medizinisch so wertvollen Schatz an Heilkräutern, die Medikamentenversorgung fürs ganze Land sicherzustellen, eine Leistung, die auch Haenkes großer Vorgänger J. Dombey im Jahre 1783 anläßlich einer Epidemie in Santiago und La Concepción nicht erreicht hatte, da er nicht impfte, sondern „pflegte".

Haenkes Interesse wendet sich weiter der Analyse von Heilquellen zu, die er in einer für die damalige Zeit vorbildlichen Art auch als Mediziner behandelt, denn er gibt auf Grund seiner Befunde, die die erstmalige fachmännische Quellenanalyse in Südamerika überhaupt sind, auch deren medizinische Auswertung bis in Einzelheiten an. Er weist ausdrücklich auf die günstigste Art der Verwendung der Heilwässer hin, macht klare Unterschiede zwischen Bäder- und Trinkkuren, gibt jedesmal nicht nur die Indikationen, sondern auch Kontraindikationen an und warnt vor Mißbräuchen und Übertreibungen. Das Verhalten der Kranken vor, während und nach dem Bade wird eigens hervorgehoben. Es muß heute überraschen, daß Haenke in seinen Quellenanalysen und in der Verordnung von Bäder- und Trinkkuren ohne irgendeine Kenntnis von ähnlichen Leistungen in Europa Gesichtspunkte entwickelt, die z. B. in dem schon damals berühmten Karlsbad als bahnbrechender Fortschritt gewertet wurden. Dabei läßt Haenke als Arzt niemals die sozialen Probleme außer acht und ist überall bestrebt, Linderung und Heilung von Krankheiten nicht nur den besitzenden Klassen, sondern auch den Minderbemittelten und Armen zukommen zu lassen. In medizinischen Ausführungen Haenkes finden wir immer wieder den Hinweis, daß er „einzig und allein den Dienst an der Allgemeinheit im Auge hatte" und er selbst, „obzwar Sohn eines fernen Landes, immer Befriedigung bei dem Gedanken empfindet, mit Freude die Verpflichtungen seiner Aufgabe erfüllt zu haben, die darin bestand, ... zum öffentlichen Wohl beigetragen zu haben". Von spanischen Historikern, Chemikern und Geographen wird gerade diese Seite im ärztlichen Wirken Haenkes mit größter Hochachtung hervorgehoben und anerkannt.

Haenkes ärztliches Wirken in Südamerika war nicht nur durch seine chemischen Kenntnisse so ausgedehnt, sondern noch viel mehr durch sein botanisches Interesse. In seiner „Historia Natural de Cochabamba" hat er elf Kapitel über solche Pflanzen geschrieben, die in ihrer Heilwirkung von ihm entweder entdeckt oder in ihrer richtigen Verwertung und Bedeutung erst erkannt wurden. Auf Einzelheiten kann hier nicht eingegangen werden, da in einer späteren größeren Studie über Haenkes ärztliches Wirken die in verschiedenen Schriften verstreuten Ausführungen gesammelt, gesichtet und kritisch behandelt werden. Zur ersten Orientierung für diese Wertung verweise ich auf meine bereits veröffentlichten Aufsätze. (Gicklhorn, 22, 25.)

Eine Würdigung Haenkes als Arzt hat auch zu beachten, daß er in Südamerika wenig Anregungen und Möglichkeiten zur Fortbildung hatte; z. B. nur medizinische Artikel von manchmal fraglichem Wert im „Mercurio Peruano" oder der „Gaceta de Madrid". Er war wesentlich auf eigene Beobachtungen und Erfahrungen angewiesen, wozu er allerdings reichlich Gelegenheit bei seinen ausgedehnten Reisen im Landesinnern hatte. Dazu kommt als für Haenke besonders bezeichnend, daß er durch seine Menschenkenntnis und richtige Menschenbehandlung das Vertrauen selbst bei wilden und gefürchteten Indianerstämmen gewann und bei ihnen Einblick in eine für europäische Begriffe höchst beachtenswerte Medizin der Primitiven erhielt. Das zeigen seine zahlreichen, oft nur kurzen, aber sehr aufschlußreichen Bemerkungen über das lokale Auftreten bzw. Fehlen endemischer Krankheiten von Kindern und Erwachsenen, die Methoden der Medizinmänner, die Bevorzugung bestimmter Heilkräuter und Abneigung gegenüber anderen, die von anderen Völkern hochgeschätzt werden. Das Erstaunlichste an Haenkes medizinischen Beobachtungen ist aber nicht nur ihre Vielseitigkeit, sondern die Sicherheit und Klarheit seiner Angaben, zusammen mit einer kritischen Einstellung gegenüber damals herrschenden Ansichten. Es gibt genug Beispiele dafür, daß Haenke als Arzt ebenso wie in seinem Wirken als Chemiker Ansichten vorbringt, die erst Jahrzehnte später als die einzig richtigen erkannt wurden.

Haenkes historische Bedeutung als **Chemiker** ist zuerst nur im Hinblick auf seine Rolle in der Verwertung und Industrie des Chilesalpeters gewürdigt worden. Aus meiner letzten zusammenfassenden Studie (Gicklhorn, 24) hebe ich diesbezüglich nur folgendes hervor:

Er ist der erste, der zwischen natürlichem Kalisalpeter und Natronsalpeter klar und einwandfrei unterschieden hat.

Er ist der erste, der im Rahmen der damaligen Möglichkeiten beide Rohsalpeter analysierte und Begleitstoffe richtig erkannt hat.

Er ist der erste, der den natürlichen Natronsalpeter, und zwar zunächst den oberflächlich liegenden Salpeter, und seit 1809 auch den aus der Tiefe gebrochenen Caliche durch ein von ihm angegebenes Verfahren unter Anpassung an die Arbeitsbedingungen im Lande selber zu Kalisalpeter umgewandelt hat, der für die Schießpulverfabrikation und Medikamentenerzeugung damals dringendst gebraucht wurde.

Er ist der erste, der Salpetersäure in Südamerika selbst aus den Rohstoffen des Landes herstellte und auch die hohe Bedeutung der Gewinnung dieser im Lande selbst erzeugten Säure für die Gold- und Silbergewinnung bzw. -scheidung erkannt hat.

Haenke ist der erste, der den Wert des natürlichen Chilesalpeters als Exportartikel für Chiles Zukunft mit vollendeter Klarheit voraussagte und Anregungen im Sinne einer Nationalwirtschaft zur rationellen Gewinnungsmethode im Großen, einer Erschließung europäischer Märkte, der Notwendigkeit günstiger Transportwege und geeigneter Transportmittel und der Einstellung heimischer Arbeitskräfte, Kapitalien usw. gegeben hat; auf Grund von verläßlichen Berechnungen behandelt er auch die Kosten vom Ausgangsmaterial an bis zur Übernahme in Europa.

Entgegen früheren Behauptungen muß aber auch hier darauf hingewiesen werden, daß Haenke nicht der Entdecker des Chilesalpeters in Form von

Caliche ist und auch nicht als erster seine hervorragende Bedeutung als Düngemittel erkannt hat.

Außer den beiden salpetersauren Salzen hat Haenke die wichtigsten anderen Rohstoffe Südamerikas aus der Gruppe der Erden und Salze eingehend beschrieben und vor allem ihre technische Auswertung zur Gewinnung der wichtigen Mineralsäuren, bei der Glasfabrikation, weiter im Dienste der Metallurgie und des Bergbaues sehr empfohlen. Das sind in erster Linie die Lager von Kochsalz, Alaun, Soda, die verschiedensten Eisen- und Kupferverbindungen, Glaubersalz, Tonerden u. a. Außer den anorganischen Naturstoffen hat Haenke auch organischen Stoffen, z. B. Cochenille, Wolle, Indigo usw., besondere Aufmerksamkeit zugewendet, ganz abgesehen davon, daß er die von ihm als wertvoll erkannten oder von ihm erst entdeckten Arzneipflanzen recht eingehend „auf das wirksame Prinzip hin" untersuchte. Die einzelnen Studien Haenkes können und müssen hier nicht aufgezählt werden, sie sind für ihre Zeit von einer höchst überraschenden Genauigkeit der Beobachtung, wobei auch hier wieder sein Bestreben hervortritt, jeden Naturstoff nach gründlicher wissenschaftlicher Kenntnis in seiner Bedeutung für die Wirtschaft des Landes hervorzukehren. Für die Bewältigung der Schwierigkeiten, unter denen Haenke seine chemischen Analysen ausführte und sich wichtigste Reagentien „eigenhändig" aus den Rohstoffen des Landes selber herstellte, und zwar in einem hohen Reinheitsgrade, liefern die von allen späteren Forschern bestätigten Ergebnisse den sprechenden Beweis. Dazu kommt noch, daß er die für seine Mineral- und Wasseranalysen notwendigen Reagentien auf seinen Reisen ständig mit sich führte und damit seine chemischen Arbeiten vornahm. (Weiteres siehe Gicklhorn, 27.)

Als **Botaniker** hat Haenke bereits so frühzeitig die ihm gebührende Würdigung und Beachtung gefunden, daß deshalb Haenkes Rolle in der Geschichte der Wissenschaft vornehmlich als Botaniker hervorgekehrt wird. Schon vor meiner letzten Zusammenfassung (vgl. Gicklhorn, 26) sind durch Sternberg (69) und Maiwald (52) Haenkes Pionierarbeiten als Botaniker, besonders als Pflanzensammler, Florist und Pflanzengeograph gewertet worden. Doch habe erst ich unter Vorlage von Beweisen zeigen können, daß Haenkes botanische Arbeiten in Südamerika weit über die ihnen ursprünglich zugewiesene Stellung hinausreichen. Die wichtigsten Gesichtspunkte zur Wertung von Haenke als Botaniker habe ich an anderer Stelle vorgelegt, so daß ich hier nur einige entscheidende Punkte zu wiederholen brauche.

Während Haenkes botanische Arbeiten in Europa nur für die Landesdurchforschung Böhmens, später der Alpenländer und Ungarns beachtenswert sind, sehen wir ihn ab 1794 im Dienste der angewandten Botanik und Kolonialwirtschaft. Er beschäftigte sich zunächst in Fortsetzung seiner früheren Bemühungen mit dem Sammeln und Beschreiben neuer Pflanzengattungen und -arten, vornehmlich aus hochandinen Gebieten. Später jedoch legt er das Hauptgewicht auf das Studium der verschiedensten Nutz- und Arzneipflanzen, und sein größtes Interesse gilt solchen Gewächsen, die wirtschaftlich für das Land erst von besonderer Bedeutung werden können. Die Mannigfaltigkeit seiner diesbezüglichen Beobachtungen ist achtunggebietend, und wir müssen Haenke als einen der ersten deutschen Pioniere im Dienste der angewandten Botanik in Südamerika bezeichnen, da der Umfang und die Bedeutung seiner Beobachtungen auch die seines Vorgängers Josèphe Dombey und dessen Begleiter Ruiz und Pavon weit überragen.

Seinen Vorgängern, die mit Ausnahme von Dombey nicht derart gründlich in der wissenschaftlichen Botanik vorgeschult waren, ist Haenke weit überlegen. Wichtig ist die Tatsache, daß Haenke bis an sein Lebensende in Südamerika verblieb und somit den jahreszeitlichen Wandel der Vegetation und ihre pflanzengeographische Gliederung sehr eingehend studieren konnte. Die Bemerkungen, die Haenke über den Aufbau der Vegetation der Anden vorbringt, sein Hinweis auf die klimatische Bedingtheit von üppigen Urwaldformationen über Gebiete mit Zwergformen bis zu den nur von Flechten bewohnten kahlen Felsen der Hochanden kennzeichnen ihn eindeutig als den bedeutendsten Vorläufer von Humboldt als Pflanzengeograph. Das besondere Interesse, das Haenke der Mineralogie, Geologie, dem Bergbau, den Salzlagern und Mineralstätten in Bolivien, Chile und Peru entgegenbrachte, führte ihn auch in solche Regionen, die frühere Forschungsreisende vermieden, weil sie ihnen zu hohe Ansprüche an Zeit, persönlichen Mut und Ausdauer stellten und in keinem Verhältnis zur erwarteten Ausbeute — das waren ja vornehmlich Blütenpflanzen — standen. Haenke beachtete bei seinen botanischen Forschungen ungleich ausgiebiger als andere vor ihm die medizinisch und technisch wertvollen Pflanzen der von ihm bereisten Gebiete, und immer wieder finden wir Beweise in seinen Schriften, daß er zielbewußt nach neuen Pflanzen suchte, die für die Arzneimittelversorgung, Industrie, Gewerbe oder Handelspolitik des spanischen Kolonialreiches — seiner Meinung nach — erst von größerer Bedeutung werden müßten. Sein Memorandum über die Baumwolle, einen neuen Kampferstrauch, neue

Fieberheilmittel, Pflanzen zur Farbstoffgewinnung usw. sind schlagende Beweise dafür, wie oft Haenke der damaligen Regierung Anregungen und Vorschläge zur Verwertung der pflanzlichen Rohstoffe unterbreitete, die für weite Sicht berechnet waren.

Die Frage über die Bedeutung des Getreidebaues besonders für Argentinien wird von Haenke mit einer geradezu visionären Voraussicht für die Bedürfnisse der Zukunft behandelt, desgleichen die Möglichkeit einer gewinnbringenden Anpflanzung von Indigo, Baumwolle, Zuckerrohr. Haenke ist wohl der erste Botaniker, der durch chemische Untersuchungen neue Möglichkeiten zur Auswertung von heimischen Pflanzen in Südamerika anregt, und der angewandte Botanik auch für solche Nutzpflanzen betreibt, die eben auf Grund bestimmter Stoffe, wie Farbstoffe, Alkaloide, Gerbstoffe, Glukoside, neue Rohstoffe für Gewerbe, Industrie und Handel im Inland und auch für den Export liefern können. Die Zahl der Pflanzen, die Haenke beim damaligen Stand der Botanik gesammelt hat, ist sehr beachtlich, liegen doch im Haenke-Herbar in Prag allein 15 000 Blatt mit 4000 Spezies. Bei diesem Forschungsreisenden finden wir auch Anregungen, daß einige in Chile sehr verbreitete Nutzpflanzen, z. B. bestimmte Kartoffelsorten, die Quinoa und die Oca, als gesunde und gute Nahrungsmittel auch für den Anbau in Europa dringendst zu empfehlen wären.

Für den Geographen dürfte Haenkes Arbeit über die Pflanzenverbreitung, den Florenbestand unter fallweiser Berücksichtigung des Standortes, die klimatische und regionale Gruppierung der Gewächse auf größeren Räumen wohl von besonderem Interesse sein. Gerade darin muß man in Haenke nicht nur den bedeutendsten Vorläufer von Alex. v. Humboldt als den Begründer der Pflanzengeographie im weitesten Sinne sehen, sondern auch einen ihm ebenbürtigen Forscher. Wenn man die Schwierigkeiten beachtet, mit denen Haenke auf seinen Forschungsreisen auch als Botaniker zu rechnen hatte, dann ist nicht nur der Umfang der botanischen Leistungen Haenkes imponierend, sondern noch mehr seine Vielseitigkeit, die von rein floristisch-systematischen Studien an einem von ihm selber gesammelten reichen Pflanzenmaterial bis zur ökologischen Pflanzengeographie, ja sogar bis zur Pflanzensoziologie nach gegenwärtigen Begriffen reicht. Wie weitblickend Haenke bei seinen ausgesprochen synthetisch gedachten Ausführungen gewesen ist, geht wohl am besten daraus hervor, daß er eben unter Berücksichtigung von Boden und Klima zusammen mit den wirtschaftlichen Verhältnissen einerseits den Anbau bestimmter Nutzpflanzen dringend anrät, andererseits vor der Kultur anderer Pflanzen eben im Hinblick auf klimatische und wirtschaftliche

Verhältnisse dringendst abrät. Es hat auch in Südamerika keinen Botaniker vor Haenke gegeben, der den Ersatz gewisser Nutz- und Kulturpflanzen, deren Import den Staatshaushalt schwer belastete, durch heimische, gleichwertige Rohstoffe mit solchem Nachdruck gefordert und wohlbegründete Vorschläge gegeben hätte. Typische Beispiele dazu: Haenkes Bemühungen um den Ersatz von eingeführtem Kampfer durch einen einheimischen Strauch oder von Paraguaytee durch Psoralea glandulosa (Culén) oder der indischen Gewürznelke durch eine „Caryophylata", die nach ihm zum Genus Geum gehört.

Dieser knappe Überblick dürfte Haenkes Bedeutung als Botaniker in Südamerika und als Pionier im Sinne der heutigen Betrachtung der Pflanzenwelt wenigstens in großen Zügen erkennen lassen.

Verglichen mit den so aufschlußreichen und neuen botanischen Beobachtungen Haenkes fällt die geringe Zahl der **zoologischen** Hinweise auf, die sich auf das Tierleben der von ihm bereisten Gebiete beziehen. Säuger und Vögel werden meistens mit kurzen Erwähnungen abgetan, ausgenommen Puma und Robben der chilenischen Küste. Eingehender befaßt er sich nur mit dem Fischreichtum der chilenischen Küste und der argentinischen Flüsse, weil er dem Fischfang wirtschaftlich große Bedeutung beimaß. Er nennt für jedes Land an die 20 Arten, deren Bestimmung aber von Pineda stammen dürfte, von dem sich eine Anzahl zoologischer Arbeiten im Naturw. Museum zu Madrid befinden. (Siehe Ema Bona, Bolletino della R. Societá Geografica italiana. Ser. VI. Fol. VIII. Rom 1931. S. 3—29.)

Aus der Fauna des bolivianischen Urwaldes werden nur längst bekannte Formen erwähnt, z. B. Manatis, Ameisenbären, Jaguare, Krokodile, Schlangen und über 40 kg schwere Schildkröten, diese im Zusammenhang mit der Jagdweise der von ihm studierten Indianerstämme.

Als typische Vertreter der Pampasfauna nennt er: Füchse, Conejos, Strauße, Hirsche, Aasfalken, z. B. Carancho in Montevideo, Gürteltiere, Wildschweine, Tapire, Vizcacha, Jaguare, Ameisenbären, Rebhühner, Erdeulen, Papageien usw.

Über die peruanische Tierwelt sagt er nicht viel; am meisten interessieren ihn Vicuña, Lama und Alpaca. Den beiden wolleliefernden Kamelarten Südamerikas hat er aus wirtschaftlichen Gründen ein eigenes Kapitel in der „Historia Natural" gewidmet. Er wendet sich energisch gegen den Raubbau an diesen kostbaren wolleliefernden Tieren, die damals getötet wurden, statt lebend zur Schur getrieben. Nebst einigen für die Biologie dieser Tiere interessanten Bemerkungen empfiehlt er der Regierung, eine

Art Naturpark in einzelnen Andengebieten zwecks Wollschur am lebenden Tier abzugrenzen, was durch natürliches Vorkommen von Kesseln sehr erleichtert wäre.

Die größte Zahl zoologisch interessanter Bemerkungen findet sich in der „Descripción del Chile", so z. B. eine Charakteristik der Gewohnheiten des Puma und eine Schilderung der Jagd der Eingeborenen. Hervorgehoben wird das massenweise Auftreten der Wale an der südchilenischen Küste besonders bei Concepcion und die Stärke der Robbenkolonien auf Juan Fernandez, die Haenke sehr eingehend beschreibt. Er unterscheidet nach Größe und Habitus drei Formen. Bei der ersten Art: „weißlich gefärbt, 4—5 varas lang und fast ebenso breit in der Mitte" dürfte es sich um den inzwischen von dort vertriebenen See-Elefanten handeln. Die zweite Art ist die Pelzrobbe, die inzwischen dort auch ausgerottet worden ist.

Sehr interessant ist eine Notiz, in der er über die laut Don Cosme Buenos Bericht in der Lagune von Avendano (Itata) vorkommenden „Seepferde" berichtet. Jedoch ist die Beschreibung und Schilderung dieser „Amphibien und der Vergleich mit den Vierfüßlern gleichen Namens so unwahrscheinlich, daß es sich entweder um ein Fabelwesen oder eine Phoca-Art handelt, denen sie auch in bezug auf die flossenförmigen Füße gleichen würden"[15]).

Wichtige Tierklassen, wie z. B. Insekten, sind von Haenke kaum erwähnt, abgesehen von Schädlingen, denen er eine eigene kleine Studie widmet.

Gegenüber d'Azara oder Darwin steht Haenke als Zoologe ganz im Hintergrund.

Geologische und mineralogische Beobachtungen nehmen in Haenkes Werken breiten Raum ein. In seiner „Descripción del Perú" hat er sich vorwiegend mit dem Vorkommen von Edelmetallen befaßt. Als Beispiel für Silbervorkommen hat er die Minen von Pasco gewählt. Die Beschreibung der Lagerung der Erze, ihres Aussehens, der technischen Vorgänge des Bergbaues bis zur Amalgamation in den primitiven Öfen ist im Kapitel „Idea General de las Minas del Perú" in einer Weise beschrieben, die hervor-

[15]) Es dürfte sich wohl um Manatis gehandelt haben, die aus dem Meere in die südchilenischen Flüsse gegangen sind. Molina berichtet: „Algunas veces se presentan en los mares de Arauco ciertos animales que llaman ya toros, ya vacas marinas, pero que no he podido apurar, si son Lamentini o Rosmari." (Molina, pag. 256.) Die ersten Spanier, die nach Chile kamen, fanden ihrer eine Menge in Juan Fernandez und verzehrten ihr Fleisch sehr gerne. Sie richteten eine derartige Schlächterei unter den Tieren an, daß diese bald abzogen. —

ragende Fachkenntnis verrät. In der „Descripción del Chile" werden wir durch Beiträge seines Freundes Pineda[16]) über den Quecksilberbergbau von Punitaque unterrichtet. In späteren Arbeiten (1799) hat sich Haenke bereits ausschließlich der Erforschung der Salze und Erden gewidmet (siehe Gicklhorn, 27). Er war zu diesen Arbeiten für seine Zeit sehr gut ausgerüstet und nahm an Ort und Stelle an den Gesteinen chemische Analysen mit selbst hergestellten Reagentien vor, ein Verfahren, das niemand vor ihm und selbst Humboldt nach ihm nicht angewendet hat, der ebenso wie Dombey die gesammelten Gesteinsproben zwecks chemischer Untersuchung nach Europa schickte[17]). Die Beschreibung und Analysen der verschiedenen Gesteine, die Haenke in seiner „Naturgeschichte von Cochabamba" veröffentlicht hat, sind derart klar und eindeutig, daß das betreffende Mineral bzw. die Gruppe, der es angehört, leicht festgestellt werden kann.

Das Interesse Haenkes beschränkte sich nicht nur auf die wirtschaftlich bedeutenden Minerale, vor allem Salze, in Südamerika, sondern äußert sich auch in vielen Beobachtungen über den geologischen Aufbau des Landes. Von Bedeutung für die geologische Vorgeschichte der von Haenke bereisten Länder ist die Erwähnung von Funden von Muschelresten an verschiedenen Stellen in Peru und im La Plata-Gebiet, so z. B. in der Umgebung von Lima, im Bezirk von Huarochiri, in den Bodendepressionen zwischen den Flüssen Solis chico, Mosquitos und Solis grande. (Haenke, 37, S. 179, und Haenke, 41, S. 451 u. 454, Beschr. des Nordufers des La Plata-Stromes.) Anschließend an eine dieser Beobachtungen im Bezirk Huarochiri berichtet er: „Wie einzelne erfahrene Landesbewohner beobachtet haben, zieht sich die Schneegrenze zurück, und seit 50 Jahren ist hier zu merken, daß der Schnee bis zu vielen Stellen, die er früher bedeckte, nicht mehr vordringt." (Haenke, 37, S. 179.)

Bei der Gestaltung der Erdoberfläche hat Haenke nebst Erd-

[16]) Antonio de Pineda, ein spanischer Offizier aus Guatemala und Teilnehmer der Expedition, war Haenkes Freund. Pineda hatte sich als Autodidakt in Zoologie und Mineralogie geschult, und Haenke hat von seiner engen Zusammenarbeit mit ihm manches gelernt. Als Pineda in Manila (1792) an einem Fieber starb, wurde sein Tod von Haenke als schwerer Verlust empfunden. Er hat den Nachlaß seines Freundes mit ehrenden Zitaten wissenschaftlich verwertet.

[17]) Raimondi erwähnt es später als einen großen Vorzug, daß er selbst bei seinen Reisen ein tragbares Laboratorium mitgeführt hat, und betont, daß ein Mineraloge ohne chemische Ausrüstung in Peru nichts ausrichten könne, da die komplizierte Zusammensetzung der Mineralien eine Bestimmung nach Härte, Glanz, Farbe und ähnlichen äußeren Kennzeichen unmöglich macht.

beben und vulkanischen Kräften auch auf die geröllschiebende Wirkung der Flüsse hingewiesen. In den Tälern des Mendoza, Samo bajo (Coquimbo) und an den Ufern des Maypó stellt Haenke die Spuren der Avenidas (d. s. Überschwemmungen) an den ungeheuren Geröllschichten fest, die oft recht hoch auf Hängen abgelagert wurden. Er erwähnt auch, daß Santiago auf einer Steinschicht von bedeutender Mächtigkeit steht, die der Fluß seit Epochen von der Cordillere herabgerollt hat[18]).

Im Gegensatz zu Humboldt, der nur die aus dem Erdinnern kommenden Kräfte als oberflächengestaltend ansieht, ist Haenke der Meinung, daß auch äußere Kräfte Gebirge aufbauen und abtragen können. Während Humboldt die Vorstellung ablehnt, daß durch Erosion ein Tal geschaffen werden kann, hebt Haenke ausdrücklich die nachhaltige Wirkung von Wasser, Frost, Sturm und Regen auf die Physiognomik der Gebirge hervor. (Haenke, 40, S. 356.) — Die zahlreichen Einzelbeobachtungen Haenkes werden derzeit von mir gesammelt und in einer eigenen Arbeit veröffentlicht.

VI. Zusätzliches zum Kapitel V.

Da im zweiten Teil Haenke als Geograph und Wirtschaftspolitiker behandelt wird, soll hier zur Wertung Haenkes abschließend nur noch folgendes hervorgehoben werden:

Nur mit zunehmendem Staunen und wachsender Bewunderung kann man heute Haenkes Schriften mit allen darin niedergelegten Beobachtungen, Erfahrungen, seiner Zeit weit voraus laufenden Anregungen und Bestrebungen verfolgen. Und mit ebenso wachsendem Bedauern muß man bemerken, daß dieser Forscher in seiner überragenden Rolle als deutscher Kulturpionier auf sehr vielen Gebieten bis heute kaum beachtet wird. Eine tragische Schicksalsverkettung hat es gewollt, daß er in allen Auswirkungen seines reichen Lebenswerkes noch immer nicht jene Würdigung gefunden hat, die ihm zweifellos gebührt. In führenden deutschen Handbüchern der Geographie, in Spezialwerken über Südamerika, in den jedermann zugänglich und als Ratgeber dienenden Nachschlagswerken wird oft nicht einmal sein Name genannt, vom Wert seiner Arbeiten gar nicht zu reden. Es ist nur zu hoffen, daß dies sich dann ändert, wenn ausreichend viele kritische und einwandfrei gestützte Facharbeiten über Haenkes Lebenswerk vorliegen.

---

[18]) „Die Stadt hat zur Verhütung von Überschwemmungen schon mehr als 1 Million Pesos aus eigenem auf verschiedene Reparaturen und Eisbrecher aufgewendet, die heute wieder alle durch die letzte Überschwemmung vom Juni 1783 vernichtet worden sind. Trotzdem wollte man wegen Wassermangels das Wasser des Maypó noch in den Mapocho hinüberleiten, doch wurden mangels richtiger Leitung mehr als 100000 Pesos auf mißglückte Kanäle ausgegeben." (Haenke, 37, S. 269.)

Kraft seiner natürlichen Begabung, durch die Opfer seiner Eltern und Hilfe seiner Freunde und Gönner gefördert, hat sich Thaddäus Haenke durch eigenen Fleiß und mit einigem Glück zum verdienten Weltruf und zur Weltgeltung emporgearbeitet. In den wissenschaftlichen Arbeiten, welches Gebiet immer sie betreffen, sind seine persönlichen Leistungen im Rahmen seiner Zeit von historischer, also bleibender Bedeutung. Als Auslandsdeutscher, besonders im Sinne der Erschließung fremder Länder und des Verständnisses für fremde Völker, also als Pionier im Dienste der Kolonialbestrebungen, ist sein persönliches Verhalten und noch mehr seine sachliche Leistung schlechthin vorbildlich. Als Deutscher hat er einem Lande, in dessen Diensten er stand, alles gegeben was er, „obzwar Sohn eines fernen Landes" — wie er selber sagt — an Gedanken- und Kulturgut einem Lande übermitteln konnte. Für den Wert seiner Leistung spricht nichts eindringlicher als die Tatsache, daß seine Forschungen im Dienste der Natur- und Kulturgeschichte Südamerikas auch nach seinem rätselhaften Tode zuerst von Nicht-Deutschen als grundlegend anerkannt und gewürdigt wurden.

Noch heute gelten die Worte im Nachruf für Haenke in der „Flora oder Botanischen Zeitung" vom Jahre 1826:

„... stets die Hoffnung nährend zur Rückkehr in sein Vaterland, fand er dennoch zuletzt nach vielen Schicksalen unbelohnt in einer anderen Hemisphäre sein Grab; um so mehr ist es Pflicht, in seinem Vaterlande und nicht weniger in ganz Europa sein Andenken zu ehren."

VII. Bemerkungen über die Entwicklung der „Haenke-Forschung"

Als Anhang seien in chronologischer Reihenfolge nur die wichtigsten Studien und Fortschritte hervorgehoben:

Die erste geschichtlich bedeutsame Wertung einer Haenke-Arbeit müssen wir in den Worten von Felix d'Azara sehen, der 1801 Südamerika verließ, Haenkes „Historia Natural de la Provincia de Cochabamba etc." als Manuskript in das seines eigenen Werkes aufgenommen hat und über ihn nur Worte der Achtung und Anerkennung findet. Azara kannte Haenke bloß dem Namen nach; es fehlen biographische Angaben sowohl in d'Azaras handschriftlicher „Rechtfertigung" als auch im französischen Text von Walckenaers Übersetzung (1809). (Einzelheiten und Wortlaut siehe Gicklhorn, 26, Kap. V, S. 178—181.)

Ridler gab 1814 die erste zusammenfassende Biographie Haenkes und Übersicht seiner Reisen. Für die Wertung sind nur die wenigen deutsch geschriebenen botanischen Studien beachtet, weiter Angaben in Haenkes Briefen an seine Familienmitglieder, Freunde, Lehrer und Gönner. Ridler konnte auch noch mündliche Auskünfte von Haenkes älterem Bruder Josef benutzen. Diese Biographie, mit stilistischem Schwung und „Liebe" geschrieben, ist unmittelbar oder mittelbar die leicht nachweisbare Grundlage aller uns bekannten deutschen Biographien über Haenke in verschiedenen Lexika, Zeitschriften usw.

Kaspar Graf v. Sternbergs lateinisch geschriebene Vorrede zur Ausgabe des Prachtwerkes „Reliquiae Haenkeanae" in den Jahren 1825 bis 1830 bringt biographisch nichts Neues. Um so größer ist die Bedeutung von Sternbergs Studien (zusammen mit denen seiner Mitarbeiter) für die erstmalige umfassende Würdigung Haenkes als Botaniker. Auf diese Studien haben später Historiker und Geographen zurückgegriffen, in erster Linie Maiwald (52)[18a]). Im Jahre 1827 wurde Sternbergs Vorrede ins Deutsche übersetzt und in Sommers Jahrbuch (68) veröffentlicht. Die Vielseitigkeit Haenkes auch als Botaniker konnte in dieser Schrift mangels Kenntnis von Haenkes grundlegenden Werken über Cochabamba, Peru, Chile, Yuracarée-Montaña u. a. noch nicht erfaßt werden (vgl. dazu Gicklhorn, 26).

Von 1827 ab finden wir Haenkes Leistung vorwiegend nur als erfolgreichen Forschungsreisenden und Geographen in spanischen und englischen Werken wiederholt erwähnt, ohne daß sie aber wesentlich Neues brächten. Solche ehrende Erwähnungen finden wir z. B. von Parish (1835), Paz Soldan (1862) und namentlich Raimondi (1874), der vor allem die Forschungsreisen im Flußgebiet des Amazonenstroms gewertet hat.

Knys Festrede (1885) über Haenke anläßlich der Enthüllung einer Gedenktafel an Haenkes Geburtshaus zu Kreibitz im gleichen Jahre hat nur lokalhistorisches Interesse.

Im Jahre 1896 hat Pedro N. Arata in Buenos Aires das Originalmanuskript der „Historia Natural de la Provincia de Cochabamba etc." gefunden, den Wert des Werkes in der Geschichte der Landesdurchforschung Perus klar erkannt und auf Haenkes Bedeutung hingewiesen. Über Lebensdaten Haenkes in Südamerika weiß dieser Autor nichts zu sagen.

[18a]) Maiwalds Buch ist für Historiker eine Fundgrube und verdient auch heute noch größte Beachtung wegen der Klarheit der Schreibweise, Verläßlichkeit der Angaben und der Fülle des gesammelten Materials.

Den wertvollsten Beitrag zur Haenke-Forschung bedeuten zweifellos die Quellenforschungen von M. V. Ballivián und P. Kramer. Ihnen verdanken wir die Auffindung unbekannter Originalarbeiten Haenkes in verschiedenen Bibliotheken und Archiven Südamerikas, ferner die 1898 erfolgte Herausgabe einer guten spanischen Biographie unter Benutzung von neuen Angaben seitens Raimondi und die Drucklegung der „Descripción del Perú (1901). Durch die Studien von Ballivián und Kramer wird Haenkes geographische Pionierleistung erstmalig ins rechte Licht gerückt.

Ebenbürtig und in vieler Hinsicht noch weiter vordringend ist die Arbeit von P. Groussac im Jahre 1900. Dieser Autor veröffentlichte erstmalig die „Historia Natural de Cochabamba" nach Haenkes Handschrift in spanischer Sprache, ebenso andere kleinere Arbeiten (siehe Haenkes Werke, Kap. IV). Der biographische Teil enthält auch Angaben über Haenkes Leben in Südamerika, die bis dahin in Europa unbekannt waren. Obwohl Groussac seine „rein literarische Bildung" förmlich entschuldigend hervorkehrt, stammen von ihm doch die klarsten Urteile über Haenkes Bedeutung als Reisender, Entdecker, Chemiker usw. Sein Kommentar ist sprachlich vollendet; überdies müssen wir in Groussac den begeistertsten und eifrigsten Kämpfer für Haenkes Anerkennung als Gelehrten im Dienste der Erforschung von Chile, Peru, Bolivien und Argentinien achten.

Im Jahre 1911 erschien in tschechischer Sprache die ausgezeichnete Arbeit von Fr. Khol, der Haenke in und für Böhmen umfassend würdigen will. Seine Studie enthält in übersichtlicher, kurzer Zusammenfassung noch ohne kritische Prüfung alles bereits vorliegende und bekannte Material, einschließlich der Schriften in spanischer Sprache. Bemerkenswert ist der Abdruck der bis dahin bekannten Originalbriefe Haenkes in deutscher Sprache (Originale im Landesmuseum zu Prag). Diese Biographie hätte seitens verschiedener Fachmänner eine größere Beachtung verdient, zumindest eine deutsche Übersetzung. Kühnel hat dieses Werk nachweisbar ausgiebig benutzt.

Mit der Herausgabe der neuesten deutschen Haenke-Biographie von J. Kühnel schließt im Jahre 1939 die Reihe der biographischen Forschungen ab. Es ist dies die umfassendste Lebensbeschreibung unter Berücksichtigung und Benutzung von sämtlichem, von allen Vorgängern gesammeltem Material. In Kühnels Buch sind erstmals einige Briefe gedruckt, die nur in Abschriften von Haenkes Bruder Josef in Kreibitz vorliegen (Khol gab bloß Auszüge daraus); neu (doch schon früher bekannt) ist der Stammbaum, ferner die Inhaltsangabe der spanisch geschriebenen

Werke Haenkes, die von Kühnels Vorgängern nur namentlich oder nach Kapiteln aufgezählt sind. (Referat über Kühnels Buch in „Sudhoffs Mitteilungen für die Geschichte der Medizin usw." 1940, Bd. 39, H. 1/2, S. 5; siehe demgegenüber Referat im „Ibero-amerikanischen Archiv" 1939, Aprilheft.) Kühnels Verdienst besteht vor allem in der Wiederbelebung der „eingeschlafenen" Haenke-Forschung in Böhmen und in der Beschaffung der ihm erreichbaren Originalwerke Haenkes einschließlich einer Kopie von zwei Manuskripten im Britischen Museum zu London. (Siehe Haenkes Werke III und IV.)

Aufgefordert und angeregt durch Kühnel und nach Überlassung von zahlreichem Schriftenmaterial zwecks Übersetzung[19]) wurde die fachwissenschaftliche Bearbeitung von Haenkes Werken eröffnet, die von uns Mitte des Jahres 1937 in Prag begonnen wurde und konsequent fortgesetzt wird. Publikationen von J. und R. Gicklhorn (siehe Schriftenverzeichnis) nehmen auch erstmalig Bezug auf Haenkes Bedeutung als Kolonial- und Wirtschaftspolitiker, Wirtschaftsbotaniker und -chemiker und sind damit als Ausgangspunkt zu einer neuen Wertung Haenkes anzusehen. Eine Studie von J. Gicklhorn (24) klärte endgültig die Rolle Haenkes in der Geschichte des Chilesalpeters und der Chilesalpeterindustrie.

In Verbindung mit uns, bzw. angeregt durch uns, traten ab 1937 Don Agustin Edwards, ehemaliger chilenischer Botschafter in London (derzeit in Santiago) und das „Instituto Cultural Germano-Chileno" in den Kreis der Haenke-Forschung. Dieses Institut übernahm 1939 den Erstdruck der Originalarbeit Haenkes über Chile, und A. Edwards hat sich mit einer größeren Studie erfolgreich bemüht, Haenkes Verdienste für Chile in verschiedenen Gebieten der Landeskunde und der Soziologie hervorzuheben. Unabhängig von uns setzt nun eine anders gerichtete fachwissenschaftliche Bearbeitung von Haenkes Werk zunächst durch Mitglieder der Universität Santiago ein.

---

[19]) Dafür danken wir auch hier Herrn Fachlehrer Kühnel, dessen Aufforderung wir im Rahmen des Möglichen seit Jahren entsprochen haben. Er selbst kennzeichnet seine Bestrebungen mit folgenden Worten: „Ich selbst bin nicht durch einen wissenschaftlichen Beruf zu dieser Schrift über Haenke geführt worden. Das Gemeinsame des Geburtsortes mit dem Gelehrten gab die unmittelbare Veranlassung zu eingehender Beschäftigung mit ihm und seinem Werke... Ein Daniel Kühnel hob vor 170 Jahren das Knäblein Haenke aus der Taufe, und es wäre für mich eine große Freude, wenn es mir — dem Namensvetter jenes Priesters — gelänge, den Gelehrten und Forscher Haenke aus dem Strome des Vergessens zurückzuführen in das Gedächtnis einer dankbaren Nachwelt."

II. Teil.

Haenke als Forschungsreisender, Geograph, Wirtschafts- und Kolonialpolitiker

von

Renée Gicklhorn, Prag.

Zunächst möchte ich Herrn Professor Dr. H. Spreitzer (Vorstand des Geographischen Institutes der Deutschen Karls-Universität in Prag) meinen besonderen Dank auch hier für die mannigfache Beratung bei der Niederschrift des Manuskriptes und seine wertvollen Anregungen aussprechen. Ebenso danke ich den Herren Professoren Dr. A. Sedlmeyer und A. Liebus für gelegentliche fachliche Ratschläge. Das Ibero-Amerikanische Institut in Berlin hat mich mit wertvoller Literatur versorgt, was ich ebenfalls ausdrücklich dankend hervorheben muß. Besonders wertvoll war mir die Förderung durch Exzellenz Agustin Edwards, gewesener chilenischer Botschafter in London (derzeit in Santiago), der mir Abschriften seiner eigenen Manuskripte über Haenke bereits vor der Drucklegung überließ.

I. Wissenschaftliche Erforschung Südamerikas vor Thaddäus Haenke.

Obzwar in geographischen Handbüchern oft die Meinung vertreten wird, daß von einer wissenschaftlichen Erforschung Südamerikas vor Humboldt nicht die Rede sein kann, sollen hier doch die Namen jener Männer genannt werden, die sich vor Haenke um die Landeskunde unter besonderer Berücksichtigung der Naturwissenschaften verdient gemacht haben[20]).

Die ersten beschreibenden Berichte über die hier in Betracht kommenden Länder, d. s. Argentinien, Chile, Peru und das heutige Bolivien, verdanken wir vorwiegend Missionären, gelegentlich trat auch ein Soldat als Chronist der Eroberungszüge auf, so der zu einiger Berühmtheit gelangte Deutsche Ulrich Schmiedel, Teilnehmer der Paranáexpedition des Pedro de Mendoza. Er wird als der erste Geograph des La Plata angesprochen[21]).

Die ersten Kenntnisse über das Flußsystem des oberen Amazonas, das ein bevorzugtes Forschungsgebiet Haenkes war, wurden von Missionären vermittelt, die jene Flüsse im Zuge ihrer Bekehrungstätigkeit bereisten. Ihre Aufzeichnungen waren äußerst wertvoll, aber die auf Grund ihrer Memoranden entworfenen Karten sind nicht auf exakte Messungen basiert

[20]) Vgl. dazu auch Klute (Hdb. Lfg. 3. H. 1), wo allerdings Haenke überhaupt nicht genannt ist, und man überdies die unbedingt anzuführenden Namen Dombey, Feuillée, Frézier u. a. vermißt. Überdies muß betont werden, daß unter den verschiedenen Vorgängern Haenkes in der wissenschaftlichen Erforschung Südamerikas keiner — vielleicht mit Ausnahme Felix d'Azaras — mit ihm vergleichbar ist.

[21]) Ulrich Schmiedel, Abenteuer in Südamerika, 1535—1554). Bearb. v. C. Cramer. (Alte Reisen und Abenteuer. F. A. Brockhaus. Leipzig. Nr. 2.) Weiteres siehe Kühn, S. 3.

und enthalten viele Fehler. Da ihre Vorschulung auf naturwissenschaftlichem Gebiet sehr mangelhaft war oder ganz fehlte, können ihre Beobachtungen mit denen Haenkes oder Humboldts nicht verglichen werden. Aus der Reihe dieser Männer seien nur jene berücksichtigt, die als Vorläufer Haenkes längs der Flußläufe des Marañon, Ucayali und Huallaga vorgedrungen sind und über diese Reisen Aufzeichnungen oder Karten von wissenschaftlichem oder wenigstens historischem Wert hinterlassen haben.

Für den Stand des Wissens um die Quellflüsse des Marañon vor Haenke ist zunächst die Reise von Padre Acuña am Coca und Napo[22]) von Bedeutung (1639/40). Über diese Fahrt verfaßte er ein Memorandum, das Angaben über die geographische Lage bestimmter Punkte, Tiefe und Inseln des Flusses usw. enthielt[23]). Nach diesem Memorandum zeichnete Nicolas Sanson die erste Karte des Flußlaufes, die nur auf beschreibende Beobachtungen Acuñas und seines Begleiters Artieda gestützt war. Trotz vieler Irrtümer wurde die Karte von vielen Geographen übernommen. 1684 veröffentlichte Padre Rodriguez eine Arbeit „El Marañon y el Amazonas", nach La Condamine eine Zusammenfassung alles dessen, was über den Fluß geschrieben wurde. Sie diente nur dazu, die Wissenschaft über den Ursprung des Marañon irrezuführen, denn hier wird der Apurimac als Quellfluß des Amazonas bezeichnet. 1684—1686 reiste Padre Biedma am Ucayali und nahm fast die gleiche Route wie Haenke im Jahre 1790. Im Jahre 1687 erscheint Padre Vital am Tambo, Ucayali, Marañon und Huallaga. 1691/92 reiste der deutsche Jesuit Samuel Fritz von Pará den Amazonas aufwärts über den Huallaga nach Laguna. Als erster Europäer verfolgte er 1693 den Marañon von seinem Ursprung bis Jaen de Bracamoros. Nach seinen Aufzeichnungen und denen seiner Vorgänger entwarf Fritz die Karten des Marañon oder Amazonas[24]). Von Haenke wurde Fritz in seinem Memorandum ehrend erwähnt. (Haenke, 39, S. 319.)

[22]) Der erste, der den Napo befahren hat, war Francisco Orellana. Bericht von Padre Carvajal (siehe R a i m o n d i , El Peru II, S. 127, und W. P r e s c o t t , History of the Conquest of Peru. London 1847.)

[23]) „Nuevo descubrimiento del gran rio Amazonas", Madrid 1641.

[24]) Die Karte wurde 1707 in Quito gedruckt. Für Fritz waren die Namen Marañon und Amazonas Synonyma. Der Marañon ist der eine, der Ucayali der andere Quellarm des Amazonas. La Condamine, der die Karte des deutschen Missionärs als Unterlage für seine verwendet hat, beurteilt sie sehr günstig. Er weist jedoch darauf hin, daß Fritz nicht die nötigen Beobachtungen machen konnte, um seine Karte so exakt als möglich zu gestalten. „Ohne Pendel, ohne Fernrohr konnte er keine Längen bestimmen, zur Messung der Breiten hatte er nur einen kleinen Bogenmesser aus Holz von 3 Zoll Durchmesser."

Wichtig sind ferner die Reisen des Padre Girbal de Barceló am Marañon und Ucayali (1790—1794) und die des Padre Manuel de Sobreviela am Huallaga (1791). Die Ergebnisse beider Reisen waren Haenke bekannt. (Haenke, 37, S. 208, 211.) Die Karte Sobrevielas erschien 1791 im „Mercurio Peruano"[25]), der ersten wissenschaftlichen periodischen Zeitschrift von Peru, die erstmalig auch Medizin und Naturwissenschaften berücksichtigte. Haenke erwähnt (37, S. 208), daß ihm die verschiedenen Angaben im „Mercurio" über Flüsse und Gebirge als Grundlagen gedient haben. Sie stammten hauptsächlich von Missionären. In den Notizen des „Mercurio" über die Flußläufe Ostperus, besonders z. B. den Ucayali mit seinen Nebenflüssen, herrschte aber nach Raimondi ein wirres Durcheinander. Die Karte La Condamines über den Lauf des Amazonas (1745) hat Haenke zur Orientierung benutzt. Auch in der berühmten „Mapa geográfico de la América Meridional" von Don Juan de la Cruz Cano y Olmedilla (herausgegeben in Spanien 1775) waren die ihrem Ursprung nach unbekannten Flüsse Ostperus nach dem damaligen Wissensstand mit Angaben verschiedener Historiker und Geographen verzeichnet, aber der Hauptteil dieser Angaben war falsch.

Auch in Chile werden Ordensgeistliche als erste Erforscher genannt, wenn man Seefahrer wie Byron, Cook, Malaspina nicht rechnet, die vorwiegend hydrogeographische Arbeiten durchgeführt haben. Unter ihnen ragt der Abbé Ignaz Molina durch seine naturwissenschaftlichen Kenntnisse hervor[26]). Er kann in Fragen der Landesdurchforschung als unmittelbarer Vorgänger Haenkes gelten. Unter den Vorläufern wissenschaftlicher Landesdurchforschung in den Küstengebieten von Peru und Chile muß man auch die Franzosen Pater Louis Feuillée[27]) und den Ingenieur M. Frézier[28]) nennen.

Von 1735—1742 arbeitete die französische Erdvermessungskommission Bouguer-La Condamine-Godin im damaligen Peru; ihr waren die zwei spanischen Offiziere Antonio de Ulloa und Jorge Juan beigegeben, die später unabhängig von der Kommission das Land einschließlich der chilenischen Küste bereisten. Ihre Arbeit „Relación histórica del Viaje á

---

[25]) Plan del curso de los Rios Huallaga y Ucayali y de la Pampa del Sacramento.

[26]) Compendio de la Historia Geográfica, Natural y Civil del Reyno de Chile. Madrid 1788. In mehrere Sprachen übersetzt.

[27]) Journal des observations physiques, mathématiques et botaniques faites par l'ordre du Roy sur les Côtes orientales de l'Amérique Méridionale depuis l'année 1707 jusqu'en 1713.

[28]) Relation du voyage de la Mer du Sud aux Côtes du Chili et du Pérou, fait pendant les années 1712, 1713 et 1714.

la América Meridional" (1748) sowie die „Memorias Secretas" wurden von Haenke benutzt, wenn eigene oder neuere Informationen fehlten oder militärische Fragen aufgeworfen wurden. Als Haenkes unmittelbarer Vorgänger in Peru muß der Franzose Josèphe Dombey ausdrücklich erwähnt werden, wenn auch widrige Verhältnisse die Veröffentlichung seiner reichen Erfahrungen in der Landesdurchforschung von Peru und Chile (1778—1784) verhindert haben. In seiner Begleitung kamen auch die Botaniker Ruiz und Pavon nach Peru, denen Haenke und Née viel Material zur Herausgabe ihrer „Flora Peruviana et Chilensis" (1794—1802) geliefert haben.

Unter den Reisenden, die einen wesentlichen Beitrag zur ersten Erforschung der La Plata-Gebiete geleistet haben, werden in erster Linie der deutsche Jesuit Dobrizhoffer (Historia de Abiponibus, landeskundliche Studien über die Jesuitenmissionen am oberen Paraná und Paraguay) und Felix d'Azara genannt[28a]. Azara hielt sich von 1781—1801 in Paraguay und in den La Plata-Staaten auf. Wie er selbst hervorhob, war sein Forschungsgebiet verschieden von dem Haenkes. Bevor Azara Amerika verließ, erfuhr er von Haenkes naturwissenschaftlicher Beschreibung der Provinz Cochabamba und nahm das Manuskript als Ergänzung in seine eigene Arbeit auf. (Siehe dazu Gicklhorn, 26, S. 178.)

Es sei hier kurz noch auf jene Schriften hingewiesen, deren geographische Angaben über Peru Haenke dort, wo ihm eigene Informationen fehlten, als Behelf dienen mußten. Es sind besonders die schon genannten Schriften von Ulloa und Juan, zahlreiche Artikel im „Mercurio Peruano" (1791—1794) und die Beschreibung der Königreiche Peru, Chile und Rio de la Plata von Don Cosme Bueno, die nach Informationen von Corregidoren und Provinzgouverneuren herausgegeben worden war (1778). Ferner nennt Haenke als Quelle den „Diccionario Geográfico-Histórico de las Indias occidentales" von Oberst Antonio Alcedo, eine Zusammenfassung alles damals bekannten Wissens über Amerika (1786—1789), und besonders die „Guías políticas, ecclesiasticas y militares des Perú" von Dr. Hipólito Unánue (1791—1794), die ihm in bezug auf topographische, klimatische, wirtschaftliche und Verwaltungsfragen wertvolle Aufschlüsse gaben[29]).

[28a]) Durch Prof. Dr. C. Fiebrig, Berlin (Ibero-Amerikanisches Institut) werden wir auch auf Fl. Baucke aufmerksam gemacht, der neben Dobrizhoffer unbedingt zu nennen ist.

[29]) Dem Arzt Dr. Unánue, geb. 1755 in Arica, hat Peru einen großen Fortschritt auf dem Gebiete der Naturwissenschaften und des medizinischen Unterrichts zu verdanken. Außer dem erwähnten Werk schrieb er zahlreiche naturwissenschaftliche Artikel im „Mercurio Peruano".

II. Haenkes Anteil an der Expedition Alexander v. Malaspinas.

Die im Jahre 1789 von Karl IV. ausgerüstete wissenschaftliche Expedition, bestehend aus den zwei Schiffen „Atrevida" und „Descubierta" unter Befehl des Kapitäns Malaspina[30]), hatte die Aufgabe, die Küste des Stillen Ozeans vom Kap Hoorn bis zu den russischen Handelsniederlassungen der Nordwestküste zu erforschen[31]). Hervorragende Teilnehmer dieser Expedition waren: Pineda, Née, Mothes, Bustamante y Guerra (als Kommandant der „Atrevida"), Espinosa, Bauzá u. a. Haenke gehörte ihr als „físico-botánico" an. Als die Schiffe am 30. Juli 1789 von Cadix nach Montevideo absegelten — wie bereits in der Biographie erwähnt —, war Haenke nicht zur Stelle, sondern traf verspätet auf einem Handelsschiff in Montevideo ein, das Malaspina bereits am 15. November in der Richtung nach dem Feuerland verlassen hatte. So begann Haenkes Reise in Südamerika mit einem drei Monate währenden Aufenthalt in Montevideo und Buenos Aires. Nach mineralogischen und botanischen Forschungen in der Umgebung beider Städte entschloß er sich erst am 24. Februar 1790, mit Postkutsche quer durch die Pampas nach Mendoza zu reisen, das er am 17. März erreichte. Nach vier Tagen Aufenthalt überschritt er die Cordillere mit Maultieren, am 2. April traf er in Santiago ein, vereinigte sich mit Malaspinas Expeditionsstab, der am 8. April an Bord der Schiffe ging, die nun die Häfen von Coquimbo, Copiapó und Arica besuchten und am 21. Mai in Callao einliefen. Bis September studierte Haenke die Stadt Lima und ihre Umgebung und führte im Auftrage des Vizekönigs von Peru eine Reise zum Ucayali und Huallaga (bis Chinchao) aus. Am 20. September verließen die Schiffe Callao und liefen zunächst Guayaquil an. Von hier begab sich Haenke nach Quito und durchforschte anschließend die Region des Chimborazo und Pichincha. Die weitere Route umfaßte Panama, Guatemala, Acapulco, die kalifornische Küste, Estrecho de Fuca, Kap Desengaño bis zum Nootka-Sund. Im August 1791 kamen beide Korvetten

[30]) Biographische Einzelheiten über den in Italien gebürtigen Seemann siehe in spanischen und italienischen Enzyklopedien. — Das Mißgeschick des Führers brachte auch sämtliche Mitarbeiter um die verdienten Erfolge und Anerkennung. Malaspina saß von 1795 bis 1803 in der Festung La Coruña und wurde erst durch Napoleon I. befreit. In den ersten Publikationen des Kartenmaterials wurde Malaspinas Name geflissentlich verschwiegen, und die später erfolgten Publikationen der Expedition sind nur ein Torso geblieben. Auch Haenkes Beiträge wurden ein Opfer dieser unglücklichen Verkettung von Umständen, die ein Bekanntwerden seiner Leistungen erst um die Wende unseres Jahrhunderts ermöglichten.

[31]) vgl. auch Humboldt (43), III. Buch, Kap. VIII, Seite 261.

nach Acapulco zurück, von wo aus Haenke einen Ritt nach Mexico unternahm.

Die weitere Reise der Korvetten nach den Philippinen (Manila wurde am 27. März 1792 erreicht), Mindanao, Neu-Holland (Australien), Neu-Kaledonien und die Gesellschaftsinseln kann übergangen werden, da — wenigstens bis jetzt — authentische Berichte von Forschungsergebnissen Haenkes nicht vorliegen.

Am 23. Juli 1793 trafen die Schiffe Malaspinas wieder in Callao ein. Hier nahm Haenkes Schicksal die entscheidende Wendung. Er beschloß, die Rückkehr in sein Vaterland aufzuschieben und zur Erfüllung weiterer Aufgaben in Südamerika zu bleiben. Seine Entlassung ist im Bericht Malaspinas (Viaje político científico alrededor del mundo etc., 56, pag. 288) dokumentarisch belegt: „Das Schicksal der Naturforscher war ein weiterer Punkt, der uns ernstlich beschäftigte. Beide[32]) gleich unermüdlich, intelligent und leistungsfähig, hätten zwecklos unter den Mühen der uns bevorstehenden Fahrt gelitten und eine ganze Jahreszeit verloren, während die Randgebiete Südamerikas für die Naturwissenschaften und besonders für die Botanik noch unbekannt sind. So wurde mit Zustimmung des Vizekönigs beschlossen, daß Don Tadeo Haenke über Huancavelica, el Cuzco und Potosí nach Buenos Aires reisen, und sich nicht nur mit Botanik, sondern auch mit Gesteinskunde beschäftigen sollte ... Wegen der großen Ausdehnung des Forschungsgebietes und den wichtigen Entdeckungen, die er machen könnte, erhielt er die Erlaubnis, seine Ankunft in Buenos Aires bis Oktober oder November des kommenden Jahres 1794 aufzuschieben.“

Daraus ist ersichtlich, daß eine Rückkehr Haenkes nach Europa bis spätestens 1794 vorgesehen war, er blieb jedoch weiterhin in Südamerika, um die einzigartige Gelegenheit, ein so interessantes Land gründlich kennenzulernen, bis zum Äußersten auszunutzen.

Das Schicksal der Forschungen der Malaspina-Expedition ist aus zahlreichen Hinweisen in der Literatur bekannt[33]). Auch Humboldt (siehe III. Buch, Kap. 43, pag. 483) hat das unglückliche Ende von so viel Mühe und ausgezeichneter Arbeit beklagt. Ich gebe hier in der Übersetzung ein wenig bekanntes Zitat aus der im Jahre 1885 sehr verspätet herausgegebenen Zusammenfassung der Ergebnisse dieser Reise wieder. (Vorrede von Martin Fernandez de Navarrete.)

---

[32]) d. i. Haenke und Née.

[33]) Näheres über die Malaspina-Expedition auch in Werken von Espinosa y Tello (16).

„Die Veröffentlichung der Reiseergebnisse, geordnet von den Offizieren der Expedition und den Gelehrten, die sie begleiteten, wäre von allgemeinem Nutzen für die Welt und ein Ruhmesblatt für die spanische Nation gewesen. Infolge eines unfaßbaren Denkfehlers wurden die Folgen des Unglücks und der Einkerkerung Malaspinas auf ein Unternehmen übertragen, das nichts mit dessem angeblichen Verbrechen zu tun hatte. Aus Haß gegen den Führer der Expedition wurden alle Spezialarbeiten der unter seinem Befehl stehenden Wissenschaftler unterdrückt. Es kostete große Mühe, die Journale, Schiffstagebücher und Reisebeschreibungen den Händen der Schreiber und Beamten zu entreißen, die mit dem Prozeß zu tun hatten. Der Unterzeichnete hat die Befriedigung, daß es ihm gelungen ist, so viele Papiere, als möglich war, zu sammeln und sie der Dirección de Hidrografía, die damals gegründet wurde, zu übergeben. Ihre Arbeit mußte mit den Karten und den übrigen Seebeobachtungen der Expedition beginnen... Nicht veröffentlicht sind alle Schiffstagebücher und Reiseberichte, voll von ausgezeichneten astronomischen und mineralogischen Beobachtungen, naturwissenschaftlichen und politischen Beschreibungen und neuen Angaben über die Naturgeschichte der durchreisten Länder."

Wie aus diesem Zitat und aus dem Titel „Viaje político científico" hervorgeht, war von den Veranstaltern der Expedition, an derem Zustandekommen der Marineminister Marquis von Valdéz großen Anteil hatte, nicht nur die empirisch naturwissenschaftliche, sondern auch die politische Erkenntnis des riesigen Kolonialreiches, seine Bedeutung für das Mutterland und eine Kritik des veralteten Verwaltungssystems geplant. Die einzelnen Teilnehmer der Expedition, die ihre Spezialarbeiten an Malaspina als Grundlage für sein großes Werk abgeben sollten, wurden ihrer Aufgabe vollkommen gerecht. Malaspina legt selbst (pag. 46 des obengenannten Werkes) den Plan seiner großzügigen Arbeit folgendermaßen fest: „Militärische, politische und wirtschaftliche Ziele, sowie die zur Erhaltung des einzelnen Individuums, sind die nächstliegenden Ziele der Veröffentlichung der Reise. In regelmäßigen Abständen, die der Vielfältigkeit und Wichtigkeit des Materials angepaßt sind, werden die verschiedenen wissenschaftlichen Arbeiten erscheinen, die unmittelbar mit der Naturgeschichte zusammenhängen..." Die spanischen Herausgeber des Werkes konnten nicht alle Arbeiten der einzelnen Teilnehmer mit Beobachtungen zoologischer, mineralogischer, botanischer Art, weiter Tagebücher, Vermessungen, Ortsbestimmungen usw. berücksichtigen, sondern trachteten, ein Bild über das Gesamtergebnis der Reise zu schaffen.

Daher muß auf die Manuskripte, die die Grundlagen dazu darstellen, zurückgegriffen werden, um die Rolle der einzelnen und in unserem besonderen Falle der von Haenke genau zu bestimmen. Daß sein Anteil bedeutend war und seine Spezialberichte wichtige Gebiete behandeln sollten, wissen wir aus folgenden Stellen des Malaspina-Berichtes: „... Sobald Don Tadeo Haenke zurückgekehrt sein wird, der noch ein Jahr länger zum großen Vorteil verschiedener Zweige der Naturwissenschaft Südamerika durchreist, werden auch die Beschreibungen seiner zoologischen und botanischen Sammlungen veröffentlicht werden, die er, so wie der andere Botaniker Don Luis Née, zusammengestellt hat. ... Haenke selbst wird auch mit dem ihm eigenen eleganten Stil[34]) die wichtigen Gegenden der Vizekönigreiche Peru und Buenos Aires beschreiben, in die er vorgedrungen ist, nämlich Huamanga und Huancavelica, el Cuzco, Arequipa, La Paz, Potosí, Las Yungas, Chucuito und das fruchtbare Gebiet der Mojos." (pag. 46.)

Im Kapitel 10 des ersten Buches hat Malaspina eine Beschreibung von Chile vorgesehen und schreibt dazu:

„... das Material für diese Kapitel ist in vollendeter Klarheit vollständig in den Manuskripten von Don Antonio Pineda und in den Handschriften und Tagebüchern der Herren Haenke und Née vorhanden, die in Erfüllung wissenschaftlicher Aufgaben Südamerika durchquert haben. Diese beiden haben zu meinem Plan auch immer denjenigen Teil ihrer Tagebücher beigetragen, der in Beziehung zur Naturbeobachtung steht, und zwar in jener Art, wie wir es uns zum Ziel gesetzt haben, ohne auf Einzelheiten dieser oder jener Fachwissenschaft einzugehen."

In dem von Novo y Colson redigierten Buche stand dem Herausgeber nur ein Teil der Manuskripte zur Verfügung. Als das Verbot an alle Teilnehmer der Reise erging, separat etwas zu veröffentlichen, verschwanden manche fluchtartig mit ihren Manuskripten — auch solchen ihrer Kameraden — aus Spanien. Die Manuskripte kamen dann später in französischen und englischen Bibliotheken zum Vorschein. Unter allen Mitarbeitern ist jedoch keiner über rein skizzenhafte Aufzeichnung seiner Beobachtungen.

[34]) Diese Bemerkung über den guten Stil Haenkes ist deshalb von Bedeutung, weil das fast einwandfreie Spanisch seiner Manuskripte ein Hauptargument der chilenischen Gelehrten war, um die Originalität der Schrift 17 592 im Britischen Museum anzuzweifeln. Der Einwand wurde allerdings nach zusätzlichen Studien über die Herkunft des Manuskriptes wieder fallen gelassen. Dr. Arata, der sich 1896 für das Manuskript von Haenke über die Rohstoffe von Cochabamba interessierte, hat ohne weiteres die Möglichkeit offen gelassen, daß ein Mann von der Begabung Haenkes im Laufe von acht oder zehn Jahren die spanische Sprache vollkommen erlernen konnte.

Sammlung von geographischen und astronomischen Notizen, Listen, Berechnungen, Kartenentwürfen usw. hinausgekommen.

Haenke jedoch, der im fernen Cochabamba lebte und in jenen Jahren viel reiste, dürfte von den Ereignissen in Spanien zunächst nichts erfahren haben. So schloß er 1796/97 pflichtgemäß seinen Bericht auf Grund eigener Beobachtungen und denen seiner Gefährten ab. Er verfügte über einen Großteil der Berichte Pinedas, Nées, Espinosas usw. und hat sie bruchstückweise in seine Manuskripte aufgenommen, bald mit, bald ohne Nennung des Namens. (Anläßlich der Veröffentlichung der noch nicht gedruckten deutschen Übersetzung von Schriften Haenkes werde ich auf den Ursprung dieser seinem Reisebericht beigegebenen Beiträge näher eingehen, über die ich von Edwards wertvolles und bisher unbekanntes Material erhielt.) Diese Tatsache ist auch die Erklärung für die skizzenhafte Struktur, besonders der Beschreibung der Reise von Santiago nach Buenos Aires. Darauf hat schon Edwards aufmerksam gemacht. Trotz der Geschlossenheit in der Behandlung einzelner Fragen, besonders politischer und wirtschaftlicher, erkennt man deutlich, daß sein Bericht dazu bestimmt war, dem großen Plan Malaspinas eingefügt zu werden.

Jedenfalls kann ich schon heute darauf hinweisen, daß wir Haenke den einzigen zusammenhängenden Bericht von literarischem Wert unter allen Mitarbeitern der Expedition verdanken. Aus der Vorrede von Fernandez de Navarrete geht auch hervor, daß die Publikation des Jahres 1885 wohl einen Überblick über die Gesamtergebnisse der Weltreise der Korvetten „Descubierta" und „Atrevida" gibt, daß aber die einzelnen Beiträge nicht vollzählig veröffentlicht werden konnten. Solange die Originalmanuskripte, die zu dieser Arbeit die Grundlagen geliefert haben, nicht nachgeprüft und untereinander verglichen worden sind, kann Haenkes Rolle im Rahmen der Expedition Malaspinas nicht abschließend beurteilt werden. Bisherige Versuche, zu denen ein Ansatz in den Biographien Haenkes durch Kühnel und Khol zu finden ist, waren von vornherein aussichtslos.

III. Übersicht der selbständigen Reisen Haenkes.

Mit der Entlassung Haenkes aus dem Stande der Besatzung der „Descubierta" beginnt der zweite Abschnitt seiner Reisen, bei denen er, nun vollkommen auf sich selbst gestellt, erst seine großen Fähigkeiten und Entwicklungsmöglichkeiten zeigen konnte. Seine Tätigkeit, die unter Malaspinas Kommando wesentlich auf fachwissenschaftliche Arbeitsgebiete, die Botanik, Zoologie, Mineralogie und Handhabung geodätischer und astronomischer Instrumente beschränkt war, erfährt nun eine bedeutende Erweiterung; die systematische Botanik tritt gegenüber der Wirtschaftsbotanik, Metallurgie, angewandten Chemie, Statistik und Wirtschaftspolitik immer mehr in den Hintergrund. Da Haenke leider kein Tagebuch hinterlassen hat, können wir nur nach Anhaltspunkten aus seinen Briefen der Sammlungen im Böhmischen Landesmuseum, dazu Abschriften in Kreibitz (veröffentlicht bei Khol und später bei Kühnel) und aus Dokumenten in südamerikanischen Archiven ein Bild gewinnen, in welchen Zeiträumen seine Reisen nach 1793 durchgeführt wurden[35]).

Nach Ausscheiden aus der Expedition Malaspinas hielt sich Haenke zunächst in Chile auf und überschritt im Frühjahr 1794 die Cordillere nach Mendoza[36]). Von hier dürfte er sich nach Tucumán, Salta und Jujuy gewendet haben. Im Juni 1794 begab er sich von Potosí nach La Paz und trat im Juli desselben Jahres seine Forschungsreise zum Rio Beni an, von der er Ende 1794 nach Santa Cruz de la Sierra zurückkehrte (Näheres vgl. Haenkes Memorandum über die schiffbaren Nebenflüsse des Marañon

[35]) Auf die Frage der politischen Zustände im spanischen Kolonialreich zur Zeit Haenkes kann nicht näher eingegangen werden, obwohl er gerade darauf immer wieder Bezug nimmt, den Wechsel verschiedener Vizekönige, Gouverneure und Intendanten und anderer hoher Regierungsbeamten miterlebte und davon in Mitleidenschaft gezogen wurde. Beachtenswert ist jedenfalls, daß Haenke wenigstens bei einzelnen sehr wirksame Förderer und Gönner gefunden hat, die seinen Rat in Anspruch nahmen, beachteten und im Rahmen des Möglichen sogar bestrebt waren, in vielen Fragen seine Ratschläge in Wirklichkeit umzusetzen.

So hat wahrscheinlich der Vizekönig de Arredondo (1789—1795) in Buenos Aires zugunsten Haenkes nach seinem Schiffbruch im La Plata interveniert. In Chile war seit 1789 Ambrosio O'Higgins Generalkapitän, der später Vizekönig von Peru wurde und von Haenke vielfach lobend erwähnt wird. Auch der Vorgänger in der Vizekönigschaft von Peru — Gil de Taboada y Lemus — war ein Förderer der Wissenschaften und landeskundlichen Erforschung.

Bedeutsam war vor Haenkes Ankunft die Schaffung des eigenen Vizekönigreichs Rio de la Plata (1776), dem auch Cochabamba, Haenkes Wohnsitz, unterstand, sowie die Gestaltung des Freihandels (1778) in den Kolonien. Später berührten Haenke vor allem die verschiedenen Indianerkriege, die Grenzstreitigkeiten zwischen Spanien und Portugal, der Krieg mit England, die Blockade Südamerikas (1806—1807) und die beginnenden Freiheitskämpfe.

[36]) Andere Autoren, besonders M. V. Ballivián, sind der Meinung, daß Haenke in Concepción de Chile gelandet ist, Chile der ganzen Länge nach bis zur Atacamawüste durchreiste und dann, das Grenzgebirge gegen Peru überschreitend, über Jujuy nach Potosí und La Paz zog. Dem widersprechen: 1. Die Beschreibung der Reise von Santiago nach Mendoza und 2. die Abschrift eines Briefes vom April 1794 aus San Miguel de Tucumán.

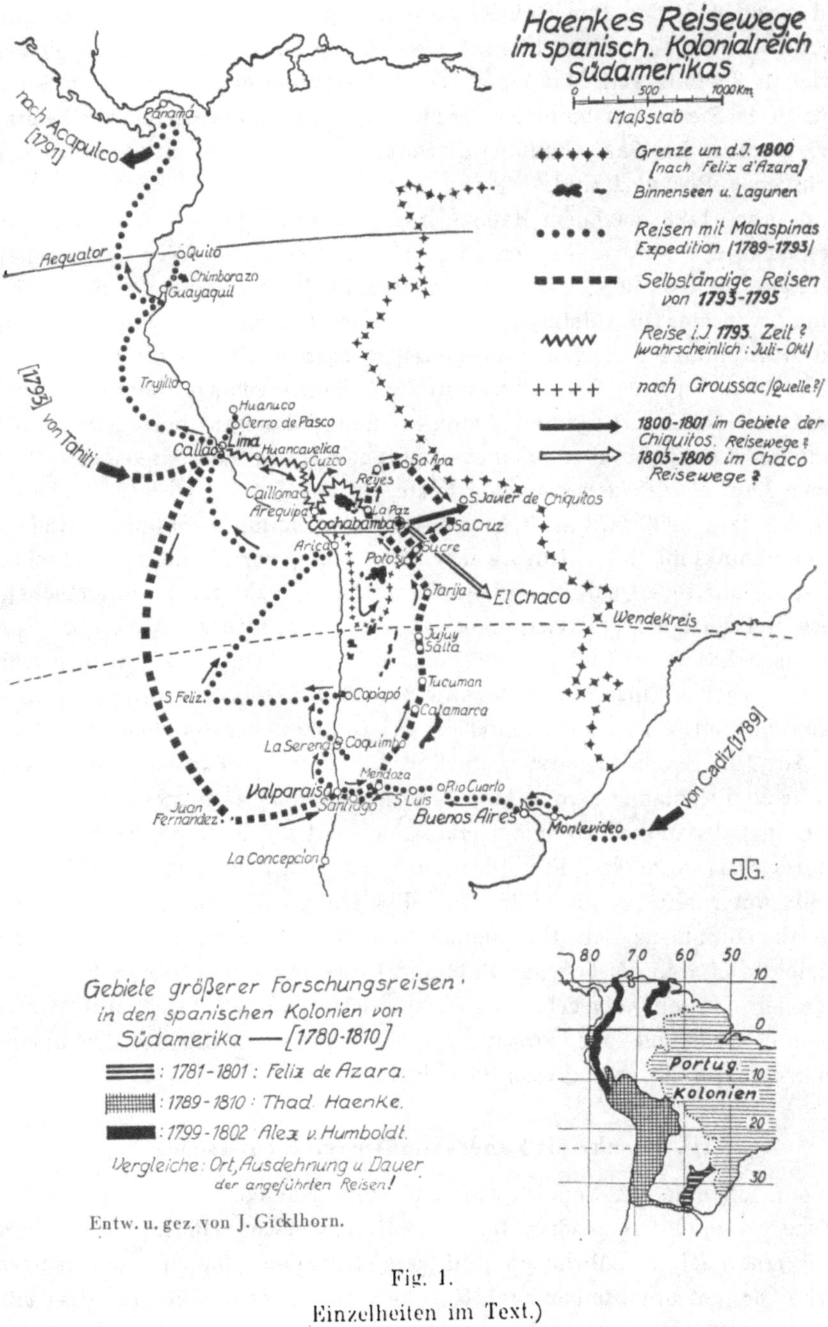

Entw. u. gez. von J. Gicklhorn.

Fig. 1.

Einzelheiten im Text.)

und einen Akt, den Don Gabriel René-Moreno im Archivo Boliviano aufgefunden hat). Er reiste hierauf über Chuquisaca wieder nach Potosí. (Brief in Kreibitz vom Mai 1795.) Die Erforschung des Raumes von Santa Cruz de la Sierra war besonders gründlich, er zeichnete Karten der Bezirke Cochabamba, La Paz, Chulumani, Omasuyos usw., die in verschiedenen Archiven aufbewahrt sind.

Im Jahre 1796, nachdem Haenke in Cochabamba seßhaft geworden war, bereiste er die Yuracarées-Montaña. Hier läßt sich sein Weg laut eigenen Angaben (Haenke, 38, S. 173) von Cochabamba durch das Tal von Sacaba bis Colomi, von hier im Aufstieg auf die Cordillere bis zur Höhe von Yuraxcasa und Murmuntani verfolgen. Auf steilen Hängen nordwärts bis nach Peltacueva, San Vicente, San Miguel und El Ronco gelangt, nahm er nach Überschreiten des Kordillerenkammes und Passieren der „Braue der Montaña" Einstieg in das tiefeingeschnittene Tal des San Mateo (siehe 173), dessen Lauf er bis nach Asuncion folgte.

In das Jahr 1800 fällt seine Expedition nach Chiquitos (Salinas Grandes), die er hauptsächlich zu dem Zwecke unternahm, um die dort befindlichen Rohstoffe auf ihre Qualität und Gewinnungsmöglichkeiten zu untersuchen. Diese Reise ist dokumentarisch belegt durch einen Originalbrief aus San Francisco Xavier in Chiquitos (20. Mai 1800) und einen Akt, in dem sich nicht nur seine Eingabe zur Bewilligung der Reise, sondern auch die Zustimmung und Verhaltungsmaßregeln des Gouverneurs befinden. (G. René Moreno, 65, S. 386.) Er erstieg die Kordillere von San Fernando und begab sich nach Erledigung seiner Aufgaben in Chiquitos zum zweiten Male in das Gebiet der Mojos, wo er bei einer Bootfahrt am Mamoré als erster die Victoria regia entdeckte. Erst 1801 kehrte er nach Cochabamba zurück.

1803 unternahm er im Auftrag der Regierung mit militärischer Eskorte eine Expedition zu den Chiriguanos-Indianern. Sie dauerte drei Jahre. (Originalbrief vom 15. Februar 1802 und Dezember 1809.) Ab 1809 scheint er größere Reisen aufgegeben zu haben, schon mit Rücksicht auf seinen Gesundheitszustand, wie wir aus seinem letzten schriftlichen Dokument (Rekurs an den Vizekönig Cisneros) ersehen.

IV. Haenke als Landeskundler (eine Übersicht).

Wenn ich nun den Versuch einer Wertung Haenkes als Landeskundler vorlege, so muß ich ausdrücklich darauf hinweisen, daß ein endgültiges Urteil erst nach ausführlichen und vergleichenden Studien einschlägiger Werke vor und unmittelbar nach Haenke gegeben werden könnte. Das gilt vor allem für Haenkes unbestreitbare Rolle als den größten Vorläufer

Alex. v. Humboldts, dessen Stellung in der Geschichte der Geographie längst bekannt und in vielen Studien behandelt ist. Ich möchte nur betonen, daß Haenkes Bedeutung im Vergleich zu seinem großen Nachfolger bzw. dessen geistigen Schülern nicht bloß darin bestehen kann, daß er nur als Vorläufer nennenswert wäre, sondern es müßte darauf hingewiesen werden, daß Haenke gerade in Grundfragen der Geographie und den Methoden der landeskundlichen Erfassung der von ihm bereisten Räume durchaus Ebenbürtiges geleistet hat, ja vielfach bedeutend mehr. Man muß auch beachten, daß Haenke wesentlich früher und mit einer viel bescheideneren Vorbildung — ohne die geringste Unterstützung europäischer wissenschaftlicher Anstalten — seine erfolgreichen Forschungsreisen ausführen mußte. Darin besteht ein krasser Gegensatz zwischen Haenke und Humboldt. In einigen Punkten aber, die für eine vollgültige Beurteilung sicher wesentlich sind, treffen sich beide Forscher. Sie waren keineswegs bloß Sammler oder Berichterstatter und sie wirkten in einem Zeitalter, das den Durchbruch der Naturwissenschaften bedeutete und in dem der exaktwissenschaftlichen Beobachtung eine überragende Bedeutung zukommt. Dadurch erhalten diese Forschungen den Charakter einer wirklich wissenschaftlichen Leistung im heutigen Sinne.

Für Haenkes Bedeutung als Landeskundler ist seine staunenswerte Vielseitigkeit eine beachtenswerte Stärke gegenüber seinen Vorgängern. Gerade deshalb war er imstande, wie alle seine bis heute bekannten Arbeiten zeigen, die von ihm bereisten Räume in ihren vielseitigen Beziehungen zu erfassen und gründliche Beobachtungen auch in Einzelheiten anzustellen. Das gilt nicht nur für die Natur eines Landes im Sinne der Physiognomik einer Landschaft, der Flora einer Zone, sondern ebenso für den Menschen dieses Raumes und seiner Kultur in ihren Auswirkungen. Nachdem er während der großen Seereise der Korvetten mehr oder minder dem von Malaspina vorgeschriebenen Programm folgen mußte und mehr vor systematische Aufgaben gestellt wurde, treten seine eigenen Fähigkeiten erst ab 1794 richtig hervor, als er ganz auf sich selbst gestellt war. Von den Naturwissenschaften ausgehend, stellt er nun die systematische Betrachtungsweise z. B. in der Botanik immer mehr zurück und geht zur ausgesprochen chorologischen Auffassung über. Er erblickt überall die raumgebundene Verkettung der physischen Erscheinungen, und andererseits ihren entscheidenden Einfluß auf Kultur und Wirtschaft des Menschen. Die Beziehungen der klimatischen Erscheinungen auf die Bildung der Salzlager und auf das Wachstum der Pflanzen ist für ihn ebenso ein Gegenstand der Betrachtung wie diese selben Beziehungen zur Physis oder Psyche der Menschen, die diesen Raum besiedeln.

Eine ästhetische oder gefühlsmäßige Naturbetrachtung im Sinne Humboldts tritt bei Haenke gegenüber nüchterner Auffassung und kühler Überlegung zurück. Wenn er mitunter eine kurze Beschreibung einer Landschaft einschaltet, so kehrt er meist nach wenigen Zeilen zu seinem Leitgedanken, einer wirtschaftlichen Ausnutzung, zurück. Jedoch hat er ein kurzes und lebhaftes Bild der Natur für die Länder Peru und Chile gegeben. So charakterisiert er z. B. den Raum um Santiago: „Die Hauptflüsse des Bistums sind der Copiapó, Huasco, Coquimbo, Ligua, Maypó, Cachapol und Loro, reich an vortrefflichen Fischen und noch reicher an der Fülle der Goldkörner, die sie im Sande ihrer Strömung rollen. Im Osten erblickt man die Hochkordillere, die von Norden nach Süden zieht und sich wie ein Wall zwischen Chile und die Westprovinzen des Vizekönigreichs Buenos Aires schiebt. Die Breite der Kordillere im Gebiet von Santiago beträgt, wenn man die Umwege mitrechnet, zu denen ihre Wildnis im leichtest zugänglichen Teil zwingt, 50 Meilen unersteigbaren Felsgesteins mit ewig schneebedeckten Gipfeln. In dem zu Santiago gehörigen Abschnitt ist die Kordillere unbewohnbar und menschenleer, im allgemeinen mit Gestrüpp bewachsen; in ihr leben in bekannten Bezirken Guanacos und Vicuñas, die einheimischen Bergschafe, Bergkatzen, Füchse und andere Tiere, wie Enten, Ibise, Störche, Reiher usw. In der Kordillere entspringen herrliche Quellen und Bäche, die Flüsse bilden, im Innern gibt es Waldungen und kleine fruchtbare Flächen. Die kahlen, baumarmen Teile sind von roter, grüner, perlmutter, gelber, weißer oder rosa Farbe, die das Auge erfreut." (Haenke, S. 330[37]).)

Als Pflanzenkenner war Haenke von vornherein auf die B e o b a c h t u n g d e r V e g e t a t i o n eingestellt und brachte ihre Gestaltung in der kausalen Verkettung der Erscheinung fortschreitend in Verbindung mit dem Klima und das Klima wieder in Verbindung mit der Bodengestalt. So sagt er vom Norden Chiles: „Das Klima dieses großen Gebietes ist vorwiegend trocken, besonders in der Gegend von Copiapó und von Coquimbo, wo Flüsse und Quellen so wasserarm sind, daß es im Sommer weder Wasser noch Weide für Reit- und Lasttiere gibt, wodurch die Bergwerksarbeiten bis zu den Winterregen gehemmt sind. Um diese Zeit fließen die Quellen, der Boden ergrünt unter dem Einfluß der Schneeschmelze in den Kor-

[37]) Ich bemerke, daß die Numerierung der Seiten der Werke Haenkes Nr. III und IV sich auf die Originalhandschrift bezieht, die bei meiner deutschen Übersetzung der beiden Schriften fortlaufend angegeben ist.

dilleren, und in der anmutigen Frühlingszeit ist derselbe Boden, der während des trockenen Sommers eine öde Sandwüste war, mit grünen Weiden und schönen bunten Blumen bedeckt." (Ibidem.) Weitere Beobachtungen Haenkes über das Klima und die Vegetation der Montaña sind in dem Kapitel „Haenke als Klimatologe" wiedergegeben. Sie wären aus seinen Werken über Peru und Cochabamba (siehe Gicklhorn) beliebig zu vermehren; es sei nur noch darauf hingewiesen, daß er typische Vegetationsbilder nicht nur für die Montaña, sondern auch für die xerophytische Pflanzenwelt der wasserarmen Täler bei Coquimbo gegeben hat. Wenn er das Wohngebiet der einzelnen Pflanzentypen bis ins Hochgebirge angegeben hat, so hat er das Verbreitungsgebiet der Salare (Salzlager) mit örtlichen und klimatischen Bedingungen in Beziehung gebracht: „Die Ebenen und Hänge der Anden bieten im Überfluß Minerale, Salze und Erden. Die Lagunen sind unerschöpfliche Quellen von gewöhnlichem Salz, das in den Regenmonaten in Massen durch das Wasser aufgelöst und ausgelaugt im Boden abgelagert wird. In den trockenen Monaten kristallisiert es infolge des Verdunstens der Lösungsflüssigkeit in diesen hohen Regionen der Atmosphäre. An anderen Orten bedecken Soda (Natronsalz), Glaubersalz und Magnesiumsulfat ausgedehnte Ebenen, und in ihrem Abfall blühen aus dem Boden zerklüfteter Gebirgszüge hier Sulfate und Alaune, die unter dem Namen cachino[37a]) und mito bekannt sind und deren Adern von dem mächtigen Einfluß der Zeit zersetzt wurden und ständig zersetzt werden." (Allgemeines Bild von Peru usw., Haenke, 37, S. 88.)

Nachdem Haenke den durchgreifenden Einfluß der Natur- und Bodengestaltung auf das Reich des Anorganischen und der Pflanzen erkannt hat, krönt er seine Gedankengänge durch den Hinweis der Beziehungen auf die Kultur des Menschen. Zum Unterschied von Humboldt hat er der geistigen Physiognomie des südamerikanischen Menschen breiten Raum gewidmet. Wir besitzen von ihm eine vorzügliche Darstellung des Wesens der peruanischen Indianer (siehe Haenke, S. 97. Carácter y costumbres de los indios, und eine Charakteristik der kriegerischen Eigenschaften der Araukaner [Haenke, S. 295]). Noch bedeutsamer ist seine Schilderung der rein spanischen und kreolischen Kolonisten, die er unübertrefflich in ihren rassischen Eigenschaften beschrieben hat (siehe dazu Edwards, 13)[37b]): „Was die übrigen Sitten der chilenischen Spanier anbetrifft, so haben sie

[37a]) Cachina ist einfach Salz in der Quichuasprache.

[37b]) „Wenn wir lesen, was er vor 150 Jahren geschrieben hat, können wir in die Psychologie und Ideosynkrasien der Keimzellen unseres Volkstums mit allen seinen Tugenden und Fehlern eindringen." (Edwards, 13.)

diese in einer Weise bewahrt, die dem Muttervolk, von dem sie abstammen, nur Freude machen kann. Eine wirklich bewundernswerte Robustheit bei beiden Geschlechtern, ein feines, liebenswürdiges Benehmen, eine dialektfreie Sprache, einfache und herzliche Umgangsformen sind fast allgemein verbreitete Eigenschaften." Haenke, S. 275). Wird hier und für Buenos Aires ausdrücklich auf die Verbundenheit der Rasse mit dem Mutterland aufmerksam gemacht, so charakterisiert er den Limenser noch außerdem durch seine Prunksucht und durch die schrankenlose Verschwendung: „Sie geben Geld mit völliger Gleichgültigkeit aus, diese an sich schätzenswerte Eigenschaft ist leider meist der Grund ihres Ruins ... Das Schlimmste ist, wenn diese Wut des Geldhinauswerfens ärmere Klassen, besonders die Kreolen, erfaßt ..." »Der europäische Einwanderer (so sagte ihm ein Freund) baut ein Haus mühsam auf, aber die kreolischen Kinder, noch von der Mutter angestachelt, werden mit allem fertig.« Hier wird die für die kastilianische Edelrasse verheerende kreolische Blutmischung kenntlich. (Haenke, 37, S. 22.)

Hat Haenke rein erfahrungsgemäß nach 26jährigem Aufenthalt in Südamerika den Typus des Kolonialmenschen hingestellt, so brachte er nicht minder deutlich die rassischen Eigenschaften mit dem Kulturzustand und — für ihn ein unabwendbarer Kausalnexus — mit der wirtschaftlichen Rückständigkeit in den von ihm bereisten Ländern in Beziehung. „Es wäre zu wünschen, daß der Fleiß der Bewohner mit der natürlichen Fruchtbarkeit des Bodens Schritt hielte", oder: „Wegen der Faulheit der Bewohner, die sich nicht einmal die Mühe machen wollen, in der Umgebung von Buenos Aires Bau- und Brennstoff liefernde Bäume anzupflanzen, müssen diese Artikel von weither herangeschafft werden." (Haenke, Buenos Aires.) „Die Männer sind sehr begabt und zu allem fähig, aber die Verhältnisse des Landes und vielleicht auch die Fehler bei ihrer Erziehung tragen Schuld daran, daß sie nicht das halten, was die Entwicklung der ersten Jahre verspricht." (Ibidem, S. 436—38.)

Wie er die verbindungshemmende Anordnung der Anden in seine Anschauungen über den kulturellen Austausch der Völker einbezogen hat, dafür haben wir einen Beweis in seiner Beschreibung der Lage der ostandinen Provinzen:

„Die zahllosen, wasserreichen und schiffbaren Flüsse, die aus der Kordillere herabkommen, sind ebensoviele Wege, die die Natur selbst gebaut hat, indem sie Gebirge abtrug und durchbrach und unwegsame Urwälder durchdrang, um auf natürliche Weise dem menschlichen Verkehr bequeme Wege zu eröffnen." (pag. 308.) „... Die erwähnten Provinzen sind, so wie viele andere auf der Ostseite der Anden gelegene, durch ein gemeinsames unglückliches Schicksal verbunden ... Dieses Unglück ist die Kordillere ... Es scheint, als ob die Natur diesen Wall aufgerichtet habe, um die Völker der östlichen Ebenen von jenen zu trennen, die ihren Wohnsitz auf den Höhen und am Westabhang haben, um jedem von ihnen einen verschiedenen Weg zur Ausfuhr seiner landwirtschaftlichen und industriellen Produkte zu zeigen ... In der Tat wird durch die ungeheuren Gefahren des Übergangs über das Gebirge die Ausfuhr der Produkte der östlichen Völker völlig unterbunden, oder die Überwindung dieser Schwierigkeiten erhöht den Preis derart, daß die Kosten des Transports (sogar bis nach den Siedlungen von Alto Perú) dem Wert der Waren selbst gleichkommen." (Haenke, pag. 306.)

Ausführliche Studien liegen von Haenke für die Städtephysignomik von La Concepción, Lima, Valparaiso, Santiago und Buenos Aires vor, die nach Edwards mit zu dem besten gehören, das er geschrieben hat. Diese städtegeographischen Schilderungen sind denen Humboldts völlig gleichzustellen. Von der Gründung und Entwicklung ausgehend, wird der Baucharakter der kolonialen Siedlungen, die Anlage der Straßen und Plätze, die Verkehrsmittel und Marktverhältnisse, sehenswürdige Gebäude, Hafenanlagen, Flußbauten usw. anschaulich beschrieben. Besonders bemerkenswert scheint mir seine klare Definierung der ringförmig um die Stadt Buenos Aires gelagerten Wirtschaftszonen, die dem physiognomischen Bild der Hauptstadt angegliedert ist.

Wenn diese Wertung von Haenke als Landeskundler ein geschlossenes Bild seiner Leistungen vorzulegen versucht, so darf dabei als wichtigster Faktor seine Leistung als vielseitiger Statistiker für Peru und Chile nicht übergangen werden. Bei der Sichtung seines Materials für Chile hat bereits Edwards (13) aufmerksam gemacht, daß er hier erstmalig den Versuch unternommen hat, die wirtschaftliche Struktur des Landes numerisch-statistisch zu erfassen. Diese Tendenz, alles durch Zahlen zu erläutern, finden wir bei Haenke auf allen Gebieten, möge es sich um geographische Ortsbestimmungen, barometrische Höhenfeststellungen, Messungen von Druck, Temperatur und Luftfeuchtigkeit handeln oder um ziffernmäßige Erfassung von Stärke und rassenmäßigen Aufbau der Bevölkerung. Angaben über Handelsumsätze, Ziffern der Erzeugung und der Staatseinnahmen sind ebenso vertreten wie die Werte der pflanzlichen und mineralischen Produktion bis in Pfundeinheiten. Er hat die Statistiken des Exports und Imports von Peru und Chile, die er in übersichtlicher Ausführung vorlegt, auf einen Mittelwert für je 5 Jahre zurückgeführt, um dadurch eine Möglichkeit der Täuschung oder falschen Vorstellung auf Grund der Werte eines Jahres auszuschließen.

Es brauchen hier nicht weitere Punkte angeführt zu werden, um Haenkes bedeutsame Stellung als Landeskundler klar hervortreten zu lassen. Man bedenke dazu, daß alle seine Ausführungen zum Großteil das Ergebnis seiner eigenen Erfahrungen und Beobachtungen im Lande selbst und im Verkehr mit allen Schichten der Bevölkerung sind. Er hat reiches Material zusammengetragen, das bei einer abschließenden geistigen Verarbeitung in ruhigen Zeiten und unter günstigeren Arbeitsbedingungen — wie sie Azara und Humboldt gegönnt waren — leicht hätte die Grundlage für ganz neue Wissensgebiete abgeben können, wie wir es z. B. bei Humboldt als dem Begründer der physiognomischen Pflanzengeographie und der Chorologie als Verbreitungslehre in Abhängigkeit von Boden und Klima finden. Man braucht nur in seiner Naturgeschichte von Cochabamba (Groussac, 31, und Gicklhorn, 26, S. 183—86) die Vertikalgliederung der Pflanzenwelt nach Zonen in Abhängigkeit von Temperatur und Höhenlage zu beachten, um behaupten zu können, daß entscheidende Grundsätze zur Pflanzengeographie, wie sie Humboldt betrieben hat, schon viel früher von Haenke gehandhabt wurden. Man vergleiche einmal die trocken systematische Methode der Botaniker Ruiz und Pavon in ihrer „Flora Peruviana" und halte dagegen Haenkes lebendige Ausführungen über die ganze Pflanzenwelt in Beziehung mit den Umweltsfaktoren in ihrer Gesamtheit und in ihrer Bedeutung für den Raum und den darin lebenden Menschen. Wenn ferner Humboldts „Versuch über den politischen Zustand Neuspaniens" als erster Ansatz zu einer Landes- und Staatenkunde gewertet wird, so können Haenkes Werke, vom selben Standpunkt aus gesehen, in ihrer strafferen und kürzeren Fassung die Priorität dieser Leistung beanspruchen.

Es würde eine eigene Studie erfordern und den hier zur Verfügung stehenden Raum weit überschreiten, wollte ich die hier aufgezeigten Überlegungen alle im einzelnen an Haenkes eigenen Ausführungen belegen. Nur für die wichtigsten Zweige der Landeskunde soll das nachfolgende Material für die Fülle der Beobachtungen Haenkes zeugen. Ich weise abschließend nur darauf hin, daß Haenke seinem großen Nachfolger Humboldt auch darin überlegen war, daß er so eingehend den Menschen in seinem Raum und in allen Abhängigkeiten seiner Entwicklung von der Einwirkung der Natur behandelt hat. Er ist auch weiter wie Humboldt in einer Reihe von umfassenden Projekten vorgeschritten, die nicht nur die Zusammenhänge aufdecken, sondern auch eine künftige Planung der Wirtschaftsräume in großem Stil vorsehen (siehe das Schlußkapitel „Haenke als Kolonialpolitiker").

Es wäre sicherlich einmal einer gründlichen Studie wert, Haenkes tatsächlichen Beitrag zur Geographie mit allen ihren Sondergebieten vom Standpunkt der heutigen Begriffsbildung und gegenseitigen Abgrenzung des Umfanges der einzelnen Disziplinen zu untersuchen. Denn wir finden bei Haenke nicht nur Anklänge an Humboldts System und Systematik der Geographie als Wissenschaft, sondern ebenso an die Auffassung seiner großen Schüler Carl Ritter, Oskar Peschel und Ferdinand von Richthofen bis zur Gegenwart.

V. Haenkes Arbeiten in Gebieten der physischen Geographie.

A. Erforschung der Flußläufe Ostperus.

Eine der größten Leistungen Haenkes liegt auf dem Gebiete der Erforschung der Flüsse in den bolivianischen Anden, dem damaligen Alto Perú. Mehrere Fahrten, darunter vorzugsweise jene im Jahre 1790 und 1794, führten ihn zu den Quellflüssen des Marañon, sowie in das Gebiet des Rio Beni und Mamoré. Er gibt in seinen geographischen Studien wiederholt eine Beschreibung des Laufes der Flüsse Huallaga, Ucayali, Purus und Madera mit seinen größten Nebenflüssen nach dem damaligen Wissensstande, ergänzt durch eine große Zahl eigener Entdeckungen und Beobachtungen über bis dahin unbekannte, von ihm erstmalig wissenschaftlich erforschte Flußläufe und Ursprungsgebiete. Die wichtigsten geographischen Ergebnisse seiner Forschungsreisen sind in dem Memorandum über die schiffbaren Nebenflüsse des Marañon zusammengefaßt, das bis 1860 für die peruanischen Geographen richtunggebend war (siehe Ballivián, 7). Mit den wirren Angaben der damaligen Zeit verglichen, sind seine Berichte über die Flüsse von Alto Peru noch heute sehr aufschlußreich. (Woodbine Parish Journ. of the Royal Geogr. Society, Bd, V, 1835.)

Nach Haenkes eigenen Angaben begann er seine Forschungsreisen im Stromgebiet des Marañon im Juni 1790, wo er noch im Rahmen der Expedition Malaspina von Lima nach Cuzco reiste. Er folgte einem Quellarm des Huallaga von Pasco bis nach Huanuco, von hier weiter durch die Montaña der Anden von Cinchas und Cichero bis zu seiner Vereinigung mit dem Chinchao. Auf derselben Reise drang er bis zu den Quellen des Ucayali vor und erkundete verschiedene Landungsplätze an diesem Fluß. Nach vierjähriger Unterbrechung kehrte er wieder in die Montaña zurück und erforschte nun zahlreiche Nebenflüsse des Ucayali, und zwar vom Yauli, Jauja, Mayoco, Mantaro, Canayre, Tambo, Pachachaca, Apurimac

Paucartambo, Vilcanota bis nach Cailloma (gehörig zur Intendanz Arequipa) und ostwärts bis zu den Grenzen des Bezirkes von Carabaya.

Im selben Jahre (1794) nahm er die Erforschung des Rio Beni auf, indem er zunächst bis zu dessen Quellen vordrang. Als Hauptast ist der Rio Mocetenes anzusehen, der aus Altamachi, Cotacajes und Rio de la Paz besteht, die er alle drei in ihrem Laufe bis zum Ursprung verfolgte. Haenke selbst nennt weiter den Rio Tuche (Tuichi), bestehend aus Pelechuco-Suches, Aten, Mapiri oder Sorata, sowie alle seine Zuflüsse (Tipuani, Challana, Coroico und Rio Chulamani, der aus Tamampaya, Solacama, La Paz, Suri, Cañamiña besteht), und schließlich den Cotacajes. „Ich hatte das Glück, die Quellen aller dieser Flüsse bei meinen wiederholten Reisen zu erforschen; am 22. September 1794 schiffte ich mich auf dem Tipuani ein und fuhr zum Beni, gesteuert von Indianern, die mich zu den Missionen von Apolobamba und Mojos bis nach Reyes in der Nähe von Isiamas und Tumupasa brachten. Die Fahrt dauerte nicht länger als 4 Tage wegen der starken Strömung in den engen Tälern der Kordillere, die er hier eine lange Strecke weit durchfließt.“ (Haenke, 37, S. 312.)

Bei Apolobamba kam Haenke mit Vertretern der Urwaldstämme westlich der Missionen zusammen, die ihm klar verständlich machten, daß „im Westen, ca. 10 Tagereisen vom Ufer des Beni entfernt, ein riesiger wasserreicher Strom durch die dicht bewaldeten Niederungen fließe“[38]).

Im Oktober/November 1794 begab sich Haenke vom Beni zum Yacuma, der unweit Reyes seinen Ursprung hat und den er durch einen Kanal mit dem Beni zu verbinden vorschlug[39]). Vom Yacuma setzte er seine Fahrt zum Mamoré fort, auf dem er stromaufwärts bis nach Santa Cruz de la Sierra segelte.

Das Gebiet von Santa Cruz war auch in den folgenden Jahren, bis 1797, als er schon in Cochabamba ansässig war, das Ziel seiner Forschungen, die er in der Studie über die Yuracarées Montaña (Haenke, 38) zusammenfaßte und kartographisch festlegte. Er nahm den Lauf der Flüsse Paracti, San Mateo, Chilliguar, Coni, Chimoré, Sacta und Matami auf.

Vom Tal des Rio San Mateo gibt er folgende Schilderung: „Es gibt hier kein Tal oder Schlucht, wären sie auch noch so klein, die nicht ihren eigenen Fluß hätten. Alle münden in diesem Taleingang in den San Mateo

[38]) Dieser Fluß ist der damals in seinem Lauf unerforschte Madre de Dios. Über Haenkes Mutmaßung, daß es der Purus sein könnte, will ich an anderer Stelle ausführlich eingehen.

[39]) Auf diesen Teil des Haenkeschen Planes soll anläßlich der Veröffentlichung des Memorandums in deutscher Sprache näher eingegangen bzw. einschlägiges Quellenmaterial gebracht werden.

oder in den Chilliguar, die sich eine kurze Strecke nach dem Brückenübergang vereinigen. Aus dieser Vereinigung entsteht ein sehr wasserreicher und reißender Fluß, auf beiden Seiten von steilen Wänden eingeschlossen und voll von ungeheuren Felsblöcken, die von Überschwemmungen mitgerissen und an verschiedene Stellen verschleppt wurden. Deshalb sind beide Flüsse überhaupt nicht befahrbar. Der San Mateo empfängt seine Wässer aus einer ausgedehnten Schlucht in den Höhen der Kordillere von San Miguel, deren Kamm die Quellen des Paracti und San Mateo scheidet. Zahllose kleinere Wasserläufe, die auf jedem Schritt zu ihm stoßen, lassen ihn schon nach kurzer Zeit bedeutend anwachsen. Von seinem Ursprung ab fließt er zwischen Steilhängen, ein Wasserfall folgt auf den andern, und infolge seiner Geschwindigkeit und seiner Wirbel scheint seine Wassermasse bedeutend größer, als sie wirklich ist.“ (Haenke, 38, S. 176.) Anschließend beschreibt er den Rio Chilliguar mit seinen Nebenflüssen Rio Blanco, Millumayo, Milila und den beiden größeren Tres Tetillas und Ibirigo. Dann verfolgt er den Lauf der vereinigten Flüsse San Mateo und Paracti, die unter den Namen Chapari durch ungeheure, mit undurchdringlichem Urwald bedeckte Ebenen fließen. „Nach 4 Meilen vereinigt er sich mit dem Rio de Coni, er breitet sich immer mehr in den Ebenen aus und bildet zahlreiche Inselgruppen. Weiter unten vereinigt er sich mit dem Chimoré und auf ca. 15° 30′ mit dem Rio Grande de Santa Cruz. ... Der Paracti empfängt die auf der entgegengesetzten Seite der Kordillere von San Miguel, San Vicente und Yuraxcasa nach Westen herabfließenden Gewässer: er vereinigt sich mit den Flüssen Santa Isabel und Viosata ... Mit seinen Quellen reicht das Stromgebiet des Mamoré am weitesten nach Westen, und die Höhen von Colomi sind ein bemerkenswerter Punkt in der Geographie dieser Montaña, weil sie die Wässer des Rio Beni von denen des Mamoré nach verschiedenen Richtungen scheiden. Die Ansicht des Planes, den ich bei meiner letzten Reise von diesen Gebieten aufgenommen habe, wird die nötige Aufklärung über die geographische Lage und den Lauf der Flüsse in dieser Montaña bis in alle Einzelheiten geben.“ (Haenke, 38, S. 177.)

Gestützt auf die Ergebnisse dieser Reisen arbeitete Haenke 1799 im Auftrage des Gouverneurs von Cochabamba, Don Francisco Viedma, ein Memorandum aus. Darin wird der schon 1790 von ihm vorbereitete Plan entwickelt, über den Lauf der nordbolivianischen Flüsse mit größeren Fahrzeugen bis zum Hafen von Belén (Pará) an die Mündung des Amazonenstromes zu gelangen. Ferner stellte er dem Gouverneur seine Erfahrungen und sein Kartenmaterial zur Verfügung, um ihm wissenschaftlich geographische Unterlagen für die geplante Errichtung einer eigenen Provinz Santa Cruz zu liefern.

Die genaue Kenntnis der Quelläste des oberen Marañon bewog Haenke, sich an die spanische Regierung um Vollmachten zu wenden, mit denen er von peruanischen Hochland über den Madera- und Amazonenstrom durch portugiesisches Gebiet bis zum Atlantischen Ozean fahren wollte. Die Aufgaben dieser Reise, bei der auch der zu erwartende Widerstand der Portugiesen in Rechnung gestellt war, sollten darin bestehen, Sondierungen durchzuführen, Stromschnellen, gefährliche Stellen, Hafenplätze usw. zu erkunden und sich über die Eigenart und Absichten der längs der Ufer wohnenden Indianerstämme zu unterrichten. Die Erlaubnis zu dieser Fahrt wurde ihm aber nicht erteilt.

Das vorliegende Memorandum, das für die Geographie der bolivianischen Anden sehr aufschlußreich ist, stellt die Notwendigkeit einer neuen Verbindungsstraße für die vom Weltverkehr gänzlich abgeschnittenen Provinzen des Alto Perú zum Atlantischen Ozean unter Beweis. Bei der vorwiegend wirtschaftspolitischen Einstellung Haenkes seit dem Jahre 1795 ist es erklärlich, daß das geographische Moment in dieser Denkschrift etwas zurückgestellt wird, und vorzugsweise die Erwägungen in den Vordergrund treten, den in wirtschaftlich bedrängter Lage befindlichen transandinen Provinzen einen gangbaren Ausweg zu eröffnen, um ihre Produkte zum Meer zu bringen.

In den Schriften peruanischer Geographen ist die Bedeutung dieser Forschungsreisen ausdrücklich hervorgehoben, um so mehr, als es sich um Gebiete handelt, die erst nach 1860 wieder das Ziel europäischer Reisender wurden. „Unter Vermeidung der Städte drang er bald ins Gebiet der Montaña in den dichten Urwald ein, befuhr die Flüsse und lebte mit den Wilden, überall auf der Suche nach Dingen, die seinen unstillbaren Wissensdurst befriedigen konnten ... Er begab sich dann nach Cuzco, um insbesondere die Montaña von Carabaya zu durchforschen. Während dieser Reisen studierte er nicht nur die verschiedenen Naturprodukte dieser Länder, sondern er beschäftigte sich auch mit der Geographie. Haenke war mit scharfem Geist und praktischem Sinn begabt, er sah die Dinge nicht nur von der rein wissenschaftlichen Seite, sondern auch vom Standpunkt der Nützbarkeit. Beim Befahren des schönen schiffbaren Flußnetzes, das den Osten Perus durchzieht, erkannte er sofort die ungeheuren Vorteile, die sie für die Schiffahrt und den Transport der Produkte der Montaña bieten könnten. Um dieses billige Transportmittel öffentlich bekannt zu machen, veröffentlichte er ein wertvolles Memorandum über die schiffbaren Flüsse im transandinen Peru und heutigen Bolivien. Er behandelt hier den Hualllaga[40]) und weiter die drei Quellarme des großen Madera, nämlich den Beni, Mamoré und Itenes." (Raimondi „El Peru", Tom. II, pag. 454.)

Das hier besprochene Werk ist — soweit Ballivián und Kramer feststellen konnten — nicht weniger als sechsmal in der spanischen Originalsprache gedruckt. Haenkes Verdienste um die wissenschaftliche Erforschung der Montaña und ihrer Flußläufe werden besonders von Ballivián, Raimondi sowie von Mateo Paz Soldan[40]) gewürdigt. Die bedeutenden deutschen geographischen Handbücher nehmen davon nicht Notiz, Haenke ist hier (z. B. bei Klute) meist nicht einmal in einer Reihe mit den Missionären genannt, deren Berichte nicht mit den mit wissenschaftlicher Exaktheit ausgeführten Beobachtungen Haenkes verglichen werden können.

B. Kartographie.

Es liegen keine Belege darüber vor, in welchem Ausmaß Haenke an den kartographischen Arbeiten der Seeoffiziere der Malaspina-Expedition beteiligt war. Es ist jedoch kein Zweifel, daß er während seiner Reisen sich in dieser Arbeitsdisziplin gründliche Kenntnisse erworben hat, die ihn befähigten, während seiner weiteren Reisen selber Vermessungen vorzunehmen und Karten anzufertigen, von denen leider nur wenige bekannt wurden[41]). Es handelt sich um 3 Pläne, die im „Catálogo de Manuscritos" des „Archivo Boliviano" von M. V. Ballivián verzeichnet sind (S. 500, XIII, La Paz). Die Titel lauten:

f. Plano general del partido de Chulumani, por D. Tadeo Haenke. Add. 17-671 x.

[40]) Bei der Erwähnung des Huallaga und Ucayali sagt Don Mateo Paz Soldan: „Durch ein Originalmanuskript des gelehrten Reisenden Tadeo Haenke besitzen wir sehr verläßliche Angaben über diesen Fluß. Es ist wirklich verwunderlich, wieso eine so vertrauenswürdige Arbeit noch nicht in die Öffentlichkeit gekommen ist und daß in allen geographischen Abhandlungen diesbezüglich immer die gleichen Irrtümer sich wiederholen. Hier haben wir die Meinung eines der größten Gelehrten, die unsere Gegenden besucht haben, und den wir nächst Humboldt am höchsten achten, sowohl wegen seiner gründlichen Kenntnisse in der Botanik, als auch in anderen Naturwissenschaften und der Mathematik." (Geografía del Peru II.)

[41]) Die Vermessungsarbeiten und astronomischen Beobachtungen wurden während der großen Seereise z. T. von Antonio Pineda ausgeführt. Nach dessem Tode schrieb Haenke nach Cadiz: „Wir sind bis auf die letzte Stunde mit tausenderley Krämereyen überhäuft, da jetzt alle Arbeiten des verstorbenen Herrn Pineda auf mich gefallen sind." (Brief aus Manila, 15. XI. 1792. Khol, Nr. 46. Kühnel, S. 162.)

g. Parte septentrional del partido de Chulumani, por D. Tadeo Haenke. Add. 17-671 y.

h. Plano del partido de Omasúyos, por D. Tadeo Haenke. Add. 17-671 z.

Alle drei Pläne liegen im Britischen Museum. Von den heimischen Biographen sind sie erstmalig bei Khol erwähnt. J. Kühnel verschaffte sich Kopien von diesen Plänen, von denen aber nur eine brauchbar war.

Diese Teilpläne bildeten die Vorlage zu einer größeren Karte des Gebietes von Santa Cruz de la Sierra, die Haenke dem damaligen Gouverneur-Intendanten von Cochabamba, Don Francisco Viedma, geliefert hat und deren Original sich heute im Archiv von Buenos Aires befindet. Der Titel lautet: „Partidos de la nueva Intendancia de Santa Cruz de la Sierra, proyectada por el señor gobernador Intendente don Francisco de Viedma y levantado por el académico don Tadeo Haenke." Das Original ist von ihm gezeichnet, die Kopie im Britischen Museum aufbewahrt (Add. 17-671 cc).

Über diese Karte von Haenke schreibt auch Angelis in seinem Discurso Preliminar zur „Descripción de Santa Cruz de la Sierra", daß Azara diese Provinz in seine Kartenzeichnungen aufnehmen wollte, er fand aber nicht mehr Material als das von seinem Freunde Sotomayor gelieferte, das Angelis als ziemlich unvollständig bezeichnet. „Eine unveröffentlichte Karte von Haenke, in der die von Viedma projektierte neue Provinz dargestellt ist, erscheint uns viel vollständiger." (3. Bd., VII.)

Schließlich dienten Haenkes Pläne mit anderen zusammen als Grundlage für die vom Vizekönig Pezuela bestellte Karte von Peru und Salta vom 16. bis 28. Grad südlicher Breite und vom 51. bis 67 Grad westlicher Länge von Cadiz. Diese Karte, die vom Brigadier Antonio Alvarez und dem Direktor der Marineakademie in Lima, Andrés Baleato, im Jahre 1818 ausgeführt wurde, konnte infolge der Unabhängigkeitskriege nicht veröffentlicht werden. Das Original ging verloren, nur der Entwurf ist vorhanden. (Raimondi, „El Peru", III, pag. 67.)

An anderer Stelle ist auch Haenkes Untersuchung des Vulkans Misti erwähnt, den er selber vermessen hat. Seine Messung wurde von Paz Soldan nachgeprüft und bis auf wenige Meter Unterschied bestätigt.

Um eine Vorstellung von Haenkes technischen Hilfsmitteln für Kartenaufnahmen zu geben, seien hier kurz die Instrumente aufgezählt, die er im Anhang seiner Studie über die Nebenflüsse des Marañon zwecks Aufnahme des Laufes des Amazonenstroms angefordert hat, als er die Reise auf diesem Fluß bis Pará plante:

Ein Sextant mit künstlichem Horizont.
Ein gregorianisches Teleskop.
Eine Navigationsuhr (reloj de longitud), für alle astronomischen Beobachtungen geeignet.
Ein Theodolit mit allem Zubehör.
Eine Camera obscura.
Ephemeriden für die Jahre 1800—1802.
Ein Fernglas.
Markierungsnadeln und eine Skala mit Stricheinteilung und beweglichem Zeiger und Linsen, als Theodolit verwendbar.

Schon hieraus ist die Überlegenheit Haenkes gegenüber früheren Reisenden in diesen Gebieten, den Missionären, klar ersichtlich, wie dies auch von Raimondi betont wird: „Wenn manche Geistliche außer der Erfüllung ihrer frommen Mission unmittelbar zum Fortschritt der Geographie beigetragen haben, indem sie Karten aufnahmen, so sind diese Arbeiten weder auf astronomische Beobachtungen, noch auf mit Präzisionsinstrumenten durchgeführte Messungen gestützt. („El Peru", II. Bd., S. 234.) In Memoranden des 18. und 19. Jahrhunderts und nicht zuletzt auch in Haenkes eigener Denkschrift (S. 320) wird immer Klage geführt, daß die Geistlichen weder mit Sextanten oder noch ähnlichen Meßinstrumenten umgehen konnten, ihre Angaben daher wissenschaftlich unverläßlich waren und zu zahlreichen Irrtümern in der Geographie Anlaß gaben. Haenke fordert ausdrücklich für die Missionsgeistlichen, die sich in unbekannte Gegenden begeben wollten, die Vorschulung in den praktischen mathematischen Wissenschaften.

C. Klimatologie.

Wir finden bei Haenke eine Reihe klimatologischer Beobachtungen, die in ihrer systematischen Durchführung bei einem Forscher des 18. Jahrhunderts überraschend sind. Diese Angaben werden durch oft monatelang mit Eudiometer, Hygrometer und Barometer ausgeführte Versuche gestützt[42]).

Sowohl in Chile als auch in Peru tritt die große Bedeutung des Andenwalles für die Klimagestaltung der durch sie geschiedenen Länder in seinen Arbeiten hervor. „Es ist bemerkenswert, daß sowohl in Cuyo als auch in anderen am Ostabhang der Kordillere gelegenen Pro-

[42]) In diesem Zusammenhang sei daran erinnert, daß Haenke bei seinem Studium in Prag (Fachgebiet Mathem. Physik und Astronomie) wohl Gelegenheit hatte, sich mit den Arbeitsmethoden der Sternwarte im Klementinum vertraut zu machen, die eine der ältesten Wetterwarten in Mitteleuropa darstellt. Es sind hier seit dem Jahre 1752 lückenlose tägliche meteorologische Aufnahmen vorhanden.

vinzen große Gewitterstürme mit Regengüssen, Blitzen und starken Winden vom Oktober bis März auftreten, an der Westküste jedoch, wo die Regen zu umgekehrten Zeiten auftreten, Gewitter und Stürme unbekannt sind." (Chile, S. 331.)

Noch eingehender hat er sich mit der Charakteristik des Klimas in Peru beschäftigt, wo die Kordillere wie ein ausgesprochener Regenfänger wirkt. Während im Westen trockenes Klima herrscht, so daß „die Berge auf der gleichen Höhe vollkommen dürr, steril und baumlos sind", bedeckt an der anderen Seite, auf der Ceja de la Montaña, „ein ungeheurer, fast undurchdringlicher Urwald die Bergketten und riesigen Ebenen, so weit das Auge reicht". Anläßlich der Beschreibung des ihm sehr gut bekannten Gebietes der Yuracarées-Indianer (siehe Haenke, 38) gibt er folgende klimatische Charakteristik: „Das Klima dieser Gebiete ist dem der heißen Zone ähnlich, nämlich sehr warm, feucht und außerordentlich regenreich. Der dichte Wald verhindert das Eindringen der Sonnenstrahlen, und so herrscht ständig Feuchtigkeit in ihm. Desgleichen fördern die zahllosen Bäume die Wolkenbildung und aufeinanderfolgenden Regenfälle, die nur zwischen Mai und September zeitweise aufhören. Außerdem trägt die eigenartige Formation und Enge des Terrains (Rio San Mateo—Paracti), die ungeheure Höhe der Kordillere und die feuchten Nordwinde aus den Ebenen dazu bei, die Wolken einzuschließen und deren Wasser in diesen Bergen niederzuschlagen. Das Barometer zeigt durchschnittlich 27 Zoll und 3 Linien, das Thermometer schwankte zwischen 82 und 68 Grad Fahrenheit." (Siehe Haenke, 38, pag. 184.)

Er brachte die klimatischen Verschiedenheiten unzweideutig mit dem verschiedenen **Charakter der Vegetation** in Zusammenhang, unterschied vor Humboldt auf den Hängen der Kordilleren mehrere klimatische Stufen, die er in 3 Zonen, eine kalte, gemäßigte und heiße, einteilte. Der Einfluß der Temperatur- und Niederschlagsverhältnisse nach Jahreszeiten auf Landwirtschaft und gesundheitliche Lage der Bevölkerung wurde von ihm einer genauen Beobachtung unterzogen.

Von besonderem Interesse sind seine meteorologischen Beobachtungen in Santiago vom Jahre 1793/94.

„Die klimatischen Verhältnisse des Landes sind so beständig, daß die Schwankungen des Barometers sich kaum bemerkbar machen. Wir haben täglich von September bis März Beobachtungen gemacht und während dieser ganzen Zeit kaum eine größere Schwankung als 3° ober oder unter dem normalen Stand vermerkt. Auch betrug die Zahl der bewölkten Tage nicht mehr als vier im Monat, es fiel auch kein Tropfen Regen; aber gerade diese Trockenheit bildet im gewissen Sinne ein Gegengewicht gegenüber den Vorteilen des Klimas. Im allgemeinen regnet es im Gebiete der Stadt und des ganzen Bezirkes so wenig, daß nach den Aufzeichnungen eines interessierten Beobachters, der genau über die Regenstunden des Jahres Buch führte, ein Jahresdurchschnitt von 220 Stunden festgestellt wurde, wobei das Maximum im Jahre der großen Überschwemmung mit 229 Stunden erreicht wurde.

Auch die Sommerhitze ist nicht übermäßig, sie übersteigt kaum je 24° Reaumur, und dann nur zu Mittag an Tagen, wo keine Seebrise weht... Das Steigen und Fallen des Thermometers in Santiago im Sommer 1794 war wie folgt:

Bei Sonnenaufgang zeigte das Thermometer 16 bis 18°, um 10 Uhr vorm. 20°, zu Mittag 22°, und in den ersten Nachmittagsstunden stieg es auf 24°, wenn der Seewind ausblieb. Abends und in der Nacht begann es fortschreitend auf 20°, bzw. 18° und 16° zu fallen, und manches Mal wurden zu Mitternacht 14° abgelesen. Von diesem Punkt begann es wieder in der bereits angegebenen Weise zu steigen." (Haenke, 40, S. 273.)

In seinen Arbeiten finden sich Angaben verschiedener Witterungserscheinungen, wie Gewitter, Hagel, Fröste, Schnee, Stürme usw. Als Beispiel nenne ich die vollkommene Charakteristik d e s K l i m a s und den Einfluß der Winde i n B u e n o s A i r e s mit allen typischen Erscheinungen. Besonders möchte ich auf eine sehr treffende Schilderung des St. Elms-Feuers bei der Mine von San Pedro Nolasco (Chile) hinweisen, die Haenke einer Skizze seines Freundes Pineda entnommen hat. Das Phänomen war im Jahre 1790 anläßlich eines Wintergewitters in der Kordillere aufgetreten und wurde von den Forschern richtig mit der auf diesen Höhen angesammelten großen elektrischen Spannung erklärt. (Haenke, 40, pag. 283.)

VI. Haenkes Beiträge zur Kenntnis des südamerikanischen Menschen und seines Lebensraumes.

A. C h a r a k t e r i s t i k d e r e i n h e i m i s c h e n B e v ö l k e r u n g.

Da die Voraussetzungen für die von Haenke erstrebte Neuordnung im Lebensraum der amerikanischen Kolonien nur durch eine entsprechende Einstellung der Bevölkerung zu schaffen waren, wendet sich sein Interesse im weitesten Maße der Bevölkerungsstruktur und -dichte, den Charaktereigenschaften der in Kasten geteilten Bewohner, deren fluktuierenden Bewegung und Umschichtung derselben zu.

Das Material, das Haenke gerade zu diesem Gegenstand gesammelt hat, ist ungeheuer, so daß hier nur auf das Wesentliche eingegangen werden kann. Wenn er sich auch für die Zahlen der B e v ö l k e r u n g s s t a t i s t i k e n im wesentlichen auf offizielle Statistiken stützt, so hat er sie doch im Falle von Peru und Chile angezweifelt: in Peru z. B. war die offizielle Ziffer 1 076 102 Einwohner (Zensus 1791); Haenke macht aber darauf aufmerksam, daß die Matriken schlecht geführt waren und die Bevölkerung auf 1 200 000 Köpfe geschätzt werden müsse. „Ein großer Teil dieser Bevölkerung muß als von einem Bergwerk zum andern wandernd angesehen werden... Im allgemeinen sind die Küstenprovinzen schwächer, die Bergprovinzen stärker besiedelt. Die ersten enthalten mehr Spanier als Indianer, in der Sierra überwiegt die indianische Bevölkerung... In sämtlichen spanischen Siedlungen, soweit sie nicht Minenniederlassungen sind, in denen die Bewohnerschaft unstet, schwankend und dem Zufall unterworfen ist, wie z. B. Lima, Arequipa, Trujillo usw...., ist die Bevölkerung ständig im Steigen begriffen." (Haenke, 37, pag. 91/92.) Er beziffert diesen Zuwachs auf mindestens ein Drittel bzw. die Hälfte der Bewohnerzahl in der 2. Hälfte des 17. Jahrhunderts, bezeichnet ihn jedoch als minderwertig. Wenn er im Hinblick auf diesen stetigen, besonders durch Militärtransporte, Schiffsdeserteure und Negereinfuhr verursachten Bevölkerungszuwachs sagt: „La América es un pais en que la población continuamente gana y nunca pierde", so gilt bei ihm für die Indianerbevölkerung gerade das Umgekehrte: „No sucede así con la población india, esta pierde y nunca gana." (Sie kennt nur Verluste und keinen Zuwachs.) In bezug auf die offiziellen Ziffern sagt er: „Wenn es heute mehr Indianer gibt, als zur Zeit des Aufstandes von Tupac-Amaru 1780/81, so waren eben die Matriken sehr nachlässig geführt." (Ebenda, pag. 91.)

Vielleicht noch interessanter sind seine Bemerkungen über die offizielle Bevölkerungsstatistik in Chile, die nach dem Bericht von Don Cosme Bueno 240 000 Indianer und Europäer in den Bistümern Santiago und Concepcion ausweist. „Wenn ich jedoch nach den Originalregistern der meisten Distrikte, die sich in meinem Besitz befinden, und nach den Informationen verschiedener unterrichteter Personen urteile, so kann man diese Ziffer ruhig als falsch ansehen, denn die Bevölkerungszahl ist bedeutend größer und erreicht wahrscheinlich 350 000 Seelen." (Haenke, 40, S. 339.) Besonders zu werten sind seine Angaben über die Bevölkerungsziffern und den kastenmäßigen Anteil an diesen Zahlen in den Städten der Provinz Tucuman, über die laut seiner Aussage damals in Spanien so gut wie nichts bekannt war.

Auch in bezug auf Sterblichkeits- und Geburtenziffern findet sich bei ihm Material, das zu schon vorhandenen Statistiken Ergänzungen liefern kann. Hervorzuheben wäre seine Notiz, daß er die Angabe Don C. Buenos über das Verhältnis der Frauen zu den Männern in Chile (3 : 1) so ziemlich bestätigt, da er nach eigenen Beobachtungen für Santiago dieses Verhältnis mit 2 : 1 angibt[43]).

Seine persönlichen Erfahrungen mit indianischen Völkern (Pehuenchen-, Yuracarées-, Araukaner-, Mojos-, Chiriguanes-, Ketschua- und Aymará-Indianer) sind sehr groß. Seine Charakteristik dieser und anderer Stämme ist sehr treffend. So sagt er z. B. über den peruanischen Indianer im allgemeinen, daß sein Charakter dem Europäer immer ein Rätsel sein wird. Ihre typische Abneigung gegen alles Neue beschreibt Haenke treffend mit den Worten: „Caminan paso à paso sobre las huellas de sus antepasados".[44]) Ihre Bequemlichkeit bringt es mit sich, daß sie zur Arbeit angetrieben werden müssen, wenn nicht der Staat zu Schaden kommen soll, auch um den Preis, daß die Freiheit des einzelnen darunter leidet. Haenkes Meinung ist kurz und bündig: „Die Freiheit besteht nicht darin, daß jeder tut, was ihm beliebt, sondern daß er das tue, was der Gemeinschaft, in der er lebt, am nützlichsten ist." Er bemerkt unter anderem auch ihre große Vorliebe für Musik und Tanz[45]) und ihre Neigung zu sitzender Beschäftigung als Weber, Schuster, Schneider usw.[46]). (Seine Berichte über soziale Lage, Mita, Kopfsteuer und Arbeiterfrage an anderer Stelle.)

In der „Descripción del Chile" befaßt er sich mit den araukanischen Stämmen der Huilliches, Juncos, Araucanos und Pehuenches: „Völker,

---

[43]) Derselben Meinung ist der Botaniker Don Luis Née, der im Tagebuch seiner Reise von Concepción nach Santiago folgendes bemerkt: „Es scheint, daß in Chile die Frauen mehr Mädchen als Knaben zur Welt bringen. Als Beispiel sei, ohne auf andere Orte einzugehen, Chillán herausgegriffen, wo man bei meiner Durchreise 75 heiratsfähige Mädchen auf einen ebensolchen Burschen zählte, Mestizen beiderlei Geschlechts nicht gerechnet. Dieser Knabenmangel trägt die Schuld an der schwachen Bevölkerungszahl in Chile, denn der Großteil der Mädchen altert und stirbt, ohne zu heiraten." (Descr. del Chile, pag. 339.)

[44]) Sie folgen Schritt für Schritt den Spuren ihrer Vorfahren.

[45]) Die Tatsache einer so genauen musikgeschichtlichen Aufzeichnung ist nach Ansicht Herrn Prof. Dr. Beckings, Prag, für die damalige Zeit ein ganz einzig dastehender Fall.

[46]) Als Haenke im Jahre 1794 den Rio Beni befuhr, hat er sich drei Monate lang im Gebiet der Mojos-Indianer aufgehalten. Obwohl keine ethnographischen Studien über diesen Stamm vorliegen, hat er sich sehr eingehend mit der sozialen Lage der Eingeborenen beschäftigt. Wir besitzen ein wertvolles Dokument über diese Zeit in dem Akt in der Publikation von Gabr. René-Moreno, aus dem hervorgeht, daß Haenke sich besonders für die Hausindustrie dieser Indianer interessiert hat. Er hat diesen Gegenstand in seiner Studie „Memorandum zur Baumwollkultur" (siehe Gicklhorn, 26) behandelt, wo er die Aufmerksamkeit der Regierung auf die weberische Kunstfertigkeit der Mojos zu lenken versuchte.

die untereinander entzweit sich oft bekriegen, obwohl sie, wenn wir nach ihrer Sprache, Physiognomie und Sitten urteilen, alle gleichen Stammes sind." Nach Erwähnung der Studien des Abbé Molina über diese Völker macht Haenke aufmerksam, daß er sich bei seinen Angaben über ihre religiösen und sozialen Prinzipien, ihr Verwaltungssystem und Hausindustrie usw. ganz auf eigene Beobachtungen bezieht. Dem militärischen System bzw. der Kampfweise der Araukaner ist in dieser Studie hier und auch an anderer Stelle, anknüpfend an die Erfolge der araukanischen Waffen gegen die Spanier, breiter Raum gewidmet.

Von Haenkes Studien über die wilden Indianerstämme von Ostperu und des Chaco sind nur wenig ethnographische Daten eigener Beobachtung auf uns gekommen. Die Angaben über die Sitten und Gebräuche der von den Missionären von Ocopa betreuten Indianerstämme sind Quellen von Baleato (Verfasser einer Landkarte dieser Gebiete), verschiedenen Artikeln aus dem „Mercurio Peruano" u. a. entnommen. (Siehe Haenke, 37, S. 208.)

B. Das Siedlungsproblem in Südamerika.

Die Versuche der spanischen Regierung zur Lösung siedlungspolitischer Fragen in Südamerika erscheinen im Lichte der Kritik Haenkes mit einer Klarheit, die an dem Mißlingen dieser Bemühungen keinen Zweifel lassen. Haenke begnügt sich nicht damit, die ganze Schuld an diesen Mißerfolgen dem unsteten Charakter der Bevölkerung und der Beunruhigung der Siedlungen durch feindliche Indianer zuzuschieben. Gelegentlich der verunglückten Städtegründungen in Südchile macht er die Regierung verantwortlich, daß sie die Siedler ungenügend unterstütze und sie in Gegenden ohne Verkehrswege setze, wo ihre Produkte keinen Absatz finden können:

„Natürlich setzt die Fruchtbarkeit hier den Wert der Produkte derart herab, daß sie mit Ausnahme der unmittelbar bei Santiago gelegenen Täler mehr Verdruß und Mühe bereiten, als Nutzen bringen, denn ihr Wert reicht nicht hin, um den Transport zu decken, und noch viel weniger, um für die Bewohner den gewohnten Luxusbedarf zu beschaffen. Folglich müssen die Leute ein bäuerliches Leben führen und die Gesellschaft meiden, was sich in der Weise auswirkt, daß sich entweder keine Städte entwickeln oder die schon bestehenden verlassen werden." (S. 332.)

Haenke nennt hier die Städte Melipilla, Rancagua, San Fernando, Curico, Talca, Tutuben, Los Angeles und andere später gegründete Siedlungen, die zwar mit Staatsgeldern angelegt wurden, denen aber die Kapitalien zu ihrem Fortbestande fehlten. „So fanden sie nicht den erwarteten Zuwachs.

Die dort angesiedelten Kolonisten mußten ihre Wohnungen bestreiten, die meisten mußten wegen Wohnungsmangels wieder zurückgeschickt werden. Die Guazos oder Landleute hatten auch eine Abneigung gegen das Zusammenleben in Siedlungen und zogen das halbwilde und freie Leben auf ihren Chacaras und Hacienden dem geregelten und beschränkten Stadtleben vor." (S. 332.)

Der typische Verfall einer Kolonie war in der Abnahme der Bevölkerung von Chiloë kenntlich, die im Jahre 1713: 59 000, 1772 nur mehr 32 000, 1787 gar nur mehr 27 000 Bewohner zählte. Aus denselben Gründen war Haenke auch gegen einen Wiederaufbau der sieben Städte südlich des Biobio, die von den Araukanern zerstört worden waren. Sie könnten wegen ihrer isolierten Lage den Spaniern keinen wirtschaftlichen Nutzen bringen und würden nur aus dem Prinzip gehalten: „Länder deshalb zu besetzen, weil sie einmal unser waren und man sie uns wieder nehmen könnte." Diesen Standpunkt hat Haenke nirgends klarer ausgesprochen als in dem vom Gran Chaco handelnden Abschnitt seines Manuskripts. Auch hier beurteilt Haenke das spanische Siedlungsexperiment höchst skeptisch, da doch seit zwei Jahrhunderten, die man sich um die Bekehrung der Chaco-Indianer bemüht: „nur 7 christliche Indianersiedlungen (6 Chiriguanosdörfer und eine Abiponerniederlassung) bis Tucuman bestehen ... Alle diese Siedlungen sind wohlgemerkt an den Grenzen des Chaco; alle jene, die im Innern gegründet wurden, fielen der Zerstörung anheim, und alles in allem übersteigt die Zahl der Einwohner — Christen und Heiden — nicht 3000 Menschen." (S. 413.) Seine Stellungnahme gegen die Eroberer-politik der Spanier ist in diesem Abschnitt seiner Werke besonders klar ausgesprochen und soll gelegentlich der Besprechung von Politik und Wirtschaft der von Haenke bereisten Länder erörtert werden.

Auch die Kolonien am linken Ufer des La Plata zwischen Colonia und Montevideo verfielen nach Haenke langsam, aber unaufhaltsam. „Viele Kolonisten verlassen die Ortschaften und siedeln sich in Kampranchos an, wo sie sich an ausschließliche Fleischnahrung gewöhnen, den Ackerbau aufgeben und ein müßiges, liederliches Leben führen. Der böse Geist des Landes gewinnt die Oberhand über den fleißigen galizischen Arbeiter. Er ahmt die Sitten nach, die er um sich sieht ..., und sein Sohn pflegt regelmäßig zum Gaucho zu degenerieren."

„Beim Anblick dieser kleinen Siedlungen und Ranchos drängen sich in diesem Zusammenhang Gedanken auf, die uns über die Grundlagen des Wohlstandes und des Wachstums der Bevölkerung aufklären. Die Grundsätze der besten Volkswirtschaftler dürfen nicht wörtlich genommen werden. Alle behaupten, daß sich der Mensch im Verhältnis zur vorhandenen Ernährungsmöglichkeit vermehrt, sie vergleichen das Menschengeschlecht mit den Herdentieren, die sich proportionell zur Futtermenge fortpflanzen ... Wenn man aber diese Theorie kritisch prüft, so stimmt sie nicht. Verhielte es sich nämlich so, dann gäbe es nirgends eine so dicht bevölkerte Gegend, wie die von Buenos Aires, denn nirgends gibt es so reichlich Fleisch wie hier ..., das jagdbare Wild ist mit der Hand zu fangen, und Fische sind reichlich vertreten ... Trotz aller dieser Vorteile sieht man nur menschenleere Grasflächen, Pferde- und Rinderherden, deren Zahl mitunter einem Heereszug gleicht, und Rudel von Straußen, die zu viert oder fünft mit ausgestrecktem Halse die ungeheuren Ebenen durcheilen. Die Ranchos gleichen Inseln im weiten Meer, und wir haben gesehen, welch geringe Rolle die wenigen Siedlungen spielen." (Haenke, 41, S. 467.)

Gegenüber diesem Rückgang der seßhaften Bevölkerung am Lande erkennt man deutlich das unaufhaltsame Anwachsen derselben in den zwei großen Stadtzentren Montevideo und Buenos Aires. Montevideo wuchs, wie Haenke sagt, von Tag zu Tag, und viele Spanier ließen sich hier nieder, angelockt durch das günstige Klima, die angenehmen und billigen Lebensverhältnisse und die leichten Transportmöglichkeiten ins Mutterland. Von Buenos Aires meint er, daß selbst die oberflächlichsten Beobachter auf den ersten Blick die bedeutende Entwicklung bemerken, die die Stadt in bezug auf Handel und Bevölkerungszuwachs genommen hat. Er schätzt die Zahl der Bevölkerung auf 60 000 bis 70 000. „1770 bestand die Einwohnerschaft laut Angaben des Reiseführers von Buenos Aires nur aus 22 000 Personen. Die Ziffern beweisen das rasche Aufblühen dieser Kolonie, das sich ohne Zweifel dank der glücklichen Lage für Handel und Schiffahrt noch gewaltig steigern wird." (S. 435.)

C. Soziale Lage der spanischen Kolonialbevölkerung.

Haenke verließ Europa im selben Jahre, als die französische Revolution ausbrach, und schrieb seine Werke, ehe sich die Folgen dieses politischen Ereignisses in Südamerika auswirken konnten. In einem Lande, das noch ganz unter dem Druck eines Feudalregimes und der Herrschaft einer bevorzugten Klasse stand, entwickelt Haenke ein Programm der sozialen Entwicklung, wie es noch 100 Jahre nach ihm als Ziel der Politik jener Länder galt, bzw. noch heute nicht erreicht ist.

In Erkenntnis der so rückständigen Wirtschaftslage trotz der vorhandenen großen Reichtümer suchte er die Wurzeln der Mißstände aufzudecken. Er nennt darunter eine verfehlte Eroberungspolitik, schwache Besiedlung,

Mangel an Kapital und Unternehmungsgeist der Bewohner, aber stets hat er unter diesen Faktoren, die einem wirtschaftlichen Fortschritt im Wege standen, aufs Schärfste die von den egoistischen Feudalherren verschuldete schlechte soziale Lage der Bevölkerung verurteilt. Da er die ganze Hoffnung für die Zukunft dieser Länder in einen gesunden Bauernstand auf eigener Scholle setzte, bedauerte er, daß in einem Lande von so großen anbaufähigen Territorien nur wenige, und nicht die besten, für die Besiedlung freigegeben waren. Der Verfall der Hausindustrie, die einseitige Bevorzugung des Minenbetriebes in Peru, wo Mangel an Arbeitskräften herrschte, die Not der kleinen Siedler, ein richtiges Bauernproletariat, das sich auf den kleinen, von den großen Herren in Pacht gegebenen Grundstücken nicht ernähren konnte, aber nur gelegentlich Arbeit fand, wenn es den Großwirtschaftsbetrieben paßte (Schlachtungen, Aussaat, Ernte usw.), das alles waren Probleme, die Haenke intensiv beschäftigten. Seine Ausführungen auf diesem Gebiete gehören mit zu dem Besten, was er geschrieben hat.

So erwähnt er, daß, obwohl in Lima 1027 Handwerker in einem Gremium erfaßt waren und viele arme spanische Frauen Arbeit im Schneider- und Putzmachergewerbe fanden, doch eine große Anzahl von Personen beiderlei Geschlechts arbeitslos waren. „An diesem Unglück ist besonders die Tatsache schuld, daß es hier außer einigen wenigen Passementerieerzeugungen ... gar keine Fabriken oder Werkstätten gibt, die eine größere Zahl von Arbeitern beschäftigen oder erhalten könnten. Daher wird man nicht fehlgehen, wenn man die Zahl der Personen, die ihr tägliches Brot als Taglöhner verdienen müssen, auf 3000 schätzt — inklusive Sklaven und Diener. Das ist für die geringen Hilfsmittel in der Stadt eine zu große Zahl, und diese Zustände sind eine bedeutende Gefahr für ehrsame Menschen, die in schlechte Verhältnisse geraten." (pag. 17.) Diese Kritik bezieht sich auf die spanische und Mischlingsbevölkerung von Lima. Es ist auch interessant, Haenkes Stellungnahme zur Lage der rein indianischen Bevölkerung von Peru kennenzulernen. So wie sein Zeitgenosse Azara hat auch Haenke bei dieser Frage auf die spanische Gesetzgebung hingewiesen, die darauf bedacht war, den Indianern einen gewissen Schutz gegenüber den Eroberern zu bieten[47]). Beide vertraten die Meinung, daß weder die

[47]) In seiner Arbeit über Chile, S. 340, hat er die Erlässe Valdivias zum Schutze der indianischen Bevölkerung wiedergegeben. Er erwähnt auch, daß diese Versuche, die spanische Nation als unmenschlich zu kennzeichnen, von ausländischer Seite stammten, wobei vorzüglich die Engländer gemeint waren, die damals auch Lügen und Verleumdungen gegen das Volk in die Welt streuten, das ihren eigenen

spanische Nation noch die Kolonialregierung für die lokale Unterdrückung der Indianer verantwortlich gemacht werden dürfe, sondern, wie Haenke sich ausdrückt, „die Übel, unter denen der Indianer gelitten hat und noch leidet, die unausbleibliche Folge einer Kolonisation sind, die 4000 Meilen von der Hauptstadt entfernt ist." (S. 114, Peru.) Haenke weist darauf hin, daß sich die Lage der Indianer seit der Aufhebung des Systems der Repartimientos und der Auflösung der Corregimientos, die durch Intendanzen und Subdelegationen ersetzt wurden, bedeutend gebessert habe, ja daß der Tribut (eine Art Kopfsteuer), den der Indianer zu zahlen hatte, keine große Last für ihn sei[48]).

Aber gegenüber diesen offiziellen Erklärungen, zu denen er als Beamter in spanischen Diensten gezwungen war, ist das abfällige Urteil Haenkes über die soziale Lage der indianischen Bevölkerung zwischen den Zeilen zu lesen, besonders wenn er auf die schon früher angedeutete Abnahme der Zahl der Eingeborenen und den unglückseligen Aufstand von Tupac Amaru zu sprechen kommt, der Peru nach seiner Schätzung 100 000 Indianer gekostet hat. Um so offener übte Haenke in einzelnen Fällen lokaler Bedrückung, wie in der Provinz Mojos, Kritik, in der entweder Gouverneure oder Mönche des Franziskanerordens sich Übergriffe schlimmster Art gegen die eingeborene Bevölkerung zuschulden kommen ließen. Von den Franziskanern sagt er: „Sie ziehen unglaubliche Vorteile aus der Einfalt und der ungeheuren Plage ihrer Neophyten, die sie mit Arbeiten überbürden, die nicht einmal Lasttiere leisten könnten." In der Provinz Mojos gab es zwischen Haenke, der dort im Jahre 1794 nach Reyes am Beni fuhr, und dem Gouverneur Zamora einen Zusammenstoß, weil dieser unserem Forscher die Einreise, Ausreise und das Arbeiten in seinem Gebiet zu erschweren suchte, wogegen Haenke sich wieder in Santa Cruz de la Sierra über Zamora beschwerte, da dieser seine Untertanen im größten Elend leben ließ, ohne Abhilfe zu schaffen[49]).

imperialistischen Plänen im Wege stand. Azara wirft bei der Erörterung der gleichen Frage den Engländern und anderen Nationen direkt vor, daß sie ihre Eingeborenen noch viel schlechter behandelten. Auch Darwin erwähnt ausdrücklich die milde Behandlung der Sklaven auf spanischem Boden, sehr zum Unterschied von den portugiesischen Kolonien.

[48]) Nach H. haben die Indianer den Tribut bald aufgebracht. Der Rest ihres Verdienstes wird bei Festen der Kirche geopfert und vertrunken. „Wenn der Tribut nicht wäre, würde man kaum einen Indianer arbeiten sehen."

[49]) Die Notizen über den Streit Haenkes mit Zamora stammen aus einem Akt, den Gabriel Moreno erstmalig im „Archivo de Mojos y Chiquitos" veröffentlicht hat. Durch M. V. Ballivian wurde dieses Dokument erstmalig biographisch ver-

Trotz der Parteinahme für die Unterdrückten verschloß sich der praktische Haenke durchaus nicht der Notwendigkeit, die zum Müßiggang neigende Bevölkerung von Südamerika, besonders das indianische Element, zur Arbeit zu zwingen. Er denkt dabei besonders an die Weberei, für die eine besondere Vorliebe besteht und die „Tausende von Händen" beschäftigen könnte. Die hiesigen Bewohner sollen außer der Landwirtschaft noch irgendeine andere Beschäftigung haben. Von solchen Arbeiten ... nehme ich die Minen ausdrücklich aus. Sie werden den Indianern zwangsweise durch die Verordnungen der Mita (siehe Gicklhorn, 26, S. 207, Fußnote, und ausführlicher Haenke, 37, S. 136) auferlegt und haben mehr als alles andere unter diesen Unglücklichen Verheerungen angerichtet, die an Ausmaß den durch eine Seuche oder Pestepidemie angerichteten Schaden übertreffen." Haenke weist auch darauf hin, daß die Mita damals in Peru nur mehr in gewissen Gegenden, z. B. Potosi und Huancavelica bestand, an anderen Orten jedoch gedungene Arbeitskräfte verwendet wurden.

Er schildert ausführlich die Verhältnisse und Arbeitsbedingungen der freiwilligen Arbeiter in dem Kapitel „Las Minas del Perú" und auch in den von Pineda übernommenen Berichten über die Bergwerke in Chile[50]). Aus seinen Schilderungen geht klar hervor, daß die Zusammenarbeit zwischen Besitzer und Angestellten denkbar schlecht war, was sich natürlich zum Nachteil der Produktion auswirkte[51]).

Sind schon seine Ausführungen über die Verhältnisse in Peru deutlich genug, so hat Haenke mit noch größerer Klarheit das Fehlen eines sozialen Ausgleiches in Chile aufgedeckt und auf die unhaltbaren Zustände in der Verteilung des Besitzes und im sozialen Aufbau des Landes hingewiesen. Der Grundbesitz von Chile befand sich in den

---

wertet und von Khol im Jahre 1911 zum großen Teil übernommen. Spätere Zitate dieser Stelle, z. B. bei Kühnel, stammen aus dieser Quelle.

[50]) In der Descripción del Perú, S. 135, hat Haenke auch die Löhne der Bergarbeiter für alle Kategorien genau angegeben, ebenso in der Descripción del Chile, wo anläßlich der Beschreibung des Bergwerkes von Punitaque durch Ant. Pineda auch die Belegschaft des Bergwerkes einschließlich der Löhne des Direktors bis zum letzten Häuer und Ofenheizer ziffernmäßig angeführt sind.

[51]) Da es in den großen Höhen, in denen die meisten Bergwerke (meist Silber) lagen, nichts zu kaufen gab, versorgte der Besitzer seine Arbeiter mit Waren oder gab Naturallöhne, selbstverständlich mit 100 bis 200 % Zuschlag für seine Tasche. Das Ergebnis war, daß der Besitzer eine Menge totes Kapital und der Indianer, dem man viel unnützes Zeug aufdrängte, eine Schuld hatte. Entweder strengte sich der Arbeiter dann gar nicht an, weil er wußte, daß man ihn erhalten mußte, oder ergriff aus Furcht, man könnte ihn zur Bezahlung veranlassen, die Flucht. (Peru, S. 140.)

Händen von nur wenigen Familien. Haenke erwähnt nebenbei, daß z. B. der Bezirk Santiago mit 280 Quadratmeilen und 56 000 Einwohnern unter 172, Melipilla mit 250 Quadratmeilen und 9000 Seelen unter 24 Besitzern aufgeteilt sei. Ein Besitzer habe oft 50 Quadratmeilen[52]), während für kleine Siedler nur sehr wenig Boden zur Verfügung stände. „Diese Besitzungen umfassen genau 1/6 des Landes. Es gibt allerdings daneben noch einige kleine Besitzer, die gesondert genannt werden, sie kommen aber nicht in Betracht." (S. 333.) „Auf dem ungeheuer fruchtbaren Boden, inmitten des größten Überflusses, der eine Steigerung der Ernte geradezu zu einem Unglück für das Land machen würde, lebt der arme Chilene nur auf knappe und schlechte Nahrung angewiesen, ohne einen Vorteil vom Reichtum des Bodens zu haben ...) Daher ist das Schicksal des Armen außerordentlich elend. Der Grundbesitzer sieht seine Peones nicht etwa als freie Menschen, die nach ihrem Willen über ihre Person und ihre Arbeit verfügen können, sondern als dienstpflichtige Knechte an, die von der Notwendigkeit getrieben ..., gezwungen sind, den Boden zu bebauen, zu ernten, zu dreschen, kurz das ganze Jahr hindurch die nötigen Arbeiten zu verrichten, ohne eine andere Entschädigung zu bekommen, als eine armselige Hütte und ein kleines Stückchen Erde zum Gemüse- oder Getreidebau ... Wenn ein Armer vom Ertrag seiner Arbeit ein kleines Feldstück pachten konnte, wurde ihm manchmal — je nach Laune des Herrn — der Pachtzins verdoppelt, so daß er jederzeit aus ganz nichtigen Gründen von dort vertrieben werden konnte."

„Man kann sich die Folgen dieses unglückseligen Systems vorstellen und daraus folgern, wie notwendig die Aufteilung dieser großen Besitzungen wäre, damit ihr Boden für den Anbau durch fleißige und geschickte Bauernhände frei würde. Durch Verteilung unter eine größere Zahl von Menschen würde auch die Bevölkerung zunehmen und jeder einzelne würde die Frucht seiner Mühe und Arbeit für sich behalten können. Leider darf man sich nicht einbilden, daß solch ein glücklicher Umsturz sich zu unserer Zeit ereignen wird; die heutige Gesellschaftsordnung und ihr System machen diese Neuerung ganz unmöglich oder rücken sie zumindest in weite Ferne." (Chile, S. 333.) Auch Haenke spricht hier bereits die Kritik aus, die man so oft in älteren und modernen Werken über die Lage der Siedler in Argentinien findet: „Andere Großgrundbesitzer ziehen die Viehzucht der »Menschenzucht« vor, weil sie einträglicher ist, und verwenden ihre

---

[52]) 1 Quadratlegua umfaßt 2699 ha, also hat ein Gut von 50 span. Quadratmeilen 134 950 ha.

riesigen Ländereien als Weidegrund zum Rinderzüchten, Mästen und Schlachten." (Ibidem.) [53])

Um jedoch nicht den Gedanken aufkommen zu lassen, daß dieses Ausbeutungssystem der Herrenschicht die Anhäufung besonders großer Vermögen begünstigte, gibt Haenke folgende Aufklärung: „Das Merkwürdigste besteht aber darin, daß das Schicksal des Besitzers nicht viel besser ist als das des Armen, und die Eigentümer selbst meistens zum Arbeiten gezwungen sind, wenn sie ihre Familien halbwegs standesgemäß von den Erträgnissen ihrer ungeheuren Ländereien erhalten wollen... Es ist so weit gekommen, daß die Bodenprodukte schon nicht mehr genügen, um ein Haus auf einem angemessenen Durchschnitt in der Lebensführung zu erhalten... Jeder, der in Chile gelebt hat oder gereist ist, weiß, daß die meisten Familienväter, die ihren Töchtern eine Mitgift zusammensparen wollen, dies wegen des gesellschaftlichen Aufwandes in der Stadt nicht tun können. Sie sehen sich deshalb gezwungen, sich auf ihre Hacienda zurückzuziehen und ein wahrhaft pastorales Leben zu führen, wobei noch das unrühmliche Mittel zu Hilfe genommen wird, das Gesinde mit übertrieben hoch gewerteten Naturallöhnen abzufertigen." (S. 335.) Die Gründe für diese Zustände liegen nach Haenke im gesteigerten Luxusbedürfnis der spanischen Familien sowie in der üblen Sitte, daß ärmere Haushalte mit dem Aufwand der reichsten wetteifern wollten und bald das Vermögen ihrer Eltern aufgebraucht hatten[54]).

Ausdrücklich zeigt Haenke das Fehlen des Handwerkerstandes in Chile auf, der völlig zurückgeblieben war, „nicht nur was Geschmack und feine Ausführung betrifft, sondern in seiner Armseligkeit im allgemeinen". Außerdem hat der Handwerker nicht die geringsten Vorteile gegenüber einem Tagelöhner, „das Los beider ist gleich schlecht". (Haenke, 40, S. 339.)

Wenn auch Haenke nichts von Mißhandlungen schwarzer Sklaven zu berichten weiß, so äußert er sich doch abfällig über die schlechte Lebenshaltung, zu der diese Menschen in den Häusern der vornehmen Chilenen und Peruaner gezwungen waren: Anläßlich der Beschreibung von Santiago teilt er uns seine Beobachtungen in den Patrizierfamilien mit. „In Chile,

---

[53]) Große Viehzuchtgesellschaften in Chile, die umfangreiche Landkonzessionen zu erwerben wissen, gehen, sobald sie den Boden in Händen haben, sofort daran, die dort angesiedelten Kolonisten zu vertreiben und den mühsam dem Walde abgewonnenen Acker in Viehweiden zu verwandeln.

[54]) „Mit andern Worten, die Wurzel des Übels lag nicht so sehr in der Organisation der chilenischen Gesellschaft, sondern in der Armut des Landes, die noch heute das Kernproblem aller Schwierigkeiten Chiles ist." (Edwards, 13.)

sowie im übrigen Südamerika, ist der Tisch eines Edelmannes von sieben bis acht barfüßigen und zerlumpten Sklaven beiderlei Geschlechts umgeben. Ihre Gesichtsfarbe, ihr trauriges Los und ihr verwahrlostes Aussehen erwecken Abscheu und Mitleid... Ohne Löhnung oder Bezahlung, auf die bloße Verpflegung und elende Bekleidung angewiesen, ist der menschlichen Natur das Ertragen eines solchen Mißverhältnisses in der Lebenslage, wie sie das Interesse, die Gewalt und die Politik in die Gesellschaft eingeführt haben, nicht so ohne weiteres angeboren. Wer wird sich daher wundern, wenn die Sklaven bei jeder sich bietenden Gelegenheit sich einen Teil der Dinge aneignen, auf deren Besitz sie auch ein gewisses Recht zu haben meinen." (Haenke, 40, S. 274—275.)

In den La Plata-Staaten ist auch in Haenkes Schriften eine im allgemeinen bessere soziale Lage der Bewohner zu erkennen. „Die wenigen Menschen, die heute die Pampas besiedeln, bauen Weizen, Mais usw. aber nur für ihren Bedarf... Die Bevölkerung webt auch Bayeten und Ponchos; man sieht hier nicht den Müßiggang und das Elend, die in den armen Landstrichen eine so gewöhnliche Erscheinung sind." In Buenos Aires fand er Sklaven in verschiedenen Handwerken tätig: „In den anstrengenden Handwerkerberufen findet man nur wenige Professionisten: jede Handarbeit muß sehr teuer bezahlt werden und begegnet nur Geringschätzung. Besonders in Montevideo üben fast gar keine Freien ein Handwerk aus, nur Farbige (gente de casta) widmen sich diesem Beruf." (Pag. 436.) Auch die Sklaven hatten es hier besser, oft arbeiteten sie als Wasserverkäufer, Tischler usw. außer dem Hause ihrer Besitzer und der Überschuß ihrer Arbeitsleistung gehörte ihnen.[55])

VII. Haenkes Leistungen zur wirtschaftlichen Erschließung Südamerikas.

Bergbau, Waldwirtschaft, Ackerbau, Viehzucht, Fischerei.

Die tierischen, pflanzlichen und mineralischen Rohstoffe der spanischen Kolonien als Hauptgrundlagen für die Erhaltung des Menschen sind von Haenke in weitestem Maße berücksichtigt worden. Besonders wenn es sich um Minerale oder Nutzpflanzen handelt, spricht aus seinem Urteil ein Fachmann mit eigenen praktischen Erfahrungen, der sich weit über das

[55]) Die bessere Behandlung der Sklaven in Buenos Aires kam auch zum Ausdruck, als die Stadt von den Engländern angegriffen wurde. Die Schwarzen fochten als Libertos in eigenen Regimentern treu an der Seite ihrer Herren und trugen nicht wenig zum Siege bei. Sie erhielten nach Beendigung der Kämpfe die Freiheit.

Niveau der Reisenden vor ihm erhebt. Bei der Betrachtung der von ihm bereisten Länder hat er sich immer die Frage gestellt, in welcher Weise der Mensch diese Räume für seine wirtschaftlichen Bedürfnisse ausnützen könnte. Landwirtschaft und Bergbau, Ausnützung des Wald- und Fischreichtums stehen im Vordergrund seiner Betrachtungen.

Haenke hat den Bergbau in Peru und Chile als Haupteinnahmequelle und Machtfaktor der Regierung bezeichnet. Ein bedeutender Teil seiner Studien ist dem Studium der Minen gewidmet. Er schätzt die Ausbeute an Gold und Silber in Peru von 1790 bis 1795 auf 412 117 Marcos (1 Marco = 8 spanische Unzen = 230 gr), was einem jährlichen Ertrag von durchschnittlich 5 593 513 Pesos und 2½ Realen gleichkommt. Den Ertrag der chilenischen Bergwerke (Gold, Silber und Quecksilber) schätzt er auf ca. 1 Million Pesos im Jahre. Seine Kritik der Bergwerksbetriebe gilt für Chile und Peru. Sie läßt sich in folgende Sätze zusammenfassen:

1. Die Hauptschuld an dem primitiven und unrationellen Betriebe — es mangelte an den einfachsten mechanischen Einrichtungen — liegt in dem Mangel an Fachleuten. Die Zahl der Ausländer ist gering, und die Einheimischen verfügen infolge der verfehlten, ausschließlich humanistisch eingestellten Bildung nicht über die unbedingt erforderlichen mineralogischen, chemischen und technischen Kenntnisse.

2. Der Kapitalmangel der Bergwerksbesitzer und das Fehlen entsprechender Kreditbeschaffung ist ein Hemmnis für jedes Unternehmen dieser Art.

3. Die leichtsinnige und planlose Arbeitsweise der Indianer, die teilweise unter Zwang in den Minen arbeiten müssen, trägt die Schuld an vielen Schäden, die sehr oft zu Einstellung sehr rentabler Bergwerke führen.

4. Der hohe Preis des Quecksilbers, das Staatsmonopol war (in Chile 64 Pesos das Pfund) verhindert die Rentabilität der Amalgamation. Vielen Unternehmern war es unmöglich, sich das für diesen Prozeß notwendige Quecksilber zu beschaffen.

Die spanische Regierung hatte zwar im Jahre 1777 Versuche zwecks Verbesserung des genannten Verfahrens unternommen (Expedition Helms—Nordenflicht), aber sie erwies sich bei den teuren Arbeitskräften in Peru und den Holzpreisen für die neue Maschinerie als unrentabel. Haenke äußert sich dazu: „Ich meinerseits muß bemerken, daß, ob man nun das neue oder das alte Amalgamationsverfahren für das Metall anwendet, die eingewurzelten Fehler im Bergbetrieb von Peru sicherlich schwer zu beseitigen sein werden. Der Mangel an Arbeitskräften infolge der schwachen Bevölkerungszahl des Königreiches, die schlechte Entlohnung, die mangelhafte Unterstützung des Bergwerksbesitzers von Seiten des Geldgebers (comerciante) infolge Mißtrauens und zahlreiche andere Fehler, die hier nicht alle aufgezählt werden können, verschulden die ungünstige Lage dieses Wirtschaftszweiges." (Haenke, 37, S. 147.)

Bemerkenswert ist sein Hinweis, daß der Silberbergbau in Chile 1790 noch ganz in den Anfängen steckte. „Den hiesigen Silberminen wendet sich erst seit wenigen Jahren die Aufmerksamkeit in steigendem Maße zu, besonders seit Deutsche aus Peru hierher gekommen sind. Bis jetzt gibt es noch keine richtige Ausbeute, weil es keine erfahrenen Arbeiter gibt, die mit dem Metall und seinen Eigenschaften vertraut wären." (Haenke, 40, S. 344.)

Haenke hat an der Erschließung des Pflanzenreichtums der östlichen Andenländer aktiven Anteil genommen, indem er aus der Fülle der Gewächse jene herausgriff, die als Arznei- oder Nutzpflanzen wenig oder gar nicht ausgenützt wurden. Die Ergebnisse dieser Studien hat er im zweiten Teil seiner Naturgeschichte von Cochabamba niedergelegt, die von mir bereits ins Deutsche übertragen wurde. (Siehe Gicklhorn, 26.) Der Beschreibung dieser Pflanzen legte er auch je eine Probe des beschriebenen Stoffes bei, und sandte sie mit dem Memorandum an Regierungskreise in Buenos Aires. Darunter befanden sich auch Proben von Chinarinde. „Ich allein könnte mehr als 50 Standorte aufzeigen, die ich auf meinen weiten Reisen in diesem Kontinent entdeckt habe." Außer mit den Erzeugnissen des Naturwaldes hat sich Haenke sehr ausführlich mit den Anbaumöglichkeiten amerikanischer und europäischer Kulturgewächse befaßt. Er weist wiederholt ausdrücklich auf den Einfluß der Bodenbeschaffenheit, der Bewässerung und der klimatischen Bedingungen hin, so z. B. für die Kulturen von Koka, Indigo[56]), Kakao, Kartoffeln. (Siehe Gicklhorn, 26.) Der Zuckerrohranbau in der Umgebung von Lima wird beschrieben und dabei erwähnt, daß die Provinzen von Chincha und Cañete den Großteil des Zuckerbedarfs von Lima und den Export nach Chile deckten[57]). Über die Kultur der Baumwolle in den Mon-

---

[56]) „Die Ufer des San Mateo in der Nähe der Mission Asumpcion der Yuracarées-indianer sind ganz mit dieser Pflanze bedeckt. Beim ersten Blick würde man glauben, daß sie hier angepflanzt wurde." (Gicklhorn, 26, S. 204.)

[57]) Er erwähnt auch die Förderung der Zuckerrohrkultur im nördlichen Chile: „Anläßlich des letzten Besuches des Generalkapitäns von Chile (O'Higgins) in den Nordprovinzen, der auf die Förderung der Landwirtschaft abzielte und diesen Distrikt vom Lande Peru in bezug auf Zucker und Syrup unabhängig machen sollte, die alljährlich im Ausmaß von 7—8000 arrobas zu je 5 Pesos importiert werden, führte dieser die Verbreitung der Zuckerrohrpflanzung und das Zuckerfabrikationsverfahren ein." (Haenke, S. 343.)

tañas der Anden hat Haenke ein eigenes Memorandum geschrieben, das nicht nur volkswirtschaftliche Erwägungen, sondern auch Hinweise auf die günstigsten klimatischen Bedingungen und Bodenverhältnisse für das Gedeihen dieser Pflanze enthält. (Gicklhorn, 26, S. 205.)

Im allgemeinen schildert Haenke die Lage des Ackerbaus in Peru wie folgt: „In keinem europäischen Lande beobachtet man eine ähnliche Sorglosigkeit und Unkenntnis bei den Landleuten, nicht nur in diesem Bezirk, sondern auch im übrigen Peru. Der Ackerbau bleibt im allgemeinen den Indianern überlassen, die entweder aus Nachlässigkeit oder in ihrem unwiderstehlichen Hang in allem ihre Vorfahren nachzuahmen, in dem wenigen, das sie anbauen, 300 Jahre nach der Conquista keinen wesentlichen Fortschritt im Ackerbau erkennen lassen. Es ist auch dem größten Bemühen nicht gelungen, sie von den rohen und primitiven Methoden ihrer Altvordern abzubringen. Daher wird der Großteil des Bodens aufs Geratewohl bebaut, und obwohl sie das Doppelte von dem ernten, was fleißige Völker durch Bewässerung und ununterbrochene Mühe erzielen, so ist das mehr der natürlichen Fruchtbarkeit des Bodens als dem Ergebnis ihres Fleißes zu danken." (Haenke, S. 159.)

In Chile, wo zu Haenkes Zeit die Landwirtschaft besonders im Bistum Santiago schon auf einer gewissen Stufe stand, waren Haenkes Überlegungen weniger auf die Produktion als vielmehr auf die Schaffung von Absatzmöglichkeiten gerichtet. Besonders im Süden war die Fruchtbarkeit derart, daß Haenke sie als ein Unglück für die Bewohner bezeichnete, die ihre Ernten nur zu Schleuderpreisen oder gar nicht verkaufen konnten[58]).

Ganz anders lagen die Verhältnisse in der Pampa, wo nur die nächste Umgebung der Städte in Kultur genommen war, während riesige Landflächen halbwilden Rinder- und Pferdeherden überlassen waren. Zu jener Zeit und noch viele Jahrzehnte später war in den La Platastaaten die Meinung verbreitet, der Pampasboden eigne sich nicht zum Feldbau. (Siehe dazu in Napp, Rich., und Kühn, Fr.) Besonders wurde Wassermangel als

[58]) In diesem Zusammenhang sei erwähnt, daß er genaue Angaben über Leistung und Ertragsfähigkeit des Bodens nach jahrelangem Brachliegen verzeichnet hat. Es handelt sich hier um eine Chacara bei La Serena (Chile) im Jahre 1790, die seit 1736 nicht bearbeitet worden war, da sie mit der Überproduktion der Umgebung von Santiago und Penco nicht konkurrieren konnte. Es ergaben z. B. 2 fanegas Weizen (1 fanega = 137 l) 76½, 10 Almudes Gerste (1 Fanega = 12 Almudes) 39½ Fanegas usw. Bezüglich Kartoffeln bemerkt er, daß sie hier im halben Jänner ausgesetzt wurden und Ende April zwar nicht ganz reif, aber immerhin schon eßbar seien. (Haenke, S. 344.)

Hemmnis geltend gemacht, eine Meinung, der Haenke mit Hinweis auf das reichlich vorhandene Grundwasser (Kühn, S. 52) energisch entgegengetreten ist, ebenso wie er auch in der Beurteilung des Bodens im La Platagebiet ganz anderer Meinung war, als sein Zeitgenosse Azara, der folgendes behauptet: „Sandige und tonige Böden sind der Vegetation abträglich, keiner von beiden kann viel produzieren. Das genügt, um die europäischen Erzählungen von der Fruchtbarkeit dieser Länder ins Reich der Fabeln zu verweisen. Ich habe die Ländereien von Buenos Aires und Montevideo durchwandert, habe Erkundigungen eingezogen und Überlegungen angestellt und zog aus all dem folgenden Schluß: Wenn diese Länder plötzlich so bevölkert würden wie Europa, würden binnen zehn Jahren alle Leute verhungern, denn der Boden würde nicht einmal Früchte im Verhältnis 1 : 1 hervorbringen ... Also diejenigen, die glauben, daß in kommenden Jahrhunderten das Land so bevölkert sein wird wie Europa, sind schwer im Irrtum." (Azara, 6, pag. 291.)

Haenke hat auch Beobachtungen angestellt, aber er kam zu einem anderen Schluß: „Bei Untersuchung des ausgenützten Kulturbodens könnte man glauben, daß der Pflanzenwuchs doch nicht sehr reichlich sein kann, denn auf allen Feldern findet man eine 2 Fuß mächtige Schicht schwarzer Erde und darunter eine harte kompakte Tonschicht, die unfruchtbar ist. Bei näherer Betrachtung und tieferer Grabung entdeckt man glücklicherweise überall Grundwasser auf gleicher Höhe wie der Meeresspiegel, der für gewöhnlich 12 bis 18 kastil Varas tiefer als die höchsten Stellen liegt. Überall können Brunnen gebohrt werden, und es ist die Möglichkeit nicht von der Hand zu weisen, daß die wärmespeichernde Tonschicht die unterirdische Feuchtigkeit nicht nur physikalisch an sich bindet, sondern daß sie auch dabei die Fette an die Oberfläche bringt, an denen sie bekanntlich sehr reich ist. Die fettige Beschaffenheit äußert sich nicht nur in der Eigenheit, daß der Boden glitschig ist, sondern auch darin, daß diese an sich unfruchtbare Schicht durch bloße Beimengung von Sand fruchtbar gemacht werden kann. Durch die Beimischung von Sand, der hier reichlich vorkommt, wird der Boden aufgelockert, durchlüftet und den eindringenden Wurzeln der angesäten Pflänzchen der Weg eröffnet." (Orig. Haenke, 41, S. 441.)

„Trotzdem wäre zu wünschen, daß der Fleiß der Bewohner mit der natürlichen Fruchtbarkeit des Bodens Schritt hielte. Es sollten Bäume gepflanzt, Brunnen gebohrt, gemauerte Wasserbehälter und Schöpfräder aufgestellt und durch die Vermehrung der schon vorhandenen natürlichen Lagunen die Bewässerung gefördert werden, um die in Trockenperioden mangelnde Wassermenge zu vermehren, da bei dem herrschenden Klima trockenes Wetter nicht zu den Seltenheiten gehört." (Pag. 442.)[59])

Zu dieser praktisch analytischen Beobachtung eines Kenners kommt noch die Ansicht, daß es im La Plata-Gebiet ungeheure Strecken der besten Ackererde gibt. „Der Ertrag ist 100-, ja oft 120fältig (laut Zeugnis des Intendanten von Maldonado Don Manuel Perez) und die auf dem Stoppelfeld liegengebliebenen Körner müssen für die neue Saat und Ernte des kommenden Jahres genügen. Das Getreide ist von bester Qualität, und wenn es eine Ausfuhrmöglichkeit gäbe, könnte ein neuer großer Handelszweig entstehen." (Haenke, pag. 457.)

Haenke hat somit ein besseres Urteil gehabt als manche Landeskenner, wie Burmeister (1858), und, gestützt auf genaue Beobachtungen, entschieden die Ansicht ausgesprochen, daß die Entwicklung der La Plata-Länder sich nicht nur auf dem Gebiete einer rationellen Viehzucht, sondern auch auf dem des Ackerbaus vollziehen wird.

Haenkes Angaben über die Viehzucht der südamerikanischen Länder sind wertvolle Ergänzungen unseres Wissens über die damalige Bedeutung dieses Wirtschaftszweiges. Nachdem er die Bedeutung der Ziegenzucht im Bezirk Coquimbo für die Lederindustrie hervorgehoben hat, bezeichnet er die Rinderzucht als den Hauptreichtum der chilenischen Grundbesitzer. „Die Schlachtung wird in den Monaten Dezember und Januar vorgenommen, wenn die Rinder am fettesten sind, und auf den Estancias werden durchschnittlich 300 bis 600 Stück, auf manchen bis zu 1000 Stück und mehr geschlachtet." (Haenke, 40, S. 225.) Er äußert seine Zufriedenheit mit der rationellen Verwendung der Nebenprodukte (Fett, Klauen, Hörner usw.) und beschreibt eingehend das landesübliche Schlachten nebst dem Vorgang der Zubereitung des Trockenfleisches. Ganz im Gegensatz dazu nimmt er gegen die Verschleuderung des tierischen Materials in der Pampa Stellung: „Diese kostbaren Produkte, die den Hauptreichtum des Landes darstellen, wurden noch vor kurzem Raubvögeln, wilden Tieren und Hunden überlassen. Trotzdem werden noch heute bedeutende Mengen an Rohmaterial vergeudet . . . Es werden nicht annähernd die Mengen Fleisch ausgeführt, die weggeworfen werden." (Haenke, S. 439.) Der große Schlachtbetrieb in Montevideo mit Haufen von Knochen und Überresten, über die

[59]) „Eine mittlere Ernte übersteigt nicht 100 000 Fanegas zu 9 arrobas pro fanega, was für den Verbrauch der Hauptstadt (B. A.) ausreichend ist. In guten Jahren beträgt sie ein Drittel oder fast die Hälfte mehr als die genannte Menge, wodurch der Weizenpreis natürlich auf die Hälfte seines gewöhnlichen Wertes bis zu 3 Duros oder 50 reales vellon sinkt." Deshalb auch der Ruf nach Ausfuhr bei Haenke.

sich Wolken von Aasvögeln senken, die die Sonne verfinstern, ist sehr anschaulich geschildert. Auch die Pferdezucht der La Platastaaten ist erwähnt, Haenke lobt die Güte der einheimischen Pferderasse in ihrer ungeheuren Ausdauer und Anspruchslosigkeit.

Bei seinen landeskundlichen Studien hat Haenke auch den großen F i s c h r e i c h t u m der chilenischen Küste besonders hervorgehoben. Er ist bestrebt, die in Lethargie versunkenen Bewohner auf die Bedeutung des Fischfanges — sowohl an der Küste als auch auf der Hochsee — hinzuweisen und fordert die Gründung einer eigenen Fischereiflottille. In diesem Zusammenhang erwähnte Haenke, daß es bei Concepción von Walen geradezu wimmelte. Da Fische in Lima und Coquimbo sehr guten Absatz fanden (zwischen Concepción und Coquimbo gibt er für Kongern und Corvinen eine Preisspanne von 10 Pesos pro Zentner an), rät er den Einheimischen an, sich dem Fischfang zu widmen, besonders den Bewohnern von Juan Fernandez, deren Anbaufläche für die Ernährung der Bevölkerung nicht ausreichte.

VIII. Haenkes Beurteilung der wirtschaftlichen Leistungen der spanischen Kolonien.

Bei seiner wissenschaftlichen Erforschung der Rohstoffquellen hat Haenke stets die industrielle Ausbeutung der von ihm beschriebenen Materialien als Ziel seiner Bemühungen gesehen. Er war bestrebt, die Regierung auf neue Werkstoffe und auf solche, die nicht genügend ausgewertet wurden, aufmerksam zu machen und primitive Anfänge der Industrie in ihrer weiteren Entwicklung zu fördern. Zahlreiche Beispiele sind schon dafür angeführt worden, z. B. Salpeter, Cochenille, Indigo, Gerbstoffe[60]), Seil- und Spinnfasern, Hölzer, Harze u. v. a.

Unter zahlreichen i n d u s t r i e l l e n Verfahren, die er beschrieben hat, interessieren besonders die Angaben über die Verarbeitung des Z u c k e r r o h r s in der Umgebung von Lima. (Haenke, S. 156—157.) Dieser Industrie kam eine gewisse Bedeutung zu, da Chile um 40 000 Pesos jährlich Zucker aus Peru bezog[61]). Als bedeutend bezeichnete er auch die Charqui-

[60]) So machte er auf die Frucht des Algarrobillo infolge ihres hervorragenden Tanningehaltes aufmerksam. Heute wird sie eifrig gesammelt und in der Gerberei verwendet.

[61]) Auch heute ist Chile (siehe Edwards, Martin) immer noch auf der Suche nach entsprechenden Kompensationsartikeln für den peruanischen oder bolivianischen Zucker. Die Versuche einer heimischen Rübenzuckerindustrie sind vorläufig nicht geglückt. Der Weisheit Schluß ist das von Haenke empfohlene Mittel: Steigerung der Getreideausfuhr. (Edwards, 13.)

erzeugung (Trockenfleisch) in Chile und beschreibt die einzelnen Phasen dieses Vorganges. (Haenke, S. 327—328.) Wiederholte Male fordert Haenke eine kräftige Unterstützung der heimischen Stofferzeugung, die besonders in Peru zurückging. „Früher ein beachtenswerter Handelsartikel, verfällt sie jetzt natürlich, denn je mehr Überfluß an europäischen Waren, desto größer wird der Luxus, sehr zum Schaden jener einfachen Manufakturwaren." (Haenke, S. 56.) Chilenische Gewebe für Ponchos, Decken usw. und Schuhe waren zwar grober Art, aber Haenke empfahl wegen der billigeren Löhne dringend ihre Herstellung zwecks Ausfuhr nach Peru. Nebst den Erzeugnissen der Stoffindustrie nennt Haenke u. a. noch die Fabrikate der Häutegerbereien in Maule und La Concepción in Chile, die jährlich Corduanleder im Werte von 12 000 Pesos nach Peru exportierten. Aber an anderer Stelle erklärt er: „Die Wiedereinfuhr fertiger Waren aus Europa, Lima und Buenos Aires verschlingt den Ertrag der Landesindustrie restlos"[62]).

Besondere Wichtigkeit hat Haenke der Baumwollindustrie von Peru, besonders der Provinz Cochabamba, beigemessen. Ich verweise auf sein Memorandum „über die Baumwollkultur und die Förderung ihrer Verarbeitung in Südamerika" (Deutsch von Gicklhorn, 26, S. 209), aus dem hier nur das Wesentliche wiedergegeben sein soll. Haenke kritisiert hier, daß viele Provinzen Perus Baumwolle auf Kosten ihres Silbergeldes aus fernen Ländern einführen. Die Provinz Cochabamba erzeugte allein so viel Textilien wie alle andern zusammen, auch hatten die Bewohner eine besondere Vorliebe für diese Art der Arbeit. Die Gewebe waren zwar primitiv, hatten aber im letzten Krieg[63]) hingereicht, um die Bevölkerung von Peru unabhängig von der Einfuhr zu bekleiden. „Noch befindet sich die Industrie dieser Völker im ersten Anfangsstadium, doch sie leistet genug, wenn man in Betracht zieht, daß die Arbeiter sich nur äußerst mangelhafte Vorstellungen und Kenntnisse in dieser nützlichen Fertigkeit aneignen konnten und mit den schlechtesten Geräten und an elend konstruierten Webstühlen arbeiten... Man versorge diese Völker mit lege artis gebauten Webmaschinen, entsprechenden aus erstklassigem Material hergestellten Gerät-

[62]) Nachdem die Kolonialvölker noch nach ihrer Befreiung nicht zur Durchführung eines solchen Programms gelangten, profitierten die schlauen Engländer von der Lage. Der Export aus Großbritannien hatte sich laut Statistiken vom Jahre 1849/50 gegenüber 1822—25 vervierfacht, und zwar nur an Textilien. Die englischen Kaufleute verdienten die größten Summen nicht an Luxusartikeln, sondern an billigen Volkswaren.

[63]) Krieg mit England nach dem Vertrag von San Ildefonso (1776), der die Kolonien vom Mutterland bis zum Frieden von Amiens abgeschnitten hat.

schaften und lehre sie den Gebrauch einiger, die einzelnen Handgriffe der Arbeit vereinfachenden Maschinen, und man wird sehen, daß die südamerikanischen Völker ebenso geschickt und tüchtig in dieser Technik sind, wie irgendein Volk des andern Erdteils." (Gicklhorn, S. 208—209.) Es sei hier noch betont, daß Haenke, so wie nach ihm auch Humboldt[64]) (Buch V, S. 259) auf die Tatsache hinwies, daß Spanien sich der Errichtung von Textilmanufakturen in Südamerika hindernd in den Weg stellte. Die Argumente der Monopolisten widerlegte Haenke durch den Hinweis, daß die wenigen spanischen Fabriken allein gar nicht fähig seien, so riesige Länder wie Peru und Mexico mit steigender Bevölkerungsziffer zu versorgen. Zugleich macht Haenke aufmerksam, daß die Engländer, deren Baumwollfabriken doch in hoher Blüte standen, dennoch die Einrichtung solcher Industrien in ganz Indien förderten, „denn die indische Handelskompagnie kontrolliert die ungeheuren Kapitalien, die in der Mehrzahl der Waren stecken, die unter dem Namen »chinesische Ware« von der Philippinischen Handelsgesellschaft... zu uns gebracht werden."

Aus Haenkes landeskundlichen Werken ist ein mit Ziffern belegtes Bild über Handel und die wirtschaftliche Struktur von Peru, Chile und den La Plataländern zu gewinnen. Das ausführliche statistische Material, das er sich von Zoll- und Finanzämtern, sowie vom Konsulartribunal (den Vorläufern der Handelskammern) zu verschaffen wußte, erstreckt sich auf die Jahre von 1770 bis 1795. Wir erkennen daraus den Umfang des zwischen den einzelnen Provinzen und zwischen Kolonien und Mutterland im Gang befindlichen Handels, das Schwanken der Export- und Importziffern. Er hat für Chile als erster saubere Tabellen des Exports nach Peru und Spanien ausgearbeitet, eine Liste der aus Europa importierten Waren aufgestellt und für Chile im ganzen und für einzelne Provinzen, z. B. La Concepción (Gicklhorn, R., 28), das Defizit der Handelsbilanz aufgezeigt. Ebenso besitzen wir von ihm eine Abrechnung der peruanischen und chilenischen Staatskassen, aus denen er in seinen wirtschaftlichen Abhandlungen praktische Folgerungen gezogen hat.

Das Material für die La Plata-Staaten ist weit weniger vollständig, aber aus seinen Angaben geht der ununterbrochen im Steigen befindliche

[64]) „Von Zeit zu Zeit erhoben rechtschaffene Männer ihre Stimmen, um die Regierung über ihre wahren Interessen aufzuklären, und machten es ihr bemerkbar, daß es dem Mutterstaat nützlicher wäre, die Manufakturindustrie in den Kolonien aufblühen zu machen, als die Schätze von Peru und Mexiko auf Ankauf fremder Waren zerrinnen zu lassen." (Humboldt, 43.)

Handelsumsatz der Stadt Buenos Aires hervor, die er auf die neuerdings zugestandenen Zoll- und Handelsfreiheiten zurückführt. Eine Liste der wichtigsten Ausfuhrartikel von den Jahren 1787—1796 ist der Beschreibung von Buenos Aires beigegeben und macht die Steigerung der Häuteausfuhr von 372 891 Pesos auf 874 599 Pesos innerhalb von 10 Jahren ersichtlich. Der Weizenexport, für das Jahr 1788/89 mit 2455 fanegas angegeben, spielt eine sehr bescheidene Rolle; um so bemerkenswerter ist Haenkes ausdrücklicher Hinweis auf die Notwendigkeit der Steigerung dieser Produktion zu Ausfuhrzwecken.

Dem Handel von Peru ist ein eigenes Kapitel gewidmet, wobei Haenke nach folgender Einteilung vorgeht:

1. Handel der Provinzen mit Lima.
2. Handel von Lima mit den andern Häfen des Pazifik.
3. Handel mit Spanien. (Haenke, 37, S. 44.)

Bezüglich des Handels von Lima mit den Provinzen hebt Haenke hervor, daß die Bilanz zum Vorteil der Hauptstadt ausfällt, die mehr europäische Waren in die „Valles" liefert, als sie Produkte von dort bezieht.

Im 2. Abschnitt behandelt Haenke den Handel Limas mit Chile[65]), Santa Fé[66]) und Mexico (1785—89). Bezüglich Chiles verweist er auf die Statistiken in den Tabellen über den Handel dieses Landes und erwähnt, daß Weizen, Talg und Kupfer die Hauptausfuhrartikel Chiles nach Peru sind. Nach der in Haenkes Bericht veröffentlichten Abrechnung ergibt die Bilanz dieses Austausches für 5 Jahre einen Überschuß von 847 351 Pesos 6 Realen zugunsten Chiles. Die diesbezüglichen statistischen Nachweise finden sich in der „Descripción del Chile", wo Haenke auch vermerkt hat, daß Chile im 17. Jahrhundert von Peru eine jährliche Aushilfe von 200 000 Pesos erhielt, daß aber nach dem Erdbeben in Lima (1687) die Unfruchtbarkeit mehrerer peruanischer Provinzen eine gesteigerte Weizeneinfuhr aus Chile zur Folge hatte[67]), die zugleich mit einer steigenden Kupferproduktion Chile von Zuschüssen unabhängig machte.

[65]) Valparaiso, Concepción und Coquimbo.

[66]) Guayaquil und Panamá.

[67]) Als Beispiel führt er unter anderm an, daß die Hacienden Lonquen und San Vicente am Maypó im Jahre 1736 zusammen um 18 000 Pesos verkauft wurden. Im Jahre 1782 erzielte Lonquen 60 700 Pesos und San Vicente 40 000 Pesos, und zwar ohne neue Instruktion, bloß infolge Wertsteigerung des Bodens. Dasselbe galt für alle chilenischen Hacienden im Bistum Santiago, in anderen Gebieten war keine so bedeutende Steigerung zu verzeichnen, obwohl sie sich auch dort bemerkbar machte. (Haenke, 40, S. 338.)

Auch über den Umfang des Handels mit den übrigen Häfen des Pazifischen Ozeans veröffentlicht Haenke zahlreiche Bilanzen (Haenke, S. 50) und erwähnt, daß den Limenser Kaufleuten eine beachtliche Flotte zur Verfügung stand, und zwar 10 Schiffe, 11 Fregatten, 19 Paketboote und 1 Kutter mit einem Gesamtladeraum von 351 500 Quintalen und einer Besatzung von 1460 Mann.

Im 3. Abschnitt erörtert Haenke den Handelsverkehr zwischen Cadiz und Callao. Die von ihm für die Jahre 1785—1794 angegebenen Bilanzen ergeben die Tatsache, daß in beiden Fünfjahrperioden fremde Waren einen weit größeren Prozentsatz der Einfuhr ausmachten als nationale. Haenke gibt auch einen ziffernmäßigen Beleg für die sprunghafte Zunahme des peruanischen Exports nach Europa seit der Aufhebung der Handelsbeschränkungen, durch die Südamerika von der absoluten Diktatur einer bestimmten Gruppe von Kaufleuten befreit wurde. Nach der Feststellung, daß der größte Posten im Umsatz des Landes die Produkte der Bergwerke sind, geht er auf die Einnahmequellen des Staates, das umlaufende Münzgeld und die unproduktiven Reichtümer ein. Nach seinen Angaben sind in den Jahren 1790—1794: 24 967 566 Pesos 6 Realen geprägt worden. Zuzüglich der Summen, die Lima aus der aktiven Handelsbilanz mit Buenos Aires zog, und dem Wert der Landesprodukte, die nach Spanien gingen, ergab sich laut Haenke die stattliche Summe von 6 693 513 Pesos jährlich, die nach Umlauf in Peru dazu diente, die aus Europa eingeführten Waren zu bezahlen.

In krassem Gegensatz zu diesen von Haenke als „opulent" bezeichneten Verhältnissen stand die Armut Chiles, für dessen Lage Haenke ein großes Interesse zeigte. Seine statistischen Angaben über dieses Land sind um so bemerkenswerter, als über die Bilanzen des Außenhandels und der Staatseinnahmen nichts öffentlich bekanntgegeben war. Er weist auf handschriftliche, in seinem Besitz befindliche Angaben hin, aus denen hervorgeht, daß Chile jährlich für 1 052 412 Pesos Waren aus Europa bezog, davon etwas mehr als die Hälfte an „europäischen Waren im allgemeinen, den Rest an spanischen". Diese Waren werden mit dem Münzgeld und der Kupferproduktion des Landes oder aus dem Überschuß seiner Handelsbilanz mit Peru bezahlt, nachdem die Bilanz mit Buenos Aires passiv ist[68]). Wiederholt wird auf die neue Getreideausfuhr aus dem Bezirk Santiago

[68]) Hier spielt er auf den Import von Paraguaytee aus den La Plata-Ländern an, den er mit 260 000 Pesos jährlich angibt. Davon war allerdings ein Teil nur Transit nach Peru.

nach Peru hingewiesen (ca. 260 000 fanegas jährlich), wodurch das Defizit wenigstens um 325 000 Pesos herabgesetzt wurde. Zu diesem Handelszweig bemerkt er aber, daß der Profit einigen wenigen reichen Privatleuten zugute komme. (Siehe Gicklhorn, R., 28.) Sowohl in der Handelsbilanz des ganzen Landes als auch in den Teilbilanzen von Santiago oder Concepción, die Haenke in allen Einzelheiten erläutert, kommt die Tatsache der ungünstigen Schlußbilanz für Chile zum Ausdruck.

Verkehr: Im Zusammenhang mit Haenkes handelspolitischen Erwägungen wurde das Verkehrssystem, das die spanischen Kolonien untereinander und mit dem Mutterlande verband, von ihm eingehend in Betracht gezogen. Haenkes Kritik betraf den Schiffsverkehr sowie das Straßennetz: beide wurden als völlig ungenügend bezeichnet. Während in Peru für Schiffsverbindungen mit Spanien über Panama, Portobello usw. wenigstens einigermaßen gesorgt war, fehlten dagegen entsprechende Verbindungen mit dem östlichen Teil des Landes gänzlich.

Der direkte Schiffsverkehr Chiles mit dem Mutterlande war erst seit wenigen Jahren in Gang gekommen (Aufhebung der Beschränkungen und Einführung des Freihandels) und dadurch wenigstens ein gewisser Fortschritt erzielt worden. Haenke hebt hier ausdrücklich die großen Vorteile der Schiffsfrachten gegenüber den Karrentransporten quer durch den Kontinent hervor, nicht nur deshalb — wie die chilenischen Geschäftsleute behaupteten —, weil die Waren dabei arg beschädigt und dem Verderb ausgesetzt wurden, sondern auch, „weil infolge der geringen Kosten der Instandhaltung der Schiffsausrüstung Waren wie Kupfer, Silber und zahlreiche Fischereiprodukte als Rückfracht von zahlreichen Schiffen geladen würden, die alle Jahre das Kap Hoorn umsegeln, um Ladungen von Quecksilber, Planken usw. . . . für die wirtschaftliche Ausbeutung der Minen nach Chiloé, Valparaiso und Coquimbo zu bringen".

Die Verkehrsschwierigkeiten in Chile wurden noch dadurch erhöht, daß die einzige direkte Verbindung des Landes mit Buenos Aires über die Kordillere führte und nur einige Monate im Jahr passierbar war. Der Lasttierverkehr spielte sich nur in den Monaten November bis April oder halben Mai ab, die übrigen Monate verkehrten nur Postboten in tiefem Schnee unter großen Gefahren.

Haenke hat diesen Weg über den Cumbrepaß mit Maultieren überschritten und genaue Beobachtungen in seinen Notizen verzeichnet. Aus ihnen geht u. a. hervor, daß die steinerne Brücke über den Aconcagua 3 Meilen von Villa San José de los Andes den ganzen Verkehr Chiles mit dem Vizekönigreich Rio de la Plata zu bewältigen hatte[69]). „Obwohl es noch 8 oder 9 andere gangbare Übergänge gibt, schrecken sogar die Eingeborenen vor einem Überschreiten der Kordillere zurück." Berichte von Don Luis Née, die ihm zur Verfügung standen, bestärkten Haenke in der Ansicht, daß es andere kürzere Wege über die Kordillere geben müsse[70]). (Santiago-Mendoza, S. 380.) Der wichtige Weg über den Cumbrepaß befand sich zudem zu Haenkes Zeit (1794) in einem erbärmlichen Zustand, besonders eine zerstörte Stelle bei der Jaula war seit einer 1788 erfolgten großen Überschwemmung noch nicht repariert[71]).

Was das interne Verkehrswesen Perus anbetrifft, hat sich Haenke vorwiegend mit den Verhältnissen im östlichen Teil des Landes befaßt, was auch mit den damals noch sehr problematischen Kenntnissen über die inneren Provinzen Mojos und Chiquitos zusammenhängen mochte. Er berichtet aus eigener Erfahrung von den Schwierigkeiten, die sich der Überquerung der zweifachen Kordillerenketten entgegenstellen und hat deshalb nachdrücklich auf die Notwendigkeit einer Flußschiffahrt am Marañon und seinen verschiedenen Nebenflüssen hingewiesen. Er wollte die in isolierter Lage befindlichen Provinzen dadurch an das Weltverkehrsnetz anschließen, ein Gedanke, den er in seinem Memorandum an Intendant Viedma ausführt und der nach ihm von zahlreichen Autoren, einschließlich Alex. v. Humboldt, aufgegriffen worden ist. Die geographische Bedeutung seiner Forschungen wurde bereits im Abschnitt Haenke als Hydrograph gewürdigt. Auf weitere Einzelheiten werde ich gelegentlich der deutschen Veröffentlichung der Originalarbeit eingehen.

[69]) Der Brückenzoll brachte dem Finanzamt nach Haenke 2405 Pesos jährlich ein. Man kann sich eine Vorstellung von dem Verkehr machen, wenn — wie er in einer Fußnote angibt — für jeden beladenen Maulesel 2 chilenische Realen oder 5 Realen Vellon entrichtet wurden. Für 5 unbeladene und aufgezäumte Tiere mußte das gleiche gezahlt werden. Transportiert wurden vorwiegend Lasten mit Maté aus Buenos Aires nach Chile — auch Transitware nach Lima — und Edelmetalle in umgekehrter Richtung.

[70]) Née hatte 1794 versucht, von Chillan, Longavi und anderen Orten in die Cordillere einzudringen, hatte aber wegen Angst vor Pehuenchen- und Wiliches-Indianern sowie vor wilden Tieren keine Begleitung finden können. Erst in Curico fand er beim Subdelegierten Don Xavier Bustamante Unterstützung für eine solche Expedition. Da Née bei seiner Wanderung den Rio Claro erwähnt, dürfte er sehr wahrscheinlich den Paß von Planchon längs der Täler der Flüsse Claro und Teno überschritten haben. (Haenke, 41, S. 379.)

[71]) Diese Katastrophe ist bei Cl. Gay (21) erwähnt (IV. Bd., S. 318) und auf die gleiche Ursache — Durchbruch einer in der Flanke des Tupungato gestauten Wassermasse — zurückgeführt. Haenke beschönigt die Tatsache, daß die Reparaturen in 6 Jahren noch nicht beendet waren, mit der „rauhen Witterung im Gebirge".

IX. Haenke als Kolonialpolitiker.

Wenn die hier vorgelegten und z. T. kritischen Beobachtungen Haenkes in den von ihm bereisten Räumen seine Einstellung zu den verschiedensten Fragen der Landeskunde beweisen, so werden sie — besonders was die Länder Chile und das heutige Argentinien anbetrifft — noch viel bedeutsamer, weil sie die Grundlage zu einer großzügigen Raumplanung abgeben. Einer der Leitgedanken der von Malaspina geleiteten Expedition war die politische Erkenntnis des spanischen Kolonialreiches und seine Bedeutung für das Mutterland. Haenke hat nun die Kolonialräume nicht nur in Beziehung auf die darin lebenden Menschen, sondern auch in Beziehung auf den spanischen Wirtschafts- und Lebensraum betrachtet. Er ging dabei von folgenden Überlegungen aus:

1. Die von der Geschichte geschaffene Lage der südamerikanischen Länder als spanische Kolonie, bei der immer der Nutzen und die Interessen des Mutterlandes in Betracht gezogen werden müssen, und

2. ebenso weitgehende Berücksichtigung ihres Eigenlebens, ihrer Bedürfnisse und wirtschaftlichen Entwicklung.

Die Schwächen des spanischen Kolonisationssystems, das im wesentlichen nicht über eine militärische und politische Eroberung hinausgekommen ist, waren ihm bekannt. Seine Bemühungen zielten darauf hin, die regierenden Stellen von der Notwendigkeit zu überzeugen, Politik und Wirtschaft in Einklang zu bringen und der spanischen Regierung entschieden von Eroberungen abzuraten, die sich mit der wirtschaftlichen Lage der Kolonien nicht vertrugen.

Als Beispiel dafür, wie Haenke über die damalige Eroberungs- und Verteidigungspolitik der La Plata-Staaten und des südlichen Chile dachte, seien seine eigenen Worte hier wiedergegeben, über die sich jeder selbst ein Urteil bilden kann. Am bezeichnendsten sind seine Ausführungen über Versuche der Spanier, den Gran Chaco zu erobern. Die spätere Entwicklung hat gezeigt, wie richtig Haenkes vorausblickende Gedanken zur Lage gewesen sind.

„Man hat zahlreiche Vorschläge zur Unterwerfung dieser wilden Stämme gemacht. Ähnlich wie die chilenischen Araukaner haben sie immer eine entschiedene Vorliebe für ein freies, ungebundenes Leben bekundet, und je größer ihr Widerstand und je klarer die Unmöglichkeit wurde, sie zu unterwerfen, desto zahlreicher wurden die Pläne zur Durchführung einer Eroberung. Es wäre eine ebenso lästige wie unnütze Arbeit, wollte ich die zahllosen Vorschläge zu dieser Frage aufzählen. Alle drehen sich mit geringen Abweichungen um drei Hauptpunkte. Die eine Gruppe schlägt vor, den Chaco mit Hilfe ausgewählter Missionäre zu besiedeln und die Indianer durch erfolgreiche Bekehrungen zum Gehorsam zu bringen. Die andere Gruppe will in der Mitte des Chaco Städte und Siedlungen gründen, die mit Spaniern und Farbigen zu bevölkern wären. Die dritte, in der Mehrzahl befindliche Gruppe neigt zur Gewaltanwendung und rät zur Errichtung von Forts und Garnisonen längs der Grenzen, Wege und Wasserstraßen, wobei gelegentlich auch zum Mittel der militärischen Expedition gegriffen werden soll. Alle diese Methoden haben ihre Vorteile, für jede von ihnen können Beispiele geltend gemacht werden, nachdem sich solche Fälle natürlich mehrfach während der Eroberung Amerikas ereignet haben. Bevor ich jedoch das geeignetste Vorgehen eingehend studiere, muß ich die Sache vom realen Standpunkt aus einer gründlichen Prüfung unterziehen. Meiner Ansicht nach entspringen die Meinungsverschiedenheiten weniger aus den Schwierigkeiten einer Lösung des Problems als vielmehr aus dem Versäumnis, den Nutzen solcher Unternehmungen mit dem Gesamtwohle des Staates in Einklang zu bringen.

Sollte die Absicht bestehen, durch die Eroberung des Chaco die Macht und das Volksvermögen zu vergrößern, so ist es klar, daß bei der h e u t i g e n Lage der spanischen Monarchie diesen beiden Faktoren nicht durch einen nutzlosen Gebietszuwachs gedient werden kann. Es würde den Grundsätzen einer guten Wirtschaftspolitik weit mehr entsprechen, das, was wir schon besitzen, zu pflegen, zu festigen und auszubauen, als die Zahl unserer Besitzungen zu vermehren, wo doch ihr wachsender Umfang eine immer stärkere Belastung und innere Schwächung für uns bedeutet. Die Erfahrung mehrerer Jahrhunderte muß uns doch schon gelehrt haben, daß der Reichtum eines Volkes nicht auf dem Besitze riesiger und zahlreicher Kolonien, sondern eher auf dem Ausmaß beruht, in dem diese zum Gedeihen und zum Glanze des Mutterlandes beitragen. Von der Unterwerfung der Chaco-Indianer ist weder das eine noch das andere zu erwarten."[72]) (Haenke: Viaje de Mendoza á Buenos Aires, pag. 414/15.)

---

[72]) Daß Haenke die Lage richtig beurteilt hatte, als er voraussagte, daß diese Politik ein schlechtes Ende nehmen würde, beweist eine Angabe von Moussy (1860!): „Tous les anciens établissements fondés dans les XVIe, XVIIe et XVIIIe siècles par l'Espagne ont été abandonnés, sauf quelquesuns, dans le cours des années et tout est maintenant à refaire." (III. Bd., S. 326.) Auch Azara stellt sich in einem sehr interessanten Brief an den Vizekönig Don Antonio Olaguer Feliú im Jahre 1799 gegen die Kolonisation des Chaco; seinen Ausführungen fehlt jedoch die überzeugende und schlagkräftig-logische Begründung. (Brief Azaras in Angelis, 1. Bd. 4.)

Denselben Standpunkt vertritt Haenke in bezug auf die Kriegführung gegen die Araukaner in Chile. „Es ist fast unglaublich, was dem Volke der hartnäckige Krieg in Chile gekostet hat, ohne daß irgend etwas erreicht worden wäre. Ich besitze kein genügendes Zahlenmaterial, um genaue Berechnungen aufstellen zu können, aber ich weiß, daß er bis zum Jahre 1664 schon mehr wie 33 Millionen verschlungen hat und mehr wie 35 000 Rekruten nach Chile gebracht wurden." Bezüglich der Verteidigung der Provinz La Concepcion, deren Erzeugnisse infolge Mangels an Ausfuhrmöglichkeiten keinen Wert hatten, hält er der Regierung vor, daß die Besoldung der Grenztruppen jährlich 150 000 Pesos kostet, während die Provinz trotz sparsamster Verwaltung dem Staate nicht mehr als 18 000 Pesos jährlich einbringt. „Man muß sich fragen, welche Vorteile die Errichtung der heutigen Grenzfortsperre des Biobio gebracht hat, wohl aber verursacht sie ständige Auslagen für ihre Erhaltung und unaufhörliche Reparaturen ...[73]) Es ist in der Tat unverständlich, warum man sie noch heute hält, wo doch die Erfahrungen der Vergangenheit gelehrt haben müssen, daß Wirtschaftlichkeit und Sparsamkeit die Grundlagen unseres Verwaltungssystems sein müssen ..." (Haenke, S. 315/16.)

Während Haenke für Peru die ungeheure Menge an Edelmetallen hervorhebt, die diese Kolonie an Spanien lieferte, so schätzt er den Nutzen, den Spanien aus seiner Kolonie Chile zieht, auf ganz geringfügige Summen. Wohl produzieren die Bergwerke von Chile ca. 1 Million Pesos jährlich, „aber diese Summe wird vollständig vom Verwaltungsapparat selbst und vom Militäretat verschlungen". Chile sei zwar ein sehr fruchtbares Land, aber seine geographische Lage, so günstig für die Verteidigung gegen Feinde, erlaubt ihm keinen nutzbringenden Austauschhandel mit Spanien, ja die Beziehungen mit seinen Nachbarn leiden darunter. „Betrachtet man die Einnahmen und Ausgaben der staatlichen Verwaltung in Chile, wie sie Don Tomas Alvarez Acebedo für die Periode von 5 Jahren 1773—1777) berechnet hat, so kommt man zum Resultat, daß das Reinerträgnis sämtlicher staatlicher Einnahmequellen nur 110 073 Pesos ausmacht. Diese Schlußsumme kann als verläßlich angesehen werden, obwohl sie bereits veraltet ist, weil ich vergleichsweise einen anderen Jahresbericht der kgl. Rechnungskammer über die Bilanz der Einkünfte des kgl. Schatzes aus dem Jahre 1795 prüfen konnte. Laut folgenden Auszug ergibt er einen Überschuß von 221 333 Pesos." Er macht aber darauf aufmerksam, daß

[73]) Dabei bemerkt er ausdrücklich, daß die Forts in einem solchen Zustand seien, daß sie für eine wirkliche Verteidigung gegen die Indianer nicht in Frage kämen.

man auch hier einen Durchschnittswert annehmen müßte. „Nimmt man nun die eine oder die andere der beiden Schlußsummen als der Wahrheit am nächsten kommend an, so ist doch sicher, daß beide nur eine sehr geringfügige Summe zugunsten des Staates ergeben, wenn man die Fruchtbarkeit des chilenischen Bodens in Betracht zieht und sie mit den hohen Kosten vergleicht, die Verwaltung und Verteidigung eines so ausgedehnten Landes verursachen ..." (S. 360.) Anknüpfend an diese praktischen Erwägungen hebt Haenke in seiner Kritik der spanischen Politik im Süden Chiles noch hervor, daß die 7 von den Araukanern zerstörten Städte (Haenke, 40) in Unkenntnis der wahren Lage im Lande eines unversöhnlichen Feindes gegründet wurden und daß außerdem die dort in Betrieb gesetzten Bergwerke „eine unglückliche spanische Einwanderungsbewegung zur Folge hatten". Noch klarer wird sein Gedankengang, wenn er die spanische Regierung zu überzeugen sucht, daß Spanien nicht über die Volkskräfte verfügt, um Chile zu besiedeln. „Solche Unternehmungen wären nur möglich, wenn Spanien einen Menschenüberschuß wie Malta oder die genuesische Riviera hätte ... So ist Spanien jedoch nicht imstande, diese Emigration beizustellen." Von hier geht er direkt auf das Problem der planmäßigen Gestaltung des Raumes in den Kolonien und seiner Beziehungen zum Mutterlande ein. „Auch würde Spanien von einem starken Anwachsen der Bevölkerung in Chile keinen Nutzen haben, solange nicht das Ansteigen der Bodenproduktion und der industriellen Erzeugung in dieser Kolonie Spanien einen entsprechenden Austausch mit seinen industriellen Produkten und zugleich eine Vermehrung seines Nationalwohlstandes ermöglichen könnten." Hiermit hat Haenke das Kernproblem seiner Ausführungen berührt, das er von jeder Seite beleuchtet, durch Beispiele erläutert und im Anschluß daran Pläne entwickelt, die ihn zum weitschauenden Kolonialpolitiker stempeln. Vor allem sucht er für Chile einen Ausweg aus seiner trostlosen wirtschaftlichen Lage, die er in verstärkten Handelsbeziehungen mit seinem Nachbarn Peru und in einer Anzahl von innerpolitischen Maßnahmen erhofft, die eine gesteuerte straffe Wirtschaftspolitik und eine bewußte Raumplanung vorsehen.

Die dringendste Forderung Haenkes ist die Aufteilung des Großgrundbesitzes, „damit der Boden für den Anbau durch fleißige und geschickte Bauernhände frei würde". Auch an anderer Stelle (Haenke, Buenos Aires, S. 467) hat Haenke darauf hingewiesen, daß angesichts dieser menschenleeren Räume nur eine planmäßige Siedlungspolitik auf Erfolg hoffen dürfe, ein Problem, das noch heute die südamerikanischen Republiken unablässig beschäftigt. „Solange nicht der Ackerbau in dieser fruchtbaren Gegend Wurzel faßt, die Bewohner nicht mit dem Boden, den sie bearbeiten, fest verbunden sind..., so lange wird die Besiedlung hier auf große Schwierigkeiten stoßen."

Noch bezeichnender ist, daß sich Haenke durch den Aufschwung des damals im Mittelpunkt der Wirtschaftspolitik stehenden Bergbaus nicht täuschen ließ. Er gibt seine Bedeutung durchaus zu, empfiehlt seinen Ausbau und technische Verbesserung, aber: „Ich habe in den wirtschaftlichen Überlegungen gezeigt, daß Chile seinen Aufschwung viel eher von der Landwirtschaft und Fischerei zu erwarten hat, als von den Bergwerken, obwohl letztere eine geringere Anzahl von Arbeitskräften erfordern." (Haenke, S. 366.) Nachdem er die Bedeutung des Weizenexports[74]) nach Peru und seine Steigerungsfähigkeit aufgezeigt hat, zieht er andere Produkte landwirtschaftlicher und gewerblicher Art in den Kreis seiner Betrachtungen, um das auf der chilenischen Wirtschaft lastende Defizit zu beseitigen. Dies begründet er folgendermaßen: „Der Handel mit dem Mutterlande stellt das Maximum des Erreichbaren dar, bis nicht eine Änderung eintritt, sei es durch die Steigerung des Ertrags der Bergwerke, sei es durch den Anbau anderer als der bisher erzeugten für Europa wichtigerer landwirtschaftlicher Produkte, sei es durch den Austausch dieser Produkte mit einer anderen Kolonie, die ihrerseits wieder Produkte besitzt, die an das Mutterland abgegeben werden können... Chile könnte auch die Zuckerindustrie von Coquimbo ausbauen und so wenigstens teilweise den Import aus Peru... ersetzen. Überdies versorgt es Peru nicht nur mit Weizen, Charqui, Fetten usw., Kupfer und Seilwaren..., sondern auch mit einigen neuen Manufakturwaren, die in Chile infolge der weniger reichen Erzvorkommen und der außerordentlichen Fruchtbarkeit des Bodens billiger zu erzeugen sind. Das Land könnte... mit diesen neuen Handelsartikeln ein größeres Aktivum gegenüber Peru erzielen, und der Überschuß könnte dazu verwendet werden, um ein größeres Kontingent an Luxusartikeln aus Europa einzuführen. Die Gesetzgebung müßte sich diesen Fragen zuwenden und vor allem den Ackerbau und die Entstehung von Binnenstädten fördern.

[74]) Die Stütze der Wirtschaft in der Landwirtschaft zu suchen ist eine Ansicht, zu der sich Chile immer mehr und mehr bekehrt. Edwards nennt die Glanzjahre des chilenischen Minenreichtums (die Entdeckung von Chañarcillo und anderer Silberbergwerke Mitte des 19. und den großen Salpeterrummel Ende des 19. und Anfang des 20. Jahrhunderts) nur Perioden vorübergehender Prosperität. Auch Humboldt hat diese Ansicht für andere südamerikanische Länder ausgesprochen. „Die einzigen Kapitalien, deren Wert mit der Zeit wächst, sind die Produkte des Ackerbaus. Die Nominalreichtümer sind nur eine Täuschung, wenn ein Volk nicht jene Urstoffe besitzt, die zur Subsistenz des Menschen dienen."

Freilich müßte die Anlage der Siedlungen derart gewählt sein, daß ein Transport der Erzeugnisse von dort leicht und billig vonstatten gehen könnte und infolgedessen für den Landwirt der Anreiz gegeben wäre, nicht nur Produkte für den auswärtigen Markt, sondern auch für den einheimischen Konsum anzubauen, selbst wenn der Anbau mühsam sein sollte.“ (Haenke, 40, S. 361.)

Unter den neuen Handelsartikeln einheimischer Erzeugung, die Haenke für den Export nach Peru empfahl, befanden sich außer Bauholz und Faßdauben in erster Linie Bekleidungsgegenstände und besonders Schuhe, nachdem das Corduanleder in Maule und La Concepción gegerbt wurde[75]). „Auch das Getreide sollte im Lande gemahlen werden.“[76])

„Je größer die Schuld Perus an Chile aus diesen hier aufgezählten Handels- und Industriezweigen würde, die mit barem Geld gedeckt werden müßte, um so weniger edles Metall ginge von Peru nach Spanien. Aber wäre das ein Übel? Wäre es nicht ein Vorteil und ein wirklicher Beginn der Prosperität, wenn dieses Geld, das ja schließlich doch nach Spanien abfließt, auf Umwegen durch eine andere Kolonie geleitet und in dieser belebend und fördernd wirken würde?“ (Haenke, 40, S. 362.)

Auch den Austauschhandel mit dem Mutterlande wollte Haenke auf breitere Grundlagen stellen, und zwar dadurch, daß er vorschlug, dem Lande die europäischen Verbrauchsartikel direkt zuzuführen und als Rückfracht Kupfer oder Häute, auch Fett und Walrat zu laden[77]). „Ebenso könnte die Ausbeute der Fischerei verschifft werden, sofern eine genaue Prüfung der öffentlichen Interessen die Notwendigkeit ergeben würde, daß die heimische Schiffahrt ein Vorzugsrecht der Kolonien bleibe, so wie der Handel von und nach Europa ein Vorrecht der europäischen Schiffahrt ist.“

Intensiv hat Haenke das Problem der Kapitalbeschaffung für Chile beschäftigt, und wiederholt hat er die Ansicht vertreten, daß ein Teil des in Peru umlaufenden Geldstroms in das Königreich Chile geleitet werden müsse, besonders in Form von Aktien- und Kreditgesellschaften, die die Minenbetriebe und die Landwirtschaft finanzieren sollten. Dafür sollte

---

[75]) Heute hat Chile eine bedeutende Schuhindustrie in Valparaiso, und besonders in Santiago werden vier Fünftel des Landesbedarfs erzeugt. Der Export ist im Steigen.

[76]) Heute stehen große Mühlen in der Zone von Concepción und Santiago.

[77]) „Dadurch könnte vermieden werden, daß Häute als Verpackungsmaterial für Charqui verwendet werden ... Der Herr Regent von Santiago hat mir versichert, daß man jährlich an Europa 30 000 Häute verschiffen könnte.“

Chile durch seine großenteils auf landwirtschaftliche Produkte gestellte Erzeugung der Versorger des reinen Bergwerkdistrikts Peru werden.

„Ich muß darauf aufmerksam machen, daß die als chilenischer Besitz angegebenen Kapitalien fast ganz der Stadt Santiago gehören, während die zwei Randgebiete des Königreichs, von denen das eine ebenso reich an Bodenprodukten als das andere an Mineralschätzen ist, gänzlich des für einen knappen Umsatz erforderlichen Kapitals entbehren. Die Mittel zur Abhilfe dieser Übelstände liegen heute nicht in der Macht des Königreichs, denn man brauchte zwei große Geldinstitute, das eine in Coquimbo zur Unterstützung der Bergwerksbetriebe, das andere für Concepcion zur Verwertung der gesteigerten Ernten, wobei man bei der Nutzung der letzteren nur solche Produkte berücksichtigen dürfte, die entweder wegen ihres Wertes oder wegen der Nähe der Seeküste auf einen regelmäßigen und sicheren Absatz rechnen können." (Haenke, 40, S. 363.)

Wieweit Haenkes Raumplanungen durchdacht waren und auf die natürlichen Bedingungen der Räume Rücksicht nahmen, zeigen seine Worte: „Es steht fest, daß die gemeinsamen Interessen bei der Aufteilung der einzelnen Provinzen unserer amerikanischen Kolonien richtunggebend sein müssen, um nicht vielleicht in den Fehler zu verfallen, einen Bergwerksdistrikt zu einem landwirtschaftlichen zu machen oder umgekehrt. Das Verwaltungssystem von Chile muß auch weit mehr seine Aufmerksamkeit der Bevölkerungszunahme zuwenden[78]) als der Vermehrung der Bergwerke, wie es die Prosperität des spanischen Mutterlandes zu fordern scheint... Schließlich muß die ganze Gesetzgebung mit ihren Verordnungen nur das Wohlbefinden des Siedlers zum Ziele haben." (Haenke, S. 365/66.)

Haenkes Bedeutung als Kolonialpolitiker erkennen wir besonders an seinen Studien über den ungeheuren Rohstoffreichtum der spanischen Kolonien, die er als ein naturgegebenes Kapital des in diesen Räumen lebenden Menschen ansieht. Er weist darauf hin, daß sie bei den Zuständen, die er damals vorfand, entweder noch gar nicht sinn- und planvoll ausgewertet oder geradezu unsinnig verschwendet und vergeudet wurden. Das bezieht sich für Haenke nicht nur auf die ungenutzt der Vernichtung preisgegebenen tierischen Produkte der Pampa (Fleisch, Hörner, Klauen usw.), sondern auch auf die unbeachteten Salzlager in Chile und Peru (Haenke, 37, S. 88) sowie auf die pflanzlichen Rohstoffe der Montaña.

[78]) Die Erschließung von Südchile wurde erst möglich, als es in den Jahren nach 1848 der chilenischen Regierung gelungen war, deutsche Siedler ins Land zu locken.

(Siehe Gicklhorn, 26.) So wie er der erste war, der die Bedeutung des Chilesalpeters als Ausfuhrartikel erkannte (Gicklhorn, 26), so hat er entgegen allen auch noch später ausgesprochenen Ansichten von Kennern Argentiniens auf die Möglichkeiten einer Getreideproduktion der Pampas ausdrücklich hingewiesen. Nachdem er zunächst ganz methodisch die Ertragfähigkeit des Bodens festgestellt hat, gibt er die Gründe an, warum sich bis 1796 (bis zu diesem Jahr reichen seine statistischen Angaben über die Ausfuhr von Buenos Aires) kein bedeutender Getreideexport entwickeln konnte. „Was den Handel mit Weizen und Weizenmehl anbetrifft..., so haben die Händler wenig Kapital und keinen Informationsdienst zur Verfügung. Sie fürchten daher das Risiko in dem ihnen unsicher scheinenden neuen Geschäftszweig, welcher jedoch durch die Schätze, die die Natur bietet, ein äußerst gewinnbringender sein könnte. Wenn eine Ausfuhrmöglichkeit bestünde, würde sich für die Hauptstadt Buenos Aires ein neuer großer Handelszweig eröffnen. Die Schiffahrt steckt jedoch noch in den Kinderschuhen und verhindert so geschäftliche Kombinationen auf lange Sicht, die auf billigen Transportspesen aufgebaut sein müssen."[79]) (Haenke, 41, S. 457/58.)

Es würde zu weit führen, alle die Pläne Haenkes zu erwähnen, die darauf abzielten, den Spaniern eine w i r t s c h a f t l i c h e E r s c h l i e ß u n g d e r v o n i h n e n b e h e r r s c h t e n R ä u m e zu ermöglichen. Im Gegensatz zu Humboldt, der als Forscher und vornehmer Fremder 5 Jahre lang durch das Land ging, war Haenke als Beamter in spanischen Diensten viel unmittelbarer mit der Kolonialfrage in Verbindung. Er ist nicht nur gereist, hat nicht nur Land und Leute genau kennengelernt, er nahm auch tätigen Anteil an ihrer wirtschaftlichen Entwicklung. Er ging in seinem Wirkungskreis daran, sein Programm in die Tat umzusetzen,

[79]) Noch in den Anfängen der argentinischen Republik war Mehl einer der Haupteinfuhrartikel der Vereinigten Staaten. 1860 schrieb Moussy: „Il y a dix ans, on importait tout sur le littoral." Unter den Importwaren wurden sogar Futterpflanzen, wie Mais, Gerste, Hafer, Preßheu usw., genannt. Die Produktion der Provinz Buenos Aires genügte kaum für ein Zehntel des Bedarfs. Schließlich konnte die Regierung die Abhängigkeit von einem so weit entfernten Lande nicht mehr dulden und ergriff Schutzmaßnahmen für die einheimische Produktion, so daß der Landesbedarf nunmehr gedeckt, ja gelegentlich ein kleiner Überschuß nach Brasilien ausgeführt wurde. 1850 wurde eine Ladung Mehl nach England verschifft, sie kam aber an, als die Preise sehr niedrig waren, und mußte mit Verlust verkauft werden, worauf solche Spekulationen für längere Zeit unterblieben. Haenke hatte also 60 Jahre früher die Situation richtig erfaßt. „Ce n'est que depuis huit ans (1852) que les capitaux ont commencé à se tourner vers l'agriculture." (Moussy, 54, I. Bd., S. 563, 545.)

indem er Studien über die Verwertung einheimischer Rohstoffe anstellte, aus ihnen Medikamente und Chemikalien erzeugte, aktiv an Verbesserungen in Bergwerksbetrieben und Pulverfabriken arbeitete. Durch seine naturwissenschaftliche Schulung den Fachleuten des Landes weit überlegen, war er ihr praktischer Ratgeber und Bereiter von Wegen, die ein Jahrhundert später beschritten wurden. So hat er nicht nur zur Erforschung, sondern auch zum Fortschritt des spanischen Kolonialreiches und damit des heutigen Südamerika beigetragen.

Schluß: Eine solche Leistung konnte nur ein Mann vollbringen, der seiner Zeit um Jahrzehnte voraus war. Das hat am besten Edwards als Kenner der heutigen Verhältnisse in Südamerika ausgedrückt: „Ein Beobachter von heute, ausgerüstet mit allen Kenntnissen über die sozialen und wirtschaftlichen Fragen, deren Lösung uns im Jahre 1939 beschäftigte, und geschult in den Theorien und Methoden unserer heutigen Zeit, könnte bestimmt nicht mit größerer Schärfe die Probleme entwirren und klarlegen, die schon vor 150 Jahren in latentem Zustand in den vier großen spanischen Kolonien, d. i. das heutige Chile, Argentinien, Peru und Bolivien, vorhanden waren, wenn auch nur sichtbar für einen so scharfen Verstand, wie Haenke ihn besaß. Diese Länder, fast menschenleer und im tiefen Schlafe, waren für die spanische Krone damals nur vom Standpunkt des Erträgnisses aus von Interesse, das sie den Staatskassen zu geben imstande waren; aber für Haenke waren es Länder voll unbegrenzter Entwicklungsmöglichkeiten."

Prag, im Juni 1940.

Weinberggasse 3
Naturwissenschaftl. Institut.

Schriftenverzeichnis für Teil I und II.

1. Angelis, Pedro de. Colección de obras y documentos de las Provincias del Rio de la Plata. 6 Bde. 1837.
2. Arata, P. N. Observaciones críticas sobre unos manuscritos de Tadeo Haenke, existentes en la Biblioteca Nacional. (La Biblioteca, Buenos Aires 1896, I, 97.)
3. Ayarragaray, L. Cuestiones y Problemas Argentinos Contemporaneos. Buenos Aires 1930.
4. Azara, Félix de. 1809. Voyages dans l'Amérique méridionale depuis 1781 jusqu'en 1801, par D. Félix d'Azara, publiés d'après les manuscrits de l'auteur, avec une notice sur sa vie et ses écrits par Walckenaer suivis de l'Histoire naturelle des oiseaux du Paraguay et du La Plata par le même auteur, traduites d'après l'original espagnol par Sonnini,

4. vol. (Deutsch übersetzt von Lindau, W., 1810. 1. Bd., Verlag Hinrichs, Leipzig.)
5. Derselbe. Memoria sobre el Estado rural de la Provincia del Rio de la Plata. 1847.
6. Derselbe. Geografia física y esférica de las Provincias del Paraguay etc. Anales del Museo Nacional de Montevideo. 1904.
7. Ballivián, M. V., und Kramer, P. Tadeo Haenke. La Paz 1898.
8. Barros, Arana. Historia jeneral de Chile. 14 Bde. Santiago 1884.
9. Burmeister, H. Physikalische Beschreibung der argentinischen Republik 1858.
10. Darwin, Ch. A naturalists voyage round the world. London 1844.
11. Derselbe. Geologische Beobachtungen über Südamerika in Ch. Darwins „Gesammelte Werke", übersetzt von Carus. Stuttgart 1880.
12. Döring, L. Wesen und Aufgaben der Geographie bei Alexander v. Humboldt. Frankfurter Geographische Hefte, V. Jhrg., H. 1, 1931.
13. Edwards, Ag. Manuscrito inédito de Thaddaeus Peregrinus Haenke del siglo XVIII. (Noticias biográficas del autor y apuntes sobre la „Descripción del Reyno de Chile" y otros. (Revista Chilena de Historia y Geografía, Santiago de Chile 1939, Oktoberheft.)
14. Derselbe. Mi tierra. Valparaiso 1928.
15. Derselbe. Gente de antaño. Valparaiso 1930.
16. Espinosa y Tello, José. Memorias sobre las observaciones astronómicas hechas por los navegantes españoles en distintos lugares del Globo. Madrid 1809.
17. Derselbe. Relación del viage hecho por las goletas Sutil y Mexicana en el año 1792 para reconocer el Estrecho de Fuca, con una introducción en que se da noticia de las expediciones executadas anteriormente etc. Madrid 1802.
18. Flora (oder Botanische Zeitschrift). 1826, II. 548. (Eine Besprechung von Sternbergs Reliquiae Haenkeanae.)
19. — 1821. II. Geschichte der Haenkeschen Sammlungen. 425.
20. — 1827. Todesnachricht. 45.
21. Gay, Cl. Historia física y política de Chile. Santiago 1848.
22. Gicklhorn, Jos. Vom ärztlichen Wirken des sudetendeutschen Naturforschers Thaddäus Haenke (1761—1817) in Südamerika. Notizen zur Geschichte der Blatternschutzimpfung und der Tollwutbekämpfung. Sudhoffs Archiv für die Geschichte der Medizin und der Naturwissenschaften. Bd. 32, H. 4 u. 5, 1939, S. 284—290.
23. Derselbe. 1939. Würdigung für Thaddäus Haenke. („Deutschtum im Ausland", 22, Maiheft.)
24. Derselbe. Thaddäus Haenkes Rolle in der Geschichte des Chilesalpeters und der Chilesalpeterindustrie. Sudhoffs Archiv f. d. Geschichte d. Medizin usw., Bd. 32, 1940, H. 6, S. 337—370.
25. Derselbe. Eine geschichtlich beachtenswerte balneologische Studie Haenkes. In „Der Balneologe", 7. Jahrg., 1940, H. 4, S. 107—114.
26. Derselbe. Neue Gesichtspunkte und Grundlagen zur Wertung von Thaddäus Haenke als Botaniker und seiner Stellung in der Geschichte der Botanik. Beihefte zum Botanischen Centralblatt, Bd. LX, 1940, Abt. A, 157—222.

27. Derselbe. 1939. Thaddäus Haenke als deutscher Chemiker und Pionier einer Nationalwirtschaft in Südamerika während 1789—1817. (Angewandte Chemie 52, 257.)

28. Gicklhorn, Renée. Thaddäus Haenke über Volkswirtschaft und Staatshaushalt Chiles 1773—1795. Ibero-amerikanische Rundschau, 5. Jahrg., 1939, H. 5.

29. Dieselbe. 1938. Über Thaddäus Haenke und seine historische Wertung. (Forschungen und Fortschritte, 14, Nr. 26/27, 295.)

30. Dieselbe. 1938. Zur Klärung irrtümlicher Angaben über Haenkes Reisen in den Jahren 1793—1795. (Lotos 86, 49.)

31. Groussac, P. 1900. Noticia de la vida y trabajos científicos de Tadeo Haenke. (Anales de la Biblioteca Buenos Aires, I, 17.)

32. Haenke, Th. 1786. Tagebuch einer botanischen Reise in einige Bezirke des Rakonitzer und Berauner Kreises in Böhmen im Augustmonat 1785. (Abhandl. d. kgl. böhm. Ges. d. Wissensch., II, 1. F., 31—59.)

33. Derselbe. 1787. Blumenkalender für das Jahr 1787 für Böhmen. (Ibidem III, 94.)

34. Derselbe. 1791. Die botanischen Beobachtungen auf der Reise nach dem böhmischen Riesengebirge. (Im Buch: „Beobachtungen auf einer Reise nach dem böhmischen Riesengebirge." Walthersche Hofbuchhandl., Dresden, 31—159.)

35. Derselbe. 1788. Observationes botanicae in Bohemia, Austria, Styria, Tyroli, Hungaria facta. (In: Jacquin, Collectanea austriaca ad botanicam, chemiam et historiam naturalem spectantia. II. Ex Officina Wappleriana Vindobonae.)

36. Derselbe. 1791. Caroli a Linné. Genera plantarum eorumque characteres naturales etc. Editio octava, I., II.

37. Derselbe. 1796 (1901). Descripción del Perú. Lima Imprenta „El Lucero". (Mit Vorrede nach Ballivián, Haenkes Manuskript aus dem Jahr 1796.)

38. Derselbe. (1796) 1898. Descripción Geográfica, Física y Histórica de las Montañas habitadas de la Nación de los Indios Yuracarées, parte más septentrional de la Provincia de Cochabamba. (Veröffentl. in Ballivián und Kramer, Tadeo Haenke, La Paz. Nach Haenkes Manuskript vom 7. Jänner 1796 neugedruckt. (2. Abdruck von Groussac, P., 1900, Anales de la Biblioteca.)

39. Derselbe. (1799) 1901. Memoria sobre los Rios navegables que fluyen al Marañon, procedentes de las Cordilleras del bajo y alto Perú. (Druck von Haenkes Manuskript i. J. 1799. [Veröffentl. in „Ballivián y Kramer und Telégrafo Mercantil 1801 u. 1802, Neudruck Buenos Aires 1914, I, 209—213, 217—220.])

40. Derselbe. „Descripción del Reyno de Chile." Santiago. Verl. El Nascimento 1940. (Herausgegeben von Instituto Cultural Germano—Chileno.)

41. Viaje de Santiago á Mendoza usw. Veröffentl. an verschiedenen Orten. (Näheres bei Veröffentlichung in deutscher Sprache von R. Gicklhorn.)

42. Hochstetter, W., 1852. Die Victoria regia. Ihre Geschichte, Natur, Benennung und Kultur. (Tübingen, Guttenberg.)

43. Humboldt, Al. v. Versuch über den politischen Zustand des Königreichs Neu-Spanien. Tübingen. Cottasche Buchh. 1813.

44. K a e r g e r, K. Landwirtschaft und Kolonisation im spanischen Amerika. Leipzig 1901.
45. K h o l, Fr., 1911. Tadeaš Haenke, jeho život, dílo a listy ze zámořských krajin, v Praze. Nákladem české akademie císaře Františka Josefa pro vědy, slovesnost a umění.
46. K l u t e, Fr. Handbuch der Geographischen Wissenschaften. Südamerika 1930. (Daselbst weitere Literatur.)
47. K n y, G. Dr. Thaddäus Haenke. Verl. Ed. Strache, Warnsdorf 1885.
48. K ü h n, Fr., 1933. Grundriß der Kulturgeographie von Argentinien. (Friederichsen, de Gruyter & Co., Hamburg.)
49. K ü h n e l, Jos., 1939. Thaddäus Haenke, Leben und Leistung eines sudetendeutschen Naturforschers. (Gustav Köhler, Haida, Sudetengau.)
50. L ü t g e n s, R. Grundzüge der wirtschaftsgeogr. Entwicklung des La Plata-Gebietes. (Weltwirtschaftl. Archiv. Harms. XVII, 1922, S. 359—374.)
51. Derselbe. Die ABC-Staaten. Weltpol. Bücherei, Bd. 19, Berlin 1930.
52. M a i w a l d, V., 1904. Geschichte der Botanik in Böhmen. (Karl Fromme, Wien—Leipzig.)
53. M a r t i n, C., 1923. Landeskunde von Chile. (Friedrichsen & Co., Hamburg.)
54. M o u s s y, M. de. Description géographique et statistique de la Conféderation argentine. Paris 1860.
55. N a p p, R. Die argentinische Republik. Buenos Aires 1876.
56. N o v o y C o l s o n, P. Viaje político-científico alrededor del Mundo por las corbetas „Descubierta" y „Atrevida" al mando de los capitanes D. Alejandro Malaspina y D. José Bustamante y Guerra desde 1789 á 1794. Madrid 1885.
57. P a r i s h, W. Ref. in Journal of the Royal Geogr. Society in London, 1835, V. Bd., S. 90.
58. P a z S o l d á n, M. Jeografía del Perú. Paris 1862.
59. P h i l i p p i, R. A. Elementos de la Historia Natural de Chile. Santiago 1885.
60. P r e s c o t t, W. History of the Conquest of Peru. London 1847.
61. P r e s l, K. B., 1828. Das Haenkesche Herbar im Böhmischen Museum. (Monatsschr. des vaterl. Museums, Prag, 161—168.)
62. Q u e l l e, O. Ostmark und Sudetendeutschland in ihrer Bedeutung für Ibero-Amerika. Ibero-Amerikanisches Archiv, Jahrg. XII, Oktober 1938, H. 3.
63. R a i m o n d i, A. El Perú. 1874—1879. 4 Bde. unvoll.
64. R a i n o l d, K. E. Erinnerungen an merkwürdige Gegenstände und Begebenheiten. 1826, IV. Bd., und 1829, IX. Bd. Wien und Prag.
65. R e n é M o r e n o, G., 1888. Catálogo del Archivo de Mojos y Chiquitos 1794—1795. XVIII. Santiago de Chile.
66. R i d l e r, J. W., 1814. Thaddäus Haenke. (Taschenbuch f. vaterl. Geschichte, Wien, 4, 162.)
67. R u i z, H., y P a v ó n, J., 1794—1802. Flora Peruviana et Chilensis.
68. S o m m e r, J. G. Taschenbuch zur Verbreitung geographischer Kenntnisse. Prag 1827, Jahrg. V, S. 237 ff.
69. S t e r n b e r g, K. v., 1827. Haenke-Biographie zur Reliquiae Haenkeanae usw. von K. B. Presl.
70. V i e d m a, Fr. Descripción de la Provincia de Santa Cruz. (Veröffentl. v. Angelis III, 1837. Siehe Nr. 1.)

Eine Reise durch das abessinische Seengebiet.

Von

Edgar Maaß, Hamburg-Blankenese.

Mit 1 Tafel, Abb. 1—4

Eine Reise durch das südabessinische Seengebiet.[1])

Vorbereitung und Aufgabe. In den Gebieten südlich der beiden Seen Lago Margherita oder Abbaye und Lago Ciamo oder Ganyula gibt es keine Maultiere in nennenswerter Zahl. Wer dort reisen will, muß sich seine Tragtiere aus den Zentren der Maultierzucht mitbringen. Seitdem durch die Italiener nach der Besetzung in kurzer Frist ein ausgedehntes Straßennetz ausgebaut wurde, auf dem man auf Lastwagen in alle höheren Verwaltungsstellen (Commissariate) gelangen kann, ist Agheresalam, heute Hula genannt, der Platz, an dem man am günstigsten Tiere für Reisen im Süden mieten oder kaufen kann. Agheresalam liegt an der Straße Addis Abeba—Weghelli und weiter nach Mogadiscio, ungefähr auf gleicher Breite wie das Nordende des Margherita-Sees. Im Gebiet der Sidamo gelegen, ist es eine fast reine Amharen-Siedlung und der Standplatz vieler Nagadis (Karawanenführer), die mit ihren Karawanen den Darasa-Kaffee von Dilla aus zu den Märkten bis hinauf nach Addis Abeba bringen.

Mir war die Aufgabe zugefallen, die für eine wissenschaftliche Reise in dem unerschlossenen Gebiet der Konso am Mittellauf des Sagan benötigten Tiere in Agheresalam zu beschaffen und im Fußmarsch nach Giarso, dem Ausgangspunkt der Expedition, zu führen. Man steht sich im allgemeinen besser, wenn man einen Nagadi mit den nötigen Tieren mietet, als wenn man die Tiere kauft. Der Mietpreis, der tageweise berechnet wird, übersteigt zwar bei längeren Reisen den Kaufwert der Tiere, aber bei gemieteten Tieren ist der Nagadi viel mehr an dem Wohlergehen der Tiere interessiert, und man braucht sich um Fütterung und Wartung der Tiere weit weniger zu kümmern, als wenn man mit gekauften Tieren reist. Man muß jedoch, um Schwierigkeiten vorzubeugen, einen genauen Vertrag über Reiseroute und Reiseabsichten mit dem Nagadi vor dem Residenten abschließen, um nicht später unliebsamen Forderungen ausgesetzt zu werden. Hat man dann jedoch das Glück, einen tüchtigen Karawanenführer mit guten Tieren

[1]) Das Gebiet liegt etwa 250 km nordöstlich des Rudolf-Sees. Die Reise führte von Hula an der Straße Addis Abeba—Mogadiscio westwärts zum etwa 1500 qkm großen, 1300 m hoch gelegenen Abbaye-See, an dessem Ostufer südwärts und über die Landbrücke zwischen ihm und dem südlich anschließenden, etwa 800 qkm großen Ciamo- oder Ganyule-See. Dem Westufer des Letzteren folgend wurde dann Gardulla und endlich etwa 50 km südlich Ciarso, von wo wiederum Straßenverbindung südostwärts nach Mogadiscio besteht, erreicht. (D. Herausg.)

zu bekommen, und versteht man überhaupt, mit diesen Leuten umzugehen, so ist das Reisen nach den ersten wenigen Tagen, die eine solche Karawane immer braucht, um sich einzulaufen, ein wahres Vergnügen und von einer Unbeschwertheit, wie sie nur die primitive Landschaft gewähren kann.

Ich verließ also meine Kameraden, die Giarso über Javello mit dem Wagen erreichen wollten, in Uondo, und fuhr hinauf nach Agheresalam, das in ca. 2850 m Höhe auf dem Plateau liegt. Mit Hilfe des liebenswürdigen Residenten waren die nötigen Tiere in wenigen Tagen beschafft, und ein amharischer Nagadi gefunden, der sich im Laufe der Reise als ein außerordentlich tüchtiger und zuverlässiger Mann erwies. Allerdings verwandelte sich in der Nacht vor dem Abmarsch ein Teil der Maultiere in Pferde, die wesentlich weniger widerstandsfähig und auf schlechtem Gelände viel unsicherer sind; ebenso waren zwei Tierbegleiter nicht erschienen. Da jedoch die Zeit drängte, und da die Tiere später nur wenig beansprucht werden sollten, fand ich mich mit dem Tausch ab und marschierte am Morgen des 5. Februar 1939 ab.

Zum Abbaye-See. Das Plateau, auf dem Agheresalam liegt, bildet eine wellige Hügellandschaft, deren Landschaftscharakter stark an gewisse Teile Mecklenburgs erinnert. In den Tälern fließen kleine Bäche, die trotz der trockenen Jahreszeit noch alle etwas Wasser führen. An den Berglehnen stehen Bambusdickichte mit schlanken, dünnen Stämmen. Dieser Bambus wird in ausgedehntem Maße beim Bau der Hütten und für die Herstellung der hübsch geflochtenen Zäune verwendet, die die Gehöfte umgeben. Der Verbrauch ist weit stärker als der Nachwuchs, und heute sind selbst armdicke Stämme eine Seltenheit. Stellenweise finden sich Kusseln von niedrigem Gebüsch, großen, strauchförmigen Disteln und violett blühendem Fliegenstrauch. Auf den Hügeln selbst wachsen vereinzelt verkümmerte Bäume (Junipans), die durch das Vieh offenbar nicht mehr hoch gelassen werden. An den Bachläufen gibt es viele Kossobäume (Hagenia abessinica) und vereinzelte Lobelien. Die Besiedelung ist nicht sehr dicht. Nur vereinzelt finden sich Gehöfte, unter denen die Amharen-Gehöfte leicht an den Giebeldächern und an den um das Gehöft gepflanzten Eukalyptusbäumen kenntlich sind. Die an den Hängen weidenden Viehherden haben durchweg nur geringe Kopfzahl.

Der Weg führte zunächst in südwestlicher Richtung und stieg anfangs noch an, so daß wir bis auf ca. 3000 m Höhe kamen. Nach $2^1/_4$stündigem Marsch erreichten wir den Rand des Plateaus und hatten den ersten freien Blick auf den Margherita-See. Obwohl es sehr diesig war, und obwohl der ganze südliche Teil des Sees durch einen davorliegenden Bergzug verdeckt wird, bietet der Anblick der riesigen Wasserfläche mit der dahinterliegenden Kulisse der hohen Berge des Barodda-Gebietes einen gewaltigen Eindruck. Die Stelle, an der wir den Plateaurand erreicht hatten, bildet zugleich eine Wasserscheide: Die Bäche, die bisher in nordwestlicher Richtung geflossen waren, strömen jetzt etwas westlicher als Südwest. Der Weg, der eine Zeitlang rein westlich geführt hatte, ging jetzt wieder nach Südwest, und wir mußten mehrere Bachläufe schräg durchqueren. Nach einer halben Stunde begann der Abstieg, der zunächst schnell abwärts führte und dann auf längere Zeit auf verhältnismäßig ebener Fläche durch einen Wald wilder Olivenbäume dahinzog. Dann tauchten die ersten Podocarpus-Bäume auf, mit dichten Bartflechten behangen, die anzeigen, daß wir uns immer noch in ca. 2000 m Höhe befinden. Stellenweise hat der Wald richtigen Urwaldcharakter mit dichtem Unterholz und riesigen Lianen.

Unterhalb der Olivenzone sah ich dann den ersten der Phallus-Steine, die sich so zahlreich im Darasaland finden. Er steckte noch im Boden, doch war der obere Teil abgebrochen. Nach einigen Kilometern fand ich eine ganze Anzahl der Monolithe, zum Teil im Busch versteckt, und bald darauf einen weiteren Haufen, der jedoch fast nur aus unskulptierten Steinwalzen bestand. Nur einer hatte eine deutliche Phallus-Skulptur; zum Teil waren sie zerbrochen, einige waren frisch angeschlagen, so daß man sehen konnte, daß sie aus lokalen, trachytischen Gesteinen gearbeitet sind. Etwas später fand ich dann einen wunderbar erhaltenen Stein, der noch in ganzer Größe aufrecht stand, ein wenig abseits vom Wege in einem alten Feld (Abb. 1). Die Sidamo, die heute die Gegend bewohnen, haben mit diesen eigenartigen Symbolen, ebenso wie ihre Nachbarn, die Darasa, offenbar nichts zu tun und stehen ihnen ebenso fremd gegenüber wie wir. Für sie sind sie „Granj-Dingai", d. i. Steine, an die Mohammed Granj bei seinen Eroberungszügen seine Pferde angebunden hatte.

Der Weg führte noch immer schnell bergab. Der Blick war jetzt frei, wir hatten immer den See vor uns. Die letzten zwei Stunden marschierten wir ununterbrochen in Heuschreckenschwärmen, die jedoch keinen Schaden anrichten konnten, da die Felder noch nicht bestellt waren. Um 16.30 Uhr rückten wir in Dilla ein. Als wir gerade das Zelt aufgeschlagen hatten, ging ein tüchtiger Gewitterregen nieder, der die schwere dunkelbraune Erde schnell in eine zähe, klebrige Masse verwandelte.

Auch hier fand ich bei dem italienischen Residenten, Hauptmann Di Silvio, vollste Unterstützung. Er versprach mir nicht nur zwei Führer, sondern auch ein Schreiben an den eingeborenen Chef der Insel Ghidiccio, der mir die nötigen Führer am Ufer des Margherita-Sees stellen sollte. Es war mir nicht möglich, genaue Angaben über den nach Ghidiccio führenden Weg zu erhalten. Das Ostufer des Margherita-Sees ist unbewohnt. Nur einige Inseln sind besiedelt, von denen die nördlichste, Ghidiccio, noch zu dem Bezirk Dilla gehört. Diese Insel liegt nicht allzuweit vom Festland, und dort, gerade gegenüber der Insel, befindet sich der regelmäßige Markt für die Inselbewohner. Auch dieser Platz wird kurz als Ghidiccio bezeichnet, ist jedoch unbewohnt; nur an den Markttagen versammeln sich dort die Marktbesucher. Von Dilla führt eine „Pista" (für Autos befahrbarer Feldweg) an dem Nordende des Margherita-Sees vorüber in das Land Uolamo. Von dieser Straße sollte eine Abzweigung in Richtung Ghidiccio angefangen sein. Ich beschloß also, dieser Straße zu folgen, da auch die vom Residenten gestellten Führer nur sehr vage Angaben über den einzuschlagenden Weg machten.

Als wir am Morgen aufbrachen, war es sehr schwül. Aber bald erhob sich ein frischer Wind, und wir kamen auf der Pista, auf der zwar in der letzten Regenzeit alle Brücken zerstört waren, flott vorwärts. Gegen Mittag hörte der Wind auf, und es wurde unangenehm heiß. Der lichte Busch war wie tot. Selten durchbrach der Ruf eines Vogels die Stille, die nur erfüllt war von dem Gesumm unzähliger Fliegen. Sei es nun, daß die Abzweigung nicht existierte oder daß wir sie verfehlt hatten, jedenfalls mußten wir allmählich feststellen, daß diese Pista nicht nach Ghidiccio führte. Kurz bevor sie an einem Fluß ihr Ende erreichte, trafen wir glücklicherweise drei Gugi-Hirten, die uns auf den richtigen Weg brachten. Auf Viehpfaden mußten wir in einer großen Schleife zurück, zunächst an eine versteckte Wasserstelle, deren lehmgelbes Wasser durch die Beimengung von Erde ausgezeichnet schmeckte.

Am späten Nachmittag erreichten wir das auf einem Sattel liegende Dorf G o l o l c i a , wo wir zelteten. Von diesem Sattel aus hatten wir einen wunderbaren Blick auf den See. Während die Leute mit der Einrichtung des Lagers beschäftigt waren, setzte ich mich mit meinem Feldstecher auf einen hohen Stein, um immer wieder das herrliche Bild in mich aufzunehmen. Vom Rücken, auf dem das Dorf Gololcia liegt, und der den letzten Ausläufer des Gherghedda genannten Höhenzuges darstellt, fällt das Gelände nach dem See hin zu einer flachen Ebene ab, die links (Südwesten) von dem zum See hinstreichenden Bergzug Ghedo (Ghelo) abgeschlossen wird. Geradeaus (Westen) liegt ein kegelförmiger Berg mit einigen kleinen Ausläufern, die Fortsetzung dieses Höhenzuges. Zwischen beiden hindurch sieht man eine zweite flache Ebene, die durch einen niedrigen Tafelberg abgeschlossen wird, hinter dem der Platz Ghidiccio liegt. Die Insel sieht man über und nordwärts des Tafelberges. Vom See ist nur der nördliche Teil zu sehen. Im rechten Vordergrund ist ihm eine weite, mit Gras und Schilf oder buschbestandene Ebene vorgelagert. Jenseits des Sees erheben sich die Berge des westlichen Ufers, die hoch hinauf im Blauen verschwimmen. Die Dorfbewohner waren, ebenso wie meine Führer, Gugi-Leute, ein zu den Galla gehörendes Hirtenvolk, das zwischen den gleichfalls zu den Galla gehörenden, die Berge bewohnenden, ackerbauenden Darasa und dem See wohnt. Wir wurden sehr freundlich aufgenommen, und die Leute zeigten sich sehr zutraulich. Unter ihrem spärlichen Hausrat fielen mir besonders hübsch geschnitzte hölzerne Löffel und Schalen auf, die sie jedoch nicht selbst herstellen, sondern auf dem Markt in Dilla kaufen.

Ehe wir am nächsten Morgen abrücken konnten, wurden wir mit gesalzenem Kaffee und einem Maismehlgericht bewirtet. Dann wurden wir hinab bis in die Ebene geleitet, damit wir nicht wieder den Weg verfehlten. Nach zwei Stunden war der Abstieg bewerkstelligt, und wir erreichten die große Karawanenstraße in der Ebene, welche die Hauptstraße Dilla—Javella, ca. 12 Kilometer unterhalb Dilla, erreicht. Abgesehen von den Karawanen, die zum Markt in Ghidiccio ziehen, wird diese Straße hauptsächlich von großen Maultier- und Eselkarawanen benutzt, die in der Nähe des Sees salzhaltige Erde für die Rinder gewinnen.

Der Boden der Ebene besteht durchweg aus schwarzer Erde. Nur an einzelnen Stellen liegt ein grauweißer pulvriger Staub (wahrscheinlich Vulkanasche), der nur sehr spärliche Vegetation trägt. Im allgemeinen ist der Busch ziemlich dicht, und abgesehen von einigen Stellen, an denen niedrige Euphorbien mit vielen Sansevieren als Bodengewächs vorherrschen, besteht er zumeist aus Flötenakazien, die einen dichten Wald aus schönen, schlanken, helleuchtenden Stämmen bilden. Perlhühner finden sich in großer Zahl, sonst sah ich kein Wild, nicht einmal Spuren. Um 12 Uhr mittags hatten wir den Kegelberg quer vor uns und zogen an seinen Ausläufern entlang. Als wir den letzten überquerten, stiegen wir in die zweite Ebene, die sich zwischen dem Kegelberg und dem Tafelberg erstreckt, hinab. In wenigen Minuten war der Streifen von Dornbüschen am Fuße des Berges durchschritten, und wir standen nun an dem Rand einer großen, völlig ebenen, mit spärlichem Gras bestandenen Fläche, in der die Karawanenstraße einen breiten, vegetationslosen Streifen bildete. Es war glühend heiß, und das Geflimmer der Luft täuschte immer wieder auf der ebenen Fläche den Anblick eines Seespiegels vor, der jedoch immer wieder beim Näherkommen in die Ferne zurückwich. Am Rande weideten einige Rinderherden, bewacht von Gugi-Hirten, deren Lanzen sich durch ungewöhnlich lange Schäfte auszeichnen. Der Boden der Ebene ist stellenweise übersät mit Schalentrümmern von Melania, Corbicula und Unio. Es ist ein alter Seeboden, der sich nur so wenig über den Spiegel des Sees erhebt, daß er auch heute noch in regenreichen Jahren zuweilen überflutet wird. Aus der Marschzeit ließ sich die Ausdehnung der Ebene zu rund 7 km bestimmen.

Der Abbaye-See. Nachdem wir gegen 3 Uhr nachmittags den Tafelberg an seinem nördlichen Ende gerundet hatten, standen wir nun endlich am Ufer des Margherita- oder Abbaye-Sees. Vorläufig verdeckte jedoch eine dichte Schilf- und Binsenwand die Aussicht auf die Wasserfläche. An einzelnen schmierigen Pfützen standen Uferläufer, Sporenkiebitze und einzelne Reiher. Ein schwarzweißer Riesenstorch stelzte gravitätisch im Sumpf umher. Am Hang des Berges weideten Kälber und Ziegen, von denen gerade eine durch einen Leoparden gerissen war. Nach 2 km eines fürchterlichen, steinigen Pfades am Ufer entlang, der für die Tiere eine Tortur war, standen wir endlich auf dem Marktplatz von Ghidiccio, der nur durch einige Grasdächer auf einem notdürftig von Steinen gesäuberten Platz angedeutet war. Hier ist das Ufer auf ca. 100 m frei von Schilf. Linker Hand zieht sich wie ein Riff ein Streifen von Schilf und Ambatschbüschen weit in den See hinein, belebt von einer Unzahl von Vögeln, Nilgänsen, Enten, Kormoranen, Reihern und Teichhühnern. Uns gegenüber, in ca. 2 km Entfernung, liegt die Insel Ghidiccio, ein trostloser Streifen trockener Hügel, die nördlich und südlich in eine flache Zunge auslaufen. Die Wasserfläche war leicht bewegt. Mit der Brise schwammen kleine Inseln losgerissener Binsen daher. Einige Krokodile, aufgestöbert durch unser plötzliches Erscheinen, verschwanden klatschend im Wasser. Der Strand ist bedeckt mit angeschwemmtem Schilf und Ambatschholz. Das lehmgelbe Wasser ist angenehm warm und schmeckt ausgezeichnet; es ist nicht im geringsten brackig, obwohl die Gewinnung salzhaltiger Erde durch die Eingeborenen dafür spricht, daß der Margherita-See zeitweise abflußlos war und Salzwasser enthielt.

Auf der Insel sind eine ganze Anzahl Hütten und im Schilfgürtel der Insel die hohen Schnäbel der Ambatschboote zu sehen. Als auf der Insel Rufe zu hören waren, ließ ich meine Leute ein großes Geschrei erheben. Aber kein Antwortruf oder Trompetenstoß zeigte uns an, daß unsere Ankunft bemerkt worden sei. Am Abend ließ ich mit der Laterne winken, aber auch dieses Zeichen blieb unbeantwortet.

Klar und wolkenlos zieht der Morgen des 8. Februar herauf. Langsam erwacht das Vogelleben. Schüchtern beginnt einer, immer mehr fallen ein, und mit dem ersten Sonnenstrahl ist das volle Konzert im Gange. Enten und Gänse schnattern und quaken. Strandläufer pfeifen, und in den Bäumen gurren die Tauben. Hoch über uns ziehen in lautlosem Flug Schwärme leuchtend rosaroter Flamingos. Die volle Sonne liegt jetzt auf der Insel, die nur spärlich bewachsen erscheint und an einzelnen Stellen hellweißes Gestein zutage treten läßt. Hinter dem Schilfgürtel sind durch das Glas Kühe und Ziegen zu erkennen, und dann sieht man auch einzelne Menschen umhergehen. Vom Südende der Insel her nähert sich ein Boot, das in schneller Fahrt näherkommt; bald begrüße ich den Chef der Insel und des Marktes Ghidiccio, den Balabat Lefa Leta. Er ist ein noch jugendlicher, schlanker Mann, der eher wie ein Amhare aussieht als ein Galla, und der auch ganz amharische Kleidung trägt. Begleitet wird er von seinem Gewehrträger mit einem alten französischen Gewehr und dem Träger des Signalhornes. Das Empfehlungsschreiben des Residenten kann er nicht lesen, und so muß ich ihm den Inhalt desselben mitteilen. Er verspricht bereitwillig, alle meine Wünsche zu erfüllen. Zu meiner großen Beruhigung bestätigt er mir, daß es eine Straße am See entlang gibt. In zwei Tagen ungefähr werden wir die Höhe der Insel Gatamé erreichen, wo der nächste Balabat sitzt. Bis dort will er mir vier Leute als Führer und Treiber mitgeben. Außerdem wird er ein Boot mit zwei Leuten nach dort senden, um uns anzumelden.

Inzwischen ist ein zweites Boot herangekommen, und ich kann einige Aufnahmen machen (Abb. 2). Mit dem hochaufgebogenen, spitzen Schnabel erinnern die Boote, in der Eingeborenensprache „Obole" genannt, an venezianische Gondeln. Um ihnen diese Form zu geben, ist das Ambatschholz eingekerbt; die einzelnen Stämme sind mit Holzpflöcken aneinander genagelt. Der Boden ist zur Erhöhung der Tragkraft mit Ambatschknüppeln bedeckt. Hinten laufen sie in eine Plattform aus, auf der die beiden Ruderer stehen. Bei ca. 5 m Länge tragen sie mit Leichtigkeit 12 bis 14 Personen. In flachem Wasser werden sie mit langen Ambatschstangen vorwärtsgestakt. In tiefem Wasser werden sie durch eigenartige Ruder (Copash) mehr vorwärtsgestoßen als gerudert (Abb. 2). Diese Ruder bestehen aus einer ca. 2 m langen, gebogenen Stange, die vorne einen ca. 60 cm langen, vorn zugespitzten Ambatschklotz von reichlich Oberschenkelstärke trägt. An dem Klotz sind seitlich zwei, ihn um ca. 30 cm überragende, gleichfalls zugespitzte Knüppel angebracht. Sie werden von den stehenden Ruderern schräg nach hinten in das Wasser gestoßen, und der Auftrieb des leichten Ambatschholzes ist in der Tat so stark, daß die Wirkung einem Vorwärtsstoßen gleichkommt.

Nachdem mit dem Balabat alles besprochen war, fuhr er zur Insel zurück, um alles für meinen Empfang vorzubereiten. Bald nach Mittag fuhr ich dann mit meinem Boy und der Kamera hinüber. Eine Fahrt von ca. 15 Minuten brachte uns zur Insel Ghidiccio. Ängstlich kauerte sich mein Boy, der noch nie ein so großes Wasser gesehen hatte, auf den Boden des Fahrzeuges und beobachteten mit angstvoll weiten Augen das Wasser, das durch die Ritzen zwischen den Stämmen lief. An der Anlegestelle liegt eine ganze Reihe Barken, von denen jeder Gehöfteigner mindestens eine besitzt. Der Platz um die Landungsstelle ist besät mit Schädeln und Unterkiefern von Nilpferden, einige davon sind noch ganz frisch und zeigen an, daß doch eine ganze Anzahl dieser Tiere der Schießkunst des Balabat, des einzigen Gewehrbesitzers der Insel, zum Opfer fällt. Nur wenige Tiere werden in Fallgruben gefangen. Die zu Streifen zerschnittene Haut wird auf dem Markt verkauft. Außer zur Herstellung von Peitschen wird sie bei manchen Stämmen zur Befestigung der Feldhacken benutzt. Die Zähne werden in Dilla auf dem Markt verkauft.

Die Insel ist ein trostloses Stück Land, aus einer Reihe von nordsüdlich streichenden Hügeln gebildet, die zum Teil aus hellen, fast weißen jungvulkanischen Gesteinen bestehen, zum Teil aus Geröllhalden dunklerer Gesteine, zwischen denen sich ein kümmerlicher Pflanzenwuchs von niedrigen Dornen, kleinen Euphorbien, Aloe und Wasserspeicherpflanzen angesiedelt hat. Nach Norden und nach Süden läuft die Insel in eine flache Zunge aus. Die Hauptmasse der Bevölkerung wohnt in zwei Dörfern auf diesen flachen Vorländern, Baïszo im Norden und Cighiba, dem Dorf des Balabat, im Süden. Entlang der ganzen Ostküste — die Westküste habe ich nicht besucht — verläuft ein Streifen flachen Vorlandes, der saftig grünen Graswuchs trägt. Hier sind einzelne Stücke durch Dornen- und Aloehecken voneinander getrennt; in den Koppeln weiden zahlreiche Rinder und Ziegen. Auch einige Esel gibt es. Der Balabat besitzt sogar ein Maultier.

Ein Marsch von ca. 20 Minuten brachte uns in das Dorf des Balabat, das aus fast 100 Hütten besteht. Etwas abseits lag ein Gehöft von drei Hütten, eine Art Gästehaus des Häuptlings, in das wir geführt wurden und wo wir erst mit Talla und dann mit Kaffee und Maisbrot bewirtet wurden. Hier wurde alles noch einmal durchgesprochen. Dann wurde das Dorf besichtigt. Die Hütten sind riesige, 5 m hohe Bienenkörbe aus Schilf (Abb. 3). Tritt man in eine Hütte ein, so sieht man, daß diese Bienenkörbe aus einem sehr sorgfältig hergestellten Gerüst bestehen, das von vier bis fünf ca. 1 m von dem Scheitel ansetzenden Stützpfeilern getragen wird. Sauber und gleichmäßig ist das Schilf auf Ringe von Zweigen aufgebunden. Die Stützpfeiler bilden zugleich die Eckpfeiler von Zwischenwänden, die aus Zweigen hergestellt sind und bis über Manneshöhe, ebenso wie die Innenwände des Hauses, mit Kuhmist verschmiert sind. Durch das Hervortreten der Querrippen bekommen die Wände eine schöne gewellte Oberfläche. Der Hausrat besteht aus kleinen, aus Ambatsch hergestellten Bänken und Sitzen. Die Schlafstellen sind erhöht und gleichfalls aus Ambatsch hergestellt. Außer einigen Kalebassen und Tongefäßen sah ich keinen Hausrat. Die Löffel sind, da Holz knapp ist, aus Kuhhörnern geschnitten. Ein geschnitzter Kamm war auf dem Festland gekauft. Die Hütten eines Gehöftes sind durch Dornenkraals untereinander verbunden.

Männer und Frauen sind sehr zutraulich. Die Frauen, die durchweg schön proportionierte Körper haben, tragen außer zahlreichen Perlketten den gleichen Schmuck an kupfernen und messignen Armreifen wie die Gugi- und Darasa-Frauen des Festlandes. Als Kleidung tragen sie nur ein ledernes Tuch, das entweder über oder unter den Brüsten geschlungen wird. Im Haar stecken Stachelschweinstacheln und hölzerne, mit Draht am Griff umwickelte Haarstöckchen. Die Männer tragen die üblichen bis ans Knie reichenden Gallahosen und Hemden.

Während ich im Dorf weile, tönt gerade die Totenklage um eine an Altersschwäche gestorbene Frau. Auch mehrere Kranke bekomme ich zu Gesicht: Eine chronische Halsdrüseneiterung, mehrere Ulcera und eine alte Frau mit akuter Entritis, die recht schlechten Puls hat.

Auf dem Friedhof sind die Gräber der Männer mit einem zerbrochenen Wassergefäß gekrönt; die Gräber der Frauen haben keinerlei Schmuck.

Unter fröhlichem Winken der gerade zum Wasserholen gekommenen Frauen stießen wir von der Insel ab. Die zu unserer Begleitung bestimmten Leute kamen gleich mit, sowie ein Mann, der Medizinen und ein Geschenk für die Frau des Balabat mitnehmen sollte. So waren wir zehn Personen im Boot, das leicht noch vier weitere hätte tragen können. Im Lager ist inzwischen alles zur Abendmahlzeit vorbereitet. Ein Mann geht über den Hügel hinüber zu einer Gugi-Hütte, um Milch zu besorgen. Schnell nehme ich noch ein erfrischendes Bad. Meine Leute haben großen Respekt vor den Krokodilen. Obwohl ich nur in ganz flachem Wasser bade, kommt ein Ghidiccio-Mann mit einer langen Lanze und sticht den ganzen Grund ab; er bewacht dann mein Bad. Auch zum Wasserholen gehen die Leute nur zu zweien, und immer hat einer die Lanze stoßbereit.

Noch lange saß ich heute beim Schein der Lampe über dem Tagebuch. Vor meinem Zelt stehen die Pferde und Maultiere angepflockt. Ab und zu schnaubt oder stampft eines im Schlaf. Grillen zirpen. Leise plätschern die Wellen des Sees über die Steine. Weit im Westen über der Insel leuchten Buschfeuer an den Hängen des jenseitigen Ufers. Über allem wölbt sich ein Sternenhimmel von seltener Schönheit.

Am Ostufer. Ein strahlender Morgen kommt am nächsten Tage herauf. Zuerst leuchten die hohen Berge des Westufers rötlichgolden im aufsteigenden Sonnenlicht. Dann wird die Spitze von Ghidiccio vom Licht erfaßt, es steigt langsam hinab auf den See und eilt nun rasch auf uns zu. Jetzt stehen wir plötzlich in freundlicher Helle und Wärme. Im Lager ist schon voller Betrieb. Das Geschirr vom Abend wird am See geschrubbt, die Sättel vorbereitet. Während ich mich rasiere, werden bereits die ersten Lasten aufgebunden. Abreißen und Verpacken des Zeltes vollzieht sich in wenigen Minuten. Nur das Aufbinden der ungewohnten Lasten auf die Tiere nimmt viel Zeit in Anspruch, um so mehr, als nur der Nagadi und mein Boy etwas davon verstehen. Den guten Ghidiccio-Leuten erscheint es aus eine wundersame Angelegenheit; sie sind kaum dazu zu gebrauchen, nur die Tiere zu halten. Um 8 Uhr sind wir marschbereit. Uns links über den Berg wendend, schneiden wir ein kleines Vorgebirge ab und kommen auf eine Wiese, noch größer als die, auf der wir lagerten. Es wimmelt hier von Nilgänsen, die, erschreckt über die Störung, aufgeregt schnattern. Ein Volk von über 40 Perlhühnern macht uns eilfertig Platz, ohne sich aber sonst viel um uns zu kümmern.

Unser Weg ist breit; er besteht aus einer Unzahl von zusammen- und wieder auseinanderlaufenden Viehpfaden und läuft immer dem Seeufer entlang. Nach der Menge der Kuhfladen muß sehr viel Vieh in der Gegend stehen. Das beschert uns Myriaden von Fliegen von unabwehrbarer Aufdringlichkeit. Mehrmals stehen Warzenschweine auf dem Wege. Aber wozu soll ich ein ausgewachsenes Tier umlegen, um nur für mich allein ein Stück herauszuschneiden? Ich lasse es. Dagegen entschließe ich mich um die Mittagszeit, ein Perlhuhn für den Suppentopf am Abend zu schießen. Es wimmelt nur so von Perlhühnern und Frankolinen. Unter diesen taucht auch wieder das gelb gekehlte auf, das ich aus der Harar-Gegend kenne. Die Perlhühner sind hier von einer anderen Varietät, als sie mir von dort bekannt sind: Sie sind nicht so blau am Kopf und haben keine so dichte Bürste, dafür aber einen aufrechten Sporn am Schädel. Am Nachmittag schieße ich noch ein zweites Huhn für meine Mannschaft, aber am Abend stellt sich heraus, daß die Ghidiccio-Leute es verschmähen; sie essen nur Fleisch von Rind oder Ziege, alles andere lehnen sie als unbekannt ab. Alle großen Vögel sind für sie „alati“: Geier! Auch Fische zu fangen verstehen sie nicht, und ebenso verschmähen sie das Fleisch der Hippos, die sie nur erlegen, um die Hautstreifen zu verkaufen.

Gegen Mittag sind wir an vielen, schlecht aussehenden kleinen Baumwollpflanzungen vorübergekommen. Aber Menschen lassen sich nicht blicken. Es sollen Gugi sein, die diese Pflanzungen anlegen. Der Boden ist schwarz und auf große Strecken frei von Steinen. Stellenweise zieht sich das ebene Land weit zwischen die Berge hinein, so daß Raum zum Anlegen von Pflanzungen großen Stiles genügend vorhanden wäre.

Etwa um 1.30 Uhr hatten wir die weite Ebene des G a l a n a - F l u s s e s erreicht, welche die Amaro-Berge von der Kette der Ghelo-Berge trennt. Der Weg führte jetzt weit landeinwärts, immer weiter ab von unserem Ziel, das wir in der Ferne an ein paar hohen Bäumen erkennen konnten Wir merkten, daß wir in falscher Richtung marschierten. Endlich sichteten wir ein paar Hütten, versteckt im Gebüsch; sie erwiesen sich als alt und verlassen. Aber von ihnen führte ein anderer Weg quer in die Ebene hinaus. Wir folgten ihm, bald erreichte er jedoch in einem Baumwollfeld sein Ende. Nun trafen wir aber zum Glück auf eine Frau, die vom Wasserholen kam. Sie führte uns zu ihrer Hütte, und dort trafen wir auf eine Gruppe Gugi-Männer. Ich konnte hier etwas saure Milch erwerben, die gleich unter die ganze Mannschaft verteilt wurde. Vor allem erhielten wir aber einen Führer, der uns an den Galana bringen konnte. Es war inzwischen bereits recht spät geworden, aber ans Wasser mußten wir! Schwierigkeiten bot das Gelände zwar nicht, aber unendlich viele, kleine, stachlige Samen von einer Grasart machten das Marschieren für die barfüßigen Leute zur Qual. Der Weg war weiter nicht als solcher kenntlich, und wir hätten ihn ohne Führer nie gefunden. Der Boden war nach einem Regen vor wenigen Tagen in lauter kleine Tafeln zersprungen, so daß alle alten Spuren verwischt waren. Nur Großwildspuren sahen wir reichlich — wahrscheinlich von Wasserböcken. Der Weg zog sich entsetzlich in die Länge, zu trinken hatten wir schon längst nichts mehr. Aber allmählich rückte doch die Reihe hoher Bäume, die den Flußlauf anzeigten, näher. Um 5.30 Uhr war endlich der Galana erreicht, ein jetzt harmlos-winziges Flüßchen, nur von wenigen grünen Bäumen eingefaßt. Fast zehn Stunden waren wir heute marschiert ohne Rast, nur mit den kurzen Aufenthalten, die das gelegentliche Nachbinden einer Last mit sich bringen. Mensch und Tier sind daher rechtschaffen müde. Gerade reicht noch das Tageslicht, um abzupacken und das Zelt aufzustellen. Es wimmelt hier von Moskitos, doch scheinen es nur Culiciden. Das Perlhuhn wandert in den Suppentopf. Keiner hat Lust, mehr zu tun, als nötig ist, und auch der Hunger ist von der Müdigkeit übertönt. Für die Tiere gibt es glücklicherweise ausgezeichnete Weide.

Den nächsten Tag sollten wir unserer Berechnung nach ungefähr um 2 Uhr nachmittags bei der Insel Gatamé eintreffen. Es stand daher ein verhältnismäßig nur kurzer Marsch in Aussicht. Wir sollten aber bitter enttäuscht werden. Der Führer vom Vortag hatte uns erklärt, daß der Weg, einmal wieder am Abbaye, immer in der Nähe des Wassers bleibe und nicht zu verfehlen sei. Wohlgemut querten wir den Galana und standen auf einer weiten Ebene, die zum größten Teil vor nicht zu langer Zeit abgebrannt worden war. Schon sproßte an einzelnen Stellen wieder frisches Grün. Eine Herde Paviane verschwand grollend im Busch. Ein Weg war nirgends zu entdecken, aber das störte uns nicht, denn irgendwo mußten wir ja, dem Ufer des Galana folgend, auf den Abbaye treffen. Bald stießen wir auf ein Rudel Wasserböcke von neun Kühen und einem Bock und bald darauf auf ein zweites von gar dreizehn Kühen und einem Bock. Dieses ließ uns bis auf 50 m herankommen, bis es absprang. Später trafen wir noch auf zwei Rudel.

Von einem Weg zeigte sich noch immer keine Spur, vermutlich führte er landeinwärts am Fuße der Hügel, und nicht am See, wie uns der gestrige Führer gesagt hatte. Das sollte sich leider bald bestätigen. Nur ein kleiner Hügel, der sich etwa 5 m aus der Ebene erhob, trennte uns noch vom See. Aber ein Sumpfarm, über und über bedeckt mit schmalblättrigen, bläulichweißen Seerosenblüten, zwang uns zu einem weiten Bogen. Nun hatten wir aber endlich die Talebene des Galana hinter uns, und wir zogen nun über Geröll am Fuße eines Hanges dicht am Ufer des Abbaye entlang. Ein dichter, entsetzlicher Dornbusch kostete die ersten Opfer an Hemden. Allmählich wurde es lichter und der Uferstreifen weiter. Ein schöner Ausblick auf den Südteil des Margherita-Sees öffnete sich (Abb. 4), und wir erblickten das kleine Eiland, das zwischen den Inseln Lagamá und Gatamé liegt, in gar nicht großer Entfernung. Doch von einem Weg ist keine Spur, und wir geraten wieder in dichtesten Dornbusch. In beständigem Zickzack müssen wir mal hinauf auf den Hang und wieder hinunter zum See — wie sich gerade die Möglichkeit für die Tragtiere zum Durchkommen bietet. Trotzdem bleiben die Tiere alle Augenblicke an den Dornenzweigen hängen, und bald sind alle Säcke zerrissen. Auch mein Hemd ist bald nur ein Bündel von Fetzen; Unterarme und Schenkel stecken voller Dornen. Auch einige tief in die weichen Aufschüttungen eingerissene Wasserrinnen machen unseren Tieren viel zu schaffen. Unbarmherzig brannte dazu die Sonne auf uns nieder. Längst war die Feldflasche leergetrunken, dafür aßen wir viel Buschpflaumen, die aber nur noch mehr Durst machten. Noch liegt eine Felsnase, die bis an den See heranreicht, vor der verwünschten Insel Gatamé.

Endlich zeigt sich ein Weg, der in ein Seitental emporführt und von dem wir annehmen können, daß er über den Sattel des Vorgebirges führt. Wir werden diesmal auch nicht enttäuscht. Der Sattel ist erklommen, und zu unseren Füßen liegt die Bucht des Abbaye, die durch die Insel Gatamé abgeschlossen wird. Über Felsen, durch einen Tunnel von Dornen geht es nun hinunter zu dem flachen Uferstreifen am See. Endlich am Wasser, wird sofort abgeladen und gezeltet. Wohl liegt der eigentliche Lagerplatz für die Gatamé-Besucher auf der anderen Seite der Bucht, aber zu dem Weg bis dahin waren wir nicht mehr fähig. Während die Entfernung von dort bis zur Insel nur etwa 1 km beträgt, sind wir hier noch etwa 4 km von der Insel. Aber die Gatamé-Leute werden wohl unser Lagerfeuer heute Nacht sehen und herüberkommen. Außerdem machten unsere Leute aus Ghidiccio ein großes Rauchfeuer aus Gras und Schilf und riefen hinüber: „Gatamé, Gatamé, Gatamé, Hu—uh!“ wobei sie das letzte „uh“ ganz hoch hinaufzogen. Eine Antwort erhielten wir nicht, aber ein Feuer auf der Höhe der Insel schien anzudeuten, daß wir bemerkt worden sind.

Tatsächlich lösen sich schon zeitig am nächsten Morgen — dem 11. Februar — zwei Barken von der Insel und steuern auf unseren Lagerplatz zu. Also schnell rasiert und zum Empfang fertig gemacht! Aus der ersten Obole steigen der Balabat, sein Stellvertreter und das Gefolge, mit zwei vorsintflutlichen italienischen Donnerbüchsen ausgerüstet. Die andere Obole bringt unseren Freund aus Ghidiccio. Es sind dieselben Ruderer, die mich dort zur Insel und zurückgebracht hatten, die uns jetzt hier in Gatamé angemeldet haben und unseren Ghidiccio-Führer wieder zurückbringen sollen. Der Balabat ist ein untersetzter, unschöner Mann mit pockennarbigem, von einem Schifferbart umrahmten Gesicht. Seine Lippen sind ziemlich stark aufgewulstet und geben beim Sprechen die schmierigen, bräunlichen Zähne frei. Die meisten Männer haben hier diese schmierigen Zähne, was darauf zurückzuführen ist, daß sie ohne Ausnahme starke Tabakkauer sind. Kein Mann, der nicht einen kleinen ledernen Tabaksbeutel mit sich trägt, dessen Fransen an seiner Öffnung oft zur Zierde mit Draht umwunden sind. Der Stellvertreter des Balabat, in einem alten italienischen Militärmantel, ist der Typus eines großsprecherischen Wichtigtuers, der seinen Posten wohl nur seiner Aufdringlichkeit verdankt. Dazu entpuppt er sich auch noch im Laufe des Tages zu einem so lästigen und hartnäckigen Bettler, daß er schließlich nur durch Grobheit loszuwerden war.

Die Verständigung mit den Gatamé-Leuten ist schwierig, denn sie haben ihre eigene Sprache. Die Ghidiccio-Leute verstehen infolge ihres regen Verkehrs mit den Gugi auf ihrem Markt fast alle die Galla-Sprache — hier ist das jedoch die Ausnahme. Auch die Inselbewohner des Ciamo-Sees (hier Ganyule genannt) sprechen die gleiche Sprache wie die Bewohner von Gatamé und nennen die Sprache auch Ganyule. Offenbar bilden diese Inselbewohner eine Mischrasse. Oft genug werden sich Flüchtlinge auf die Inseln gerettet haben und in deren Bevölkerung aufgegangen sein. Jedenfalls läßt sich kein einheitlicher Typus feststellen. Es gibt Leute unter ihnen, die wie Amharen aussehen, und andere, die typische Galla darstellen. In Gatamé ist die Bevölkerung noch uneinheitlicher als in Ghidiccio, wozu auch paßt, daß sich die Leute hier auch durchaus als verschlagen und falsch erwiesen.

Sehr zu meiner Befriedigung schlug der Balabat vor, mich mit meinen Lasten mit der einen Obole an den eigentlichen Lagerplatz zu befördern und die Tiere ledig die Bucht umgehen zu lassen. Die andere Barke bestiegen wir zur Fahrt nach Gatamé. Eine frische Brise weht von Nordwest und treibt die Wellen mit weißen Schaumkronen weit von Langama her in die Bucht herein. Es ist ein Seegang, der unsere Obole ordentlich schaukeln läßt. Die Berge gegenüber leuchten golden im Morgenlicht, und vor uns liegt G a t a m é, eine ellipsenförmige, über 100 m hohe Kuppe, die so steil nach allen Seiten zum See abfällt, daß nirgends ein Vorland oder Schilfgürtel entwickelt ist. Am Landeplatz steht eine Sykomore, zwei weitere Bäume besitzt das Dorf, und ein oder zwei stehen noch am Hang — das ist alles, was Gatamé an Bäumen aufzuweisen hat. Hänge und Kuppe sind bedeckt mit niedrigem, stachligem Gestrüpp und kleinen, vierkantigen, sehr stachligen Euporbien. Die Kuppe ist gekrönt von drei Hütten, von denen ein breiter Weg in Windungen zum Dorf hinabführt, dessen Häuser sich in regellosem Durcheinander dem Hange anschmiegen. Jede Hütte steht auf einer kleinen Terrasse aus Steinen und Geröll. Bei unserer Ankunft ist die ganze männliche Bevölkerung zu unserer Begrüßung unter der Sykomore versammelt. Unmittelbar neben dem Landeplatz ist der Friedhof. Über den Gräbern sind Steinhaufen errichtet, die von einem aufrecht stehenden Stein gekrönt sind. Sonst findet sich kein Schmuck. Unter den wenigen Bäumen und unter besonderen Schattendächern sind Bänke aus flachen Steinen errichtet mit Lehnen aus aufrecht stehenden Steinplatten. Sie sind zum Ausruhen für ältere Leute bestimmt und offenbar reichlich in Gebrauch, da sie ganz glattgescheuert sind.

Die Hütten sind hier nicht aus Schilf wie in Ghidiccio errichtet, da dieses ja hier fehlt, sondern aus Gras und aus mit Kuhmist verschmierten Knüppeln. Alles Material muß vom Festland geholt werden, ebenso wie das Feuerholz und das Gras für die wenigen Rinder, Esel, Ziegen und Schafe. Den ganzen Tag über sah ich halbwüchsige Jungen auf dem Festland Gras und Feuerholz sammeln oder im flachen Wasser Gras schneiden. Schon die kleinen Kerle wissen ihre Obole mit großem Geschick zu führen. In der Hütte des Balabat wurde ich mit Kaffee und geröstetem Mais bewirtet und erhielt noch als besondere Festgabe ein kleines Öltin mit frischer Milch. Etwas Eßbares kaufen konnte ich aber nicht. Die von mir geforderten vier Männer für den Weitermarsch wurden mir zugesichert und ein guter Weg in Aussicht gestellt.

Mit den Hütten auf der Höhe der Insel mußte es eine besondere Bewandtnis haben, denn man zeigte mir mit Fleiß nicht den Weg dorthin und machte über die Bewohner die widersprechendsten Angaben. Daß oben Leute wohnten, konnte ich mit dem Glas feststellen, aber sie verschwanden schnell in den Hütten, sobald sie sich beobachtet sahen[2]).

Die Gatamé-Leute sind fleißige Weber und verdienen so ihren Unterhalt. Überall sieht man die primitiven Webstühle unter Sonnendächern. Die 60 bis 70 cm breiten Tücher werden nach Ghidiccio auf den Markt gebracht und dort gegen Lebensmittel umgetauscht. Den Flußpferden wird auch hier stark nachgestellt, und hier essen auch die Leute das Fleisch. Vor zwei Tagen war eines erlegt worden. Vor der Hütte des Jägers wurde noch ein Teil des Fleisches ausgeteilt — es war ein höllischer Gestank! Ein Knirps von etwa sechs Jahren war damit beschäftigt, mit einem großen Messer vom Unterkieferknochen noch irgend etwas Eßbares herunterzusäbeln, während zwei etwa dreijährige Bürschchen mit den Zähnen daran herumknabberten. Wahrhaftig wie kleine Wölfe saßen sie vor dem riesigen Knochen und nagten ihn, sich auf allen Vieren stützend, ab! Die Hippos werden mit der Harpune erlegt, und zwar vorzugsweise auf ihrem nächtlichen Wechsel am Land. Es sind Lanzen mit riesigem Blatt und langem Schaft, in dessen Mitte ein Schwimmer aus Ambatschholz befestigt ist. Z. T. finden sich aber noch kleine, mit Widerhaken versehene Spitzen auf einem etwa 20 cm langen Schaft, der ablösbar auf dem Hauptschaft sitzt.

[2]) Wenige Tage nach meinem Besuch wurde Gatamé von italienischen Fliegern bombardiert und in Brand gesteckt. Es hatte sich herausgestellt, daß die Rebellen auf der Insel ein Waffen- und Munitionslager besaßen. Wahrscheinlich befand sich dieses in den geheimnisvollen Hütten auf der Höhe.

Auf den Hauptschaft ist eine lange Schnur gewickelt. Diese wickelt sich ab, sobald das getroffene Tier taucht.

Auch hier haben die Leute unverzierte Hornlöffel. Außerdem sah ich ein hölzernes, gabelartiges Instrument, mit dem angeblich Gemüse gegessen wird. Außer Geschwüren bemerkte ich keine Krankheiten. Pockennarben sieht man reichlich, vor allem aber Brandnarben, da alle Krankheiten durch Brennen geheilt werden.

Den neuen Lagerplatz hatten die Tiere um Mittag erreicht. Auch hier gab es so gut wie keine Mücken; was ich fing, waren durchweg Culex. Am Abend frischte der Wind auf, und wieder plätscherten die Wellen am Ufer das Schlaflied.

Zum Ganyule-See. Am Morgen des 12. Februar waren von den vier mir als Führer zugesicherten Leuten noch immer nur drei da. Der vierte wurde mit vielem Geschrei über das Wasser hinweg herbeigerufen. Die Gatamé-Leute benahmen sich beim Aufpacken der Tiere noch ungeschickter als die Ghidiccio-Leute. Nicht einmal zum Halten der Tiere waren sie zu verwenden. Dagegen stand ihr Mundwerk nicht einen Augenblick still. Selbst bei der Verteilung der von ihnen zu tragenden Kleinigkeiten (Gewehr, Kamera, Lampe, Petroleumflasche) erhob sich eine große Debatte, der ich aber ein rasches Ende bereitete. Kurz vor unserem Abmarsch wurde im Busch ein zehn- bis elfjähriger Knabe gefunden, der angeblich zu seinen Eltern am Nordwestende des Sees zurück wollte und wahrscheinlich von Amharen verschleppt worden war. Er wurde mit dem Boot, das unseren vierten Mann gebracht hatte, auf die Insel geschickt. Dort wird er wohl hängen geblieben sein.

Der Tag war heute grau und trübe, der Himmel tief mit Wolken verhangen, die Luft schwül und drückend. In der Nacht waren einige Tropfen Regen gefallen. Schnell war die Höhe erstiegen, die unseren Lagerplatz gegen Süden abschloß. Oben angekommen, bot sich unseren Augen eine liebliche Landschaft: Zur Rechten der See mit Buchten und Halbinseln, zur Linken die hohe Kette der Amaro-Berge, denen ein Zug z. T. schroff abstürzender vulkanischer Massen vorgelagert ist. Vor uns breiten sich Hügel mit sanften Hängen und weiten Tälern. Wo nicht Brandspuren den Boden schwarz gefärbt haben, ist alles von reifem, gelbem Korn gleichenden Gras bedeckt, in das Dornbüsche und saftiggrüne Laubbäume eingestreut sind. Der Weg ist gut. Meist besteht der Boden aus braunschwarzer Erde, nur an wenigen Stellen kommt Geröll hervor. Hinter mir singt Asafu — der Nagadi — ein Zeichen, daß er mit der Straße zufrieden ist. Es gibt viele Frankoline, namentlich solche, deren Flügelspitzen beim

Fliegen hell erscheinen. Auf den Brandstellen stehen viel Perlhühner. Einmal, wo der Busch dichter ist, treffen wir auf ein Rudel Wasserböcke, ein andermal, unmittelbar am See, auf ein paar Buschböcke. Nun steigen wir in ein Seitental hinab und blicken wie ins Paradies: In der Mitte des Tales stehen unter Büschen sechs Zebras und ein Rudel Kuhantilopen, weiter ab äsen Grantgazellen, und unter einem Baum steht ein großer Trappe.

Nach Übersteigen eines niedrigen Bergrückens kommen wir in ein zweites, noch weiteres Tal, und hier wiederholt sich dasselbe Bild: Zebras, Kuhantilopen (hier sind es an hundert!) und eine Menge Grantgazellen. Ich pirsche mich an ein Gazellenrudel heran und schieße einen jungen Bock. Er ist schnell aufgebrochen und auf ein Pferd geladen. Am nächsten Sattel sehen wir zu unseren Füßen das Südende des Abbaye und linker Hand die spiegelnde Fläche des Ganyule. In einer engen Schlucht steigen wir empor und ziehen dann noch lange an einer Steilwand entlang, die hier schroff zum See abfällt. Unmittelbar am Südende des Abbaye schlagen wir das Lager auf. Die Ebene, die von hier zum Ganyule hinüberführt, ist wieder voll von Kuhantilopen und Grantgazellen. Im Schilf vor uns grunzen und schnaufen Nilpferde, welche die Störung ihrer Ruhe offenbar mit Unmut aufgenommen haben. Als die Dämmerung einfällt, überfallen uns Myriaden von Mücken (alles Culiciden), so daß an Arbeiten oder Lesen nicht zu denken ist. Die Leute verkriechen sich ganz unter ihre Decken.

Am Morgen des 13. kann keiner so recht an die Arbeit finden. Wahrscheinlich haben wir alle zu viel und zu gut von dem Gazellenbraten gegessen. Aber da der heutige Weg noch kürzer als der gestrige sein soll, so macht uns die Verspätung nicht viel aus. Noch während unseres Aufbruches überholt uns eine Gesellschaft, die gegen 4 Uhr morgens in Gatamé aufgebrochen war, wo sie zur Totenklage gewesen war. Einer der Leute gab sich als Balabat von Ganyule aus, ein anderer als Mitglied einer banda. Er machte jedoch mehr den Eindruck eines shifta (Räubers). Sein Gewehr war ein altes französisches Modell mit eingravierten amharischen Schriftzeichen. Die Leute meinten, daß wir den Weg nicht verfehlen könnten. Einen Führer konnten sie uns aber nicht stellen, da sie direkt zum Ganyule gingen und mit der Obole nach Hause führen. Einen Weg am Ostufer des Ganyule gäbe es nicht, wir müßten über die „Gottesbrücke" zwischen den beiden Seen gehen. Ein Weg am Westufer des Sees sei neu gemacht und gut.

So schieden wir frohen Mutes. Wir verließen die Straße, die um einen Schilfstreifen herum zum Ganyule führt, und schon war es vorbei mit dem Weg für uns. Es stellte sich auch heraus, daß keiner von den Gatamé-

Leuten ihn je gegangen war. Nur die allgemeine Richtung konnten sie angeben. Bald wurde jedoch das Geröll so schlimm, daß wir versuchten, zum. Abbaye-Ufer hinabzugehen. Und dabei stießen wir unvermutet auf die Straße, die uns an einen Steilabfall führte. Dieser ist etwa 100 m hoch und zieht sich quer über die ganze Gottesbrücke, nach Norden in zwei Etagen auslaufend. In zwei Stufen hatten wir den Abfall durchstiegen, als sich der Weg gabelte. Einer der Leute meinte, wir müßten den rechten, weniger begangenen Weg nehmen, aber Bestimmtes wußte keiner. Ich entschied mich für den linken, stärker begangenen Weg, der am Fuß des Steilabfalles entlang führte. Er verlief sich aber bald, wenn er auch von Zeit zu Zeit wieder auftauchte. Schließlich sahen wir den Ganyule vor uns! Wir hätten also doch den anderen Weg über die Höhe nehmen müssen! Zum Umkehren war es zu spät, die Tiere ermüdet, so daß es wieder ein frühes Lager gab. Wir sind an einer Bucht mit felsigem Ufer, das Gestein ist sehr porös, wie zerfressen. Halbrechts liegt eine Insel, auf der Hütten und Oboles zu sehen sind — es ist wohl die Residenz des Balabat von Ganyule. Im See ließ sich gut baden, da das Ufer bis weit hinaus sehr flach ist. Es gibt hier massenhaft Schneckenschalen (Melanien, Bullinen, Planorbis). Ein Feuer, das wir am Ufer angemacht hatten, um ein Obole herüberzurufen, blieb ohne Erwiderung.

Erst am nächsten Morgen, als wir schon beim Beladen der Tiere waren, löste sich drüben eine Obole vom Ufer. Durch das Glas konnte ich erkennen, daß sie nur zwei Leute enthielt, also sicher nicht den Balabat. Ich schickte daher die Tiere voraus an die Stelle, wo der richtige Weg über die Höhe abzugehen schien, während ich mit zweien meiner Leute die Barke erwartete. Die beiden Ankömmlinge waren angeblich ausgesandt, um mich auf die Insel zu führen. Ich requirierte gleich den einen der Männer als Führer, während ich den anderen mit dem Auftrag an den Balabat zurücksandte, mich mit vier wegekundigen Leuten dort zu erwarten, wo wir wieder den See erreichen würden.

Dann ging es im Eiltempo den Tieren nach, die wir noch kurz vor der Weggabelung erreichten. Mit Mühe fand der neue Führer den Anfang des Weges, der, zunächst wenigstens, ganz gut im Busch ausgehauen war. Aber es gab nun ein Klettern bergauf und bergab über Felsen und Geröllhalden, daß ich dauernd fürchtete, die Tiere würden sich die Beine brechen. Glühend brannte dazu die Sonne auf uns nieder. Hinter jedem Hügel tauchte wieder ein neuer auf. Ungefähr auf der Mitte der „Brücke" fanden wir eine kleine Feldbefestigung, die angeblich von Amharen angelegt worden ist. Endlich hatten wir den letzten Abfall zu der Ebene erreicht, die im Westen zwischen Abbaye und Ganyule liegt und durch die der Wasserlauf führt, der bei Hochwasser die beiden Seen verbindet. Ein dichter Akazienwald bedeckt die Ebene und sticht wohltuend mit seinem frischen, durch alle Nuancen gehenden Grün von der Öde der eben durchschrittenen Geröllhalden ab. Aber unsere Leiden sind noch nicht zu Ende. Nochmals geht es über eine endlos scheinende Steinwüste nach Süden, bis endlich der Ganyule vor uns liegt. Um 4.15 Uhr stehen wir an seinem Ufer an einer felsigen Bucht, vor uns in geringer Entfernung die Insel, zur Rechten die große Ebene, die mit Baumwolle und Mais wohl bestellt ist. Einen Tagemarsch haben wir zum Zurücklegen einer Entfernung von 5 km Luftlinie gebraucht! Noch geht es in der Ebene weiter, unter den Büschen gibt es wieder Perlhühner und Frankoline. Bald kommt uns der Sohn des Balabat mit einer Kalebasse Milch als Begrüßungsgeschenk entgegen. Um 5 Uhr zelten wir in der Nähe des Hauptlandeplatzes unter hohen Akazien.

Der Ganyule-See. Neben unserem Lagerplatz am See liegt ein Versuchsfeld von Baumwolle aus importierter Saat, die sich aber höchst kümmerlich ausnimmt neben der erprobten örtlichen Sorte. Ein neugieriges Perlhuhn, das sich ausgerechnet auf dem Lagerbaum zurechtsetzte, kam gerade zurecht für den Kochtopf; von einer Frau erhielt ich dazu noch einige Kohlblätter. Nun erschien auch der Balabat mit großem Gefolge und nahm würdevoll meine Wünsche zur Kenntnis. Bald kamen auch Milch und Bananen, und nach den vorhergegangenen etwas kümmerlichen Tagen wurde nun richtig geschlemmt! Wenn auch das Diner in umgekehrter Reihenfolge, wie eben die Dinge fertig waren, aufgetischt wurde — was machte das! Schließlich hatte ich mich so sattgegessen, daß der schon eingesunkene Bauch wenigstens wieder die Rippenbögen erreichte. Mein Boy wollte sich darob ausschütten vor Lachen, aber eine größere Ehre konnte ja seiner Kochkunst nicht zuteil werden.

Ein friedlicher Abend beschloß den anstrengenden Tag. Gespenstisch erschienen die hohen Akazien im Schein des Lagerfeuers, das zitternde Schatten in seltsamen Ornamenten auf die Stämme wirft. Im Abendwind rauscht das Schilf anschwellend und wieder abschwellend. Vor meinem Zelt mahlen die Kiefer der Tragtiere ihren letzten Bissen, von der Insel dringen zeitweilig verschwommen Rufe herüber. Bis spät in die Nacht kommen Gruppen von Leuten, die von der Feldarbeit zur Insel heimkehren; alle sind sie beladen mit großen Bündeln von Rohbaumwolle, von der sie das meiste an die Inselleute von Gatamé und Ghidiccio zur Verarbeitung weitergeben. Schon von ferne rufen sie uns an, um sich zu vergewissern, daß sie bei uns ungehindert vorbei können. Mit erhobener Hand und freundlichem: „Saró, saró!" tauchen sie aus dem Dunkel in den Lichtkreis des Lagerfeuers; dann, wenn sie ihre Landsleute aus Gatamé erkennen, begrüßen sie sie mit Küssen und Verneigungen und verschwinden wieder im Dunkel, die seltene Begegnung lebhaft besprechend.

Für den kommenden Tag, den 15. Februar, war mit dem Balabat ausgemacht, daß zwei Barken mich um 6 Uhr abholen sollten, um mich mit meinen Sachen nach jenem Dorf am Ufer des Sees zu fahren, von dem die Straße nach Seissié hinaufführen sollte; die Tragtiere sollten ledig gehen. Ich war daher in wenig freundlicher Stimmung, als erst nach langem Rufen um 9 Uhr eine Barke erschien. Die Sachen fanden aber auf der einen Obole Platz, die Tiere wurden losgeschickt, und ich ließ mich auf die Insel übersetzen.

Die Ganyule-Insel ist wie Gatamé ein ellipsenförmiger Hügel, der stellenweise steil zum See abfällt. Die Zahl der Hütten ist nicht sehr groß; auch hier stehen sie z. T. auf künstlichen Terrassen regellos am Hang übereinander. Hier gibt es noch weniger Vieh als auf Gatamé. Das Maultier des Balabat wird täglich am Morgen mit der Obole ans Land und abends wieder auf die Insel zurückgebracht. Die Oboles sind hier durchweg kleiner als auf dem Abbaye. Alle von mir dem Balabat wegen seiner Unpünktlichkeit gemachten Vorwürfe prallen an seinem: „Sie kommen gleich!" ab. Ich lehne es ab, seine Insel und sein Haus zu besuchen, und als er mir zur Beschwichtigung Indjera und Bananen anbietet, lasse ich sie wieder ausladen. Da gibt er endlich seine Verzögerungspolitik auf, und um 10 Uhr kann unsere kleine Flottille in See gehen: Voran ich mit dem Boy im Führerboot, dann das Boot mit dem Gepäck, und schließlich noch ein drittes Boot mit zwei Soldaten des Balabat, die uns bei seinem Kollegen in Dano anmelden sollten. Nach einiger Zeit stiegen diese jedoch in das Lastenboot über und ließen ihr Boot zurückfahren.

Das ganze Westufer des Ganyule-Sees ist reich gegliedert in Buchten und Landzungen. Der See ist am Ufer außerordentlich seicht, an vielen Stellen beträgt die Wassertiefe 100 m vom Ufer erst 1 m. Ein Schilfgürtel zieht sich längs des ganzen Ufers, hinter ihm reiht sich Feld an Feld mit Baumwolle und Mais und einzelnen Bananenreihen dazwischen. Hier und da lugen über das Schilf die kleinen, auf hohen Plattformen stehenden Häuschen der Flurwächter. An manchen Stellen ragen weit im See alte verwitterte Baumstümpfe aus dem Wasser, als ob der See in den letzten Jahrzehnten an Umfang zugenommen hätte. Ein Vogelleben von unbeschreiblicher Mannigfaltigkeit spielt sich vor dem Schilfgürtel ab:

Überall stehen in dem flachen Wasser große und kleine weiße Reiher, silbergraue und graubraune, dann blaugraue Riesenreiher mit rostbraunem Nacken. Zwischen ihnen stehen schwarzweiße Riesenstörche und andere Störche, die den unseren bis auf den Schnabel recht ähnlich sehen. Alle Baumstümpfe sind von Kormoranen besetzt. Kleine, schwarzweiße Königsfischer rütteln wie Falken in der Luft, stoßen wie ein Geschoß in das Wasser, um dann schleunigst mit der Beute davonzuziehen. Auf den Sandbänken stehen Nilgänse und kleine Enten zwischen unzähligen Strandläufern und Kiebitzen. Auch große Schwärme von Pelikanen stehen beschaulich da oder fischen mit ihren grotesken Schnäbeln im flachen Wasser. Weiter drin in einer Bucht ist eine große Schaar Flamingos zu sehen. Die Buchten wimmeln von Krokodilen; überall blicken ihre Schnauzen aus dem Wasser, und auf mancher Sandbank liegen sie wie Haufen angeschwemmten Holzes. Wenn wir näherkommen, lassen sie sich langsam ins Wasser gleiten. Zwei von ihnen mußten daran glauben: Das eine mit einem Schuß in die Wirbelsäule konnte sich nur mehr mit Mühe in tieferes Wasser wälzen, das andere erhielt Kopfschuß und sackte ab wie ein Stein.

Wir fuhren von der Insel zunächst auf das Festland zu, bis wir dort das Flachwasser erreicht hatten, wo Staken möglich war, und auch weiterhin blieben die Leute nach Möglichkeit im flachen Wasser, das Staken gestattete; nur die Buchten wurden mit dem Ruder, dem „Kopasch", überquert. Das Wasser ist von zahlreichen kleinen Algen graugrün. Das seichte Wasser der Buchten enthält so viele Algen, daß sie sich zu erbsenbis haselnußgroßen Klumpen zusammenballen.

Um die Mittagszeit wurde die Oberfläche des Wassers glatt wie ein Spiegel. Eine brütende Hitze lastete über dem See und allem Getier. Das Flimmern des Lichtes wurde unerträglich. Draußen im See trieb träge ein Nilpferd, nur sein schwarzer Rücken erhebt sich über der flimmernden Fläche. Große Fische werfen schlammige Wirbel auf, wenn sie der Ruderschlag aus ihrer Ruhe aufschreckt. Rinderherden kommen zur Tränke ans Ufer. Alles geschieht ohne Geräusch, das die Hitze zu schlucken scheint. Die völlige Lautlosigkeit macht das Erlebnis des Sees und seiner Kreatur zu einem Traum. Jedesmal, wenn ich aus dem Dösen auffahre, muß ich mich zusammenreißen, um zu begreifen, daß es traumhafte Wirklichkeit ist.

Durrah-Fladen und Bananen, die wir von Ganyule mitgenommen hatten, bildeten unsere Mittagsmahlzeit, die heute ausnahmsweise eingelegt wurde. Um 4 Uhr begannen wir die Überquerung der letzten Bucht auf eine Landzunge hin, jenseits welcher am Hang eines einzelnen Hügels Dano, unser Tagesziel, liegt. Um 5 Uhr landeten wir dort. Es ist ein Dorf wie Ganyule und Gatamé: Unordentlich zwischen die Steine gesetzte Häuser, hier viel niedriger als auf den Inseln, kleine Vorratsspeicher, neugierige Menschen. Nach einiger Zeit erschien der Balabat, ein 14jähriges Bürschchen, das keinen Ton sagte, sondern die ganzen Verhandlungen durch seinen obersten Ratgeber führen ließ. Dieser versprach die nötigen Leute. Obwohl sich herausstellte, daß es eine Straße in der Ebene gibt, möchten die Leute mich lieber in die Berge hinein auf die Straße nach Seissié bringen.

Nach Gardulla. Am Morgen des 16. Februar erschienen nicht vier, sondern nur zwei Leute. Der alte Herr, der Unterchef, der die Leute stellen sollte, behauptete, sie auf dem Marsch im nächsten Dorf zu nehmen. Bis dahin wollte er also selbst mitkommen, begleitet von seinem Sohn und einem Reitmaultier, auf dem er wohl hoffte, bald wieder daheim sein zu können. Der Weg führte auf eine weite Strecke zwischen großen Baumwollfeldern, auf denen die Baumwolle hervorragend stand. Offenbar ist hier alles ausgezeichnetes Baumwolland, und es ließen sich hier bei entsprechender Bewässerung viele Tausende von Hektar Baumwollkulturen anlegen. Nach einer Stunde Marsch erreichten wir eine Siedlung mit vielen kleinen Hütten und Vorratsspeichern. Das Dorf war mit einem Verhau umgeben, durch das nur ein Tor aus dicken Knüppeln Einlaß gewährte.

Die Hoffnung unseres alten Herrn, hier Leute zu finden, wurde enttäuscht, und so mußte er wohl oder übel weiter mitmarschieren. Bald trafen wir nun auf eine breit ausgeschlagene Straße, die unsere kreuzte und in der Uferebene nach Süden führte; es ist das, wie ich später erfuhr, die vorgesehene Autostraße von Cencia nach Ciarso. Nun gab es wieder großes Palaver. Alle möglichen Einwände brachten die Leute vor, um mich zu bewegen, in die Berge hinein nach Seissié zu marschieren. Ich ließ mich jedoch nicht erweichen, und wir schwenkten daher von unserer Richtung nach Süden ab. Auf der breiten Straße kamen wir flott vorwärts, und um die Mittagszeit hatten wir ungefähr die Gegend des Südendes des Sees erreicht. Hier trafen wir zum Glück einige Leute, die von der Feldarbeit kamen, und nun wurde erneut über die Fortsetzung des Weges beraten. Geradeaus, nach Süden, in der Talebene, so wurde allgemein versichert, gäbe es kein Wasser mehr. Nach Südwest, in die Berge hinein, würden wir jedoch Wasser finden, ebenso in dem Dorf Garda, das wir aber voraussichtlich an diesem Tag nicht mehr erreichen würden. Von dort sei es nicht mehr weit nach Gato, über welchen Ort auf jeden Fall marschiert werden müsse. So wählte ich also letzteren Weg. Bald gelangten wir auch in ein Bachbett, das ein wenig Wasser führte und in dem wir lange Zeit aufwärts marschierten. Dann ging es aus dem Bachbett hinaus auf steinigen Pfaden in die Hügellandschaft hinein, in der ockergelbe und dunkelrote weiche, vulkanische Gesteine mit harten, dunkelblauen Laven wechselten. Der Ganyule, den wir zeitweise noch sehen konnten, blieb immer tiefer hinter uns zurück.

Schon am Vormittag hatte ich eine seltsame Schlappheit in den Schultern gespürt, die sich mitunter zu richtigen Schmerzen steigerte. Nun, am frühen Nachmittag, fühlte ich auch schon das Fieber heranziehen mit der üblichen Kreuzlahmheit und den Stirnkopfschmerzen. Ich hatte vergessen, an diesem Morgen Chinin zu nehmen! Das wurde nun schnell nachgeholt. Zuerst eine Tablette und später noch die doppelte Ration, so daß das Fieber gar nicht voll zum Ausbruch kam.

Gegen 3 Uhr lag ein breites, von Nord nach Süd streichendes Tal vor uns, an dessen Westseite steil die Bergkette aufsteigt, auf deren Höhe Gardulla liegt. Mit dem Glas ließ sich erkennen, daß das Tal dicht von abgeernteten Feldern besetzt ist, hier und da liegen Feldhütten, und am Fuße der Bergkette sah ich an mehreren Stellen Rauch aufsteigen. Dort würde es sicher auch Wasser geben! Es ist die Landschaft Garda, aber noch mußten wir zwei Stunden marschieren, ehe wir auf einem kleinen Grasplatz, etwa 2 km von den Bergen entfernt, zelten konnten. Wasser gab es auch hier noch nicht, aber auf den Feldern arbeiteten Leute, und drei Jungen, die Wasser geholt hatten, wurden um die Hälfte ihrer Vorräte erleichtert. Kaum war das Zelt aufgestellt, setzte ein heftiger Regenguß ein. Zum Essen gab es nichts als etwas Speck und Mehl, das ich noch mitführte. Es war wohl ein „Sterz", was ich da zurechtbraute. Wegen des Regens geriet er nicht ganz. Aber er schmeckte trotzdem und machte satt, was die Hauptsache war.

So blieb für den folgenden Tag nur noch der Aufstieg auf die Höhen von Gardulla. Der Regen des vorhergehenden Abends hatte die Luft wunderbar klar und durchsichtig gemacht — es war ein strahlend-schöner Morgen! Zunächst ging es über Felder, deren noch nasse schwarze Erde in dicken Klumpen an Füßen und Hufen klebte. Dann führte uns ein Trockenflußbett bis an den Fuß der steil abfallenden Berge. Der Aufstieg war mühselig; auf schmalem, sich windenden, mit Geröll bedecktem Pfad kostete er den Tieren viel Anstrengung, so daß wir nur langsam voran kamen. Ein Höhenunterschied von etwa 400 m mußte auf wenigen Kilometern überwunden werden. Die Hänge bedecken zunächst niedrige Büsche, höher folgt Buschwald mit einzelnen Wacholderbäumen. Schließlich stehen wir auf der Plateauhöhe, wenige Schritte vor der Ortschaft Gardulla basso.

Hier arbeitete auf einer Straße eine Kolonne Eingeborener unter der Aufsicht einiger Italiener, die mich staunend betrachteten und mir den Weg zu einer nahen Missionsstation wiesen. Hier traf ich einen freundlichen Pater der Missione della Consolata, der sich nicht genug wundern konnte, daß ich diesen Marsch unangefochten ohne Bedeckung durchgeführt hatte. Die ganze Gegend am Südende des Sees soll nämlich wieder einmal von „shifta" (Räuber, Aufständische) wimmeln. Ich mußte bei dem Pater zu Mittag essen, ehe ich zu dem 300 m höher liegenden G a r d u l l a a l t o aufstieg, welches Sitz der italienischen Behörden ist. Hier meldete ich mich beim Truppenbefehlshaber, bei dem ich Nachrichten von meinem Reisegefährten, der mich in Ciarso erwarten wollte, vorzufinden hoffte. Auch hier war das Erstaunen bei meinem Erscheinen nicht gering, und man sah förmlich, wie den Herren noch nachträglich der Angstschweiß kam bei dem Gedanken, was mir alles hätte passieren können und welche Ungelegenheiten sie dann hätten haben können.

Eine Nachricht von meinem Reisegefährten fand ich hier nicht, und ich mußte ein paar Tage warten, bis ich mit einem Lastwagen auf der fahrbaren Straße nach C i a r s o gelangte, während ich die Tiere ledig gehen ließ. Hier traf ich meinen Gefährten, der gleichfalls schon tagelang auf Nachricht von mir wartete und dessen Nachrichten mich nicht erreicht hatten. Vom befestigten Lager Ciarso, wo sich die italienische Residentur für das Konso-Land befindet, genießt man einen prachtvollen Blick auf das Südende des Ciamo-Sees, auf die Beverley-Berge und das Amaro-Gebirge im Norden. Gegen Ost schweift der Blick zur im Dunst verschwimmenden Saganebene und das jenseitige Bergland von Borana, während nach Süden und Westen das etwa 2000 m erreichende Konso-Bergland und das Gardulla-Gebirge den Horizont bilden.

Unser weiterer Plan war eine D u r c h q u e r u n g S ü d a b e s s i n i e n s vom Konso-Land gegen das Bergland von Bako zum unteren Omo. Wir waren bereits hoch gespannt, in den Ebenen zwischen Konso und Bako jene zwergenhaften, häßlichen und ganz primitiven Neger kennenzulernen, von denen wir durch die italienischen Offiziere schon manches Merkwürdige gehört hatten. Leider erwies sich unser Plan undurchführbar. Das Räuberunwesen und die Aufstandsbewegung nahmen immer mehr zu, so daß es uns trotz wochenlangen zähen Verhandelns mit den italienischen Militärbehörden nicht gelang, die Erlaubnis für die Reise zu erreichen. So mußten wir uns mit einer Durchforschung des allerdings auch hochinteressanten und bisher noch kaum von Europäern berührten Konso-Landes begnügen.

Abb. 1. Aufn. Dr. E. Maaß
Phallus-Stein im Darasa-Land.

Abb. 2. Aufn. Dr. E. Maaß
Vor Ghidiccio. Der Balabat kommt ans Land.

Abb. 3. Aufn. Dr. E. Maaß
Dorf Gatamé.

Abb. 4. Aufn. Dr. E. Maaß
Blick auf das Südende des Margherita-Sees, von Süden.

Allgemeines. Tropische Kalk- und Karstgebiete sind von Hinter- und Insel-Indien, dort vor allem von den Philippinen, Süd-Celebes und Java vielfach geschildert worden. Vor kurzem erst hat H. Lehmann den Versuch einer tiefgründigen Erklärung der auf Java im Südergebirge vorhandenen Kalklandschaft und Karsterscheinungen unternommen („Morphologische Studien auf Java", Stuttgart 1936). Mit einer Beschreibung der von mir Ende 1937 besuchten Insel Penida zwischen Bali und Lombok möchte ich einesteils die Karstforscher auf ein weiteres Beispiel tropischer Kalklandschaften aufmerksam machen, in erster Linie aber eine kurze Monographie des Inselchens geben und vorführen, wie eine isolierte Bevölkerungsgruppe ihren engen, abgelegenen und benachteiligten Lebensraum zu gestalten und zu nutzen versteht. — In der deutschen geographischen Literatur sind mir keine Angaben über Nusa Penida bekanntgeworden. Selbst im Holländischen gibt es, abgesehen von guten topographischen Karten, meines Wissens nach nur eine einzige geographisch ausgerichtete Veröffentlichung, die A. Gertis gelegentlich der Vermessung und Kartierung der Insel im „Jaarverslag v. d. Topografischen Dienst in Nederl. Indie over 1924" brachte: „Enkele aanteekeningen omtrent Noesa Penida." (Einige Angaben über N. P.) Auch die Zahl volkstümlicher Reiseschilderungen, aus denen der Geograph schöpfen könnte, ist außerordentlich gering, zumal nur in langen Abständen einmal ein fremder Besucher Penida betritt. Zoologischen und kulturhistorischen Problemen ging in jüngster Zeit (nach meinem Besuch) der durch seinen Bali- und Borneo-Film allgemein bekanntgewordene Baron von Plessen auf der Insel nach.

Nusa[1]) (noesa = Insel) Penida (ein balinesisches Wort, das neben anderem wahrscheinlich „schlechter Kalk" bedeuten kann) mit den im Nordwesten unmittelbar angelagerten Eilanden Tjeningan und Lembongan gehört zu der zerbrochenen tertiären Kalkregion, die sich von Südjava über die Tafelhuk[2]) nach Süd-Lombok erstreckt. Trotz der geringen Oberfläche der annähernd rechteckig geformten Insel von wenig mehr als 200 qkm — ca. 18 km Längserstreckung von NW nach SO bei 11 km durchschnittlicher Breite — wohnen hier nach der amtlichen Zählung von 1930 doch

[1]) Das holländische „oe" ist in Ortsbezeichnungen ins deutsche „u" überführt.

[2]) Südspitze Balis, vgl. darüber den Aufsatz des Verfassers in der „Zeitschrift für Erdkunde" 1939, 9/10, über „Bali, eine tropische Insel landschaftlicher Gegensätze".

22 300 Menschen, das sind rund 112 auf den qkm, auf dem kleinen Lembongan weitere 4200, das sind sogar 475 auf den qkm. Das durch einen schmalen Meeresarm in zwei Teile gegliederte Tjeningan ist unbewohnt. 1937 hatte sich nach Aussage des Punggawa, des höchsten, in Sampalan in der Nordküste stationierten eingeborenen Verwaltungsbeamten, die gesante Kopfzahl des Inselkomplexes auf reichlich 30 000 erhöht. Dieses kaum bekannte Eiland hat damit reichlich die doppelte Einwohnerzahl wie etwa das vielgenannte Banda, und steht in kultureller Hinsicht zweifellos jener weit wichtiger erscheinenden Insel in keiner Weise nach. Um so eher liegt eine Berechtigung vor, diesem Nusa Penida eine eingehende Darstellung zu widmen.

Geomorphologische Stellung. Von der von der äußersten Nordwestspitze Penidas nur 12 km entfernten Südküste Balis erblickt man die Insel als einen gestuften Tafelklotz mit zerkerbten Steilrändern. Doch schiebt sich in Wahrheit gerade an der Nordseite hinter einem bis 300 m breien Riffkorallen-Gürtel ein schmaler Flachlandsaum von nur wenigen hundert Meter Ausdehnung zwischen See und aufstrebendem Hang ein. An der Nordwestküste, um den Zoll- und Handelsplatz Toja Pakeh herum, trägt er in größerer Erstreckung den deutlichen Charakter junger Anschwemmungen auf Korallenunterlage. Ebenso ist gegenüber, an der Nordostküste von Lembongan, halbmondförmig mit landeinwärts vordringenden Buchten ein sumpfiger Flachlandstreifen angeschwemmt. Weiße und rote Korallentrümmer, überaus zahlreiche Seeigelschalen bedecken den aus Korallengrus und Kalksand bestehenden Strand. Doch finden sich hier auch schwarze Sande vulkanischer Herkunft, die zweifellos von Bali und vielleicht auch von Lombok herübergetrieben wurden. Steht doch eine starke nordöstliche Strömung in der Badung-Straße, zwischen Bali und Penida, und zwischen dem letzteren und Tjeningan wächst sie sogar auf die außergewöhnliche Stärke von sechs bis zehn Stundenmeilen an. In den Sagen der Eingeborenen spielt, wie Gertis u. a. erzählen, diese Strömung eine wichtige Rolle. Nach ihnen entstand Tjeningan aus einem großen Schiff, das der Gott der Chinesen ausrüstete, um den auf dem Agung, Balis heiligem Berge, herrschenden Gott Sanghijang Mahadewa zu erschüttern und sich untertan zu machen. In der Tat raste das Schiff ein Stück nach Bali hinein — die Bucht von Labuhan Amuk bezeichnet dort heute noch die Rammkerbe —, aber es gelang Mahadewa, es zurückzustoßen, und die gewaltige Strömung des Ozeans erfaßte es, brachte es zum Kentern und trieb es bis vor Penida, wo es als die Insel Tjeningan liegen blieb. Nach anderer Fassung aber ist Penida selbst dieses Wrack, während Tjeningan und Lembongan die Beiboote waren, somit auch als die „Kinder" der „Mutter" Penida angesprochen werden. Eine weitere Version schließlich betrachtet Penida als ein abgetrenntes Stück von Bali, mit dem heute noch eine sagenhafte unterirdische Tunnelverbindung besteht. Wissenschaftlich betrachtet könnte nach vorherigem Einbruch — die kaum ½ km breite Straße zwischen Penida und Tjeningan ist bis zu 223 m tief! — die Strö-

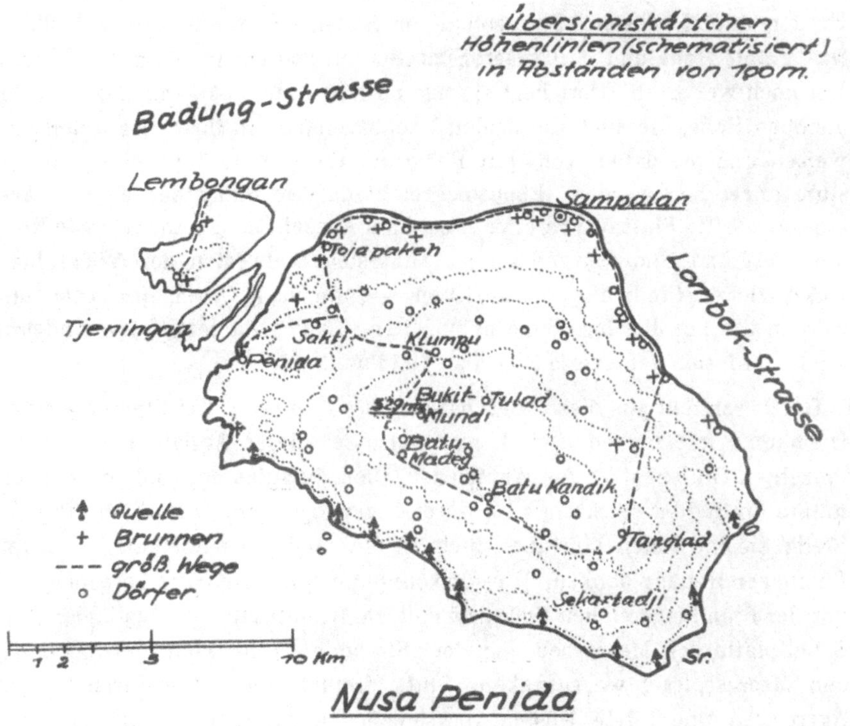

mung zur schärferen Trennung der Nachbareilande vom Hauptkörper Penida beigetragen haben.

V e r t i k a l b e w e g u n g e n, Hand in Hand mit Brandungstätigkeit, dürfte der kleine Inselkomplex sein Dasein verdanken. Kompakte Korallenkalke und amorphe Schichtkalke in flachlagernder Bankung bilden allenthalben die Oberfläche der Stufen und die Steilränder. Es ist möglich, daß sie, entsprechend den ähnlichen Kalkmassen in Südjava, diskordant über gefalteten miozänen Brekzien und Tuffsandsteinen vulkanischer Herkunft liegen. Zutage kommen solche jedoch nirgends. Eine dreifache S t u f u n g ist an der Nord- und Nordostküste hinter dem schmalen Küstenstreifen erhalten, und zwar mit Niveaus von 25 bis 40 (Niederstufe) und 80 bis 110 m (Mittelstufe) unter dem höheren Block des Zentralstückes (Hochland). Auf der Ost-, Süd- und Südwestseite dagegen fehlen Küstenstreifen und Niederstufe völlig. Sie dürften der harten Brandung des ungebrochenen Indischen Ozeans zum Opfer gefallen sein. Sie hat sich auch in die Mittelstufe bereits weit hineingefressen, hat hier und da isolierte Felsturminselchen aus ihr herausgeschlagen. Trotzdem ist diese Mittelstufe dort noch breiter als im Norden und Nordosten. Sie erreicht im Süden mit durchschnittlich 220 m ihre größte Höhe und fällt gegen Südosten auf 200 bis 180 m, gegen Westen hin noch weiter ab. Dort liegt sie nur noch auf knapp 100 m, ungefähr der gleichen Höhe, die auch die beiden Nachbareilande in ihrem Hauptteil aufweisen und die daher wohl mit Recht als abgetrennte Teile dieser Mittelstufe angesehen werden. Ebenso erreicht das Hochland des Kernblockes, ein aufgelöstes Plateau von etwa 9 zu 4 km Ausdehnung, seine höchste Höhe am Süd- und Südwestrand — im äußersten Südwesten der 529 m hohe Bukit (Berg) Mundi als höchste Kuppe —, um nach Osten, Nordosten und Norden hin auf 400 bis 350 m abzugleiten. Es besteht somit eine eindeutig nach Nordosten geneigte S c h r ä g s t e l l u n g.

Gertis schließt aus dieser Beschaffenheit auf eine in drei Stadien erfolgte H e b u n g mit langen Zwischenpausen. Bei dieser Annahme wären die einzelnen Stufen als reine Abrasionsflächen aufzufassen, und die Hebung müßte im Südteil stärker als im Nordteil gewesen sein. Vor allem die hohe Steilküste im Süden läßt aber auch an ein randliches Absinken nach anfänglicher Hebung denken. Hierfür könnte auch die Tatsache sprechen, daß vor der brandungsreichen Südküste eine ca. 8 km breite, 100 bis 200 m tiefe Schelfplatte den Meeresboden bildet. Sie könnte sehr wohl eine bis unter den Meeresspiegel weggesunkene Stufe, freilich auch eine durch jüngste Aggression überflutete Küsten-Abrasionsfläche darstellen. Auf der brandungsarmen Nordküste dagegen ist ein solches Schelf kaum ausgebildet, und die Meerestiefe sinkt rasch auf 400 bis 500 m. Andererseits deuten die Korallen im niederen Küstenland des Nordens wieder auf jüngste Hebungen bzw. Regression der See. Die Entscheidung über die tatsächlich erfolgten Bildungsvorgänge der Insel muß daher einer genauen geomorphologischen Untersuchung vorbehalten bleiben. Vor allem wäre nachzuweisen, ob sich auf der Mittel- und Niederstufe Abrasionstrümmer und vielleicht auch junge Korallenbildungen vorfinden. Manche Höhlenbildungen am Rande der einzelnen Steilstufen erwecken wohl den Eindruck von Brandungsformen; es könnten aber auch fossile Ausmündungen unterirdischer Karstflüsse sein.

Oberfläche. Bei einer Überquerung der Insel von der Nord- zur Südseite findet man hinter dem das Riff begrenzenden Strandstreifen zunächst den schmalen Küstensaum. Kleine Äcker bedecken ihn. Ein im trockenen Zustand bleichgrauer bis graugelber, im nassen Zustand dunkelgraubrauner, staubfeiner Boden, durchsetzt mit Steintrümmern, liegt in geringer Mächtigkeit auf dem Kalkuntergrund. Schon am Aufstieg zur Niederstufe ragt dieser letztere allenthalben zackig und schrattig, tausendfach zerlöchert und zerfurcht an die Oberfläche, doch kann von einer ausgesprochenen Karrenbildung keineswegs die Rede sein. An den weiter aufwärts folgenden, sehr viel höheren Stufen tritt er auch in hohen Wänden aus meistens hellgrauem, manchmal auch schneeweißem

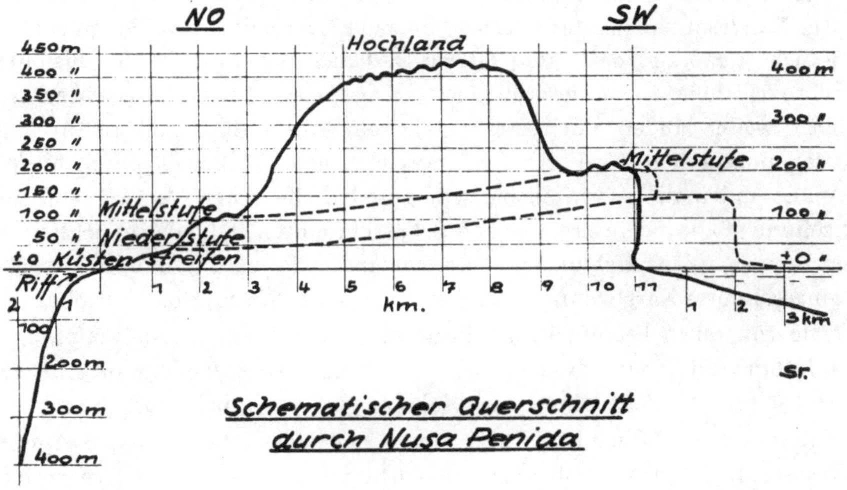

und vereinzelt (so z. B. am Rande des Hochlandes zwischen den Dörfern Batu Kandik und Batu Madeg) auch aus schwärzlichem Fels zutage. An der steilen Südküste bildet er weithin eindrucksvolle Mauern, die bis zu 200 Meter völlig senkrecht oder sogar über tiefer Brandungskehle weit überkragend emporstreben (Abb. 2). Mürbe wie trockener Mörtel ist die löcherige Oberfläche verwittert, während eine Auflösung in Platten und glatte Scherben weniger beobachtet wird. Nur hier und da trifft man auf Streifen glatten Gesteins. Es sind Rutschbahnen, auf denen gelegentlich der seltenen Regen die Wasser abwärts rauschen. Neben ihnen bestehen jedoch auch zahlreiche tief eingekerbte Schluchten voller Blockwerk. In ihnen toben jedoch nur noch in seltensten Fällen Wildfluten zur Küste, im allgemeinen aber ist kein einziger Tropfen Wasser in ihnen zu finden. Solche Kerbtäler sind in paralleler Anordnung rings um die Insel in vielfacher Folge vorhanden. An der steilen Süd- und Ostküste erreichen jedoch nur wenige die See, die anderen sind an den hohen Kliffmauern in beträchtlicher Höhe gekappt. Auch an den Rändern des Kernblockes sind solche Schluchten tief eingekerbt. Die Zwischentalrücken gleiten, kleine selbständige Bergzüge vortäuschend, weit auf dem tiefergelegenen Plateau der Mittelstufe aus. Kerbschluchten und Steilstufen erschweren gleichermaßen den Verkehr im Binnenland und zwischen diesem und der Küste.

Auf der Mittelstufe sowohl wie in besonderer Vollkommenheit auf dem zentralen Hochland besteht die Oberfläche durchweg aus konvexen Vollformen und aus gerundeten Hohlformen in der typischen Art des tropischen Karstes. In den randlichen Zonen treten ganze Reihen gleichmäßig hoher Kuppen mit kleinen Talkerben an den Außenseiten auf[3]). Anschließend in das Landesinnere hinein überwiegen mehr oder minder vollkommene, oft jedoch geradezu ideal ausgebildete Halbkugeln von meist 30 bis 40 m relativer Höhe. Es ist der vollendete „Kegelkarst" (Abb. 1). Sie wechseln noch weiter landein mit unregelmäßigeren Hügeln ab, die oft an Brotlaibe oder umgedrehte Tröge erinnern und gleich den Halbkugeln durch niedere Wälle miteinander verbunden sein können. Zwischen den Hügeln sind isolierte steilwandige Trichter und Schüsseln eingebettet, oder es schlängeln sich nach allen Richtungen ineinandergreifende, sackartig untereinander eingeschnürte Karstwannen von selten mehr als 200 m größter Breite. Die erste von ihnen beginnt in der Regel mit einem breiten, hufeisenförmigen Talschluß an einem Zwischensattel, und die letzte mündet in eine zur nächst tieferen Plateaustufe hinabführenden Kerbschlucht aus.

Keine dieser Hohlformen birgt stehendes oder führt fließendes Wasser. Daß sich selbst bei schwersten Regen kein Abfluß, sondern bestenfalls an der tiefsten Stelle etwas Schichtwasser bilden kann, beweist die Tatsache, daß die Terrassenfelder der Eingeborenen ohne jegliche Unterbrechung über die ganze Breite des Talschlusses und der Tälchen selbst angelegt sind (wie auf Abb. 1). Gelegentlich meines Aufenthaltes auf der Insel wanderten wir auch einmal einen halben Tag lang in dauerndem Regen über die Hochfläche und sahen, abgesehen von einigen an Felswänden herabsickernden Strähnen, doch nicht das geringste Rinnsal. Wohl aber konnte am Grunde mancher Wannen der Boden das herabregnende und von den Hängen unterirdisch herbeisickernde Wasser nicht mehr fassen, und es quoll in Pfützen an die Oberfläche. Doch schon am folgenden Morgen

[3]) H. Lehmann bezeichnet solche Formeneinheiten im Südergebirge auf Java als „gerichteter Karst"; Verfasser erwähnte sie in seinem Beitrag über das „Kendeng-Gebirge auf Java" in der „Geographischen Wochenschrift", 3/1935.

waren nur noch feuchte Flecken übriggeblieben. Alles Wasser muß daher überaus rasch versickern, ein Vorgang, der sich den übrigen Karsterscheinungen auf der Insel harmonisch angliedert.

Boden. Alle diese Hohlformen enthalten einen sehr dunklen, nahezu schwarzen, humosen Boden von mürber und guter Beschaffenheit. Diese auch in den Hohlformen anderer Kalklandschaften Insel-Indiens vorhandene Schwarzerde, die dem Regur Vorderindiens verglichen wird, erklärt Mohr[4]) als Zusammenschwemmungen über undurchlässigem Ton am Grunde einstiger kleiner Seen und Tümpel. Doch auch auf den Hängen und Rundkuppen herrscht ausschließlich eine dunkle, braune bis schwarze, äußerstenfalls eine ins braun- oder graugelbe spielende Färbung. Nirgends aber auf der gesamten Insel, selbst nicht auf den höchsten Erhebungen (530 m) findet sich auch nur eine Spur von Roterde, die irgendwie der bekannten „Terra Rossa“ verglichen werden könnte. Es sei dieses besonders unterstrichen, weil nach bisherigen Feststellungen (Lehmann, Mohr, vgl. oben) solche Schwarzerdebildungen im tropischen Kalk an Jahresmitteltemperaturen von mindestens 25° C, das bedeutet für Inselindien an Höhen von nicht mehr als 300 m, gebunden sein sollen. Auch Anwehungen von Aschen aus den Vulkanen Balis, die als Fremdfaktoren eine Rotfärbung des Bodens begünstigt haben könnten — wie man es in den Kalkgebieten Javas beobachten kann —, scheinen nicht stattgefunden zu haben, denn nördliche Winde sind in dieser Zone äußerst selten.

Klima. Ausgeprägten Jahreszeitenwechsel und lange Trockenzeiten, die im Verein mit schwer durchlässigem Boden nach Mohr ebenfalls als Vorbedingungen für die Bildung von Schwarzerde im Tropenkarst erforderlich sind, kennt jedoch auch Nusa Penida in einer extremen Vollkommenheit, wie sie auf Java u. a. kaum erreicht wird. Wie allenthalben an den Südküsten der Kleinen Sunda-Inseln sind auch hier die Monsune mäßig ausgebildet. Nach Braak[5]) überwiegt dort in allen Monaten, außer Januar und Februar, in der mittleren Windrichtung die südliche Komponente, und auch der hauptsächliche Regenbringer des Archipels, der Nordwestmonsun, tritt hier als Südwestwind auf. Wohl aber ist die Verteilung der Niederschläge dem üblichen Gang des malaiischen Haupt-Monsungebietes völlig angepaßt mit dem Minimum in der Jahresmitte und den höchsten Ziffern in den letzten und ersten Monaten

[4]) „De grond van Java en Sumatra“. Amsterdam 1922, „De bodem der tropen in het algemen en die van Nederlandsch Indie in het bijzonder“, Kon. Ver. Koloniaal Inst. Amsterdam, Mededeelingen XXXI, I.

[5]) „Het klimmat von Nederlandsch Indie“, Batavia 1929.

des Jahres. Doch besteht in den Gesamtmengen von Jahr zu Jahr ebensowenig eine Beständigkeit wie in der monatlichen Verteilung innerhalb verschiedener Jahre. Wesentlich ist, daß die Gesamtmengen außerordentlich gering sind, daß zuweilen drei, ja vier Monate lang kein einziger Tropfen Regen, ja nicht einmal Tau fällt, und die geringe Menge in manchen anderen Monaten aus einer einzigen, rasch verrauschenden Bö herrühren kann. Leider liegen Beobachtungen nur aus dem Küstendorf Sampalan vor (und die mitgeteilten Zahlen dürfen auch nicht als unbedingt verläßlich angesehen werden), aber nicht von der Hochfläche. Dort wird sicherlich mehr Regen fallen; die größere Höhe und die etwas üppigere Vegetation lassen darauf schließen.

Jahr	J	F	M	A	M	J	J	A	
1933	13	175	250	99	13	124	0	60	Millimeter
	4	*14*	*12*	*7*	*4*	*11*	*0*	*6*	Tage
1934	100	238	113	108	4	3	119	68	Millimeter
	10	*17*	*9*	*5*	*3*	*1*	*9*	*1*	Tage
1935	213	31	149	46	41	4	0	0	Millimeter
	15	*6*	*9*	*7*	*6*	*2*	*0*	*0*	Tage
1936	134	95	60	101	4	10	35	8	Millimeter
	12	*6*	*4*	*9*	*2*	*2*	*2*	*2*	Tage

Jahr	S	O	N	D	Jahr	größte Tagesmenge	
1933	24	3	141	258	1160	119/XII	Millimeter
	4	*1*	*7*	*11*	*81*		Tage
1934	0	185	170	32	1140	111/X	Millimeter
	0	*4*	*12*	*6*	*77*		Tage
1935	0	66	25	75	650	68/III	Millimeter
	0	*6*	*3*	*6*	*60*		Tage
1936	7	45	42	113	654	54/IV	Millimeter
	1	*4*	*8*	*9*	*61*		Tage

Aber auch das Hochland ist zweifellos im Vergleich zu ähnlichen Höhengebieten der benachbarten größeren Inseln stark benachteiligt. Ich konnte mehrfach beobachten, wie sich rings am Himmel Cumuluswolken zusammenzogen, über Penida aber infolge der von den überhitzten Kalkmassen aufsteigenden Warmluft ein regelrechtes Loch blieb; und wie es später ringsum auf See regnete, ohne daß die Insel durch einen einzigen Tropfen erfrischt worden wäre. Erst mit dem Einsetzen lebhaften Südwestwindes (im Dezember), den wir bis auf Stärke 4 schätzten, trieben dann unter heftigem Gewitter nasse Wolken auch über die Insel selbst und hingen dabei unter mäßigem Dauerregen stundenlang sogar bis auf die Hochfläche herab. Wolkige und dunstige Tage mit schlechter Sicht sollen dagegen häufig zu verzeichnen sein. Bei der im allgemeinen herrschenden Trockenheit von Luft und Land sind die hohen Temperaturen trotz der lästigen Rückstrahlung vom heißen Kalkboden einigermaßen erträglich. Wir maßen an der Küste morgens gegen 26, mittags bis 32, abends nicht unter 28° C, im Hochland entsprechend ca. 24, 29 und 26° C im Dezember.

Wasser. Auf den schnellen Ablauf des Wassers auf Rutschbahnen und in Schluchten bei sehr starken bzw. auf das rasche Versickern bei mäßigen und geringen Regen wurde schon hingewiesen. Der Grundwasserspiegel muß außerordentlich tief liegen, offenbar auf Seeniveau. Im gesamten Binnenland gibt es weder eine Quelle noch einen Grundwasserbrunnen, auch an den randlichen Steilstufen keinerlei Wasseraustritt. Lediglich in allernächster Küstennähe ist Wasser zu finden. Im Süden sprudelt es am Fuße der Steilküste in einigen z. T. warmen Quellen hervor; im übrigen ist es längs der flachen Küste gewöhnlich in den Mündungsabschnitten größerer Schluchten durch Brunnengrabungen erschlossen, und zwar mit Rücksicht auf die gelegentlichen Wildfluten nicht in ihrer Mitte, sondern an ihrem Rande. Durchweg ist dieses Brunnenwasser jedoch brakig. Selbst in Toja Pakeh, das eigentlich „Süßwasser" bedeutet, wurde es von uns als reichlich salzhaltig empfunden.

Pflanzenwuchs und Tierwelt. Die Frage nach einer ursprünglichen Vegetation muß selbstverständlich offen bleiben. Sie ist nicht einmal für weit besser bekannte Teile des Inselreiches immer befriedigend gelöst. Auf der Hochfläche mag unter einstmals besser ausgeglichenen Niederschlagsverhältnissen früher Wald gestanden haben. Ein „heiliger Hain" im Westen in der Nähe von Batu Kandik trägt unbedingt den Charakter eines restlichen Bestandes von natürlichem, nicht sehr dichtem Höhenwald. Doch füllt er lediglich eine tiefere Hohlform aus. Auch gewaltige Einzelbäume, meistens Ficus-Arten, die hier und da vor Dörfern und Tempeln Schatten verbreiten, beweisen, daß sie lebensfähig sind. Sie könnten freilich als Kultbäume vorsätzlich angepflanzt sein. Aber auch das im Hochland reichlich vertretene Alang Alang-Gras, das im Archipel mit Vorliebe als Nachfolgevegetation auf Brandflecken im Urbusch auftritt, läßt einstigen Waldbestand vermuten. Heute ist es reichlich von Steppengewächsen durchsetzt: kleinen Mimosen, knorrigen Einzelbäumen mit teils filzigen, teils lederartigen Blättern, darunter dem ein Mittelding von Schlehe und Zwetsche hervorbringenden „djoewat"-Fruchtbaum, Opuntien und kleineren Wolfsmilcharten, auch Agaven, vereinzelten Pandanus-Exemplaren und vor allem weiten Feldern dornigen Lantana-Gestrüppes. In den tieferen Regionen überwiegt diese dürftige Dürrevegetation heute vollkommen, namentlich Opuntien und Lantana breiten sich dort zu langen Hecken und undurchdringlicher Wildnis. — Ebenso armselig ist die Tierwelt. Größeres Wild gibt es nicht oder nicht mehr; Schlangen und Vögel sind die höchsten Vertreter. Unter den letzteren verdienen große, weiße, gelb beschopfte Kakadus besondere Aufmerksamkeit, weil sie zwar auf Lombok, nicht aber auf Bali vorkommen. Die bekannte Tierscheidungslinie durch die Lombok-Straße wäre somit im weiten Bogen westlich um Penida herum zu ziehen. Die Eingeborenen behaupten allerdings, diese Vögel seien früher auch auf Bali heimisch gewesen, dann aber ihres zänkischen und diebischen Benehmens halber nach Penida verbannt worden! Große, kanariengelbe Amselvögel, kleine, den Kolibris ähnliche Arten und andere, sowie unermeßliche Scharen von lästigen Fliegen (aber keine Mücken) vervollständigen die heute noch vorhandene natürliche Fauna der Insel. Doch bietet ringsum die See den Bewohnern Ersatz für die ausfallende Kost von Wildfleisch in Gestalt von kleinem Riffgetier, Schildkröten und größeren Fischen, unter denen Octopus und Rochen besonders erwähnt werden sollen.

Bevölkerung. Daß diese im Süden und Osten durch die hohe, mauerartige Küste und gewaltige Brandung, im Westen durch die starke Strömung, im Norden durch gefährliche Riffe geschützte, regen- und wasserarme, heiße und dürftige Insel dennoch eine derart zahlreiche Bevölkerung aufweist, verdankt sie nicht ausschließlich der Nähe Balis und den für Kulturen wohl geeigneten Schwarzerde-Karstwannen. Diese Umstände allein würden sicherlich nur geringfügige Einwanderungen hervorgerufen haben. Wieweit solche tatsächlich in vorgeschichtlicher Zeit erfolgten, ist nicht ersichtlich. Heute weiß man nicht anders, als daß die Bevölkerung auf zwangsmäßig Deportierte aus den südlichen balinesischen Fürstentümern, namentlich aus Klungkung, zurückgeht. Verbrecher, Schuldner und sonstige unbeliebte Personen sind lange Zeit für lebenslänglich von ihren Landesherren nach hier verbannt worden. Noch 1925 sind zahlungsunfähige Balinesen, nun jedoch nur noch zu vorübergehender Strafzeit, von ihren Fürsten nach Penida geschickt worden, um dort in armseligster Umgebung einem harten Tagewerk nachgehen und ihrer gesegneten Heimat fern sein zu müssen. Nach der holländischen

Besetzung Süd-Balis (1912) gesellten sich überdies zahlreiche freiwillige Auswanderer dazu. Dieser eigenartigen Besiedlungsgeschichte trägt unbewußt die unter Seeleuten übliche Bezeichnung „Banditen-Insel" Rechnung. Sie geht in Wahrheit aber nicht auf die Kenntnis der tatsächlich stattgehabten Verhältnisse, sondern auf eine Verstümmelung von „Nusa Penida" zu „Nusa Pandita", was eigentlich so viel wie „Priesterinsel" bedeuten würde, zurück. „Pandita" wurde bei den Seefahrern dann zu „Banditen". Wurden früher die Bewohner Penidas von den Balinesen in der Tat als Verbrecher angesehen und behandelt, so sind sie heute innerhalb ihrer Insel völlig frei, dürfen sie aber, sofern es sich um Verbannte und deren Nachkommen handelt, nicht verlassen. Die grausamen Todesurteile, die man früher gegen Flüchtlinge handhabte — sie wurden auf einem Felseneilande vor der Westküste angebunden, um dort zu verhungern, bzw. mußten, falls ihnen auch von dort die Flucht glückte, vom nächsten Dorfoberhaupt erstochen werden —, und ähnliche unzeitgemäße Bestrafungen sind selbstverständlich seit der Ausdehnung der holländischen Herrschaft abgeschafft worden.

Der eigenartigen Besiedlungsgeschichte ist es zuzuschreiben, daß F r e m d e auf der Insel fast gänzlich fehlen. Nur wenige Chinesen — drei auf Penida, sechs auf Lembongan — haben sich in letzter Zeit zu Handelszwecken, namentlich zum Ankauf der Kopra bzw. Kokosnüsse, niedergelassen. Bei den E i n g e b o r e n e n selbst handelt es sich zur Hauptsache um einen dunklen, hageren Menschenschlag, wie er vor allem in den Berggebieten Balis vorherrscht, sehr oft mit einem deutlichen altmalaiischen Einschlag in der Gesichtsprägung, wie man ihn überall auf den Inseln gerade bei Bergvölkern antrifft. So sind wohl vornehmlich Angehörige der starren und obstinaten Bergstämme in die Verbannung geschickt worden. Die an der Nordküste noch rein balinesische Sprache macht im Innern einem unverständlichen Dialekt Platz. Auch in der Kleidung, besonders der der Frauen, bestehen Abweichungen zum Heimatland; über einem buntgestreiften Untergewand tragen sie einen dunkelblauen bis schwarzen Rock, bei freiem Oberkörper. In ihrem K u l t wahrt die Bevölkerung den balinesischen, leicht hinduistisch überdeckten Animismus, und zwar soll er sich bei manchen Festlichkeiten strenger und lebendiger äußern als auf Bali selbst. Die Verbrennung der Toten wird dort wie hier geübt. — Gertis gibt für 1923 nur 95 Mohammedaner an: Malaien und islamisierte Balinesen fast durchweg in Toja Pakeh, die zu dem ebenfalls mohammedanischen Kusambe an der Südostküste Balis rege Beziehungen pflegen. Eine Kastenordnung wie auf Bali besteht nicht, da die Bevölkerung, mit ganz wenigen Ausnahmen an der Nordküste, durchweg den Sudra angehört und alle kastenmäßigen Unterschiede somit wegfallen.

Siedlungen. Nicht weniger als 119 Dörfer in 12 Dorfgemeinschaften wurden gezählt, und zwar, abgesehen vom unzugänglichen Fuß der Steilküste, ziemlich gleichmäßig über die ganze Insel verteilt, da das Land überall die gleichen Nach- und Vorteile für eine Besiedlung aufweist. Besitzen die Nordküstendörfer zwar Brakwasserbrunnen und Gelegenheit zur Fischerei, so fehlen ihnen andererseits die fruchtbaren Kulturkummen und etwas höheren Niederschläge der Hochlandsbewohner. Diese ihrerseits sind bezüglich der Wasserversorgung denkbar schwer benachteiligt. Einzig und allein auf das Regenwasser sind sie angewiesen, das jede Familie in (von Bali eingeführten) Tonkrügen oder in selbstgefertigten ausgehöhlten Kalksteinen auffangen muß. Daneben haben die meisten Siedlungen einen gemeinsamen „djoembang", einen in mühseliger Arbeit flaschenförmig in dem Kalkuntergrund ausgehauenen Brunnen, dessen Wandungen mit undurchlässigem Ton verschmiert und dessen Hals durch einen verschließbaren Deckel abgedichtet ist. In ihn wird von eigens zu diesem Zwecke in der Nähe errichteten Vförmigen Gras- oder neuerdings auch Wellblechdächern das Regenwasser geleitet und hält sich in dem unterirdischen Gewölbe monatelang frisch. Für das Vieh sind außerdem hier und da in tiefen Mulden Regentümpel gestaut („goemblang"). Infolge ihrer starken Verkotung kommen sie jedoch nur mehr als Suhl-, aber nicht als regelmäßige Tränkplätze in Frage. Vielmehr muß in trockenen Zeiten das Vieh in gewissen Abständen und in oft tagelangem beschwerlichen Marsch zu den Brunnen der Küste getrieben werden. Doch auch diese letzteren sind nicht immer einwandfrei, weil man unmittelbar neben ihnen in Kalksteintrögen das Vieh tränkt, es auch mit Hilfe kleiner Lontarblatt-Eimerchen begießt, und die Ausscheidungen mit dem verschütteten Wasser ohne genügende Filtration wieder in die Brunnen gelangen. Oft genug treten daher in den auf solche Brunnen angewiesenen Dörfern schwere Seuchen auf. An der Südküste geht die Wasserversorgung unter ganz besonders schwierigen Begleiterscheinungen vor sich. Auf einfachsten Leitern, die nur aus in Gesteinslöcher gesteckten Knüppeln bestehen, steigen die zu einer straffen Gilde („sekehe toja") zusammengeschlossenen Wasserträger oft mehr als 200 m zu den Quellen am Fuße der Felswände hinunter und halten sich dabei in kleinen, ausgehauenen Löchern im Gestein fest.

Bei der Anlage der Siedlungen nimmt man auf die zuweilen mit großer Heftigkeit wehenden Winde Rücksicht und baut in Täler oder in Lee der Hügelkuppen an die Hänge. Doch ebenso unabhängig wie vom nichtvorhandenen fließenden oder Quellwasser ist die Lage der Dörfer auch vom Vorhandensein bestimmter Baustoffe. Sie sind überall zur Hand. Nimmt man an der Küste Korallenbrocken, so im Landesinneren Kalksteintrümmer. Mit beiden kann man beim Aufbau der Wände durch verschiedene Schrägstellung der einzelnen Reihen gewisse Musterung erzielen (vgl. die Mauer auf Abb. 4). Zuweilen, aber nicht immer sind die Mauern oder zumindest die Sockel mit Lehm verputzt. In einigen Fällen, mit Vorliebe zu Tempelbauten, nimmt man auch sorgfältig behauene Blöcke in etwa doppelter Ziegelsteingröße. Über dem Sparrengerüst aus Bambu ruht das Dach aus trockenem Gras. Aus Kalkstein sind auch die Reisstampfblöcke, die neben den unvermeidlichen Hahnenkörben zum Inventar jedes Hofes gehören. Wie auf Bali teilt man auch hier die teils recht großen Dörfer in rechteckige Abteilungen für die einzelnen Großfamilien ein und umgibt jedes Gehöft mit einer wiederum aus Kalkbrocken bestehenden Mauer (Abb. 3). Zwischen ihnen verlaufen die schmalen Gänge. — Nur Toja Pakeh als vornehmlich malaiische Siedlung entbehrt dieser typischen balinesischen Dorfform. Wohl wahrt es ebenfalls den ummauerten Einzelhof, nicht aber den Zusammenschluß aller Gehöfte zum engen Dorf. Überdies stört die kleine Moschee der Mohammedaner den balinesischen Eindruck.

Eine ebenfalls mit Kalksteinmauern umgebene Tempelanlage fehlt in keinem Dorf. Außerdem gibt es eine ganze Reihe von besonders heiligen Kultstätten auf beherrschenden Hügeln oder unmittelbar an der Küste. Zu einigen von ihnen finden alljährlich an bestimmten Festen allgemeine Wallfahrten statt. Manchmal befassen sie, wie die heiligen Stätten auf Bali, mehrstöckige Pagoden aus Holz, sind von großen Bäumen beschattet und vom starken Duft der für Tanz und Kult unentbehrlichen, cremefarbigen „djepoeng"-Blumen durchschwängert. Von Natur aus absonderlich geformte Steine, die hier und da bei der Geburt von Zwillingen oder aus ähnlichen, dem Animisten bedenklich erscheinenden Anlässen in den Mauerkranz eingebaut sind oder wohl auch auf einem besonderen Sockel stehen, fallen als Zeichen eines primitiven, naturnahen Opferkultes besonders auf. Daneben aber gibt es aus weißem Kalkstein gehauene eigenartige Tier- und Dämonenplastiken, Thronsessel für die Sonnengottheit (Abb. 4), Holzschnitzwerk an den Balken der im Tempelhof stehenden Versammlungshallen und ebenfalls im Tempel untergebrachte Masken für die großen Kultspiele von hoher Vollendung. Hier offenbart sich aufs deutlichste das Erbe des kunstsinnigsten Volkes der indischen Inselwelt, der Balinesen.

Wirtschaft. Würden an Stelle der in allen Fragen des Landbaues hochqualifizierten Balinesen extensive Brandbauer nach Penida verpflanzt worden sein, so wäre sehr wahrscheinlich binnen kurzem die Insel eine Wüstenei geworden, in der bestenfalls eine Handvoll armseligster Geschöpfe ihr Leben hätte fristen können. So aber kamen Bauern, die seit jeher gewohnt waren, aus ihrem Boden das Höchstmögliche herauszuholen. Doch völlig andere als die heimischen Verhältnisse trafen sie an; und es ist zu bewundern, mit welcher Zähigkeit und Anpassungsfähigkeit sie sich umstellten. Hier gab es weder die zum Landbau wie geschaffenen sanft ausgleitenden Mäntel der Vulkankegel, noch mineralreiche, sich immer wieder erneuernde Vulkanböden, und vor allem nicht die geringste Möglichkeit zur Anlage von Bewässerungen. Nur eines ließ sich hier wie dort durchführen: der Terrassenbau, und er wird mit einer Sorgfalt betrieben, für die es kaum im Archipel einen Vergleich gibt, sofern es sich um Trockenfeldbau handelt. Wo immer ein Fleckchen brauchbarer Boden vorliegt, ist er für Kulturen ausgenutzt. Mit Hacke und Brecheisen werden die durchragenden Felszacken beseitigt. Peinlich werden alle Gesteinstrümmer von den Äckern entfernt. Sie werden zum Aufbau kleiner Mäuerchen („galangang") verwandt, die Terrasse auf Terrasse abgrenzen. Sie haben doppelten Zweck: sie sollen das Fortspülen von Boden nach Möglichkeit verhindern und eventuell zuschwemmenden abfangen. Bei der Anlage neuer Feldstücke baut man mit Vorbedacht so, daß sich zunächst mit dem Regen herbeigespülter Boden in genügender Mächtigkeit ablagern kann. An den hufeisenförmigen Talschlüssen und in den Karstwannen liegen die größten Feldstücke. Hier werden auch Pflug und ein zweizinkiger, mit einem Sterz versehener Kultivator zum Auflockern des Bodens und Vernichten des Unkrautes in Anwendung gebracht. In den eingeschnürten Talverengungen zwischen den Hügeln werden die Terrassen immer schmaler, manchmal nur einen Meter breit, und erklettern steil die seitlichen Hänge. Hier ist nur Hackbau möglich; und auch das Jäten des Unkrautes geschieht mit Hacken, die aus einem scharfen, in einen gespaltenen Stiel geklemmten Eisen bestehen, und zwar mit Vorliebe in hockender Stellung. Aber auch auf die Halbkugeln und sonstigen Erhebungen ziehen sich die Felder oft bis hoch hinauf und umfassen auf den ersteren meistens in geschlossenen Kreisen die ganze Kuppe.

1924 wurden 17 800 ha bebauten Landes vermessen, die zum weitaus größten Teil aus solchen Terrassenfeldern bestanden. (Bis zum Zeitpunkt der Vermessung waren übrigens, wie Gertis feststellte, von den Bewohnern nur 1500 ha angegeben und versteuert worden, wußten sie sich auf ihrer einsamen Insel doch fern jeglicher europäischen Kontrolle!) — Einen überaus erfreulichen Anblick gewähren diese mit unendlicher Sorgfalt angelegten und gepflegten Terrassenkulturen. Vom Bukit Mundi aus ist das Bild, das sich ringsum entrollt, unvergeßlich. In vielfacher Wiederholung liegen die Kreis- und Hufeisenterrassen an den Kuppen; in weit geschweiften Bogen umfassen die weißen Mäuerchen die Talschlüsse, ziehen sich in gewundenen Girlanden durch Engen und Schluchten, und holen aufs neue in weitem Schwunge aus. Weiß sind die rechteckig aufgeteilten Dörfer, die großen Tempelwerke eingebettet, und in der Tiefe vor den Küsten stehen die hellen Bänder der Brandung. Im Dunst verschwimmen die Nachbareilande Tjeningan und Lembongan, ohne daß man die schmalen trennenden Meeresterrassen wahrnehmen könnte.

Nur in den tiefsten, feuchteren Teilen der Hohlformen findet Trockenreis („padi gaga") Wachstumsmöglichkeiten. Weiter hinauf überwiegt M a i s, der auf Penida a l s G r u n d l a g e d e r E r n ä h r u n g anzusehen ist. Bohnen, Knollen, Schotenpfeffer, auch Baumwolle (Kapok) werden als Mischkulturen zwischen Mais und Reis gepflanzt. Überdies sind Kokospalmen, die hier nur wenig unter der gefährlichen Palmratte zu leiden haben, in kleinen Gruppen allenthalben, in der Tieflandsbucht um Toja Pakeh und auf Lembongan auch in weiten Beständen vorhanden. Bei den Dörfern finden sich außerdem wenige Fruchtbäume, wie Bananen, Papaya, Mangga, Savu, Brotbäume und Durian, daneben Betelpalmen, Sirihpfefferranken und Bambugebüsche. Doch für die Ernährung oder gar für den Handel spielen die Früchte keine Rolle; überaus eintönig ist die tägliche Kost. Da der Reis in der Regel für festliche Gelegenheiten aufgespart wird, gibt es Tag für Tag Maisbrei, gegen Ende der Vorräte gemischt mit Kassaveflocken oder mit Mehl, das aus gedörrten Scheiben der Kassaveknollen gestampft wird. Dazu bekamen wir bestenfalls ein paar frische oder geröstete Bohnen vorgesetzt, Klößchen aus Kokosraspel in Pfeffertunke und, soweit vorhanden, Beikost aus der See.

Aber in keinem Jahre reichen die Nahrungsmittel völlig aus. Gertis nennt z. B. für 1923 unter der Gesamt e i n f u h r im Werte von 61 300 Gulden für 50 000 Gulden Nahrungsmittel, und zwar fast ausschließlich Reis, zu vier Fünfteln von Bali, zu einem Fünftel von Lombok. Der Rest waren zur Hauptsache Petroleum und Gewebe, doch wird auf der Insel auch noch viel im Eigenbetrieb gesponnen, mit Pflanzensäften gefärbt und gewebt. Auf zwei kleinen Märkten in Sampalan und Toja Pakeh werden diese Waren und sonstigen Handelsobjekte umgeschlagen. — Die A u s f u h r erreichte im gleichen Jahre einen Wert von 134 700 Gulden, das wären etwa 6½ Gulden auf den Kopf der Bevölkerung. Neben rund 80 Tonnen Kopra registrierten in dieser Ziffer 1091 Rinder und 1927 Schweine, die durchweg als lebendes Schlachtvieh nach Bali verkauft wurden. Das unbewohnte Tjeningan verzeichnet bemerkenswerterweise eine vergleichsweise sehr hohe Ausfuhrziffer; doch spielt sie volkswirtschaftlich nicht die geringste Rolle. Es handelt sich um die Ernten von eßbaren Vogelnestern aus einer Grotte, die jeweils für drei Jahre an einen chinesischen Unternehmer für eine hohe Summe (1923: 9000 Gulden!) verpachtet wird. Sie lieferte in genanntem Jahre 450 kg Nester im Werte von rund 23 000 Gulden!

Der gesamte Viehbestand betrug nach Gertis 1923 mehr als 8000 Rinder und fast 11 000 Schweine, eine verhältnismäßig hohe Ziffer. Büffel und Pferde gibt es nicht. Vor allem die höchsten Teile der Hügel, auf denen sich keine brauchbare Erde durch Anschwemmungen sammeln läßt, dienen als Weidegründe. Viehwirtschaft und Koprabereitung sind die einzigen nennenswerten Einnahmequellen der Bevölkerung, die in erster Linie auf Selbstversorgung eingestellt ist. An der Küste bieten die Fischerei, vor allem bei Nacht mit Fackeln, und das Absammeln des Riffes bei Ebbe, sowie die Salzbereitung in der gleichen primitiven Weise, wie sie für die Nordküste Balis beschrieben wurde[6]), den Haupterwerb. Die Küstenschiffahrt in kleinen Prahus und Auslegerbooten (djoekoeng) nach Bali und Lombok liegt dagegen vornehmlich in Händen mohammedanischer Balinesen und Malaien; irgendeine geregelte Dampf- oder motorisierte Verbindung besteht nicht.

Verwaltung. Nusa Penida ist ein vortrefflicher Beweis dafür, was selbst aus den benachteiligten Landschaften herauszuholen ist, wenn nur die geeigneten Siedler angesetzt werden. Wenn auch die holländische Verwaltung, die sich erst nach 1912 erstmalig mit der Insel befaßte, keinerlei Überschüsse aus ihr erwarten kann, so gibt sie sich doch redlich Mühe, dieses beträchtliche Kontingent von Selbstversorgern bei ihrem schwierigen Dasein zu unterstützen. Beseitigung der Seuchengefahr durch Aufklärung und gelegentliche Überwachung der Brunnenverhältnisse sowie Maßnahmen zur Sicherstellung von Wasser auch abseits der Brunnenzone und von Reis bei Hungersnöten betrachtet sie als ihre vornehmsten Aufgaben. Neben der Vermehrung der üblichen Regenfänger hat sie auf der Hochfläche einige große Regentanks aus Kalksteinen mit Zuleitung aus Schluchten erbauen lassen, um bei allzulanger Dürre Katastrophen vorzubeugen, und auch, um die beschwerlichen Märsche mit dem Vieh zur Tränke an den Küstenbrunnen auf

[6]) Vgl. Helbig a. a. O.

ein Mindestmaß zu beschränken. Ein von mir besuchter Tank bei Tanglad maß ca. 25 m Durchmesser bei ca. 10 m Tiefe und erschien mir allerdings viel zu groß für die spärlichen Niederschläge. Ausreichend Wasser und ausreichende Zufuhr von Nahrungsmitteln bei Mißernten sind die beiden Faktoren, die über das ganze Leben der Insel entscheiden. Wenn die mitgeteilten Zahlen nicht nur aus verschieden exakt durchgeführten Schätzungen bzw. Zählungen resultieren, sondern wirklich stimmen, hätte sich die Bevölkerung der Hauptinsel von 1923 (20 475 Bewohner) bis 1930 (22 300) um fast ein Zehntel, bis 1937 um noch mehr erhöht. Daraus ist wohl am besten zu schließen, daß alles getan wird, um die Lebensbedingungen zu verbessern. — Schon liegen auch Versuche vor, um den geistigen Zustand der überaus rückständigen und scheuen, aber doch neu- und wißgierigen, im Grunde genommen kindlich heiteren Bevölkerung zu heben. Im Verwaltungsplatz Sampalan (der der Unterabteilung Klungkung in Süd-Bali untersteht), auf Lembongan und in Sakti, einem großen Dorf auf der Mittelstufe im Westteil Penidas, sind in den letzten Jahren Schulen eröffnet worden. In der letztgenannten unterrichteten während meines Besuches zwei balinesische Lehrer 90 Kinder, darunter bereits 15 Mädchen!

Aufn. Dr. Karl Helbig

Abb. 1. Ideale Halbkugel-Landschaft im Hochland unmittelbar hinter dem Außenrand. Die Karstwannen und die konvexen Hänge sind mit Maisfeldern bedeckt.

Aufn. Dr. Karl Helbig

Abb. 2. Die Steilküste im äußersten Süden, unweit des Dorfes Sekartadji nach Westen hin aufgenommen. Sie ist hier nahezu 200 m hoch.

Aufn. Dr. Karl Helbig

Abb. 3. Die Außenfront des großen Dorfes Tanglad auf der Hochfläche. Kalksteinmauern grenzen die einzelnen Familienabteilungen ab.

Aufn. Dr. Karl Helbig

Abb. 4. Ein Thronsessel für den höchsten Gott, der auch als Sonnengott verehrt wird. Er ist aus behauenen Kalksteinen zusammengesetzt.

Aufn. Dr. Karl Helbig

Abb. 5. Schmale Terrassenkulturen mit schützenden Mauern aus Kalktrümmern an einem Steilhang. Der oberste Teil des Hügels ist für Weidezwecke übriggeblieben.

Aufn. Dr. Karl Helbig

Abb. 6. Salzgärten an der Nordküste. In den Trichtern wird salzgeschwängerte Erde aus den viereckigen Verdunstungsfeldern durch Seewasser weiter ausgelaugt.

Bericht über das Jahr 1939.

Im Jahre 1939 hat die Mitgliederzahl sich nicht wesentlich verändert. Die Gesamtzahl der Mitglieder beträgt einschließlich 24 Förderern 373. Eine Reihe langjähriger Mitglieder ist leider durch den Tod ausgeschieden. Dem stehen 13 Neuaufnahmen gegenüber. Das ungewöhnlich große Interesse, das unsere Veranstaltungen immer mehr erwecken, läßt einen weiteren Anstieg der Neuaufnahmen erhoffen.

Der Vorstand hat außer einer Februar-Sitzung, die die Lage der Gesellschaft besprach, die übliche Schluß-Sitzung des Jahres durch die Kriegsverhältnisse verspätet erst im Januar 1940 abgehalten. Hierbei wurde beschlossen, während der Dauer des Krieges, schon mit Rücksicht auf die im Felde stehenden Mitglieder, keine Änderungen im Vorstand eintreten zu lassen. In der gleichen Sitzung wurde dem von Herrn Prof. Dr. Obst in Breslau der Gesellschaft vorgelegten Plan einer Zusammenfassung aller Geographischen Gesellschaften zu einer Deutschen Geographischen Gesellschaft einmütig widersprochen, weil der Vorstand in dem individuellen und ortsangepaßten Wirken der Gesellschaften die größeren Vorteile und auch in einer Reduktion der Publikationen auf ein zentral geleitetes Organ eine Verarmung sieht.

Die Veranstaltungen der Gesellschaft wurden im gewohnten Umfang durchgeführt. Doch wurden sie im Kriegswinter dem großen Geschehen insofern angepaßt, als die Fachsitzungen zurücktraten zugunsten der Allgemeinen Sitzungen und für diese die Vortragsthemen hauptsächlich aus den von den Ereignissen betroffenen Erdgebieten gewählt wurden (was sich allerdings besonders erst im neuen Jahre auswirkte, über das hier noch nicht zu berichten ist). Das gab den Vorträgen eine sichtlich erhöhte Anziehungskraft. Der Vortrag über Polen von Wunderlich füllte den großen Saal der Patriotischen Gesellschaft, der Rußland-Vortrag von Mecking das Auditorium Maximum der Universität, wo er zwei Wochen später vor nochmals überfülltem Saal wiederholt wurde. Dieser Vortrag wurde gemeinsam mit dem Allgemeinen Vorlesungswesen der Universität veranstaltet.

Der Band 46 der „Mitteilungen der Geographischen Gesellschaft in Hamburg“, der der Hansischen Universität zu ihrem 20 Gründungstage am 10. Mai 1939 gewidmet war, enthielt an erster Stelle die Arbeit von Prof. Dr. Passarge über „Das Geographische Seminar des Kolonial-Instituts und der Hansischen Universität“. Ferner brachte er je eine Untersuchung von Dr. Weinert, Hamburg, über die „Geographie der Pelztierzucht und Pelztierhege“ sowie von Dozent Dr. Pfeifer, Bonn, über „Sinaloa und Sonora“.

Übersicht über die Verhandlungen.

A. Allgemeine Veranstaltungen.

593. Sitzung. 5. Januar 1939.

Vortrag: Dr. H. E. Kauffmann, Zürich: „Land und Leute der Nagab (Assam)".

594. Sitzung. 9. März 1939.

Vortrag: Dr. med. A. Gabriel, Untersetzbach: „Durch Persiens Wüsten (Wüste Lut)".

595. Sitzung. 27. April 1939.

Vortrag: Forstmeister W. Wisch, Tarandt: „Der westafrikanische Urwald, ein Problem der Forstwirtschaft".

596. Sitzung. 19. Oktober 1939.

Vortrag: Prof. Dr. E. Wunderlich, Hannover: „Der Zerfall Polens, in politisch-geographischer Betrachtung".

597. Sitzung. 7. Dezember 1939.

Vortrag: Dr. K. Helbig, Hamburg: „Touristeninsel Bali, vom Geographen gesehen".

Zusammen mit dem Allgemeinen Vorlesungswesen: 2. November 1939.

Vortrag: Prof. Dr. L. Mecking, Hamburg: „Moskau und Leningrad".

134. Fachsitzung. 19. Januar 1939.

Vortrag: Prof. Dr. P. Woldstedt, Berlin: „Neuere Forschungen über die Eiszeit in Norddeutschland".

135. Fachsitzung. 23. März 1939.

Vortrag: Diplom-Ingenieur W. Bitzer, Hamm i. W.: „Schweden und Norwegen, Lebensraum und Wirtschaft".

136. Fachsitzung. 23. November 1939.

Vortrag: Dr. W. Christaller, Freiburg i. B.: „Stadtsystem im Osten und Westen des Großdeutschen Reiches".

C. Besichtigungsfahrt.

14. Mai 1939. Autobusfahrt in das Hannoversche Wendland. Hamburg—Uelzen—Starrel—Lüschow—Forsthaus Göhrde—Hamburg. Die Führung hatte Herr Studienrat Dr. A. Krause, Hamburg. Die Fahrt, die physisch wie anthropogeographisch viel Interessantes bot, erfreute sich einer regen Beteiligung.

L. Mecking.

Bericht über die Verwaltung der Bibliothek der Geographischen Gesellschaft im Jahre 1939.

1. Eingänge. Im Jahre 1939 gingen 770 bibliographische Bände und 13 Karten gegenüber 974 und 27 im Jahre 1938 ein. Die Ursachen für diesen Rückgang sind in den politischen und kriegerischen Ereignissen des Jahres zu suchen. Es muß bestimmt damit gerechnet werden, daß der gegenwärtige Krieg einen großen Teil von dem zerstört, was in zwanzigjähriger Arbeit in der Bibliothek aufgebaut worden ist. Seit dem Herbst 1939 fehlen vollständig die Sendungen aller unserer Tauschpartner in den englischen und französischen Mutterländern und Kolonien. Es war auch nicht möglich, wenigstens eine kleinere Anzahl der Eingänge über neutrale Länder zu erhalten. Ferner sind alle Beziehungen zu den ehemaligen polnischen Gesellschaften und Instituten abgerissen. Es wird erst später möglich sein, neue Vereinbarungen zu treffen, wenn über die kommende kulturelle Entwicklung dieser Gebiete Klarheit herrscht. Dagegen sind die Zeitschriften des Protektorates Böhmen und Mähren regelmäßig eingegangen. Es ist sogar eine Vermehrung des Austausches vereinbart worden.

Der Verkehr mit dem neutralen Ausland erlag zum Teil den äußeren und inneren Schwierigkeiten. Der Austausch mit Süd- und Mittelamerika ist großenteils unterbrochen, woran die Schwierigkeiten der reibungslosen Übermittlung schuldig sein werden. Aber auch der Verkehr mit den Vereinigten Staaten ist stark zurückgegangen. Vor allem fehlen die zahlreichen Veröffentlichungen amtlicher Stellen. Dagegen ist es erfreulicherweise gelungen, frühzeitig im Berichtsjahr wieder Verbindungen mit einigen unserer russischen Tauschpartner aufzunehmen (vgl. Mitteilungen der Geographischen Gesellschaft, Bd. 46, S. 473). Die Beziehungen sollen erweitert werden.

Der durch die politischen Schwierigkeiten verursachte Rückgang im Verkehr mit unseren Tauschpartnern würde sich zahlenmäßig bereits 1939 viel stärker bemerkbar machen, wenn es nicht gelungen wäre, in der ersten Jahreshälfte wenigstens einen Teil der laufenden Tauschvorschläge unter Dach zu bringen. So sind 1939: 49 (1938: 35) neue Serien eingegangen von Gesellschaften und Instituten, mit denen ein rückwirkender und laufender Austausch vereinbart wurde. Infolge der langen Laufzeit solcher Vorschläge überwiegen 1939 die inländischen Gesellschaften (28), während an außerdeutschen europäischen Gesellschaften 11 und an außereuropäischen 10 neu ins Verzeichnis aufgenommen werden konnten. Zahlreiche aussichtsreiche Schreiben nach überseeischen Ländern sind durch den Krieg vorläufig gegenstandslos geworden.

2. Arbeiten am Katalog. Während der Wert unserer Bibliothek durch eine Vergrößerung des Austausches nur unbefriedigend gesteigert werden konnte, wurden wenigstens die laufenden internen Arbeiten in der gleichen Weise wie früher fortgeführt, so daß in dieser Hinsicht keine Einbuße zu verzeichnen ist. Die laufenden Eingänge und neuen Serien sind trotz zeitlicher Schwierigkeiten vollständig in den Katalog aufgenommen worden, und zwar erscheinen wiederum die Arbeiten von Jahrbüchern und Veröffentlichungen nicht rein geographischen Charakters einzeln im alphabetischen und systematischen Katalog. Auch im Berichtsjahr hat sich diese zusätzliche Arbeit gelohnt, wie die Beratung zahlreicher Benutzer in bibliographischer Hinsicht gezeigt hat. Diese Einzelverarbeitung ermöglicht es überhaupt erst, die wertvollen Bestände der Bibliothek dem Publikum in größerem Umfang zur Kenntnis zu bringen.

3. Einbandverhältnisse. Aus äußerlichen Gründen war es vorgesehen, die notwendigen Einbandarbeiten am Schluß des Jahres ausführen zu lassen. Auch hier hat der Krieg störend eingegriffen. Selbst wichtige Zeitschriften konnten nicht gebunden werden. Diese Arbeit muß in kürzester Frist nachgeholt werden. Nach dem Kriege gilt es, die Rückstände in verstärktem Umfange binden zu lassen. Der gegenwärtige Zustand von über 5000 ungebundenen bibliographischen Bänden ist nicht tragbar. Die provisorische Aufbewahrung kann die ungebundenen Bände nicht vor raschem Verbrauch schützen, der den Wert der Bibliothek ernsthaft gefährdet.

4. Bitte. Die Bibliothek wiederholt die Bitte an alle Mitglieder, bei Einschränkung bzw. Auflösung ihrer Büchereien Entbehrliches der Bibliothek der Geographischen Gesellschaft zu überlassen. Ältere Mitteilungsbände sind unentbehrlich, um bei neuen Tauschvereinbarungen sofort längere Reihen zu erwerben. Nach dem Kriege sollen nicht nur jetzt notwendig entstehende Lücken sofort wieder aufgefüllt werden, sondern es soll auch die 1938 eingeleitete, so plötzlich unterbrochene Vergrößerung des Austausches mit ausländischen, besonders überseeischen Gesellschaften usw. verstärkt fortgesetzt werden. Da unsere Bestände an älteren Mitteilungsbänden teilweise nahezu erschöpft sind, ist die Bibliothek auf die Hilfe der Mitglieder angewiesen! Darüber hinaus sind Einzelwerke geographischen Inhalts hocherwünscht. Unser Bücherbestand besteht neben älteren, früher überlassenen Einzelwerken größtenteils aus Zeitschriften und Serienveröffentlichungen, die nur durch Tausch erworben werden können, da ein Ankauf geographischer Bücher nicht möglich ist und ein Ausweg sich bisher nicht hat finden lassen. Die Bibliothek muß darum viele Anfragen von Benutzern abschlägig beantworten. Sie hofft aber, mit dieser Bitte Erfolg zu haben. Durch derartige Zuwendungen können die Mitglieder die Bedeutung unserer schönen Spezialbibliothek sehr steigern.

Am 1. April 1939 mußte Herr Dr. Werner Koops infolge Versetzung nach Berlin die Arbeit in der Bibliothek der Geographischen Gesellschaft niederlegen. Dieser Verlust ist sehr bedauerlich, denn Herr Dr. Koops hat sich in den Jahren 1937 und 1938 sehr um unsere Bücherei bemüht und, indem er viel Freizeit opferte, ganz wesentlich um den weiteren Ausbau unserer Bibliothek verdient gemacht. Herr Dr. Koops soll des herzlichen Dankes der Gesellschaft versichert sein.

Dr. Wolfgang Niemeyer.

Jahres-Abrechnung 1939.

Barbestand am 1. Januar 1939		RM. 2 749.88	
zuzügl. Guthaben bei der Neuen Sparcasse v. 1864			
als Rücklage für die „Mitteilungen" Band 46 . .		„ 781.60	RM. 3 531.48

Einnahmen:

Mitgliederbeiträge			
von 338 Ordentlichen Mitgliedern .	RM. 3 371.—		
„ 24 Förderern	„ 2 230.—	RM. 5 601.—	
Zuwendungen von der Hochschulbehörde			
Rest für das Rechnungsjahr 1938	RM. 475.—		
1. Rate „ „ „ 1939	„ 600.—	„ 1 075.—	
Erlös aus „Mitteilungen"			
und sonstigen Veröffentlichungen		„ 235.38	
Zinsen bei der Neuen Sparcasse v. 1864		„ 22.55	„ 6 933.93
			RM. 10 465.41

Ausgaben für

Sitzungen und Vorträge			
Saalmieten, Vortragshonorare und Unkosten . .		RM. 1 840.11	
Exkursionen	RM. 373.30		
abzügl. v. d. Teilnehmern erstattet	„ 350.60	„ 22.70	RM. 1 862.81
Verwaltung			
Geschäftsstelle, Schriftführung, Kasse, Drucksachen, Porto,			
Telefon und Sonstiges			„ 1 294.11
Bibliothek			
Bücher und Zeitschriften		RM. 91.28	
Unkosten (Bibliothekar, Handwerker, Drucksachen,			
Porto und Feuerversicherung)		„ 530.60	„ 621.88
„Mitteilungen"			
Restzahlung für Band 46			„ 2 226.05
			RM. 6004.85

		Übertrag	RM. 6004.85
Steuern			
Körperschaftssteuer für 1938 (Rest)	RM. 15.—		
„ „ 1939 (Vorauszahlung) . .	„ 80.—	„	95.—
Beiträge			
Mitgliedsbeitrag an den Verein Jordsand		„	5.—
		RM.	6 104.85

Saldo: Barbestand am 31. Dezember 1939			
Bankguthaben, Postscheckkonto-Guthaben und Kassenbestand	RM. 3 556.41		
Guthaben bei der Neuen Sparcasse v. 1864 als Rücklage für den Band 47 der „Mitteilungen' . .	„ 804.15	„	4 360.56
		RM.	10 465.41

Vermögenstand am 31. Dezember 1939

Barbestand, wie vorstehend		RM.	4 360.56
Wertpapiere:			
RM. 200.— Deutsche Reichs-Ablösungsanleihe m. Auslosungsscheinen à 138,2 %×5 =	RM. 1 382.—		
„ 275.— Hamburger Ablösungsanleihe m. Auslosungsscheinen à 135,75 %×5 =	„ 1 866.—	„	3 248.—
Ludwig Friederichsen Gedächtnis-Stiftung			
Guthaben bei der Hamburger Sparcasse v. 1827		„	1 348.45
		RM.	8 957.01

Hamburg, den 12. Januar 1940.

Geographische Gesellschaft in Hamburg

(gez.) Dr. R. Schlubach

p. t. Kassierer.

Nachgesehen und in Ordnung befunden am 21. März 1940.

(gez.) Th. Ritter. (gez.) W. Ganszauge.

Bisherige Veröffentlichungen der Geographischen Gesellschaft in Hamburg.

Auskunft über die Preise der einzelnen Bände und etwaiger noch vorhandener Sonderabzüge erteilt der Kommissions-Verlag Friederichsen, de Gruyter & Co. m. b. H., Hamburg

1. Jahresbericht	1873/74	Hbg.	1874	2. Jahresbericht	1874/75	Hbg.	1875
Mitteilungen	1876/77	„	1878	Mitteilungen	1878/79	„	1880
Dr. Ludwig Leichhardt's Briefe an seine Angehörigen						„	1881
Mitteilungen	1880/81	Hbg.	1883	Mitteilungen	1882/83	„	1884/85
„	1884	„	1885	„	1885—86	„	1887
„	1887—88	„	1889	„	1889—90	„	1890
Katalog der Bibliothek der Geographischen Gesellschaft						„	1893
Mitteilungen	1891—92	Hbg.	1895				

Mitteilungen:

Band	XI	Hamburg	1896	Band	XII	Hamburg	1896
„	XIII	„	1897	„	XIV	„	1898
„	XV	„	1899	„	XVI	„	1900
„	XVII	„	1901	„	XVIII	„	1902
„	XIX	„	1903	„	XX	„	1904
„	XXI	„	1906	„	XXII	„	1907
„	XXIII	„	1908	„	XXIV	„	1909
„	XXV	„	1911	„	XXVI	„	1912
„	XXVII	„	1913	„	XXVIII	„	1914
„	XXIX	„	1915				

Joh. A. Repsold. Ludwig Friederichsen, Ein Bild seines Lebens. „ 1916

Band XXX Hamburg 1917
Inhaltsverzeichnis Band I—XXX/1873—1917

Band	XXXI	Hamburg	1918	Band	XXXII	„	1919
„	XXXIII	„	1921	„	XXXIV	„	1922

Band XXXV Hamburg 1923

Band XXXVI Hamburg 1925

Schlee, Paul: Rückblick auf die Entwicklung von 1898—1923. — **Sapper, Karl:** Bericht über eine 1923/24 unternommene Reise nach Mittel- u. Südamerika. — **Helfferich, E.:** Kapital und Arbeit in Niederländisch-Indien. — **Gripp, K.:** Die Grenze der letzten Vereisung in Nordwestdeutschland. — **Großmann, Rud.:** Die Entwicklung des Verkehrs in Argentinien und Wirkung auf die Volksbildung.

Band XXXVII Hamburg 1926

Passarge, Siegfried: Nachruf auf Georg Schweinfurth. — **Koch, E.:** Geographische Lehrausflüge in Hamburgs Umgebung. — **Gripp, K. u. Todtmann, E.:** Die Endmoräne des Green Bay Gletschers auf Spitzbergen, eine Studie zum Verständnis norddeutscher Diluvialgebilde. — **Haefke, Fr.:** Karsterscheinungen am Südharz. — **Rudolph, M.:** Der norwegische Walfang. — **Mohr, F. W.:** Eindrücke aus Ost- und Südostasien. — **Georgii, W.:** Das Flugzeug im Dienste von Verkehr und Wissenschaft. — **Castens, G.:** Der Deutsche Kolonialmeteorologe.

Band XXXVIII Hamburg 1927

Termer, Franz: Reisen in Mittelamerika I u. II. — **Passarge, Siegfried:** Das Problem landschaftskundlicher Forschung und Darstellung. — **Stoltenberg, J.:** Landschaftskundliche Gliederung von Paraguay. — **Niemeyer, G.:** Die südost-

Fortsetzung auf der 4. Umschlagseite.

spanische Steppe. — **Frenzel, K.:** Beiträge zur Landschaftskunde der westlichen Lombardei. — **Lütgens, R.:** Grundzüge der wirtschaftsgeographischen Entwicklung und Gliederung Haitis. — **Termer, Franz:** Die wirtschaftlichen und sozialen Zustände in den mexikanischen Staaten Chiapas und Tabasco.

Band XXXIX Hamburg 1928

Termer, Franz: Reisen in Mittelamerika III und IV. — **Drascher, Wahrhold:** Südamerikanische Städte. — **Sverdrup, H. U.:** Die Renntier-Tschuktschen. — **Geisler, Walter:** Die wirtschaftlichen Verhältnisse Australiens. — **Dörries, Hans:** Zur Entwicklung der Kulturlandschaft im nordostschweizerischen Alpenvorlande. —

Band XL Hamburg 1929

Stuhlmann, Fr.: Nachruf auf M. Schramm. — **Chapeaurouge, de:** Nachruf auf Fr. Stuhlmann. — **Termer, Franz:** In Mittelamerika V und VI. — **Schewior, G.:** Neuere Hilfsmittel für kartographische Aufnahmen. — **Helfferich, E.:** Wirtschaft und Ethik in Niederländisch-Indien. — **Gürich, G.:** Der Ätnaausbruch im Nov. 1928. — **Semmelhack, W.:** Der Ausbruch des Kamerungebirges 1922. — **Mortensen, Hans:** Über Vorzeitbildungen in der nordchilenischen Wüste. — **Dörries, Hans:** Stand und Aufgaben wissenschaftl. Landeskunde in Nordwestdeutschland.

Band XLI Hamburg 1930

Termer, Franz: Reisen in Mittelamerika VII—X. — **Dietrich, Bruno:** New Orleans und das Mississippi-Delta. — **Passarge, Siegfried:** Studienreise nach Südtunesien im Jahre 1928. — **Jessen, O.:** La Mancha. — **Seilkopf, H.:** Eindrücke und meteorologische Erfahrungen auf der Weltfahrt des „Graf Zeppelin". — **Börner, O.:** Das Meßtischblatt Ratzeburg in landschaftskundl. Darstellung.

Band XLII Hamburg 1931

Mecking, L.: Japans Häfen, ihre Beziehungen zur Landesnatur und Wirtschaft.

Band XLIII Hamburg 1933

v. Drygalski, Erich: Die Entwicklung der Geographie seit Gründung des Reiches. — **Waibel, Leo:** Die Sierra Madre de Chiapas. — **Passarge, Siegfried:** Landeskundliche Charakteristik der Rhön sowie ihre Bedeutung für die geologische Landesaufnahme. — **Heinz, Rud.:** Ein vorzeitlicher Tränkplatz in der Namibwüste. Mit Bemerkungen zum Problem des Atlantischen Ozeans.

Band XLIV Hamburg 1936

Helfferich, E., Staatsrat: Weltwirtschaftskrise und Seeschiffahrt. — **Schlee, P.:** Landschaftsbilder von vorderindischen Rumpfebenen und Inselbergen. — **Termer, Fr.:** Republik Guatemala. I. Teil: Beiträge zur physischen Geographie.

Band XLV Hamburg 1937

Helm, R.: Afrikaforscher Dr. A. Roscher. — **Jessen, O.:** Heckenlandschaften in NW-Europa. — **Schultze, A.:** Flammen in der Sierra Nevada de Sante Marta.

Band XLVI Hamburg 1939

Passarge, Siegfried: Das Geographische Seminar des Kolonial-Instituts und der Hansischen Universität. — **Weinert, Hermann:** Grundzüge der Geographie der Pelztierzucht und Pelztierhege. — **Pfeifer, Gottfried:** Sinaloa und Sonora.

Druck von Hammerich & Lesser, Hamburg-Altona

Kolibri 360 GmbH
Ferdinand-Jühlke-Straße 7
99095 Erfurt, Deutschland
produktsicherheit@kolibri360.de